우주의
기원
BiGBANG
빅뱅

우주의 기원

빅뱅

2006년 6월 10일 1판 1쇄 발행
2008년 10월 10일 2판 1쇄 발행
2015년 7월 31일 3판 1쇄 발행
2024년 9월 15일 3판 10쇄 발행

지은이 | 사이먼 싱
옮긴이 | 곽영직
펴낸이 | 양승윤
펴낸곳 | ㈜와이엘씨
서울특별시 강남구 강남대로 354 혜천빌딩 15층
Tel. 555-3200 Fax.552-0436

출판등록 1987. 12. 8. 제1987-000005호
http://www.ylc21.co.kr

가격은 뒤표지에 있습니다.

ISBN 978-89-8401-197-7 04440
ISBN 978-89-8401-007-9 (세트)

* 영림카디널은 ㈜와이엘씨의 출판 브랜드입니다.
* 소중한 기획 및 원고를 이메일 주소(editor@ylc21.co.kr)로 보내주시면, 출간 검토 후 정성을 다해 만들겠습니다.

사이먼 싱 지음 · 곽영직 옮김

영림카디널

THE BIG BANG

이 책은 필자에게 과학에 대한 흥미를 고취시켜 준
칼 세이건, 제임스 버크, 매그너스 파이크,
하인츠 볼프, 패트릭 무어, 조니 볼, 럽 버크만, 미리엄 스토파드,
레이먼드 박스터, 그리고 TV 과학 프로그램 연출자와 감독들이
없었더라면 세상에 나오지 못했을 것이다.

CONTENTS

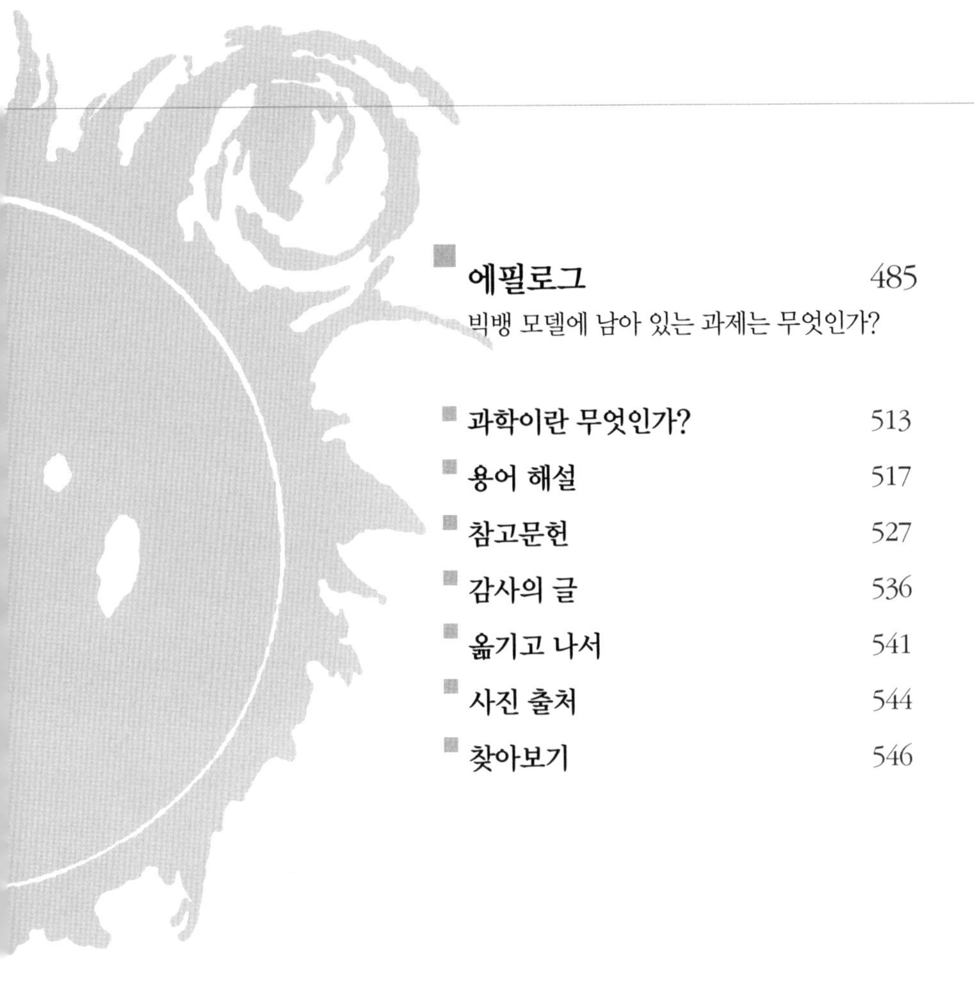

큰 성당에 모래 세 알을 넣어놓으면 이 성당의 밀도는 수많은 별을 포함하고 있는 우주의 밀도보다 높게 된다.

제임스 진스James Jeans

우주를 이해하려는 노력은 인생을 코미디 수준보다 조금 높게 끌어올릴 수 있는 몇 안 되는 일이다. 그리고 그것은 비극의 아름다움을 가져다주기도 한다.

스티븐 와인버그Steven Weinberg

과학에서는 전에는 아무도 모르던 일들을 모두 알아야 되는 것처럼 이야기하고, 시에서는 그 반대로 말한다.

폴 디랙Paul Dirac

우주에 대해서 가장 이해할 수 없는 것은 우주를 이해할 수 있다는 사실이다.

앨버트 아인슈타인Albert Einstein

■ 본문의 각주는 옮긴이의 것임.

|1 장|

시작

과학은 신화를 비판하면서 시작된다.
— 칼 포퍼KARL POPPER

나는 우리에게 감각과 이성 그리고 지성을 준 신이 그것을 사용하지 못하게 한다고는 믿을 수 없다.
— 갈릴레오 갈릴레이GALILEO GALILEI

지구에서 살기 위해서는 비싼 값을 치러야 한다.
그러나 여기에는 매년 한 번씩 태양 주위를 돌고 오는 공짜 여행이 포함되어 있다.
— 무명

물리학은 신앙이 아니다. 만일 물리학이 신앙이라면 훨씬 쉽게 돈을 벌 수 있었을 것이다.
— 레온 레더먼LEON LEDERMAN

BIG BANG

The Origin of the Universe

우리 우주에는 1천억 개가 넘는 은하가 있고 각각의 은하에는 대략 1천억 개의 별이 있다. 이 별들 주위를 얼마나 많은 행성이 돌고 있는지는 알 수 없지만 적어도 그 행성 하나에서 생명체가 진화하고 있다는 것만은 확실한 사실이다. 이 광대한 우주의 기원을 알아내는 일을 시도할 수 있는 능력과 대담성을 가진 생명체가 말이다.

인류는 수천 세대 동안 우주 공간을 바라보면서 살아왔다. 그러나 우리는 우주의 창조와 진화 과정을 이해하고 있다고 자부할 수 있는 첫 세대이다. 이것은 대단한 특권이 아닐 수 없다. 빅뱅 모델은 우리가 밤하늘에서 볼 수 있는 모든 것의 기원을 매우 아름답게 설명하고 있다. 그것은 인간의 지성과 정신이 만들어 낸 가장 위대한 성과라고 할 수 있다. 그것은 끊임없는 호기심과 동화적인 상상력, 그리고 날카로운 관찰력과 빈틈없는 논리의 산물이다.

더욱 놀라운 것은 누구나 빅뱅 모델을 이해할 수 있다는 사실이다. 나는 10대였을 때 처음 빅뱅 이론을 배웠다. 그러면서 이 이론이 매우 간단하면서도 아름답다는 것에 놀랐고, 학교에서 배워서 알고 있던 기초 물리학 지식만으로도 곧바로 이해할 수 있다는 데 또 한 번 놀랐다. 찰스 다윈의 자연선택 이론이 가장 중요한 이론이면서도 대부분의 지적인 사람들이 이해할 수 있었던 것과 마찬가지로, 빅뱅 모델 역시 중요한 개념을 빠뜨리지 않고도 비전문가라도 이해할 수 있는 용어로 설명되어 있다.

그러나 본격적으로 빅뱅 모델을 이야기하기 전에 우선 약간의 준비 작업을 하는 것이 좋을 듯하다. 빅뱅 모델은 지난 100년 동안에 만들어져 왔다. 그러나 20세기에 이룩한 이러한 성공은 그 전 세기에 성립되었던 천문학의 기초가 있었기에 가능했다. 하늘에 대한 이론과 관측은 지난 2천 년 동안 형성되어 온 과학체계 안에 자리 잡고 있었다. 더 먼 과거에서 천문학의 기원을 찾을 수도 있다. 물질세계의 객관적인 진리를 찾아내려는 과학적인 방법은 신화나 민속의 역할을 부정하면서 꽃피기 시작했다고 할 수 있다. 그러므로 빅뱅 모델과 우주에 대한 과학적 이론의 기원은 세상에 대한 신화적 설명을 부정하기 시작하던 때까지 거슬러 올라간다고 할 수 있을 것이다.

거대한 창조자로부터 그리스의 철학자들에게로

기원전 6백 년경에 만들어진 중국 창조신화에서는 '반고'라는 위대한 창조자가 알에서 나와 넓은 평원에서 망치와 정을 이용하여 산과 골짜기를 만들었다고 한다. 땅을 다 만든 후에 그는 하늘에 태양과 달 그리고 별을 만들었다. 할 일을 다 끝내고 그는 곧 죽어버렸다. 위대한 창조자의 죽음은 이 창조신화에서 매우 중요한 부분을 차지한다. 왜냐하면 그의 신체 조각이 세상을 완성하는 데 꼭 필요했기 때문이다. 반고의 두개골은 세상을 덮는 하늘이 되었고, 살은 흙이 되었으며, 뼈는 암석이 되었고, 피는 강과 바다가 되었다. 그의 마지막 숨결은 바람과 구름이 되었고, 땀은 비가 되었다. 머리카락은 땅에 떨어져 식물이 되었고, 머리카락 사이에 살던 벼룩은 인류가 되었다고 한다. 우리의 탄생이 창조자의 죽음을 필요로 했기 때문에 우리는 영원히 슬픔 속에 살아가도록 저주를 받았다는 것이다.

이와는 대조적으로 아이슬란드의 창조 서사시 〈에다Edda〉에서는 창조가 알이 아니라 큰 골짜기에서 시작된다. 이 골짜기는 무스펠Muspell과 니플헤임Niflheim을 갈라놓고 있었다. 하루는 무스펠의 강렬하고 밝은 열기가 니플헤임의 차가운 눈과 얼음을 녹이기 시작했다. 그러자 습기가 골짜기에 떨어지면서 이미르Imir라는 거인을 탄생시켰다. 이 이미르에 의해 세상의 창조가 시작되었다.

서부 아프리카 토고의 크라치Krachi 족에게는 우리에게는 하늘로 더 잘 알려진 푸른 신 울바리Wulbari라는 거인의 이야기가 전해진다. 한때 이 거인은 땅 바로 위에 있었다. 그러나 여인들이 긴 막대로 곡식을 털면서 자꾸 찔러대자 귀찮은 것을 피해 조금 높은 곳으로 올라갔다. 그러나 울바리는 여전히 인간의 손길이 닿는 곳에 있었기 때문에 사람들은 그의 배를 수건처럼 이용했고 그의 몸을 떼어내어 수프에 넣는 양념으로 사용했다. 그러자 울바리는 점점 높은 곳으로 올라가서 인간의 손길이 미치지 않게 되었고 그곳에 영원히 머물게 되었다.

역시 서부 아프리카에 있는 요루바Yoruba 족에게는 올로룬Olorun이라는 하늘의 주인이 있다. 그는 하늘에서 생명체가 없는 늪지를 내려다보다가 다른 신에게 원시 지구에 달팽이 껍질을 내려달라고 요청했다. 그 껍질 안에는 비둘기와 닭 그리고 흙이 조금 들어 있었다. 그 흙은 늪지에 뿌려졌다. 닭과 비둘기는 늪지가 딱딱한 땅이 될 때까지 땅을 쪼아대기 시작했다. 세상을 시험해 보기 위해 올로룬은 카멜레온을 내려보냈다. 카멜레온은 하늘에서 땅으로 내려온 뒤 푸른색에서 갈색으로 바뀌었다. 그것은 닭과 비둘기가 임무를 완수했음을 나타내는 것이었다.

전 세계의 모든 문화에는 우주의 기원에 대한 자신들의 신화가 있다. 이러한 창조신화는 그들의 환경과 사회를 반영하기 때문에 매우 다른 내용을 담고 있다. 아이슬란드에서 이미르를 탄생시킨 배경이 된 것은 화산과 기상현상의 힘이었다. 그러나 서부 아프리카 요루바 족에 의하면 단단한 땅을 만든 것은 자신들에게 익숙한 닭과 비둘기였다. 그렇지만 모든 창조신화는 공통점을 가지고 있다. 거대한 푸른 상처투성이의 울바리 신화든 죽어가는 중국의 거인 신화든 그 모든 신화에는 우주 창조에서 중요한 역할을 하는 적어도 하나 이상의 초월적 존재가 등장한다. 또한 창조신화는 그 사회에서 절대 진리로 받아들여진다. 신화라는 의미의 영어 단어 myth는 '이야기' 또는 '마지막 단어'라는 의미를 가진 그리스어 mythos에서 유래했다. 신화 이야기에 의문을 갖는 사람은 그 사회에서 이단자로 비난받아야 했다.

지식인들이 신화를 더 이상 참을 수 없게 된 기원전 6세기까지는 그런 상황이 별로 달라지지 않고 있었다. 그러나 기원전 6세기에 철학자들은 처음으로 우주에 대한 신화적 설명을 버리고 자신들의 이론을 발전시키기 시작했다. 예를 들면 밀레투스의 아낙시만드로스Anaximandros는 태양은 지구를 둘러싸고 있는 불이 가득한 고리에 뚫려 있는 구멍으로서, 그것이 지구 주위를 돌고 있다고 주장했다. 마찬가지로 달과 별들도 가려져 있는 하늘 속의 빛을 볼 수 있게 해주는 하늘의 구멍이라고 했다. 그런가 하면 콜로폰의 크세노파네스Xenophanes는 지구가 밤이 되면 불에 타는 기체를 내뿜는데, 이 기체가 쌓여서 어느 수준 이상이 되면 불이 붙어 태양이 된다고 했다. 그는 기체가 모두 타버리면 다시 밤이 오는데 이때 타다 남은 기체 조각들이 타는 것이 별이라고 했다. 그는 달에 대해서도 비슷한 주장을 했다. 달은 28일을 주기로 쌓였다가 타버리는 기체로 만들어진다고 한 것이다.

크세노파네스나 아낙시만드로스가 주장한 내용이 사실에 얼마나 가까운지는 중요치 않다. 중요한 것은 세계를 설명하는 이론을 발전시켜 나가는 과정에 초월자나 신이 등장하지 않는다는 사실이다. 태양이 하늘에 뚫린 구멍을 통해 본 하늘의 불이라거나 불타는 기체라는 설명은, 헬리오스 신이 하늘을 가로질러 몰고 가는 불타는 마차가 태양이라고 설명하는 그리스 신화와는 질적으로 다르다. 이것은 철학자들의 새로운 경향이 신의 존재를 부정한다는 뜻이 아니라 자연현상이 신의 간섭 때문에 일어난다는 것을 받아들이지 않게 되었음을 뜻한다.

이러한 철학자들은 우주와 우주의 기원에 대한 과학적 연구에 흥미를 가진 첫 번째 우주학자들이었다. 우주학이라는 뜻을 가진 영어 단어 cosmology는 그리스어에서 '질서' 또는 '조직하다'는 뜻을 가진 kosmeo라는 말에서 유래했다. 이것은 우주가 분석적인 연구를 통해 이해될 수 있음을 반영하는 것이었다. 그리스인들은 우주가 일정한 형식을 가지고 있다고 믿었고, 그 형식을 찾아내어 그것을 감상하고 형식 뒤에 숨어 있는 원리를 이해하고 싶어 했다.

크세노파네스와 아낙시만드로스를 현대적 의미의 과학자라고 부르는 것은 지나친 과장일 수도 있다. 또한 그들의 생각을 과학이론이라고 추켜세우는 것은 지나친 아첨일 것이다. 그렇지만 그들은 과학적 사고가 탄생하는 데 아주 중요한 역할을 했다. 그들의 자세에는 현대 과학자들과 공통된 것이 많았다. 예를 들면 현대 과학자들의 생각과 마찬가지로 그리스 우주학자들의 생각은 비판하거나 비교할 수 있었고, 세련되게 다듬거나 폐기할 수 있었다. 그리스인들은 토론을 매우 좋아해서 철학자 사회에서는 이론을 검토하고 그 뒤에 있는 정당성에 대해 의문을 제기할 수 있었으며, 따라서 궁극적으로 어떤 것이 가장 믿을 수 있는지 선택할 수 있었다. 이와는 대조적으로 다른 많은 문화에서는 개인이 그들이 속해 있는 사회가 믿고 있는 신화에 의문을 제기하는 일은 있을 수 없었다. 신화는 그 사회의 구성원 모두가 믿어야 하는 신앙이었다.

사모스의 피타고라스는 기원전 540년경에 이성에 바탕을 둔 새로운 사고방식의 기초를 다지는 데 크게 기여했다. 피타고라스는 수학을 철학의 일부로 여겨 열정을 쏟아 크게 발전시켰고, 수와 방정식이 과학이론을 형성하는 데 어떤 도움이 되는지 보여주었다. 첫 번째 시도는 음악의 조화를 수의 조화로 설명하는 것이었다. 초기 그리스 음악의 가장 중요한 악기는 현이 4개인 수금이었지만 피타고라스는 하나의 현을 가진 악기로 실험하여 자신의 이론을 발전시켰다. 현을 일정한 장력으로 고정시킨 후 길이는 임의로 조정할 수 있도록 했다. 일정한 길이의 현은 일정한 음을 냈다. 피타고라스는 그 길이를 반으로 줄이면 한 옥타브 높은 음이 나온다는 것과, 그것이 처음의 음과 조화를 이룬다는 사실을 알게 되었다. 실제로 현의 길이를 단순한 정수비로 바꾸면 처음 음과 조화가 되는 음이 나온다.(예를 들어 3 : 2의 비율은 현재 5도 화음이라 부른다.) 그러나 길이를 복잡한 비율로 나누면 불협화음이 나온다.(예를 들어 15 : 37.)

피타고라스가 음악을 묘사하고 설명하는 데 수학이 사용될 수 있음을 보여준 이래 후대 과학자들은 포탄의 포물선 운동에서부터 혼돈스러운 날씨에 이르는 모든 것을 탐구하는 데 수학을 사용하게 되었다. 1895년에 엑스선을 발견한 빌헬름 뢴트겐은 피타고라스 철학을 적극적으로 수용한 사람이었다. 그는 한때 "과학자는 자신의 일을 준비하기 위해 세 가지가 필요한데 그것은 수학과 수학 그리고 수학"이라고 말하기도 했다.

피타고라스의 신조는 '모든 것은 수'라는 것이었다. 이러한 생각에 기초하여 그는 건강한 육체를 지배하는 수학적 법칙을 찾아내려 애썼다. 그는 하늘을 가로질러 달리는 태양이나 달, 행성은 각각의 궤도의 길이에 해당하는 특정한 음을 낸다고 주장했다. 또한 피타고라스는 우주가 조화롭기 위해서는 그 궤도와 음이 특정한 정수비를 이루어야 한다고까지 말했다. 그 이론은 그 당시 꽤 인기가 있었다. 우리는 현대의 엄밀한 과학적 방법을 이용해서 그것이 어떤 의미를 가지는지 음미해 볼 필요가 있다. 우주가 음악으로 가득 차 있다는 피타고라스의 주장이 초자연적 힘에 의존하지 않고 나왔다는 것은 매우 긍정적인 사실이다. 또한 그 이론은 매우 단순하고 아름답다. 이 두 가지 점은 과학에서 매우 중요한 가치를 지닌다. 일반적으로 하나의 간결하고 아름다운 방정식으로 나타낸 이론은 복잡하고 피상적인 수많은 가정이 포함된 여러 개의 방정식으로 이루어진 이론보다 선호된다. "만일 《물리학 리뷰*Physical Review*》에서 4분의 1쪽이 넘는 긴 수식을 본다면 그냥 넘겨버려라. 그건 틀린 것이다. 자연은 단순하다"라고 물리학자 번트 매티어스Berndt Matthias가 말했다. 그렇더라도 이론이 사실과 일치하고 실험이 가능해야 한다는 과학이론의 가장 중요한 특징보다 단순함과 우아함이 더 중요할 수는 없다. 천체의 음악 이론은 이런 점에서는 완전한 실패작이다. 피타고라스에 의하면, 우리는 계속적으로 이 가상적인 천체 음악에 노출되어 있지만 태어날 때부터 그것을 들어 와서 익숙해져 있는 탓에 알아차리지 못한다는 것이다. 결론적으로 말해서 절대 들리지 않는 음악에 대한 주장이나 절대 검출되지 않는다는 어떤 것에 대한 주장은 과학적인 이론이 될 수 없다.

모든 진정한 과학이론은 우주에 대해 관측 가능하거나 측정 가능한 예측을 할 수 있어야 한다. 만일 실험이나 관측 결과가 이론적인 예측과 일치한다면 그 이론은 사실로 받아들여지고 더 큰 과학체계의 일부로 편입된다. 반면에 이론적인 예측이 정확하지 않거나 실험이나 관측 사실과 부합하지 않으면 그 이론은 아무리 단순하고 아름답다 해도 폐기되어야 한다. 모든 과학 이론은 증명 가능해야 하고 실제와 부합해야 한다는 것은 최고의 도전이며 가혹한 기준이다. 19세기의 자연철학자였던 토머스 헉슬리Thomas Huxley는 이를 두고 "과학의 가장 큰 비극은 추한 사실 때문에 아름다운 이론이 폐기되는 것"이라고 했다.

다행스럽게도 피타고라스의 후계자들은 그의 생각과 방법론을 발전시켜 나갔다. 과학은 점차 지구와 달 및 태양의 지름과 그들 사이의 거리를 측정할 수 있을 정도로 정교하고 강력한 수단이 되었다. 이러한 측정은 우주 전체를 이해하는 길로 나아가는 첫 발, 즉 천문학 역사의 새로운 이정표가 되었다. 따라서 그리스인들의 측정에 대해 좀 더 자세히 알아볼 필요가 있다.

천체의 크기나 거리를 측정하기 전에 고대 그리스인들은 우선 지구가 구형이라는 것부터 알아야 했다. 고대 그리스 철학자들은 배가 수평선 너머로 사라질 때 배의 아랫부분에서부터 시작하여 돛대 끝이 보이지 않게 될 때까지 점차 사라진다는 사실을 알고 있었다. 그들은 그러한 사실에서 지구가 둥글다는 생각을 하게 되었다. 바다 표면이 둥그렇게 구부러져 있을 때만 가능한 일이었기 때문이다. 바다의 표면이 구부러져 있다면 땅도 그럴 것이라는 사실은 쉽게 유추할 수 있다. 그것은 결국 지구가 구형임을 의미하는 것이었다. 그런 생각은 지구가 달 위에 둥근 모양의 그림자를 드리우는 월식을 관찰하면서 더욱 설득력을 얻게 되었다. 달에 만들어진 지구의 그림자는 구형의 물체가 만들어 내는 것이기 때문이다. 또한 누구나 볼 수 있는 달의 모양이 둥글다는 사실도 천체가 구의 형상이라는 생각을 받아들이는 데 중요한 역할을 했을 것이다. 그리스의 역사가이며 여행가였던 헤로도토스는 먼 북쪽에 살고 있는 사람들은 반년 동안이나 잠을 잔다고 기록해 놓았다. 사실 그 이야기는 지구가 둥글다는 사실과도 연결되는 것이었다. 만일 지구가 구형이라면 지구의 다른 지역은 위도에 따라 태양이 비치는 각도가 달라질 것이다. 따라서 극지방에는 겨울과 밤이 6개월이나 계속될 것이다.

그러나 둥근 모양의 지구에는 현대의 어린이마저도 괴롭히는 문제가 있다. 즉, 무엇이 지구 반대편에 사는 사람들을 지구에서 떨어져 나가지 않게 하느냐는 것이다. 그리스인들이 얻은 해답은, 우주에는 중심이 있는데 모든 것은 이 중심을 향해 잡아당겨지고 있다는 것이었다. 그리고 지구의 중심이 이 가상적인 우주의 중심과 일치한다고 믿었다. 따라서 지구는 정지해 있었고, 지구상의 모든 물체는 지구 중심을 향해 끌려가고 있었다. 그리스인들은 이 힘 때문에 사람들이 땅 위에서 생활할 수 있고, 지구 반대편에 살고 있는 사람들도 자신들과 마찬가지로 지구에서 떨어지지 않는다고 생각한 것이다.

지구 크기의 측정은 오늘날 리비아에 해당하는 키레네에서 기원전 276년에 태어난 에라토스테네스Eratosthenes가 처음 시도했다. 에라토스테네스는 아직 어린아이였을 때부터 시에서 지리학에 이르기까지 다양한 분야에 뛰어난 재능을 보였다. 그의 별명은 5종 경기의 모든 종목에 출전하는 선수를 뜻하는 펜타슬로스Pentathlos였는데 이는 그가 여러 방면에 다재다능했다는 것을 잘 나타낸다. 에라토스테네스는 알렉산드리아에서 당시로서는 최고로 권위 있는 직책이었던 수석 사서로 여러 해를 보냈다. 알렉산드리아는 아테네에 이어 지중해의 지적 중심지가 되었고, 그곳의 도서관은 당대 제일의 교육기관이었다. 사서들은 책에 도장을 찍으며 조용한 목소리로 속삭인다는 선입견은 이들에게는 해당되지 않았다. 당시의 도서관은 영감으로 가득 찬 학자들과 뛰어난 학생들이 가득한 활기찬 장소였다.

도서관에 있는 동안 에라토스테네스는 오늘날의 아스완에 해당하는 이집트 남쪽에 있는 도시 시에네의 한 우물에 대해 중요한 사실을 알게 되었다. 매년 하지인 6월 21일에는 태양이 직각으로 내리쪼여 그 빛이 우물 바닥까지 비쳤던 것이다. 따라서 에라토스테네스는 그날에는 태양이 시에네 바로 위에 있다는 것을 알 수 있었다. 그러나 그런 일은 시에네에서 수백 킬로미터 북쪽에 있는 알렉산드리아에서는 절대 일어나지 않았다. 오늘날 우리는 시에네가 태양

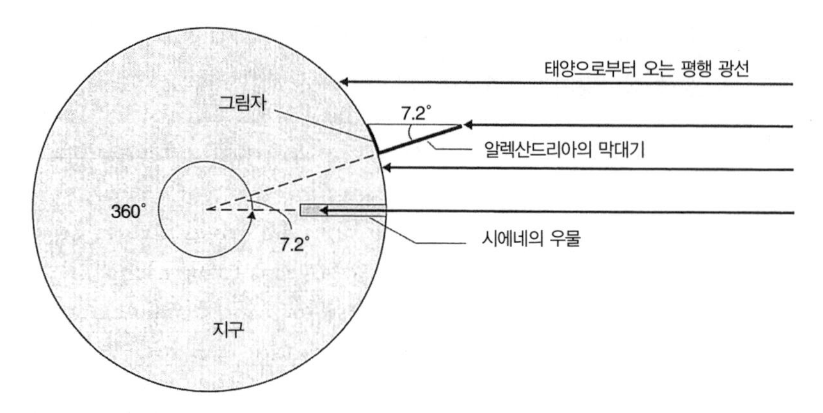

| 그림 1 | 에라토스테네스는 지구 둘레를 측정하기 위해 시에네 우물과 알렉산드리아의 막대기 그림자를 이용했다. 그는 태양이 북회귀선에 가장 가까이 접근하는 하지에 이 실험을 했다. 하지에는 태양이 정오에 북회귀선에 있는 마을 바로 위에 오게 된다. 이해를 돕기 위해 이 그림에서는 거리와 각도를 과장하여 나타냈다.

이 가장 북쪽까지 올라오는 북회귀선 부근에 있다는 것을 알고 있다.

시에네와 알렉산드리아에서 동시에 태양이 수직으로 비칠 수 없는 이유는 지구가 둥글기 때문이라고 생각한 에라토스테네스는 이 사실을 이용하여 지구의 둘레를 측정하려고 했다. 그 당시의 기하학과 표기방법이 오늘날 사용하는 것과 많이 달랐기 때문에 그는 지금과 같은 방법으로 문제를 해결하지는 않았을 것이다. 하지만 그가 지구 둘레를 측정한 방법을 현대적인 용어로 설명할 수 있다. 그림 1은 하지인 6월 21일에 태양으로부터 온 평행 광선이 지구 표면을 어떻게 비추고 있는지를 보여준다. 태양 빛이 시에네 우물을 수직으로 바닥까지 비추던 시각에 에라토스테네스는 알렉산드리아에서 막대기를 땅 위에 수직으로 꽂아놓고 그림자의 각도를 측정했다. 이 각도는 지구 중심에서 시에네와 알렉산드리아에 그은 두 직선이 이루는 각과 같다. 그는 이 각도가 7.2도라는 것을 알아냈다.

이제 시에네를 출발해 똑바로 알렉산드리아를 향해 걸어간 다음 지구를 한 바퀴 돌아 다시 시에네에 도착할 때까지 계속 걸어가는 사람을 상상해 보자. 이 사람은 지구를 한 바퀴 도는 동안 360도 회전하는 것이다. 그렇다면 시에네와 알렉산드리아 사이의 거리는 지구 둘레의 360분의 7.2, 다시 말해 50분의 1이 되는 것이다. 남은 계산은 아주 간단하다. 에라토스테네스는 두 도시 사이의 거리를 측정하여 5천 스타드라는 것을 알아냈다. 이것이 지구 둘레의 50분의 1이라면 지구 둘레는 25만 스타드여야 한다.

하지만 이 값의 의미를 이해하기 위해서는 25만 스타드가 과연 얼마만 한 거리인지를 알아야 한다. 1스타드는 달리기 경주가 벌어지는 표준거리였다. 올림픽에서 1스타드는 185미터였다. 따라서 이 값을 이용하면 지구 둘레는 46,250킬로미터가 된다. 이것은 현재 우리가 알고 있는 지구 둘레인 40,100킬로미터보다 15퍼센트 정도 큰 값이다. 사실 에라토스테네스는 이보다 더 정확한 값을 얻었을 가능성이 있다. 이집트의 스타드는 올림픽의 스타드와 달라 약 157미터였기 때문이다. 이 값을 이용하면 지구의 둘레는 39,250킬로미터가 되어 2퍼센트의 오차밖에 나지 않는다.

에라토스테네스가 관측한 결과의 오차가 15퍼센트인지 2퍼센트인지는 그리 중요한 문제가 아니다. 중요한 점은 그가 과학적인 방법으로 지구의 둘레를 측정해 냈다는 사실이다. 측정값의 오차는 각도 측정 시에 발생했거나, 두 도시에서 동시에 정오를 측정하는 과정, 아니면 두 도시 간의 거리를 측정하는 과정에서 발생했거나, 알렉산드리아가 시에네의 정북 쪽에 위치해 있지 않다는 사실 등에서 생겨났을 것이다. 하지만 에라토스테네스 이전에는 아무도 지구 둘레가 4천 킬로미터인지 아니면 40억 킬로미터인지 모르고 있었다. 따라서 지구의 둘레를 4만 킬로미터 근처의 값으로 확정한 것은 대단히 의미 있

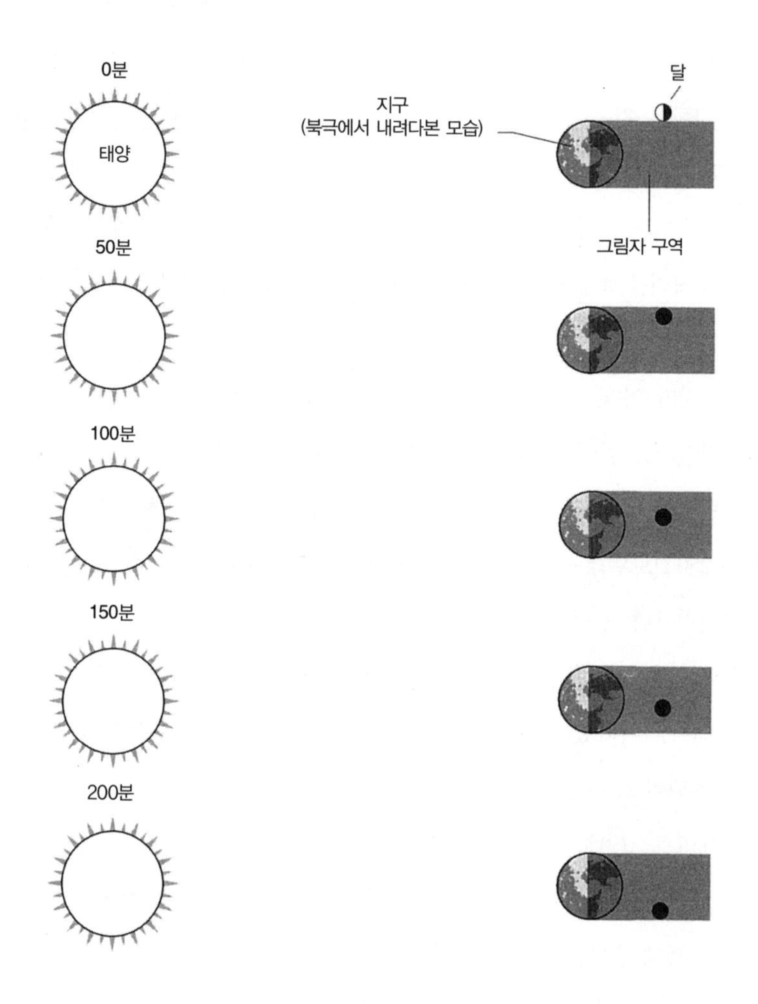

| 그림 2 | 지구와 달의 상대적인 크기는 월식이 일어나는 동안 달이 지구의 그림자를 통과하는 시간을 측정하면 알 수 있다. 지구와 달은 태양에서 아주 멀리 떨어져 있으므로 태양빛을 평행 광선이라고 볼 수 있다. 따라서 지구 그림자의 크기는 지구 크기와 거의 비슷하다.

이 그림은 달이 지구의 그림자를 통과하는 것을 보여주고 있다. 달이 지구 그림자의 중심부를 통과하는 개기월식에서 달의 한쪽 끝이 지구 그림자로 들어가기 시작할 때부터 달 전체가 지구 그림자 속으로 들어갈 때까지 50분이 걸린다. 그리고 달이 지구 그림자 안으로 들어가기 시작할 때부터 그림자를 모두 통과한 후 달의 앞부분이 지구 그림자 밖으로 나오기 시작하는 순간까지는 200분이 걸린다. 이것이 달이 지구 그림자를 통과하는 시간이다. 따라서 지구의 지름은 달 지름의 대략 4배가 된다.

는 일이었다. 이는 지구의 크기를 측정하기 위해서 필요한 것은 막대와 두뇌뿐이라는 사실을 보여주는 것이었다. 다시 말해 지능과 실험도구가 결합하면 무엇이든지 가능하다는 것을 보여준 사례였다.

에라토스테네스는 태양과 달의 크기는 물론 지구에서부터 이들 천체까지의 거리도 추론할 수 있었다. 그에 필요한 준비 작업은 이미 앞선 자연철학자들이 마련해 놓았다. 그러나 지구의 크기를 측정해 낼 때까지는 그들의 노력이 결실을 맺을 수 없었다. 이제 에라토스테네스가 그 계산을 완성하는 데 필요한 값을 알아낸 것이다. 예를 들면 월식 동안에 그림 2에서와 같이 달이 지구 그림자를 통과한 시간을 측정하여 달의 지름은 지구 지름의 4분의 1 정도라는 것을 알 수 있었다. 에라토스테네스가 지구 둘레가 4만 킬로미터라는 것을 밝혀내자 지구의 지름은 대략 (40,000÷π)킬로미터, 즉 12,700킬로미터라는 것을 알 수 있었다. 따라서 달의 지름은 (1/4×12,700)킬로미터인 약 3,200킬로미터가 된다.

달까지의 거리를 추정하는 것은 에라스토테네스에게는 쉬운 일이었다. 한 가지 방법은 보름달을 올려다보면서 한쪽 눈을 감고 팔을 뻗어 손톱으로 달을 가려보는 것이다. 실제로 해보면 가운뎃손가락의 손톱이 달을 완전히 가릴 수 있다는 것을 알 수 있다. 그림 3은 손톱이 눈과 삼각형을 이루는 것을 보여준다. 달의 크기가 엄청나긴 하지만 결국은 이 삼각형과 닮은꼴 삼각형을 만들게 된다. 팔의 길이와 손톱 크기의 비율인 100 : 1은 달까지 거리와 달의 지름의 비를 나타낸다. 따라서 달까지의 거리는 달 지름의 약 100배가 되어 32만 킬로미터라는 것을 알 수 있다.

다음으로 에라토스테네스는 이오니아 지방 클라조메나이의 아낙사고라스Anaxagoras의 가설과 사모스의 아리스타르쿠스Aristarchus의 예리한 논쟁을 이용

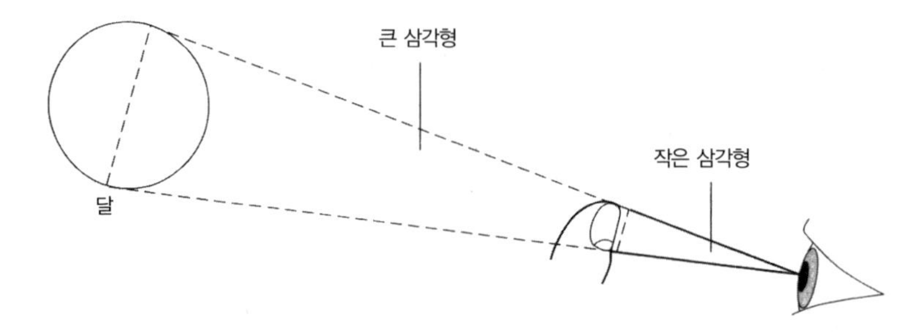

| 그림 3 | 달의 크기를 예상할 수 있다면 달까지의 거리를 알아내는 것은 비교적 쉬운 일이다. 우선 팔을 앞으로 쭉 뻗어 손톱으로 달을 완전히 가릴 수 있도록 한다. 손톱의 크기와 팔의 길이의 비는 달의 지름과 지구에서 달까지의 거리의 비와 대략 같다. 팔의 길이는 손톱 크기의 100배 정도 되므로 달까지의 거리도 달 지름의 100배 정도 된다.

하여 태양의 크기와 태양까지의 거리도 추정해 낼 수 있었다. 아낙사고라스는 기원전 5세기경에 살았던 급진적인 사상가로 인생의 목적은 "태양과 달 그리고 하늘을 연구하는 것"이어야 한다고 주장한 사람이다. 그는 태양은 흰색의 뜨거운 암석일 뿐 신성을 가지고 있는 것이 아니라고 했으며, 마찬가지로 별들도 뜨거운 암석이긴 하지만 너무 멀리 있어서 지구를 따뜻하게 할 수는 없다고 했다. 반면에 달은 차가운 암석이어서 빛을 내지 않는다고 했다. 더 나아가 달빛은 태양 빛을 받아서 반사되는 것이라고 주장했다. 아낙사고라스가 살았던 시대의 아테네는 지적 욕구가 왕성한 분위기였지만 태양과 달이 신성이 없는 암석이라는 주장은 받아들이기 어려운 위험한 것이었다. 그를 시기한 반대파들은 아낙사고라스를 이단이라고 비난하여 소아시아 지방의 람프사쿠스로 추방했다. 아테네 사람들은 자신들의 도시를 우상으로 숭배하는 경향이 있었다. 1638년에 존 윌킨스 주교는 이를 가리켜 돌을 신으로 바꾼 사람들에게 신을 돌로 바꾼 사람이 단죄된 아이러니라고 말했다.

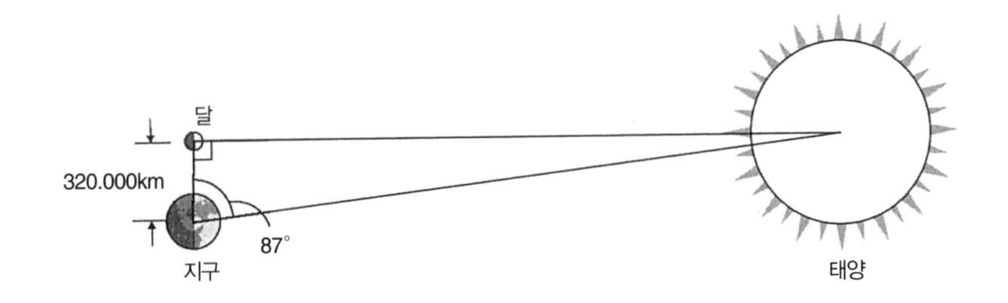

| 그림 4 | 아리스타르쿠스는 반달일 때는 지구와 달 그리고 태양이 직각삼각형을 이룬다는 사실을 이용하여 태양까지의 거리를 알아낼 수 있다고 생각했다. 그는 반달일 때 그림과 같이 지구와 달 그리고 지구와 태양을 잇는 직선 사이의 각도를 측정했다. 그리하여 간단한 삼각함수와 이미 알고 있는 지구와 달 사이의 거리를 이용하여 지구와 태양 사이의 거리를 계산할 수 있었다.

기원전 3세기에 살았던 아리스타르쿠스는 아낙사고라스의 생각을 구체화했다. 그는 만일 달빛이 태양 빛을 받아 반사되는 것이라면 반달일 때는 지구와 태양 그리고 달이 그림 4에서와 같이 직각삼각형을 이룰 것이라고 생각했다. 아리스타르쿠스는 반달일 때 지구와 달 그리고 지구와 태양을 잇는 직선 사이의 각을 측정하여 지구와 달 그리고 지구와 태양 사이의 거리의 비를 계산했다. 그가 측정한 각도는 87도였다. 그것은 지구에서 태양까지의 거리가 지구에서 달까지의 거리의 대략 20배 정도 된다는 것을 의미했다. 그리고 앞에서 설명한 것처럼 지구와 달 사이의 거리는 이미 계산했으므로 이것을 이용하면 지구에서 태양까지의 거리도 알 수 있다. 실제로는 두 직선 사이의 정확한 각도는 89.85도이고 따라서 태양까지의 거리는 달까지의 거리보다 400배가 더 길다. 아리스타르쿠스로서는 이 각도를 정확하게 측정하는 것이 어려웠던 모양이다. 하지만 여기서도 정확성은 큰 문제가 되지 않는다. 그리스인들은 매우 중요한 방법을 알아냈고, 그것은 후대 과학자들이 실제 값에 더 가까

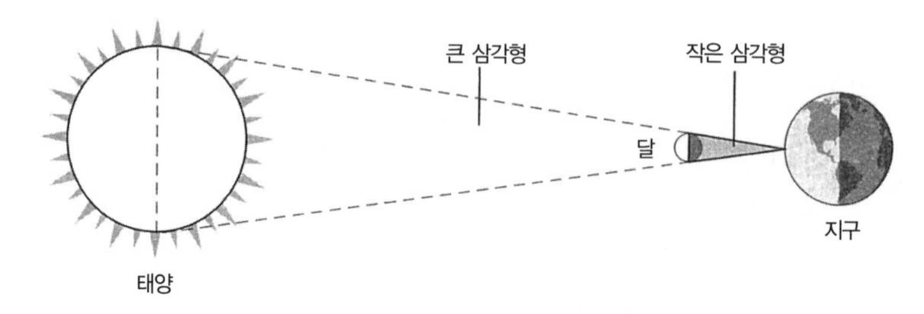

| 그림 5 | 태양까지의 거리를 알면 태양의 크기를 측정할 수 있다. 그 한 방법은 개기일식, 달까지의 거리, 그리고 달의 크기를 이용하는 것이다. 개기일식은 지구 표면의 일부 지방에서 특정한 시간에 지구에서 본 태양과 달의 크기가 거의 같기 때문에 일어난다. 이 그림은 (과장하여 그려져 있지만) 지구의 관측자가 두 삼각형의 꼭짓점에 위치해 있는 것을 보여준다. 첫 번째 삼각형은 관측자와 달의 지름이 이루는 삼각형이고, 두 번째 삼각형은 관측자와 태양의 지름이 만드는 삼각형이다. 지구에서 달까지의 거리와 태양까지의 거리를 알고 있고, 또한 달의 지름을 알고 있으면 태양의 지름을 계산해 낼 수 있다.

이 다가갈 수 있는 길을 열어놓았던 것이다.

마지막으로 태양의 크기를 추론해 내는 것은 간단한 문제였다. 달의 겉보기 크기와 태양의 겉보기 크기가 아주 비슷하다는 것은 잘 알려진 사실이다. 따라서 그림 5에서 보듯이 지구에서 태양까지의 거리와 태양의 지름의 비는 지구에서 달까지의 거리와 달의 지름의 비와 같아야 한다. 우리는 이미 달의 지름과 달까지의 거리를 알고 있으며 지구에서 태양까지의 거리를 알고 있으므로 이 사실을 이용하면 태양의 크기를 쉽게 계산할 수 있다. 이것은 그림 3에서 보여준 방법과 기본적으로 같은 원리이다. 그림 3에서는 손톱까지의 거리와 손톱의 크기를 이용하여 달까지의 거리를 측정했지만, 여기서는 손톱 대신 달까지의 거리와 달의 크기를 이용할 뿐이다.

에라토스테네스와 아리스타르쿠스 그리고 아낙사고라스가 이룩한 천체에 대한 이러한 놀라운 측정은 논리학과 수학 및 관측과 측정에 바탕을 두고 있었기 때문에 고대 그리스의 과학적 사고를 크게 발전시킨 것이었다. 그렇다면 이와 같이 과학의 바탕을 마련한 것을 모두 그리스인들의 공으로 돌릴 수 있을까? 수없이 많은 정교한 측정을 해낸 실용적인 바빌로니아 천문학자들은 어떻게 평가해야 할까? 대부분의 과학 역사학자나 철학자들은 바빌로니아인들이 진정한 과학자는 아니었다는 데 의견이 일치한다. 그들은 여전히 신이 인도하는 우주에 만족했고 신화로 우주를 설명하려 했기 때문이다. 수많은 관측 자료를 모으고 끝없이 별과 행성의 위치를 추적했다고 해도 그것은 우주를 정확히 이해하고자 하는 마음으로 관측 자료를 대했던 그 위대한 야망에 비하면 사소한 것에 지나지 않는다는 것이다. 프랑스의 수학자이며 철학자였던 앙리 푸앙카레Henri Poincarè는 "과학은 돌 위에 집을 짓듯 사실 위에 형성된다. 그러나 돌멩이를 모아놓은 것이 집이 아니듯, 사실을 모아놓은 것이 과학은 아니다"라고 선언했다.

만일 바빌로니아인들이 초기 과학자들이 아니었다면 이집트인들은 어땠을까? 케옵스Cheops[1]의 거대한 피라미드는 파르테논 신전보다 2천 년이나 앞선 것이다. 이집트인들은 저울, 화장품, 잉크, 나무 자물쇠, 양초와 같은 많은 발명품에서 그리스인들보다 훨씬 앞서 있었다. 그러나 그러한 것들은 기술적인 면에서의 사례이지 과학은 아니다. 기술은 앞에서 예를 든 것과 같은 실용적인 활동이다. 그런 것들은 장례의식, 교역, 화장, 필기, 보호 그리고 조명 등을 위해 필요한 것이다. 간단하게 말해서 기술은 삶(그리고 죽음)을 편안하게 해주는 반면, 과학은 세상을 이해하려는 노력이다. 과학자들의 동기는 유용성이나 편리함이 아니라 호기심이다.

과학자와 기술자가 매우 다른 목적을 가지고 출발하긴 하지만 과학과 기술

1. BC 2613?~94?. 기자Giza에 거대한 피라미드를 건설한 이집트 제4왕조의 왕 = 쿠푸Khufu.

은 때로는 같은 것으로 여겨지기도 한다. 그것은 아마도 과학적 발견이 종종 기술적 발전으로 이어지기 때문일 것이다. 예를 들면 과학자들이 수십 년간 애를 써서 전기에 관한 사실을 발견해 낸 뒤 기술자들은 그것을 이용하여 전구와 같은 많은 기구를 발명했다. 그러나 고대에는 기술이 과학의 도움 없이 발전하기도 했다. 따라서 이집트인들 역시 과학적 지식 없이 기술을 통해 많은 것을 이루어 낼 수 있었다. 그들은 맥주를 숙성시킬 때 기술적 방법과 결과에만 관심을 가졌을 뿐, 왜 그리고 어떻게 한 물질이 다른 물질로 변해 가는지에는 관심을 두지 않았다. 그들에게는 화학이나 생화학적 지식은 전혀 없었다.

따라서 이집트인들은 기술자였지 과학자는 아니었다. 반면에 에라스토테네스를 비롯한 그의 동료들은 기술자가 아니라 과학자였다. 그리스 과학자들의 의도는 2천 년 후에 푸앙카레가 설명한 것과 동일했다.

> 과학자들은 유용성 때문에 자연을 연구하는 것은 아니다. 그들은 그러한 노력에서 즐거움을 얻기 때문에 연구한다. 그리고 그들이 즐거움을 얻는 것은 그것이 아름답기 때문이다. 만일 자연이 아름답지 않다면 탐구할 만한 가치가 없을 것이다. 그리고 자연이 탐구할 만한 가치가 없다면 인생은 살아갈 가치가 없을 것이다. 물론 내가 이야기하는 아름다움은 우리의 감각으로 느끼는 겉모습이나 질적인 면을 뜻하는 것은 아니다. 그러한 아름다움을 평가절하하려는 것은 아니지만, 실상 그러한 아름다움은 과학과는 아무 관계가 없다. 내가 말하는 진실한 아름다움은 조화로운 질서에서 오는 것이다. 그것은 순수한 지성으로만 찾아낼 수 있다.

지금까지의 이야기를 종합하면, 태양의 지름을 알아내는 것이 태양까지의 거

표 1

에라토스테네스, 아리스타르쿠스 그리고 아낙사고라스가 측정한 값들은 정확한 것이 아니었다. 아래 표는 여러 가지 거리와 크기에 대한 현대의 측정값이다.

지구의 둘레	40,100 km	=	4.01×10^4 km
지구의 지름	12,750 km	=	1.275×10^4 km
달의 지름	3,480 km	=	3.48×10^3 km
태양의 지름	1,390,000 km	=	1.39×10^6 km
지구－달 거리	384,000 km	=	3.84×10^5 km
지구－태양 거리	150,000,000 km	=	1.50×10^8 km

이 표에는 매우 큰 수를 나타내는 방법인 지수가 사용되었다. 우주학에는 매우 큰 수가 자주 등장한다.

10^1 은 10을 뜻한다.	=	10
10^2 은 10×10을 뜻한다.	=	100
10^3 은 $10 \times 10 \times 10$을 뜻한다.	=	1,000
10^4 은 $10 \times 10 \times 10 \times 10$을 뜻한다.	=	10,000
⋮		⋮

예를 들어 지구의 둘레는 다음과 같이 나타낼 수 있다.

40,100 km = $4.01 \times 10{,}000$ km = 4.01×10^4 km

지수 이용법은 수많은 0을 덧붙여야 하는 수들을 정확하게 나타내는 편리한 방법이다. 10^N의 의미를 생각하는 다른 방법은 1 다음에 N개의 0이 있다고 생각하는 것이다. 따라서 10^3은 1 다음에 세 개의 0을 붙여서 1,000이 된다.

10^{-1} 은 $1 \div 10$을 뜻한다.	=	0.1
10^{-2} 은 $1 \div (10 \times 10)$을 뜻한다.	=	0.01
10^{-3} 은 $1 \div (10 \times 10 \times 10)$을 뜻한다.	=	0.001
10^{-4} 은 $1 \div (10 \times 10 \times 10 \times 10)$을 뜻한다.	=	0.0001
⋮		⋮

리를 아는 것과 어떤 관계가 있는지, 그리고 달까지의 거리를 아는 것이 궁극적으로 에라토스테네스의 위대한 측정과 어떻게 연결되는지 그리스인들은 보여주었다. 거리와 크기를 알아내는 일은 북회귀선 부근에 판 깊은 우물에 태양 빛이 수직으로 비치는 것을 발견한 것에서부터 시작되었다. 우물에 비치는 태양 빛은 달 위에 만들어진 지구의 그림자로 이어졌고, 반달일 때 지구와 달과 태양이 직각삼각형을 이룬다는 사실로 연결되었으며 거기에 일식 때 달과 태양의 겉보기 크기가 같아 보인다는 사실이 더해졌다. 또한 달빛은 태양 빛을 받아 반사되는 것에 지나지 않는다는 것과 같은 가정과 과학적 논리 체계가 결합되었다. 과학적 논리 구조는 수많은 논쟁과 측정들이 상호 결합하여 만들어 내는 고유한 아름다움을 가지고 있다. 때로는 전혀 다른 이론이 갑자기 더해져서 그 구조가 가지는 힘이 더욱 강화되기도 한다.

초기의 측정이 완성되자 고대 그리스 천문학자들은 이제 태양과 달 그리고 행성의 운동을 측정할 만반의 준비를 갖추게 되었다. 그들은 여러 가지 천체 사이의 상호 작용을 이해하기 위해 우주의 역학적인 모형을 만들기 시작했다. 그것은 우주를 좀 더 깊게 이해하기 위한 다음 단계였다.

원 속의 원

아주 오래 전 우리 조상들은 날씨의 변화를 예측하기 위해서 또는 시간을 측정하거나 방향을 정하기 위해서 하늘을 자세히 관찰했다. 그들은 날마다 태양이 하늘을 가로질러 가는 것을 보았고 밤마다 별들이 뜨고 지는 것을 보았다. 그들이 서 있는 땅은 견고하게 버티고 있었다. 따라서 정지해 있는 지구 주위를 천체들이 돌고 있다고 생각하게 된 것은 자연스러운 일이었다. 고대 천문학자들은 지구는 정지해 있는 구체이고 우주가 그 주위를 돌고 있다는 우주관을 만들어 냈다.

실제로는 태양이 지구를 돌고 있는 것이 아니라 지구가 태양을 돌고 있다. 그러나 크로톤의 필롤라우스Philolaus가 그 가능성을 제기할 때까지는 누구도 지구가 태양을 돌고 있다는 생각을 하지 않았다. 기원전 5세기에 피타고라스 학파의 학생이었던 필롤라우스는 처음으로 지구가 태양을 돌고 있다는 생각을 제시했다. 그 다음 세기에는 '역설을 만드는 자' 라는 뜻의 '역설가' 라는 별명을 얻고 미친 사람 취급을 받았던 폰투스의 헤라클레이투스Heracleitus가 필롤라우스의 생각을 받아들였다. 그리고 거기에 마지막 손질을 가한 사람은 헤라클레이투스가 죽던 해인 기원전 310년에 태어난 아리스타르쿠스Aristarchus였다.

아리스타르쿠스는 태양까지의 거리를 측정하기도 했지만 그것은 우주에 대한 정확한 개관을 제시한 것에 비하면 아주 작은 업적에 지나지 않는다. 그는 그림 6(a)와 같이 지구가 우주 중심에 정지해 있다는 직관적인 우주관을 고쳐 보려고 애를 썼다. 이와는 대조적으로 그림 6(b)와 같이 아리스타르쿠스의 우주에서는 정지해 있는 태양 주위를 지구가 돌고 있다. 아리스타르쿠스는 또한 우리가 낮에는 태양을 향하고 밤에는 태양의 반대방향을 향하는 것을 설명하기 위해 지구가 자신의 축을 중심으로 24시간을 주기로 자전하고 있다고 주장했다.

아리스타르쿠스는 매우 존경받는 철학자였고 그의 천문학적 견해는 널리 알려져 있었다. 실제로 그가 주장한 태양중심 모델은 아르키메데스가 기록으로 남겼다. 아르키메데스는 "그는 별이나 태양은 운동하지 않고 정지해 있

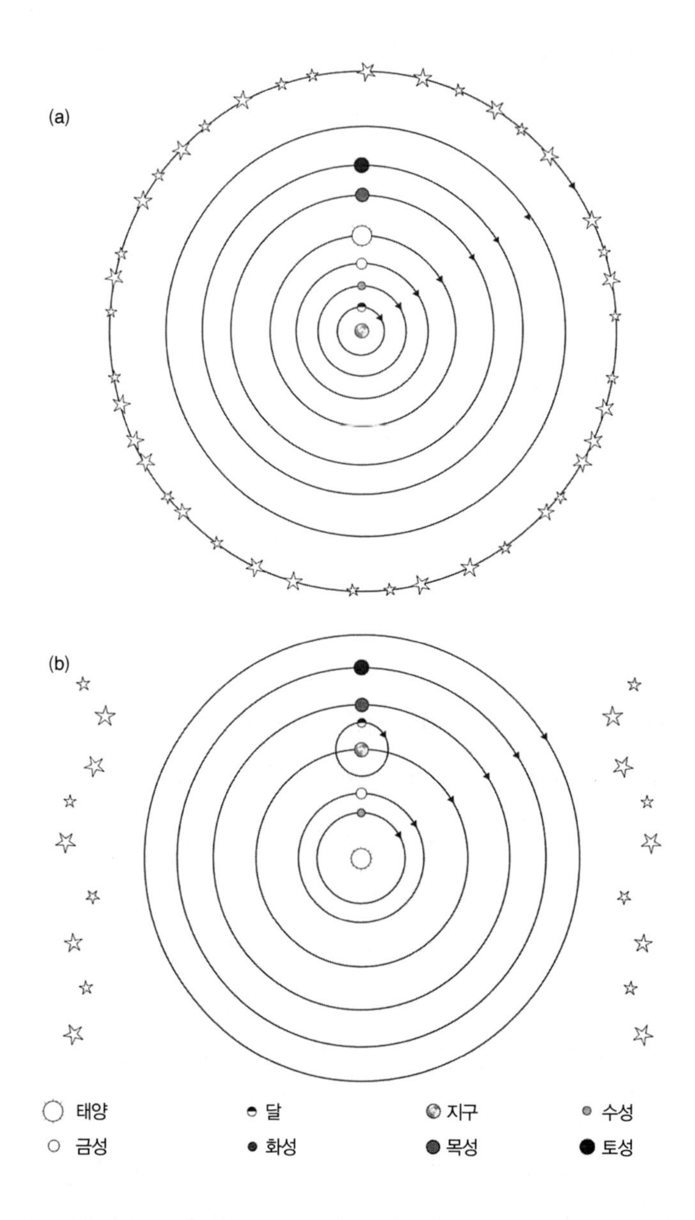

| 그림 6 | 그림 (a)는 고전적이지만 옳지 않은 지구중심 모델이다. 여기에서는 달과 태양 그리고 다른 행성이 지구를 돌고 있으며 다른 수천 개의 별도 지구를 돌고 있다. 그림 (b)는 아리스타르쿠스의 태양중심 모델을 보여준다. 여기에서는 달만이 지구를 돌고 있고 별들은 정지해 있는 배경을 형성하고 있다.

으며 지구는 원궤도를 따라 태양 주위를 돌고 있다고 가정했다"라고 기록했다. 그러나 다른 철학자들은 아리스타르쿠스의 정확한 태양계를 완전히 무시했다. 그리고 그 후 1천500년 동안 태양중심 모델은 역사에서 사라졌다. 고대 그리스인들은 매우 현명했던 것으로 알려져 있다. 그렇다면 그들은 왜 아리스타르쿠스의 태양중심 우주를 배척하고 지구중심 우주를 고집했을까?

지구중심의 우주관을 고집한 데는 자기중심적 태도도 중요한 원인이 되었을 것이다. 그러나 거기에는 또 다른 이유도 있었다. 태양중심 우주의 근본적인 문제 중 하나는 이 우주가 우스꽝스럽다는 것이었다. 지구가 태양을 돌고 있는 것이 아니라 태양이 지구를 돌고 있는 것은 아주 자명한 사실처럼 보였다. 간단히 말해서 태양중심 모델은 상식에 맞지 않는 것이었다. 그러나 훌륭한 과학자들은 상식에 얽매이지 않는다. 때로 상식은 과학적 사실과는 아무 관계가 없기 때문이다. 앨버트 아인슈타인은 상식이란 "18살 때 얻은 편견들의 조합"에 지나지 않는다며 무시했다.

그리스인들이 아리스타르쿠스의 태양계를 받아들이지 않은 또 다른 이유는 태양중심 모델이 과학적 검증을 통과하지 못했기 때문이다. 아리스타르쿠스는 실제와 일치하는 우주 모델을 만들려고 노력했다. 그러나 그의 모델이 정확한 것인지 확실치 않았다. 정말로 지구가 태양을 돌고 있는가? 비판자들은 아리스타르쿠스의 태양중심 모델의 세 가지 결점을 지적했다.

우선 그리스인들은 만일 지구가 달리고 있다면 항상 빠르게 불어오는 바람이 느껴져야 한다고 생각했다. 그리고 우리가 밟고 있는 땅이 빠르게 달린다면 발이 미끄러지는 것이 느껴져야 한다고 생각했다. 그러나 우리는 바람을 느끼지도 않으며 땅에서 미끄러지지 않고 편안하게 생활해 나가므로 지구가 정지해 있는 것이 틀림없다고 생각했다. 물론 지구는 움직이고 있다. 우리가 지구가 움직이는 엄청난 속도를 알아차리지 못하는 이유는 우리를 포함해서 공기와 땅이 모두 함께 움직이기 때문이다. 그리스인들은 그것을 알아차리지 못했던 것이다.

두 번째 문제는, 움직이는 지구는 그리스인들이 믿고 있는 중력에 대한 생각과 맞지 않는다는 것이었다. 앞에서 언급한 것처럼 전통적인 관점에서는 모든 것이 우주의 중심으로 향하려는 경향을 가지고 있었다. 그리고 지구는 우주의 중심에 있었으므로 움직이지 않는다는 것이었다. 충분히 이해가 가는 것이었다. 그런 관점으로 보면 사과가 지구 중심을 향해 떨어지는 것은 사과가 우주의 중심으로 끌리기 때문이다. 만일 태양이 우주의 중심이라면 어떻게 물건이 지구를 향해 떨어질 수 있을까? 태양이 우주의 중심이라면 사과는 땅으로 떨어지는 대신 태양을 향해 끌려 올라가야 한다. 사과뿐만 아니라 지구상의 모든 물건도 태양을 향해 날아 올라가야 한다. 오늘날 우리는 태양중심 우주를 설명할 수 있는 올바른 중력 이론을 가지고 있다. 현대의 중력 이론은 큰 질량을 가진 지구 부근에 있는 물체가 어떻게 지구로 떨어지는지, 행성이 어떻게 질량이 훨씬 큰 태양에 붙들려 궤도운동을 하는지 설명해 준다. 그러나 한정된 과학 지식을 가지고 있었던 그리스인들에게는 그러한 설명이 불가능했다.

세 번째 문제는 별들의 위치가 변하지 않는다는 것이었다. 만일 지구가 태양을 중심으로 먼 거리를 움직인다면 지구 위의 관측자는 1년 동안 항상 다른 위치에서 우주를 관측하게 된다. 관측 지점이 변하면 그에 따라 관측되는 우주의 모습도 변해야 한다. 따라서 별들의 위치도 달라보여야 하는데 이를 **시차**라고 한다. 얼굴 앞에 손가락 하나를 들어올리고 움직여 보면 쉽게 시차를 경험해 볼 수 있다. 왼쪽 눈을 감고 오른쪽 눈으로 손가락이 창문의 가장자리를 향해지도록 정렬해 보자. 다음에는 손가락을 그대로 둔 채 오른쪽 눈을 감고 왼쪽 눈을 떠 손가락을 보자. 그러면 손가락이 처음보다 오른쪽의 물체를 가리키는 것을 알 수 있다. 왼쪽 눈과 오른쪽 눈을 빠르게 번갈아 떴다 감았다 하면 손가락은 한 물체에서 다른 물체로 왔다 갔다 한다. 즉, 관측지점을 한쪽 눈에서 다른 쪽 눈으로 불과 몇 센티미터만 움직여도 다른 물체와 비교한 손가락의 위치가 변하는 것이다. 그림 7(a)에 잘 나타나 있다.

지구와 태양 사이의 거리는 1억5천만 킬로미터이다. 따라서 만일 지구가 태양 주위를 돌고 있다면 6개월 동안 관측지점은 3억 킬로미터나 변하게 된다. 지구가 태양 주위를 돌고 있다면 당연히 관측지점이 엄청나게 변해야 하는데, 그리스인들은 실제로 별들의 위치에서 시차를 발견하지 못했다. 따라서 다시 한 번 지구가 우주의 중심에 정지해 있다는 것이 확인된 셈이다. 물론 지구는 태양 주위를 돌고 있다. 그리고 시차는 나타난다. 그러나 별들이 아주 멀리 있기 때문에 그리스인들은 그것을 알아차릴 수 없었던 것이다. 손가락과 좌우 눈을 깜박거리는 실험을 통해 거리가 멀어지면 시차가 어떻게 줄어드는지 간단하게 확인해 볼 수 있다. 이번에는 그림 7(b)에서처럼 얼굴 바로 앞에 손가락을 세우는 대신 팔을 충분히 뻗어 얼굴에서 1미터 정도 떨어지게 하고 같은 실험을 반복해 보면 된다. 지금까지의 이야기를 요약해 보면 지구는 움직이고 있다. 그러나 시차는 거리에 따라 크게 줄어들고 별들은 아주 멀리 있다. 따라서 원시적인 관측기구로는 별들의 작은 시차를 측정할 수 없었던 것이다.

그 당시에는 아리스타르쿠스의 태양중심 모델에 대한 반증이 압도적이었다. 따라서 아리스타르쿠스의 친구나 동료 철학자들이 태양중심 모델 대신 지구중심 모델을 받아들인 것은 이해할 수 있는 일이다. 전통적인 지구중심 모델은 이성적이었으며 쉽게 이해할 수 있었고 조리 있는 것이었다. 그들은 자

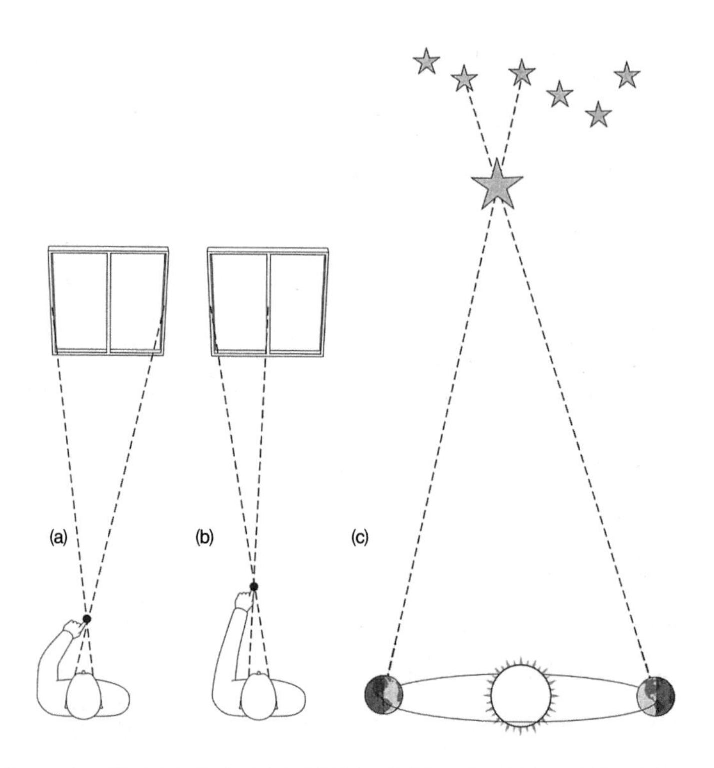

| 그림 7 | 시차는 관측자의 관측지점이 변함에 따라 물체의 위치가 움직여 보이는 것이다. 그림 (a)는 집게손가락을 오른쪽 눈으로 볼 때는 손가락이 왼쪽 가장자리와 일치해 보이지만 다른 눈으로 볼 때는 반대쪽 가장자리와 일치해 보인다는 것을 보여주고 있다. 그림 (b)는 집게손가락을 멀리 놓으면 시차가 크게 작아지는 것을 보여주고 있다. 지구는 태양을 돌고 있기 때문에 우리의 관측지점은 변해 간다. 따라서 1년 동안에 가까이 있는 별은 멀리 있는 별에 대해서 움직여 보여야 한다. 그림 (c)는 지구의 위치에 따라 멀리 있는 두 개의 별에 대해 가까이 있는 별의 위치가 달라지는 것을 보여주고 있다. 만일 그림 (c)를 축적에 맞도록 그린다면 별은 이 페이지 위쪽으로 1km는 되는 지점에 그려야 할 것이다. 따라서 시차가 매우 작아 그리스인들은 별들의 시차를 측정할 수 없었다. 그리스인들은 별이 훨씬 더 가까이 있다고 생각했기 때문에 시차를 측정할 수 없다는 것을 지구가 정지해 있다는 의미로 해석한 것이다.

신들의 우주관에 만족했고 그 안에서의 자신들의 위치에 만족했다. 그러나 거기에는 매우 심각한 문제가 있었다. 태양과 달 그리고 모든 별은 지구를 중심으로 돌고 있는 것이 확실해 보였다. 그러나 불규칙한 운동으로 하늘을 움직

여 가는 5개의 천체가 있었다. 그들 중 일부는 잠시 정지하기도 하고 뒤로 가기도 했다. 이런 운동을 '퇴행운동' 이라고 한다. 이들 방랑하는 천체들은 그 당시에 알려져 있었던 다섯 개의 행성, 즉 수성, 금성, 화성, 목성, 토성이었다. 행성을 나타내는 영어 planet은 방랑자라는 의미를 가진 그리스어 planetes에서 유래했다. 마찬가지로 행성을 나타내는 바빌로니아 단어 bibbu는 '야생 양' 을 뜻했다. 행성들이 여기저기 어슬렁거리는 것처럼 보였기 때문이다. 그리고 고대 이집트인들은 화성을 '세크데드 에프 엠 케트케트sekded-ef em khetkhet' 라고 불렀는데, 이는 '뒤로 가는 별' 이라는 의미가 있었다.

현대 태양중심 모델의 관점에서 보면 이 하늘 방랑자들의 운동을 이해하는 것은 간단한 일이다. 모든 행성은 일정하게 태양 주위를 돌고 있다. 그러나 우리는 움직이고 있는 지구에서 이들을 관측하기 때문에 이들의 운동이 불규칙하게 보이는 것이다. 특히 화성과 목성 그리고 토성이 보여주는 퇴행운동은 쉽게 설명할 수 있다. 그림 8(a)는 태양계에서 태양과 지구 그리고 화성만을 떼어낸 것이다. 지구는 화성보다 빠른 속도로 태양을 돌고 있다. 따라서 지구는 화성을 뒤따라 가다가 따라잡기도 하고 앞질러 가기도 한다. 이에 따라 지구에서 화성을 보는 시선 방향은 앞쪽이 되기도 하고 뒤쪽이 되기도 한다. 그러나 지구가 우주의 중심에 정지해 있는 지구중심 모델에서는 모든 것이 지구를 중심으로 돌아야 한다. 따라서 화성의 궤도는 수수께끼일 수밖에 없었다. 화성은 그림 8(b)같이 아주 이상한 곡선을 따라 운동하는 것처럼 보인다. 목성과 토성도 비슷한 퇴행운동을 보여준다. 고대 그리스인들은 이들의 운동도 화성과 마찬가지의 곡선운동인 것으로 생각했다.

플라톤과 제자 아리스토텔레스는 모든 천체는 원운동을 해야 한다고 주장했다. 고대 그리스 철학자들은 이러한 원운동의 가설을 믿고 있었기 때문에

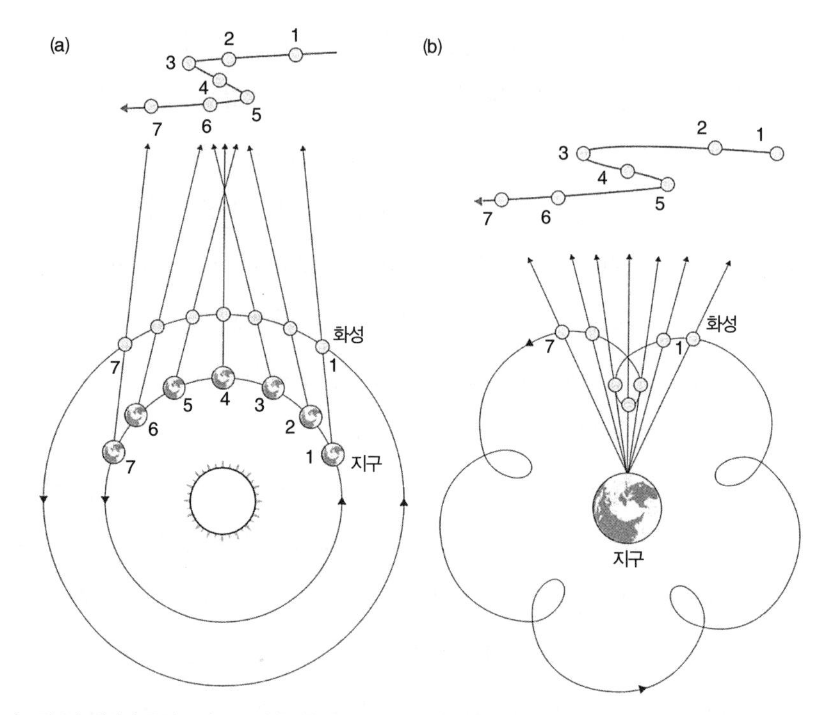

| 그림 8 | 화성과 목성 그리고 토성과 같은 행성들은 지구에서 볼 때 일시적으로 뒤로 가는 퇴행운동을 보여준다. 그림 (a)는 화성과 지구만 태양을 (반시계방향으로) 돌고 있도록 다른 행성들은 생략한 그림이다. 1의 위치에서는 화성이 우리보다 훨씬 앞서 있는 것으로 보인다. 2의 위치에서도 마찬가지로 보일 것이다. 그러나 3의 위치에서는 화성이 정지해 있는 것으로 보인다. 4의 위치에서는 이제 오른쪽으로 움직이기 시작하는 것처럼 보이고, 지구가 5의 위치에 가면 화성은 더 오른쪽으로 가 있는 것처럼 보인다. 그곳에서 화성은 다시 한 번 멈추게 되고, 6과 7의 위치에서는 화성이 원래의 방향으로 다시 움직이는 것처럼 보일 것이다. 물론 화성은 태양 주위를 반시계방향으로 돌고 있다. 그러나 지구와 화성의 상대운동 때문에 화성이 지그재그로 움직이는 것처럼 보이게 된다. 퇴행운동은 태양중심 모델에서는 완전하게 설명할 수 있다.

그림 (b)는 지구중심 모델에서 화성의 운동을 어떻게 설명하고 있는지를 보여준다. 지구중심 모델에서는 화성의 지그재그 운동이 사실은 휘어진 궤도 때문이라고 설명했다. 다시 말해 전통주의자들은 지구는 우주의 중심에 정지해 있고 화성은 굽어진 궤도를 따라 지구를 돌고 있다고 믿고 있었다.

행성들의 곡선운동은 커다란 문젯거리였다. 그들은 단순하고 아름다우며 시작과 끝이 없는 원운동이야말로 완전한 운동이며 하늘은 완전한 세상이기 때문에 모든 천체는 원운동을 해야 한다고 믿었다. 수세기 동안 이 문제를 해결하기 위해 고심한 천문학자와 수학자들은 이 곡선운동을 원운동의 결합으로 설명해 내는 교묘한 해결책을 찾아냈다. 그것은 플라톤과 아리스토텔레스의 완전한 원운동의 가설을 그대로 유지하면서 문제를 해결해 내는 방법이었다. 그러한 해결책은 2세기에 알렉산드리아에 살았던 천문학자 프톨레마이오스와 밀접한 관계를 가지게 되었다.

프톨레마이오스의 천문체계는 지구가 우주의 중심에 정지해 있다는, 당시 널리 받아들여지던 가정에서 출발했다. 그렇지 않다면 "모든 동물과 물건은 공중에 떠 있게 될 것"이라고 생각했다. 다음으로 그는 태양과 달은 지구를 중심으로 하는 단순한 원운동을 하고 있다고 설명했다. 그리고 퇴행운동을 설명하기 위해 그림 9와 같은 원운동 속의 원운동을 제시했다. 화성의 운동에서 관찰되는 것과 같은 주기적 퇴행운동을 설명하기 위해 프톨레마이오스는 작은 원을 그리며 회전하는 막대와, 그 막대의 회전축이 고정되어 있는 또 하나의 큰 원운동(이심원離心圓)을 가정했다. 행성은 이 막대의 끝에 달려 있는 셈이다. 그림 9(a)에서와 같이 만일 이심원 운동이 정지된다면 행성은 고정된 이심원 위의 한 점을 중심으로 작은 원운동(주전원周轉圓)을 할 것이다. 막대를 회전하지 못하게 고정하고 큰 원을 회전시키면 행성은 그림 9(b)와 같이 커다란 지름을 가진 원을 따라 운동할 것이다. 그러나 만일 막대가 원운동을 하는 동안에 이심원도 동시에 회전한다면 두 원운동이 합성되어 그림 9(c)에서 보여주는 것과 같이 퇴행운동이 나타날 것이다.

이심원 운동과 주전원 운동이 프톨레마이오스 모델의 중심이긴 하지만 실제 모델은 이것보다 훨씬 복잡하다. 처음에 프톨레마이오스는 자신의 모델을 3차원의 크리스털 구球를 이용해 만들었지만 여기서는 이해하기 쉽도록 단순한 2차원의 원운동으로 나타냈다. 행성의 퇴행운동을 정확하게 설명하기 위

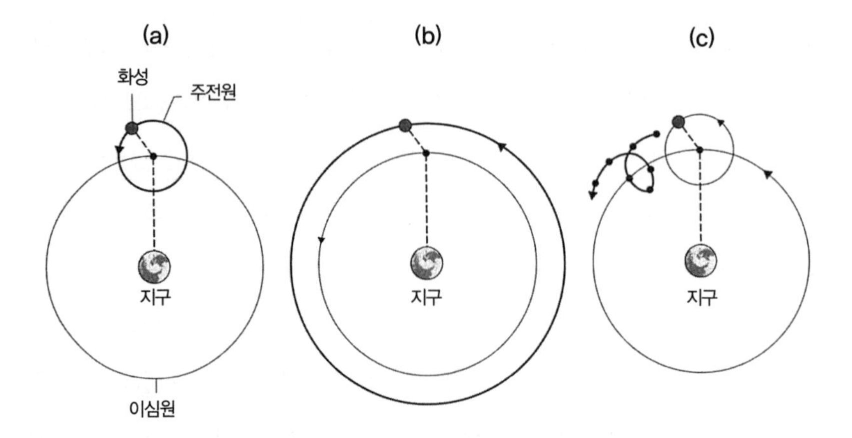

| 그림 9 | 프톨레마이오스의 모델에서는 화성의 굽어진 궤도를 원들의 결합을 통해 설명했다. 그림 (a)는 끝에 행성이 달려 있는 막대가 자유롭게 돌 수 있도록 한쪽 끝이 고정되어 있는, 이심원離心圓이라고 하는 주원主圓을 보여주고 있다. 만일 이심원은 돌지 않고 막대만 돌고 있다면 행성은 막대 끝을 따라 굵은 선으로 표시된, 주전원周轉圓이라고 하는 작은 원을 돌 것이다.

그림 (b)는 막대는 정지해 있고 이심원만 돌도록 하면 어떤 일이 일어나는지를 보여주고 있다. 이 경우에는 행성이 큰 원을 따라 돌 것이다.

그림 (c)는 막대가 축을 중심으로 돌고 있고 동시에 이심원도 회전한다면 어떤 일이 일어나는지를 보여주고 있다. 이 경우에는 주전원이 이심원과 겹치게 되고 행성은 두 원운동이 결합된 운동을 하게 되어 행성이 퇴행운동을 하는 굽어진 경로를 도는 것처럼 보일 것이다. 이심원과 주전원의 반지름과 회전속도를 잘 선택하면 행성의 운동을 나름대로 설명할 수 있다.

해서는 각 행성의 이심원과 주전원의 지름을 적절히 선택하고 운동속도도 조절해야 했다. 프톨레마이오스는 좀 더 정확하게 행성의 운동을 설명하기 위해 두 개의 변수를 더 도입했다. 지구 근처에 위치한 **이심**離心은 이심원 운동의 중심역할을 했고, 행성의 속도가 일정하지 않은 것을 설명하기 위해 지구 근처에 있는 **대심**大心이라는 또 다른 점을 도입했다. 점점 복잡해지는 행성 궤도를 이해하는 것은 쉬운 일이 아니었다. 지구중심 모델에서는 기본적으로 원 안에 또 다른 원을 그리고 그 안에 또 다른 원을 더하여 행성 운동의 문제를 해결했다.

프톨레마이오스의 우주 모델과 비슷한 것을 놀이공원에서도 발견할 수 있다. 달은 어린이들이 타는 회전목마와 같이 단순한 원궤도를 따라 지구 주위를 돌고 있다. 그러나 화성의 궤도는 사람이 앉아 있는 의자가 하나의 고정점을 중심으로 회전하면서 동시에 이 고정점이 커다란 원 주위를 도는 춤추는 놀이기구와 비슷하다. 이런 기구에 탄 사람들은 고정점을 중심으로 의자가 도는 원운동을 하면서 동시에 그 고정점이 큰 원을 따라 도는 원운동을 하게 된다. 이때 때로는 두 원운동이 결합하여 빠르게 앞으로 가기도 하고, 때로는 두 운동이 결합하여 속도가 느려지기도 하면서 뒤로 간다. 프톨레마이오스의 용어를 빌리면 고정점을 도는 의자의 운동은 주전원 운동이고, 커다란 지름을 따라 도는 원운동은 이심원 운동이다.

프톨레마이오스의 지구중심 모델은 지구는 우주 중심에 고정되어 있고, 모든 것은 지구 주위를 돌아야 하며, 천체는 원운동을 해야 한다는 믿음에 바탕을 두고 있다. 이 우주 모델은 이심원 위에 주전원이, 그리고 수많은 이심과 대심이 결합된 아주 복잡한 체계였다. 아서 케스틀러Arthur Koestler는 초기 천문학 역사서인 《몽유병 환자*The sleepwalkers*》에서 프톨레마이오스의 우주 모델은 "피곤하고 쇠퇴한 철학자들의 작품"이라고 표현했다. 물론 프톨레마이오스의 우주 모델은 기본적으로는 틀린 것이었지만 과학적 모형이 가져야 할 가장 기본적인 필요조건 중 하나를 만족시키고 있었다. 즉, 과거 어떤 체계보다도 정확하게 모든 행성들의 위치와 운동을 예측해 낼 수 있었다는 사실이다. 원리적으로는 정확했던 아리스타르쿠스의 태양중심 모델도 그 정도로 정확하게 행성의 운동을 예측하지는 못했다. 따라서 아리스타르쿠스의 모델이 사라지고 프톨레마이오스의 모델이 살아남은 것은 이상할 것이 하나도 없다. 표 2에는 고대 그리스인들이 알고 있었던 두 우주 모델의 장점과 단점을 요약해 놓

표 2

이 표에는 기원후 첫 1천 년 동안 알려졌던 사실에 근거하여 지구중심 모델과 태양중심 모델을 판단할 수 있는 여러 가지 기준을 요약해 놓았다. ✓표시와 ✗ 표시는 위의 두 이론이 일곱 가지 기준에 얼마나 잘 맞는지를 나타내고 있고, 물음표는 자료가 부족하거나 일치와 불일치가 명확치 않다는 것을

기준	지구중심 모델	성공
1. 상식	모든 것이 지구 주위를 돌고 있음이 명백해 보인다.	✓
2. 운동의 인식	우리는 어떤 운동도 관측할 수 없다. 따라서 지구는 움직이지 않는다.	✓
3. 낙하운동	지구가 우주의 중심에 위치해 있다는 것은 물체가 아래로 떨어지는 것으로도 설명할 수 있다. 즉, 물체는 우주의 중심으로 끌어 당겨지고 있는 것이다.	✓
4. 별의 시차	별의 시차를 측정할 수 없다. 지구가 정지해 있고, 따라서 관측자도 정지해 있기 때문이다.	✓
5. 행성 궤도의 예측	매우 근사하게 일치한다 — 최선의 예측이었다.	✓
6. 행성의 퇴행운동	주전원과 이심원을 이용하여 설명할 수 있다.	✓
7. 단순성	매우 복잡하다 — 주전원, 이심원, 대심, 이심.	✗

나타낸다. 우리는 태양중심 모델이 실제와 더 잘 맞는다는 것을 알고 있지만, 고대의 관점에서 보면 그것은 지구중심 모델에 비해 단 하나의 기준(단순성)에서만 유리했다.

기준	태양중심 모델	성공
1. 상식	지구가 태양 주위를 돌고 있다는 논리를 위해서는 상상의 비약이 필요하다.	✗
2. 운동의 인식	어떤 운동도 관측하지 못했다. 지구가 움직이고 있다면 그것은 설명하기 어려운 일이었다.	✗
3. 낙하운동	지구가 중심에 위치하지 않은 모델에서는 물체가 왜 땅으로 떨어지는지 명백하게 설명할 수 없었다.	✗
4. 별의 시차	지구가 움직이고 있지만 별까지의 거리가 멀어 시차를 측정할 수 없다. 더 좋은 장비를 이용하면 측정할 수도 있을 것이다.	?
5. 행성 궤도의 예측	잘 일치한다. 그러나 지구중심 모델보다는 잘 맞지 않았다.	?
6. 행성의 퇴행운동	지구의 운동에 의한 관측지점의 변화 때문에 생기는 결과이다.	✓
7. 단순성	매우 단순하다 — 모든 것은 원운동을 한다.	✓

았다. 이것은 지구중심 모델의 우월성을 잘 보여주고 있다.

프톨레마이오스의 지구중심 모델은 서기 150년에 출판되어 수세기 동안 가장 권위 있는 천문학 교과서가 되었던 《천문학 집대성*Hè megalè syntaxis*》에 정리되어 있다. 실제로 1천 년이 넘는 오랜 세월 동안 유럽의 모든 천문학자들은 이 책의 영향을 받았고 아무도 지구중심 모델에 의문을 가지지 않았다. 이 책은 827년에 《알마게스트*Almagest*》라는 제목의 아랍어 번역본으로 출판되어 더욱 널리 읽혔다. 따라서 프톨레마이오스의 우주 모델은 유럽의 중세 암흑시기에도 살아남아 중동의 이슬람 학자들이 연구할 수 있었다. 이슬람 왕국의 전성기에 아랍 과학자들은 여러 가지 새로운 천문기구를 발명하여 수많은 중요한 관측을 했고 여러 곳에 관측소도 설치했다. 바그다드에 세웠던 알 사마시아 천문관측소도 그중 하나였다. 그러나 그들은 원 안에 다른 원이, 그리고 그 원 안에 또 다른 원이 들어 있는 프톨레마이오스의 지구중심 우주를 전혀 의심하지 않았다.

마침내 유럽이 문화 동면상태에서 깨어나자 고대 그리스의 지식이 무어인이 세운 스페인의 톨레도에서 유럽으로 다시 역수입되었다. 톨레도에는 훌륭한 도서관이 있어서 아랍 서적을 많이 보유하고 있었다. 1085년에 스페인 왕 알폰소 6세가 무어인들에게서 톨레도를 탈환하자 유럽 학자들은 세상에서 가장 중요한 지식의 보고에 접근할 수 있게 되었다. 그 도서관에 있었던 대부분의 문서는 아랍어로 기록되어 있었으므로 가장 먼저 필요한 일은 대규모 번역사업이었다. 대부분의 번역자들은 아랍어를 우선 스페인어로 옮겼고 다음에는 그것을 다시 라틴어로 번역했다. 그러나 가장 뛰어난 번역자였던 크레모나 출신의 게라르드Gerard는 아랍어를 배워 직접 라틴어로 옮겼으므로 그의 번역은 매우 정확했다. 프톨레마이오스의 걸작이 도서관에서 발견되었다는 소문을 듣고 톨레도로 간 그가 아랍어에서 라틴어로 직접 번역한 76권 중에서 가장 중요한 책이 《알마게스트》이다.

게라르드를 비롯한 많은 번역자들 덕분에 유럽 학자들은 과거의 기록들을 접할 수 있게 되었고 천문학에 대한 연구도 다시 활성화되었다. 하지만 당시 유럽 학자들은 고대 그리스의 기록을 매우 존중했기 때문에 아무도 그들의 생각에 의심을 품지 않아 새로운 발전은 없었다. 그들은 고대 학자들이 완전히 이해한 것을 기록으로 남긴 것으로 간주했으므로 《알마게스트》와 같은 책은 성경처럼 여겨졌다. 고대인들이 저질렀던 가장 큰 실수의 경우에도 그러했다. 예를 들면 수말이 암말보다 더 많은 이를 가지고 있다는 사실을 일반화하여 남자가 여자보다 더 많은 이를 가지고 있다고 한 아리스토텔레스의 저서도 신성한 것으로 받아들였다. 아리스토텔레스는 두 번 결혼했지만 부인의 입 속을 관찰하지는 않았던 모양이다. 그는 뛰어난 논리학자이기는 했지만 관찰과 실험의 개념을 이해하는 데는 실패했던 것 같다. 학자들이 고대의 지식을 복구하는 데는 수세기가 필요했다. 말하자면 고대인들의 실수를 알아차리지 못한 채 수세기를 보낸 것이다. 게라르드의 《알마게스트》 번역본이 1175년에 출판된 후 지구중심 모델은 400년간 그대로 존속되었다.

그러나 그동안에도 카스티야와 레온의 왕이었던 알폰소 10세와 같은 사람들이 지구중심 모델에 대해 소소한 비판을 제기하기도 했다. 톨레도를 수도로 정하고 있던 알폰소 10세는 학자들에게 자신들의 관측 자료와 아랍어에서 번역된 것을 결합하여 '알폰신 표Alphonsine Tables' 라고 알려진 행성 운동에 관한 표를 작성하라고 지시했다. 알폰소는 천문학을 강력하게 후원하기는 했지만 수많은 원과 이심을 가지고 있는 프톨레마이오스의 복잡한 천문체계를 별로 좋아하지 않았다. 그는 "만일 전능한 신이 창조를 시작하기 전에 나와 의논했다면 좀 더 단순한 우주를 만들라고 권했을 것"이라고 말했다.

14세기 프랑스 샤를 5세의 궁정 사제였던 니콜 오렘Nicole Oresme은 지구중심 우주가 틀렸다고는 하지 않았지만 완전히 검증된 것이 아니라고 공공연히 주장했다. 또한 15세기에 독일 쿠사의 추기경이었던 니콜라스는 지구가 우주의 중심이 아니라 태양이 그 자리를 차지해야 한다는 대담한 주장을 펴기도 했다.

16세기가 되어서야 천문학자들은 고대 그리스인들이 만든 천문체계에 심각하게 도전하고 우주를 재구성하려는 용기를 지니게 되었다. 아리스타르쿠스가 주장했던 태양중심 우주를 다시 창조해 낸 것은 미콜라이 코페르니크라는 세례명을 가진, 우리에게는 니콜라스 코페르니쿠스Nicholas Copernicus라는 라틴 이름으로 더 잘 알려져 있는 사람이었다.

혁 명

1473년 폴란드 비스툴라 지방에 있는 토룬의 유복한 가정에서 태어난 코페르니쿠스는 에름란트의 주교였던 외삼촌 루카스Lucas의 영향에 힘입어 프라우엔부르크 성당의 참사회 의원으로 선출되었다. 이탈리아에서 법학과 의학을 공부한 코페르니쿠스의 기본적인 임무는 루카스의 주치의 겸 비서였다. 번거로운 일이 많지 않았으므로 그는 남는 시간에 여러 가지 활동을 할 수 있었다. 경제 전문가가 되어 화폐개혁을 조언하기도 했고, 그리스 시인 테오필라투스 시모카테스의 시를 라틴어로 번역하기도 했다.

그러나 코페르니쿠스의 가장 큰 관심사는 천문학이었다. 그는 학생 때 알폰신 표를 사서 본 이래로 천문학에 많은 관심을 가지고 있었다. 이 아마추어 천문가는 행성 운동을 연구하는 데 더욱 몰두했고, 결국 과학의 역사에서 가장 중요한 인물 중 한 사람이 되었다.

놀랍게도 코페르니쿠스의 모든 천문학 연구는 단지 1.5편의 출판물 속에 들어 있었다. 0.5편은 1514년경에 쓴 첫 번째 논문으로, 〈소논평 *Commentariolus*〉이라는 제목의 그 논문은 정식 출판된 것이 아니라 손으로 써서 몇 명에게만 회람시킨 것이었다. 그러나 그 20쪽짜리 논문에서 코페르니쿠스는 1천 년이 넘는 천문학 역사에서 가장 급진적인 생각으로 우주를 흔들어 놓았다. 그 논문의 요지는 그가 우주를 구성하는 기초라고 생각한 일곱 가지 원칙이었다.

1. 천체는 공통의 중심을 가지고 있지 않다.
2. 지구의 중심은 우주의 중심이 아니다.
3. 우주의 중심은 태양의 중심 부근에 있다.
4. 지구에서 태양까지의 거리는 지구에서 별까지의 거리에 비해 아주 작다.
5. 별들의 일주운동은 지구가 자신의 축을 중심으로 자전하고 있기 때문에 생긴 현상이다.
6. 태양의 연주운동은 지구가 태양 주위를 공전하고 있기 때문이다. 모든 행성은 태양 주위를 돌고 있다.
7. 행성들의 겉보기 퇴행운동은 움직이는 지구에서 관측하기 때문에 보이는 현상이다.

코페르니쿠스의 원칙은 모두 정곡을 찌르는 것이었다. 지구는 자전하고 있으며 지구를 비롯한 행성은 태양 주위를 공전하고 있다. 이것으로 행성의 퇴행운동을 설명할 수 있었다. 별들의 연주시차를 관측할 수 없는 것은 별까지의 거리가 지구에서 태양까지의 거리에 비해 훨씬 멀기 때문이라고 설명했다. 코페르니쿠스가 어떤 계기로 전통적인 우주관을 버리고 이러한 원칙을 만들게 되었는지는 명확치 않다. 그러나 그가 이탈리아에 있을 때 배웠던 도메니코 마리아 데 노바라Domenico Maria de Novara의 영향을 받았을 것으로 추정된다. 노바라는 아리스타르쿠스 철학의 뿌리라고 할 수 있는 피타고라스적인 전통에 호의적인 사람이었다. 아리스타르쿠스는 1천700년 전에 처음으로 태양중심 우주 모델을 제시한 사람이었다.

〈소논평〉은 천문학적 반란의 선언이었으며 너무도 복잡한 고대 프톨레마이오스 우주 모델에 대한 코페르니쿠스의 불만과 환멸의 표현이었다. 후에 그는 지구중심 우주 모델의 임기응변적인 성격에 대해 "그것은 한 화가는 모델의 손발과 머리를 그리고 다른 화가는 다른 모델의 신체 부분을 그린 것을 모아 놓은 것과 같다. 이들은 서로 맞지 않기 때문에 각 부분이 아주 잘 그려졌더라도 전체적으로 한 사람을 제대로 나타내지는 못한다. 따라서 그 결과는 사람이 아니라 괴물이 되었던 것이다"라고 비판했다. 그런 과격한 내용이었는데도 유럽의 지성인들 사이에서 아무런 문제도 일으키지 않았다. 소수의 사람들만 그 논문을 읽었기 때문이기도 하겠지만, 그 저자가 유럽의 중심부에서 멀리 떨어진 작은 교회의 참사회 의원에 지나지 않았기 때문일 것이다.

그러나 그것은 단지 천문학을 바꿔보려는 노력의 시작에 지나지 않았기 때문에 코페르니쿠스는 실망하지 않았다. 1512년에 삼촌 루카스가 죽은 후 — 자신이 '인간 모습을 한 악마'라고 주장한 튜튼 족 기사에게 독살되었을 가능성이 크다 — 그는 천문학 연구에 더 많은 시간을 낼 수 있었다. 그는 프라우엔부르크 성으로 이사를 가서 작은 관측소를 설치하고 〈소논평〉에서 빠져 있었던 세세한 수학적 부분을 보충하여 자신의 주장을 구체화하는 데 집중했다.

코페르니쿠스는 그 후 30년 동안 〈소논평〉을 재작성하여 200쪽이 넘는 정식 논문으로 확장했다. 그는 연구를 하는 동안 늘 기존의 천문체계와는 맞지 않는 자신의 천문체계를 다른 천문학자들이 어떻게 생각할지 염려했다. 코페르니쿠스는 다른 사람들에게 놀림을 당할지 모른다는 생각 때문에 논문 출판을 포기하기도 했다. 더구나 신성모독이 될지도 모를 과학적인 발상에 대해 신학자들이 가만히 있지 않을 것이라는 점도 걱정했다.

그런 염려는 옳은 것이었다. 교회는 나중에 코페르니쿠스의 체계를 받아들인 지오르다노 브루노Giordano Bruno를 처형하여 자신들의 인내심의 한계를 보여주었다. 종교재판소는 브루노를 8개 항목의 이단죄로 단죄했다. 그러나 그 내용이 무엇이었는지 알려주는 기록은 현재 남아 있지 않다. 역사학자들은 브루노가 별들이 각자 행성을 가지고 있고 다른 행성에도 생명체가 번성하고 있다고 한 《무한한 우주와 세상에 대하여*On the Infinite Universe and Worlds*》라는 책을 쓴 것에 교회가 분노했을 것이라고 보고 있다. 브루노는 사형선고를 받았을 때 "아마 형을 선고하는 당신들이 형을 받는 나보다 더 큰 공포 속에 있을 것"이라고 말했다. 1600년 2월 17일에 그는 로마의 캄포 데이 피오리로 옮겨져 발가벗겨진 후 화형당했다.

박해에 대한 두려움 때문에 코페르니쿠스의 연구는 완성되지 못한 채 끝날 수도 있었다. 그러나 다행스럽게도 비텐베르크에서 한 젊은 독일 학자가 코페르니쿠스를 찾아왔다. 나중에 레티쿠스Rheticus라고 알려진 라우첸의 게오르크 요아킴Georg Joachim이 1539년에 코페르니쿠스를 만나 새로운 천문체계에 대해 더 많은 것을 알아보기 위해 프라우엔부르크로 찾아온 것이다. 젊은 루터파 개신교 학자인 그가 가톨릭 도시였던 프라우엔부르크로 온 것은 용감한 행동이었다. 개신교 신도여서 프라우엔부르크에서 환영받지 못했을 뿐만 아니라 동료들도 찬성하지 않았기 때문이다. 이러한 정황은 루터가 저녁식사 자리에서 코페르니쿠스를 두고 한 이야기에 잘 나타나 있다. "하늘이나 태양, 달 대신 지구가 공전하고 있다는 것을 증명하려는 새로운 천문학자가 있다는 이야기를 들은 적이 있네. 그것은 마치 움직이는 배나 마차에 타고 있는 사람이 자신은 정지해 있고 땅과 나무 같은 나머지 것들이 움직이고 있다고 주장하는 것이나 마찬가지야. …… 그 바보는 아름다운 천문학을 통째로 뒤엎으려 하고 있어."

루터는 코페르니쿠스를 성경을 반대하는 바보라고 불렀다. 그러나 레티쿠스는 천체에 관한 진리는 성경이 아니라 과학 속에 있다는 코페르니쿠스의 굳은 믿음을 따랐다. 예순여섯 살의 코페르니쿠스는 스물다섯 살의 레티쿠스가 자신의 이론에 관심을 가지는 것을 기쁘게 생각했다. 레티쿠스는 프라우엔부르크에서 코페르니쿠스의 원고를 읽고 토론하면서 3년을 보낸 후 코페르니쿠스와 마찬가지로 새로운 이론에 확신을 가질 수 있었다.

1541년 레티쿠스는 자신의 외교적 수완과 천문학자의 소질을 발휘하여, 원고를 누렘베르크의 요하네스 페트라이우스Johannes Petreius 인쇄소로 가져가 출판해도 된다는 코페르니쿠스의 허락을 받아냈다. 그는 책이 인쇄되는 동안 끝까지 누렘베르크에 머물며 인쇄 과정을 지켜보려 했지만 갑자기 급한 일이 생겨 라이프치히로 가야 했다. 그래서 안드레아스 오시안더Andreas Osiander라는 신부에게 일을 맡겼다. 마침내 1543년 봄에 《천체 회전에 관하여*De revolutionibus orbium cœlestium*》가 출판되었다. 코페르니쿠스에게는 그중 수백 권이 보내졌다.

코페르니쿠스는 1542년 말부터 뇌출혈로 고통을 받으면서도 자신의 일생의 작업이 담긴 책이 출판되기를 기다리고 있었다. 다행히 그 책은 늦지 않게 도착했다. 코페르니쿠스의 동료 참사회 의원이었던 기세는 레티쿠스에게 코페르니쿠스가 고생하는 모습을 편지에 써서 보냈다. "그는 여러 날 정신을 차리지 못했습니다. 죽던 날 마지막 순간에야 완성된 책을 받아보았답니다."

코페르니쿠스는 자신의 의무를 완수했다. 그의 책은 아리스타르쿠스의 태양중심 모델이 우월하다는 것을 세상에 알렸다. 《천체 회전에 관하여》는 놀라

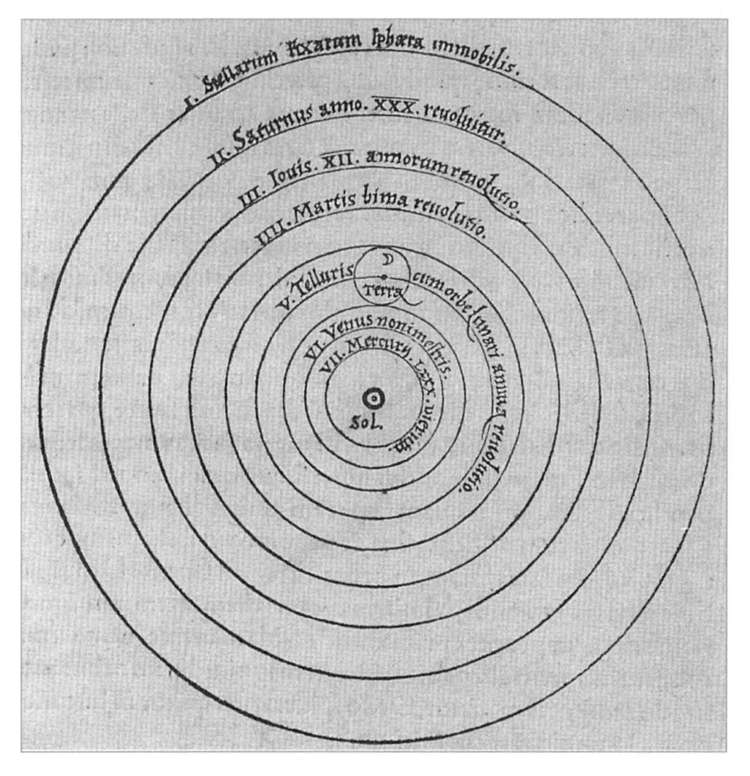

| 그림 10 | 이 그림은 코페르니쿠스가 자신의 혁명적인 우주관을 설명한 《천체 회전에 관하여》에 들어 있는 것이다. 태양이 중심에 자리잡고 있고 행성들이 그 주위를 돌고 있다. 달은 지구를 돌고 있으며, 금성과 화성 사이에 위치해 있다.

운 책이었다. 그러나 그 내용을 살펴보기 전에 출판과 관련된 두 가지 미묘한 문제를 살펴볼 필요가 있다. 첫 번째는 코페르니쿠스가 쓴 감사의 글에 대한 것이다. 《천체 회전에 관하여》의 서문에는 교황 바오로 3세를 비롯하여 카푸아의 추기경, 쿨름의 대주교 같은 많은 사람들의 이름이 언급되어 있다. 그러나 코페르니쿠스의 지동설 탄생에 결정적인 역할을 했던 레티쿠스의 이름은 전혀 언급되지 않았다. 역사학자들은 그 이유를 찾기 위해 애를 썼지만, 결국 레티쿠스 같은 개신교 신자의 이름을 언급하면 가톨릭교회에서 좋아하지 않을 것이라 염려했기 때문이 아니었을까 추측할 뿐이다. 레티쿠스는 자신의 이름이 언급되지 않은 것을 보고 실망하여 그 책이 출판된 후에는 《천체 회전에 관하여》에 더 이상 관심을 가지지 않았다.

두 번째 문제는 《천체 회전에 관하여》의 서문에 관한 것이다. 그것은 코페르니쿠스의 동의를 받지 않고 첨가되었다. 게다가 그 서문에서는 코페르니쿠스의 주장을 상당 부분 후퇴시켰다. '코페르니쿠스의 가설이 사실이거나 사실일 가능성을 고려할 필요는 없다' 라는 의미가 들어 있어서 책의 신뢰성을 심각하게 훼손시켰던 것이다. 그것은 코페르니쿠스의 자세하고 조심스러운 수학적 분석이 허구에 지나지 않는다고 선언하는 결과를 가져와 결국 태양중심 모델을 엉터리로 만들어 버렸다. 즉, 코페르니쿠스의 지동설이 관측값과 상당히 일치하는 것은 사실이지만 지동설은 실제 우주를 반영하고 있는 것이 아니라 계산의 편리를 위한 방편에 지나지 않는다고 하여 지동설의 알맹이를 무력화시켜 버린 것이다. 그러나 코페르니쿠스가 손으로 직접 쓴 서문이 아직도 남아 있다. 그것은 자신의 연구를 허구로 만들어 버린 서문과는 많이 다르다. 따라서 이 새로운 서문은 레티쿠스가 원고를 가지고 프라우엔부르크를 떠난 이후에 끼워 넣은 것이 틀림없다. 코페르니쿠스가 그 서문을 처음 본 것은 자신이 임종하는 자리였다. 그러나 그때 이미 책은 인쇄된 뒤였고 또한 그에게는 그것을 고칠 시간도 없었다. 아마도 그를 무덤으로 보낸 것은 그 서문이었는지도 모른다.

그렇다면 누가 새로운 서문을 써서 끼워 넣었을까? 첫 번째 용의자는 레티쿠스가 누렘베르크에서 라이프치히로 돌아간 후 출판 책임을 맡았던 오시안더이다. 그 책이 출판된 후에 코페르니쿠스가 박해를 받을 것을 염려하여 반대자들의 비판을 완화해 볼 생각으로 그런 서문을 썼을 수도 있다. 그가 레티쿠스에게 보낸 편지를 보아도 알 수 있다. 그 편지에는 아리스토텔레스주의자들이 언급되어 있는데, 그들은 곧 천동설을 믿는 사람들이다. "아리스토텔레스주의자나 신학자들은 쉽게 설득할 수 있을 것입니다. …… 물리적 사실이어서가 아니라 겉으로 나타나는 복잡한 운동을 계산해 내는 데 가장 편리하기 때문에 이 가설을 제안하는 것이라고 이야기한다면."

책의 의도적인 서문과는 달리 코페르니쿠스는 단호하게 비판자들과 맞서려 했던 것이 확실하다. "수학에 대한 무지 탓에 수학적 판단을 내릴 수 없으면서도 성경 구절을 자신의 의도에 맞도록 왜곡하여 내 이론에서 결점을 찾아내려는 사람들이 있을 것이다. 나는 그런 사람들의 비판은 아예 듣지 못한 것으로 무시해 버리겠다."

코페르니쿠스는 고대 그리스 이래 천문학에서 가장 중요하고 가장 논란거리가 될 진전을 이룩한 책을 출판하면서 오시안더가 그 이론을 하나의 가설에 지나지 않는 것으로 치부해 버리는 잘못을 보면서 죽어야 했다. 그 결과 《천체 회전에 관하여》는 출판된 후 수십 년 동안 일반인이나 교회에서 심각하게 받아들여지지 않았다. 초판도 다 팔리지 않았으며 그 후 1백 년 동안 두 번 더 인쇄되었을 뿐이다. 이와는 대조적으로 프톨레마이오스의 우주 모델을 소개하는 책은 같은 기간 동안 독일에서만도 수백 번 새로 인쇄되었다.

그러나 오시안더의 조심스럽고 타협적인 서문은 《천체 회전에 관하여》가 세상에 충격을 주지 못한 여러 가지 이유 중 하나였을 뿐이다. 코페르니쿠스가 쓴 까다로운 문장에도 문제가 있었다. 그의 독특한 문장력 때문에 《천체 회전에 관하여》는 400쪽의 복잡하고 지루한 책이 되어버렸다. 게다가 이것이 코페르니쿠스가 쓴 첫 번째 천문학 책이었고, 또한 그는 유럽 학자들 사이에서 거의 알려져 있지 않았다. 책이 출판되었을 때는 코페르니쿠스가 이미 죽은 후였기 때문에 널리 홍보할 수 없었던 탓도 있다. 마지막 이유는 레티쿠스와 관련되어 있다. 《천체 회전에 관하여》를 잘 알고 있었고 따라서 그 책을 가장 잘 홍보할 수 있는 유일한 사람이었던 레티쿠스는 자신이 무시당했다고 생각하여 더 이상 코페르니쿠스 체계에 상관하려 하지 않았던 것이다.

더구나 아리스타르코스가 처음으로 제시했던 태양중심 모델과 마찬가지로 《천체 회전에 관하여》에 있는 코페르니쿠스의 모델도 행성의 미래 위치를 예측하는 데는 프톨레마이오스의 지구중심 모델보다 정확도가 떨어졌다. 그 때문에 근본적으로는 옳았던 모델이 많은 결점을 가지고 있는 모델과의 경쟁에서 지고 만 것이다. 여기에는 두 가지 이유가 있다. 첫째, 코페르니쿠스의 모델이 정확한 예측에 꼭 필요한 사항을 빠뜨리고 있었기 때문이다. 둘째, 프톨레마이오스의 모델은 많은 이심원과 주전원을 도입해서 정확도를 높여 나갔다. 어떤 잘못된 모델이라도 이렇게 많은 요소를 도입한다면 그 정도의 정확성은 만들어 낼 수 있을 것이다.

사실 코페르니쿠스의 모델은 아리스타르코스의 태양중심 모델이 지니고 있었던 모든 문제점을 그대로 가지고 있었다.(표 2) 태양중심 모델이 지구중심 모델보다 확실히 나은 점은 단순하다는 것뿐이었다. 코페르니쿠스도 이심원을 사용하기는 했지만 그의 체계는 태양을 중심으로 한 단순한 원궤도를 기본으로 하고 있었던 것에 반해, 프톨레마이오스의 체계에서는 모든 행성에 여러 개의 주전원과 이심원을 도입한 아주 복잡한 체계였다.

그러나 코페르니쿠스로서는 다행스럽게도 14세기에 영국 출신 프랑스 신학자였던 오컴의 윌리엄William of Occam이 지적했듯 단순함은 모두가 인정하는 과학의 중요한 특성이었다. 오컴은 종교적 지위에 있는 사람은 재산이나 부를 소유해서는 안 된다고 주장하여 유명해진 사람이다. 그는 자신의 생각을 너무도 과격하게 주장한 탓에 옥스퍼드 대학에서 도망쳐 프랑스 남부 아비뇽으로 망명해야 했다. 그곳에서도 그는 교황 요한 12세를 이단이라고 비난했다. 따라서 그가 교회에서 파문당한 것은 당연했다. 1349년에 흑사병으로 죽은 후 그는 **오컴의 면도날**이라는 과학적 유산으로 유명해졌다. 오컴의 면도날은 만일 서로 다른 두 이론이나 설명이 있을 경우 다른 모든 것이 같다면 단순한 것이 사실일 가능성이 크다는 내용을 포함하고 있다. 오컴은 다음과 같이 표현했다. "Pluralitas non est ponenda sine necessitate.꼭 필요하지 않은 경우에는 복잡성을 도입해서는 안 된다."

폭풍우가 불어온 다음 날 아침에 들판에 나무 두 그루가 쓰러져 있는 것을 발견했다고 가정하자. 간단한 가설은 두 그루의 나무가 모두 폭풍에 쓰러졌으리라는 것이다. 반면에 복잡한 가설을 하나 제시하면, 두 개의 운석이 동시에 땅에 떨어지면서 두 나무를 쓰러뜨린 후 다시 두 운석이 정면충돌하여 증발해 버렸기 때문에 운석의 흔적은 발견할 수 없게 되었다는 것이다. 오컴의 면도날을 적용하면 폭풍 가설이 쌍둥이 운석의 가설보다 단순하기 때문에 사실일 가능성이 크다. 오컴의 면도날이 해답의 정당성을 담보해 주지는 않지만 많은 경우 올바른 해답을 가려낼 수 있게 해준다. 의사들은 질병을 진단할 때 종종 오컴의 면도날을 적용한다. 그리고 의과대학 학생들은 '혹 말발굽소리를 듣는다면 얼룩말이 아니라 그냥 말을 생각하라' 고 배운다. 반면에 음모 이론에서는 오컴의 면도날을 무시하고 단순한 설명 대신 우회적이고 복잡한 설명을 선택한다.

오컴의 면도날은 (행성마다 이심원과 주전원, 이심, 대심을 적용시켜야 하는) 프톨레마이오스의 모델보다 (행성 하나에 하나의 원이 있는) 코페르니쿠스의 모델을 선택하도록 한다. 그러나 오컴의 면도날은 두 개의 모델이 똑같이 합리적일 때만 결정적인 역할을 한다. 16세기에는 프톨레마이오스의 모델이 여러 면에서 코페르니쿠스의 모델보다 장점을 가지고 있었다. 그중에도 가장 큰 장점은 행성의 위치를 훨씬 정확하게 예측한다는 것이었다. 따라서 태양중심 모델은 단순성을 가지고 있었지만 정당하지 않은 것으로 간주되고 말았다.

게다가 많은 사람들이 태양중심 모델을 너무 급진적인 이론으로 여겨 세심하게 고찰해 보려고도 하지 않았다. 한편, 코페르니쿠스의 연구 덕분에 오래전부터 사용되어 오던 단어가 새로운 의미를 지니는 계기가 되기도 했다. 언어학자들은 전통적인 생각에 완전히 반대되는 새로운 생각을 뜻하는 revolutionary혁명이라는 단어는 코페르니쿠스의 책 제목《천체 회전에 관하여》의 revolution회전이라는 말에서 유래됐다고 본다. 어떻든 태양중심 모델은 혁명적인 만큼 얼토당토않은 것으로 보이기도 했다. 따라서 코페르니쿠스의 독일식 이름에서 유래한 '코페르넥시Kopperneksch' 라는 단어는 독일 남부에 있는 바이에른 주 북부지방에서는 '믿지 못할 것' 또는 '비논리적인 주장' 이라는 뜻으로 쓰이게 되었다.

한마디로 태양중심 모델은 시대에 앞선 생각이었고 너무 혁명적이었으며,

믿을 수 없는 것이었고, 폭넓은 지지를 얻기에는 부정확한 것이었다. 《천체 회전에 관하여》는 극히 일부의 서가에만 꽂힐 수 있었고 일부 천문학자들에게만 읽혀지고 연구되었다. 태양중심 모델은 기원전 5세기에 아리스타르쿠스가 처음으로 제안했다. 그러나 잊혀졌다. 이제 코페르니쿠스에 의해 다시 제안되었다. 그러나 다시 잊혀졌다. 태양중심 모델은 누군가 나타나 다시 조사하고 세련되게 다듬어 그 이론이 우주의 실제 모습을 나타낸다는 것을 모든 사람들에게 증명해 줄 때까지 동면상태에 들어가야 했다. 프톨레마이오스가 틀리고 아리스타르쿠스와 코페르니쿠스가 옳았다는 것을 증명해 줄 증거를 찾아내는 일은 다음 세대 천문학자들의 몫이었던 것이다.

하늘의 성

1546년 덴마크 귀족 가문에서 태어난 티코 브라헤Tycho Brahe는 두 가지 면에서 역사에 남을 명성을 얻었다. 첫 번째는 바로 코였다. 1566년에 브라헤는 사촌 만데루프 파르스베르크와 크게 다투었다. 파르스베르크가 거짓으로 밝혀진 티코의 점성술 예언을 두고 조롱하며 모욕을 주었기 때문이었다. 브라헤는 술레이만 황제의 죽음을 예언하며 그것을 라틴어 시 속에 집어넣었다. 그러나 그 오스만 튀르크 황제는 브라헤가 죽음을 예언하기 6개월 전에 이미 죽고 없었다. 그 일로 두 사람은 결투를 벌이게 되었다. 칼싸움 도중에 파르스베르크의 칼이 브라헤의 이마와 코를 잘라버렸다. 상처가 2~3센티미터만 더 깊었어도 그 자리에서 죽었을 것이다. 그 후 브라헤는 금속으로 만든 모조 코를 붙이고 다녔다. 금과 은 그리고 동을 합금해 만든 이 모조 코는 매우 정교하게 만들어져 피부와 잘 어울렸다고 한다.

브라헤는 관측천문학을 정확성 면에서 한 단계 발전시켰다는 점에서 더욱 유명해졌다. 그가 천문 관측 분야에서 큰 명성을 얻자 덴마크 왕이었던 프레데릭 2세는 덴마크 해안에서 10킬로미터 떨어진 벤 섬을 주고 그곳에 천문관측소를 지을 수 있도록 재정도 지원했다. 이 우라니보르크Uraniborg, 하늘의 성는 해마다 규모가 커져서 덴마크 총생산의 5퍼센트를 사용하는 대규모 성이 되었다. 지금껏 연구소에 지원된 기금으로는 기록적인 규모였다.

우라니보르크에는 도서관, 제지공장, 인쇄소, 연금술사의 실험실, 용광로가 있었으며 심지어는 법을 어긴 노예를 감금하는 감옥도 있었다. 관측 탑에는 육분의, 사분의, 고리모양의 천구 등 커다란 관측기구들이 갖춰져 있었다.(그것은 모두 맨눈으로 관측하는 기구였는데, 이는 당시의 과학자들이 아직 렌즈 사용법을 모르고 있었기 때문이다.) 모든 기구는 네 벌씩 만들었는데 그것은 동시에 독립된 측정을 하여 별과 행성의 위치 측정의 오차를 최소화하기 위한 것이었다. 그 덕분에 브라헤는 그보다 앞선 시대의 가장 정확한 기록보다 5배나 정확하게 30도분의 1까지 관측할 수 있었다. 그가 정확하게 측정할 수 있었던 것은 모조 코를 떼어버리고 눈을 더 완벽하게 사용했기 때문이었는지도 모른다.

브라헤의 명성은 유럽의 유명인사들이 줄을 서서 그의 관측소를 찾을 정도였다. 그들은 브라헤의 연구뿐만 아니라 유럽 전역에 널리 알려져 있었던 우라니보르크의 정열적인 파티에도 매료되었다. 브라헤는 파티를 위해 넉넉한 술과, 여러 기능을 가진 조각상 모양의 놀이기구를 제공했고, 천리안이라고 불린 난쟁이 이야기꾼 예프를 데려다 놓기도 했다. 그리고 파티에 더 흥을 돋우기 위해 애완용으로 기르던 고라니를 성에서 마음껏 뛰놀게 했는데 불행히

| 그림 11 | 벤 섬에 있었던 우라니보르크는 역사상 가장 풍부하게 경제적 지원을 받은 쾌적한 천문관측소였다.

도 그 고라니는 술을 너무 많이 먹어 계단에서 굴러 떨어져 죽고 말았다. 우라니보르크는 연구소라기보다는 피터 그린어웨이[2] 영화를 위해 만들어진 장소 같았다.

브라헤는 프톨레마이오스의 천문학 전통 속에서 자랐지만 정밀한 관측을 통해 고대 우주관에 대한 자신의 생각을 바꾸지 않을 수 없었다. 그가 《천체 회전에 관하여》를 한 권 가지고 있었던 것으로 보아 코페르니쿠스의 태양중심 모델에 호의적이었다는 것을 알 수 있다. 그러나 그런 태양중심 모델을 그대로 받아들이지 않고 자신만의 우주 모델을 새로이 만들어 냈다. 그의 모델은 프톨레마이오스와 코페르니쿠스의 중간에 해당하는 어중간하고 불완전한 것이었다. 코페르니쿠스가 죽은 지 50년이 다 된 1588년에 브라헤는 《천상 세계의 새로운 현상에 관하여*De mundi œtherei recentioribus ph œnomenis*》라는 책을 펴냈다. 여기에서 브라헤는 그림 12에 나타나 있는 우주 모델을 소개했다. 이 모델에서는 모든 행성은 태양을 중심으로 돌고 있고, 태양은 지구를 중심으로 돌고 있었다. 그의 진보적 성향은 태양이 행성들의 중심이라는 것까지는 인정하도록 했지만, 그의 보수적 성향은 지구가 우주의 중심이라는 것을 고수하도록 했던 것이다. 브라헤는 지구가 움직인다는 생각은 받아들이기를 꺼려했는데, 그것은 지구가 중심에 정지해 있다고 가정해야 모든 물체가 지구 중심을 향해 떨어지는 이유를 설명할 수 있었기 때문이다.

브라헤는 다음 단계의 천문 관측 프로그램을 실행하고 자신의 우주 모델을 이론화하는 연구를 계속해 나가기 전에 심각한 위기에 직면하게 되었다. 후원자였던 프레데릭 왕이 《천상 세계의 새로운 현상에 관하여》를 출판하던 해에

---

2. Peter Greenaway, 1942~ ,1980년대에 등장한 영화제작자로, 〈Pillow Book〉이나 〈프로스페로의 서재〉 등 현대적이면서 인습에 얽매이지 않은 작품을 많이 제작했다.

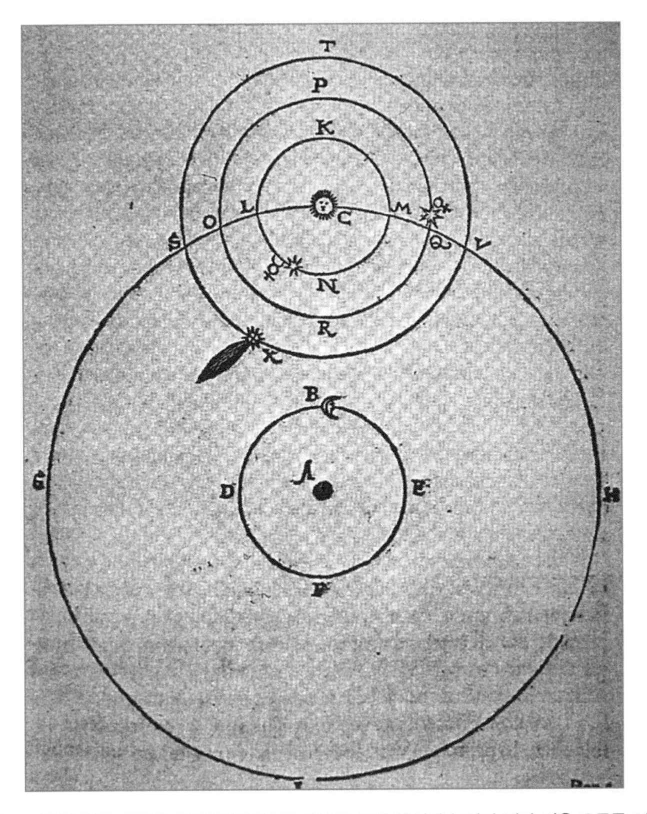

| 그림 12 | 브라헤의 우주 모델은 프톨레마이오스가 지구를 우주 중심에 놓았던 것과 같은 오류를 저질렀다. 이 모델에서는 달과 태양은 지구를 돌고 있다. 그의 가장 큰 성공은 행성들이 (그리고 불타는 혜성이) 태양을 돌고 있다는 사실을 깨달은 것이었다. 이 그림은 브라헤의 책에서 인용한 것이다.

과음을 한 탓에 죽었던 것이다. 프레데릭의 뒤를 이어 덴마크의 새로운 왕이 된 크리스티안 4세는 더 이상 브라헤의 사치스러운 연구를 후원하거나 향락적인 생활을 묵인해 주지 않았다. 브라헤는 우라니보르크를 버리고 가족과 조수, 난쟁이 예프, 천문기구를 나르는 일꾼들을 데리고 덴마크를 떠날 수밖에 없었다. 다행스럽게도 티코의 관측기구는 모두 이동할 수 있도록 만들어져 있

었다. 브라헤가 "무식한 정치인들이 천문학자의 연구를 항상 가치 있는 것이라고 생각해 주리라 기대할 수 없기 때문에 천문학자는 세계인이어야 한다"라는 생각을 가지고 있었기 때문이다.

티코 브라헤가 프라하로 온 후 신성로마제국 황제 루돌프 2세는 그를 궁정수학자로 임명했고 베나키 성에 새로운 관측소를 설치하는 것을 허락했다. 프라하로 옮긴 것은 결과적으로 그에게 큰 행운이 되었다. 몇 달 뒤 프라하에 도착한 새로운 조수 요하네스 케플러Johannes Kepler와 그곳에서 팀을 이룰 수 있었기 때문이다. 루터파 신교도였던 케플러는 가톨릭교도였던 페르디난드 대공이 "이교도를 다스리느니 차라리 나라를 사막으로 만들어 버리겠다"라고 선언한 뒤 그를 사형시키겠다고 위협한 탓에 그라츠에 있는 집에서 도망칠 수밖에 없었다.

케플러는 1600년 1월 1일 프라하에 도착했다. 새로운 한 세기가 시작되던 그해는 우주에 대한 새로운 발견을 하게 되는 새로운 협력이 시작되는 해가 되었다. 브라헤와 케플러는 완벽하게 역할을 분담했다. 과학적 진보는 관찰과 이론을 모두 필요로 한다. 브라헤는 천문학사상 가장 뛰어난 관측 자료를 수집했으며, 케플러는 그 관찰 결과를 가장 훌륭하게 해석했다. 케플러는 태어날 때부터 근시와 난시로 고통받았지만 관측 자료의 분석을 통해 궁극적으로는 브라헤보다 더 멀리 볼 수 있었다.

두 사람의 동반관계는 시작은 물론 끝나는 시점도 시기적으로 매우 적절했다. 케플러가 도착하고 몇 달 안 되어 브라헤는 로젠베르크 남작에게서 저녁초대를 받아 평소처럼 술을 많이 마셨다. 그러나 그는 남작보다 먼저 자리에서 일어서는 실례를 범하지 않으려 했다. 케플러는 "브라헤는 술을 마실수록 점점 방광이 조여 오는 것을 느꼈지만 자신의 건강보다 예의를 더 중요시했다. 그는 집으로 돌아와서 가까스로 볼일을 볼 수 있었다"라고 기록했다. 그날 밤 그는 열이 났고, 그때부터 혼수상태와 정신착란 사이를 왔다 갔다 했다. 열흘 후 브라헤는 세상을 뜨고 말았다.

임종 때 브라헤는 "내 삶이 헛되지 않았기를" 하고 반복해서 말했다. 그러나 케플러가 장차 그의 정확한 관찰 결과에 대한 결실을 맺어줄 것이므로 그 염려는 쓸데없는 것이었다. 사실 그의 작업이 결실을 맺기 위해서는 그가 일찍 죽어야 했다. 살아 있는 동안 그는 언제나 혼자서 위대한 연구 결과를 발표할 것을 꿈꾸면서 관측 자료를 은밀한 곳에 보관하고 다른 사람과 공유하려 들지 않았다. 케플러를 동등한 동반자로 인정하지 않았던 것이다. 그는 덴마크 귀족 출신이었지만 케플러는 비천한 농민 출신이었다. 그러나 그 관찰 결과의 깊은 의미를 발견하는 것은 브라헤의 능력이 닿지 않는 일이었으며, 바로 케플러 같은 유능한 수학자의 능력을 필요로 하는 일이었다.

케플러는 전쟁과 종교적 박해, 범죄자였던 아버지, 그리고 마녀로 고발된 후 추방된 어머니 때문에 극심한 어려움을 겪고 있던 비천한 집안에서 태어났다. 그는 정신적 불안정에서 비롯된 우울증이 있었으며, 자존감도 갖지 못한 채 성장했다. 그는 제3자의 관점에서 쓴 자기비하적인 점성술 예언에서 자신을 작은 개로 묘사했다.

> 그는 뼈다귀와 딱딱한 빵 껍질을 물어뜯는 것을 좋아했으며 욕심이 많아 눈에 보이는 것은 무엇이든 움켜쥐었다. 그러나 개와 마찬가지로 거의 술을 마시지 않았으며 초라한 음식만으로도 만족해했다. …… 그는 끊임없이 다른 사람에게서 도움을 구했고, 모든 것을 다른 사람에게 의존했으며, 그들이 원하는 대로 일해 주었다. 또한 누가 나무라면 절대로 대들지 않았

> 고, 그들의 호의를 잃을까 늘 두려워했다. …… 그는 개처럼 목욕하는 것을 싫어했다. 게다가 무모함은 한도 끝도 없었는데, 그것은 화성이 수성과 사각형을 이루고 있고 달과 3분의 1 대각선을 이루고 있기 때문이었다.

그가 천문학에 열정을 보인 것은 그것만이 자기혐오에서 벗어나 안정을 얻을 수 있는 유일한 세계라 여겼기 때문이다. 스물다섯 살 때 그는 코페르니쿠스의 《천체 회전에 관하여》를 지지하는 첫 번째 책인 《우주의 신비*Mysterium Cosmographicum*》를 썼다. 그 후 태양중심 모델이 진실이라는 확신을 가지고, 그 모델을 부정확하게 만든 것이 무엇인지 밝히는 데 자기 자신을 바치기로 결심했다. 가장 어려우면서도 중요한 문제는 코페르니쿠스의 제자였던 레티쿠스를 괴롭혔던 화성의 궤도를 밝히는 것이었다. 케플러에 따르면 레티쿠스는 화성 궤도 문제를 해결하는 데 실패한 뒤 크게 좌절했다. "레티쿠스는 수호천사에게 마지막 도움을 호소했다. 그러나 그 관대하지 못한 천사가 레티쿠스의 머리카락을 움켜쥐고 천장에 집어던지는 바람에 바닥에 떨어져 머리를 부딪히고 말았다."

케플러는 브라헤의 관찰 결과를 알 수만 있다면 8일 안에 화성 궤도의 문제를 해결하여 태양중심 모델이 가지고 있는 부정확성을 없앨 수 있을 것이라 확신했다. 하지만 실제로 그렇게 하는 데 8년이 걸렸다. 케플러가 태양중심 모델을 완벽하게 만드는 데 그토록 오랜 시간이 걸렸다는 사실은 강조해 둘 필요가 있다. 여기에서 간단히 설명하는 것만 보고서 자칫 그의 위대한 업적을 평가절하할 수도 있기 때문이다. 케플러는 2절지 900장을 채우는 고통스럽고 힘든 계산의 결과 그 해답을 얻어낼 수 있었던 것이다.

케플러는 행성은 원이나 원의 조합으로 만들어진 궤도를 따라 돈다는 고대의 생각을 버림으로써 돌파구를 열 수 있었다. 코페르니쿠스는 한결같이 원궤도를 고집했지만 케플러는 그 점이 코페르니쿠스의 잘못된 가정 중 하나라는 사실을 알아차렸다. 케플러는 코페르니쿠스가 다음과 같은 세 가지 문제를 잘못 가정했다고 생각했다.

1. 행성들은 정확한 원궤도를 따라 돈다.
2. 행성들은 일정한 속도로 돈다.
3. 태양은 이들 원궤도의 중심에 있다.

코페르니쿠스가 행성이 지구가 아닌 태양을 중심으로 돌고 있다고 한 것은 옳았지만, 위의 세 가정에 너무 구애되었기 때문에 화성과 다른 행성들의 움직임을 정확하게 예측할 수 없었다. 그러나 케플러는 행성들의 운동을 정확하게 예측하는 데 성공했다. 종래의 선입견과 가정을 모두 버려야 진실을 발견할 수 있다고 생각하고 그 세 가지 가정을 모두 무시했기 때문이다. 그는 눈과 마음을 열고, 브라헤의 관측 자료를 바탕으로 자신만의 모델을 구축했다. 그러자 케플러가 발견한 새로운 행성 궤도는 관측의 결과와 정확하게 일치했으며, 결국 태양계가 제 모습을 갖추게 되었다. 케플러는 코페르니쿠스의 오류를 다음과 같이 지적했다.

1. 행성들은 정확한 원이 아닌 타원궤도를 따라 돈다.
2. 행성들은 계속해서 운동속도를 바꾼다.
3. 태양은 이들 궤도의 정확한 중심에 있는 것이 아니다.

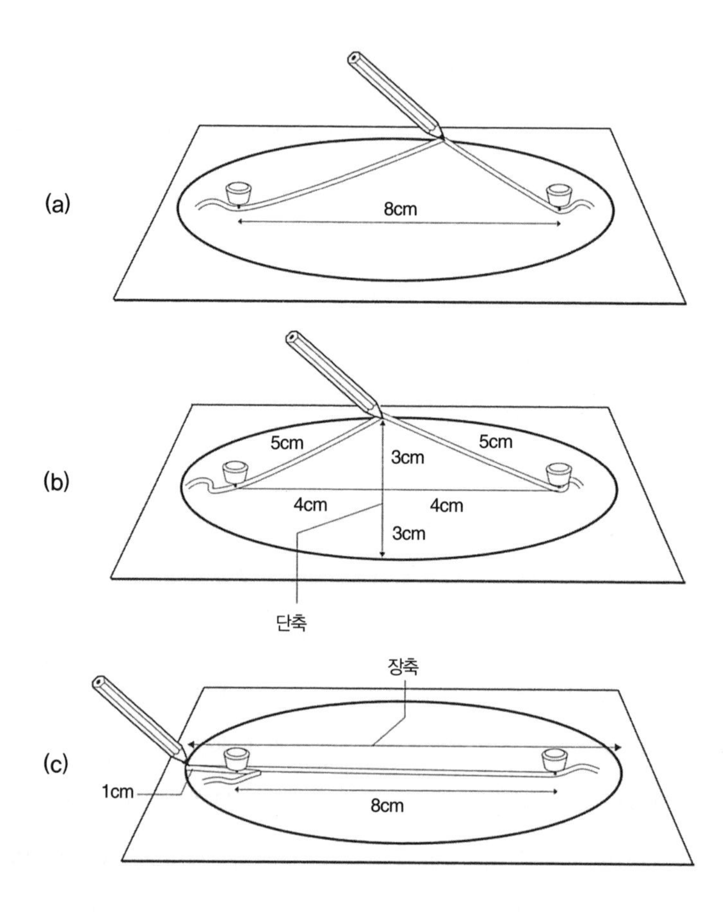

| 그림 13 | 타원을 그리는 간단한 방법은 그림 (a)와 같이 두 개의 핀으로 고정되어 있는 줄을 이용하는 것이다. 만일 핀이 8cm 떨어져 있고 줄의 길이가 10cm라면 타원 위의 모든 점에서 두 핀까지 거리의 합은 10cm일 것이다.

예를 들면 그림 (b)에서 10cm의 줄은 한 변의 길이가 5cm인 두 개의 삼각형을 만든다. 피타고라스 정리를 이용하면 중심에서의 타원의 높이는 3cm가 된다. 이것은 타원의 전체 아래 위 폭(단축의 길이)이 6cm 라는 것을 나타낸다.

그림 (c)는 10cm의 줄을 한쪽 끝까지 당긴 것이다. 이것은 타원의 좌우 폭(장축의 길이)이 8cm라는 것을 나타낸다. 왜냐하면 핀 사이의 거리가 8cm이고 양끝의 거리가 1cm씩이기 때문이다. 단축이 6cm, 장축이 10cm이기 때문에 이 타원은 매우 납작하다. 두 핀을 가까이 가져가면 가져갈수록 단축과 장축의 길이가 점점 비슷해지고 타원은 통통해진다. 만일 두 핀이 한 점에 모인다면 줄은 5cm의 길이로 고정되어 완벽한 원이 될 것이다.

케플러는 행성 궤도의 신비를 풀어낸 순간 "오, 전능하신 하느님, 제가 당신 다음으로 당신이 했던 생각을 해냈습니다" 하고 소리쳤다.

태양계에 관한 케플러의 두 번째와 세 번째 가정은 행성 궤도가 타원이라는 첫 번째 가정에서 나온 것이었다. 타원이 어떻게 만들어지는지 보면 왜 그런지 알 수 있다. 타원을 그리기 위해서는 그림 13처럼 일정한 길이의 실을 두 개의 핀으로 판에 고정한 후 연필로 실을 팽팽하게 잡아당긴다. 그런 후 판 주위를 돌면 타원의 반이 그려진다. 줄의 방향을 반대편으로 바꾸어 다시 그것을 팽팽하게 해서 돌리면 타원의 나머지 반쪽도 완성된다. 줄의 길이가 일정하고 핀이 고정되어 있으므로 타원은 두 핀으로부터의 거리를 합한 값이 일정한 점들의 모임이 된다.

핀의 위치를 타원의 초점이라고 부른다. 타원궤도에서는 태양이 행성 궤도의 중심에 있는 것이 아니라 한쪽의 초점에 위치해 있다. 그러므로 행성이 태양에 가까운 쪽을 향해 떨어져 가는 것처럼 운동할 때가 있다. 이러한 추락 과정은 행성의 속도를 빨라지게 만든다. 반대로 행성이 태양에서 멀어질 때는 행성의 속도가 느려질 것이다.

케플러는 행성이 타원궤도를 따라 빨라졌다 느려졌다 하면서 태양을 돌 때, 행성과 태양을 잇는 가상의 직선이 같은 시간에 같은 면적을 휩쓸고 지나간다는 것도 밝혀냈다. 다소 추상적인 이 현상은 그림 14에 자세히 설명되어 있다. 이것은 행성이 일정한 속도로 태양을 돌고 있다고 생각한 코페르니쿠스의 생각과는 달리 궤도를 도는 동안 속도가 어떻게 변하는지 잘 설명해 준다.

타원은 고대 그리스 시대부터 연구되었는데 어째서 아무도 행성의 궤도가 타원일 것이라는 생각을 하지 못했을까? 그 이유 중 하나는 이제까지 알아보았듯이 원운동을 신성하고 완벽한 운동이라고 생각했던 탓에 천문학자들이

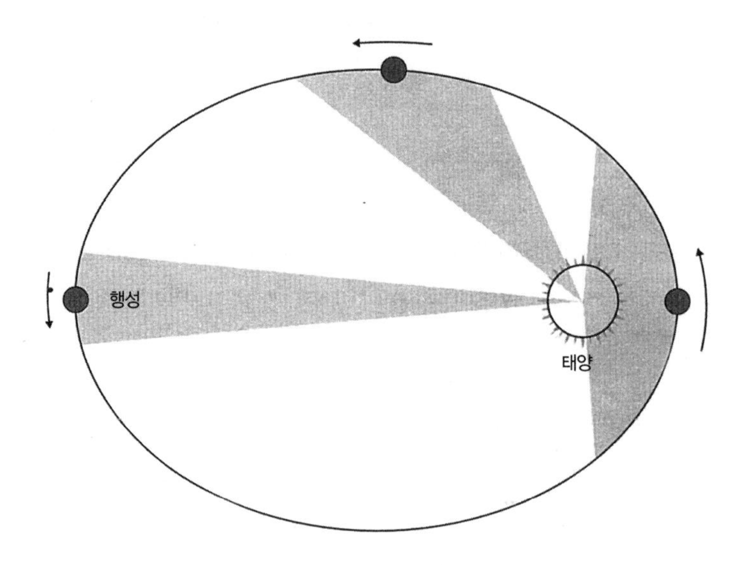

| 그림 14 | 이 그림은 매우 과장된 행성궤도를 나타낸다. 이 그림에 나타난 타원의 높이는 폭의 약 75%인데 비해 태양계의 행성궤도는 대부분 이 비율이 99~100% 사이에 있다. 또한 이 그림에서는 태양이 위치해 있는 초점이 타원의 중심에서 멀리 떨어져 있지만 실제 행성궤도에서는 태양이 중심 가까운 곳에 있다. 이 그림은 케플러의 행성운동 제2법칙을 설명해 준다. 그는 행성과 태양을 잇는 가상의 직선은 같은 시간에 같은 면적을 휩쓸고 지나가며 이 때문에 행성이 태양에 가까워지면 속도가 빨라진다고 설명했다. 어둡게 표시된 세 부분의 면적은 모두 같다. 행성이 태양에 가까워지면 반지름은 짧아지지만 속도가 빨라져 같은 시간 안에 더 큰 타원 둘레를 지나가게 된다. 행성이 태양에서 멀어지면 반지름은 훨씬 커지지만 속도가 느려져 같은 시간에 더 작은 타원 둘레를 지나간다.

다른 가능성을 생각하려 하지 않았기 때문이다. 또 다른 이유는 대부분의 행성 궤도가 아주 약간만 타원형이기 때문에 면밀한 조사를 하지 않고는 원궤도인 것처럼 보이기 때문이다. 단축의 길이를 장축의 길이로 나눈 값은 (그림 13에 있는 것처럼) 타원이 얼마나 원에 가까운가를 나타내는 지표가 된다. 지구의 경우 그 비율이 0.99986이다. 레티쿠스에게 악몽을 선사한 행성인 화성의 궤도는 지구보다 조금 더 일그러져 있지만 그래도 두 축의 비율은 1에 매우 가까운 0.99566이다. 간단히 말해, 화성의 궤도는 천문학자들이 원궤도라고 착

각할 수 있을 정도로 원에 가까웠지만, 원궤도라고 생각하고 계산하면 문제를 일으키기에 충분할 정도이다.

케플러의 타원궤도는 태양계를 완벽하고 정확하게 설명할 수 있는 것으로 판명되었다. 그의 결론은 과학과 과학적 방법, 즉 관측과 가설 그리고 수학을 결합시켜 얻어낸 승리였다. 케플러는 자신의 획기적인 발견을 1609년 《신천문학*Astronomia nova*》이라는 제목의 긴 논문으로 출판했다. 그 논문에는 실패로 끝난 수많은 과정을 포함해 8년 동안 까다로운 계산에 매달렸던 일이 상세하게 설명되어 있다. 그는 독자들에게 인내심을 요구했다. "만일 이 책의 계산들이 지겹게 생각된다면 엄청난 시간 동안 적어도 70번은 반복해서 계산해야 했던 나를 생각해 주기 바란다."

물론 당시에 대부분의 사람이 케플러의 태양계가 진실을 나타낸다고 믿진 않았지만 그래도 그의 태양계 모델은 단순하고 우아했으며 행성의 경로를 정확하게 예측할 수 있었다. 철학자와 천문학자 그리고 교회의 지도자 대다수가 케플러의 모델이 계산을 하기에 좋다는 것은 인정했다. 하지만 그들은 지구가 우주의 중심이라는 것을 철석같이 믿고 있었다. 그들이 지구중심의 우주 모델을 선호한 것은 표 2에 나타난 바와 같이 케플러의 모델로도 설명할 수 없는 것들이 있었기 때문이다. 그중 하나는 우리 주위에 보이는 모든 물체는 지구에 붙어 있는데, 어떻게 지구나 다른 행성들은 태양 주위의 궤도에 붙잡혀 있을 수 있겠는가 하는 것이었다.

대부분의 천문학자는 전통적인 원의 교리와는 반대되는 케플러의 타원궤도는 말도 안 되는 것으로 생각했다. 네덜란드의 목사이자 천문학자였던 다비트 파브리키우스David Fabricius는 케플러에게 이런 편지를 보냈다. "당신은 타원을 가지고 원운동과 불변성을 파괴하고 있는데, 그것은 깊이 생각할수록 더욱 불합리하게 여겨집니다. …… 현재까지의 완벽한 원궤도를 그대로 놔둔 상태에서 당신의 타원궤도를 또 하나의 작은 주전원을 이용해 설명하면 훨씬 나을 것입니다." 그러나 타원은 원과 주전원으로는 만들어질 수 없는 것이었으며 따라서 그러한 타협은 가능한 것이 아니었다.

《신천문학》에 대한 부정적인 반응에 실망한 케플러는 자신의 능력을 발휘할 수 있는 다른 분야를 찾아나섰다. 그는 주위에 있는 세계에 항상 호기심을 가지고 있었다. 그는 자신의 그칠 줄 모르는 탐구심에 대해 다음과 같이 썼다. "우리는 새가 무슨 목적으로 노래하는지 묻지 않는다. 왜냐하면 그들이 노래하도록 창조되었을 때부터 노래는 그들의 기쁨이었기 때문이다. 이와 마찬가지로 우리는 왜 우리가 하늘의 비밀을 탐구하려고 마음고생을 하는지 묻지 않는다. …… 자연현상은 너무나 다양하고 하늘에 감춰져 있는 보물은 너무나 풍부해서 사람의 마음에 신선한 영양분을 공급하기에 영원히 부족함이 없을 것이다."

케플러는 행성들의 타원궤도에 대한 연구뿐만 아니라 여러 가지 다른 연구에도 몰두했다. 그는 행성들이 '천구의 음악'으로 공명한다는 피타고라스의 가설을 부활시키기도 했다. 케플러에 따르면 각 행성의 속도는 특별한 음을 낸다.(예를 들어 도, 레, 미, 파, 솔, 라, 시) 지구는 파와 미 음을 내는데 그것은 famine기근을 뜻하는 라틴어 fames가 되어 바로 그것이 우리 행성의 본성을 나타내는 것이라고 했다. 그는 시간을 쪼개어 《솜니움*Somnium*》이라는 공상과학소설을 쓰기도 했다. 이 책은 여러 모험가가 달까지 여행하는 과정을 자세하게 기록한 것이다. 《신천문학》를 쓰고 나서 몇 년이 지난 후에 케플러는 그의 가장 독창적인 논문 중 하나인 《육각형의 눈송이에 대하여》를 통해 눈송이의 대칭성과 물질에 대한 원자적 시각을 제안했다.

케플러는 《육각형의 눈송이에 대하여》를 자신의 후원자였던 요하네스 마태우스 바커 폰 바켄펠스Johannes Matthaeus Wackher von Wackenfels에게 헌정했다. 바커는 케플러에게 가장 흥미로운 소식을 전해 준 사람이었다. 그것은 천문학 전체와 태양중심 모델의 위상을 변화시켜 줄 기술적인 성공에 관한 내용이었다. 그 소식이 너무도 놀라워서 케플러는 1610년 3월에 바커가 찾아왔던 일을 특별히 기록으로 남겨두었다. "그 흥미로운 이야기를 들었을 때 나는 굉장한 흥분을 느꼈다. 내 마음 가장 깊은 곳에서부터 감동을 받은 느낌이었다."

케플러는 갈릴레이가 하늘을 조사하여 밤하늘의 새로운 면을 밝혀내는 데 사용했다는 망원경에 대해서 처음 얘기를 들은 것이었다. 이 새로운 발명품 덕분에 갈릴레이는 아리스타르쿠스와 코페르니쿠스 그리고 케플러가 모두 옳았다는 증거를 찾아낼 수 있었다.

백문이 불여일견

1564년 2월 15일 피사에서 태어난 갈릴레오 갈릴레이는 종종 과학의 아버지로 불린다. 그의 놀랍고도 인상적인 경력을 살펴보면 그런 칭호를 받을 자격이 충분하다는 것을 알 수 있다. 그는 비록 처음으로 어떤 과학적 가설을 세우거나, 처음으로 어떤 실험을 수행하거나, 처음으로 자연을 관찰하거나, 심지어 발명의 힘을 처음으로 증명한 사람도 아니었지만 아마도 처음으로 그 모든 것을 뛰어넘는 가장 뛰어난 이론가였고, 가장 훌륭한 실험가였으며, 매우 신중한 관찰자였고, 노련한 발명가였다.

갈릴레이는 학생 때부터 여러 분야에서 뛰어난 재능을 보였다. 하루는 미사

중에 다른 생각을 하다가 천장에서 흔들리는 샹들리에를 발견하고 맥박을 이용해서 샹들리에의 진동주기를 측정하기 시작했다. 미사 시작 때는 큰 폭으로 진동하던 샹들리에의 진동이 미사가 끝날 때쯤엔 그저 잔잔하게 흔들릴 정도로 작아졌지만 앞뒤로 움직이는 주기는 처음과 같았다. 집으로 돌아와서 그는 관찰자가 아니라 실험가가 되어 서로 다른 길이와 무게를 가진 진자를 가지고 여러 가지 실험을 했다. 그리고 그 실험 결과를 바탕으로 진자의 주기는 진동의 크기나 진자의 무게와는 상관이 없고 진자의 길이에만 영향을 받는다는 이론을 수립했다. 순수한 연구가 끝난 후 그는 발명가가 되어서 진자의 진동을 이용하여 시간을 재는 도구인 맥박계를 발명했다.

이 장치는 환자의 맥박을 재는 데 사용될 수 있었다. 흔들리는 샹들리에의 주기를 측정하기 위해 맥박을 이용했을 때와는 반대가 되는 것이었다. 그 당시 그는 의사가 되기 위해 공부를 하고 있었으나, 사실은 이것이 의학에 대한 유일한 기여였다. 그 후 아버지를 설득하여 의학을 포기하고 과학 공부를 할 수 있도록 허락받았다.

갈릴레이가 과학자로 성공할 수 있었던 것은 뛰어난 지성 외에도 세계와 그 안에 있는 모든 것에 대한 끊임없는 호기심 때문이기도 했다. 그는 자신의 호기심 많은 성격을 잘 알고 있었다. 한번은 이렇게 말한 적이 있다. "도대체 언제 내 궁금증은 멈출 것인가?"

그의 호기심은 반항적인 성향을 띠고 있었다. 그는 권위를 그다지 중요하게 생각지 않았다. 따라서 선생님이나 신학자, 또는 고대 그리스인의 말이라고 해서 그대로 받아들이지는 않았다. 예를 들어 아리스토텔레스는 무거운 물체가 가벼운 물체보다 빨리 떨어진다고 주장했다. 그러나 갈릴레이는 실험을 통해 아리스토텔레스가 틀렸다는 것을 증명했다. 그는 역사상 가장 위대한 사람이라고 추앙받는 아리스토텔레스가 "진실과는 반대되는 말만 했다"라고 말할 수 있을 정도의 대담성을 가지고 있기도 했다.

갈릴레이가 하늘을 조사하기 위해 망원경을 사용했다는 말을 처음 들었을 때 케플러는 아마도 갈릴레이가 망원경을 발명한 것으로 생각했을 법하다. 그뿐 아니라 오늘날에도 그렇게 생각하는 사람들이 많다. 그러나 1608년 10월에 망원경에 대한 특허권을 취득한 사람은 플랑드르 지방에서 안경을 만들던 한스 리페르셰이Hans Lippershey였다. 리페르셰이의 성공 후 몇 달 뒤 갈릴레이는 "어떤 네덜란드인이 먼 곳을 내다보는 장치를 만들었다는 소문을 들었다"라고 적어놓았다. 그리고 즉시 망원경을 만드는 일에 착수했다.

갈릴레이의 놀라운 점은 리페르셰이의 기초적인 설계를 정말로 뛰어난 기구로 변형시킨 것이었다. 1609년 8월에 갈릴레이는 베네치아 총독에게 그 당시로서는 세계에서 가장 강력한 망원경을 선물했다. 두 사람은 함께 산마르코 성당의 종탑에 올라가 망원경을 설치하고 해안가를 내려다보았다. 일주일 후 갈릴레이는 이복형제에게 보낸 편지에서 그 망원경이 많은 사람들에게 커다란 놀라움을 주었다고 썼다. 다른 망원경들은 10배율을 가지고 있었지만 갈릴레이는 망원경과 관계된 광학 지식이 풍부했던 덕에 60배율의 망원경을 만들 수 있었다. 망원경 덕분에 베네치아인들은 먼저 적을 발견해서 전투에서 유리한 고지를 점할 수 있게 되었으며, 약삭빠른 상인들은 멀리서 새 향료나 옷을 싣고 들어오는 배를 먼저 발견하여 시장가격이 떨어지기 전에 팔아버릴 수 있었다.

갈릴레이는 망원경을 상품화하여 경제적인 이익을 남기기도 했지만 망원경이 과학적인 가치도 가지고 있다는 것을 익히 알고 있었다. 망원경을 밤하늘로 돌리자 그는 누구보다도 우주를 더 멀리, 더 명확하게, 더 깊이 볼 수 있었

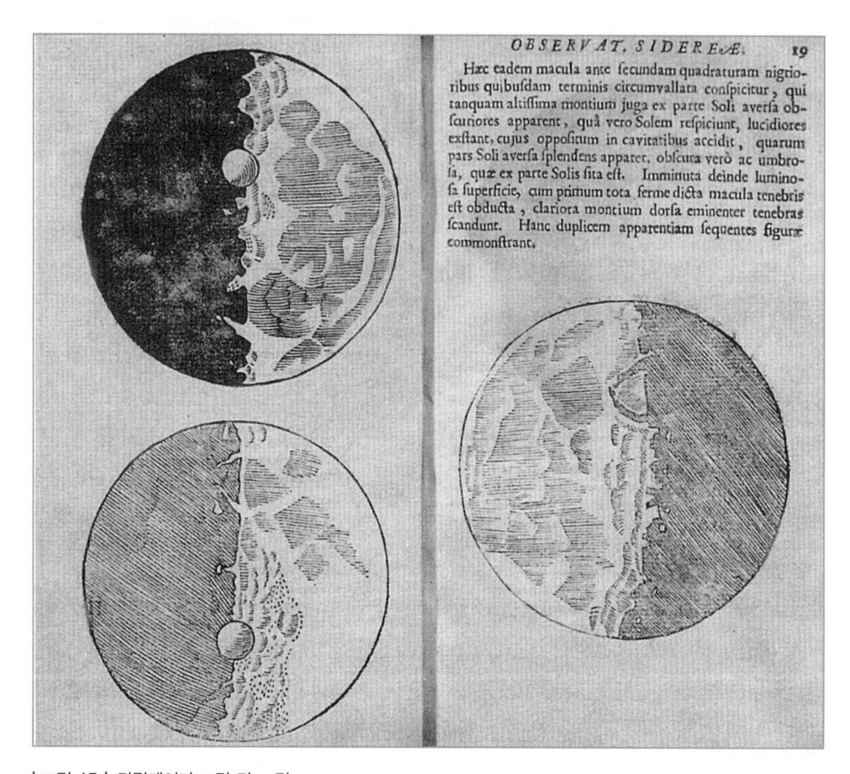

OBSERVAT. SIDEREÆ. 19

Hæc eadem macula ante ſecundam quadraturam nigrioribus quibuſdam terminis circumvallata conſpicitur, qui tanquam altiſſima montium juga ex parte Soli averſa obſcuriores apparent, quâ vero Solem reſpiciunt, lucidiores exſtant, cujus oppoſitum in cavitatibus accidit, quarum pars Soli averſa ſplendens apparet, obſcura verò ac umbroſa, quæ ex parte Solis ſita eſt. Imminuta deinde luminoſa ſuperficie, cum primum tota ferme dicta macula tenebris eſt obducta, clariora montium dorſa eminenter tenebras ſcandunt. Hanc duplicem apparentiam ſequentes figuræ commonſtrant.

| 그림 15 | 갈릴레이가 그린 달 그림.

다. 바커가 케플러에게 갈릴레이의 망원경에 대한 이야기를 전해 주자 케플러는 즉시 망원경의 잠재력을 알아차리고 찬사를 보냈다. "오오, 망원경, 수많은 지식의 기구이며 어떤 제왕의 홀笏보다 고귀하도다! 그것을 손에 넣는 사람은 신의 작품의 주인이 되고 왕이 될 것이 아니겠는가?" 갈릴레이가 바로 그 왕이고 주인이었다.

갈릴레이는 먼저 달을 관찰하여 달이 "광대한 고원과 깊은 골짜기, 굴곡들로 가득 차 있다"라는 사실을 밝혀냈다. 그것은 천체들은 결점이 없는 구라고

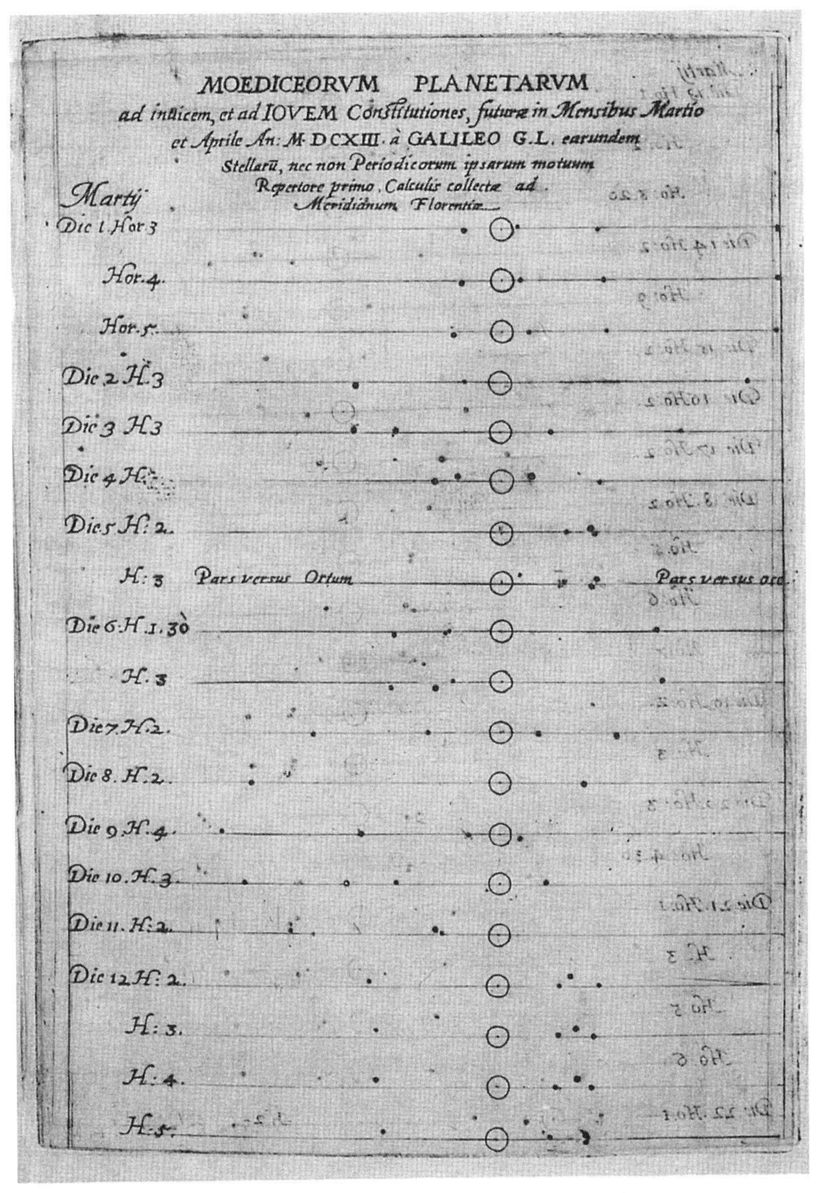

| 그림 16 | 갈릴레이가 그린 목성 위성들의 위치 변화. 원은 목성을 나타내며, 양 옆으로 몇 개의 점은 위성들의 위치변화를 나타낸다. 각 행은 특정한 날짜, 특정한 시간에 행해진 관측을 나타낸다. 하루에 한 번 또는 여러 번 관측했다는 것을 알 수 있다.

생각했던 프톨레마이오스의 견해와 완전히 대조되는 것이었다. 하늘 세계가 완전하지 않다는 것은 나중에 갈릴레이가 망원경으로 태양을 관찰하여 그 표면에서 우리가 현재 흑점이라고 부르는, 온도가 다른 부분보다 낮고 지름이 10만 킬로미터가 넘는 곳을 찾아냄으로써 다시 확인되었다.

그 후 1610년 1월에 갈릴레이는 처음에는 목성 근처에 서성이는 4개의 행성이라고 생각했던 별들을 자세히 관측하여 훨씬 더 중대한 사실을 알아냈다. 그들은 별이 아니라 목성 주위를 돌고 있는 위성이었던 것이다. 그전에는 아무도 지구의 달 외에는 행성을 돌고 있는 위성을 관측한 적이 없었다. 프톨레마이오스는 우주의 중심은 지구라고 주장하고 모든 천체는 지구를 중심으로 돌고 있다고 했지만 이제 모든 천체가 지구를 도는 게 아니라는 확실한 증거를 찾아낸 것이다.

케플러의 생각에 동의했던 갈릴레이는 코페르니쿠스의 모델을 수정한 케플러의 모델을 잘 이해하고 있었으며, 목성의 위성을 발견한 것이 태양중심 모델을 더 확실하게 뒷받침해 줄 것이라고 생각했다. 그는 코페르니쿠스와 케플러가 옳다는 것을 조금도 의심치 않았지만 아직도 지구중심 모델을 고수하는 많은 사람들을 설득시킬 수 있는 증거를 끊임없이 찾아나갔다. 이 문제를 해결하는 유일한 방법은 두 상반되는 모델이 분명히 다르게 예측하고 있는 사실을 찾아내는 것이었다. 관측을 통해 그런 예측을 확인할 수 있다면 한 가지 모델이 옳고 다른 한 가지는 틀렸다는 사실을 결정적으로 증명할 수 있을 것이다. 좋은 과학은 시험할 수 있는 이론을 만들어 내며, 과학은 그러한 이론의 시험을 통해 진보되는 것이다.

사실 코페르니쿠스는 관찰에 필요한 적절한 도구만 있으면 자신의 모델을 시험해 볼 수 있을 것이라고 이미 예측했다. 《천체 회전에 관하여》에서 그는 수성과 금성이 달의 위상 변화와 비슷한 변화(보름달, 반달, 초승달 같은 모양의 금성)를 보여야 한다는 것과, 지구가 태양을 도는지 아니면 태양이 지구를 도는지에 따라 그 변하는 모습이 달라질 것이라고 주장했다. 코페르니쿠스가 활동하던 15세기에는 망원경이 아직 발명되지 않아서 금성의 위상 변화를 관찰할 수 없었지만, 그는 자신이 옳다는 게 밝혀지는 것은 시간문제라며 자신했다. "만일 시각視覺만 충분히 강해진다면 수성과 금성의 위상 변화를 볼 수 있을 것이다."

잠시 수성을 한편으로 밀어놓고 금성을 생각해 보기로 하자. 금성의 위상 변화가 가지는 의미는 그림 17을 보면 명백해진다. 금성은 태양으로부터 한쪽 면만 빛을 받고 있지만 빛을 받는 면이 항상 지구상에서 관측하고 있는 우리를 향하고 있지 않기 때문에 우리가 볼 때 위상이 변하는 것처럼 보인다. 프톨레마이오스의 지구중심 모델에서 금성의 위상 변화는 지구 주위를 도는 이심원과, 이심원상의 한 점을 도는 주전원 운동에 의한 금성의 위치에 따라 결정된다. 그러나 태양중심 모델에서의 위상 변화는 지구와 금성의 위치 변화에 따라 결정된다. 따라서 만일 누군가가 금성이 차고 이지러지는 실제 위상 변화의 모양을 알아낼 수 있다면 그것은 의심 많은 모든 사람들을 설득시킬 수 있는 중요한 증거가 될 것이다.

1610년 가을 갈릴레이는 최초로 금성의 위상 변화를 관찰하고 도표로 만들었다. 그가 예상한 대로 관측 결과는 태양중심 모델의 예측과 완전히 일치했으며, 이는 코페르니쿠스의 혁명을 뒷받침하는 확실한 증거가 되는 것이었다. 그는 금성의 위상 변화 관측 결과를 비밀스러운 라틴어로 "Haec immatura a me iam frustra leguntur oy. 이것을 읽어내기에는 현재 나는 너무도 일천하다"라고 써서 발표했다. 그는 후에 이것이 철자를 바꾸어 만든 암호 문장이었으며, 그것을 풀

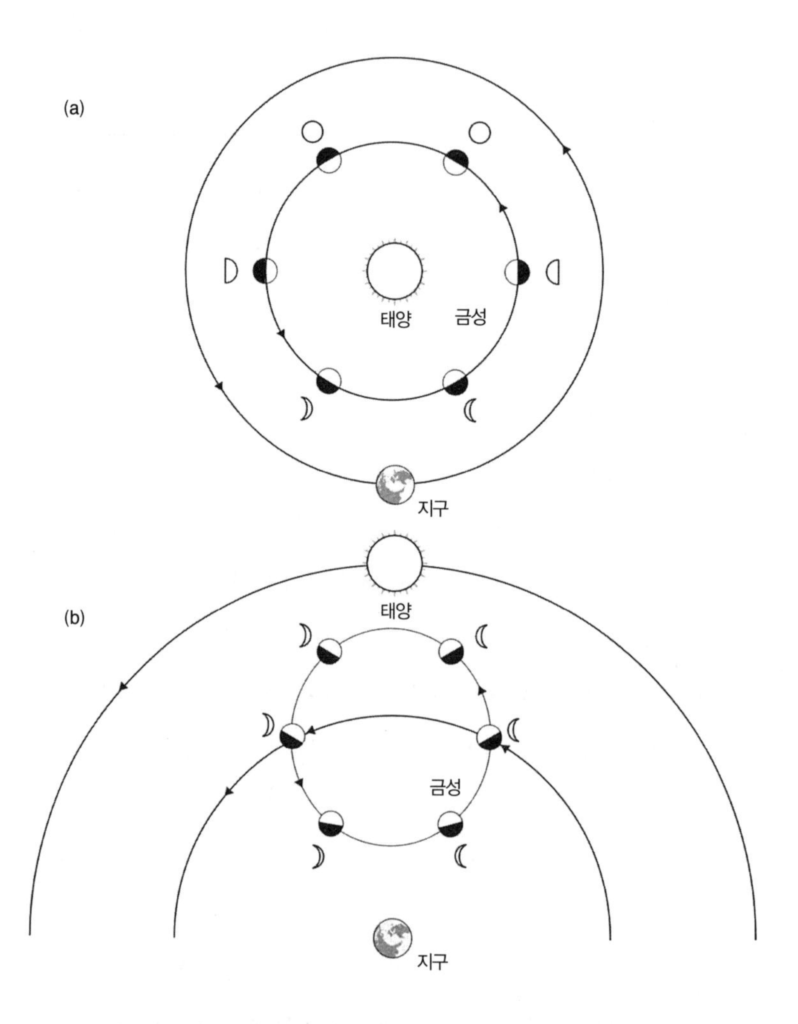

| 그림 17 | 갈릴레오는 금성의 위상 변화를 정밀하게 관측하여 코페르니쿠스가 옳고 프톨레마이오스가 틀렸다는 것을 증명했다. 그림 (a)에 나타난 것과 같이 태양중심 모델에서는 지구와 금성 모두 태양을 돌고 있다. 금성은 항상 한쪽 면만 태양 빛을 받지만 지구에서 보면 초승달 모양에서 원반 모양까지 위상이 변하는 것처럼 보인다. 각각의 위치에 따른 금성의 위상은 금성 옆에 그림으로 나타냈다.

지구중심 모델에서는 태양과 금성 모두 지구를 도는 동시에 금성은 그 자신의 주전원을 따라 돌고 있다. 금성의 위상은 금성이 궤도와 주전원의 어느 위치에 있느냐에 따라 달라진다. 그림 (b)에서 금성의 궤도는 지구와 태양 사이에 있고, 위상 변화는 금성 옆의 그림과 같게 된다. 갈릴레이는 실제의 위상 변화를 확인해서 어느 모델이 옳은지 확인할 수 있었다.

면 "Cynthiœ fjguras œmulatur Mater Amorum. 신시아가 사랑의 어머니 모습을 닮았다"라는 의미가 된다고 밝혔다. 신시아는 위상의 변화가 이미 잘 알려져 있었던 달을 가리키는 말이고, 사랑의 어머니는 갈릴레이가 새로 위상 변화를 발견한 금성을 의미하는 것이다.

태양중심 모델은 이러한 새로운 발견으로 점점 더 강화되었다. 표 2는 초기 코페르니쿠스의 관측에 근거해서 지구중심 모델과 태양중심 모델을 비교한 것이다. 여기에서는 중세의 지구중심 모델이 더 잘 맞는 것처럼 보였다는 사실을 알 수 있다. 표 3은 갈릴레이의 관측으로 태양중심 모델이 얼마나 더 강력해졌는지 보여준다. 태양중심 모델에 남아 있는 결점들은 과학자들이 중력에 대해 합리적으로 이해하고, 왜 우리가 태양 주위를 도는 것을 느끼지 못하는지 설명할 수 있게 된 후에 없어졌다. 비록 태양중심 모델이 표에 있는 일반상식의 기준과 맞지 않았지만, 앞에서 이야기한 대로 일반상식은 과학에는 거의 영향을 미치지 못하기 때문에 결함이 될 수 없었다.

이 정도의 증거를 확보하게 된 시점에서 모든 천문학자들이 태양중심 모델을 지지하는 쪽으로 바뀌었을 법도 하지만 실제로는 그러한 움직임은 일어나지 않았다. 여전히 대부분의 천문학자는 우주가 정지해 있는 지구 주위를 돈다는 것을 믿으면서 일생을 보냈다. 그들은 지적으로도 감정적으로도 태양중심 우주를 받아들일 수 없었다. 천문학자인 프란체스코 시지Francesco Sizi는, 지구가 모든 것의 중심이 아님을 의미하는 목성의 위성들을 갈릴레이가 발견했다는 소식을 듣고 기괴한 반론을 펼쳤다. "위성은 맨눈으로는 볼 수 없고, 그렇기 때문에 지구에 아무런 영향을 줄 수 없으며, 그렇기 때문에 쓸모없는 것이고, 그렇기 때문에 존재하지도 않는다." 철학자인 길리오 리브리Giulio Libri도 비슷한 비논리적인 입장을 보였으며, 자신의 원칙을 고수하기 위해 망원경

표 3

이 표는 갈릴레이의 관측 후인 1610년에 알려져 있던 사실에 근거해서 지구중심 모델과 태양중심 모델을 판단하는 10가지 기준을 이용하여 점검한 결과이다. ✓ 표시와 ✗ 표시는 각 모델이 그 기준에 얼마나 잘 맞는가를 나타내며, 물음표는 판단할 자료가 충분치 않다는 것을 나타낸다. 코페르니쿠스 이

기준	지구중심 모델	성공
1. 일반상식	모든 것이 지구 주위를 도는 것이 명백해 보인다.	✓
2. 운동에 대한 인식	어떤 움직임도 감지할 수 없기 때문에 지구는 움직이고 있을 리가 없다.	✓
3. 낙하운동	지구가 우주의 중심에 있다는 것이 왜 물체가 아래로 떨어지는지를 설명해 준다. 즉, 모든 물체는 우주의 중심으로 끌리고 있다.	✓
4. 별의 시차	별의 시차는 관찰되지 않는데, 그것은 지구가 정지해 있으며 따라서 관측자도 정지해 있기 때문이다.	✓
5. 행성 궤도의 예측	거의 일치한다.	✓
6. 행성의 퇴행운동	주전원과 이심원으로 설명된다.	✓
7. 단순성	매우 복잡하다. 각각의 행성은 주전원, 이심원, 이심, 대심, 편심궤도를 가지고 있다.	✗
8. 금성의 위상	관측된 위상의 변화를 설명하는 데 실패했다.	✗
9. 태양과 달의 흠	문제가 있다. 이 모델은 아리스토텔레스의 천체는 완전해야 한다는 주장에 근거하고 있다.	✗
10. 목성의 위성들	문제가 있다. 모든 것은 지구를 돌아야 한다!	✗

전 시대에 존재했던 증거에 기초한 판단과 비교할 때(표 2) 태양중심 모델이 이제는 더 설득력 있어 보인다. 이는 부분적으로는 망원경의 출현으로 가능해진 새로운 관측(항목 8, 9, 10) 때문이다.

기준	태양중심 모델	성공
1. 일반상식	지구가 태양을 돌고 있다는 것을 이해하기 위해서는 상상과 논리의 비약이 요구된다.	✗
2. 운동에 대한 인식	갈릴레이는 왜 우리가 태양 주위를 도는 지구의 움직임을 느끼지 못하는지 설명하는 중이었다.	?
3. 낙하운동	지구가 우주 중심에 위치하지 않은 모델에서는 명확한 설명을 할 수 없었다. 나중에 뉴턴이 이 항목을 만유인력으로 설명할 것이다.	✗
4. 별의 시차	지구는 움직이는데 시차를 측정할 수 없는 것은 별의 엄청난 거리 때문일 것이다. 시차는 더 좋은 망원경이 있으면 확인할 수 있을 것이다.	?
5. 행성 궤도의 예측	케플러의 행성운동 법칙으로 완벽히 예측해 냈다.	✓
6. 행성의 퇴행운동	지구의 움직임과 지구에서의 시점 변화로 인한 자연스러운 결과이다.	✓
7. 단순성	매우 단순하다. 모든 것이 타원을 따라 돈다.	✓
8. 금성의 위상	관측된 위상 변화를 성공적으로 예측했다.	✓
9. 태양과 달의 흠	문제가 없다. 이 모델은 천체의 완전성이나 불완전성에 대해 아무런 주장도 하지 않는다.	✓
10. 목성의 위성들	문제가 없다. 이 모델은 여러 중심을 인정한다.	✓

을 들여다보는 것조차 거부했다. 리브리가 죽었을 때, 갈릴레이는 그가 천국으로 가는 길에 결국 태양의 흑점과 목성의 위성, 금성의 위상 변화를 보게 될 것이라고 말했다.

가톨릭교회도 제수이트 교단의 수학자들이 새로운 태양중심 모델의 뛰어난 정확성을 증명했는데도 지구가 우주의 중심에 고정되어 있다는 학설을 버리지 않으려 했다. 그 후 신학자들은 태양중심 모델이 행성 궤도를 정확하게 예측할 수 있다는 점은 인정했지만 여전히 그것이 사실을 제대로 설명한다는 것은 인정하지 않았다. 다시 말해서, 바티칸은 다음 문장에 대해 우리가 느끼는 것과 같은 태도로 태양중심 모델에 대해 생각했던 것이다. "How I need a drink, alcoholic of course, after the heavy lectures involving quantum mechanics. 양자물리학과 관계된 어려운 강의를 들은 후 우리는 얼마나 술을 필요로 하는가." 이 문장은 π를 기억하는 방법이다. 이 문장 각 단어의 철자 수를 세어서 차례로 나열해 보면 π의 소수점 이하 14번째 자리까지의 값인 3.14159265358979가 나온다. 우리는 이 문장이 π의 값을 암기하는 매우 좋은 도구이긴 하지만 π가 양자물리학이나 술과는 아무 상관이 없다는 것을 잘 알고 있다. 교회는 태양중심 모델이 이 문장과 마찬가지로 정확하고 쓸모 있기는 하지만 실제의 태양계를 나타내는 것은 아니라고 생각했던 것이다.

코페르니쿠스 지지자들은 태양중심 모델이 실제 현상을 잘 예측할 수 있는 것은 바로 태양이 실제로 우주의 중심에 있기 때문이라고 계속 주장했다. 교회는 그에 단호하게 대응했다. 1616년 2월 종교재판소의 위원회는 정식으로 태양중심 우주관은 이단이라고 선포했다. 이 판결로 코페르니쿠스의 《천체 회전에 관하여》는 출판된 지 63년 만인 1616년 3월 금서목록에 올랐다.

갈릴레이는 교회가 자신의 견해를 유죄라고 판결한 것을 받아들일 수 없었

| 그림 18 | 코페르니쿠스(위, 왼쪽), 브라헤(위, 오른쪽), 케플러(아래, 왼쪽), 그리고 갈릴레이는 지구중심 우주 모델을 태양중심 모델로 전환시키는 데 공헌한 사람들이다. 그들의 성과는 가설과 모델이 만들어지고 시간이 지남에 따라 많은 과학자들이 다른 사람의 업적 위에 자신들의 업적을 더해 다듬어지는 과학적 진보의 중요한 특징을 잘 나타낸다.

코페르니쿠스는 지구를 하나의 행성으로 끌어내리고 태양에 중심 역할을 맡기는 이론적 도약을 시작했다. 티코 브라헤는 놋쇠 코라는 약점이 있었지만 정밀한 관측 자료를 제공해 요하네스 케플러가 코페르니쿠스 모델의 결점이었던 행성의 원궤도를 타원궤도로 바꿀 수 있도록 도움을 주었다. 마지막으로 갈릴레이는 망원경을 사용해 태양중심 우주 모델을 의심하는 사람들을 설득할 수 있는 중요한 증거를 찾아냈다. 그는 목성이 그 자신의 위성들을 갖고 있다는 것을 보임으로써 지구가 우주의 중심이 아니라는 것을 밝혀냈다. 또한 그는 금성의 위상 변화는 오직 태양중심 우주 모델로만 설명할 수 있다는 것을 보여주었다.

다. 그는 독실한 가톨릭 신자였지만 열렬한 합리주의자이기도 했으며, 또한 이 두 가지 신념을 조화시킬 줄도 알고 있었다. 그는 과학자는 물질세계를 가장 잘 다루는 사람이고, 신학자는 정신세계와 물질세계에서 어떻게 살아가야 하는지 가장 잘 알고 있는 사람이라고 결론지었다. 갈릴레이는 "성경은 하늘이 어떻게 회전하고 있는지를 가르쳐 주는 것이 아니라 사람이 어떻게 천국에 가는지를 가르쳐 준다"라고 했다.

교회는 태양중심 모델의 약점이나 태양중심 모델을 뒷받침하는 정보가 충분치 못하다는 사실을 비판했으며, 갈릴레이와 그 동료들은 그런 비판을 수용하고 있었다. 그러나 교회의 비판은 과학적인 것이 아니라 이념적인 것이었다. 갈릴레이는 추기경들의 견해를 무시하기로 하고 해가 갈수록 우주에 대한 새로운 견해를 밀어붙였다. 1623년에 한때 그의 친구였던 마페오 바르베리니 추기경이 교황 우르바누스 8세로 선출되자 갈릴레이는 천문학 체계를 바꿀 수 있는 좋은 기회라고 생각했다.

갈릴레이와 새로운 교황은 둘 다 피렌체에서 태어났고 피사에서 같은 대학을 다녔다. 우르바누스 8세는 교황이 된 후 곧 갈릴레이에게 여섯 번의 긴 알현을 허가했다. 한 알현에서 갈릴레이는 우주에 대한 두 이론을 비교하는 책을 쓰겠다고 이야기하고, 그것에 대해 교황의 축복을 받았다는 확실한 느낌을 얻어 바티칸을 떠났다. 그 후 다시 연구를 시작해 과학 역사상 가장 많은 논쟁의 대상이 된 책을 쓰는 일에 착수했다.

《두 체계의 대화*Dialogue Concerning the Two Chief World System*》에서 갈릴레이는 세 명의 인물을 등장시켜 태양중심 모델과 지구중심 모델의 장점을 이야기하도록 했다. 등장인물 중 살비아티는 갈릴레이가 선호하는 태양중심 모델을 대표하는 인물로, 공부를 많이 한 지적인 사람이었으며 설득력 있는 인물이었다. 어릿광대인 심플리치오는 지구중심 모델을 고수하려 애쓰는 사람이다. 그리고 세그레도는 두 인물 간의 대화를 이끄는 역할을 했으나 때로 심플리치오를 꾸짖고 조롱하면서 자신의 견해를 드러내기도 했다. 학문적인 책이었지만 여러 인물을 등장시켜 논의와 반론을 하는 구성 때문에 광범위한 독자를 확보할 수 있었다. 또한 이 책은 라틴어가 아닌 이탈리아어로 쓰였는데 이는 갈릴레이가 태양중심의 우주를 널리 일반인들에게 알려 지지를 얻기 위한 것이었다.

《대화》는 갈릴레이가 교황의 승인을 받은 후 거의 10년 뒤인 1632년 출판되었다. 책을 쓰기 시작한 시점과 출판된 시점 사이의 오랜 간격은 여러 가지 심각한 결과를 불러왔다. 계속된 30년 전쟁이 정치 · 종교적 환경을 바꿔놓아 이제는 교황 우르바노 8세가 오히려 갈릴레이와 그의 이론을 억압하게 된 것이다. 30년 전쟁은 1618년에 일단의 신교도들이 프라하의 성에 침입해 페르디난도 왕의 고문 두 명을 창문 밖으로 던져버린, 프라하의 투척이라고 부르는 사건으로 촉발되었다. 가톨릭교도인 왕이 신교도에게 박해를 가하자 그에 분노하던 신교도 시민들이 이 사건을 계기로 헝가리와 트란실바니아, 보헤미아를 비롯한 여러 지역에서 폭동을 일으켰다.

《대화》가 출판되었을 때 전쟁은 14년째 계속되고 있었으며 신교도의 세력이 점점 강해져 가톨릭교회는 더 큰 위협을 느끼고 있었다. 교황은 강한 수호자의 모습을 보여야 했다. 교황은 새로운 리더십을 보이기 위한 전략의 일환으로 전통적인 지구중심 우주관에 의문을 제기하는 이단적인 과학자의 신성모독적인 저작물들을 금지시켰다.

교황이 극적으로 마음을 바꾼 데에는 좀 더 개인적인 이유도 있었다. 갈릴레이의 명성을 질투하고 있던 천문학자와 보수적인 추기경들이, 교황이 일찍이 천문학에 대해 언급했던 것과 《대화》에 등장하는 어릿광대 심플리치오가

한 말이 비슷하다는 것을 빌미로 삼아 문제를 일으켰기 때문이다. 교황 우르바노는 심플리치오처럼, 전능한 신은 물리학 법칙을 고려하지 않고 우주를 창조했다는 말을 했었다. 따라서 교황은 《대화》에서 살비아티가 심플리치오에 대해 빈정거리는 것에 모욕을 느꼈을 게 틀림없다. "틀림없이 전능하신 하느님은 금으로 만든 뼈와 수은으로 가득 찬 정맥, 그리고 납보다 무거운 몸과 아주 작은 날개를 가진 새도 하늘을 날게 하실 수 있었을 것이다. 그러나 하느님은 그렇게 하시지 않았는데, 그것은 무언가를 일깨워 주기 위함이었다. 따라서 아무 곳에나 하느님을 끌어다 붙이는 것은 당신 자신의 무지를 가리는 것밖에 되지 않는다."

《대화》가 출판된 후 곧 종교재판소는 '강력한 이단 혐의' 라는 죄목으로 갈릴레이에게 출두할 것을 명령했다. 갈릴레이는 자신이 너무 병들어 있어서 먼 곳까지 가기 힘들다고 하소연했지만, 종교재판소는 오히려 그를 체포해서 사슬에 묶어 로마까지 끌고 가겠다고 위협했다. 그는 로마로 떠나지 않을 수 없었다. 갈릴레이가 도착하기를 기다리는 동안 교황은 《대화》를 압수하기로 했고, 출판업자들에게 발행된 모든 책을 로마로 보내라는 명령을 내렸다. 하지만 이미 너무 늦었다. 모든 책이 이미 팔려나간 후였기 때문이다.

재판은 1633년 4월에 시작되었다. 갈릴레이의 이단죄는 지구가 태양 주위를 돌고 있다는 그의 이론이 "하느님은 지구를 굳은 반석 위에 세우고 영원히 움직이지 않도록 하셨다"라고 한 성경 말씀에 어긋난다는 것이었다. 대부분의 재판관들은 "지구가 태양 주위를 공전한다고 주장하는 것은 예수가 처녀에게서 나지 않았다고 주장하는 것만큼이나 잘못된 것"이라고 한 벨라르미네 추기경의 말에 동의했다. 그러나 재판을 관장하는 열 명의 추기경 중에는 갈릴레이에게 공감을 나타내는 합리주의자들도 있었는데, 이들을 이끈 사람은 교황 우르바노 8세의 조카인 프란체스코 바르베리니였다. 2주 동안 갈릴레이에게 위험한 증거가 모이고 고문의 위협도 있었다. 그러나 바르베리니는 계속해서 관용을 요청했다. 그들의 요청은 어느 정도 수용되어 유죄판결이 난 후에도 갈릴레이는 사형을 당하거나 지하감옥에 갇히는 대신 무기한 가택연금형을 선고받았고, 《대화》는 금서목록에 추가되었다. 바르베리니는 그 선고에 서명하지 않은 세 명의 재판관 중 한 명이었다.

갈릴레이의 재판과 처벌은 이성에 대한 비이성의 승리였으며 과학사에서 가장 암울한 사건 중 하나였다. 재판 마지막에 갈릴레이는 자신의 주장을 철회하고 부인할 것을 강요받았다. 그러나 그는 과학의 이름 아래 가까스로 최소한의 자존심을 지켜냈다. 선고 후 그는 일어나면서 "그래도 지구는 돈다"라고 반복해서 중얼거렸다고 알려져 있다. 다시 말해서, 진실은 종교재판소가 아닌 사실에 따라 판단되는 것이다. 교회가 어떻게 주장하든 상관없이 우주는 여전히 불변의 과학 진리에 따라 움직이고 있으며 지구는 실제로 태양을 돌고 있었다.

어떻든 갈릴레이는 고립되었다. 집에 감금된 채 그는 우주를 운용하는 법칙을 끊임없이 연구했다. 그러나 1637년경 아마도 망원경을 통해 태양을 정면으로 관찰한 탓에 유발되었을 녹내장으로 시력을 상실하여 그의 연구는 심각하게 제한될 수밖에 없었다. 위대한 관측자가 이제 더 이상 관측할 수 없게 된 것이다. 갈릴레이는 1642년 1월 8일 세상을 떠났다. 교회는 그가 신성한 땅에 묻히도록 허락하지 않는 것으로 마지막 처벌을 내렸다.

새로운 세기가 되면서 태양중심 모델은 점점 더 많은 천문학자들에게 수용되었다. 부분적으로는 더 나은 망원경의 도움으로 수집된 더 많은 관측 증거 덕분이었고, 부분적으로는 태양중심 모델 이면에 숨어 있는 물리적 현상을 설명한 학문적인 성공 때문이었다. 또 다른 중요한 요소는 한 세대의 천문학자들이 세상을 떠났다는 것이다. 죽음은 오래되고 불합리한 가설을 없애고 새롭고 정확한 것을 받아들이는 것을 꺼리는 전 세대의 보수적인 과학자들을 사라지게 하기 때문에 과학의 진보에 필수적인 요소였다. 진보에 대한 그들의 저항은 충분히 이해할 수 있는 것이었다. 한 가지 모델의 틀 안에서 일생 동안 작업을 해오다가 갑자기 새로운 모델이 출현함에 따라 그것을 버려야 하는 상황에 직면하게 되기 때문이다. 20세기의 뛰어난 물리학자인 막스 플랑크Max Planck가 말했듯이 "과학혁명은 점진적인 설득을 통해 반대쪽으로 전환되는 방식으로는 거의 일어나지 않는다. 사울이 바울이 되는 일[3]은 일어나지 않는다. 실제로는 예전의 개념에 젖어 있던 사람들이 점차 자라지고 새로 자라나는 세대가 새로운 개념에 처음부터 익숙해지는 것이다."

태양중심 우주 모델이 많은 천문학자들에게 수용되는 것과 함께 교회의 태도에도 변화가 있었다. 신학자들은 지식인들이 사실로 간주하는 것을 계속해서 부정할 경우 자신들이 어리석게 보일 것이라는 사실을 깨닫기 시작했다. 교회는 천문학과 기타 과학의 다른 분야에 대한 태도를 누그러뜨렸으며, 그렇게 해서 지적인 자유의 시대가 열리게 되었다. 18세기 과학자들은 주위 세상

3. 기독교도들을 박해하는 데 앞장섰던 사울이 기독교도들 체포 문제로 다마스쿠스로 가는 도중 예수의 부름을 받고 개심한 뒤, 이름을 바울로 바꾸어 오히려 기독교를 널리 전하는 데 가장 중요한 역할을 한 바 있다.

에 대한 다양한 의문에 자신들의 기술과 방법을 적용하여 미신적인 신화와 철학적인 실수, 그리고 종교적 교리를 정확하고 논리적이며 증명할 수 있는 설명과 답변으로 대체했다. 과학자들은 빛의 성질에서부터 생식의 과정에 이르기까지, 그리고 물질의 구성에서부터 화산폭발의 원인에 이르기까지 모든 것을 연구했다.

그러나 한 가지 중요한 문제를 유난히 외면하고 있었는데, 그것은 그 문제가 능력의 한계 너머에 있는 것이며 어떤 종류의 이성적인 노력으로도 접근할 수 없는 문제라고 생각했기 때문이다. 어떻게 우주가 창조되었는가 하는 그 궁극적인 문제는 논의되는 것조차 꺼려졌다. 과학자들은 과학 연구를 주위의 자연현상을 설명하는 것에 한정시켰으며 우주의 창조는 초자연적인 현상으로 인정했다. 또한 창조에 대해 의문을 제기하는 것은 과학과 종교 간에 형성된 상호존중을 위태롭게 할 것이라 생각했다. 17세기 전까지 태양중심의 우주가 종교재판소를 격노케 했던 것과 마찬가지로 신의 존재를 인정하지 않는 빅뱅에 대한 현대의 견해는 18세기 신학자들에게는 이단으로 보였을 것이다. 유럽에서 성경은 우주의 창조에 대해 계속해서 확실한 권위를 가지고 있었으며, 엄청나게 많은 학자들이 신이 하늘과 지구를 창조했다고 생각하고 있었다.

논의할 수 있는 문제는 오직 '언제' 신이 우주를 창조했는가 하는 것이었다. 학자들은 성경에 기록되어 있는 창세기부터 아담, 선지자, 왕의 족보와 개개인의 탄생 사이의 시간을 더해서 우주가 창조된 시점을 알아내려 했다. 하지만 계산하는 사람에 따라 창조의 날짜는 3천 년이 넘는 차이를 보였다. 예를 들어 카스티야와 레온의 왕 알폰소 10세는 창조의 날짜를 기원전 6904년으로 잡아 우주의 나이를 가장 길게 보았고, 케플러는 신이 우주를 창조한 것은 기원전 3992년이라고 주장하여 우주의 나이를 가장 짧게 보았다.

가장 정밀한 것은 1624년 북아일랜드 아마Armagh 주의 대주교가 된 제임스 어셔James Ussher의 계산이다. 그는 필사와 번역 과정에서의 오차를 줄이기 위해 지중해에 사람을 보내 가장 오래된 성경을 찾도록 했고 구약성경의 연대기를 실제 역사와 연결시키기 위해 많은 노력을 기울였다. 결국 그는 네브카드네자르[4]의 죽음이 간접적으로 구약성경 열왕기 하권에 언급되어 있는 것을 발견하여 성경에 기록된 역사의 실제 날짜를 추정할 수 있었다. 네브카드네자르가 죽은 날짜는 프톨레마이오스가 편집한 바빌론 왕의 목록에도 나와 있었기 때문에 성경의 역사 기록을 현대 역사 기록과 연결시킬 수 있었던 것이다. 많은 계산과 역사 연구를 거쳐 어셔는 창조의 날짜가 기원전 4004년 10월 22일이라고 발표했다. 더 정확하게는 창세기에 쓰여 있는 내용에 기초하여 창조는 이날 오후 6시에 시작되었다고 주장했다. "저녁이 되며 아침이 되니 이는 첫째 날이니라."

이러한 주장은 성경을 문자 그대로 해석한 것이어서 불합리하게 보이기는 했지만 창조라는 위대한 문제에 성경이 절대적인 권위를 가지고 있던 사회에서는 완전한 사실로 받아들여질 수밖에 없었다. 어셔 주교의 날짜 계산은 1710년 영국 국교회에서 공식적으로 인정받았으며 그 후 성경의 킹 제임스 번역본 주석에 기록되어 20세기까지 남아 있었다. 심지어 과학자와 철학자들도 19세기까지 어셔의 계산을 받아들이고 있었다.

그러나 찰스 다윈이 자연선택에 의한 진화론을 발표하자 과학계에서는 기원전 4004년을 창조의 날짜로 잡는 것에 의문을 제기하기 시작했다. 다윈과 그의 지지자들은 자연선택이 필연적이라는 것을 발견했지만, 그 자연선택은

4. Nebuchadnezzar, BC 605~562. 옛 바빌로니아의 왕.(성경 개역한글판에는 '느부갓네살'로 표기.)

진화를 위해 고통스러울 정도로 느리게 진행되는 과정이라는 것 또한 받아들여야 했다. 그것은 우주의 나이가 단지 6천 년밖에 안 된다는 어셔의 주장과는 상반되는 것이었다. 따라서 지구의 나이가 100만 년 또는 심지어 10억 년은 되었을 것이라는 기대를 가지고 과학적 방법을 이용하여 지구의 나이를 알아내려는 조직적인 노력을 기울이기 시작했다.

빅토리아 시대[5]의 지질학자들은 퇴적암의 퇴적 비율을 분석해 지구가 적어도 몇 수 백만 년은 되었다고 추정했다. 1897년에 켈빈Kelvin은 다른 기술을 이용했다. 그는 이 세계가 처음 형성되었을 때에는 뜨겁게 용해되어 있었다고 가정하고, 그것이 현재의 온도로 식는 데는 적어도 2천만 년은 필요했을 것이라고 주장했다. 몇 년 후 존 졸리John Joly는 또 다른 방법으로 지구의 나이를 계산했다. 그는 바다가 처음에는 순수한 물로 시작했다고 가정하고 현재의 염도만큼 소금이 녹으려면 얼마나 걸릴지를 계산하여 대략 1천만 년이라는 시간을 추정했다. 20세기 초 물리학자들은 방사능이 지구의 나이를 추정하는 데 사용될 수 있다는 것을 밝혀냈다. 과학자들은 방사능 연대측정법을 이용하여 1905년에는 지구의 나이를 5억 년으로 계산해 냈다. 방사능 연대측정법이 정밀해지면서 1907년에는 10억 년 이상으로 끌어올려졌다. 연대측정을 위한 이런 노력들은 지구의 연대를 측정하는 것이 엄청나게 어려운 과학적 과제라는 것을 보여주는 동시에, 그 측정이 정밀해질수록 지구의 나이가 점점 늘어난다는 것도 보여주었다.

지구의 나이가 크게 변화하는 것을 목격하면서 우주에 대한 생각도 크게 바뀌었다. 19세기 이전에 과학자들은 일반적으로 격변설에 동의했다. 그들은 과

5. 영국 역사상 빅토리아 여왕이 통치한 1837년부터 1901년까지의 시기로, 자유주의가 발달했고 제국정책으로 식민통치의 황금기를 이루었던 시대.

거에 있었던 격변으로 우주의 역사를 설명할 수 있다고 믿었다. 다시 말해서 세계는 일련의 갑작스러운 사건으로 창조되었다는 것이다. 예를 들면 산을 형성하는 바위들이 갑자기 융기하는 사건이나 성경에 기록된 대홍수와 같은 사건으로 우리가 지금 보고 있는 지형이 형성되었다는 것이다. 그러한 격변은 지구가 수천 년이라는 짧은 시간 동안에 형성되기 위해서는 필수적인 것이었다. 그러나 19세기 말 지구를 더 자세히 연구하고 암석 표본의 연대를 정밀하게 측정한 과학자들은 균일하고 지속적인 변화가 현재의 우주를 만들었다는 **균일론자**Uniformitarian들의 견해를 받아들이게 되었다. 균일설을 믿는 사람들은 산이 하룻밤 사이에 나타나지 않았으며 수백만 년 동안 1년에 몇 밀리미터의 비율로 조금씩 상승했다고 주장한 것이다.

점점 발전하는 균일설에 의하면 지구의 나이는 10억 년이 넘었으며, 따라서 우주는 훨씬 더 오래되었고 아마도 무한대의 나이일지도 모른다. 이처럼 영원한 우주는 과학계와 잘 어울리는 것처럼 보였는데, 그것은 그 이론이 확실히 우아하고 단순했으며 완벽했기 때문이다. 만일 우주가 영원히 존재한다면 그것이 어떻게 창조되었는지, 언제 창조되었는지, 왜 창조되었는지, 또는 누가 창조했는지 설명할 필요가 없었다. 과학자들은 신에게 의지하지 않고 우주 기원을 설명할 수 있는 이론을 만들어 냈다는 것에 특별히 자부심을 느꼈다.

가장 뛰어난 균일론자였던 찰스 라이엘Charles Lyell은 시간의 시작이 "인간의 시야 밖"에 있다고 주장했다. 라이엘의 견해를 스코틀랜드의 지질학자였던 제임스 허턴James Hutton이 뒷받침했다. "그러므로 우리가 알아낸 의문의 결론은, 시작에 대한 흔적이 없으며 끝이 있을 가능성도 없다는 것이었다."

균일설은 행성과 별들은 "영원하고 나이가 없는 무한함에서 태어나고 사라진다"라고 주장했던 그리스의 아낙시만드로스와 같은 몇몇 우주학자들의 견해와 일치하는 측면이 있다. 몇 십 년 후인 기원전 500년경 에페수스의 헤라클레이투스는 우주가 가지는 영원성에 대해 반복해서 언급했다. "이 우주는 다른 것들과 마찬가지로 신이나 인간이 만들어 낸 것이 아니다. 그것은 과거에도, 지금도, 앞으로도 측정을 통해 항상 점화되고 꺼지기를 반복하는 영원한 불일 것이다."

그러므로 20세기가 시작될 때쯤에는 과학자들이 영원한 우주에서 살아가는 것에 만족했다. 그러나 그것은 상당히 빈약한 증거에 기초한 것이었다. 비록 수십억 년이라는 아주 오래전의 우주를 가리키는 증거들이 있긴 했지만 우주가 영원하다는 생각은 신념의 비약에 기초한 것이었다. 지구가 적어도 10억 년의 나이를 가지고 있다는 사실에서 우주가 영원하다고 추정하는 것은 아무런 과학적 정당성도 없었다. 우주의 나이가 무한하다는 생각은 이치에 맞고 모순이 없는 우주에 대한 견해로 생각되었지만 그것을 뒷받침할 과학적 증거를 찾아내지 않는 한 희망사항에 지나지 않았다. 사실 영원한 우주는 연약한 기반 위에 세워졌기 때문에 과학적 이론이라기보다는 신화라고 하는 것이 어울릴 것이다. 1900년대의 영원한 우주 모델은 하늘을 땅에서 분리한 것은 푸른 거인 울바리였다고 설명하는 것만큼이나 취약한 것이었다.

결국 우주학자들은 당혹스러운 문제를 다루지 않을 수 없게 되었다. 그들은 마지막 위대한 신화를 훌륭하고 엄밀한 과학적 설명으로 대체하기 위해 노력하는 데 20세기의 나머지 세월을 바쳐야 했다. 그들은 정밀한 이론을 세우려 애를 썼으며 그것을 뒷받침할 명백한 증거를 찾아 궁극적인 의문에 자신 있게 답하고 싶어 했다. 우주는 영원한 것인가, 아니면 창조된 것인가?

우주의 역사가 무한한가 아니면 유한한가 하는 논쟁은 헌신적인 이론가와 영웅적인 천문학자 그리고 훌륭한 실험가들이 이끌었다. 전통에 반대하는 과학자들은 거대한 망원경에서 인공위성에 이르는 최신기술을 이용하여 고정관념을 바꾸려 했다. 그리하여 이 궁극적인 의문에 답하는 것은 과학 역사상 가장 훌륭하고, 가장 논의의 여지가 많으며, 가장 대담한 모험이 되었다.

1장_시작 요약노트

허음에 사회는 모든 것을 신화와 신 그리고 거인을 이용해 설명했다.

① 기원전 6세기 그리스 :

철학자들이 우주를 자연현상(초자연현상이 아니라)으로 기술하기 시작했다.

그리스의 초기 과학자들은 다음과 같은 특성을 가지고 있는 이론이나 모델을 찾아내고자 했다

- 단순하고
- 정확하고
- 자연스러우며
- 실현 가능한 것

그들은 지구와 달, 태양의 크기를 측정했고 이들까지의 거리도 측정했다.

- 실험/관측
- 논리/이론(+수학)

그리스 천문학자들은 정지해 있는 지구 주위를 태양과 별, 행성들이 돌고 있는 잘못된 지구중심 모델을 만들어 냈다.

② 지구중심 모델의 부족한 점을 보충하기 위해 천문학자들은 임시처방식 해결방법을 제시했다.

(예를 들면 프톨레마이오스의 이심원으로 행성의 퇴행운동을 설명하려 했다.)

신학자들은 지구중심 모델이 성경과 일치한다고 생각하고 그러한 우주 모델을 고수하도록 격려했다.

③ 16세기 :

코페르니쿠스가 지구를 비롯한 모든 행성들이 태양을 도는 태양중심 모델을 만들었다. 그것은 단순하고 상당히 정확했다.

불행하게도 코페르니쿠스의 태양중심 모델은 무시되었다. 그 이유는 다음과 같았다.

- 코페르니쿠스가 잘 알려지지 않은 사람이었다.
- 이 모델은 상식에 맞지 않았다.
- 프톨레마이오스의 모델보다 정확하지 못했다.
- 종교적(그리고 과학적) 정통이 이를 부정했다.

④ 코페르니쿠스 모델은 케플러가 브라헤의 관측 자료를 이용하여 발전시켰다.
그는 행성이 원궤도가 아니라 타원궤도를 따라 돌고 있다는 것을 보여주었다.
이제 태양중심 모델은 단순할 뿐만 아니라 지구중심 모델보다 정확하게 되었다.

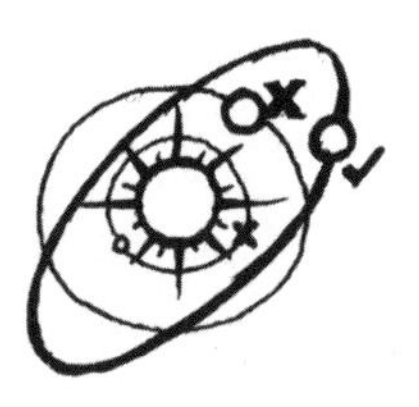

⑤ 갈릴레이는 태양중심 모델의 강력한 지지자가 되었다.
그는 망원경을 이용하여 목성이 여러 개의 위성을 가지고 있다는 것과 태양의 흑점, 그리고 예전의 이론을 부정하고 새로운 이론을 지지하는 금성의 위상 변화를 관측했다.

갈릴레이는 태양중심 모델이 왜 옳은지를 설명하는 책을 썼다.
불행하게도 교회는 1633년 그를 가택연금시켰다.

다음 세기에 교회는 너그러운 자세를 취하기 시작했다.
천문학자들은 태양중심 모델을 받아들였고 과학은 꽃을 피우게 되었다.

⑥ 1900년까지 우주학자들은 우주는 창조된 것이 아니라 영원히 존재한다고 결론지었다. 그러나 그것을 증명할 근거는 없었다.
영원한 우주의 가설은 신화 이상의 것이 아니었다.

⑦ 20세기에 우주학자들은 위대한 문제로 돌아가 그것을 과학적으로 다루기 시작했다.

우주는 창조되었는가? 아니면 우주는 영원히 존재해 왔는가?

| 2 장 |

우주에 대한 이론들

[아인슈타인의 상대성이론은] 현재까지 인간의 지성이 이룩한 가장 위대한 성취이다.
— 버트란드 러셀BERNARD RUSSELL

우리와 진리를 갈라놓았던 벽이 허물어진 것 같다. 우리가 전에는 짐작하지도 못했던 영역에서 더 넓고 깊은 지식의 탐구가 진행되고 있다. 우리는 모든 물리적 현상 뒤에 있는 계획을 알아내는 데 점점 더 가까이 가고 있다.
— 헤르만 바일HERMANN WEYL

그러나 어둠 속에서 느낄 수는 있었지만 표현할 수는 없었던 진리를 열심히 찾아 헤매던 긴 세월, 강렬한 욕망, 교차되는 확신, 그리고 불안 뒤에 드디어 진리가 모습을 드러냈다 – 하지만 경험이 있는 사람만이 그것을 알아차릴 수 있었다.
— 앨버트 아인슈타인ALBERT EINSTEIN

빛의 속도보다 더 빠르게 달리는 것은 불가능하다. 그리고 모자가 날아가지 않게 하려면 그렇게 달리지 않는 것이 좋을 것이다.
— 우디 앨런WOODY ALLEN

BIG BANG

The Origin of the Universe

20세기 초에 우주학자들은 우주에 대한 모든 가능한 모델을 제시하고 시험해 보았다. 이러한 우주 모델을 만들어 낼 수 있었던 것은 물리학자들이 우주에 대해 더 많은 것을 이해하게 되었고 우주를 지배하는 물리법칙을 알아냈기 때문이다. 우주를 만든 물질은 무엇이며 이 물질들은 어떻게 작용할까? 중력은 어디에서 생기는 것이며, 그것은 별과 행성의 상호작용을 어떻게 일으킬까? 우주가 공간으로 이루어져 있고 시간이 흐름에 따라 진화해 왔다면 물리학자들이 말하는 공간과 시간은 무엇일까? 이러한 모든 기초적인 질문에 답할 수 있게 된 것은 물리학자들이 어떤 간단한 질문의 답을 구하고 나서부터였다. 그 질문은 빛의 속도는 얼마인가 하는 것이었다.

우리가 번개를 볼 수 있는 것은 번개가 빛을 내기 때문이다. 그리고 그 빛이 우리 눈까지 도달하려면 수 킬로미터를 달려와야 한다. 고대 철학자들은 빛의 속도가 우리가 보는 것에 어떤 영향을 미치는지 궁금해했다. 만일 빛이 유한한 속도로 달린다면 우리에게 도달하는 데는 어느 정도의 시간이 걸릴 것이다. 따라서 우리가 번개를 보았을 때 그것은 이미 존재하지 않는다. 반대로 빛이 무한대의 속도로 달린다면 빛은 출발과 동시에 우리 눈에 도달할 것이다. 그러면 우리는 번개가 치는 순간에 번갯불을 볼 수 있다. 어느 것이 맞는지 알아내는 것은 고대인들에게는 너무 어려운 일이었다.

소리에 관해서도 같은 질문을 할 수 있다. 이번에는 쉽게 명확한 답을 얻을 수 있었다. 천둥과 번개는 동시에 만들어진다. 그러나 우리는 번개를 본 후에 천둥소리를 듣는다. 따라서 이런 현상을 관찰한 고대 철학자들이 소리가 빛보다 훨씬 느린 유한한 속도로 전달된다고 생각한 것은 당연했다. 그들은 다음과 같이 완전하지 못한 일련의 근거를 바탕으로 소리와 빛에 대한 이론을 만들어 냈다.

1. 벼락은 빛과 소리를 만든다.

2. 빛은 매우 빠르게 달리거나 또는 무한한 속도로 달려 우리에게 도달한다.

3. 우리는 벼락이 친 직후 또는 동시에 번개를 본다.

4. 소리는 느린 속도로 전파된다. (약 1,000km/h)

5. 따라서 벼락이 친 장소에서 멀어짐에 따라 천둥소리를 더 늦게 듣는다.

빛의 속도는 유한한가 아니면 무한한가 하는 기초적인 질문은 수세기 동안 많은 지성인들의 가장 큰 관심사였다. 기원전 4세기에 아리스토텔레스는 빛은 무한히 빠른 속도로 전파되기 때문에 사건이 일어나는 것과 동시에 그것을 관찰할 수 있다고 주장했다. 11세기에 이슬람 과학자였던 이븐 시나Ibn Sina와 알 하이삼al-Hytham은 이와는 반대로 빛의 속도는 매우 빠르기는 하지만 유한하다고 생각했다. 따라서 사건을 관찰하는 것은 사건이 일어난 후의 일이라고 주장했다.

이처럼 빛의 속도에 대한 서로 다른 견해가 있었지만 1638년에 갈릴레이가 빛의 속도를 측정하는 방법을 내놓을 때까지는 그에 대한 토론은 단지 철학적인 것일 뿐이었다. 갈릴레이가 제안한 방법은 간단한 것이었다. 두 사람의 관측자에게 갓을 씌운 등불을 들고 어느 정도의 거리를 두고 서 있도록 한다. 그리고 첫 번째 관측자가 등불을 씌웠던 갓을 벗겨 두 번째 관측자에게 빛을 보낸다. 두 번째 관측자는 첫 번째 사람이 보낸 빛을 보는 즉시 자기가 들고 있던 등불의 갓을 벗겨 빛을 돌려보낸다. 첫 번째 관측자가 처음 빛을 보낸 시간과 두 번째 관측자가 보낸 빛을 받은 시간을 관측하면 빛의 속도를 측정할 수 있을 것이다. 불행하게도 갈릴레이가 이런 생각을 했을 때는 이미 시력을 잃은 후였고 가택연금 상태였다. 따라서 그는 직접 이 실험을 해볼 수는 없었다.

갈릴레이가 죽고 25년이 흐른 1667년 피렌체의 시멘토 대학에서 갈릴레이의 아이디어를 실험해 보기로 했다. 처음에 두 사람의 관측자는 가까이 서 있었다. 한 사람이 등불의 빛을 다른 사람에게 보내자 다른 사람이 그 불빛을 보고 자신의 등불 빛을 돌려보냈다. 첫 번째 사람이 처음 불빛을 보낸 시각과 두 번째 사람의 등불을 본 시각 사이의 시간을 측정했다. 그 시간은 1초보다 짧은 시간이었다. 이 시간은 아마도 주로 두 사람의 반응 시간 때문에 생겼을 것이다. 이 실험은 두 사람 사이의 거리를 증가시키면서 여러 번 반복되었다. 거리가 멀어짐에 따라 두 등불 사이의 시간이 길어진다면 그것은 빛의 속도가 상대적으로 느린 유한한 속도로 달린다는 것을 뜻한다. 그러나 실험 결과 두 사람 사이의 거리가 멀어져도 시간은 달라지지 않았다. 그것은 빛의 속도가 무한대이거나 빛이 두 지점을 왕복하는 시간이 관측자의 반응 시간과 비교할 수 없을 만큼 짧다는 것을 뜻하는 것이었다. 이 실험으로 빛의 속도는 시속 1만 킬로미터에서 무한대 사이의 어떤 값일 것이라는 대략적인 결과만을 얻을 수 있었다. 빛의 속도가 이보다 느렸다면 두 사람이 멀어짐에 따라 두 빛 사이의 시간이 길어지는 것을 관측할 수 있었을 것이다.

몇 년 후 덴마크의 천문학자 올레 뢰머Ole Römer가 이 문제를 다룰 때까지 빛의 속도가 유한한가 무한한가 하는 문제는 해결되지 않은 채 남아 있었다. 뢰머는 젊었을 때 우라니보르크에 있던 티코 브라헤의 천문관측소에서 일했다. 우라니보르크에서 브라헤가 행했던 정확한 위치 측정은 유럽의 다른 곳에서 이루어진 관측에 영향을 주었다. 뛰어난 천체 관측자로서 명성을 얻고 있던 뢰머는 1672년에 권위 있는 파리의 과학아카데미에 초청되었다. 그곳에서는 과학자들이 왕이나 여왕 또는 교황의 간섭을 받지 않고 독립적인 연구를 수행

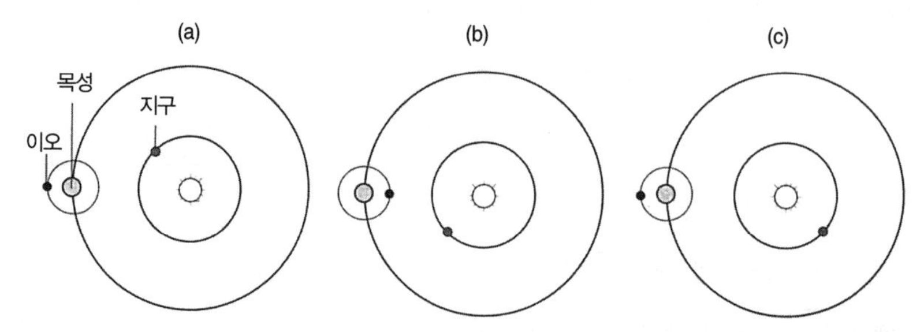

| 그림 19 | 올레 뢰머는 목성의 위성 이오의 운동을 관찰하여 빛의 속도를 측정했다. 이 그림은 실제 측정 방법을 약간 변형한 것이다. 그림 (a)에서는 이오가 막 목성 뒤로 들어가고 있다. 그림(b)에서는 이오가 반 바퀴 돌아 목성 앞쪽에 있다. 지구는 목성보다 12배나 더 빨리 태양 주위를 돌고 있으므로 이 동안에 목성은 거의 움직이지 않았고 지구는 꽤 많이 움직였다. 지구의 관측자는 (a)와 (b) 사이에 흐른 시간, 즉 이오가 반 바퀴 도는 동안의 시간을 측정한다.
그림 (c)에서는 이오가 다시 반 바퀴를 돌아 원래의 지점으로 돌아갔다. 그동안 지구도 움직였기 때문에 목성과의 거리가 멀어졌다. 천문학자들이 (b)와 (c) 사이에 흐른 시간을 측정할 때 이 값은 (a)와 (b) 사이에 흐른 시간과 같아야 한다. 그러나 실제로는 (b)와 (c) 사이에 흐른 시간이 더 길었다. 그림 (c)에서는 지구가 목성으로부터 멀어져 있어 이오에서 빛이 오는 데 시간이 더 걸렸기 때문이다. 이 시간의 지연과 지구와 목성 사이의 거리를 이용하면 빛의 속도를 계산할 수 있다.(이 그림에서 지구가 움직인 거리는 과장되어 있다. 이오의 공전주기는 2일이 안 되고 목성도 움직이기 때문에 실제로는 더 복잡하다.)

할 수 있었다. 파리에서 동료 아카데미 회원이었던 조반니 도메니코 카시니 Giovanni Domenico Cassini는 뢰머에게 목성의 행성, 특히 이오의 이상한 행동을 연구해 보라고 권유했다. 달이 지구를 규칙적으로 돌고 있듯이 목성의 모든 위성은 규칙적으로 목성을 돌아야 하는데 이오의 공전주기가 약간 불규칙하다는 것을 발견한 과학자들은 깜짝 놀랐다. 어떤 때는 이오가 목성의 뒤에서 몇 분 앞서 나타났고, 어떤 때는 몇 분 늦게 나타났다. 위성은 이런 식의 운동을 해서는 안 되었으므로 과학자들은 이오의 불규칙한 운동에 당황했다.

이 신비를 해결하기 위해 뢰머는 카시니가 측정하여 기록한 이오의 위치와 공전주기 기록을 자세히 검토했다. 처음에는 도저히 설명할 수 없었지만 그림 19에서처럼 빛의 속도가 유한하다고 가정하자 모든 것이 설명되었다. 어떤 때는 지구와 목성이 태양의 같은 쪽에 위치하게 되고 또 어떤 때는 지구와 목성이 태양의 반대쪽에 있어 더 멀리 떨어지게 된다. 지구와 목성이 멀리 떨어지게 되면 이오에서 오는 빛은 지구에 도달하기 위해 지구와 목성이 가까이 있을 때보다 3억 킬로미터를 더 여행해야 한다. 만일 빛의 속도가 유한하다면 빛은 이 거리만큼 더 달려야 하기 때문에 시간이 더 걸릴 것이다. 따라서 이오가 예정보다 늦게 나타나는 것처럼 보인다. 다시 말해 뢰머는 이오의 운동은 완전히 규칙적이지만 이오의 주기가 불규칙한 것으로 관측되는 것은 이오에서 지구까지의 거리가 달라짐에 따라 빛이 이오에서 지구까지 도달하는 데 걸리는 시간이 달라지기 때문에 생기는 겉보기 현상이라고 설명했다.

좀 더 쉽게 이해하기 위해서 우리가 정확히 한 시간에 한 발씩 쏘는 대포 근처에 있다고 가정해 보자. 대포 소리를 들은 후 스톱워치를 누르고 자동차로 시속 100킬로미터로 대포로부터 멀어지는 방향으로 달려보자. 그러면 대포가 다음 포탄을 발사할 때는 대포로부터 100킬로미터 떨어져 있게 될 것이다. 여기서 차를 멈추고 멀리서 들려오는 대포 소리를 들어보자. 소리의 속도가 시속 1천 킬로미터 정도라는 것을 감안하면 두 번째 대포 소리는 첫 번째 대포 소리로부터 60분 후가 아니라 약 66분 후에 들릴 것이다. 66분 중의 60분은 대포가 첫 번째 포탄을 발사하고 다음 포탄을 발사할 때까지 걸리는 시간이고, 6분은 소리가 100킬로미터를 달려오는 데 걸리는 시간이다. 대포가 아주 규칙적으로 발사되더라도 소리의 속도가 유한하고 소리를 듣는 지점이 달라졌기 때문에 6분 늦게 대포 소리를 듣게 되는 것이다.

3년 동안 이오의 공전주기와 지구와 목성 사이의 위치를 측정하고 그 결과를 분석한 뢰머는 빛의 속도가 초속 19만 킬로미터라고 추정했다. 실제 빛의 속도는 30만 킬로미터이다. 그러나 중요한 것은 뢰머가 빛의 속도가 유한하다는 것을 증명했고 실제 빛의 속도와 그다지 많은 차이가 나지 않는 값을 제시했다는 것이었다. 이렇게 해서 오래된 문제가 해결되었다.

그러나 뢰머가 그 결과를 발표했을 때 카시니는 기분이 좋지 않았다. 뢰머가 대부분 자신의 관측 자료에 근거하여 계산했는데도 그 사실을 인정하지 않았기 때문이었다. 카시니는 뢰머의 신랄한 비판자가 되었고 빛의 속도는 무한하다고 믿고 있던 많은 사람들의 대변자가 되었다. 뢰머는 개의치 않고 자신이 계산한 빛의 속도를 이용하여 1676년 11월 9일에 이오가 목성 뒤로 숨어버리는 식蝕이 반대자들이 예상했던 것보다 10분 늦게 일어날 것이라고 예측했다. 이오의 식은 실제로 예상보다 몇 분 늦게 일어났다. 뢰머의 주장이 옳다는 것이 증명된 것이다. 뢰머는 자신이 측정한 빛의 속도를 재확인하는 논문을 한 편 더 썼다.

이오의 식에 대한 예측은 빛의 속도에 대한 논쟁을 종식시켰다. 그러나 지동설과 천동설의 논쟁에서 볼 수 있듯이 때로는 순수한 논리 외적인 요소가 과학적 합의에 영향을 주기도 한다. 카시니는 뢰머보다 학문적 선배였고 나이가 많았다. 따라서 정치적 영향력을 이용하여 사람들이 빛의 속도가 유한한다는 뢰머의 결론을 멀리하게 했다. 그러나 수십 년 후 카시니와 그의 동료들도 뢰머의 결론을 아무 편견 없이 검토할 다음 세대 과학자들에게 길을 열어주지 않을 수 없게 되었다. 그리고 새로운 세대의 과학자들은 뢰머의 결과를 실험해 보았고 받아들였다.

과학자들은 빛의 속도가 유한하다는 것을 일단 받아들인 후에는 빛의 전파와 관계된 다른 신비를 풀기 위해 노력했다. 그것은 빛을 전파시키는 매질은 무엇인가 하는 문제였다. 소리가 여러 종류의 매질을 통해 전달될 수 있다는 것은 알려져 있었다. 사람들은 공기를 통해 말소리를 전달하지만 고래는 액체인 물을 통해 노래를 주고받는다. 그리고 우리는 이가 부딪히는 소리를 이와 귀 사이에 있는 뼈를 통해 들을 수 있다. 빛도 공기, 물, 유리와 같은 기체, 액체, 고체를 통해 전달될 수 있다. 그러나 소리와 빛 사이에는 오토 폰 게리케 Otto von Guericke가 보여준 것과 같은 근본적인 차이가 있다. 독일 마그데부르크 시장이었던 게리케는 1657년에 일련의 유명한 실험을 했다.

게리케는 처음으로 진공펌프를 만들어 진공이 가지고 있는 이상한 성질을 조사했다. 한 실험에서 그는 청동으로 만든 반구半球를 서로 마주 보도록 놓은 다음 그 속의 공기를 뽑아 두 반구를 강력한 흡입 컵처럼 만들었다. 그런 후에 사람들 앞에서 말 여덟 마리를 두 팀으로 나누어 반구를 양쪽에서 잡아당겨도 떨어지지 않는다는 것을 보여주기도 했다.

게리케는 좀 더 정교하게 실험을 하려고 소리 나는 종이 든 유리그릇을 진공으로 만들었다. 그릇에서 공기가 빠져 나가자 종소리는 더 이상 들리지 않았다. 그러나 추가 종을 치는 것은 볼 수 있었다. 따라서 소리는 진공을 통해 전달될 수 없다는 것이 확실했다. 또한 그릇의 공기가 빠져 나가도 종은 볼 수 있고 그릇이 어두워지지 않은 것으로 보아 빛은 진공 속에서도 전파될 수 있다는 것 역시 확실했다. 만일 빛이 진공을 통해 전파된다면 그것은 아무것도 없는 빈 공간을 통해 무엇이 전파될 수 있다는 것을 뜻했다.

이런 명백한 역설에 직면하게 된 과학자들은 진공이 정말 아무것도 없는 빈 공간인지 생각하게 되었다. 그릇에서 공기는 빼냈지만 빛을 전달해 주는 역할을 하는 매질인 다른 무언가가 남아 있었을 것이라고 생각하게 된 것이다. 19세기까지 물리학자들은 우주 전체가 **광학 에테르**라고 불리는 물질로 가득 차 있다고 가정하고 이 에테르가 빛을 전달해 주는 매질의 역할을 한다고 믿었다. 이 가상적인 물질은 빅토리아 시대의 위대한 과학자 켈빈이 지적했듯이 놀라운 성질을 가지고 있어야 했다.

> 그렇다면 광학 에테르란 과연 무엇인가? 이것은 공기 밀도의 100만분의 1의 100만분의 1의 100만분의 1보다 작은 밀도를 가지는 물질이다. 우리는 이 물질의 몇 가지 극단적인 성질을 생각해 볼 수 있다. 이것은 밀도에 비해 매우 딱딱한 성질을 가지는 물질이어야 한다. 초당 4×10^{16}번 진동할 수 있으면서도 이것을 통과하는 데 조금의 저항도 발생시키지 않아야 한다.

다시 말해서 에테르는 믿을 수 없을 정도로 강하면서도 이상하게도 공허한 성질을 가지는 것이었다. 에테르는 투명하고 마찰력을 발생시키지 않으며 화학적으로 활성이 없어야 했다. 에테르는 우리 주위에 있었지만 누구도 그것을 보거나 잡거나 부딪힌 적이 없어 그 존재를 인식하지 못하고 있었다. 그러나 미국인으로서는 처음으로 노벨 물리학상을 받은 앨버트 마이컬슨Albert Michelson은 에테르의 존재를 실험을 통해 증명할 수 있다고 믿었다.

마이컬슨의 부모는 유대인으로 그가 두 살 되던 해에 처형을 피해 프로이센에서 미국으로 망명했다. 그는 샌프란시스코에서 자랐는데 해군사관학교에 진학하여 선박조종술에서는 25등을 했지만 광학에서는 1등으로 졸업했다. 감독관은 그에게 충고했다. "자네가 앞으로 광학보다 사격술에 더 관심을 가진다면 언젠가는 조국을 위해 봉사할 일이 많다는 것을 알게 될 것이다." 그러나 마이컬슨은 해군 대신 광학을 선택했다. 그리고 스물다섯 살이 되던 1878년에 빛의 속도는 299,910±50km/s라고 측정했는데 이는 그전에 알고 있던 빛의 속도보다 20배나 정확한 값이었다.

1880년 마이컬슨은 빛을 전달하는 에테르의 존재를 증명해 줄 것으로 기대되는 실험 장치를 고안했다. 빛이 수직인 두 방향으로 갈라져 전파되는 장치였다. 한 빛은 지구가 공간을 통해 달리고 있는 방향과 같은 방향으로 전파되고 다른 빛은 처음 빛과 수직인 방향으로 진행하도록 했다. 두 빛은 같은 거리를 달린 다음 거울에 반사되어 다시 하나의 빛으로 합쳐졌다. 하나의 빛으로 합칠 때 두 빛은 간섭현상을 나타낼 것으로 추정되었다. 마이컬슨은 두 빛을 비교하고 두 빛이 왕복하는 데 걸리는 시간 차이를 이용하여 예상된 간섭현상을 계산해 낼 수 있었다.

마이컬슨은 지구가 태양 주위를 시속 10만 킬로미터로 달리고 있다는 것을 알고 있었다. 그것은 지구가 가상적인 에테르를 이 속력으로 통과하고 있다는 것을 뜻했다. 에테르는 우주에 가득 차 있는 연속적인 매질이라고 생각되었기 때문에 우주 공간을 달리는 지구의 운동은 에테르의 바람을 만들어 낼 것으로 추정되었다. 가상적인 에테르의 바람은 바람이 없는 고요한 날 지붕이 없는 차를 타고 달릴 때 느낄 수 있는 바람과 같은 것이었다. 실제 바람은 불고 있지 않지만 자신의 운동 때문에 바람이 불고 있는 것처럼 느끼게 되는 것이다. 만일 빛이 에테르를 통해 전파된다면 빛의 속도는 에테르 바람의 영향을 받을 것이다. 마이컬슨의 장치에서 지구가 운동하는 방향과 같은 방향으로 전파되다가 돌아오는 빛은 에테르의 바람을 거슬러서 달리다가 거울에 반사된 후에는 바람과 같은 방향으로 달리게 되어 에테르 바람의 영향을 많이 받을 것이다. 그러나 지구의 운동 방향과 수직인 방향으로 전파되는 빛은 에테르 바람의 영향을 덜 받을 것이다. 마이컬슨은 만일 서로 수직인 두 방향으로 진행하는 두 빛의 진행 시간이 다르다면 그것은 에테르가 존재한다는 강력한 증거가 될 것이라고 생각했다.

에테르 바람을 측정하려는 실험은 복잡한 것이었다. 따라서 마이컬슨은 그

실험의 바탕을 이루는 원리를 수영선수의 시합을 예로 들어 설명했다.

> 너비가 100미터인 강이 있다고 가정하자. 그리고 같은 속도, 즉 초속 5미터로 수영할 수 있는 두 선수가 있다고 하자. 강물은 초속 3미터로 흐르고 있다. 수영선수들은 다음과 같은 방법으로 시합을 했다. 그들은 강가의 같은 지점에서 출발했다. 한 선수는 강 건너편에 있는 지점을 향해 헤엄쳐 간 다음 다시 처음 지점으로 돌아왔다. 다른 선수는 강을 건너가는 대신 강의 너비와 똑같은 거리를 강을 따라 올라갔다가 돌아오도록 했다. 이 시합에서 누가 이길까? (해답은 그림 20 참조.)

마이컬슨은 이 실험을 위해 구할 수 있는 최선의 광원과 거울을 준비하고 장치를 정밀하게 조립하기 위해 모든 주의를 기울였다. 모든 부품을 조심스럽게 정렬하고 수평을 맞추었으며 세심하게 다듬었다. 오차를 줄이고 정확성을 높이기 위해 마이컬슨은 실험 장치를 많은 양의 수은에 띄웠다. 멀리서 걸어가는 사람의 발걸음 때문에 생기는 흔들림마저도 없애기 위한 것이었다. 이 실험의 최종 목적은 에테르의 존재를 증명하는 것이었다. 마이컬슨은 에테르의 존재를 증명할 수 있는 모든 조치를 취했다. 그런데도 직각인 두 방향으로 진행하는 빛의 시간 차이를 찾아내지 못하자 크게 놀라지 않을 수 없었다. 에테르가 존재한다는 증거는 어디에도 없었다. 충격적인 결과였다.

마이컬슨은 무엇이 잘못되었는지 찾으려고 화학자인 에드워드 몰리Edward Morley와 공동연구를 시작했다. 그들은 좀 더 정확하게 실험할 수 있도록 정교하게 다듬은 부품을 이용하여 실험 장치를 다시 조립했다. 그리고 실험을 수없이 반복했다. 7년간의 실험 끝에 1887년 결과를 논문으로 발표했다. 에테르

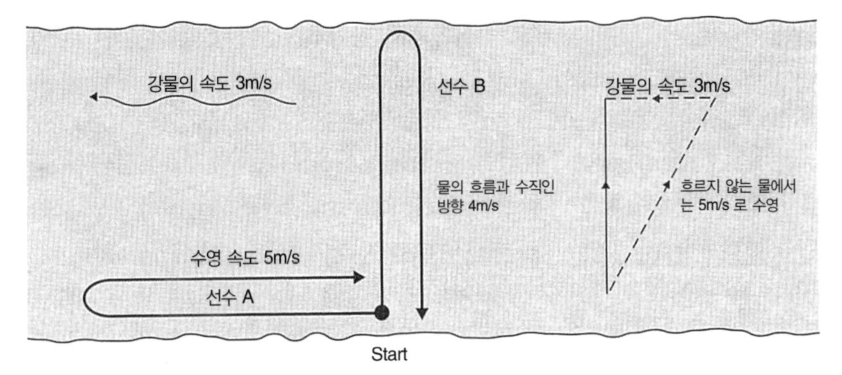

| 그림 20 | 앨버트 마이컬슨은 에테르 실험을 설명하기 위해 수영을 예로 들었다. 두 선수는 특정한 방향으로 진행해 가다가 출발했던 원래의 지점으로 돌아오는 빛과 같은 역할을 한다. 한 선수는 물의 흐름과 같은 방향으로 수영하다가 돌아올 때는 물의 흐름과 반대 방향으로 수영한다. 다른 선수는 물의 흐름을 가로질러 수영한다. 한 빛은 에테르 바람에 거슬러서 진행하다가 돌아올 때는 에테르 바람과 같은 방향으로 진행하고, 한 빛은 에테르 바람을 가로질러 진행하는 것을 나타낸다. 문제는 흐르지 않는 물에서 두 선수의 수영 속도가 초속 5m/s 로 똑같다면, 흐르는 물에서는 200m를 왕복할 때 누가 이기겠는가 하는 것이다. A 선수는 100m를 흐름을 따라 내려갔다가 100m는 흐름을 거슬러 올라와야 한다. 그러나 B 선수는 강을 똑바로 건너갔다가 돌아와야 한다. 강의 너비는 100m이고 강물의 속도는 3m/s이다. 강을 내려갔다가 올라오는 A 선수가 걸리는 시간을 계산하는 것은 간단하다. 물의 흐름을 따라 내려올 때 선수의 속도는 8m/s(5+3m/s)이므로 100m를 가는 데는 12.5초가 걸린다. 물의 흐름에 거슬러 수영할 때의 속도는 2m/s(5–3m/s)이다. 따라서 100m를 수영하는 데는 50초가 걸린다. 그러므로 A 선수가 200m를 왕복하는 데 걸리는 총 시간은 62.5초이다.

강을 가로질러 건너가는 B 선수는 물의 흐름을 상쇄할 수 있는 각도로 수영해야 한다. 피타고라스의 정리를 이용하면 3m/s인 물의 흐름을 상쇄할 수 있는 각도로 5m/s의 속도로 수영하면 물의 흐름과 수직인 방향 성분은 4m/s가 된다는 것을 알 수 있다. 따라서 너비가 100m인 강을 건너가는 데 25초가 걸리고 건너오는 데도 25초가 걸린다. 그러므로 강을 왕복하는 데 걸리는 총 시간은 50초가 된다.

흐르지 않는 물에서는 같은 속도로 수영하는 두 선수이지만 흐르는 강에서는 건너갔다가 건너오는 선수가 강물을 거슬러 올라갔다가 내려오는 선수에 이기게 된다. 따라서 마이컬슨은 에테르 바람을 가로질러 진행하는 빛이 에테르 바람에 거슬러 진행하다가 바람과 같은 방향으로 돌아온 빛보다 시간이 덜 걸릴 것이라고 생각했다. 그는 이런 현상이 실제로 일어나는지 알아보기 위한 실험을 설계했다.

가 있다는 증거는 어디에도 없었다. 따라서 그들은 에테르는 존재하지 않는다는 결론을 내리지 않을 수 없었다.

에테르의 이해할 수 없는 성질 — 우주에서 가장 밀도가 작으면서도 가장 단단한 물질 — 을 생각한다면 에테르가 존재하지 않는다는 결론은 놀라운 일이 아니었다. 그러나 에테르가 진공에서 빛이 전달되는 것을 설명할 수 있는 유일한 방법이었기 때문에 과학자들은 에테르의 존재를 부정하는 것을 주저했다. 마이컬슨마저도 자신이 얻은 결론을 설명할 말을 찾아내는 데 어려움을 겪었다. 그는 후에 "사랑하는 오랜 친구 에테르가 이제는 사라졌지만 나는 아직도 개인적으로 에테르에 약간의 미련이 남아 있다"라고 말했다.

빛과 마찬가지로 전자기파도 에테르를 통해 전파된다고 믿고 있었기 때문에 에테르가 존재하지 않는다는 사실은 물리학계에 커다란 위기였다. 이런 긴박한 상황은 과학저술가 바네시 호프만Banesh Hoffmann이 잘 요약해 놓았다.

> 처음에 우리는 광학적 에테르를 가지고 있었다.
>
> 다음에 우리는 전자기적 에테르를 가지게 되었다.
>
> 그리고 우리는 지금 아무것도 가지고 있지 않다.

19세기 말에 마이컬슨은 에테르가 존재하지 않는다는 것을 증명했다. 마이컬슨은 광학과 관계된 많은 성공적인 실험을 통해 명성을 얻었지만 그의 가장 위대한 성공은 그의 실패한 실험이었다. 그가 한 실험의 목적은 에테르의 존재를 증명하는 것이었지 에테르가 존재하지 않는다는 것을 증명하는 것은 아니었다. 이제 물리학자들은 빛이 아무것도 없는 공간인 진공을 통해 전달된다는 것을 받아들이지 않을 수 없게 되었다.

마이컬슨의 업적은 비싸고 전문적인 실험기구와 오랜 시간 치열한 노력이 이루어 낸 결과였다. 비슷한 시기에 마이컬슨의 실험을 모르고 있던 한 10대 소년이 이론적 논증만으로 에테르가 존재하지 않는다는 결론을 이끌어 냈다. 그 소년의 이름은 앨버트 아인슈타인이었다.

아인슈타인의 사고실험

아인슈타인의 젊은이다운 용기와 나중에 보여준 천재성은 세상에 대한 끝없는 탐구심에 기인한다고 할 수 있다. 풍부하고 혁명적이었으며 몽상적인 생애를 보내며 아인슈타인은 잠시도 멈추지 않고 우주를 지배하는 법칙에 의문을 제기했다. 다섯 살 때 이미 아버지가 준 나침반의 신비한 작용에 마음을 빼앗기기도 했다. 바늘을 잡아당기는 보이지 않는 힘은 무엇이며 왜 바늘은 항상 북쪽을 가리킬까? 자석의 성질은 평생 그의 관심사였다. 이것은 주위의 사소한 현상에 대한 탐구에서도 좀처럼 만족할 줄 모르는 기질을 잘 나타내 준다.

아인슈타인은 전기작가 칼 셀릭에게 "나에게는 특별한 재능이 없다. 단지 남달리 호기심이 많았을 뿐이다"라고 말했다. 또한 "중요한 것은 질문을 멈추지 않는 것이다. 호기심은 그 자체로 존재할 가치가 있는 일이다. 영원의 신비에 대해, 인생에 대해, 그리고 실재의 놀라운 구조에 대해 생각한다면 누구나 경외심을 가지지 않을 수 없을 것이다. 이러한 신비의 아주 작은 부분이라도 해결하려고 매일 노력한다면 그것으로 충분하다"라고 말하기도 했다. 노벨상 수상자인 이시도어 아이작 라비Isidor Isaac Rabi는 이렇게 강조했다. "나는 물리학자는 피터팬이라고 생각한다. 그들은 절대로 어른으로 자라나지 않으며 호기심을 버리지 않는다."

이런 점에서 아인슈타인은 갈릴레이와 많은 공통점을 가지고 있다. 아인슈타인은 한때 "우리는 벽과 천장이 온통 여러 가지 언어의 책으로 가득한 도서관에 들어가는 어린아이와 같다"라고 말한 적이 있다. 갈릴레이도 비슷한 말을 했다. 그러나 그는 자연 전체를 한 가지 언어로 쓰인 거대한 한 권의 책이라고 했다. 그리고 호기심에 이끌려 그것을 해독했다. "이것은 수학이라는 언어로 쓰였다. 그 문자는 삼각형, 원 그리고 여러 기하학적 형상이다. 이것 없이는 인간은 이 책의 한 단어도 이해할 수 없다. 이것 없이는 인간은 어두운 미로 속을 헤매야 할 것이다."

갈릴레이와 아인슈타인을 연결하는 또 한 가지는 두 사람 모두 상대성원리에 관심을 가졌다는 것이다. 그러나 그것을 완전히 이해한 것은 아인슈타인이었다. 간단히 말해서 갈릴레이의 상대론에서는 모든 운동은 상대적이라고 한다. 그것은 외부의 기준계와 비교하지 않고는 자신이 움직이고 있는지 아니면 정지하고 있는지 알 수 있는 방법이 없다는 것을 뜻한다. 갈릴레이는 《대화》에 상대성의 의미를 자세히 설명해 놓았다.

> 커다란 배의 갑판 아래 있는 큰 선실에 친구와 함께 있다고 생각해 보자. 그리고 그 방에 파리나 나비와 같은 날아다니는 곤충이 함께 있다고 가정하자. 물이 담겨 있는 큰 그릇 속에는 물고기도 들어 있다. 그리고 큰 병이 거꾸로 매달려 있어 한 방울씩 아래에 있는 큰 그릇으로 떨어진다. 배가 조용히 정지해 있을 때 작은 동물들이 선실의 모든 방향으로 같은 속도로 날아다니는 것을 관찰할 수 있다. 물고기들이 모든 방향으로 헤엄치는 것도 살펴볼 수 있다. 그리고 친구에게 물건을 던져보자. 거리가 같다면 어떤 특정한 방향으로 던질 때 다른 쪽으로 던질 때보다 특히 세게 던질 필요는 없다. 그리고 두 발을 모으고 여러 방향으로 뛰어보자. 어느 방향으로든지 같은 거리만큼 뛸 수 있을 것이다.
>
> 모든 사항을 조심스럽게 관찰한 다음 배를 당신이 원하는 어떤 속도로 움직여 보자. 단 운동이 일정하고 변화가 없도록 하면서 말이다. 그러면 선실 안에서 일어나는 일에서 어떤 차이도 발견할 수 없을 것이다. 그리고

선실 안의 일들로부터 이 배가 정지해 있는지 아니면 움직이고 있는지 알아낼 수 없을 것이다.

다시 말해서 직선을 따라 같은 속도로 운동하고 있다면 얼마나 빨리 움직이고 있는지 측정할 방법이 없을 뿐만 아니라 움직이고 있다는 사실을 알아낼 수 있는 방법도 없다는 것이다. 주위의 모든 물체가 같은 속도로 움직이고 있거나 정지해 있으면 같은 현상(예를 들면 병에서 물이 떨어지거나 나비가 날아다니는 현상)이 나타나기 때문이다. 갈릴레이가 제시한 가상적인 상황은 다른 좌표계와 비교하여 상대적인 운동을 측정할 수 없었던 고립된 '갑판 아래 있는 선실'에서 일어났다. 만일 당신이 조용하게 움직이고 있는 기차 안에서 눈과 귀를 막고 고립되어 있다면 기차가 시속 100킬로미터의 속도로 달리고 있는지 아니면 아직도 역에 머물러 있는지 알기 힘들 것이다. 갈릴레이 상대론의 또 다른 예이다.

이것은 갈릴레이의 가장 위대한 발견 중 하나이다. 이 발견으로 의심 많은 천문학자들이 지구가 실제로 태양 주위를 돌고 있다는 것을 받아들이게 되었다. 코페르니쿠스의 반대자들은 지구가 태양 주위를 돈다면 항상 같은 방향에서 바람이 불어오거나 발밑의 땅이 끌리는 것을 느낄 수 있어야 하는데 그런 일이 일어나지 않는 것으로 보아 지구가 태양을 돌고 있는 것이 아니라고 주장했다. 그러나 갈릴레이의 상대론은 우리가 지구의 엄청난 속도를 느끼지 못하는 것은 땅에서부터 공기에 이르기까지 모든 것이 우리와 같은 속력으로 달리고 있기 때문이라고 설명했다. 움직이고 있는 지구도 정지해 있는 지구와 같은 환경을 제공해 줄 수 있게 된 것이다.

일반적으로 갈릴레이 상대론에서는 우리가 천천히 움직이는지, 빨리 움직이는지, 아니면 전혀 움직이지 않는지 알 수 없다고 한다. 이것은 우리가 지구에 고립되어 있거나 귀마개와 눈가리개를 하고 기차에 타고 있거나 갑판 아래 선실에 들어가 있는 것과 같이 외부 좌표계와 격리되어 있을 때 성립되는 사실이다.

마이컬슨과 몰리가 에테르의 존재를 부정했다는 사실을 알지 못한 채 아인슈타인은 갈릴레이의 상대론을 기초로 하여 에테르의 존재 여부를 알아내려고 시도했다. 그는 갈릴레이의 상대론을 **사고실험**思考實驗의 배경으로 사용했다. 아인슈타인의 사고실험은 '생각하다' 라는 뜻의 독일어에서 유래한 '게당켄gedanken 실험' 이라는 말로 잘 알려져 있다. 그것은 물리학자의 머릿속에서 이루어지는 순수하게 가상적인 실험으로, 대개는 실제 세계에서는 가능하지 않은 과정이 포함되어 있다. 순수한 이론적 구성이지만 사고실험은 때때로 실제 세계를 더 잘 이해할 수 있도록 해준다.

아인슈타인은 1896년 열여섯 살 때 거울을 앞에 들고 빛의 속도로 날아갈 수 있다면 어떤 일이 생기는지 사고실험을 했다. 그는 이 경우에도 거울에 비친 자신의 모습을 볼 수 있는지를 중점적으로 생각했다. 빅토리아 시대의 이론으로는 우주는 움직이지 않는 에테르로 가득 차 있다. 빛은 이 에테르에 의해 전달된다고 생각되었으므로 빛은 에테르에 대해서 빛의 속도(초속 30만 킬로미터)로 달리고 있다. 아인슈타인의 사고실험에서 그의 얼굴과 그가 들고 있는 거울은 에테르에 대해서 빛의 속도로 달리고 있다. 빛은 아인슈타인의 얼굴을 떠나 손에 들고 있는 거울을 향해 달리려고 할 것이다. 그러나 모든 것이 빛의 속도로 달리고 있기 때문에 이 빛은 얼굴을 떠날 수 없고 따라서 거울에 도달할 수 없을 것이다. 빛이 거울에 도달할 수 없다면 거울에 반사될 수도 없고 결국 아인슈타인은 자신의 얼굴을 거울에서 볼 수 없을 것이다.

이 가상적인 시나리오는 갈릴레이의 상대론을 완전히 부정하는 것이기 때문에 충격적인 것이었다. 갈릴레이의 상대론에 의하면 등속도로 달리는 사람은 자신이 빨리 달리고 있는지 아니면 천천히 달리고 있는지, 앞으로 달리고 있는지 뒤로 달리고 있는지, 심지어는 전혀 달리고 있지 않은지 알 수 있는 방법이 없어야 한다. 하지만 아인슈타인의 사고실험에 따르면 거울을 가지고 달리는 사람은 자기 얼굴을 거울에서 볼 수 없기 때문에 빛의 속도로 달리고 있다는 것을 알 수 있다.

소년 아인슈타인은 에테르로 가득 찬 우주를 기초로 하여 사고실험을 했고, 그 결과는 갈릴레이의 상대성원리와 상충되는 것이었다. 아인슈타인의 사고실험을 갑판 아래 있는 선실 이야기로 바꾸어 볼 수 있다. 이 선실의 선원은 거울에 자기 모습이 보이지 않는 것을 보고 배가 빛의 속도로 달리고 있다는 것을 알 수 있을 것이다. 그러나 갈릴레이는 이 선원이 절대로 배의 속도를 알 수 없을 것이라고 단언했다.

누군가 틀린 것이다. 갈릴레이의 상대론이 틀리지 않았다면 아인슈타인의 사고실험이 처음부터 잘못된 것이어야 했다. 결국 아인슈타인은 자신의 사고실험이 에테르로 가득 차 있는 우주에 기초를 두고 있기 때문에 잘못되었다는 것을 알게 되었다. 이 문제를 해결하기 위해서 빛은 고정되어 있는 에테르가 전달해 주는 것이 아니고, 따라서 에테르에 대해서 운동하는 것이 아니라는 결론을 얻었다. 결국 에테르는 존재하지 않는다는 것이다. 아인슈타인은 모르고 있었지만 그것이 바로 마이컬슨과 몰리가 발견한 것이었다.

물리학은 실제적인 기구를 이용하여 실제적 측정을 하는 실제 실험에 근거해야 한다고 믿는 사람들이라면 아인슈타인의 사고실험이 마음에 들지 않을 것이다. 실제로 사고실험은 물리학의 주류는 아니며 충분히 신뢰할 수 있는 것도 아니다. 마이컬슨과 몰리의 실험이 중요한 것은 그 때문이다. 아인슈타인의 사고실험은 소년 시절의 그가 가지고 있던 뛰어난 사고력을 잘 보여준다. 그리고 더 중요한 것은 그가 사고실험으로 에테르가 존재하지 않는 우주를 이끌어냈고 빛의 속도가 가지는 의미를 다시 생각하게 했다는 점이다.

빅토리아 시대에는 에테르가 빛의 속도에 대한 과학자들의 주장을 뒷받침해 주었기 때문에 꼭 필요한 것이었다. 모든 사람이 빛의 속도는 초속 30만 킬로미터라는 일정한 값이라는 것을 받아들였다. 그 의미는 빛이 그 매질에 대해 초속 30만 킬로미터로 달린다는 것이라고 생각되었다. 그리고 그 매질은 에테르였다. 빅토리아 시대에는 우주가 에테르로 가득하다는 것은 상식이었다. 그러나 마이컬슨과 몰리 그리고 아인슈타인은 에테르가 존재하지 않는다는 것을 보여주었다. 빛을 전달해 주는 매질인 에테르가 존재하지 않는다면 과학자들이 이야기하는 빛의 속도는 어떤 의미일까? 빛의 속도는 초속 30만 킬로미터라고 하는데 이것은 무엇에 대한 속도란 말일까?

아인슈타인은 그 후 몇 년간 이 문제를 탐구했다. 그리고 마침내 해결책을 찾아냈다. 그러나 그 해답은 직관에 의한 것이었다. 첫눈에는 말도 안 되는 것처럼 보였지만 후에 그는 그 해답이 옳다는 것을 증명했다. 아인슈타인은 빛이 관측자에 대하여 초속 30만 킬로미터로 달린다고 했다. 다시 말해 우리가 어떤 상황에 처해 있고 물체가 어떤 상태에서 빛을 내든 우리는 빛의 속도를 초속 30만 킬로미터 또는 초속 3억 미터(정확하게는 299,792,458m/s)로 측정한다는 것이다. 이것은 우리 주위에서 일상적으로 경험하는 보통 물체의 속도와 전혀 다르기 때문에 말도 안 돼 보인다.

총알을 항상 초속 40미터의 속도로 발사하는 고무총을 가지고 있는 소년을 생각해 보자. 우리는 이 소년과 적당히 떨어져 길가에 있는 벽에 기대어 있다. 이 소년이 우리를 향해 총알을 발사하여 총알이 초속 40미터로 날아와 우리

이마를 맞힌다면 우리는 총알의 속도를 초속 40미터로 느낄 것이다. 그러나 이 소년이 자전거를 타고 초속 10미터로 우리에게 다가오면서 고무총을 쏜다면 총알이 고무총을 떠나는 속도는 마찬가지로 초속 40미터이겠지만 총알은 땅에 대하여 초속 50미터의 속도로 날아와 우리 이마를 초속 50미터의 속도로 맞힐 것이다. 총알의 속도가 빨라진 것은 자전거의 속도가 더해졌기 때문이다. 만일 우리가 소년을 향해 초속 4 미터의 속도로 다가간다면 우리는 총알의 속도를 초속 54미터로 느끼게 될 것이기 때문에 상황은 더 나빠진다. 결론적으로 말하면 우리(관측자)는 여러 가지 요소에 의해 총알의 속도를 다르게 인식한다는 것이다.

아인슈타인은 빛은 다르게 움직인다고 생각했다. 소년이 자전거를 타고 있지 않았을 때 그가 들고 있는 램프에서 나오는 빛은 초속 299,792,458미터로 우리에게 다가온다. 그리고 소년이 우리를 향해 초속 10미터로 다가올 때도 그가 들고 있는 램프에서 나오는 빛은 여전히 초속 299,792,458미터로 우리에게 다가온다. 아인슈타인은 빛은 관측자에 대해서 일정한 속도로 달린다고 주장했다. 어떤 상황에서도 빛의 속도를 측정하면 모든 관측자는 항상 같은 속도를 측정한다는 것이다. 후에 실험을 통해 아인슈타인의 주장이 옳다는 것이 증명되었다. 총알 같은 보통 물체와 빛 사이의 차이점을 아래에 정리했다.

	총알의 속도에 대한 우리의 인식	빛의 속도에 대한 우리의 인식
모두 정지해 있을 때	40m/s	299,792,458m/s
소년이 10m/s로 다가 올 때	50m/s	299,792,458m/s
소년이 10m/s로 다가오고 우리가 4m/s로 다가갈 때	54m/s	299,792,458m/s

아인슈타인이 빛의 속도는 관측자에 대하여 일정한 값을 가져야 한다고 확신한 것은 그것만이 거울을 이용한 그의 사고실험을 정당화해 줄 수 있었기 때문이다. 빛의 속도에 대한 새로운 법칙을 이용하여 아인슈타인의 사고실험을 다시 분석해 볼 수 있다. 사고실험에서 관측자인 아인슈타인은 빛의 속도로 여행하고 있다. 그런데 빛은 관측자에 대해 빛의 속도로 달리기 때문에 아인슈타인은 빛이 자신의 얼굴을 빛의 속도로 떠나는 것을 볼 수 있을 것이다. 빛의 속도로 아인슈타인을 떠난 빛은 빛의 속도로 반사돼 돌아온다. 따라서 거울에 비친 자신의 모습을 볼 수 있을 것이다. 이것은 정지해 있는 욕실의 거울 앞에 서 있을 때와 똑같다. 욕실에서도 빛은 빛의 속도로 그의 얼굴을 떠난 후에 거울에 반사된 후 다시 빛의 속도로 아인슈타인에게 돌아온다. 다시 말해 빛의 속도가 관측자에 대해 일정하다고 가정함으로써 자신이 빛의 속도로 달리고 있는지 아니면 욕실 안에 정지해 있는지 알 수 없게 되는 것이다. 이 결과는 바로 우리가 정지해 있든 움직이고 있든 똑같은 것을 경험해야 한다는 갈릴레이의 상대론과 일치하는 것이다.

빛의 속도가 관측자에 대해 일정한 값을 가진다는 결론은 놀라운 것이었고, 이것은 아인슈타인의 사고에 지속적으로 큰 영향을 미쳤다. 그러나 그는 아직 10대의 소년이었다. 그가 이런 생각을 할 수 있었던 것은 소년의 순수함과 야망 때문이었다. 차츰 그는 자신의 혁명적인 생각을 사람들에게 알리기 시작했고 세상과 교류하게 되었다. 그러나 정상적인 교육을 받는 동안에는 그 문제에 관해서는 혼자 공부했다.

아인슈타인은 대학에 다니면서 깊은 생각에 잠기곤 했는데 대학의 권위적인 분위기와는 달리 열정적이고 창조적이었으며 호기심이 많았다. 그는 한때 "내 공부를 방해하는 것은 교육뿐이다"라고 말하기도 했다. 그는 강의에 큰 관심을 보이지 않았다. 심지어는 명성이 자자했던 민코프스키 교수의 강의에도 관심을 보이지 않아 민코프스키 교수가 '게으른 강아지'라고 평하기도 했다. 하인리히 베버 교수는 이렇게 말했다. "아인슈타인, 자넨 똑똑한 학생이야. 그것도 아주 똑똑하지. 하지만 커다란 단점이 있네. 아무것도 들으려 하지 않는다는 거야." 아인슈타인이 그런 태도를 보인 것은 베버 교수가 물리학의 최근 이론을 강의해 달라는 요청을 들어주지 않았기 때문이기도 했다. 그래서 아인슈타인은 그를 베버 교수라고 부르는 대신 그냥 베버 씨라고 불렀다.

이런 불화 때문에 베버 교수는 아인슈타인에게 대학원 진학에 필요한 추천서를 써주지 않았다. 결국 아인슈타인은 대학을 졸업한 후 7년 동안 스위스 베른에 있는 특허국에서 서기로 일해야 했다. 그러나 결과적으로 그에게 그리 나쁜 일은 아니었다. 대학에서 가르치는 주류 이론의 틀에서 벗어나 사무실에서 자유롭게 10대 시절의 사고실험의 의미를 생각해 볼 수 있었다. 베버 교수가 경멸했던 바로 그 위험한 사고였다. 더구나 그는 '3급 기술 전문가 견습생'으로 시작한 단순한 업무를 불과 몇 시간 만에 다 해버렸기 때문에 공부할 수 있는 시간이 넉넉했다. 만일 대학원에 있었더라면 날마다 많은 시간을 대학원 내의 인간관계, 끝없는 행정업무, 강의 부담에 시달려야 했을 것이다. 친구에게 보낸 편지에서 그는 자신의 사무실을 "나의 가장 아름다운 생각을 부화시킨 신비스러운 수도원"이었다고 표현했다.

그는 특허국에서 보낸 이 시기에 지적 생애에서 가장 많은 결실을 맺었다. 동시에 이 천재는 정서적으로도 매우 성숙해졌다. 1902년 아버지가 중한 병으로 쓰러졌을 때 아인슈타인은 일생에서 가장 큰 충격을 받았다. 임종 자리에서 아버지 헤르만 아인슈타인은 아들과 밀레바 마리가 이미 딸 리젤을 낳았다는 것을 모른 채 두 사람에게 결혼하라고 축복해 주었다. 실제로 역사학자들도 1980년대 말에 아인슈타인의 개인 서신이 공개되기 전까지는 아인슈타인과 마리 사이에 딸이 있었다는 것을 알지 못했다. 밀레바는 출산을 위해 고향 세르비아로 돌아갔었던 것으로 알려졌다. 아인슈타인은 딸이 태어났다는 소식을 듣고 곧 밀레바에게 편지를 썼다. "아이는 건강해? 잘 울어? 눈동자는 어때? 우리 중 누굴 더 닮았지? 우유는 누가 먹이는 거야? 배고프다고 보채지는 않아? 머리카락은 하나도 없어? 그 애를 사랑하는데 아직 보지도 못했어. …… 아이는 벌써 우는 건 잘 하겠지. 하지만 웃는 건 한참 있어야 배울 거야. 거기에는 심오한 진리가 숨어 있어." 앨버트는 딸의 울음소리를 한 번도 들을 수 없었고, 웃는 모습도 볼 수 없었다. 그들은 혼전 출산에 대한 사회적 비난을 감수하고 싶지 않았기 때문에 리젤을 세르비아에서 다른 집안에 입양시켰다.

아인슈타인과 마리는 1903년에 결혼했고 이듬해 첫 아들 한스 앨버트를 낳았다. 아버지로, 특허국 서기로 생활하던 아인슈타인은 1905년 마침내 우주에 대한 생각을 정리했다. 그의 이론적인 연구는 《물리 연대기*Annalen der Physik*》에 발표된 논문들로 절정을 이루었다. 그는 브라운 운동이라고 알려진 현상을 분석하여 물질이 원자와 분자로 이루어졌다는 이론을 뒷받침하는 뛰어난 논증을 전개한 논문을 냈다. 광전효과라는 잘 알려진 현상이 양자 가설을 이용하여 모두 설명될 수 있다는 논문도 발표했다. 이 논문으로 아인슈타인이 노벨상을 탈 수 있었던 것은 놀라운 일이 아니다.

그러나 세 번째 논문은 더욱 뛰어난 것이었다. 이것은 빛의 속도가 관측자에 대해 일정해야 한다는 지난 10여 년 동안의 생각을 정리한 것이었다. 이 논문은 물리학에 전혀 다른 기반을 제공하는 것이었고, 궁극적으로는 우주를 연구하는 기본 법칙을 제공하는 것이었다. 빛의 속도가 일정하다는 것 자체는 아인슈타인이 예측한 결과에 비하면 그리 중요한 것이 아니었다. 결과는 아인슈타인 자신도 놀라워할 정도였다. 이 논문들을 발표했을 때 그는 겨우 스물여섯 살의 젊은이였다. 그는 **특수상대성이론**이라고 알려진 이론을 연구하는 동안 수없이 그 결과를 의심해야 했다. "상대성이론이 맨 처음 마음속에 싹트기 시작했을 때 온갖 종류의 심리적 동요를 경험했다는 것을 고백하지 않을 수 없다. 젊었을 때 나는 몇 주일씩 혼란스러운 상태를 겪곤 했다. 이런 혼란 상태는 이 방정식들을 처음으로 맞닥뜨릴 사람들 역시 이겨내야 할 그런 것이었다."

아인슈타인의 특수상대성이론의 가장 놀라운 점은 시간에 대한 우리의 익

| 그림 21 | 특수상대성이론을 발표하여 명성을 얻기 시작하던 1905년에 찍은 앨버트 아인슈타인의 사진.

숙한 생각이 기본적으로 틀렸다는 것이다. 과학자든 아니든 모든 사람들은 시간이란 쉴 새 없이 째깍거리는 우주 시계에 의해 흘러가는 어떤 것이라고 생각했다. 우주 시계는 우주의 맥박이었고 모든 다른 시계가 표준으로 삼을 수 있는 것이었다. 따라서 모두 같은 우주 시계에 의해 살아가고 있기 때문에 시간은 누구에게나 동일했다. 같은 단진자는 오늘이든 내일이든, 런던에서든 시드니에서든, 나에게든 당신에게든 같은 주기로 진동할 것이다. 시간은 절대적이고 규칙적이며 보편적인 것으로 간주되었다. 그러나 아인슈타인은 그렇지 않다고 했다. 시간은 상대적인 것이며 늘어날 수 있고 개인적인 것이어서 나의 시간이 당신의 시간과 다를 수 있다는 것이다. 특히 우리에 대해서 상대적으로 운동하고 있는 시계는 우리에 대해서 정지해 있는 시계보다 천천히 간다. 따라서 만일 당신은 달리고 있는 기차에 타고 있고 나는 플랫폼에 정지해 있는데, 기차가 플랫폼을 휙 지나갈 때 내가 당신의 시계를 본다면 당신의 시계가 내 것보다 천천히 간다고 관측된다는 것이다.

그것은 불가능한 일처럼 보인다. 그러나 아인슈타인에게는 논리적으로 피해갈 수 없는 것이었다. 이제 왜 시간이 개인적인 것이며 관측된 시계의 운동속도에 따라 달라지는지 간단히 살펴보자. 수학이 약간 나오지만 아주 간단한 것이다. 따라서 이 논리를 잘 따라와 준다면 왜 특수상대성이론이 세상에 대한 우리의 생각을 바꾸게 하는지 쉽게 이해할 수 있을 것이다. 만일 수식을 건너뛰었거나 잘 이해하지 못했더라도 염려할 것은 없다. 모든 중요한 내용은 수식 다음에 잘 정리되어 있기 때문이다.

특수상대성이론이 시간의 개념에 준 충격을 이해하기 위해서 발명가 앨리스와 그의 이상한 시계를 생각해 보기로 하자. 모든 시계는 시간을 잴 수 있는 규칙적인 박동이 있어야 한다. 할아버지가 쓰던 괘종시계에서는 흔들리는 추가 그 역할을 했고 물시계에서는 규칙적으로 떨어지는 물방울이 그 역할을 했다. 앨리스의 시계에서는 그림 22(a)에서와 같이 1.8미터 떨어져 있는 두 개의 평행한 거울에 반사되어 두 거울 사이를 왕복하고 있는 빛이 그 역할을 한다. 빛의 속도는 항상 일정하기 때문에 이러한 시계는 매우 정확할 것이고 따라서 이러한 반사장치는 시간을 정확하게 재는 데 가장 이상적이다. 빛의 속도는 초속 3억 미터(3×10^8m/s라고 쓸 수도 있음)이므로 빛이 하나의 거울에서 출발해서 다른 거울에 반사되어 돌아오는 시간을 한 주기라고 하면 앨리스의 시계에서 한 주기는 다음과 같이 계산될 수 있다.

$$\text{시간}_{\text{앨리스}} = \frac{\text{거리}}{\text{속도}} = \frac{3.6\,\text{m}}{3\times10^8\text{m/s}} = 1.2\times10^{-8}\text{초}$$

앨리스는 이 시계를 가지고 철로를 따라 일정한 속도로 달리고 있는 기차에 탔다. 앨리스는 시계를 전과 같이 조정해 놓았다. 갈릴레이의 상대성원리에 의하면 앨리스는 자신과 함께 운동하고 있는 물체를 관찰해서 자신이 움직이고 있는지 아니면 정지해 있는지 말할 수 없어야 하므로 모든 것이 똑같아야 한다는 것을 기억해 두자.

앨리스의 친구인 밥은 앨리스가 탄 기차가 빛의 속도의 80퍼센트인 2.4×10^8m/s 속도로 — 이것은 사람이 생각할 수 있는 세상에서 가장 빠른 고속열차였다 — 지나가는 동안 플랫폼에 서 있었다. 밥은 기차의 큰 창문을 통해서 앨리스와 그녀의 시계를 볼 수 있었다. 그가 볼 때 앨리스의 시계에서 빛은 그림 22(b)와 같이 대각선 경로를 따라 운동하고 있었다. 빛은 정상적으로 아래위에 있는 거울을 왔다 갔다 하면서 기차를 따라 옆 방향으로 움직여 갔다.

다시 말해 시계가 기차를 따라 앞으로 움직이고 있기 때문에 아래쪽 거울을

(a)

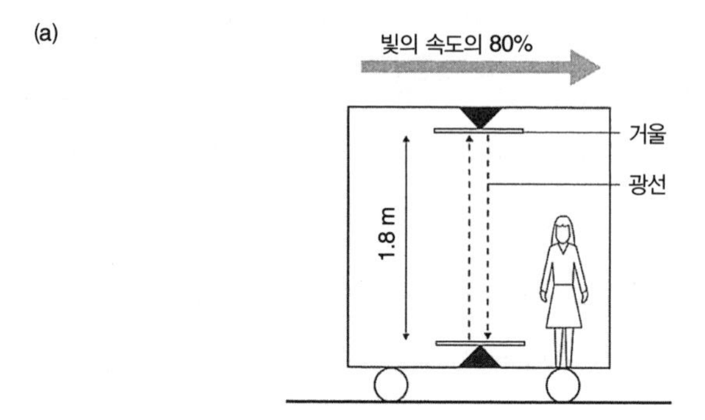

(b)

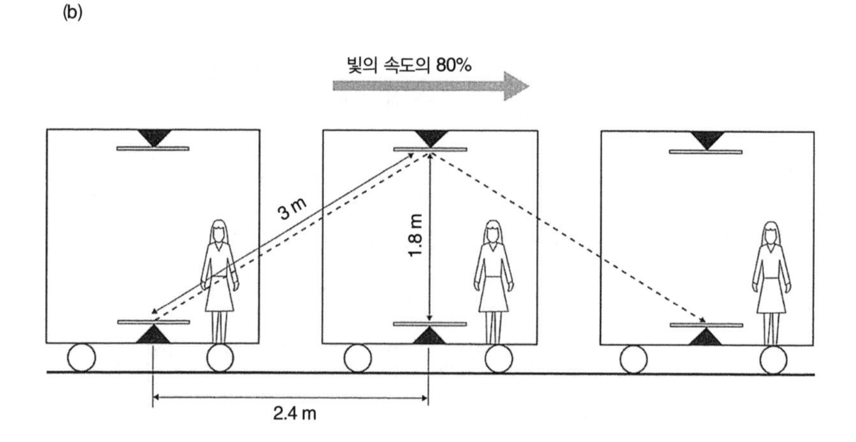

| 그림 22 | 아래 시나리오는 아인슈타인의 특수상대성이론의 중요한 개념을 설명하고 있다. 앨리스는 기차 안에서 두 개의 거울로 된 시계를 가지고 있다. 이 시계는 빛이 두 거울 사이를 한 번 왕복할 때마다 한 번씩 째깍거린다. 그림 (a)는 앨리스의 위치에서 본 상황이다. 열차는 빛의 속도의 80%나 되는 빠른 속도로 움직이고 있다. 그러나 앨리스의 시계는 앨리스에 대해서 상대적으로 운동하고 있지 않다. 따라서 앨리스는 평상시와 같이 행동하고 시계는 평소와 같은 간격으로 째깍거리게 된다.

그림 (b)는 밥의 관점에서 같은 상황(앨리스와 시계)을 본 것이다. 열차가 빛 속도의 80%나 되는 속도로 움직이고 있으므로 밥은 빛이 대각선 방향으로 움직이고 있는 것을 볼 수 있다. 빛이 대각선을 따라 움직이고 있으므로 밥은 더 긴 시간이 걸리는 것으로 관측할 것이다. 따라서 밥은 앨리스의 시계가 앨리스가 측정하고 있는 것보다 더 느리게 가는 것으로 측정한다.

떠난 빛이 위쪽 거울에 도달하기 위해서는 빛은 거리가 더 먼 대각선 경로를 통해 움직여야 한다. 실제로 밥의 입장에서 보면 빛이 아래쪽 거울을 떠나 위쪽 거울에 도달하는 동안 기차는 2.4미터 앞으로 달려가기 때문에 대각선 경로의 거리는 3.0미터가 된다. 따라서 빛이 아래쪽 거울에서 출발한 후 위쪽 거울에 반사하여 돌아오는 동안에 빛은 6미터의 거리를 달려야 한다. 아인슈타인에 따르면 빛의 속도는 모든 관측자에게 동일하기 때문에 같은 속도로 더 먼 거리를 달리는 것을 관측하는 밥에게는 빛의 왕복시간이 더 길어야 한다. 밥이 측정한 시간의 길이는 쉽게 계산할 수 있다.

$$\text{시간}_{\text{밥}} = \frac{\text{거리}}{\text{속도}} = \frac{6.0\ \text{m}}{3\times10^{8}\ \text{m/s}} = 2\times10^{-8}\text{초}$$

여기까지 오면 시간의 실재성이 혼란스럽고 신비하게 생각되지 않을 수 없다. 앨리스와 밥이 만나 관측 결과를 비교했다. 밥은 앨리스의 시계가 매 2×10^{-8}초마다 째깍거렸다고 말하지만 앨리스는 매 1.2×18^{-8}초마다 째깍거렸다고 할 것이다. 앨리스가 보기에 자신의 시계는 완전히 정상적으로 작동했다. 앨리스와 밥은 같은 시계를 관측했지만 두 사람은 시계가 다른 간격으로 째깍거리는 것을 관측한 것이다.

아인슈타인은 앨리스에 비해 밥이 관측한 시간이 상황에 따라 어떻게 달라지는지 계산할 수 있는 식을 제시했다.

$$\text{시간}_{\text{밥}} = \text{시간}_{\text{앨리스}} \times \frac{1}{\sqrt{(1-v_{\text{A}}^{2}/c^{2})}}$$

이 식에 의하면 밥이 관측하는 시간은 밥에 대한 앨리스의 상대 속도(v_{A})와 빛의 속도(c)에 따라 달라진다. 이 식에 앞에서 예로 든 숫자들을 대입하면 이 식이 어떻게 작용하는지를 알 수 있을 것이다.

$$\text{시간}_{\text{밥}} = 1.2\times10^{-8}\text{초}\times\frac{1}{\sqrt{(1-(0.8c)^2/c^2)}}$$

$$\text{시간}_{\text{밥}} = 1.2\times10^{-8}\text{초}\times\frac{1}{\sqrt{(1-0.64)}}$$

$$\text{시간}_{\text{밥}} = 1.2\times10^{-8}\text{초}$$

한때는 "손을 뜨거운 난로 위에 1분 동안 얹어 놓아 보라. 그러면 1분이 한 시간처럼 느껴질 것이다. 그러나 예쁜 여학생과 한 시간 동안 앉아 있어 보라. 그러면 1분처럼 느껴질 것이다. 그것이 상대성이다"라고 아인슈타인을 비꼬는 사람도 있었다. 그러나 상대성이론은 그런 농담이 아니다. 아인슈타인의 방정식은 움직이는 시계를 관측했을 때 이 시계가 얼마나 느리게 가는지를 정확하게 계산할 수 있게 해준다. 이것을 **시간지연**이라고 부른다. 이것은 매우 이해하기 어려워서 즉시 다음과 같은 네 가지 의문이 생긴다.

1. **왜 우리는 이런 이상한 효과를 알아차리지 못하고 있었을까?**

   시간지연의 정도는 빛의 속도와 비교한 시계나 대상물의 속도에 의해 달라진다. 앞에서 든 예에서는 앨리스가 탄 기차가 빛의 속도의 80퍼센트인 초속 2억4천만 미터의 속도로 달리고 있었으므로 시간지연 효과가 뚜렷하게 나타났다. 그러나 기차가 좀 더 현실적인 속도인 초속 100미터(360km/h)의 속도로 달리고 있었다면 밥이 측정한 앨리스의 시계는 앨리스가 본 것과 거의 같은 결과를 보여 줄 것이다. 아인슈타인의 식에 이 값을 대입해 보면 두 사람이 관측하는 시간 차이는 1조분의 1초 정도이다. 다시 말해 인간은 일상생활에서 시간지연 효과를 경험하는 것이 가능하지 않다.

2. 이 시간 차이는 실제인가?

그렇다. 이것은 실제 상황이다. 요즈음 사용하는 많은 정교한 과학기기를 제대로 작동시키려면 시간지연 효과를 고려해야 한다. 자동차의 내비게이션 장치처럼 위성을 이용하여 위치를 측정해 주는 지구위치측정기GPS는 특수상대성이론의 효과를 고려하지 않으면 제대로 작동하지 않는다. 이 효과가 중요한 것은 GPS 위성이 매우 빠르게 운동하고 있고 정확한 시간 측정이 필요하기 때문이다.

3. 아인슈타인의 특수상대성 이론은 빛을 이용해서 작동하는 시계에만 적용되는가?

이 이론은 모든 시계에 적용되며 모든 현상에 적용된다. 왜냐하면 원자 단위에서의 상호작용은 빛에 의해 결정되기 때문이다. 따라서 밥이 볼 때 기차 안에서 일어나는 모든 원자 단위의 상호작용이 느려진다. 그가 원자 단위의 상호작용을 하나하나 볼 수는 없지만 이러한 원자 단위의 상호작용이 종합된 효과가 느려지는 것은 볼 수 있다. 앨리스의 시계가 천천히 가는 것을 관측하게 되는 것과 마찬가지로 그녀가 지나가면서 손을 흔드는 것도 느리게 관측될 것이다. 그녀가 하는 윙크나 그녀의 심장 박동도 느리게 관측될 것이다. 모든 것은 시간지연 때문에 같은 효과가 나타나는 것이다.

4. 왜 앨리스는 시계가 느려지는 것을 이용하여 자신이 움직이고 있다는 것을 증명할 수 없는가?

지금까지 이야기한 이상한 효과는 밥이 달리고 있는 기차에서 일어나는 일을 바깥에서 관측할 때만 나타난다. 앨리스의 입장에서 보면 기차 안의 모든 것은 완전히 정상적이다. 왜냐하면 기차 안의 시계나 물체는 그녀에 대해서 상대적으로 움직이지 않기 때문이다. 상대속도가 0이라는 것은 시간지연이 0이라는 것을 뜻한다. 앨리스에게는 시간지연이 일어나지 않는다는 것은 놀랄 일이 아니다. 만일 앨리스가 기차 안에서 기차의 속도를 알아낼 수 있는 방법이 있다면 그것은 갈릴레이의 상대성 원리에 어긋나는 것이기 때문이다. 그러나 만일 앨리스가 플랫폼에 서 있는 밥과 그 주위의 물체를 관찰한다면 시간지연을 나타내는 것은 밥과 밥 주위에 있는 물체들일 것이다. 왜냐하면 밥과 주위의 물체들은 앨리스에 대해서 상대적으로 운동하고 있기 때문이다.

특수상대성이론은 다른 모든 물리 현상에도 이와 비슷한 충격을 주었다. 아인슈타인은, 앨리스가 다가옴에 따라 그녀가 움직이는 방향으로 그녀의 길이가 줄어드는 것이 관측된다는 것을 보여주었다. 다시 말해 앨리스의 키가 2미터이고 앞에서 뒤까지의 폭이 25센티미터이며, 기차가 밥에게 다가올 때 앞을 바라보고 있었다면 밥에게 앨리스의 키는 2미터로 관측되겠지만 그녀의 앞뒤 폭은 15센티미터로 관측될 것이다. 앨리스는 훨씬 말라보일 것이다. 이것은 환상이 아니라 밥이 관측하는 시간과 공간에서 보는 실재이다. 밥이 앨리스의 시계가 천천히 간다고 관측하는 것과 똑같은 원인에 의한 결과이다.

따라서 특수상대성이론은 시간에 대한 고정관념을 바꾸게 할 뿐만 아니라 공간에 대한 전통적인 고정관념도 바꾸도록 했다. 시간과 공간은 보편적인 것이 아니라 상대적이고 개인적인 것이 되어버렸다. 아인슈타인이 이론을 발전시켜 가면서 스스로도 자신의 논리와 그 결과에 당황했다는 것은 충분히 이해할 만하다. 아인슈타인은 "논쟁은 즐겁고 매력적인 것이었다. 그러나 신은 내 코를 잡아 끌면서 웃고 있을지도 모른다"라고 말했다.

어떻든 아인슈타인은 의심을 극복하고 방정식을 발전시켜 나갔다. 그의 논문이 출판된 후에 학자들은 특허국 서기가 독자적인 연구로 물리학 역사상 가장 중요한 발견을 해냈다는 것을 인정하지 않을 수 없었다. 양자물리학의 아버지인 막스 플랑크Max Planck는 아인슈타인에 대해 다음과 같이 말했다. "만일 (상대성이론이) 옳다는 것이 증명된다면, 그럴 것이라고 믿고 있지만, 아인슈타인은 20세기의 코페르니쿠스라고 할 수 있을 것이다."

아인슈타인의 시간지연과 길이 수축은 실험으로 모두 확인되었다. 빅토리아 시대의 물리학을 급격하게 붕괴시켜 버린 특수상대성이론만으로도 아인슈타인은 20세기의 가장 위대한 물리학자가 되기에 충분했다. 그러나 그의 키는 더 높은 곳으로 치솟고 있었다.

1905년에 논문을 발표한 직후에 그는 더욱 야심 찬 연구 계획을 세웠다. 아인슈타인은 앞으로 전개될 것에 비하면 특수상대성이론은 어린아이의 놀이에 지나지 않는다고 말한 적이 있다. 어쨌든 그 결과는 큰소리칠 만한 것이었다. 그 뒤를 이은 위대한 발견은 가장 큰 규모에서 우주가 어떻게 움직이는지를 나타내는 것이었고 우주학자들에게 상상할 수 있는 가장 근본적인 문제를 다루는 도구를 제공하는 것이었다.

중력 전쟁 – 뉴턴 대 아인슈타인

아인슈타인의 생각은 너무 생소한 것이라서 책상물림에 공무원이었던 그를 물리학자들이 동료로 받아들이는 데는 시간이 걸렸다. 그는 1905년에 특수상대성이론을 발표했지만 처음으로 베른 전문대학의 교수자리를 얻은 것은 1908년이었다. 1905년과 1908년 사이에 그는 베른의 특허국에 그대로 근무하면서 2급 기술전문가로 승진했다. 그곳에서 그는 상대성이론을 발전시킬 수 있는 시간을 가질 수 있었다.

특수상대성이론에 특수라는 수식어가 붙은 것은 물체가 등속도로 운동하고 있는 특수한 경우에만 적용되기 때문이다. 다시 말해 특수상대성이론은 플랫폼에 정지해 있는 밥이 직선 철로 위를 등속도로 달리고 있는 앨리스의 기차를 관측할 때의 문제는 다룰 수 있지만 기차가 가속하고 있거나 감속하고 있는 경우는 다룰 수 없다. 그래서 아인슈타인은 그 이론을 가속하거나 감속하는 경우에도 적용할 수 있도록 확장하려고 했다. 특수상대성이론의 이러한 확장은 좀 더 일반적인 경우에도 적용되는 일반상대성이론이 되었다.

아인슈타인은 1907년에 처음으로 일반상대성이론에 대한 기초적인 아이디어를 생각해 내고는 "내 인생의 가장 행복한 생각"이었다고 말했다. 그러나 일반상대성이론을 완성할 때까지는 8년이라는 고통스러운 시간을 더 견뎌야 했다. 그는 친구에게 상대성이론에 대한 집착 때문에 다른 일에 얼마나 무관심해졌는지 이야기한 적이 있다. "정말 중요한 일에 온 정신을 빼앗기고 있어서 편지 쓸 시간도 낼 수 없었어. 지난 2년 동안 발견한 것을 좀 더 깊이 이해하느라 밤낮으로 뇌를 괴롭혔지. 그것은 물리학의 근본적인 문제를 전례 없이 진전시키는 것이었다네."

아인슈타인이 '정말로 중요한 것' 또는 '근본적인 문제들'이라고 한 것은 일반상대성이론이 중력에 대한 전혀 다른 사실을 드러내 줄 것이라는 의미였다. 아인슈타인이 옳다면 물리학자들은 물리학의 우상 아이작 뉴턴의 업적을 의심해야 하는 일이 벌어진다.

뉴턴은 1642년 크리스마스에 태어났는데, 그가 태어나기 석 달 전에 아버지가 죽었다. 그가 아직 어린아이였을 때 어머니는 뉴턴을 양육하지 않겠다고 한 예순세 살의 스미스 목사와 재혼했다. 뉴턴은 할아버지와 할머니 손에서 자랐다. 시간이 갈수록 뉴턴은 자신을 버린 어머니와 의부를 미워하게 되었다. 대학교에 다닐 때 그는 소년 시절에 지은 죄의 목록을 작성했는데 그중에는 "어머니와 의부를 태워 죽이고 그 집을 태워 버리겠다고 위협"한 죄도 들어 있었다.

뉴턴이 화를 잘 내고, 외로워했으며, 때로는 잔인했던 것은 놀랄 만한 일이 아니다. 예를 들면 1696년에 왕립조폐국 국장으로 임명되었을 때 화폐위조범은 교수형이나 몸이 네 조각이 나도록 잡아당기는 형벌에 처하는 가혹한 제도를 만들었다. 화폐위조가 영국 경제를 위기에 몰아넣고 있었으므로 뉴턴은 그런 엄벌이 필요하다고 생각했다. 뉴턴은 자신의 두뇌를 영국의 화폐를 구하는 데 사용하기도 했다. 조폐국에서 쌓은 가장 중요한 업적은 밋밋했던 동전의 가장자리를 톱니처럼 도돌도돌하게 만든 것이었다. 위조범들이 금이나 은을 얻기 위해 금화나 은화의 가장자리를 깎아내는 것을 방지하기 위한 것이었다.

뉴턴의 공헌을 기념하기 위해 1997년에 발행된 2파운드짜리 동전의 도돌도돌한 가장자리에는 "거인의 어깨 위에 서 있다"라는 문구가 새겨져 있다. 이 말은 뉴턴이 동료 과학자 로버트 후크에게 보낸 편지에서 인용한 것이다. 그 편지에는 "내가 더 멀리 보았다면 그것은 거인들의 어깨 위에 서 있었기 때문입니다"라는 대목이 있다. 이 말은 겸손함을 나타내는 것으로 보일 수도 있다. 뉴턴은 자신의 성과가 갈릴레이나 피타고라스와 같은 위대한 선배들의 성과 위에 만들어졌다는 것을 인정한 것이다. 하지만 이 말은 구부정하게 굽은 후크의 등을 짓궂게 빗댄 것이었다. 다시 말해 뉴턴은 후크가 신체뿐만 아니라 지적으로도 거인이 아니라는 것을 암시했던 것이다.

개인적인 어려움이 있었지만 뉴턴은 17세기 과학계에 누구도 따라올 수 없는 큰 공헌을 남겼다. 그는 단지 18개월간 계속되었던 연구로 새로운 과학시대의 기초를 마련했다. 그의 연구는 뉴턴의 기적의 해라고 불리는 1666년에 절정을 이루었다. '기적의 해'라는 말은 존 드라이든이 대화재에도 건재한 런던과 네덜란드 함대에 승리한 영국 함대 같이 1666년에 일어난 놀라운 사건을 쓴 시의 제목이다. 그러나 과학자들은 뉴턴의 발견이 1666년에 일어났던 진정한 기적이라고 생각했다. 이 기적의 해에 미적분학, 광학 그리고 그 유명한 중력에 대한 업적이 모두 이루어졌다.

핵심만 말하자면 뉴턴의 중력 법칙은 우주의 모든 물체는 다른 모든 물체에 중력을 미친다는 것이다. 더 정확하게 말하면 두 물체 사이에 작용하는 중력은 다음 식과 같다는 것이다.

$$F = \frac{G \times m_1 \times m_2}{r^2}$$

두 물체의 질량(m_1 과 m_2)이 커지면 중력(F)은 커진다. 그리고 중력은 두 물체 사이의 거리의 제곱(r^2)에 반비례한다. 이것은 두 물체 사이의 거리가 멀어지면 중력이 작아진다는 것을 나타낸다. 중력상수(G)는 항상 $6.67 \times 10^{-11}\mathrm{Nm^2kg^{-2}}$이고, 이 상수는 자기력과 같은 다른 힘과 비교한 중력의 크기를 반영한다.

이 식은 코페르니쿠스, 갈릴레이 그리고 케플러가 태양계에 대해 설명하려고 한 모든 것을 설명할 수 있게 해주었다. 예를 들면 사과가 땅으로 떨어지는 것은 사과가 우주의 중심으로 가려고 하기 때문이 아니라 지구와 사과가 질량을 가지고 있고, 둘이 중력으로 서로 잡아당기기 때문이라는 것이다. 사과는 지구를 향해 가속되고 지구는 사과를 향해 가속된다. 하지만 지구의 질량은 사과의 질량보다 훨씬 커서 그 효과를 알아차릴 수 없다는 것이다. 마찬가지로 뉴턴의 중력 법칙을 이용하면 지구가 어떻게 태양 주위를 돌 수 있는지도 쉽게 설명된다. 지구와 태양도 질량을 가지고 있기 때문에 서로 중력이 작용하고 있다. 태양이 지구를 도는 것이 아니라 지구가 태양을 도는 것은 지구의 질량이 태양의 질량보다 훨씬 작기 때문이다. 뉴턴의 중력 법칙을 이용하면 달이나 행성이 타원궤도를 도는 것을 역학적으로 설명할 수 있다. 이것은 케플러가 티코 브라헤의 관측 자료를 분석하여 처음 알아낸 것이었다.

뉴턴이 죽은 후 몇 세기 동안은 그의 중력 법칙이 우주를 지배했다. 과학자들은 중력의 문제는 모두 해결된 것으로 생각했고, 날아가는 화살에서부터 혜성의 궤도에 이르기까지 모든 문제를 설명하는 데 뉴턴의 중력 법칙을 이용했다. 그러나 뉴턴 자신은 우주에 대한 자신의 이해가 불완전한 것이 아닌가 하고 의심했다. "세상에는 내가 어떻게 보일지 모르겠다. 그러나 나한테는 내 자신이 아직 발견되지 않은 거대한 진리의 바다를 앞에 두고 보통보다 조금 더 둥글고 예쁜 조약돌을 발견하고 좋아하는 어린아이 같아 보인다."

뉴턴이 상상했던 것보다 더 많은 것이 중력에 있다는 것을 처음으로 알아차린 사람은 앨버트 아인슈타인이었다. 그는 일련의 역사적인 논문들을 발표했던 자신의 기적의 해인 1905년 이후 특수상대성이론을 일반 이론으로 확장하는 데 집중했다. 거기에는 행성과 위성 그리고 사과가 서로 잡아당기는 것을 근본적으로 다르게 봄으로써 중력을 전혀 다르게 설명하는 내용이 포함되어 있었다.

아인슈타인의 새로운 접근의 핵심은 특수상대성이론의 결과로 거리와 시간이 절대적이 아님을 발견한 것이다. 앞에서 밥이 다가오는 앨리스를 볼 때 앨리스의 시계가 천천히 가고 앨리스가 여위어 보였던 것을 상기해 보자. 따라서 시간도 상대적이며 3차원 공간(너비, 높이, 깊이)도 상대적이다. 게다가 시간과 공간의 상대성은 서로 불가분의 관계에 있다. 따라서 아인슈타인은 **시공간**이라고 하는 하나의 상대적 실체를 생각해 냈다. 그리고 이러한 상대적인 시공간이 중력을 만들어 내는 원인이라는 것을 밝혀냈다. 상대성에 의한 이러한 전개를 제대로 이해하기 어려운 것은 사실이다. 그러나 다음에 이어지는 설명은 아인슈타인의 중력에 대한 철학을 가시적으로 보여줄 것이다.

시공간은 공간의 3차원과 시간의 1차원이 합쳐 4차원으로 구성되어 있다. 그러나 4차원은 상상하기 힘든 공간이므로 그림 23과 같이 2차원의 공간을 이용하여 생각해 보는 것이 쉽다. 다행히 이런 기본적인 시공간도 실제 시공간의 중요한 성질을 모두 나타낼 수 있기 때문에 매우 편리하다. 그림 23(a)는 펼쳐놓은 천과 같은 공간(실제로는 시공간)을 나타내고 있다. 공간에 아무것도 없다면 어떤 것으로부터도 방해를 받지 않아 공간은 평평하다. 그림 23(b)는 물체가 존재하면 2차원의 시공간이 심하게 변형된다는 것을 보여준다. 이 두 번째 그림은 질량이 큰 태양에 의해 휘어진 공간을 나타낸다. 이 공간은 아이들이 뛰노는 트램펄린 위에 무거운 볼링공이 놓여 있을 때 바닥이 휘어진 것과 비슷한 모양이다.

트램펄린의 비유를 좀 더 확장해 볼 수 있다. 만일 볼링공이 태양을 나타낸

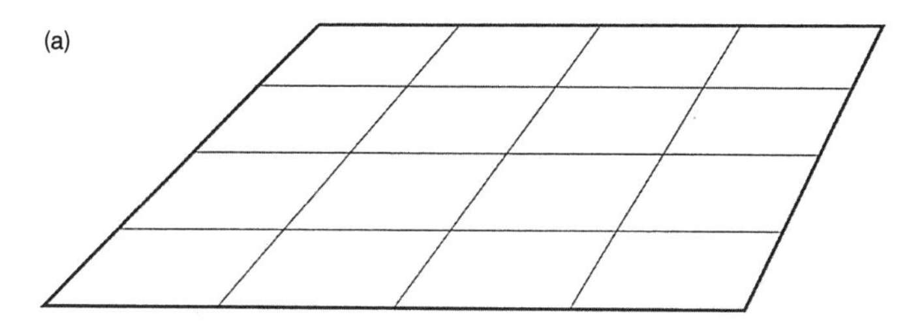

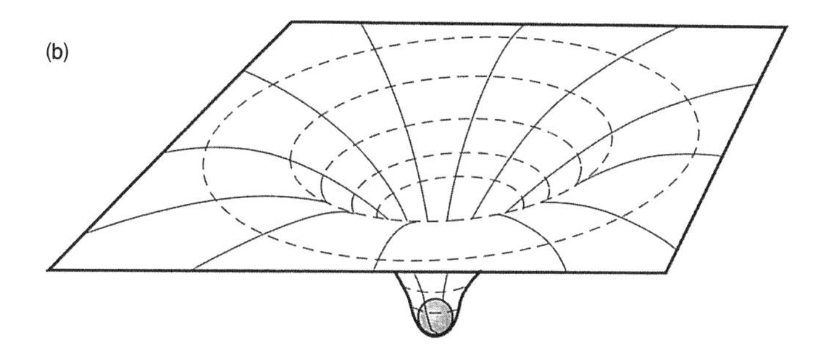

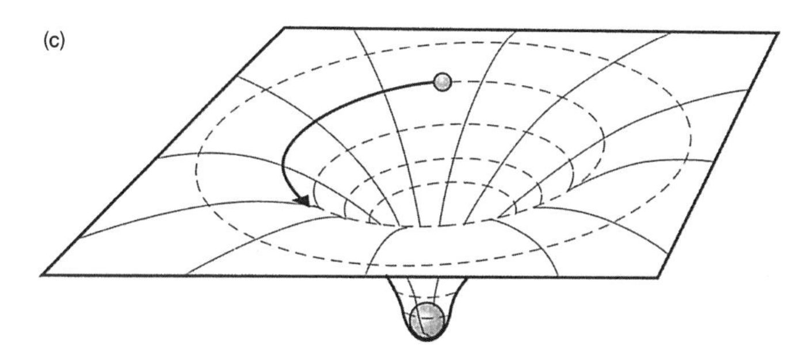

| 그림 23 | 이 그림은 시간과 하나의 공간 성분을 생략하고 4차원 시공간을 2차원 공간에 나타낸 것이다. 그림 (a)의 평평하고 매끄럽고 휘어지지 않는 선들은 빈 공간을 나타내고 있다. 만일 행성이 이 공간을 지나가게 된다면 직선을 따라 움직일 것이다.

그림 (b)는 태양과 같은 천체에 의해 휘어진 공간을 나타낸다. 웅덩이의 깊이는 태양의 질량에 따라 달라진다.

그림 (c)는 태양에 의해 만들어진 웅덩이 주위를 돌고 있는 행성을 보여주고 있다. 행성도 공간에 자신의 작은 웅덩이를 만든다. 그러나 행성의 질량은 매우 작아 그 웅덩이도 작기 때문에 이 그림에는 나타나 있지 않다.

다면 지구를 나타내는 테니스공이 그림 23(c)에서와 같이 볼링공의 주위를 돌게 할 수 있다. 테니스공도 트램펄린 위에 작은 웅덩이를 만들고 테니스공이 트램펄린을 도는 동안 그 웅덩이도 함께 돌 것이다. 만일 달의 모형이 필요하다면 테니스공이 볼링공이 만든 웅덩이 주위를 도는 동안 작은 바둑돌이 테니스공 주위에 만들어진 작은 웅덩이 주위를 돌게 하면 된다. 실제로 트램펄린 위에 태양계와 같이 복잡한 체계의 모델을 만들려고 하면 곧 전체가 무너지고 만다. 그것은 트램펄린의 마찰력이 물체의 운동을 방해하기 때문이다. 그러나 아인슈타인은 실제 시공간에서는 트램펄린과 아주 비슷한 효과가 나타난다고 했다. 아인슈타인은 물리학자와 천문학자가 중력에 관계된 현상을 관측할 때 시공간의 곡률과 상호작용하는 물체를 관측하는 것이라고 했다. 예를 들면 뉴턴은 사과가 지구로 떨어지는 것은 지구와 사과 사이에 서로 잡아당기는 힘이 존재하기 때문이라고 설명했지만 아인슈타인은 이러한 중력이 생기는 이유를 더 깊이 이해해야 한다고 생각한 것이다. 그는 사과가 지구로 떨어지는 것은 지구의 질량이 만들어 놓은 시공간의 깊은 웅덩이 속으로 사과가 굴러떨어지는 것이라고 했다.

시공간에서의 물체의 존재는 양방향으로 영향을 준다. 시공간의 모양은 물체의 운동에 영향을 주고, 동시에 그 물체는 시공간의 모양을 결정한다. 다시 말해 태양이나 행성의 운동을 만들어 내는 시공간의 웅덩이들은 태양이나 행성 자신에 의해 만들어지는 것이다. 20세기의 뛰어난 상대론 학자인 존 휠러John Wheeler는 이 이론을 다음과 같은 말로 요약했다. "질량은 공간에게 어떻게 구부러지라고 이야기하고, 공간은 질량에게 어떻게 운동하라고 이야기한다." 휠러가 정확하게 표현한 것은 아니지만 — 공간은 시공간이라고 했어야 함 — 아인슈타인의 이론을 잘 나타낸 것이라고 할 수 있다.

상대적인 시공간의 개념이 말도 안 되는 것으로 보일지도 모른다. 하지만 아인슈타인은 그것이 옳다는 것을 확신하고 있었다. 자신이 만든 심미적인 기준에 의하면 상대적인 시공간과 중력의 관계는 사실이어야 했다. 아인슈타인은 이것을 다음과 같이 표현했다. "어떤 이론을 판단할 때 자신에게 만일 내가 신이라면 세상을 어떤 방법으로 배열한 것인지 물어본다." 그러나 아인슈타인은 세상 사람을 설득시키기 위해 그 이론을 구체화한 식을 만들어 내야 했다. 그의 가장 위대한 도전은 지금까지 이야기했던 모호한 시공간과 중력의 개념을 엄밀한 수학적 체계인 일반상대성이론으로 바꾸는 것이었다.

아인슈타인이 직관적인 개념을 상세하고 정당한 수학적 논증으로 바꾸는 데는 8년간의 고통스러운 이론적인 연구가 필요했다. 그 기간 동안 그는 계산이 생각처럼 잘 들어맞지 않아 많은 좌절을 경험했다. 그런 정신적인 고통 때문에 아인슈타인은 거의 신경쇠약에 걸릴 지경에 이르기도 했다. 그가 겪은 마음 상태나 좌절은 이 시기에 친구들에게 쓴 편지에 잘 나타나 있다. 마르셀 그로스만Marcel Grossmann에게는 "당신이 도와주지 않으면 나는 미칠지도 모릅니다"라고 썼고, 파울 에른페스트Paul Ernfest에게는 상대론을 연구하는 것이 "유황불을 견디는 것"과 같다는 편지를 썼다. 그리고 다른 편지에서는 "중력에 관해 다시 무슨 말을 했다가 정신병원에 가게 되는 것 아닐까" 하고 염려하기도 했다.

누구도 밟아보지 못한 지적인 세계를 탐험하겠다는 용기는 참으로 대단한 것이었다. 1913년에 막스 플랑크는 아인슈타인이 일반상대성이론 연구를 하는 것을 두고 이렇게 말했다. "우선 성공할 수 없을 것 같기 때문에, 그리고 혹여 성공한다 해도 누구도 그것을 믿으려 하지 않을 것이기 때문에 오랜 친구로서 반대하지 않을 수 없다."

1915년에 아인슈타인은 모든 것을 견뎌내고 마침내 일반상대성이론을 완성했다. 뉴턴과 마찬가지로 아인슈타인도 모든 상황에서 중력을 계산해 내고 설명할 수 있는 수식을 만들어 낸 것이다. 그러나 아인슈타인의 식은 매우 다른 것이었으며 상대적 시공간과 같은 전혀 다른 전제를 기초로 하여 만들어졌다.

뉴턴의 중력 이론은 과거 2세기 동안의 물리학에서는 충분한 것이었다. 물리학자들은 아인슈타인이 새롭게 만든 이론을 받아들이기 위해 뉴턴의 중력 이론을 버릴 이유가 없었다. 뉴턴의 이론은 사과에서 행성, 그리고 포탄의 운동에서 빗방울의 운동에 이르기까지 모든 물체의 행동을 성공적으로 예측했다. 그렇다면 아인슈타인이 주장하는 중력 이론을 받아들여 할 핵심적인 이유는 무엇인가?

그 해답은 과학 발전의 성격에 있었다. 과학자들은 가능하면 정확하게 자연현상을 예측하고 설명할 수 있는 이론을 만들어 내려고 시도한다. 새로 나온 이론은 몇 년, 몇 십 년, 또는 몇 백 년 동안은 만족할 만큼 잘 작동한다. 그러나 과학자들은 결국 좀 더 넓은 범위에 적용되거나 예전에는 설명할 수 없었던 것을 설명할 수 있는 더 정확한 새로운 이론이나 수정된 이론을 찾아낸다. 우주에서 지구의 위치를 밝히려 한 초기의 천문학자들도 그랬다. 처음에 천문학자들은 태양이 정지해 있는 지구 주위를 돌고 있다고 믿었다. 프톨레마이오스의 이심원과 주전원 덕분에 이 이론은 어느 정도 성공적이었다. 실제로 천문학자들은 이 이론을 이용하여 상당히 정확하게 행성의 운동을 예측할 수 있었다. 그러나 지구중심 모델은 결국 태양중심 모델로 대체되었다. 케플러의 타원 운동에 기초한 새로운 이론이 훨씬 더 정확했으며, 금성의 위상 변화와 같은 망원경 관측 결과를 설명할 수 있었기 때문이었다. 한 이론에서 다른 이론으로 바뀌는 과정은 길고 고통스러웠지만 일단 태양중심 모델이 옳다는 것이 증명된 후에는 다시 예전으로 돌아가지 않았다.

이와 비슷하게 아인슈타인은 자신이 물리학계에 중력에 관한 좀 더 정확하고 실재에 가까운 진전된 이론을 제공했다고 믿었다. 특히 아인슈타인은 자신의 이론은 모든 경우에 적용되는 반면 뉴턴의 이론은 어떤 경우에는 적용되지 않는다고 생각했다. 아인슈타인은 뉴턴의 이론은 중력이 매우 클 경우에는 현상을 정확하게 예측하지 못할 것이라고 생각했다. 따라서 아인슈타인이 자신의 생각이 옳다는 것을 증명하기 위해서는 이러한 극단적인 상황을 찾아내어 자신의 이론과 뉴턴의 이론을 시험해 보는 수밖에 없었다. 어떤 이론이든 실재를 가장 정확하게 나타내는 이론이 경쟁에서 이길 것이고 진정한 중력 이론으로 받아들여질 것이다.

아인슈타인의 문제는 지구상에서는 어떤 경우에도 보통 정도의 비슷한 중력만 관계된다는 것이었다. 그리고 이런 경우에는 뉴턴의 이론이나 아인슈타인의 이론이 모두 성공적이었기 때문에 두 이론의 우열을 가릴 수 없었다. 결과적으로 그는 뉴턴의 중력 이론의 결점을 보여줄 극단적인 중력 환경은 지구가 아닌 우주에서 찾아야 한다는 것을 깨달았다. 그는 태양이 거대한 중력장을 가지고 있다는 것을 알고 있었다. 따라서 태양에 가까이 있는 행성인 수성은 아주 큰 중력의 영향을 받고 있을 것이다. 아인슈타인은 태양의 중력은 매우 강해서 수성의 움직임을 통해 자신의 이론이 정당화되고 뉴턴의 이론이 틀렸다는 것이 밝혀질 수도 있다고 생각했다. 1915년 11월 18일 아인슈타인은 자신이 필요로 하는 현상을 수성의 운동에서 실제로 볼 수 있다는 것을 알게 되었다. 그것은 수십 년 동안 천문학자들을 괴롭혀 온 수성의 이상한 행동이었다.

천문학자들은 수성의 이상한 행동이 태양계를 이루는 다른 행성들의 중력작용 때문이라고 생각하고 있었다. 그러나 르베리에Le Verrier는 뉴턴의 중력 법칙을 이용하여 수성이 1세기마다 보여주는 574초의 궤도 변형 중 531초만 이 다른 행성의 영향이라는 것을 밝혀냈다. 나머지 43초의 궤도 변형은 여전히 알 수 없었다. 어떤 사람들은 수성 궤도 안쪽에 있는 소행성대나 수성의 위성과 같이 관측되지 않은 어떤 천체의 영향이 아닌가 했고 심지어는 수성 궤도 안쪽에 불칸이라고 명명된 또 하나의 행성이 있을 것이라고 주장하는 사람들도 있었다. 다시 말하면 천문학자들은 뉴턴의 중력 법칙은 옳다고 가정하고, 자신들이 모든 요소를 제대로 고려하지 못한 것이 문제라고 생각했던 것이다. 새로운 소행성대나 수성의 위성을 발견하기만 하면 574초의 차이가 해결될 수 있을 것으로 여겼다.

그러나 아인슈타인은 발견되지 않은 소행성대나 수성의 위성 또는 새로운 행성이 없다고 확신하고 뉴턴의 중력 법칙에 문제가 있다고 생각했다. 뉴턴의 중력 이론은 지구와 같이 중력이 작은 곳에서는 어떤 일이 일어나는지 성공적으로 설명할 수 있었다. 그러나 아인슈타인은 태양 근처와 같이 중력이 큰 곳은 뉴턴의 이론에 안전지대가 아니라고 확신했다. 그곳은 중력에 관한 두 이론이 대결을 벌이기에 가장 적당한 장소였다. 아인슈타인은 자신의 이론이 수성의 궤도 변형을 정확히 설명해 줄 것이라고 생각했다.

그는 자신의 식을 이용하여 계산해 보았다. 그 결과는 574초였다. 관측 결과와 정확하게 일치하는 것이었다. 아인슈타인은 "며칠 동안 흥분으로 정신을 차릴 수 없었다"라고 그 순간을 기록해 놓았다.

불행하게도 물리학계에서는 아인슈타인의 계산을 전적으로 신뢰하지 않았다. 우리가 이미 알고 있는 것처럼 과학자 사회는 부분적으로는 실용적인 이유로, 부분적으로는 정서적인 이유로 상당히 보수적이다. 만일 새로운 이론이 예전 이론을 무너뜨린다면 예전 이론을 버리고 과학체계는 새로운 이론에 맞

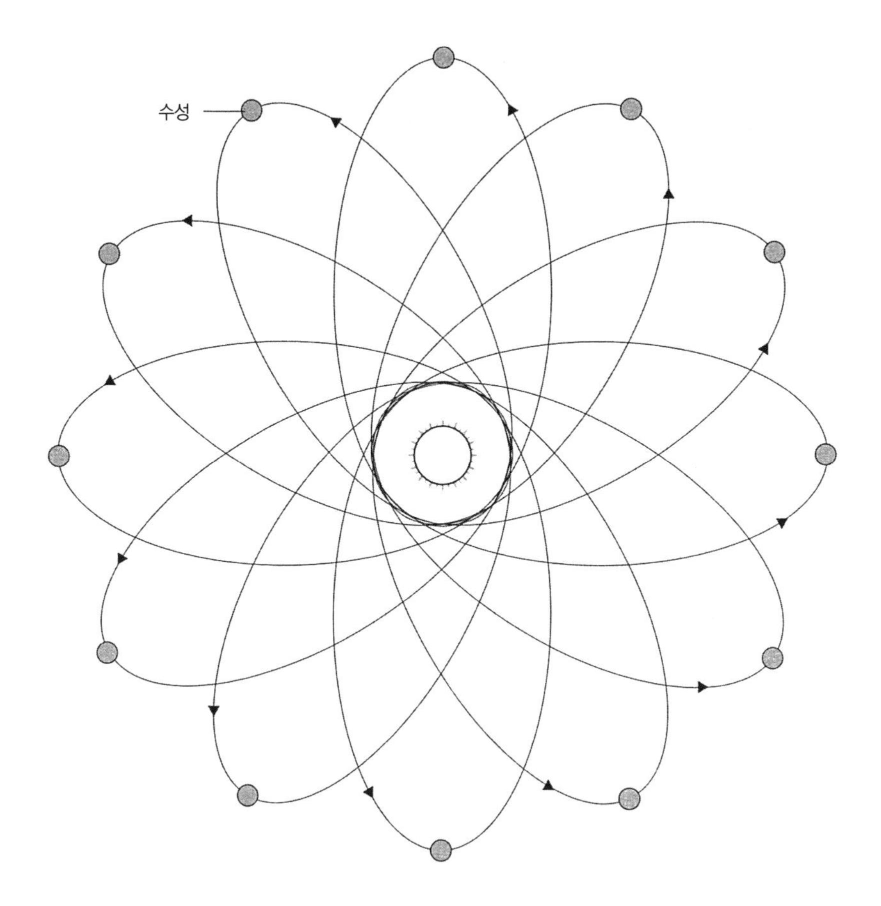

| 그림 24 | 19세기 천문학자들은 수성의 궤도가 비틀려 있는 것을 이상하게 생각했다. 이 그림은 많이 과장된 것이다. 수성의 궤도는 여기에 나타난 것보다는 훨씬 원궤도에 가까우며 태양은 중심에 가까운 곳에 위치해 있다. 중요한 사실은 궤도의 비틀림이 매우 과장되게 그려져 있다는 것이다. 실제로는 수성의 궤도는 한 번 돌 때마다 0.00038° 앞서 간다. 이렇게 작은 각도를 다룰 때 과학자들은 도라는 단위보다는 분과 초라는 단위를 더 많이 사용한다.

1분 = 1/60°
1초 = 1/60 분 = 1/3,600°

따라서 수성의 궤도는 한 번 돌 때마다 0.00038°, 즉 0.023분 또는 1.383초 달라진다. 수성이 태양을 한 바퀴 도는 데는 88일 걸린다.
따라서 100년 동안에 수성은 415번 공전하고 궤도는 415×1.383 = 574초 달라진다.

도록 재구성되어야 한다. 그러한 변화는 새로운 이론이 정당하다는 것이 완전하게 증명된 후에나 가능하다. 다시 말해 증명이라는 어려운 일은 새로운 이론을 주장하는 사람에게 맡겨진다. 정서적인 벽 역시 매우 높다. 뉴턴 역학을 믿고 그것에 일생을 바친 선배 과학자들은 새로 시작된 이론을 받아들이기 위해 자신들이 믿어왔던 것들을 버리지 않으려고 하기 마련이다. 마크 트웨인은 "과학자들은 자신이 시작하지 않은 이론에 대해 절대로 호의를 보이지 않는다"라는 말로 이런 성향을 표현했다.

과학계가 뉴턴의 중력 법칙은 정당하며 천문학자들이 조만간 새로운 천체를 발견하여 수성 궤도의 변형을 설명해 줄 것이라는 기대를 가지고 있었다는 것은 놀라운 일이 아니다. 아무리 관측을 세밀하게 해도 내부 소행성대나 위성 또는 새로운 행성이 존재한다는 어떤 증거도 나타나지 않자 천문학자들은 뉴턴의 중력 법칙을 고수할 수 있는 다른 해결책을 제시했다. 뉴턴 중력 법칙의 일부, 즉 r^2을 $r^{2.00000016}$로 바꾸면 고전적인 방법으로도 수성 궤도를 설명할 수 있을 것이라고 생각한 것이다.

$$F = \frac{G \times m_1 \times m_2}{r^{2.00000016}}$$

그러나 이것은 수학적 술수에 불과했다. 아무런 물리학적 정당성도 없었다. 다만 뉴턴의 중력 법칙을 구해 보려는 마지막 안간힘일 뿐이었다. 그런 임시방편적인 처방은 지구중심 모델에서 주전원의 결점을 보완하기 위해 더 많은 원을 첨가했던 프톨레마이오스의 전철을 밟는 것이었다.

아인슈타인이 그런 보수주의자들의 논란을 극복하고 뉴턴을 쓰러뜨려 비판을 잠재우기 위해서는 자신의 이론을 증명해 줄 더 많은 증거를 수집해야 했다. 그는 뉴턴의 중력 법칙으로는 설명할 수 없지만 자신의 이론으로는 설명할 수 있는 새로운 현상을 찾아야 했다. 그런 현상은 매우 특별한 것이어서 아인슈타인의 중력과 일반상대성이론 그리고 시공간을 전폭적으로 뒷받침하는 것이어야 했다.

궁극적 동반자 – 이론과 실험

새로운 과학 이론이 진정으로 받아들여지기 위해서는 두 가지 시험을 통과해야 한다. 첫 번째로는 이 이론이 실제 관측을 통해 얻어진 관측 결과와 일치하는 이론적 결과를 도출할 수 있어야 한다. 아인슈타인의 중력 이론은 무엇보다도 수성 궤도의 변형을 정확하게 설명해냈으므로 이 시험을 통과했다. 두 번째 시험은 더욱 까다로운데 아직 한 번도 관측하지 못한 사실을 그 이론이 예측해야 한다. 이론이 예측한 결과를 실제로 관측하고 그 결과가 이론에 의한 추정치와 정확히 일치한다면 그것은 그 이론이 옳다는 결정적인 증거가 된다. 갈릴레이와 케플러가 지구가 태양을 돌고 있다고 주장했을 때 그들은 첫 번째 시험을 쉽게 통과할 수 있었다. 그들은 새로운 체계를 이용하여 계산한 이론적인 결과를 이용해 관측을 통해 알게 된 행성의 운동을 쉽게 설명할 수 있었기 때문이다. 그러나 두 번째 시험은 코페르니쿠스가 수십 년 전에 예측한 이론적 결과와 일치하는 금성의 위상 변화를 갈릴레이가 관측한 후에야 통과할 수 있었다.

첫 번째 시험만으로 의혹을 불식시킬 수 없는 이유는, 올바른 결과가 나오도록 이론이 땜질되었을지도 모르기 때문이다. 그러나 아직 관측된 적이 없는 결과에 이론이 일치하도록 조작하는 것은 가능하지 않다. 만일 당신이 투자를 하려고 하는데 투자전문가 앨리스와 밥이 각자 자신의 시스템이나 이론이 주식시장에 가장 잘 맞는다고 주장한다고 해보자. 밥은 과거의 주식시장 그래프를 놓고 자신이 과거 주식시장을 얼마나 정확하게 설명할 수 있는지 보여주며 자신의 이론이 우월하다는 것을 보여주려고 노력했다. 반면 앨리스는 자신의 이론을 이용하여 다음 날 시장을 예측했고 24시간 후에 그 예측이 맞았다는 것이 증명되었다. 당신은 밥과 앨리스 중 누구에게 투자할 것인가? 밥은 과거의 결과에 이론을 맞추었을 수도 있기 때문에 전적으로 신뢰할 수 없다. 그러나 앨리스의 이론은 주식시장에서 제대로 작용한다고 볼 수 있다.

마찬가지로 아인슈타인이 자신이 옳고 뉴턴이 틀렸다는 것을 증명하려면 자신의 이론을 이용하여 아직 관측되지 않은 현상을 확실하게 예측해야 한다. 물론 이 현상은 극단적인 중력 환경에서 나타나는 것이어야 한다. 그렇지 않다면 아인슈타인과 뉴턴의 이론은 같은 결과를 예측할 것이고 그렇게 되면 승자를 가려낼 수 없기 때문이다.

결국 승패를 가름하는 시험은 빛의 행동과 관계된 현상이어야 했다. 아인슈타인은 자신의 이론을 수성 궤도에 적용하기 전부터 — 실제로는 일반상대성이론을 완성하기 전부터 — 이미 중력과 빛의 상호작용에 대해 연구하고 있었다. 중력에 대한 시공간 방정식에 의하면 별이나 질량이 큰 행성 주변을 지나가는 모든 빛은 중력에 의해 별이나 행성 쪽으로 당겨져야 했다. 따라서 빛은 처음의 경로에서 약간 휘어져 진행하게 된다. 뉴턴의 중력 이론에서도 질량이 큰 물체가 빛의 경로를 휘게 할 것이라고 예측했다. 그러나 휘어지는 정도는 훨씬 작았다. 결과적으로 만일 질량이 큰 천체 주변을 지나가는 빛의 경로를 측정할 수만 있다면 그 휘는 정도를 확인하여 아인슈타인과 뉴턴 중에서 누가

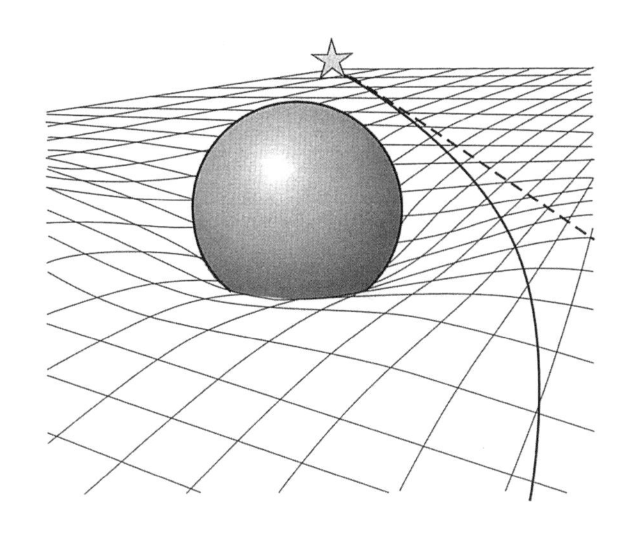

| 그림 25 | 아인슈타인은 질량이 커서 시공간에 커다란 구덩이를 만들 것으로 여겨지는 목성에 의해 빛이 휘어질 가능성에 관심을 가졌다. 이 그림은 먼 곳에 있는 별이 빛을 내고 그 빛이 공간을 가로질러 오고 있는 것을 나타내고 있다. 직선은 빛이 목성이 없을 때 공간을 똑바로 진행해 나가는 경로이며, 휘어진 선은 목성에 의해 휘어진 공간에서 빛이 진행하는 경로를 나타낸다. 아인슈타인에게는 아쉬운 일이었지만 목성에 의한 빛의 휘어짐은 아주 작아 측정이 불가능했다.

옳은지 판정할 수 있을 것이었다.

1912년 초에 아인슈타인은 에르빈 프로인들리히Erwin Freundlich와 결정적인 측정에 대하여 의논했다. 아인슈타인은 이론물리학자였지만 프로인들리히는 뛰어난 천문학자였으므로 일반상대성이론으로 예측된 광학적 휘어짐을 어떻게 측정할 수 있는지 더 잘 알고 있었다. 처음에 그들은 태양계에서 가장 질량이 큰 행성인 목성의 중력이 그림 25와 같이 먼 별에서 오는 빛을 휘어지게 할 만큼 크지 않을까 생각했다. 그러나 아인슈타인이 자신의 방정식을 써서 계산해 본 결과 목성은 지구의 300배나 되는 질량을 가지고 있지만 빛이 휘어지는 정도를 관측하기에는 중력이 너무 작다는 것을 알게 되었다. 아인슈타인은 프

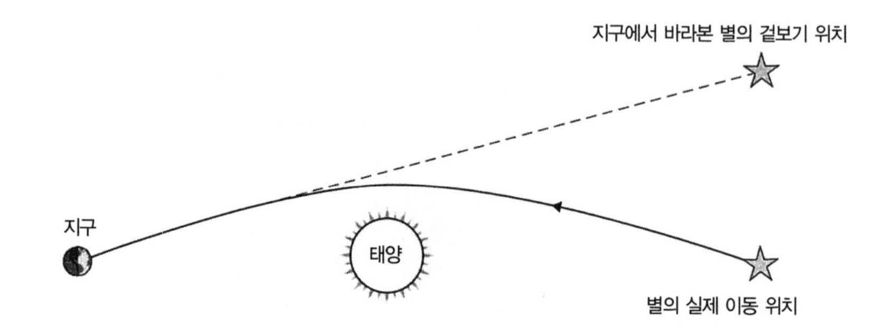

| 그림 26 | 아인슈타인은 태양에 의해 빛이 휘어져 진행하는 것을 이용해 일반상대성이론을 증명하려 했다. 먼 별과 지구 사이에는 태양이 놓여 있다. 그러나 태양의 질량이 빛의 경로를 휘게 하기 때문에 빛은 굽어진 경로를 통해 지구에 도달하게 된다. 우리의 본능은 빛은 직선으로만 진행하는 것으로 여기기 때문에 지구의 관측자는 직선을 연장한 곳에서 빛이 오는 것으로 생각한다. 따라서 별의 위치가 달라진 것처럼 보이게 된다. 아인슈타인의 중력 이론은 뉴턴의 중력 이론보다 겉보기 위치 변화가 더 크다고 예측했다. 따라서 별들의 위치 변화를 측정하면 어떤 중력 이론이 옳은지 알게 될 것이다.

로인들리히에게 "자연이 우리에게 목성보다 더 큰 행성을 주었더라면 얼마나 좋았을까요?"라는 편지를 썼다.

다음에 그들은 목성보다 1천 배나 큰 질량을 가지고 있는 태양에 주목했다. 이번에는 아인슈타인의 계산으로 태양의 질량에 의한 중력은 먼 별에서 오는 빛에 상당한 영향을 미칠 것이라고 예측되었다. 그 빛의 휘어짐은 측정할 수 있을 정도였다. 예를 들면 별이 태양의 가장자리 뒤에 있어서 가려져 있으면 그림 26과 같이 우리는 그 별을 볼 수 없다고 생각할 것이다. 그러나 태양의 거대한 중력과 휘어진 시공간이 별빛을 지구 방향으로 휘어지게 하여 그 별을 볼 수 있게 된다. 실제로는 태양 뒤에 있는 별이 태양 바로 옆에 있는 것처럼 보인다는 것이다. 실제 위치와 겉보기 위치의 차이는 매우 작겠지만 누가 옳은지 결정적으로 보여줄 것이다. 왜냐하면 뉴턴의 식은 아인슈타인의 식보다 훨씬 작게 휘어질 것이라고 예측하고 있기 때문이다.

그러나 문제가 있었다. 빛이 태양의 질량 때문에 휘어지려면 그 빛을 내는 별이 태양 가장자리에 있어야 하는데 그러면 태양의 밝은 빛 때문에 관측이 불가능했다. 실제로 태양 주위에는 항상 별들이 반짝이고 있다. 그러나 별빛은 태양 빛에 비해 무시할 수 있을 정도로 약해서 보이지 않는다. 태양 주위의 별들을 관측할 수 있는 경우가 한 가지 있긴 했다. 1913년에 아인슈타인은 프로인들리히에게 개기일식 동안 별들의 위치 변화를 조사하자는 편지를 썼다.

일식이 일어나는 동안 달이 태양을 가리면 낮은 잠시 동안 밤이 되어 하늘에는 별들이 나타나게 된다. 달이 태양을 완전히 가리기 때문에 태양의 가장자리로부터 불과 몇 분의 1도 떨어져 있는 별 — 정확하게 말하면 태양에 의해 휘어져 태양의 가장자리로부터 불과 몇 분의 1도 정도 떨어져 있는 것처럼 보이는 별 — 을 관측하는 것도 가능할 것이다.

아인슈타인은 프로인들리히에게 자신의 중력 법칙이 옳다는 것을 증명해 줄 위치의 변화를 확인하기 위해 과거에 있었던 일식 때 찍은 사진을 조사해 보자고 제의했다. 그러나 다른 사람들이 찍은 사진으로는 충분하지 않다는 것을 알게 되었다. 아주 작은 별들의 위치 변화를 측정하기 위해서는 사진의 노출과 구도가 정확해야 했다. 그런 조건을 만족시키는 사진은 없었다.

이제 단 하나의 선택이 남았다. 프로인들리히는 1914년 8월 21일 크리미아에서 일어날 일식을 촬영하기 위한 특별한 여행을 준비하게 되었다. 아인슈타인에 대한 평가는 이 관측 결과에 달려 있었으므로 아인슈타인이 여행에 필요한 경비를 댔다. 아인슈타인은 이 관측 여행을 매우 중요하게 생각했기 때문에 프로인들리히의 집에서 저녁식사를 할 때면 서둘러 식사를 끝내고 식탁보 위에 별들을 그리며 계산에 오류가 없는지 확인하곤 했다. 나중에 프로인들리히의 부인은 그 식탁보를 세탁한 것을 후회했다. 아인슈타인의 메모를 그대로 보관했더라면 비싼 값에 팔 수도 있었기 때문이다.

프로인들리히는 7월 19일에 크리미아로 출발했다. 결과적으로 이 여행은 헛된 것이 되었다. 6월에 프란츠 페르디난드 대공이 사라예보에서 암살되었기 때문이다. 1차대전 발발 위기가 닥쳐오고 있었다. 프로인들리히는 일식 전에 망원경을 설치할 시간을 확보하기 위해 일찍 러시아에 도착했다. 그는 여행하는 동안 독일이 러시아에 선전포고했다는 것을 모르고 있었다. 이런 시기에 망원경과 사진 기자재를 가진 독일인이 러시아 부근에 있다는 것은 문제가 되기에 충분했다. 프로인들리히와 일행은 스파이 혐의로 체포되었다. 게다가 그들은 일식을 관측하기 전에 감금되었다. 따라서 이 여행은 완전한 실패로 돌아갔다. 다행스럽게도 비슷한 시기에 러시아 장교들도 독일군에 체포되었으므로 포로 교환이 이루어졌고, 프로인들리히는 9월 2일에 안전하게 베를린으로 돌아올 수 있었다.

이 관측 여행의 실패는 그 후 4년 동안 전쟁이 물리학과 천문학의 발전을 어떻게 지연시켰는지 보여주는 상징적인 사건이었다. 순수한 과학의 기반은 모두 정지되었고, 모든 연구는 전쟁을 이기기 위한 것에 집중되었다. 그리고 유럽의 뛰어난 젊은 인재들이 각자 조국을 위해 전쟁터로 나가겠다고 지원했다. 예를 들면 이미 옥스퍼드에서 원자물리학자로 명성을 날리고 있던 해리 모즐리Harry Moseley도 키치너 장군의 새 육군 사단에 입대했다. 그는 1915년 여름에 터키 영토를 공격하는 연합군에 합류하기 위해 갈리폴리로 배치되었다. 그는 어머니에게 보낸 편지에서 갈리폴리의 상황을 이렇게 묘사했다. "우리의 유일한 관심은 파리예요. 모기가 아니라. 낮이나 밤이나 파리투성이죠. 물속에도 파리가 있고 음식에도 파리가 들어 있어요." 8월 10일 새벽 3만의 터키 병사들이 공격을 감행하여 치열한 백병전이 벌어졌다. 이 전투에서 모즐리는 목숨을 잃었다. 독일 언론도 그의 죽음이 커다란 과학적 손실이라고 애도했다.

마찬가지로 독일 포츠담 천문관측소 소장이었던 카를 슈바르츠실트Karl Schwarzschild도 독일 군대에 지원했다. 그는 참호 속에서도 계속 논문을 썼다. 그중에는 아인슈타인의 일반상대성이론에 대한 것으로, 나중에 블랙홀을 이해하는 데 중요하게 된 논문도 있었다. 1916년 2월 24일에 아인슈타인은 그 논문을 프로이센 과학아카데미에 제출했다. 4개월 후 슈바르츠실트는 사망했다. 동부전선에서 치명적인 병에 걸렸던 것이다.

슈바르츠실트가 군대에 자원한 반면 케임브리지 천체연구소 소장이었던 아서 에딩턴Arthur Eddington은 종교적인 이유로 입대를 거부했다. 독실한 퀘이커교도로 자라난 에딩턴은 자신의 입장을 명확히 했다. "내가 전쟁을 반대하는 것은 종교적인 이유 때문이다. …… 양심적 병역거부를 금지하는 것이 승리와 패배의 차이를 만들 수 있을지라도 나는 신의 뜻에 복종하지 않고서는 아무것도 진정으로 얻을 수 없다고 생각한다." 에딩턴의 동료들은 그가 과학자로서 국가를 위해 더 큰 봉사를 할 수 있다는 이유를 들어 병역이 면제되도록 힘을 썼다. 그러나 내무부는 그 청원을 거부했다. 이제 에딩턴은 양심적 병역거부자로 수용소에 갈 수밖에 없는 처지가 되었다.

그때 왕실 천문학자였던 프랭크 다이슨Frank Dyson이 그를 구하기 위해 나섰다. 다이슨은 1919년 3월 29일에 개기일식이 있을 것이라는 사실을 알고 있었다. 이 개기일식은 많은 별이 모여 있는 히아데스성단을 배경으로 일어나는 것이었으므로 별빛이 중력 때문에 휘어지는 것을 관측하기에는 최적의 조건을 갖추고 있었다. 일식은 남아메리카에서 남부 아프리카를 지나갈 예정이었다. 따라서 이 개기일식을 관측하기 위해서는 적도지방으로 가야 했다. 다이슨은 해군장관에게 에딩턴에게 이 관측 여행을 맡겨 국가에 봉사할 수 있게 하자고 제안했다. 그리고 준비를 하려면 그가 케임브리지에 있어야 한다고 설득했다. 그는 아인슈타인의 일반상대성이론에 대항하여 뉴턴의 중력 법칙을 지켜내는 것은 영국인의 의무라며 맹목적 애국자들을 부추겼다. 다이슨은 아인슈타인을 지지하는 사람이었지만 그렇게 둘러대어 당국자들을 설득할 수 있을 것으로 생각했다. 그의 설득은 효과가 있었다. 수용소로 보내겠다던 위협은 사라지고 에딩턴은 1919년 일식 때까지 관측소에서 일할 수 있도록 허락을 받았다.

에딩턴은 아인슈타인의 이론을 증명하기에 가장 적합한 인물이었다. 그는 하늘의 별을 세기 시작한 네 살 이후로 평생 천문학과 수학에 매료되어 있었다. 그는 뛰어난 학생이 되었고 케임브리지 대학의 장학금을 받았으며 탁월한 자질을 발휘하여 수석 합격자의 영예를 안았다. 또 다른 학생들보다 1년 먼저 대학을 졸업하여 명성을 이어갔다. 그는 일반상대성이론의 옹호자로 널리 알려져 있었다. 에딩턴은 《수학적 상대성이론 *The Mathematical Theory of Relativity*》이라는 제목의 책을 썼는데 아인슈타인은 "모든 언어로 된 상대론에 관한 글 중 가장 훌륭한 것"이라고 칭찬했다. 에딩턴이 상대론에 대한 연구를 많이 하자 스스로 상대론의 권위자라고 생각하고 있던 물리학자 실버스테인이 그에게 말했다. "당신은 세상에서 일반상대성이론을 이해하고 있는 세 사람 중 한 사람일 것입니다." 에딩턴은 아무 말도 않고 물끄러미 실버스테인을 바라보았다. 실버스테인은 겸손해 할 필요 없다는 말을 덧붙였다. 그러자 에딩턴은 "그게 아니라 지금 다른 한 사람은 누군지 생각하고 있는 중입니다"라고 말했다.

에딩턴은 지적인 능력뿐만 아니라 이 여행을 이끌어 가는 데 필요한 확신을 가지고 있었고 적도지방의 어려움을 견뎌낼 수 있을 만큼 건강했다. 천문학적 관측을 위한 여행은 매우 힘들어서 한계에 부딪히는 과학자들이 많았으므로 그것은 매우 중요한 요소였다. 18세기 말 프랑스 과학자 장 오트로셰Jean Auteroche는 금성이 태양 앞을 지나가는 것을 관측하기 위해 두 번 여행을 했다. 첫 번째 관측지는 1761년 시베리아였다. 그곳 원주민들은 태양을 관측하는 이상한 기구 탓에 최근 봄철 홍수가 났다고 믿었기 때문에 그는 카자흐스탄 병사의 호위를 받아야 했다. 그리고 8년 후에 그는 멕시코 바하 반도에서 금성이 태양을 지나가는 것을 관측했다. 그러나 그는 열병으로 죽었고 일행 두 명도 오래지 않아 죽었다. 한 사람만 살아남아 관측 자료를 파리로 가지고 돌아올 수 있었다.

어떤 경우에는 신체적인 위험보다는 심적인 고통이 훨씬 컸다. 오트로셰의 동료였던 기욤 르 젠틸Guillaume le Gentil은 금성의 태양면 통과를 측정하는 계획을 세우고 프랑스령 인도에 있는 퐁디셰리로 갔다. 그가 도착했을 때 영국과 프랑스는 전쟁 중이었는데 퐁디셰리가 적군에 점령당해 버렸기 때문에 인도에 상륙할 수 없었다. 그래서 모리셔스에 남기로 했다. 그는 1769년에 금성의 태양면 통과를 관측할 때까지 8년간 그곳에서 장사를 하면서 연명해야 했다. 그러고 나서 퐁디셰리에 갈 수 있었다. 그리고 금성의 태양면 통과가 일어날 때까지 몇 주 동안 빛나는 태양을 즐길 수 있었다. 그러나 결정적인 순간에 구름이 나타나 하늘을 완전히 가려버렸다. 그는 "2주일 이상 심한 우울증에 시달렸다. 펜을 들어 기록을 계속할 용기가 나지 않았다. 프랑스에 임무의 결과를 알려야 하는 순간이 되었을 때 나는 펜을 몇 번이나 떨어뜨렸다"라고 기록해 놓았다. 11년 6개월 13일 동안의 여행 끝에 프랑스에 돌아오니 그의 집은 약탈당해 있었다. 그는 자신의 경험을 글로 써서 생활해 나가기로 했는데, 다행히 경제적으로 큰 성공을 거두었다.

1919년 3월 8일에 에딩턴 팀은 군함 앤셀름 호에 올라 리버풀을 출발하여 마데이라 섬으로 향했다. 그 섬에서 과학자들은 두 그룹으로 나뉘었다. 한 그룹은 브라질의 정글에 있는 소브랄에서 일식을 관측하기 위해 앤셀름 호에 남아 브라질로 향했다. 그러나 에딩턴이 이끄는 두 번째 그룹은 화물선 포르투갈 호에 올라 서부 아프리카의 적도 기니 해변에서 조금 떨어져 있는 프린시페 섬으로 향했다. 만일 아마존에서 구름이 일식을 가린다고 해도 아프리카 팀이 관측할 수 있기를 기대하고 있었다. 물론 그 반대의 경우에도 기대를 걸었다. 날씨에 따라 이 관측은 실패할 수도 있고 성공할 수도 있었다. 따라서 그들은 목적지에 도착하자마자 관측에 가장 적당한 곳을 물색하기 시작했다. 에딩턴은 프린시페를 탐사하기 위해 최초의 사륜구동 자동차를 이용했다. 그리고 마침내 섬의 북서쪽에 있는 높은 지점인 로카 선디에 장비를 설치하기로 했다. 그곳은 구름의 영향을 덜 받을 것 같았다. 에딩턴 팀은 결정적인 순간에 모든 것이 완벽하게 작동되도록 장비를 점검했다.

일식 관측으로 얻을 수 있는 결론은 세 가지였다. 별빛은 뉴턴의 이론이 예측한 대로 아주 약간만 휘어질 수도 있었다. 아니면 아인슈타인이 원하는 대로 상대성이론의 예측과 같이 상당한 정도로 휘어질 수도 있었다. 관측 결과가 두 이론 모두와 일치하지 않을 수도 있었다. 아인슈타인은 태양 가장자리에 있는 별은 1.74초(0.0005도) 휘어질 것이라고 예측했다. 그것은 에딩턴의 기구로 겨우 관측할 수 있는 정도였고 뉴턴의 예측보다는 2배나 큰 값이었다. 이 정도의 각도 변화는 1킬로미터 떨어진 곳에 놓여 있는 촛불을 왼쪽으로 1센티미터 옮기는 정도였다.

일식 날이 가까워졌다. 불길한 구름이 소브랄과 프린시페 하늘에 모여들더니 천둥과 번개를 동반한 폭우가 쏟아졌다. 에딩턴이 있던 곳에서는 달이 태양의 가장자리를 가리기 시작하기 한 시간 전쯤에 폭우가 약해졌다. 그러나 하늘은 여전히 구름으로 덮여 있어서 이상적인 관측 조건과는 거리가 멀었다. 임무는 위험에 빠지게 되었다. 에딩턴은 그 후에 일어난 일을 노트에 기록해 놓았다. "비는 정오쯤 그쳤다. 태양이 부분적으로 가려지기 시작할 때인 1시 30분쯤 구름 사이로 태양 빛을 조금씩 볼 수 있었다. 우리는 믿음을 가지고 사진을 계속 찍을 수밖에 없었다. 나는 건판을 바꿔 끼우기에 바빠 일식을 보지 못했다. 단지 일식이 시작됐는지 확인하려고 하늘을 한번 봤고 그 후에는 구름이 얼마나 남아 있는지 잠깐 쳐다봤을 뿐이다."

관측 팀은 군대처럼 정확하게 움직였다. 사진 건판을 장착하고 노출한 후에 빼내는 일이 1초의 빈틈도 없이 진행되었다. 에딩턴은 이렇게 기록했다. "우리는 개기일식이 일어나는 302초 동안 어슴푸레하게 보이는 섬뜩한 풍경과 관측자들의 외침, 그리고 메트로놈 소리에 자연의 침묵이 깨지는 것만을 의식했다."

프린시페 팀에서 찍은 16장의 사진 대부분은 구름에 별들이 가려져 쓸모가 없었다. 그러나 구름이 없어진 아주 짧은 순간에 과학적으로 중요한 의미를 가지는 한 장의 사진이 찍혔다. 에딩턴은 저서 《공간, 시간 그리고 중력 *Space, Time And Gravitation*》에 이 귀중한 사진을 어떻게 사용했는지 설명해 놓았다.

> 며칠 후 일식을 찍은 사진은 정밀측정기구를 이용하여 분석했다. 태양이 없을 때 찍은 사진에 보이는 정상적인 별들의 위치와 일식이 일어날 때 찍은 사진에 나타난 별들의 위치를 비교하여 태양 중력의 영향으로 별의 위치가 얼마나 변해 보이는지를 알아내는 것이었다. 비교 대상이 될 정상적인 사진은 영국에서 같은 망원경을 이용하여 1월에 찍어 두었다. 일식 때

찍은 사진과 비교할 사진은 대응하는 영상이 정확하게 일치하도록 분석기기 위에 겹쳐 놓았다. 그리고 영상 사이의 작은 거리를 수직인 두 축 위에서 측정했다. 이런 방법으로 별들의 위치 변화를 알아낼 수 있었다. 이 사진의 분석을 통해 얻은 별들의 위치 변화는 뉴턴의 이론이 아니라 아인슈타인의 이론과 일치했다.

태양에 아주 가까이 있는 별들은 태양이 달에 완전히 가려졌을 때 나타나는 밝은 후광인 코로나 때문에 볼 수 없었다. 그러나 태양에서 조금 더 떨어져 있는 별들은 볼 수 있었다. 이 별들은 정상적인 위치에서 1초 정도 변한 것으로 보였다. 에딩턴은 이 결과를 태양 가까이에 있어서 관측할 수 없는 별들까지 연장하여 태양 가장자리에 있는 별들의 위치 변화가 1.61초 정도라는 것을 알 수 있었다. 이런저런 오차를 감안하여 에딩턴은 최대 오차는 0.3초 정도라는 결과를 얻었다. 따라서 그가 얻은 태양에 의한 중력 편향의 최종 결과는 1.61±0.3초였다. 아인슈타인은 1.74초라고 예상했다. 아인슈타인의 예상이 실제 측정값과 일치한다는 것을 뜻했다. 뉴턴이 예상한 0.87초는 너무 작은 값이었다. 에딩턴은 조심스럽게 긍정적인 소식을 담은 전문을 영국에 있는 동료에게 보냈다. "구름 사이로 희망이 보인다. 에딩턴."

에딩턴이 영국으로 돌아오고 있을 때 브라질 팀도 돌아오고 있었다. 소브랄에서의 폭풍우도 일식이 일어나기 몇 시간 전에 누그러졌다. 폭우로 공기 중 먼지가 제거되어 측정하기에 알맞은 조건이 되었다. 브라질에서 찍은 사진은 유럽에 도착할 때까지 분석할 수 없었다. 아마존의 무덥고 습도 높은 날씨에서는 필름을 현상할 수 없었기 때문이다. 브라질에서 찍은 사진을 분석한 결과 태양 부근에 있는 별들의 최대 편향은 1.94초였다. 아인슈타인의 예상치보

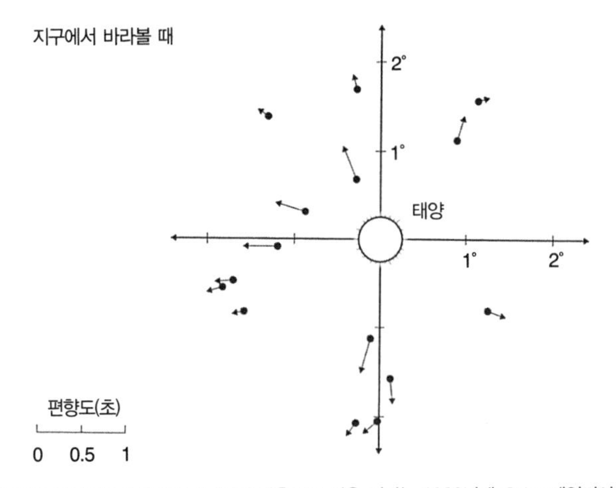

| 그림 27 | 에딩턴이 1919년 개기일식 관측으로 얻은 결과는 1922년에 오스트레일리아에서 개기일식을 관측한 천문학자들 팀에 의해 재확인되었다. 이 도표는 태양 주위에 있는 15개 별의 실제 위치(점)를 보여주고 있고 화살표는 관측된 지점을 나타낸다. 모든 점들이 바깥쪽으로 휘어져 있다는 것을 알 수 있다. 그림 26은 왜 태양에 의해 휘는 빛이 별을 태양에서 멀리 떨어져 있는 것처럼 보이게 하는지 설명하고 있다.

뉴턴과 아인슈타인 이론에서 예측된 것을 기술적인 면에서 비교해 보기 위해 천문학자들은 태양의 가장자리에서 빛이 얼마나 휘어져 가는지를 계산했다. 이 그림에서 별들의 실제 위치는 태양과의 각도로 표시되어 있다. 그러나 휘어진 정도는 태양에서 떨어져 있는 정도와는 달리 초 단위를 이용하여 나타냈다. 그렇게 하지 않으면 휘어진 정도가 너무 작아 이 그림에 나타낼 수 없기 때문이다.

다 더 큰 값이지만 오차 한계 안에서 예상과 일치했다. 이것은 프린시페 팀의 결과를 확인해 주는 것이었다.

관측 결과를 공식적으로 발표하기 전에 유럽 전역에 소문이 퍼져나갔다. 네덜란드 물리학자 헨드릭 로렌츠도 그 소문을 들었다. 그는 아인슈타인에게, 에딩턴이 일반상대성이론과 중력 법칙을 증명하는 강력한 증거를 찾아냈다고 알려주었다. 아인슈타인은 어머니에게 간단한 우편엽서를 보냈다. "오늘 희소식이 있었습니다. 로렌츠가 전보를 쳐서 영국 탐사팀이 태양에 의해 빛이 휜다는 것을 증명했다고 알려주었어요."

1919년 11월 6일 에딩턴의 관측 결과는 왕립천문학회와 왕립협회가 공동으로 주관한 모임에서 발표되었다. 앨프리드 화이트헤드Alfred N. Whitehead도 거기 있었다. "관심으로 가득 찬 긴장된 분위기는 그리스 연극과 똑같았다. 우리는 극적인 사건으로 드러나게 되는 운명적 선언을 찬양하는 합창단이었다. 무대 역시 극적인 요소가 있었다. 뉴턴 사진을 배경으로 한 전통적 의식은 가장 위대했던 과학 이론에 2세기 이상이 지난 이 시점에서 최초로 수정이 가해지게 되었다는 것을 다시금 상기시켰다."

에딩턴은 무대에 등장하여 관측 결과를 열정적이지만 명료하게 설명했다. 그는 그 결과의 놀라운 의미를 이야기했다. 그것은 우주에 대한 아인슈타인의 생각이 프린시페와 소브랄에서 찍은 사진으로 명백하게 증명되었다는 것을

| 그림 28 | 일반상대성이론의 이론적 체계를 발전시킨 앨버트 아인슈타인과 1919년의 일식을 관측하여 일반상대성이론을 증명한 아서 에딩턴. 이 사진은 아인슈타인이 명예박사학위를 받기 위해 1930년에 케임브리지를 방문했을 때 찍은 것이다.

확신하는 사람이 보여주는 웅장한 공연이었다. 훌륭한 천문학자인 세실리아 페인Cecilia Payne이 에딩턴의 강의를 들은 것은 열아홉 살의 학생 때였다. "그 결과는 내 세계관을 완전히 바꿔놓았다. 세계가 아주 심하게 흔들려 정신을 잃을 지경이었다."

그러나 비판도 있었다. 그중에서 전파의 개척자인 올리버 로지Oliver Rodge가 가장 유명하다. 1851년에 태어난 그는 뉴턴의 가르침에 충실한 전형적인 빅토리아 시대의 과학자였다. 그는 그때까지도 에테르의 존재를 굳게 믿고 있었으므로 그것을 증명하려고 노력했다. "첫 번째로 알고 있어야 하는 사실은 에테르가 완전한 연속체라는 것이다. 심해에 사는 물고기는 물의 존재를 인식한다는 것이 무엇인지 알 수 없을 것이다. 물이 아주 균일하게 퍼져 있기 때문이다. 에테르 속에 잠겨 있는 우리도 이와 비슷하다." 그와 동료들은 에테르로 가득 찬 뉴턴 우주를 구하기 위해 반격을 시도했다. 그러나 그러한 시도는 증거 앞에서 무력해질 수밖에 없었다.

왕립협회 회장이었던 톰슨은 이 모임을 다음과 같이 정리했다. "아인슈타인의 설명이 옳다는 것이 확실하다면 — 아인슈타인의 이론은 수성 근일점의 변화와 일식 관측을 통해 입증되었다 — 그것은 인간의 사고가 이루어 낸 가장 큰 성취이다."

다음 날 《타임》은 이것을 머리기사로 다루었다. "과학의 혁명 — 우주에 관한 새로운 이론 — 뉴턴의 이론이 무너졌다." 며칠 후 《뉴욕타임스》는 다음과 같이 선언했다. "하늘에서 빛은 휘어진다. 아인슈타인 이론의 승리." 갑자기 앨버트 아인슈타인은 과학자로서는 처음으로 세계적 슈퍼스타가 되었다. 그는 우주를 지배하고 있는 힘을 새롭게 이해한 사람이었고 동시에 카리스마와 유머가 있었으며 철학적이었다. 그는 매스컴이 원하는 이상적인 사람이었다.

아인슈타인은 처음에는 이런 관심을 즐기기도 했지만 곧 매스컴의 열광에 싫증을 느꼈다. 이런 심정은 물리학자 막스 보른Max Born에게 보낸 편지에 잘 나타나 있다. "당신이 《프랑크푸르터 자이퉁》에 쓴 훌륭한 기사는 재미있게 읽었습니다. 그렇지만 이제 당신도 정도의 차이는 있더라도 나처럼 언론과 대중에 시달리게 될 것입니다. 마음대로 바람을 쐴 수도 없고 혼자 조용히 일하게 내버려 두지도 않는 것은 참기 어려운 일입니다."

아인슈타인은 1921년에 처음으로 미국을 여행했다. 미국을 방문할 때마다 그는 수많은 군중에 둘러싸였고 청중이 가득한 강연장에서 강의했다. 아인슈타인 이전이나 이후의 어떤 물리학자도 그런 세계적인 명성을 얻은 적은 없었으며 그러한 존경과 찬사를 받아본 적도 없었다. 아인슈타인이 일반인에게 준 충격은, 조금 신경질적인 한 언론인이 뉴욕 자연사박물관에서 열린 아인슈타인의 강연을 보고 쓴 기사에 잘 묘사되어 있다.

> 커다란 운석 홀 안쪽에 있는 대강당 주변에 모여든 군중은 제복을 입은 안내원들이 표가 없는 사람들의 입장을 막자 분노하기 시작했다. 일단의 젊은 사람들은 강의에 참석하지 못하게 될까 봐 갑자기 북아메리카 인디언 홀로 통하는 문을 지키고 있던 다섯 명의 안내원 중 네 명을 공격했다. …… 안내원들이 한쪽으로 밀려나자 운석 홀에 있던 사람들이 밀려들어갔다. 행동이 재빠르지 못한 사람들은 바닥에 쓰러졌고 사람들은 쓰러진 사람을 밟고 지나갔다. 여자들은 비명을 질렀다. 안간힘을 쓰며 막아서던 안내원들은 감당할 수 없게 되자 도움을 청하기 위해 달려갔다. 경비가 경찰에 전화를 걸었다. 몇 분 후에 제복을 입은 경찰들이 경찰 역사상 초유의 임무인 과학 폭동을 진압을 위해 위대한 과학박물관 안으로 몰려 들

어갔다.

일반상대성이론은 전적으로 아인슈타인의 작품이었지만 많은 사람들이 물리학 혁명을 받아들이는 데 에딩턴의 이 관측이 결정적인 역할을 했다는 것은 그도 잘 알고 있었다. 아인슈타인은 이론을 발전시켰고 에딩턴은 그것을 관측을 통해 확인했다. 관측과 실험은 진리의 궁극적인 심판자이다. 그리고 일반상대성이론은 이 시험을 통과했다.

아인슈타인은 어떤 학생에게서 만일 신의 우주가 일반상대성이론에서 예측한 것과 다르게 움직인다고 밝혀졌다면 어떠했겠냐는 질문을 받고 농담조의 답변을 한 적이 있다. 그는 자신감을 드러내며 이렇게 말했다. "그렇다면 신에게 유감이었겠지요. 어쨌든 이 이론은 옳은 것이니까."

아인슈타인의 우주

뉴턴의 중력 이론은 오늘날에도 테니스공의 궤적을 계산하거나 현수교의 힘을 계산하는 데 사용되고 있다. 단진자의 진동이나 미사일 탄도를 계산하는 데도 사용된다. 뉴턴의 공식은 비교적 작은 중력이 미치는 지구 영역에서 일어나는 현상에 적용하면 정확하게 들어맞는다. 그러나 아인슈타인의 중력 이론은 지구의 약한 중력 환경에서는 물론이고 별 주위의 거대한 중력 환경에서도 적용될 수 있기 때문에 궁극적으로 더 나은 이론이다. 아인슈타인의 이론이 뉴턴의 이론보다 나은 이론이라고 해도 일반상대성이론의 창시자는 자신이 어깨를 딛고 올라선 17세기 거인을 찬양하지 않을 수 없었다. "당신은 그 당시로서는 최고의 사고력과 창의력을 가진 사람만이 할 수 있는 유일한 길을 찾아냈던 것입니다."

중력 이론에 도달하기까지의 여정은 아인슈타인에게 조금은 고통스러운 것이었다. 빛의 속도 측정, 에테르의 부정, 갈릴레이 상대성이론, 특수상대성이론을 거쳐 마침내 일반상대성이론에 도달하게 되었다. 지금까지의 이야기를 통해 기억해야 될 요점은 이제 새롭고 진전된 중력 이론이 만들어졌다는 것이다. 그것은 정확하고 믿을 만한 것이었다.

중력은 천체의 행동과 상호작용을 지배하는 힘이기 때문에 천문학자나 우주학자들에게 중력을 이해하는 것은 매우 중요한 일이다. 중력은 소행성이 지구와 충돌할지 아니면 해를 끼치지 않고 그냥 지나갈지를 알 수 있게 해준다. 그리고 이중성二重星 체계에서 두 별이 어떻게 서로를 도는지 밝혀준다. 특히 왜 거대한 별이 스스로의 무게 때문에 블랙홀로 붕괴되는지 설명해 준다.

아인슈타인은 새로운 중력 법칙이 우주에 대한 우리의 이해에 어떤 영향을 미치는지에 관심을 기울였다. 그래서 1917년 2월에 〈일반상대성이론의 우주론적 고찰*Cosmological Considerations of the General Theory of Relativity*〉이라는 제목의 논문을 썼다. 제목에서 가장 중요한 것은 '우주론적'이라는 단어였다. 아인슈타인은 이제 이웃 행성인 수성의 궤도 변화나 태양이 빛을 휘게 하는 현상을 넘어 거대한 우주 규모에서의 중력의 역할에 초점을 맞추었다.

아인슈타인은 전체 우주의 성질과 상호작용을 이해하려고 했다. 코페르니쿠스와 케플러 그리고 갈릴레이는 우주에 대한 생각을 구상하면서 태양계를 바탕으로 했다. 그러나 아인슈타인은 망원경으로 관찰할 수 있는 우주는 물론 관찰할 수 없는 우주를 포함한 전체 우주에 관심을 가지고 있었다. 이 논문을 출판한 직후 아인슈타인은 "사람이 이런 일을 하게 되는 정신상태는 신앙인이나 연인들의 상태와 비슷하다. 정확한 의도나 프로그램에 따라 매일 매일 노력하는 것이 아니라 그때그때 마음에서 비롯되는 것이다."

중력 법칙을 이용하여 수성의 궤도를 예측하기 위해서는 질량과 거리를 대입한 후 몇 가지 계산을 하면 된다. 전체 우주를 놓고 그렇게 하려면 알려졌거나 알려지지 않은 모든 별과 행성을 고려하여야 한다. 헛된 희망처럼 보인다. 그런 계산은 정말 불가능한 것일까? 그러나 아인슈타인은 우주에 대해 한 가지 단순한 가정을 도입함으로써 가능한 것으로 바꾸었다.

아인슈타인의 가정은 **우주원리**cosmological principle라고 알려져 있다. 우주가 어느 곳에서나 같다는 것이다. 좀 더 구체적으로 말하면 우주원리는 우주가 등방적等方的이라는 것이었다. 이것은 우주는 어느 방향을 보아도 같다는 뜻이다. 천문학자들이 먼 우주를 관측해 보면 사실이라는 것을 알 수 있다. 우주원리는 또한 우주가 균일하다고 가정한다. 우리가 우주의 어디에 있든 우주는 같게 보인다는 뜻이다. 즉, 지구가 우주에서 특별한 위치를 차지하고 있는 것이 아니라는 것을 뜻한다.

아인슈타인은 일반상대성이론을 전체 규모로서의 우주에 적용하여 예측한 결과를 보고 놀라는 한편 크게 실망했다. 그가 알아낸 결과는 우주가 대단히 불안정하다는 것을 의미했다. 아인슈타인의 중력 법칙은 우주 규모에서 모든 물체는 다른 물체로부터 잡아당겨진다는 것을 보여주었다. 모든 물체는 다른 물체에 가까이 다가가게 된다. 중력 때문에 일어나는 운동은 아주 느리게 시작되겠지만 결국에는 모든 것이 한 곳에 충돌하는 것으로 끝나게 될 것이다. 우주는 스스로를 파괴하도록 운명지어져 있었다. 앞에서 시공간을 트램펄린에 비유한 것처럼 이번에도 여러 개의 볼링공이 놓여 있는 거대한 탄력적인 판을 생각해 보자. 각각의 볼링공은 웅덩이를 만들 것이다. 곧 두 개의 공은 서로의 웅덩이를 향해 굴러갈 것이고 그렇게 되면 더 깊은 웅덩이가 만들어진다. 그러면 그 웅덩이는 또 다른 공들을 끌어들이게 된다. 그래서 결국에는 매우 깊고 거대한 하나의 웅덩이를 만들게 된다.

이것은 상식에 맞지 않는 결과였다. 1장에서 다루었듯이 20세기 초의 과학에서는 우주가 일시적이거나 수축하는 상태에 있는 것이 아니라 정적인 상태에 있으며 영원하다고 믿고 있었다. 아인슈타인이 우주가 수축한다는 생각을 싫어한 것은 놀라운 일이 아니다. "그런 가능성을 받아들인다는 것은 어리석은 일이다."

뉴턴의 중력 이론도 다르긴 해도 역시 수축하는 우주를 나타냈다. 뉴턴 역시 그런 결과 때문에 어려움을 겪었다. 그가 찾아낸 해결책 중 하나는 무한한 대칭적인 우주였다. 이 우주에서는 모든 물체가 모든 방향으로 똑같은 힘으로 끌어당겨지기 때문에 전체적인 움직임이나 붕괴가 없다. 불행하게도 그는 곧 이렇게 조심스럽게 균형이 유지되는 우주는 불안정하다는 사실을 발견했다. 무한한 우주는 이론적으로 평형상태에 있을 수 있다. 그러나 실제로는 아주 작은 요동이 이 균형을 무너뜨리고 총체적 재앙으로 끝나게 될 것이다. 예를 들어 태양계를 지나가는 혜성은 그 길목에 있는 공간의 밀도를 다른 곳보다 크게 할 것이고 이 지점으로 더 많은 질량을 끌어들여 총체적 파국의 단초를 제공하게 될 것이다. 심지어는 책장을 넘기는 것마저 우주의 균형을 깨뜨리게 된다. 따라서 오랜 시간만 주어지면 이것 역시 파국의 촉매가 될 것이다. 이 문제를 해결하기 위해 뉴턴은 신이 개입하여 별이나 천체들을 적당한 거리에 떼어 놓는다고 했다.

아인슈타인은 우주의 간격을 유지하는 신의 역할을 인정할 수 없었다. 그러면서 그는 과학계가 받아들일 수 있는 영원하고 정적인 우주를 유지하는 방법을 찾아내려 했다. 일반상대성이론을 다시 검토한 그는 우주가 붕괴되지 않도록 하는 수학적인 방법을 찾아냈다. 그는 자신의 중력 법칙에 **우주상수**cosmological constant라는 새로운 값을 포함시킬 수 있다는 것을 알게 되었다. 그것은 빈 공간이 우주를 밀어내는 본질적인 압력을 가지고 있다는 것을 뜻한다. 다시 말해 우주상수는 모든 별의 중력에 효과적으로 대항하는 반발력을 제공한다. 이것은 일종의 반중력이었다. 반중력의 세기는 상수 — 이론적으로 어떤 값도 가능하다 — 의 크기에 따라 달라진다. 아이슈타인은 우주상수를 주의 깊게 결정하면 중력에 정확하게 대항할 수 있고 따라서 우주가 붕괴되는 것을 막을 수 있다고 생각했다.

중요한 점은 이 반중력이 거리가 아주 큰 우주적 규모에서는 중요한 역할을 하지만 짧은 거리에서는 무시할 만큼 작다는 것이었다. 따라서 지구 근처 또는 별들 규모에서 증명된 일반상대성이론의 가능성과 성공을 손상시키지 않았다. 한마디로 말해 아인슈타인의 수정된 일반상대성이론의 중력 법칙은 중력을 설명하는 데 세 가지 점에서 성공적이었다.

1. 영원하고 정적인 우주를 설명할 수 있다.
2. (지구와 같이) 작은 중력하에서 뉴턴의 이론과 마찬가지로 성공적이다.
3. 뉴턴의 이론이 실패하는 (수성처럼) 큰 중력하에서도 성공적이다.

우주상수가 일반상대성이론을 정적이고 영원한 우주와 부합하도록 하는 것처럼 보였기 때문에 많은 우주학자들은 아인슈타인의 우주상수에 만족했다. 그러나 우주상수가 실제로 무엇을 의미하는지 아는 사람은 없었다. 옳은 결과를 얻기 위해 인위적으로 포함시켰다는 면에서 우주상수는 프톨레마이오스의 주전원과 같은 것이었다. 아인슈타인마저도 우주상수는 단지 물질의 안정적 분포를 만들기 위해 필요한 것이었다고 조심스럽게 인정했다. 다시 말해 이것은 아인슈타인이 기대했던 결과, 즉 정적이고 영원한 우주라는 결과를 얻어내기 위한 임시방편이었다.

아인슈타인은 우주상수가 볼썽사납다는 것을 인정했다. 그는 일반상대성이론에서 우주상수의 역할을 이야기하면서 "우주상수가 이 이론의 아름다움을 심하게 훼손하고 있다"라고 말한 적이 있다. 물리학자들에게는 아름다움에 대한 추구가 이론을 만들어 내는 동기가 되기도 하기 때문에 이것은 문제가 아닐 수 없었다. 일반적으로 물리법칙은 우아하고 단순하며 조화로워야 한다고 여긴다. 그리고 이런 요소는 잘못된 법칙에서 옳은 법칙으로 다가가도록 하는 훌륭한 안내자가 되기도 한다. 아름다움을 정의하기는 힘들지만 우리는 어떤 것을 보면 아름다운지 아닌지 알 수 있다. 그리고 아인슈타인은 우주상수를 보고 그다지 아름답지 못하다는 것을 인정해야 했다. 그렇지만 그는 일반상대성이론을 과학적 정설이 요구하는 영원한 우주와 부합되도록 하기 위해 어느 정도의 아름다움은 희생해야 했다.

과학자 중에는 아인슈타인의 우주상수를 반대하고 전혀 다른 관점에서 우주에 대한 정통 학설에 아름다움을 더한 사람이 있었다. 아인슈타인의 우주론에 대한 논문을 흥미 있게 읽은 알렉산더 프리드만Alexander Friedmann은 우주상수의 역할에 의문을 가지게 되었고 이 상수의 과학적 기반에 도전했다.

1888년 상트페테르부르크에서 태어난 프리드만은 극심한 정치적 혼란 속에서 자라났다. 그는 어려서부터 체제에 도전하는 것을 배웠다. 그는 차르 정부의 압제에 대항하는 전국적 시위에서 교내 시위를 주도한 청소년 행동가였다. 시위에 이어 1905년의 혁명으로 헌법이 개정되었고, 그 후에는 니콜라이 2세가 권좌에 있긴 했지만 비교적 조용한 시기가 이어졌다.

프리드만은 1906년에 수학을 공부하기 위해 상트페테르부르크 대학에 입학해서 반차르주의자였던 블라디미르 스테클로프Vladimir Steklov 교수의 조수가 되었다. 그는 프리드만에게 다른 학생들이 어려워하는 라플라스 방정식과 관계된 어려운 수학문제를 내주고 그 경과를 기록해 두었다. "나는 이 문제를 박사학위 논문에서 다루었지만 자세히 다루지는 못했다. 프리드만의 능력과 지식을 또래 학생들과 비교해 보기 위해 그에게 이 문제를 풀도록 했다. 금년 1월 프리드만은 130쪽에 달하는 보고서를 제출했다. 여기에는 상당히 만족할 만한 해답이 들어 있었다."

프리드만은 매우 추상적인 학문인 수학에 대한 열정과 능력이 뛰어났지만 과학과 기술에도 흥미를 느꼈다. 그는 1차대전 동안에는 군사적인 연구에 종

| 그림 29 | 러시아 수학자로 팽창하고 진화하는 우주 모델을 발전시킨 알렉산더 프리드만.

사했다. 폭격 임무를 자원해서 맡기도 했다. 그리고 수학적 재능을 이용하여 더 정확하게 폭탄을 투하하는 방법을 개발했다. 그는 스테클로프에게 편지를 썼다. "최근 프르제미슬 상공을 나는 동안 제 생각을 증명할 수 있는 기회가 있었습니다. 폭탄은 거의 이론의 예측대로 낙하한다는 것이 밝혀졌습니다. 이 이론을 결정적으로 증명하기 위해서 며칠 내에 다시 비행하려고 합니다."

프리드만은 1차대전과 함께 1917년의 혁명과 내전을 견뎌야 했다. 마침내 대학으로 돌아왔을 때 그는 몇 년이나 늦게 아인슈타인의 상대성이론을 접하게 되었다. 서유럽에서는 이미 몇 년 동안 완숙과정을 거친 일반상대성이론이 러시아에서는 그제야 대학에 소개되기 시작했던 것이다. 프리드만이 우주론에 대한 아인슈타인의 접근을 무시하고 독창적인 우주 모델을 만들어 낸 것은 아마 러시아가 서유럽에서 고립되어 있었기 때문일 것이다.

아인슈타인은 우주는 영원하다고 가정하고 이론을 기대와 일치시키기 위해 우주상수를 첨가한 반면 프리드만은 그 반대의 입장을 취했다. 그는 가장 간단하고 미학적으로 호소력이 있는 형식의 일반상대성이론 — 우주상수가 들어 있지 않은 — 에서 출발했다. 그래서 그 이론에서 논리적으로 어떤 종류의 우주가 도출되는지 자유롭게 볼 수 있었다. 이러한 전형적인 수학적 접근이 가능했던 것은 프리드만이 수학자의 심성을 가지고 있었기 때문이다. 그는 순수한 수학적 접근이 우주를 정확하게 기술할 수 있게 해줄 것이라고 믿었다. 프리드만에게는 방정식의 아름다움과 이론의 권위가 실재 또는 기대치보다 우선이었다.

프리드만의 연구는 《물리학 잡지 *Zeitschrift für physik*》에 논문을 발표한 1922년에 절정을 이루었다. 아인슈타인이 정교하게 계산된 우주상수와 정교하게 균형 잡힌 우주를 논하고 있을 때 프리드만은 여러 가지 우주상수가 어떻게 다른 우주를 창조할 수 있는지 설명했다. 가장 중요한 것은 그가 우주상수가 0인 우주 모델을 제시했다는 점이었다. 그러한 우주 모델은 우주상수가 없는 아인슈타인의 중력 법칙에 근거를 두고 있었다. 중력에 반해서 작용하는 우주상수가 없는 프리드만의 모델은 중력의 작용에 취약한 것이었다. 이것은 역동적이고 진화하는 우주 모델이 되었다.

프리드만과 동료들에게 그러한 역동성은 총체적인 붕괴로 끝나는 우주 모델을 의미했다. 따라서 대부분의 우주학자들로서는 생각할 수 없는 것이었다. 그러나 프리드만은 그러한 역동성은 초기의 팽창으로 시작된 우주와 관계있을 것이라고 생각했다. 따라서 그런 우주는 중력에 이길 수 있는 운동량을 가지고 있을 것이라고 여겼다. 전혀 새로운 우주관이었던 것이다.

프리드만은 자신의 우주 모델이 중력과 상호작용할 수 있는 세 가지 방법을 제시했다. 첫 번째 가능성은 주어진 공간 안에 많은 별들이 포함되어 있어 우주의 평균밀도가 높은 경우였다. 많은 별들은 큰 중력을 뜻했고, 결국 중력이 별들을 뒤로 당길 것이다. 그렇게 되면 우주는 팽창을 멈추고 우주가 붕괴될 때까지 한 점을 향해 수축하게 될 것이다. 프리드만 모델의 두 번째 가능성은 별들의 평균밀도가 작아 별들 사이의 중력이 우주의 팽창을 극복하지 못하는 경우였다. 그렇게 되면 우주는 영원히 팽창할 것이다. 세 번째 가능성은 평균밀도가 두 극단의 중간값을 가질 경우였다. 이 경우에는 중력 때문에 팽창 속도가 줄어들겠지만 팽창이 멈추지는 못할 것이다. 이런 경우에는 우주가 한 점으로 붕괴하지도 않고 무한대로 팽창하지도 않는다.

이런 상황을 이해하기 위해서 공중을 향해 일정한 속도로 포탄을 발사하는 경우를 생각해 보자. 그림 30과 같이 3개의 다른 크기를 가진 행성 위에서 포탄을 공중으로 발사한다고 가정해 보자. 행성의 질량이 크면 포탄은 공중으로

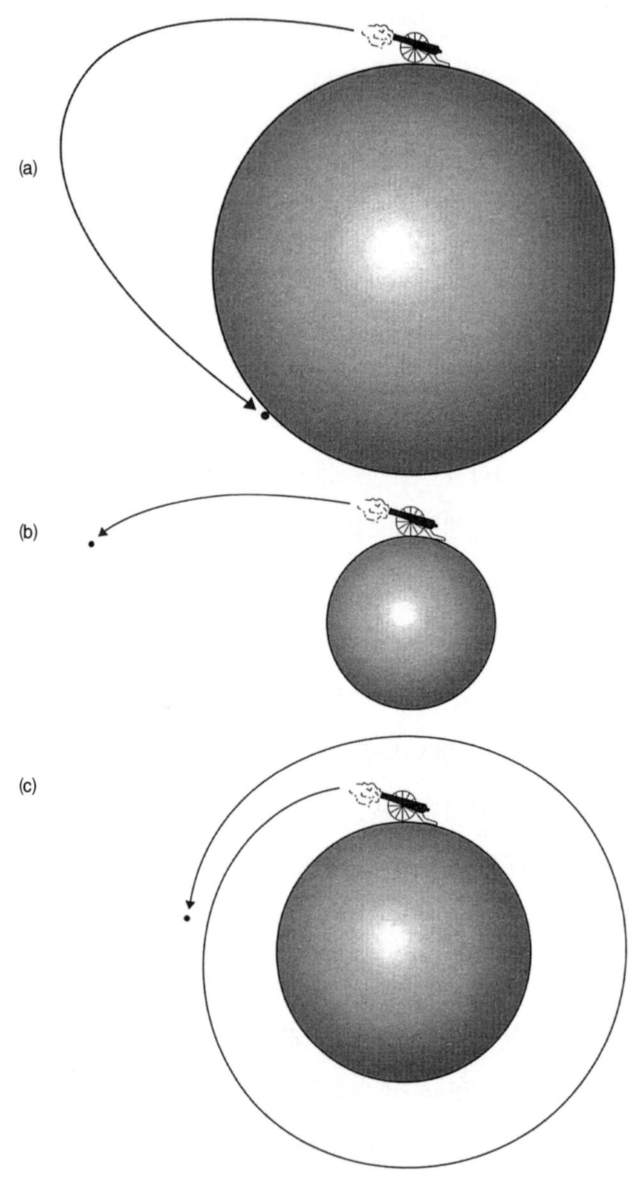

| 그림 30 | 포탄이 같은 속도로 서로 다른 크기의 행성 위에서 발사되었다. 행성 (a)는 질량이 매우 커서 인력이 강해 포탄은 다시 땅으로 떨어진다. 행성 (b)는 질량이 매우 작고 따라서 인력도 약해 포탄은 우주 공간으로 날아간다. 행성 (c)는 포탄이 궤도에 진입할 수 있는 적당한 질량을 가지고 있다.

수백 미터 올라가다가 큰 중력 때문에 다시 땅으로 떨어질 것이다. 이 경우는 팽창하다가 큰 밀도 때문에 한 점으로 붕괴해 버리는 프리드만의 첫 번째 우주 모델과 비슷하다. 만일 행성이 아주 작다면 하늘로 날아간 포탄을 다시는 볼 수 없을 것이다. 영원히 팽창을 계속하는 프리드만의 두 번째 우주 모델과 비슷한 경우다. 그러나 행성의 크기가 적당하고 따라서 중력도 적당하다면 포탄은 위로 올라가면서 속도가 줄어들어 행성에서 멀어지거나 가까워지지 않고 계속 운동하는 궤도로 진입할 것이다. 이것은 프리드만의 세 번째 시나리오와 비슷하다.

프리드만이 제시한 세 가지 우주의 공통점은 우주가 변해 간다는 것이다. 그는 우리가 어제와도 다르고 내일과도 다른 우주에 살고 있다고 믿었다. 프리드만은 우주론에 혁명적인 기여를 했다. 그것은 영원히 정지해 있는 우주가 아니라 우주 규모에서 진화하는 우주였다.

우주에 대한 가설이 늘어남에 따라 이제 과학자들은 선택을 해야 했다. 아인슈타인은 두 가지의 일반상대성이론을 제시했다. 하나는 우주상수가 있는 것이었고 하나는 없는 것이었다. 그리고 그는 우주상수가 있는 이론에 기초하여 정적인 우주 모델을 만들었다. 반면에 프리드만은 우주상수가 없는 이론에 기초한 (세 가지 가능성을 가진) 우주 모델을 제시했다. 물론 여러 가지 모델이 존재할 수 있다. 그러나 실재는 하나이다. 문제는 어떤 모델이 실재와 부합하는가였다.

아인슈타인에게는 그 답이 명백해 보였다. 그가 옳았고 프리드만은 틀렸다. 그는 프리드만의 작업이 수학적으로도 결함이 있다고 생각했다. 그래서 프리드만의 논문을 출판한 잡지에 오류를 지적하는 편지를 썼다. "(프리드만의) 논문에 포함되어 있는 정적이 아닌 우주와 관계된 결과는 내가 보기에 의심스럽습니다. 실제로 그 논문 안에 실린 해解는 (일반상대성이론의) 방정식을 만족시키지 않는다는 것이 드러났습니다." 그러나 프리드만의 계산은 정확했다. 프리드만의 모델이 실재를 나타내는가에 대해서는 토론의 여지가 있었지만 수학적으로는 정당한 것이었다. 아마 아인슈타인은 그 논문을 대강 훑어보고 정적인 우주에 대한 자신의 믿음과 일치하지 않았기 때문에 결함이 있다고 결론을 내렸을 것이다.

프리드만이 그 지적을 취소할 것을 요청하자 아인슈타인은 그것을 받아들이는 겸손함을 보였다. "나는 프리드만의 결과가 정확하고 명료하다는 것을 인정합니다. 그것은 (일반상대성이론의) 방정식의 정적인 해에 더해 대칭적인 구조 속에서 시간에 따라 변하는 해가 있을 수 있다는 것을 나타냅니다." 프리드만의 동적인 우주가 수학적으로 옳다는 것을 인정하기는 했지만 아인슈타인은 여전히 과학적으로는 옳지 않다고 생각하고 있었다. 아인슈타인은 편지 초안에서 "물리적 중요성을 부여할 수는 없다"라고 주장하여 프리드만의 해가 가지는 의미를 축소하려 했다. 하지만 그는 그 문구를 지워버렸다. 사과 편지를 쓰는 중이었다는 것을 상기했기 때문이었을 것이다.

아인슈타인의 비난을 받았지만 프리드만은 자신의 아이디어를 발전시켜 나갔다. 그러나 그가 과학 세계에 큰 영향을 미치기 전에 운명이 끼어들었다. 1925년에 프리드만 부인은 첫 번째 아이를 낳을 예정이었다. 따라서 그는 삶의 의욕에 충만해 있었다. 집에서 멀리 떨어져 일하고 있던 그는 부인에게 편지를 썼다. "지금은 모두들 천문대에서 집으로 돌아갔어. 나 혼자 우리 선배들의 초상과 동상 사이에 있는데 낮 동안의 번잡함에서 벗어나 정신이 차분해지고 있어. 그리고 수천 마일 밖에서 내가 사랑하는 심장이 뛰고 있다는 것을 생각만 해도 행복해. 숭고한 정신이 살아 있고 새로운 생명이 자라고 있어 ……

과거는 없이 신비로운 미래에 싸여 있는 생명이." 그러나 프리드만은 그 아이가 태어나는 것을 볼 수 없었다. 그는 치명적인 병에 걸렸다. 아마도 장티푸스였을 것이다. 그리고 정신착란 속에서 죽었다. 레닌그라드의 한 신문은 그는 죽어가면서 학생들에 관해 불평을 했고 가상의 청중에게 강의를 하면서 계산을 하려고 노력했다고 보도했다.

프리드만은 새로운 우주관을 제시했다. 그러나 제대로 알려지지도 않은 채 죽었다. 논문이 출판되기는 했지만 그가 살아 있는 동안에는 널리 읽혀지지 않았고 철저히 무시되었다. 너무 급진적이었기 때문이다. 프리드만은 코페르니쿠스와 많은 공통점을 가지고 있었다.

더 큰 이유는 프리드만이 세계에서 가장 뛰어난 우주학자였던 아인슈타인에게 비난을 받았다는 사실이다. 아인슈타인이 마지못해 사과를 하기는 했지만 그런 사실은 그다지 알려지지 않았고 프리드만의 명성은 훼손된 채였다. 프리드만은 천문학보다는 수학적인 배경을 가지고 있었다. 따라서 그는 천문학계에서 국외자로 취급됐다. 무엇보다도 프리드만은 시대를 너무 앞서 있었다. 천문학자들은 아직 팽창하는 우주를 나타내는 모델을 뒷받침해 줄 만큼 세밀히 관측할 능력이 없었다. 프리드만은 공개적으로 자신의 모델을 뒷받침할 증거가 없다는 것을 인정했다. "현재로서는 이 모든 것을 적절한 천문학적 실험으로 증명될 수 없는 신비한 사실로 남겨둘 수밖에 없다."

다행스럽게도 팽창하고 진화하는 우주에 대한 생각이 완전히 사라진 것은 아니었다. 프리드만이 죽고 나서 몇 년 후에 다시 표면으로 부상했다. 그러나 이번에도 프리드만은 거의 아무런 인정을 받지 못했다. 팽창하는 우주 모델이 벨기에의 신부이며 천문학자였던 조르주 르메트르Georges Lemaître에 의해 독자적으로 재발견되었기 때문이다. 르메트르는 1차대전으로 학업을 중단했었다.

1894년에 샤를루아에서 태어난 르메트르는 루뱅 대학에서 공학 학위를 받았다. 그러나 독일군이 벨기에를 침공하자 학업을 중단해야 했다. 그 후 4년 동안은 군대에서 보냈다. 그동안 독일군의 최초 독가스 공격을 목격하기도 했고 무공십자훈장을 받기도 했다. 전쟁이 끝난 후 그는 루뱅 대학에서 다시 공부를 시작했다. 그러나 이번에는 공학이 아니라 이론물리학이었다. 1920년에는 말린 신학대학에도 등록했다. 1923년에 사제에 서품된 후 평생 사제와 물리학자의 일을 병행했다. 그는 "진리에 이르는 길은 두 개가 있다. 나는 두 개의 길을 모두 가기로 결심했다"라고 말했다.

신부가 된 후 르메트르는 케임브리지에서 아서 에딩턴과 1년을 보냈다. 에딩턴은 그를 "매우 뛰어난 학생이었으며 아주 빠르고 정확한 안목을 지녔고 수학에도 뛰어난 능력을 가지고 있다"라고 평했다. 이듬해 미국으로 가서 하버드 천문대에서 천체 관측을 했고 MIT에서 박사과정을 시작했다. 르메트르는 우주학자와 천문학자들 사이로 밀고 들어갔다. 그리고 이론에 편향된 점을 보완하기 위해 관측에도 익숙해지려고 노력했다.

1925년에 루뱅 대학으로 돌아와서 교수직을 얻은 그는 아인슈타인의 일반상대성이론을 바탕으로 한 자신의 우주 모델을 발전시키기 시작했다. 그러나 우주상수의 역할은 무시했다. 그 후 2년 동안 그는 팽창하는 우주 모델을 재발견했다. 수년 전에 프리드만이 똑같은 사고과정을 거쳐 도달했던 것이었다.

그러나 르메트르는 팽창하는 우주의 실제적 의미를 추구하여 그 러시아 선배를 앞질렀다. 프리드만은 수학자였던 데 반해 르메트르는 방정식 뒤에 있는 실재를 이해하려고 노력한 우주학자였다. 특히 르메트르는 우주의 물리학적 역사에 관심이 많았다. 만일 우주가 정말 팽창하고 있다면 어제의 우주는 오늘의 우주보다 작았을 것이다. 마찬가지로 지난해에는 더 작았을 것이다. 그리고 논리적으로 아주 먼 과거로 간다면 전 우주 공간은 아주 작은 지역에 모이게 될 것이다. 다시 말해 르메트르는 시계를 우주가 시작되던 때로 돌릴 준비를 하고 있었다.

르메트르는 위대한 통찰력으로 일반상대성이론을 창조의 순간에 적용시켰다. 과학적 진실의 추구가 신학적 진리 추구에 영향을 주지도 않았다. 젊은 신부였던 르메트르는 현실주의와 조화를 이룰 줄 알았다. 그는 우주는 작은 영역에서 바깥쪽으로 폭발하면서 시작되었고 시간이 지남에 따라 우리가 살고 있는 우주로 진화해 왔다고 결론지었다. 그리고 우주는 앞으로도 계속 진화해 갈 것이라고 믿었다.

독자적인 우주 모델을 발전시킨 르메트르는 우주의 창조와 진화를 뒷받침해 줄 물리학을 찾기 시작했다. 그는 천문학자들 가운데 서서히 관심을 끌고 있는 우주선cosmic ray 물리학을 알게 되었다. 1912년에 오스트리아의 과학자

| 그림 31 | 팽창하고 진화하는 프리드만의 우주 모델을 부활시킨 벨기에의 신부이며 우주학자인 조르주 르메트르. 우주가 원시원자의 폭발에서 시작되었다는 이론을 제시하여 빅뱅 이론의 선구자가 되었다.

빅토르 헤스Viktor Hess는 지상 6킬로미터 상공에 기구를 올려 우주 공간에서 오는 에너지가 큰 입자들의 증거를 찾아냈다. 르메트르는 우라늄과 같은 큰 원자가 작은 원자로 쪼개지면서 입자와 방사선 그리고 에너지를 내놓는 방사성 붕괴에 대해서도 잘 알고 있었다. 르메트르는 규모에서는 엄청나게 차이가 나겠지만 이와 비슷한 과정이 우주를 생성한 것이 아닌가 하고 생각하게 되었다. 시간을 뒤로 돌리면 모든 별들은 아주 작은 우주로 모일 것이다. 그는 이 것을 원시원자라고 불렀다. 그리고 우주 창조의 순간에 모든 것을 포함하고 있는 이 원시원자가 갑자기 붕괴되면서 우주의 모든 물질을 만들어 냈다고 주장했다.

르메트르는 오늘날 관측되는 우주선은 이 최초의 붕괴의 흔적이며 그때 흩어진 물질이 모여 오늘날의 별과 행성을 형성했다고 생각했다. 그는 이렇게 요약했다. "원시원자 가설은 오늘날의 우주를 하나의 원자가 방사성 붕괴를 한 결과로 보는 우주 창조 가설이다." 더구나 이 원자가 붕괴될 때 방출된 에너지가 우주를 팽창시킨다는 것이 그의 우주 모델의 핵심이었다.

르메트르는 처음으로 오늘날 우리가 빅뱅우주 모델이라고 부르는 것을 확신을 가지고 자세하게 묘사한 과학자였다. 실제로 그는 그것을 여러 우주 모델 중 하나가 아니라 단 하나의 우주 모델이라고 생각했다. 그는 아인슈타인의 일반상대성이론에서 출발하여 우주 창조와 팽창의 이론적 모델을 만들어 냈고, 우주선과 방사성 붕괴 같은 알려진 현상들과 연결시켰다.

창조의 순간이 르메트르 모델의 핵심이지만 그는 형태가 없는 폭발이 오늘날 우리가 보는 별과 행성으로 변화하는 과정에 대해서도 관심을 가졌다. 그는 창조와 진화 그리고 우주 역사에 대한 이론을 만들고 있었다. 그의 연구는 이성적이고 논리적이었지만 그 내용은 시적인 용어로 기록해 놓았다. "우주의 진화는 몇 개의 불꽃과 재 그리고 연기가 남아 있는 지금 막 끝난 불꽃놀이와 비슷하다. 잘 식은 잿더미 위에 서서 우리는 태양이 식어가는 것을 보고 있다. 그리고 사라져 간 세상을 만든 불꽃의 화려함을 기억해 내려고 노력하고 있다."

그는 이론과 관측을 연결하여 빅뱅 이론을 물리학과 관측천문학계에 내놓았다. 르메트르는 프리드만의 초기 작업을 훨씬 발전시켰다. 그런데도 이 벨기에 신부가 1927년에 발표한 창조 이론은 프리드만 모델의 경우와 똑같이 저주스러운 침묵을 만날 수밖에 없었다. 르메트르가 그 이론을 잘 알려지지 않은 벨기에 잡지 《브뤼셀 과학협회 연대기》에 발표한 것도 도움이 되지 않았다.

르메트르가 논문 〈원시원자 가설*Hypothèse de l'atome primitif*〉을 발표한 직후에 아인슈타인을 만나면서 상황이 더욱 악화되었다. 르메트르는 1927년에 브뤼셀에서 열렸던 솔베이 학회에 참석했다. 세계의 모든 위대한 물리학자들이 모인 이 회의에서 르메트르는 신부복 때문에 눈에 잘 띄었다. 그는 아인슈타인을 한쪽 구석으로 데려가 창조되고 팽창하는 자신의 우주 모델을 설명했다. 아인슈타인은 이미 프리드만에게서 그런 이야기를 들었다고 했다. 르메트르는 거기서 처음으로 그 러시아 과학자 이야기를 들었다. 그리고 아인슈타인은 르메트르에게 "당신의 계산은 정확합니다. 그러나 당신의 물리는 혐오스럽습니다"라고 말했다.

아인슈타인은 빅뱅 이론을 받아들이거나 아니면 최소한 그것을 검토할 수 있는 두 번의 기회가 있었던 것이다. 그러나 그는 두 번이나 그 생각을 무시했다. 그리고 아인슈타인이 무시했다는 것은 과학계가 무시했다는 것을 뜻했다. 결정적인 증거가 없는 상황에서 아인슈타인의 축복이나 비판은 어떤 이론을 살리거나 죽이는 힘을 가지고 있었다. 한때는 반항의 상징이었던 아인슈타인이 어느 사이에 독재자가 되어 있었다. 그는 나중에 자신이 처한 난처한 위치를 깨닫고 후회했다. "권위에 대한 도전으로 고통을 받던 내가 어느새 권위가 되어 버렸다."

르메트르는 솔베이 학회에서 절망하고 더 이상 그 모델을 발전시키지 않기로 했다. 여전히 팽창하는 우주 모델을 믿었지만 과학계에 영향력이 없었다. 그리고 모두가 어리석게 여기는 자신이 믿는 빅뱅 모델을 지켜나갈 의미를 더 이상 느끼지 못했다. 그러는 동안에 세상은 완전히 합리적인 아인슈타인의 정적인 우주론에 집중했다. 잘 조정된 우주상수는 그런대로 제 역할을 하고 있었다. 어쨌든 정적인 우주는 영원하다는 생각과 조화를 이뤘다. 따라서 어떤 과학적 결점도 간과되었다.

우리는 두 모델이 같은 정도의 강점과 약점을 가지고 있다는 것을 알고 있고 그런 면에서 두 모델은 서로 비긴다는 것을 알고 있다. 두 모델은 모두 수학적으로 모순이 없었고 과학적으로도 정확했다. 모두 일반상대성이론에서 유도되었고 알려진 물리 법칙에 어긋나지 않았다. 그러나 두 모델을 뒷받침해 줄 실험이나 관측 자료가 없었다. 과학계가 편견으로 기울어지게 된 것은 증거가 부족했기 때문이었다. 과학계는 르메트르나 프리드만의 팽창하는 우주 모델보다는 아인슈타인의 정적인 우주 모델을 선호했다.

사실상 우주학자들은 신화와 과학 사이의 불안한 곳에 서 있었다. 발전을 이루려면 확실한 증거를 찾아내야 했다. 이론학자들은 관측천문학자들이 우주 속으로 들어가 경쟁하는 두 모델 중 하나를 증명하고 다른 하나를 부정해 주기를 기대하고 있었다. 천문학자들은 더 크고 더 좋은 성능을 가진 망원경을 제작하여 결국은 우리의 우주관을 바꾸어 놓은 핵심적인 관측을 하는 데 남은 20세기를 바쳤다.

2장_우주에 대한 이론들 요약 노트

① 1670년대 뢰머는 목성 위성의 운동을 관측하여 빛의 속도가 유한하다는 것을
증명했다. 빛의 속도는 30만 km/s였다.

② 빅토리아 시대의 물리학자들은 공간이 빛을 전달해 주는
매질인 에테르로 가득 차 있다고 믿었다. 측정된 빛의
속도는 에테르에 대한 속도라고 믿었다.

따라서 지구가 공간을 움직여 나아가는 것은
에테르 속을 움직여 나아가는 것이어서
에테르 바람을 일으킬 것이다.
따라서 에테르 바람에 거슬러 진행하는
빛과 가로질러 진행하는 빛의 속도는 달라야 한다.

1880년대 — 마이컬슨과 몰리는 이것을 실험했다.
그들은 속도의 차이를 찾아낼 수 없었다.
에테르가 존재하지 않는다는 것이 증명되었다.

③ 앨버트 아인슈타인은 만일 빛이 에테르를 통해 운동하는 것이 아니라면
빛의 속도는 관측자에 대해 같은 값을 가져야 한다고 주장했다.
이것은 우리의 다른 운동에 대한 경험과 일치하지 않는다.
그는 옳았다.

이 가정으로부터 (+갈릴레이 상대성 원리)
아인슈타인은 특수상대성이론(1905)을 발전시켰다.
시간과 공간은 모두 휘어질 수 있으며
시공간을 형성한다.

1915년 — 아인슈타인은 일반상대성이론을 발전시켰다.
이것은 새로운 중력 이론으로, 강한 중력(예, 별)에서도
적용될 수 있었기 때문에 뉴턴의 중력 이론보다 뛰어난 것이었다.

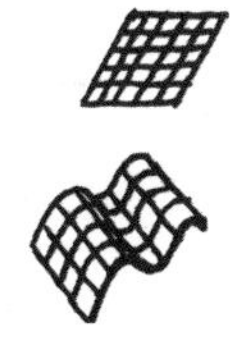

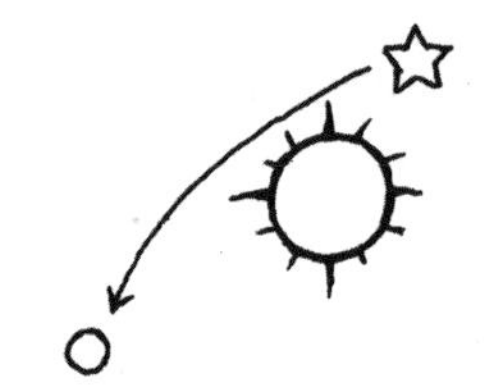

④ 아인슈타인과 뉴턴의 중력 이론은 수성의 궤도와
태양 옆을 지나는 빛이 휘어지는 정도를
측정하는 것으로(1919) 시험되었다.
두 경우 모두 아인슈타인은 옳았고 뉴턴은 틀렸다.

⑤ 새로운 중력 이론을 이용하여 아인슈타인은 전체 우주를 연구했다.
문제 : 중력이 우주를 붕괴시킬 수 있었다.
해결 : 일반상대성이론에 우주상수를 포함시켰다.
- 이것은 반중력 효과를 만들 수 있었다.
- 우주가 붕괴하는 것을 막을 수 있었다.
- 정적이고 영원한 우주라는 일반적인 생각과 일치했다.

⑥ 한편 프리드만과 르메트르는 우주상수를
버리고 우주가 역동적이라는 것을
증명했다.

그들은 팽창하는 우주를 생각해 냈다.
르메트르는 강력하고 밀도가 높은 원시원자를 생각했다.
이것이 폭발하여 팽창하고 진화하여 오늘날의 우주가 되었다.

⇨ 우리는 이것을 빅뱅우주 모델이라고 부른다.

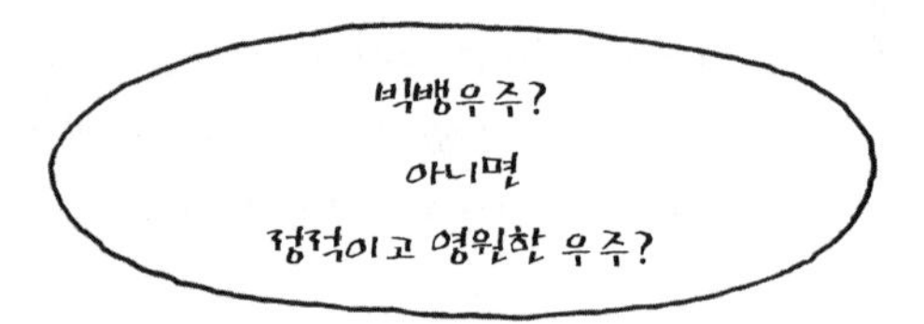

프리드만과 르메트르, 그리고 그들의 팽창하는 우주는 무시되었다.
그것을 증명할 아무런 관측 증거가 없었기 때문에 빅뱅우주 모델은 침체에 빠졌다.

과학자들의 대부분은 계속해서 영원하고 정적인 우주를 믿었다.

| 3 장 |

대논쟁

아는 것은 유한하고 모르는 것은 무한하다. 지적으로 우리는 설명할 수 없는 무한한 바다 한가운데 있는 작은 섬에 서 있다. 모든 세대가 하는 일은 좀 더 많은 땅을 주장하는 것이다.
— T.H. 헉슬리**T.H. HUXLEY**

우주에 대해 아는 것이 적으면 적을수록 우주를 설명하기가 쉽다.
— 레온 브런스빅**LEON BRUNSCHVICG**

적당하지 않은 자료를 이용해서 생긴 오류는 전혀 자료를 사용하지 않아 생긴 오류보다 훨씬 작다.
— 찰스 배비지**CHARLES BABBAGE**

이론은 무너지지만 훌륭한 관측은 절대로 사라지지 않는다.
— 할로 섀플리**HARLOW SHAPLEY**

우선 사실을 확인하라. 그리고 시간이 있으면 그것을 왜곡하라.
— 마크 트웨인**MARK TWAIN**

하늘은 영원한 영광을 보여주며 바퀴를 돌리고 있지만 당신의 눈은 아직 땅 위에 있다.
— 단테**DANTE**

BIG BANG

The Origin of the Universe

과학은 이론과 실험이라는 두 가닥으로 구성되어 있다. 이론학자들이 세상이 어떻게 작동하고 있는지 생각하여 실재의 모형을 만드는 반면 이 모델을 실재와 비교하는 일은 실험하는 사람들이 해야 할 몫이다. 우주론에서 아인슈타인이나 프리드만, 르메트르와 같은 이론학자들은 우주에 대한 경쟁적인 모형을 발전시켰다. 그러나 그것을 시험하는 일은 매우 어려운 문제였다. 전체 우주를 놓고 어떻게 실험을 한단 말인가?

실험이라는 문제에 이르면 천문학과 우주론은 다른 과학 분야와 달라진다. 생물학자는 실험하는 생명체를 만질 수 있고 냄새를 맡으며 바늘로 찔러볼 수도 있다. 심지어는 이 생명체의 맛을 볼 수도 있다. 화학자는 화학물질의 성질을 더 잘 알아내기 위해 시험관에서 화학물질을 끓이거나 태우고 또는 다른 화학물질과 섞어볼 수도 있다. 그리고 물리학자는 단진자가 왜 그렇게 진동하는지 알아보기 위해 단진자에 질량을 더할 수도 있고 길이를 바꾸어 볼 수도 있다. 그러나 천문학자는 서서 우주를 바라볼 수 있을 뿐이다. 대부분의 천체는 너무 멀리 떨어져 있기 때문에 천문학자는 천체가 지구를 향해서 보내고 있는 빛을 이용하여 연구할 수 있을 뿐이다. 천문학자는 적극적으로 넓은 범위의 실험을 행하는 대신 단지 수동적으로 우주를 관찰할 수밖에 없었다. 다시 말해 천문학자는 바라볼 수는 있지만 만질 수는 없다.

이러한 한계가 있지만 천문학자들은 우주와 우주 안에 있는 천체에 대해 아주 많은 것을 알아냈다. 예를 들면 1967년에 영국의 천문학자 조슬린 벨Jocelyn Bell은 맥동하는 별 또는 **펄서**pulsar라고 불리는 새로운 천체를 발견했다. 그녀는 처음으로 도표에서 규칙적으로 맥동하는 신호를 발견하고 '외계인Little Green Men'이란 뜻으로 LGM이라고 표시했다. 지적인 생명체가 보내오는 신호라고 생각했기 때문이다. 벨 버넬Bell Burnell(조슬린 벨의 새로운 이름) 교수는 요즈음 펄서에 대해 강의할 때 청중한테 곱게 접은 종이 쪽지를 돌린다. 그 쪽지에는 "당신은 이 종이쪽지를 들어올리면서 알려져 있는 모든 펄서에서 전 세계 망원경이 지금까지 받은 에너지의 1천 배 정도의 에너지를 사용했습니다"라고 쓰여 있다. 다시 말해 펄서는 다른 별과 마찬가지로 에너지를 방출하지만 너무 멀리 떨어져 있기 때문에 천문학자들이 수십 년 동안 집중적으로 관측했어도 그 에너지의 아주 적은 양만을 잡을 수 있었다. 펄서는 그 정도로 희미하지만 천문학자들은 그에 대한 많은 사실을 추론해 낼 수 있었다. 펄서가 별의 일생의 마지막 단계에 있는 별이라는 것을 알아냈으며, 중성자로 이루어져 있고 지름은 대략 10킬로미터 정도인 반면 밀도는 아주 커서 펄서 한 숟가락의 질량은 수십억 톤이나 된다는 것도 알아냈다.

관측을 통해 가능한 한 많은 정보를 수집한 후에야 천문학자들은 이론에서 제시된 모델을 조사하고 그것이 옳은지 시험해 볼 수 있다. 가장 거대한 모델 — 빅뱅 모델과 영원한 우주 모델 — 을 시험해 보기 위해서 천문학자들은 관측기술을 최고도로 높여야 한다. 큰 거울을 사용한 거대한 망원경을 만들고 멀리 떨어진 산 위에 커다란 관측소를 세워야 한다. 20세기에 만들어진 거대한 망원경으로 어떤 사실이 발견되었는지 알아보기 전에, 1900년까지 망원경이 발전한 과정과 초기 망원경이 우주에 대한 시각을 어떻게 바꾸어 놓았는지 살펴보겠다.

우주를 바라보다

갈릴레이 이후 망원경을 설계하고 이용한 가장 위대한 개척자는 1738년 하노버에서 태어난 프리드리히 빌헬름 헤르셸Friedrich Wilhelm Herschel이었다. 그는 아버지를 따라 하노버 경비대 악단에서 일을 시작한 음악가였다. 그러나 1757년 하스텐벡 전투에서 직업을 바꿔야겠다고 생각했다. 그는 격렬한 포격 속에서 직업과 나라를 버리고 외국에 가서 조용히 음악가로 살아가기로 결심하고 영국에 정착하기로 했다. 하노버 선제후 게오르크 루트비히가 1714년 영국에서 조지 1세로 즉위하여 하노버 왕가를 수립했으므로 영국의 분위기가 우호적이라고 생각했기 때문이다. 그는 이름을 영국식으로 윌리엄 허셜로 바꾸고 바스에 집을 사서 음악 선생, 지휘자, 작곡가 그리고 뛰어난 오보에 연주자로

| 그림 32 | 야간 관측을 위해 따뜻한 옷을 입고 있는 18세기의 가장 유명한 천문학자인 윌리엄 허셜.

편안한 생활을 했다. 그러나 세월이 지나면서 허셜은 차츰 천문학에 관심을 가지게 되었고, 점차 단순한 취미에서 가장 중요한 관심사가 되었다. 결국 그는 전문적인 천체 관측자가 되었고 18세기의 가장 위대한 천문학자로 인정받게 되었다.

허셜은 정원에서 잡동사니를 조립하여 만든 망원경으로 하늘을 관측했는데, 1781년에 역사상 가장 유명한 발견을 했다. 그는 며칠 밤 동안 천천히 움직여 가는 새로운 천체를 찾아냈다. 그는 이 천체가 꼬리를 가지고 있지 않다는 것이 밝혀질 때까지는 전에 발견되지 않았던 새로운 혜성일 것이라고 생각했다. 그러나 그것은 혜성이 아니라 새로운 행성이었다. 태양계에 새로운 행성이 더해진 중요한 발견이었던 것이다. 수천 년 동안 맨눈으로 보이는 5개의 행성(수성, 금성, 화성, 목성, 토성)만 알려져 있었다. 그러나 이제 허셜은 전혀 새로운 세상을 찾아낸 것이다. 허셜은 이 행성을 하노버 왕가 조지 3세의 이름을 따서 조지의 별이라고 불렀다. 그러나 프랑스 천문학자들은 새로운 행성을 발견자의 이름을 따서 허셜이라고 부르는 것을 더 좋아했다. 결국 이 행성은 로마 신화에서 주피터Jupiter, 목성의 할아버지이고 새턴Satun, 토성의 아버지인 우라누스Uranus, 천왕성라고 명명되었다.

자기 집 뒷마당에서 작업하던 윌리엄 허셜이 많은 예산을 사용하는 유럽 왕립천문대가 하지 못한 일을 해낸 것이다. 누이 캐롤라인이 그 성공적인 관측에 중요한 역할을 했다. 6개의 혜성을 발견할 정도로 뛰어난 천문학자였던 캐롤라인은 윌리엄을 적극적으로 보조했다. 윌리엄이 새로운 망원경을 만들 때도 도왔고, 춥고 긴 밤 동안 같이 관측 작업을 했다. 그녀는 그때의 일을 다음과 같이 기록해 놓았다. "옷을 갈아입을 사이도 없이 계속되는 일에 모든 여가 시간을 빼앗겼다. 옷소매는 찢어지거나 녹은 송진으로 더러워졌다. …… 나는 오빠의 입에 음식을 떠먹여 주기도 했다."

캐롤라인 허셜이 언급한 송진은 윌리엄이 거울을 연마하기 위해 사용하던 것이었다. 윌리엄은 망원경을 만드는 것을 매우 자랑스러워했다. 그는 독학으로 망원경 제작법을 터득했지만 세상에서 가장 훌륭한 망원경을 제작할 수 있었다. 당시 왕립천문대에서 사용하던 망원경의 배율이 270배였던 데 반해 그가 제작한 망원경 중에는 2,010배나 되는 것도 있었다.

망원경은 배율도 중요하지만 빛을 모으는 집광 능력이 더 중요하다. 집광 능력은 렌즈나 거울의 지름에 따라 결정된다. 맨눈으로는 단지 수천 개의 별을 볼 수 있다. 그러나 구경이 큰 망원경은 전혀 다른 광경을 보여준다. 갈릴레이가 사용했던 것과 같은 작은 망원경은 맨눈으로 볼 수 있는 별들보다 조금 더 희미한 별들을 볼 수 있게 해주었다. 대안렌즈의 배율을 아무리 높여도 이보다 더 희미한 별은 관찰할 수 없었다. 구경이 큰 망원경은 훨씬 더 많은 별빛을 받아들여 한곳에 모을 수 있어서 다른 방법으로는 관찰할 수 없었던 더 멀리 있는 더 희미한 천체를 관측할 수 있게 해준다.

1789년에 허셜은 구경이 1.2미터나 되는 세상에서 가장 큰 반사경을 가진 망원경을 제작했다. 불행하게도 이 망원경의 길이는 12미터나 되었고 다루기 어려워서 귀중한 시간을 관측이 아니라 방향을 정렬하는 데 허비해야 했다. 또 다른 문제는 거울의 무게를 지탱하기 위해 거울을 구리로 강화시켜야 했는데 구리가 쉽게 변색되어 집광 능력을 떨어뜨린다는 것이었다. 허셜은 1815년에 이 괴물을 버리고 그 후에는 성능과 실용성을 절충하여 대부분 구경이 0.475미터이고 길이가 6미터인 중간 크기의 망원경으로 관측했다.

허셜의 중요한 연구과제는 뛰어난 망원경을 이용하여 수백 개의 별들까지의 거리를 측정하는 것이었다. 그는 별까지의 거리를 측정하기 위해 모든 별이 같은 세기의 빛을 내고 있으며 별의 밝기는 거리의 제곱에 반비례해서 어두워진다고 가정했다. 예를 들면 어떤 별이 같은 밝기의 다른 별보다 3배 더 멀리 떨어져 있다면 그 별의 밝기는 9분의 1이 된다는 것이다. 반대로 다른 별보다 밝기가 9분의 1인 별은 3배 더 멀리 떨어져 있다고 할 수 있다. 하늘에서 가장 밝은 별인 시리우스까지의 거리를 1로 하는 시리오미터siriometer라는 단위를 이용하여 모든 별까지의 거리를 나타냈다. 따라서 밝기가 시리우스의 49분의 1인 별까지의 거리는 시리우스까지의 거리보다 7배 더 멀리 떨어져 있는 것이며, 이 거리는 7시리오미터라고 한다. 허셜은 모든 별의 실제 밝기가 똑같지는 않다는 것을 알고 있었고 따라서 정확한 방법이 아니라는 것을 알고

| 그림 33 | 허셜은 천왕성을 발견한 후에 바스보다 날씨가 좋은 슬로로 옮겼다. 그에게 매년 200파운드의 연금을 지급하고 구경이 1.2m이며 길이가 12m나 되는 새로운 망원경의 제작비를 제공했던 후원자 조지 3세가 있는 곳으로 더 가까이 옮긴 것이다.

있었지만 자신이 대략적인 하늘의 3차원 지도를 작성했다고 믿었다.

별은 방향과 거리에 관계없이 골고루 분포되어 있을 것이라고 생각되었지만 허셜의 자료에는 별이 평평하고 둥그런 팬케이크 모양의 원반에 모여 있다는 사실이 함축되어 있었다. 이 거대한 팬케이크는 지름이 1천 시리오미터였고 두께는 100시리오미터였다. 허셜 우주의 별들은 무한한 공간을 차지하는 대신 가까운 공동체로 모여 있다는 것이다. 별 대신 빛나는 건포도가 여기저기 박혀 있는 팬케이크를 떠올려 보면 된다.

우주의 구조에 대한 이런 생각은 잘 알려진 밤하늘의 모습과 잘 일치한다. 만일 우리가 별들의 팬케이크 어딘가에 박혀 있다면 좌측과 우측 그리고 앞과 뒤에 있는 많은 별을 볼 수 있을 것이다. 그러나 팬케이크는 얇기 때문에 위와 아래쪽에서는 별이 적게 관측될 것이다. 따라서 우리는 주위를 둘러싼 밝은 별빛의 고리를 관측할 수 있어야 한다. 실제로 우리는 밤하늘을 가로지르는 아치형 띠를 볼 수 있다. (도시의 밝은 불빛에서 멀리 떨어지기만 한다면.) 하늘의 이런 모습은 고대의 천문학자들에게도 잘 알려져 있었다. 이 띠는 흐릿한 우윳빛으로 보였기 때문에 이 띠를 '우유 길'이라는 뜻의 라틴어 비아 락테아*Via Lactea*라고 불렀다. 고대에는 확실하지 않았지만 최초로 망원경을 사용한 천문학자들은 이 우윳빛 띠가 실제로는 너무 멀리 있어서 맨눈으로는 구별할 수 없는 수많은 별이 모여 있는 것임을 알게 되었다. 하늘에 빛나는 별들은 팬케이크를 형성하고 있는 평면 중에서 우리 주위에 위치한 별들이다. 일단 우주의 팬케이크 모델을 받아들이게 되자 우리가 살고 있는 팬케이크를 이루는 별들을 은하수the Milky Way, 우리 은하라고 부르게 되었다.

은하수는 우주의 모든 별을 포함하고 있었으므로 은하수의 크기는 실제 우주의 크기였다. 허셜은 은하수의 지름과 두께를 1천 시리오미터와 100시리오미터라고 예측했지만 1시리오미터가 몇 킬로미터인지는 모른 채 1822년에 세상을 떠났다. 따라서 그는 은하수의 정확한 크기는 알지 못했다. 시리오미터를 킬로미터로 바꾸기 위해서는 시리우스까지의 거리를 측정해야 했다. 1838년에 독일 천문학자 프리드리히 빌헬름 베셀Friedrich Wilhelm Bessel이 처음으로 별까지의 거리를 측정할 때까지는 큰 진전이 없었다.

별까지의 거리를 측정하는 문제는 수많은 천문학자들에게 골칫거리였다. 그리고 그 거리를 측정하지 못한다는 것은 지구가 태양을 돌고 있다는 코페르니쿠스 이론의 가장 큰 흠이었다. 1장에서 지구가 태양 주위를 돌고 있다면 6개월 후에 태양의 반대편에서 별을 관찰할 때 연주시차라고 하는 위치 변화가 관측되어야 한다고 설명했다. 한 손가락을 들고 한쪽 눈만 뜬 채 이것을 바라본 후에 그 눈을 감고 다른 눈을 뜨고 보면 배경에 대해 손가락의 위치가 달라 보인다는 것을 기억할 것이다. 관측자의 위치가 변하면 물체의 위치가 변한 것처럼 관측되어야 한다. 그러나 별들은 고정되어 있는 것처럼 보였다. 따라서 지구중심 우주 모델을 믿고 있는 사람들은 이것을 지구가 정지해 있다는 증거로 받아들이게 되었다. 태양중심 우주 모델의 지지자들은 시차는 거리가 멀어짐에 따라 작아진다는 사실을 지적하며 반박했다. 시차가 측정되지 않는 것은 단지 별들이 믿을 수 없을 정도로 멀리 있다는 것을 의미하는 것이라고 주장했다.

프리드리히 베셀은 '믿을 수 없을 정도로 멀다' 라는 모호한 표현 대신 구체적인 숫자를 제시하려고 노력했다. 그것은 1810년 프로이센 왕 프리드리히 빌헬름 3세가 쾨니히베르크에 새로운 천문관측소를 세우도록 그를 초청하면서 시작되었다. 그 천문관측소에는 유럽에서 가장 훌륭한 천문 관측기구가 있었다. 영국 총리 윌리엄 피트가 엄청난 창문 세금을 부과하여 영국의 유리산업을 피폐하게 만들어 버린 덕에 독일은 유럽 망원경 산업의 선두를 차지하게 되었다. 독일의 렌즈는 정교하게 제작되었고, 새로운 삼중렌즈로 만든 대안렌즈는 색수차 문제를 어느 정도 해소했다. 흰 빛 속에 포함되어 있는 여러 가지 색깔의 빛은 렌즈에 굴절되는 정도가 달라 초점을 맞추기 힘든데, 이것을 색수차라고 한다.

베셀은 쾨니히베르크에서 28년간 렌즈를 연마하고 관측 기술을 정교하게 다듬으며 지내다가 마침내 가장 중요한 성공을 이루게 된다. 6개월간 힘들게 관측을 하고 모든 오차를 감안한 후, 그는 백조자리 61번 별의 시차가 0.6272초, 즉 약 0.0001742도라는 것을 알아냈다. 베셀이 측정한 시차는 아주 작았다. 우리가 팔을 뻗어 손가락을 세우고서 좌우의 눈을 번갈아 떴을 때 손가락의 시차가 이 정도 되려면 팔의 길이가 30킬로미터나 되어야 한다.

그림 34는 베셀의 측정 원리를 보여주고 있다. 지구가 A의 위치에 있을 때 백조자리 61번 별을 관측하면 이 별은 특정한 시선 방향에 있게 된다. 6개월 후 지구가 B 지점에 왔을 때 다시 관측하면 이 별의 시선 방향이 약간 달라진 것을 알 수 있다. 태양, 지구 그리고 백조자리 61번 별이 이루는 직각삼각형에서 태양과 지구 사이의 거리를 이미 알고 있고 측정으로 각도도 알게 되었으므로 삼각함수를 이용하면 이 별까지의 거리를 계산할 수 있었다. 베셀은 백조자리 61번 별까지의 거리는 10^{14}킬로미터(100조 킬로미터)나 된다고 측정했다. 우리는 그의 측정값이 실제 값의 약 10분의 1이라는 것을 알고 있다. 현대적인 방법으로 측정하면 그 거리는 태양까지 거리의 72만 배나 되는 1.08×10^{14}킬로미터이고 11.4광년에 해당된다.

코페르니쿠스 지지자들이 옳았던 것이다. 관측 지점에 따라 별들의 위치는 달라 보였다. 그러나 별까지의 거리가 너무 멀어 그 당시로는 별들의 위치 변축적대로 그리지 않았다. 백조자리 61번 별까지의 거리는 A와 B 지점 사이의 거리의 36만 배이다. 따라서 시차가 매우 작다.

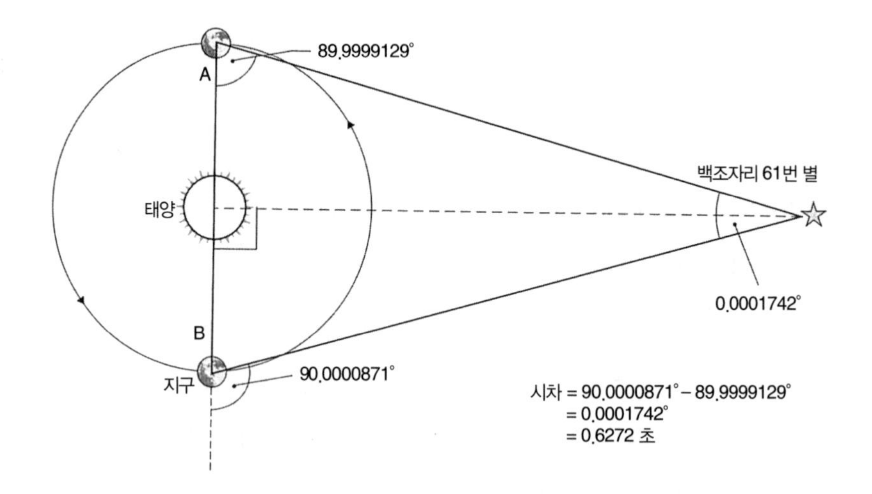

| 그림 34 | 1838년에 프리드리히 베셀은 별의 연주시차를 처음으로 측정했다. 지구가 태양을 돌면서 A 지점에서 B 지점으로 옮겨가면 가까운 곳에 있는 별(즉, 백조자리 61번 별)은 위치가 약간 이동해 보인다. 백조자리 61번 별번까지의 거리는 간단한 삼각함수를 이용하여 계산할 수 있다. 직각 삼각형의 꼭지각 = (0.0001742° ÷ 2) 또는 0.0000871°이고 직각 삼각형의 작은 변의 길이는 지구에서 태양까지의 거리이다.

따라서 베셀은 백조자리 61번 별까지의 거리가 약 100,000,000,000,000km라고 추정했다. 현재 우리가 알고 있는 거리는 108,000,000,000,000km이다.

km는 별들 사이의 거리를 재기에는 너무 작은 단위이다. 따라서 천문학자들은 빛이 1년 동안 진행하는 거리를 나타내는 광년이라는 단위를 더 선호한다. 1년은 31,557,600초이고 빛은 1초 동안에 299,792 km를 달릴 수 있으므로

1광년 = 31,557,600초 × 299,792km/초
= 9,460,000,000,000km

이다. 이것은 백조자리 61번 별까지의 거리가 11.4광년임을 나타낸다. 광년은 망원경이 타임머신처럼 행동한다는 것을 나타낸다. 빛이 어떤 거리를 달리는 데는 일정한 시간이 걸리기 때문에 우리는 과거의 천체들만을 볼 수 있을 뿐이다. 태양 빛이 우리에게 도달하는 데는 8분 정도 걸린다. 따라서 우리는 8분 전의 태양을 보고 있는 것이다. 만일 태양이 갑자기 폭발해 버린다고 해도 우리는 8분 후에야 그 사실을 알게 될 것이다. 백조자리 61번 별은 11.4광년 떨어져 있으므로 우리는 11.4년 전의 그 별을 보게 되는 것이다. 우리가 망원경을 통해 더 멀리 보면 볼수록 우리는 더 먼 과거를 보고 있는 것이다.

화를 측정할 수 없었던 것이다. 천문학자들은 별이 멀리 떨어져 있다는 것은 알고 있었지만 백조자리 61번 별까지의 실제 거리를 알아내고 깜짝 놀랐다. 특히 그 별이 지구에 가장 가까이 있는 별 중 하나라는 사실을 생각하면 더욱 놀라운 것이었다. 이것은 태양에서 명왕성 궤도 사이에 있는 태양계 전부가 집 하나에 들어갈 수 있도록 우주를 축소시킨다고 해도 이웃에 있는 집까지의 거리는 수십 킬로미터나 된다는 것을 나타낸다. 우리 은하에는 극히 엷게 물질이 퍼져 있다는 것이 명확해졌다.

베셀의 동시대 사람들은 그의 측정을 높이 평가했다. 독일의 물리학자이며 천문학자였던 빌헬름 올베르스는 "베셀의 측정으로 우주에 대한 우리의 생각이 처음으로 든든한 기초 위에 올라서게 되었다"라고 말했다. 윌리엄 허셜의 아들이며 뛰어난 천문학자였던 존 허셜도 베셀의 관측 결과를 "천문학이 지금까지 이룩한 업적 중에서 가장 위대한 승리"라고 했다.

천문학자들은 이제 백조자리 61번 별까지의 거리를 알게 되었을 뿐만 아니라 우리 은하의 크기도 추정할 수 있게 되었다. 백조자리 61번 별의 밝기와 시리우스의 밝기를 비교하여 윌리엄 허셜의 시리오미터를 광년으로 바꿀 수 있게 되었다. 이런 방법으로 천문학자들은 우리 은하의 지름은 약 1만 광년이고 두께는 1천 광년이라고 했다. 실제로 은하수의 크기를 실제의 10분의 1로 추정한 것이다. 우리는 현재 우리 은하의 지름이 약 10만 광년이며 두께는 1만 광년라는 것을 알고 있다.

에라토스테네스는 태양까지의 거리를 측정하고 깜짝 놀랐다. 그리고 베셀은 가장 가까이 있는 별까지의 거리를 알아내고 놀라지 않을 수 없었다. 우리 은하의 크기는 상상을 초월하는 것이었다. 하지만 우리 은하의 크기도 무한하다고 생각했던 우주의 크기에 비하면 아무것도 아니라는 사실을 알게 되었다.

일부 과학자들이 우리 은하 바깥에 있는 공간에서는 무슨 일이 일어나고 있는지에 생각이 미친 것은 당연한 일이다. 그곳은 완전히 빈 공간일까, 아니면 다른 무엇으로 차 있을까?

하나의 점과 같이 보이는 밤하늘의 별들과는 달리 얼룩처럼 보이는 성운에 관심이 쏠렸다. 어떤 천문학자는 이 신비스러운 천체가 전 우주에 퍼져 있다고 주장했다. 그러나 대부분의 성운은 우리 은하 안에 있는 것으로 생각되었다. 윌리엄 허셜은 모든 것은 팬케이크처럼 생긴 우리 은하 내에 있다고 주장했다.

성운에 대한 관찰은 맨눈으로 여러 개의 성운을 찾아낸 고대 천문학자들로부터 시작됐다. 그리고 망원경이 발명되자 놀라울 정도로 많은 수의 성운을 찾아낼 수 있게 되었다. 처음으로 자세한 성운 목록을 만든 사람은 프랑스 천문학자 샤를 메시에Charles Messier였다. 그는 1764년부터 목록을 작성하기 시작했는데, 그 이전부터 이미 많은 혜성을 찾아냈다. 루이 15세는 그에게 혜성 탐정이라는 별명을 붙여주기도 했다. 그러나 밤하늘에 보이는 혜성과 성운의 모습이 비슷해 메시에는 첫눈에 그 둘을 구별해 낼 수 없었다. 물론 혜성은 하늘을 가로질러 움직이기 때문에 시간이 지나면 혜성이라는 것을 알 수 있었다. 그러나 메시에는 움직이지 않는 천체가 움직이기를 기다리는 시간 낭비를 하지 않기 위해 성운의 목록을 만들기로 했다. 그리하여 1781년 103개의 성운 목록을 만들었다. 그리고 이 천체들은 아직도 메시에 번호로 불리고 있다. 예를 들면 게성운은 M1, 그림 35에 있는 안드로메다은하는 M31이라고 한다.

윌리엄 허셜은 메시에 목록의 사본을 받고 거대한 망원경을 이용하여 성운을 탐색하기 시작했다. 허셜은 메시에보다 훨씬 많은 2천500개의 성운을 기록했다. 그리고 성운 탐색 과정에서 성운의 성격에 대해 연구하기 시작했다. 성운이 구름처럼 생겼기 때문에 — 성운을 나타내는 nebula라는 말은 라틴어로 구름이라는 뜻이다 — 그는 이것이 기체와 먼지로 이루어진 거대한 구름일 것이라고 믿었다. 어떤 성운에서는 개개의 별을 구별해 낼 수도 있었으므로 허셜은 성운이 젊은 별과 이 별을 둘러싼 부스러기라고 주장하기도 했다. 그리고 이 부스러기가 모여들어 행성을 형성하고 있는 중이라고 했다. 결국 허셜은 성운이 초기 단계에 있는 별들이며 다른 별과 마찬가지로 우리 은하 안에

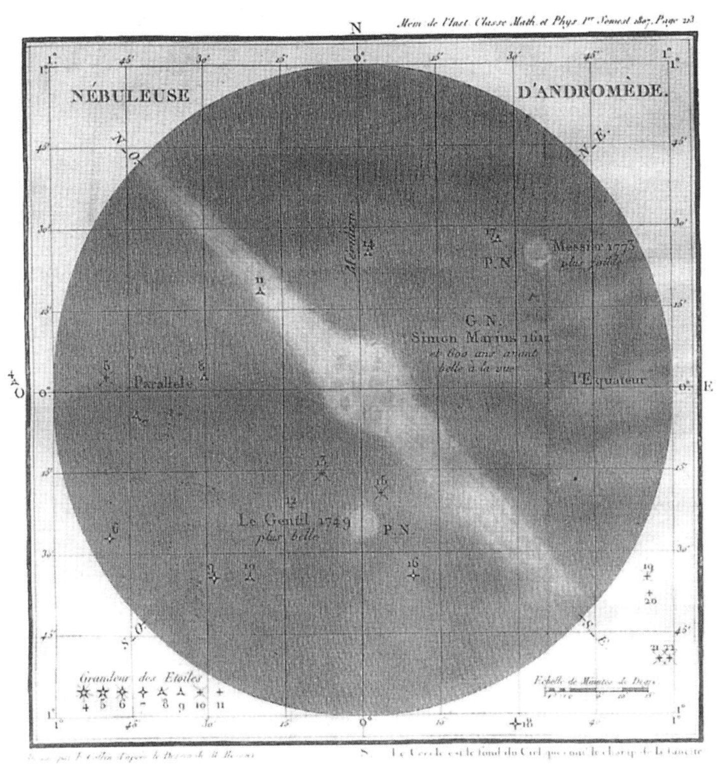

| 그림 35 | 20년간의 관측 끝에 샤를 메시에는 1781년에 103개의 성운 목록을 펴냈다. 그 목록에 31번째로 올라 있는 안드로메다성운을 자세히 그린 이 그림은 점으로만 보이는 별과 일정한 크기의 구조를 보여주는 성운의 차이를 잘 나타내고 있다.

존재한다고 결론지었다.

허셜이 우리 은하가 우주에 있는 단 하나의 별무리라고 믿었던 데 반해 18세기 독일 철학자 이마누엘 칸트는 적어도 어떤 성운은 크기가 우리 은하와 비슷하고 우리 은하 영역 밖에 있는 독립적인 별무리라는 견해를 가지고 있었다. 칸트는 성운이 구름처럼 보이는 것은 거기에 수백만 개의 별이 모여 있으나 너무 멀어서 희미하게 보이기 때문이라고 했다. 그는 그것을 증명하기 위해 대부분의 성운이 타원형으로 보인다는 것을 지적했다. 우리 은하와 같은 팬케이크 모양의 은하를 멀리서 관찰한다면 타원형으로 보일 것이기 때문이다. 팬케이크 모양을 하고 있는 우리 은하를 바로 위에서 관측하면 원형으로 보일 것이고 옆에서 보면 직선으로 보이겠지만, 비스듬한 방향에서는 타원으로 보일 것이다. 칸트는 성운을 '섬 우주'라고 불렀다. 그는 우주를 별이 모인 섬들이 흩어져 있는 커다란 바다로 보았던 것이다. 우리 은하는 그런 별들의 섬이었다. 오늘날 우리는 이런 독립적인 별무리를 은하galaxy라고 부른다.

칸트가 성운을 우리 은하 밖에 있는 은하라고 주장한 것은 관측된 사실뿐만 아니라 신학에 근거한 것이기도 했다. 그는 신은 전지전능하기 때문에 우주는 영원하고 무한해야 한다고 생각했다. 신의 창조를 유한한 크기를 가진 우리 은하에 한정하는 것이 칸트에게는 어리석게 보였다.

> 우리는 신의 무한한 창조능력에 다가갈 수 없다. 신이 창조한 공간을 우리 은하의 지름으로 나타낼 수 있는 공간으로 한정하는 것은 지름이 1인치인 공으로 한정하는 것이나 마찬가지다. 한계를 가지고 있어 유한한 것은 무엇이든지 무한한 것이 아니다. 이런 이유로 신의 영역은 무한해야 한다. 영원하다는 것은 무한한 공간과 결합되지 않는다면 절대자의 속성을 나타

내기에 충분치 않다.

전선戰線이 구축되었다. 허셜의 지지자들은 성운이 젊은 별들과 이 별들을 둘러싸고 있는 부스러기의 구름으로 우리 은하 안에 있다고 주장했고, 칸트의 추종자들은 우리 은하 밖에 있는 독립적인 별무리인 은하라고 주장했다. 이 논쟁을 해결할 수 있는 열쇠는 더 확실한 관측밖에 없었다. 로스Rosse의 세 번째 백작이 된 윌리엄 파슨스William Parsons는 19세기 중반에 이러한 관측을 시작했다.

부유한 상속녀와 결혼한 그는 아일랜드의 거대한 장원에 있는 버Birr 성을 상속받았다. 로스 경은 평생 취미로 과학을 할 수 있었던 운 좋은 사람이었다. 그는 세계에서 가장 크고 가장 훌륭한 망원경을 제작하기로 마음먹었다. 그는 손이 더러워지는 것을 개의치 않았다. 《브리스톨 타임스》의 기자는 다음과 같은 기사를 썼다.

> 나는 장원에서 정장이 아니라 작업복 소매를 걷어붙이고 직접 망원경을 제작하고 있는 백작을 보았다. 그는 기계 작업과 철물 부어넣는 작업을 끝내고 모루 한끝에 놓여 있는 낡은 대야에서 막 손과 얼굴을 씻고 있었다. 대장장이 몇이 나르고 있는 고온의 쇠막대에서 불꽃이 일어 백작 주위로 튀고 있었다. 하지만 그는 불의 왕이라도 된 듯 개의치 않았다.

거대한 망원경에 사용될 거울을 제작하는 것만도 엄청나게 어려운 기술적 작업이었다. 지름이 1.8미터이고 무게가 3톤이나 되는 거울의 재료를 녹이는 데 필요한 석탄만 해도 $80m^3$나 되었다. 아마Armagh 천문대 대장이었던 토머스 로

빈슨Thomas Robinson 박사는 거울 제작과정을 다음과 같이 묘사했다.

> 그 장면을 본 사람들은 그 장엄한 아름다움을 절대 잊지 못할 것이다. 위쪽에서는 별로 된 왕관을 쓰고 눈부시게 밝은 달빛을 받은 하늘이 그들의 작업을 상서롭게 지켜보는 것 같았다. 아래쪽 용광로에서는 거대한 노란색 불기둥이 쏟아져 나오고 불붙은 도가니에 바람이 들어가면 붉은 불꽃이 분수처럼 흩어졌다.

3년이라는 제작기간과 100만 파운드의 사재를 들여 로스 경은 1845년에 그림 36과 같은 길이가 16.5미터나 되는 거대한 망원경을 완성하여 관측을 시작했다. 그러나 공교롭게도 이 시기에 아일랜드의 감자 기근[6]이 일어났다. 로스 경은 감자 잎마름병의 위험을 줄이는 새로운 경작 방법을 찾아내는 일로 관심을 돌렸다. 그는 천문 관측을 서둘러 중지하고, 지역 사회를 돕는 데 시간과 돈을 들였고 소작인들에게서 소작료도 받지 않았다. 그는 아일랜드의 비극적인 시기에 농민을 위해 헌신한 정치가라는 평을 들었다.

몇 년 후에 마침내 다시 하늘을 관측할 수 있게 되자 그는 거대한 망원경을 둘러싸고 있는 발판에 마련된 불안정한 좌석에 앉아 하늘을 들여다보았다. 다섯 명의 인부가 크랭크와 블록 그리고 도르래를 이용하여 망원경을 적당한 높이로 움직일 때마다 그는 균형을 잃지 않도록 애써야 했다. 로스 경과 조수들은 매일 밤마다 이 거대한 괴물과 씨름했다. 그 때문에 이 망원경에는 '파슨스타운의 바다 괴물' 이란 별명이 붙었다.

---

6. 1846~47년에 걸쳐 일어난 아일랜드의 감자 기근은 100만 명이 넘는 아사자를 냈고, 많은 부랑자가 영국과 아메리카대륙으로 이민하였다.

| 그림 36 | 제작될 당시 세계 최대 망원경으로 1.8m의 구경을 자랑하던 로스 경의 '파슨스타운의 바다 괴물'. 파슨스타운은 망원경이 설치된 버Birr의 옛이름이었다.

로스 경의 노력은 밤하늘의 놀라운 광경으로 보상받았다. 로스 경의 조수 존스턴 스토니는 매우 희미한 별에 초점을 맞추어 망원경의 능력을 점검했다. "이 위대한 망원경 안에서 밝게 빛나는 별들이 있다. 이 별들은 보통 대기의 흔들림 때문에 끓어오르는 작은 콩알만 한 불덩어리로 보인다. …… 이것으로 망원경의 성능이 이론적 한계에 거의 도달했다는 것을 알 수 있다."

단 한 가지 문제는 이 괴물이 맑고 구름 없는 날씨가 별로 없기로 유명한 아일랜드 한가운데 있다는 것이었다. '늪지의 안개'가 없을 때는 비가 오기 직전이거나 비가 오고 있었다. 참을성 많은 로스 경은 부인에게 "이곳 날씨는 여전히 애를 먹이지만 아주 못 참을 정도는 아니오"라는 편지를 쓴 적도 있다.

어쨌든 구름 사이에서 로스 경은 성운의 아주 자세한 모습을 관찰할 수 있었다. 성운은 모양이 없는 얼룩이 아니라 선명한 내부 구조를 보여주기 시작했다. 이 바다괴물에게 처음으로 굴복한 성운은 메시에 목록에 51번째로 올라 있는 M51이었다. 로스 경은 이 성운을 자세하게 그렸다.(그림 37) 그는 M51이 나선형 구조를 가지고 있다는 것을 쉽게 알 수 있었다. 특히 나선팔 하나의 끝에 작은 소용돌이가 있는 것을 발견했다. 그래서 M51은 로스 경의 물음표 성운이라고 불리기도 했다. 로스 경의 그림은 유럽 전역에 알려졌고 심지어는 빈센트 반 고흐에게 영감을 주어 나선형 성운과 작은 소용돌이를 그린 〈별밤〉이란 작품이 나오기도 했다.

소용돌이와 닮았다는 이유로 M51은 소용돌이 성운이라는 별명을 갖게 되었다. 로스 경은 명백한 결론을 내릴 수 있었다. "내부의 운동이 없이 그런 체

| 그림 37 | 소용돌이 은하(M51)를 그린 로스 경의 그림과 라팔마 천문대가 최근에 찍은 사진. 이 그림은 로스 망원경의 성능과 관측의 정확성을 잘 말해준다.

계가 존재한다는 것은 거의 불가능한 일이다." 또한 그는 소용돌이치는 덩어리는 기체 구름 이상의 것이라고 믿었다. "광학 성능을 계속 높이면서 관측하면 더욱 복잡한 구조가 드러난다. …… 어쨌든 성운 자체에는 별들이 골고루 퍼져 있다."

적어도 일부 성운이 별의 무리라는 것은 확실해졌지만 그렇다고 성운이 우리 은하에서 멀리 떨어져 있는, 우리 은하와 같은 규모의 은하라는 칸트의 이론이 증명되는 것은 아니었다. 그런 성운은 크기가 아주 크고 멀리 떨어져 있어야 했지만 소용돌이 성운은 비교적 작아 보여서 우리 은하 안쪽이나 가장자리에 있는 별의 집단 같았다. 성운까지의 거리를 잴 수 있다면 성운이 우리 은하 내부에 있는지 아니면 바깥 어딘가에 있는지 쉽게 알아낼 수 있을 것이다. 그러나 거리를 측정하는 가장 좋은 방법인 연주시차법은 성운에는 적용할 수 없었다. 연주시차법은 가까이 있는 별의 시차를 겨우 측정할 수 있을 뿐이었으므로 우리 은하의 가장자리나 훨씬 더 먼 곳에 있는 희미한 성운의 시차를 측정하기는 어려웠다. 성운까지의 거리는 의문 속에 남아 있을 수밖에 없었다.

시간이 지남에 따라 천문학자들은 (아일랜드와는 달리) 구름에 방해받지 않는 고지대에 더 강력한 망원경을 설치하기 위해 더 많은 돈을 썼다. 하늘에는 밝혀내야 할 것이 많았지만 성운의 정체가 가장 큰 관심거리였다. 천문학자들은 성운까지의 거리를 잴 수 없다면 그 성격을 밝혀줄 다른 결정적인 증거를 찾아내려고 노력했다.

또 다른 망원경 제작의 거장이 등장했는데, 그는 괴짜 백만장자였던 조지 엘러리 헤일George Ellery Hale이었다. 그는 로스 경보다도 더 집착이 강한 사람이었다. 헤일은 1868년에 시카고에서 태어났다. 그의 가족은 1870년에 하이드파크 근처로 이사했는데 이듬해인 1871년에 시카고 대화재가 일어나서 그들이 살던 집을 포함하여 1만8천 채의 건물이 소실되었다. 시카고는 새로운 건물을 지을 수 있는 깨끗한 후보지가 되었다. 새로 지어진 9층짜리 보험회사 건물이 당시 세계에서 가장 높은 건물이 되었고 그 건물은 시카고와 다른 도시의 새로운 건물 설계 모델이 되었다. 헤일의 아버지 윌리엄은 외판원으로 악전고투하고 있었는데 대출을 받아 시카고의 고층건물에 필요한 엘리베이터 제작 회사를 세웠다. 후에 그는 에펠탑의 엘리베이터도 제작했다.

헤일 집안은 부자가 되었고 현미경과 망원경에 대한 젊은 조지의 관심을 충분히 지원해 줄 수 있었다. 그의 가족은 청소년 시절의 취미가 어른이 된 후에도 최대의 관심사로 발전할 것이라는 사실을 알지 못했다. 헤일은 세계적인 망원경 제작자가 되었다. 그는 망원경 제작을 포기한 서해안의 천문학자에게서 렌즈를 구입하여 본격적인 길에 들어섰다. 헤일은 이 렌즈들을 조합하여 구경 40인치(1미터)짜리 굴절망원경을 만들기로 했다. 또한 망원경 주위에 천체 관측에 필요한 모든 시설을 갖추기로 했다.

헤일은 찰스 타이슨 여키스Charles Tyson Yerkes에게 새로운 망원경과 관측소를 건축할 수 있는 기금을 지원해 달라고 요청했다. 여키스는 수송업계의 거물로 시카고에 고가철도를 설치하여 돈을 번 사람이었다. 시카고의 고가철도는 아직도 사용되고 있다. 여키스는 사기죄로 기소된 적이 있었다. 그래서 헤일은 천문관측소를 후원하면 시카고 상류사회에 인정받을 수 있을 것이라고 그를 설득했다. 헤일은 부유한 부동산 투자가인 제임스 릭이 캘리포니아에 있는 릭 천문대에 투자했다는 사실을 강조했다. 그는 '릭을 이기자' 라는 말로 여키스를 설득했다. 그가 계획하고 있는 새로운 망원경은 릭 천문대의 모든 망원경을 장난감으로 만들어 버릴 것이기 때문이었다.

헤일의 지칠 줄 모르는 설득에 마음이 바뀐 여키스는 50만 달러를 내놓았다. 그리고 시카고 대학 내에 여키스 천문대가 설립되었다. 기금 헌납식이 끝난 후 한 신문이 사기꾼의 새로운 변신을 톱뉴스로 다루었다. 제목은 "여키스가 사회의 일원이 되었다"였다. 불행히도 그 기사는 지나치게 낙관적이었다. 그는 여전히 시카고 상류사회에 받아들여지지 못했고 결국 런던으로 이사하여 그곳에서 지하철 개발에 전념했다. 특히 피카딜리 선 개발에 열중했다.

여키스 천문대는 시카고 북쪽 120킬로미터에 있는 윌리엄 만 부근에 있었다. 그곳 주민들은 밝은 전깃불 때문에 희미한 별빛을 관찰하는 천문학자들이 방해받지 않도록 아직도 촛불과 등불을 사용하고 있다. 전깃불을 사용하는 가장 가까운 제네바 호의 휴양지도 10킬로미터나 떨어져 있다. 길이가 20미터이고 무게가 6톤이나 되는 이 망원경의 제작은 1897년에 완료되었다. 이 망원경은 관측 방향을 찾아내는 것을 도와주고 지구의 회전에 맞추어 움직일 수 있는 20톤이나 되는 기계로 작동되었다. 그렇게 해서 관측하고자 하는 별이나 성운이 시야에서 벗어나지 않을 수 있었다. 이 망원경은 당시에는 물론 지금도 같은 종류의 망원경 중에서 가장 크다.

그러나 헤일은 만족하지 못했다. 10년 후 그는 카네기 연구소에서 자금을 지원받아 캘리포니아 패서디나 부근에 있는 윌슨 산에 구경 60인치(1.5미터)짜리 망원경을 설치했다. 이번에는 렌즈 대신 거울을 이용했다. 지름이 60인치나 되는 렌즈는 자체 무게로 휘어지기 때문이었다. 만족할 줄 모르고 항상 최고만을 추구하는 '미국 정신'의 상징처럼 그는 더 크고, 더 길고, 더 성능이 좋은 망원경을 제작하고 싶어 했다. 불행히도 완벽함을 향한 끝없는 욕망과 망원경 제작을 관리하고 감독하는 벅찬 업무로 그는 건강을 해쳤다. 결국 엄청난 스트레스 때문에 정신이상에 시달린 끝에 메인 주에 있는 요양소에서 몇 달을 보내야 했다.

윌슨 산에 구경 100인치(2.5미터)짜리 세 번째 망원경을 제작하기 시작한 후 그의 정신건강은 더욱 악화되었다. 거울을 만들기 위해 프랑스에 5톤이나 되는 유리 원반을 주문했다. 신문에서는 대서양을 횡단한 가장 비싼 화물이라고 보도했다. 그러나 헤일 제작팀은 운송된 유리에 작은 공기 방울들이 들어 있는 것을 발견하고 유리의 강도와 광학적 질을 염려하게 되었다. 헤일의 부인 이블리나는 남편이 이 마지막 프로젝트와 거대한 렌즈 때문에 괴로워했다고 말했다. "그 유리가 차라리 바다에 가라앉아 버렸으면 좋았을 것이다."

이 프로젝트는 실패로 끝나는 듯했다. 극단적인 스트레스에 시달리던 헤일

| 그림 38 | 1910년에 윌슨 산의 60인치 망원경이 설치되어 있는 돔 바깥에 서 있는 앤드루 카네기와 조지 엘러리 헤일. 백만장자인 카네기(왼쪽)는 더 커 보이기 위해 높은 곳에 서 있다. 그는 다른 사람들과 사진을 찍을 때 자주 그렇게 했다.

은 환상을 보기 시작했다. 그에게는 작은 초록색 요정이 찾아오곤 했는데 나중에는 그 요정만이 망원경에 대한 계획을 이야기하는 유일한 대상이 되었다. 그 요정은 대체로 호의적이었지만 때로는 조롱을 하기도 했다. 헤일은 친구에게 하소연했다. "끊임없이 계속되는 이 고통에서 해방되는 방법을 모르겠네."

로스앤젤레스의 거부 존 후커의 재정적 지원을 받은 구경 100인치짜리 후커 망원경은 결국 1917년에 완성되었다. 그 해 11월 1일 헤일은 첫 번째로 이 망원경을 사용하는 영예를 누릴 수 있었다. 그런데 목성이 6개의 유령 행성과 겹쳐 있는 것을 보고는 충격을 받고 말았다. 헤일은 이런 광학적 오류의 원인이 유리 안에 있는 공기 방울 때문이라고 단정했다. 그러나 다른 의견도 있었다. 인부들이 망원경 설치 작업을 마무리하면서 낮 동안 지붕을 열어놓았기 때문에 태양 빛에 거울이 달궈져서 그럴지도 모른다는 것이었다. 천문학자들은 거울이 충분히 식었을 것이라고 생각되는 새벽 3시까지 기다렸다. 새벽의 추운 공기 속에서 헤일이 본 하늘은 그전에 어떤 사람이 본 하늘보다도 깨끗했다. 후커 망원경은 너무 희미해서 다른 망원경으로는 볼 수 없었던 성운까지 볼 수 있게 해주었다. 이 망원경의 성능은 1만5천 킬로미터 밖에 있는 촛불도 감지할 수 있는 정도였다.

헤일은 여전히 만족하지 않았다. '더 많은 빛' 이라는 목표를 달성하기 위해 그는 구경 200인치(5미터)짜리 망원경을 제작하기 시작했다. 그의 집념은 악명 높았고, 나중에 TV 시리즈 〈엑스파일〉의 소재가 되기도 했다. 멀더는 스컬리에게 요정이 헤일한테 기금을 모으는 방법을 가르쳐 줬다고 얘기한다. "헤일이 어느 날 밤 당구를 치고 있는데 요정이 창문으로 올라와서는 록펠러 재단에서 망원경 제작에 필요한 기금을 받으라고 했다는군요." 스컬리는 멀더에게 초록색 요정을 본 사람이 당신 말고 또 있다니 안심이 되겠다고 대꾸한다. 그러자 멀더는 이렇게 대답한다. “내가 본 건 외계인이라구요.”

안타깝게도 헤일은 200인치짜리 망원경이 완성될 때까지 살지 못했다. 그러나 그는 40인치, 60인치 그리고 100인치짜리 망원경이 주는 충격을 경험할 수 있었다. 그 망원경들은 성운의 수와 종류를 훨씬 다양하게 보여주었다. 그러나 성운의 정확한 위치는 아직 미스터리로 남아 있었다. 그것은 우리 은하의 일부일까 아니면 우리 은하 밖에 있는 독립된 은하일까?

1920년 4월에 국립 과학아카데미가 개최한 대논쟁the Great Debate에서 이 문제는 가장 중요한 주제였다. 과학아카데미는 성운에 대한 다른 의견을 가진 두 그룹을 모아 당시의 가장 뛰어난 과학자들 앞에서 토론을 벌이기로 했다.

| 그림 39 | 대논쟁의 두 주역. 성운이 우리 은하 안에 있다고 믿었던 젊은 할로 섀플리(왼쪽)와 성운이 우리 은하 밖에 있는 또 다른 은하라고 주장했던 좀 더 나이가 많았던 히버 커티스.

우리 은하가 성운을 비롯한 전 우주를 포함하고 있다는 생각을 지지하고 있던 윌슨 산 천문대의 천문학자들은 젊고 야심 찬 천문학자 할로 섀플리Harlow Shapley를 대표로 내보냈다. 성운이 우리 은하 밖에 있는 독립된 은하라는 생각을 지지하고 있던 릭 천문대의 천문학자들은 히버 커티스Heber Curtis를 내보냈다.

두 경쟁자는 우연히 캘리포니아에서 워싱턴까지 같은 기차를 타고 가게 되었다. 불편한 여행이었다. 반대 의견을 가진 두 천문학자가 4천 킬로미터나 되는 긴 철로 위에 함께 있게 된 것이다. 그들은 기차 안에서 미리 토론이 벌어지지 않도록 조심해야 했다. 두 사람의 현격한 성격 차이로 상황은 더욱 안 좋았다.

커티스는 널리 알려진 천문학자로 우월한 위치에 있었다. 또한 확신에 차서 권위 있는 연설을 하는 것으로 잘 알려져 있었다. 이와는 대조적으로 섀플리는 잔뜩 긴장하고 있었다. 미주리 주 건초농장의 가난한 농부의 아들로 자라난 섀플리는 우연히 천문학에 입문한 사람이었다. 원래 그는 대학에서 언론학을 공부하려 했었는데 신문방송에 관한 전공이 없어져 다른 것을 선택해야 했다. "전공 분야를 모아놓은 책자를 펼쳤다. 처음에 a-r-c-h-a-e-o-l-o-g-y고고학가 나와 있었다. 그런데 어떻게 읽어야 할지 알 수가 없었다. 다음 페이지를 넘겼다. a-s-t-r-o-n-o-m-y천문학가 있었다. 그건 읽을 수 있었다. 이게 내가 천문학자가 된 이유다."

대논쟁이 열린 해에는 섀플리도 유망한 차세대 천문학자로 인정받고 있었다. 그러나 그는 아직 자신이 커티스의 그늘 아래 있다고 느꼈다. 그래서 기차가 앨라배마에서 고장을 일으켜 정차하게 되었을 때 섀플리는 커티스에게서 벗어날 수 있는 것을 다행으로 생각했다. 그는 철로 변에서 자신이 몇 년 동안 연구하고 수집해 왔던 개미를 찾으며 시간을 보냈다.

드디어 대논쟁의 밤이 되었다. 토론회 전 시상식이 진행되는 동안 섀플리는 더욱 긴장했다. 수상자에 대한 찬사와 수상자의 연설이 한없이 길게 느껴졌다. 그해 초에 금주령이 내려졌기 때문에 자리에는 포도주조차 준비되어 있지 않았다. 청중 속에서 앨버트 아인슈타인이 옆 사람에게 "나는 최근에 영원에 대한 새로운 이론을 발견했소"라고 속삭이고 있었다.

드디어 그날 저녁의 가장 중요한 행사인 대논쟁이 시작되었다. 섀플리가 성운이 우리 은하의 일부라는 것을 주장하는 것으로 토론이 시작되었다. 그는 그 주장을 증명하기 위해 두 가지 증거를 제시했다. 첫째로 성운의 분포를 들었다. 대부분의 성운들은 대개 팬케이크 모양으로 생긴 우리 은하면의 바로 위나 아래에서 발견되었다. 그러나 **회피지역**이라고 알려진 띠 모양의 은하면 속에서는 거의 발견되지 않았다. 섀플리는 성운은 새로 탄생하는 별과 행성의 모태가 되는 기체 구름이라고 주장했다. 그는 그러한 구름은 우리 은하의 은하면 아래나 위쪽에만 존재하며 별과 행성이 모양을 갖추어 감에 따라 은하면을 향해 움직여 간다고 했다. 그는 우리 은하가 우주에 유일한 은하라는 것을 이용하여 회피지역을 설명할 수 있었다. 그리고 커티스 측의 우주 모델로는 회피지역의 존재를 설명할 수 없다고 주장했다. 만일 성운이 우주에 골고루 흩어져 있는 은하라면 성운은 우리 은하 주위 어디에서나 관측되어야 한다는 것이었다.

섀플리가 제시한 두 번째 증거는 1885년 안드로메다성운에 나타난 신성新星, nova이었다. 신성은 이름처럼 새로운 별이 아니라 동반성에서 빼앗은 물질을 연료로 갑자기 밝게 빛나는 별이다. 1885년에 나타난 안드로메다 신성의 밝기는 안드로메다 전체 밝기의 10분의 1이나 되었다. 안드로메다성운이 우리 은하 경계 안쪽에 있는 얼마 안 되는 별들의 집단이라는 주장에 잘 들어맞는 것이다. 만일 반대편의 주장대로 안드로메다가 우리 은하와 같은 크기의 은하라면 그것은 수십억 개가 넘는 별들로 이루어져 있어야 하고 (안드로메다 밝기의 10분의 1이나 되는) 신성은 수백만 개의 별의 밝기와 같아야 한다. 섀플리는 이것은 말도 안 되는 것이므로 상식적으로 받아들일 수 있는 유일한 결론은 안드로메다는 독립된 은하가 아니라 우리 은하의 일부라는 것이라고 주장했다.

일부 사람들에게는 이 정도의 증거로도 충분했다. 섀플리의 주장을 이미 알고 있었던 천문역사학자인 애그니스 클러크는 미리 "온전한 사고능력을 가진 사람이라면 그가 제시한 증거를 보고 어떤 성운도 우리 은하와 같은 크기를 가진 별들의 집단이라고 주장하지 못할 것이다"라고 썼다.

그러나 커티스가 볼 때 이 문제는 아직 결론을 내리기에는 일렀다. 그가 보기에 섀플리의 증거는 매우 취약했다. 그는 섀플리가 제시한 두 가지 증거를 반박했다. 두 사람은 35분씩 발표 시간을 할당받았다. 그러나 두 사람의 방식은 달랐다. 섀플리는 다른 여러 분야의 과학자들을 위해 기술적이지 않은 이야기를 하는 데 시간을 대부분 할애했다. 그러나 커티스는 세세한 기술적인 이야기로 반론을 전개했다.

커티스는 회피지역이 시각적인 환상에 지나지 않는다고 주장했다. 그는 성운은 은하이며 우주 공간에 골고루 흩어져 있다고 주장했다. 그러나 천문학자들이 은하면에서 성운을 관측할 수 없는 것은 은하면을 이루고 있는 모든 별들과 성간 먼지들이 빛을 차단하기 때문이라고 했다.

섀플리가 제시한 또 다른 증거인 1885년의 신성에 대해서도 커티스는 그것은 비정상적인 경우에 지나지 않는다고 일축했다. 성운의 나선팔에서 발견된 수많은 신성이 있는데 이들은 모두 안드로메다 신성보다 훨씬 희미했다. 그는 실제로 성운에서 발견된 대부분의 신성이 그렇게 희미한 것은 성운이 매우 멀리 떨어져 있으며 결국 우리 은하 밖에 있다는 것을 증명하는 것이라고 주장했다. 한마디로 커티스는 35년 전에 발견된 신성 하나 때문에 자신들의 우주 모델을 포기할 수 없다는 것이었다.

> 인간의 마음속에 이보다 더 위대한 개념이 형성된 적은 없었다. 은하를 구성하는 수백만 개의 별 중 하나인 태양을 돌고 있는 작은 행성에 살고 있는 미세한 존재인 우리가 인간의 한계를 뛰어넘어 우리 은하와 마찬가지로 수억 개의 별로 이루어지고 지름이 수십만 광년이나 되는 다른 은하를 바라보고 있는 것이다. 그렇게 해서 우리는 수십만 광년에서 수천만 광년이나 되는 더 광대한 우주 속으로 들어가고 있다.

커티스는 다른 여러 가지 주장도 내놓았다. 어떤 것은 자신의 이론을 증명하는 것이었고 어떤 것은 섀플리의 주장을 반박하는 것이었다. 그는 성공적으로 주장을 펼쳤다고 확신했다. 토론이 끝난 직후 그는 가족에게 편지를 썼다. "워싱턴에서의 토론은 잘 진행됐어. 내가 비교적 앞섰다고 확신해." 사실 이 토론에서 확실한 승자는 없었다. 그러나 커티스의 주장 쪽으로 약간 기운 감은 있었다. 섀플리는 내용 때문에 그런 것이 아니라 발표자의 스타일 때문이라고 했다. "내가 보기에 나는 논문을 읽었고 커티스는 논문을 발표했다. 그는 말을 잘 하는 사람이었고 당황해하지 않았기 때문에 논문을 읽지 않았다."

이 대논쟁은 문제를 해결하기보다는 이 문제에 더 많은 관심을 집중시키는 효과를 가져왔다. 이 논쟁은 과학의 선구자들이 수행하는 연구의 성격을 잘 드러냈고, 자료가 아주 적은 연구 분야에서 경쟁하는 두 이론이 대립하는 모습을 잘 보여주었다. 각자 자신들의 주장을 증명하기 위해 사용한 자료들은 정확하지 않았고 충분하지 않았다. 따라서 어떤 자료든 오류가 있다거나 부정확하다거나 설명이 더 필요하다고 상대편에서 반박할 수 있었다. 성운까지의 거리를 확정할 수 있는 더 확실한 관측을 하지 않는 한 그 이론들은 단지 하나의 가정에 불과했다. 어떤 이론의 인기는 그 이론을 지지하는 사람들의 성격에 따라 달라지는 것이지 실제 증거와는 관계가 없었다.

대논쟁은 우주에서 인류가 차지하고 있는 장소에 관한 것이었다. 이 문제의 해답을 찾는 것은 천문학에서 가장 중요한 업적이 될 것이다. 인기 있는 천문학 저술가였던 로버트 볼Robert Ball은 불가능하다고 믿었다. 그는 《하늘 이야기*The Story of the Heavens*》라는 책에서 천문학자들이 지식의 한계에 도달했다는 의견을 피력했다. "우리는 인간의 지식이 인간에게 더 이상의 빛을 비출 수 없는 지점에 와 있다. 그리고 인간의 상상력은 인류가 이미 얻은 지식을 제대로 파악하기에도 어려운 지경에 이르렀다."

지구의 크기나 태양까지의 거리를 잴 수 있는 가능성을 부정했던 고대 그리스인도 비슷한 말을 했을 것이다. 그러나 에라토스테네스와 아낙사고라스를 비롯한 첫 세대의 과학자들은 지구와 태양계를 측정하는 기술을 찾아냈다. 그리고 허셜과 베셀은 밝기와 시차를 이용하여 우리 은하의 크기와 별까지의 거리를 측정했다. 이제는 성운의 정체를 완전하게 밝혀줄 우주의 거리를 잴 수 있는 자yardstick를 발명할 차례가 된 것이다.

보이기도 하고 보이지 않기도 한다

너새니얼 피것Nathaniel Pigott은 부유한 요크셔 집안 출신의 귀족 천문학자였다. 그는 윌리엄 허셜의 친한 친구였고, 두 번의 일식과 1769년에 있었던 금성의 태양면 통과를 자세히 관측하기도 했다. 또한 1700년대 후반에 영국에 존재했던 3개의 사설 천문대 중 하나를 만들었던 사람이었다. 따라서 그의 아들 에드워드는 망원경이나 여러 천문학 기구에 둘러싸여 자랄 수 있었다. 에드워드는 밤하늘에 매력을 느꼈고 오래지 않아 천문학에 대한 열의와 전문지식에서 아버지를 능가하게 되었다.

에드워드 피것이 가장 흥미를 가진 것은 변광성이었다. 신성은 변광성의 한 종류로 생각되었는데 오랜 기간 상대적으로 희미하게 보이다 갑자기 밝아지고 그 후 점차 다시 희미한 상태로 되돌아갔기 때문이다. 윙크하는 악마라는 별명이 붙은 페르세우스자리 알골 같은 별은 규칙적으로 밝아졌다가 어두워졌다. 변광성은 천문학적으로 중요했다. 왜냐하면 별은 변하지 않는 것이라는 고대의 견해를 직접적으로 부인하는 것이었기 때문이다. 왜 이런 밝기의 변화가 일어나는지 알아내기 위해 공동의 노력이 이루어졌다.

에드워드 피것은 스무 살 때 아직 10대였던 존 구드리크John Goodricke와 친구가 되었다. 구드리크는 농아였는데 교육자들이 농아에게도 교육을 시켜야 한다고 주장하기 시작한 시대에 자라났고 과학에 열광적인 흥미를 보였다. 그는 농아를 위해 영국에 처음으로 설립된 브레이드우드 아카데미에 다녔다. 1760년 토머스 브레이드우드Thomas Braidwood가 설립한 그 학교는 평판이 매우 좋았다. 작가이며 사전 편찬자였던 새뮤얼 존슨Samuel Johnson은 1773년 그 학교를 방문했을 때 아홉 살짜리 학생이었던 구드리크를 만났을지도 모른다. 존슨은 특별히 농아들의 교육에 관심이 많았다. 왜냐하면 그는 유모에게서 옮은 결핵을 앓았고 어릴 때 선홍열로 고통을 받았는데 두 병의 합병증으로 한쪽 귀를 영원히 들을 수 없게 되었고 부분적으로 시력을 잃었기 때문이다. 존슨은 브레이드우드 아카데미에 깊은 인상을 받아 저서 《스코틀랜드 서부 섬으로 간 여행*Journey to the Western Islands of Scotland*》에서 이렇게 언급했다.

> 내가 방문했던 학교에서 학생 몇 명이 미소 띤 얼굴과 생기 있는 눈, 그리고 새로운 아이디어에 대한 희망을 가지고 선생님을 기다리고 있는 것을 보았다. 어린 숙녀 한 명은 석판을 가지고 있었는데 나는 거기에 세 자리의 숫자에 두 자리의 숫자를 곱하는 문제를 썼다. 그 아이는 그 문제를 쳐다봤다. 그리고 예쁘게 생긴 손가락을 다소 떨면서 소수 자리까지 정연하게 문제를 풀었다.

열네 살이 된 구드리크는 브레이드우드 아카데미를 떠나 일반 학생들과 함께 수업을 들을 수 있는 워링턴 아카데미로 옮겼다. 선생님들은 그를 "매우 모범적이며 훌륭한 수학자"라고 평가했다. 요크에 있는 집으로 돌아온 후에는 에드워드 피것의 후원 아래 공부를 계속했다. 피것는 그에게 천문학, 특히 변광성의 중요성에 대해 가르쳐 주었다.

구드리크는 뛰어난 천문학자였다. 그는 남다른 예리한 시각을 가지고 아주 정밀하게 밤마다 변광성의 밝기가 어떻게 변해 가는지 관측해 나갔다. 놀라운 성과였다. 그 정도로 정확하게 관측하기 위해서는 대기 상태와 달의 밝기를 충분히 고려해야 했기 때문이다. 구드리크는 변광성의 밝기를 주변에 있는 변광성이 아니라 일정한 밝기를 가지는 별과 비교했다. 그의 첫 연구과제 중 하

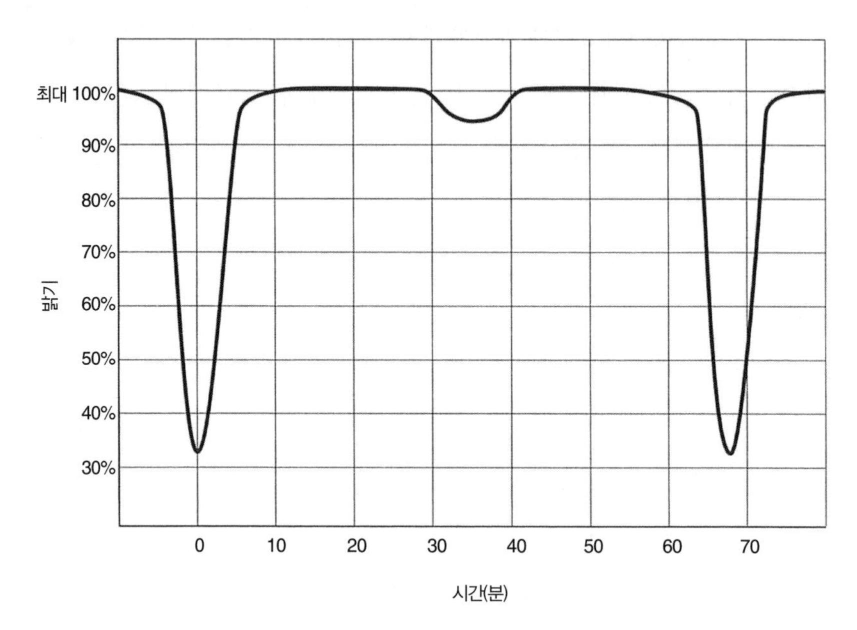

| 그림 40 | 알골의 밝기 변화는 대칭적이고 주기적이었다. 최소 밝기는 68시간 50분마다 반복되었다.

나는 1782년 11월부터 1783년 5월까지 알골의 미세한 밝기 변화를 관찰하여 주의 깊게 밝기-시간 그래프를 작성하는 것이었다. 그 결과 이 별이 68시간 50분마다 최소 밝기에 도달한다는 것을 알 수 있었다. 알골의 밝기 변화는 그림 40에 나타나 있다.

구드리크는 머리도 시력만큼이나 좋았다. 알골의 밝기 변화를 연구한 그는 이 별이 하나의 별이 아닌 연성聯星 — 서로를 공전하고 있는 한 쌍의 별 — 이라는 것을 알아냈다. 구드리크는 알골의 경우 하나의 별이 다른 하나보다 훨씬 어두우며, 전체 밝기가 변하는 것은 두 별이 서로 공전하는 동안 어두운 별이 밝은 별의 앞을 지나가면서 밝은 별을 가리기 때문이라고 했다. 다시 말해서, 밝기 변화는 식蝕 효과라는 것이다.

구드리크는 열여덟 살의 소년이었다. 그러나 알골에 대한 분석은 정확했다. 알골의 밝기 변화 유형은 대칭적이었다. 식은 주기적인 현상이므로 대칭적으로 일어난다. 또한 알골은 대부분의 시간은 밝게 보이다가 비교적 짧은 시간 동안 어두워졌다. 그것 역시 식이 일어나는 체계에서 전형적으로 일어나는 현상이었다. 대부분의 변광성 밝기 변화는 이 방법으로 설명할 수 있었다. 왕립협회에서는 그의 연구를 인정했고 그해의 가장 중요한 과학적 발견에 주는 영광스러운 코플리 메달을 수여했다. 3년 전에는 윌리엄 허셜이 이 상을 받았다. 그리고 뒤에는 드미트리 멘델레예프가 주기율표를 발전시킨 공로로 받았다. 아인슈타인은 상대성이론 연구로, 프랜시스 크릭과 제임스 왓슨은 DNA의 비밀을 밝힌 공로로 받았다.

연성의 식 현상은 천문학 역사에서 중요한 발견이었다. 그러나 성운이 우리 은하의 일부인가 아니면 독립된 은하인가를 다루는 성운의 드라마에서는 아무런 역할도 하지 않았다. 대논쟁의 궁극적인 해답은 1784년 구드리크와 피것의 또 다른 관측으로 제시되었다. 9월 10일 저녁에 피것은 독수리자리 에타별의 밝기가 변하는 것을 관측했다. 한 달 후인 10월 10일에는 케페우스자리 델타별의 밝기 역시 변한다는 것을 알아냈다. 전에는 아무도 이 별의 변화를 눈치 채지 못했었다. 그러나 피것과 구드리크는 밝기의 미묘한 변화를 측정해내는 뛰어난 능력을 가지고 있었다. 구드리크는 시간에 따른 두 별의 밝기 변화를 그래프로 그렸다. 독수리자리 에타별은 7일마다 같은 패턴을 보여주었고 케페우스자리 델타별은 5일마다 같은 패턴을 보여주었다. 따라서 두 별은 알골에 비하면 긴 변화 주기를 가지고 있었다. 그러나 독수리자리 에타별과 케페우스자리 델타별의 특별한 점은 주기가 아니라 밝기 변화의 전체적인 형

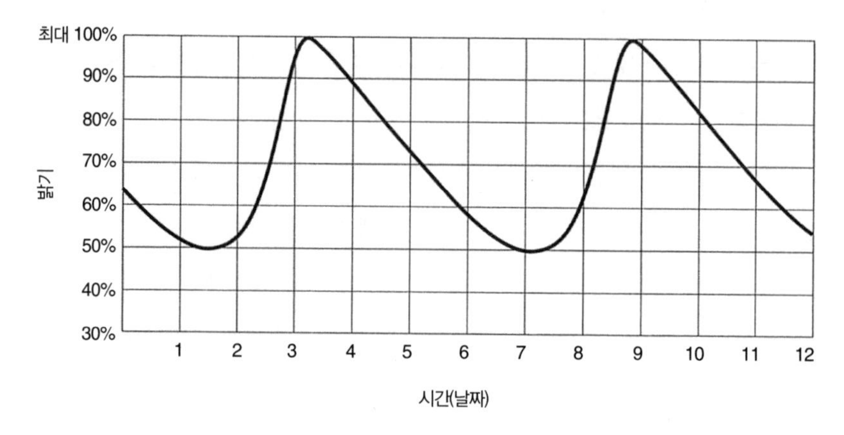

| 그림 41 | 케페우스자리 델타별의 밝기 변화. 그 변화는 대칭적이지 않고 빠르게 밝아졌다가 서서히 어두워졌다.

태에 있었다.

그림 41은 케페우스자리 델타별의 변화를 그린 것이다. 가장 놀라운 특징은 밝기의 변화가 대칭적이지 않다는 점이다. 알골의 그래프(그림 40)가 하나의 가늘고 깊은 대칭적인 골짜기를 보여준 반면 케페우스자리 델타별은 하루 동안에 최고 밝기로 올라갔다가 4일 동안에 최소 밝기로 서서히 내려갔다. 독수리자리 에타별도 비슷한 톱날 또는 상어 지느러미와 같은 유형을 보였다. 그것은 식 효과로 설명할 수 없었다. 따라서 두 젊은이는 이러한 변화를 일으키는 본질적인 어떤 것이 이 별에 있다고 가정했다. 그들은 독수리자리 에타별과 케페우스자리 델타별이 새로운 종류의 변광성이라고 결론지었다. 이런 별들을 오늘날 우리는 **케페이드형 변광성**Cepheid variables 또는 단순히 케페이드라고 부른다. 가장 가까이에 있는 케페이드인 북극성 같은 별은 밝기 변화가 매우 작다. 윌리엄 셰익스피어는 별의 밝기가 변한다는 사실을 전혀 모르고 있

었다. 그래서 《줄리어스 시저》에서 시저가 "그러나 나는 북극성처럼 변함이 없다"라고 선언하게 했다. 이 별이 항상 북쪽을 가리킨다는 면에서는 변함이 없지만 밝기는 대략 4일을 주기로 약간씩 밝아졌다 어두워진다.

오늘날 우리는 케페이드형 변광성 내부에서 어떤 일이 일어나는지, 왜 비대칭적 변화가 일어나는지, 그리고 왜 다른 별과 다르게 행동하는지 알고 있다. 대부분의 별은 안정된 상태에 있다. 별의 엄청난 질량에서 생기는 중력은 별을 붕괴시키려 하지만 동시에 별 내부의 물질이 가지고 있는 엄청난 양의 열에서 나오는 압력이 바깥으로 밀어내어 균형을 이루고 있다. 고무풍선의 표면은 안쪽으로 수축하고 안에 있는 공기는 팽창하여 평형상태를 유지하는 것과 마찬가지다. 추운 밤에 풍선을 놔두면 그 속의 공기는 차가워지고 따라서 풍선의 내부 압력은 줄어든다. 그러면 풍선은 수축하여 새로운 평형상태를 찾아가게 될 것이다.

그러나 케페이드형 변광성은 평형상태에 있지 않고 맥동한다. 케페이드형 변광성의 온도가 비교적 낮을 때는 중력에 대항할 수 없게 되고 따라서 별은 수축한다. 이렇게 되면 별 내부에 있는 연료가 압축되어 더 많은 에너지가 생산된다. 그러면 별의 온도는 올라가고 따라서 팽창한다. 팽창하는 동안과 팽창한 후에는 에너지가 방출되고 그에 따라 별은 식고 수축하게 된다. 이러한 과정이 반복된다. 수축 상태는 별의 바깥층을 압축하여 더 불투명하게 만든다. 그래서 케페이드는 어두운 상태가 된다.

구드리크는 케페이드형 변광성의 변화 뒤에 무엇이 있는지 알지 못했지만 이런 형태의 별을 발견한 것은 그 자체로 위대한 업적이었다. 스물한 살의 나이에 그에게는 새로운 명예가 주어졌다. 왕립협회의 특별 연구원이 된 것이다. 그러나 특별 연구원으로 임명되고 14일 후에 이 뛰어난 젊은 천문학자의 일생은 끝났다. 구드리크는 추운 밤에 별을 관측하다가 걸린 폐렴으로 세상을 떠나고 말았다. 친구이며 동료였던 피것은 그의 죽음을 슬퍼했다. "이 고귀한 젊은이는 더 이상 존재하지 않습니다. 그의 죽음은 많은 친구들의 슬픔일 뿐만 아니라 그가 일찍이 이루어놓은 발견들이 증명하듯 천문학의 큰 손실입니다." 단지 몇 년 동안의 짧은 경력으로 구드리크는 천문학에 뛰어난 공헌을 했다. 자신은 알지 못했지만 케페이드형 변광성의 발견은 대논쟁과 우주론의 발전에 중추적 역할을 하게 되었던 것이다.

다음 세기에 케페이드형 변광성 탐구자들은 뚜렷한 상어 지느러미 변화를 보이는 33개의 별을 발견했다. 각각의 별은 밝기가 증가하기도 하고 감소하기도 했다. 어떤 별은 일주일 동안에 변화가 일어났고 어떤 별은 한 달 이상 걸렸다. 그러나 케페이드 관측이 객관적이지 못하고 주관적이라는 것이 문제였다. 이 문제는 천문학 전반에 걸쳐 공통적인 것이었다. 만일 관측자가 하늘에서 어떤 것을 보았다면 필연적으로 어느 정도의 편견을 가지고 해석하게 마련이다. 만일 그 현상이 빠르게 지나가면 해석은 기억에 의존할 수밖에 없다. 관측은 말로 기록되거나 그림으로 그려질 수밖에 없는데 둘 다 정확하다고 할 수 없었다.

1839년 루이 다게르Louis Daguerre는 화학적인 방법으로 금속판 위에 상을 새겨 넣는 **다게레오타이프**Daguerreotype의 은판사진 제작법을 공개했다. 세상은 갑자기 다게르의 기술에 열광했고 사람들은 사진을 찍기 위해 줄을 서서 기다렸다. 라이프치히 시의 광고지에서 발췌한 다음 내용에서 볼 수 있듯이 다게르의 사진에도 모든 새로운 기술과 마찬가지로 비판이 뒤따랐다. "순간적인 영상을 잡아내겠다는 희망이 불가능할 뿐만 아니라 …… 그러한 욕망 자체나 그것을 실행에 옮기는 것은 신에 대한 모독이다. 신은 인간을 자신의 모습에 따라 창조했다. 사람이 만든 기계로 신의 모습을 고정시켜서는 안 된다. 신이 스스로 영원한 원칙을 버리는 것이 가능하겠는가? 그리고 프랑스인이 악마의 발명품을 세상에 내놓는 것을 허락했겠는가?"

윌리엄 허셜의 아들이며 왕립천문학회 회장이었던 존 허셜은 처음으로 그 새로운 기술을 천문학에 적용했다. 다게르의 발표 후 몇 주일 안에 그는 그 과정을 재현하여 첫 번째 사진을 유리 위에 찍었다.(그림 42) 이 사진은 아버지 윌리엄의 가장 큰 망원경이 제거되기 직전 모습을 보여주는 것이다. 허셜은 사진 기술 발전에 많은 공헌을 했다. '양화', '음화'와 같은 사진 용어와 더불어 '사진', '속사'와 같은 용어를 만들어 내기도 했다. 그는 아주 희미한 천체를 관측하기 위해서 새로운 사진 기술을 최대한 이용한 천문학자였다.

| 그림 42 | 유명한 인물 사진가 줄리아 마거릿 캐머런이 찍은 윌리엄 허셜의 아들 존 허셜. 옆의 사진은 1839년 존 허셜 자신이 찍은 최초의 유리 위의 사진이다. 이 사진은 그림 33에 있는 아버지의 망원경을 찍은 것이다.

사진은 천문학자의 관측에 객관성을 제공했다. 허셜이 별의 밝기를 묘사하려면 전에는 "히드라자리 알파별은 사자자리 감마별보다는 훨씬 흐리고 마차부자리 베타별보다는 조금 흐리다"라고 써야 했다. 그런 모호한 설명은 이제 훨씬 더 객관적이고 정확한 사진으로 대체되었다.

사진에 이러한 장점이 있었는데도 새로운 기술의 응용을 염려하는 보수주의자들은 그 확실성을 의심했다. 손으로 그리는 것을 선호하는 천문학자들은 사진 기술 때문에 단지 화학반응으로 만들어진 점들을 밤하늘의 새로운 현상으로 오인하게 될지 모른다고 염려했다. 예를 들어 화학반응의 찌꺼기를 성운으로 착각할 수 있지 않을까? 따라서 모든 관측은 사용한 방법이 '시각적 관측' 인지 '사진' 인지 표시해야 했다.

사진 기술이 발전하자 보수주의자들이 물러섰다. 사진이 관측을 기록하는데 가장 좋은 방법이라는 것이 널리 받아들여졌다. 1900년에 프린스턴 천문대의 한 천문학자는 사진이 "영원하고, 믿을 수 있고, 눈에 의한 관측의 권위를 심하게 손상시키는 개인적 상상이나 가설에서 자유로운" 기록을 제공한다고 말했다.

사진은 관측한 것을 정확하고 객관적으로 기록하는 훌륭한 기술이라는 것이 증명되었다. 전에는 관측할 수 없었던 천체를 관측할 수 있다는 것 또한 사진의 장점이었다. 아주 멀리 있는 천체를 관측할 때 인간의 눈에 도달하는 빛은 커다란 구경을 가진 망원경을 사용한다고 해도 감지하기 어려울 정도로 약하다. 그러나 이제 사진 건판이 눈을 대신하게 되었다. 그리고 사진 건판은 눈과는 달리 몇 분 동안, 심지어는 몇 시간까지도 노출시킬 수 있었다. 노출시간이 길어지면 더 많은 빛을 모을 수 있다. 인간의 눈은 순간적으로 빛을 받아들여 그것을 처리하고 버린다. 그리고 처음부터 이 과정을 다시 시작한다. 그러나 사진 건판은 오랫동안 빛을 모아 점점 더 뚜렷한 상을 만들어 낸다.

눈의 감각능력은 제한적이지만 구경이 큰 망원경이 이 능력을 증대시켰다. 그러나 사진 건판을 사용하는 망원경은 감각능력을 더욱 증대시킬 수 있었다. 예를 들면 플레이아데스 성단은 맨눈으로 보면 7개의 별로 보인다. 그러나 갈릴레이는 망원경을 통해 47개의 별을 볼 수 있었다. 1880년대 말 프랑스의 폴과 프로스페르 앙리 형제가 장시간 노출하여 찍은 이 성단의 사진에는 2,326개의 별이 찍혀 있었다

천문학의 사진 혁명의 중심에는 하버드 대학 천문대가 있었다. 어느 정도는 1950년에 다게레오타이프를 이용하여 직녀별 사진을 찍은 대장 윌리엄 크랜치 본드 덕분이었다. 그리고 달 사진을 처음으로 찍은 아마추어 천문가 존 드레이퍼의 아들 헨리 드레이퍼가 측정 가능한 모든 별의 목록과 사진을 찍을 수 있도록 천문대에 재산을 기증했기 때문이기도 했다.

드레이퍼 기금 덕분에 1877년 하버드 천문대장이 된 에드워드 피커링Edward Pickering은 모든 천체의 사진을 찍는 어려운 작업에 착수할 수 있었다. 하버드 천문대는 그 후 10년 동안 50만 장의 사진을 찍었다. 따라서 피커링에게 가장 어려운 문제는 사진을 분석하기 위해 기업 규모의 사진분석팀을 구성하고 운영하는 것이었다. 각 사진에는 수백 개의 별이 찍혀 있었는데 각 별들의 밝기와 위치를 밝혀놓아야 했다. 피커링은 자료를 다루고 계산을 수행한다는 의미에서 컴퓨터처럼 일하는 젊은 사람들을 고용했다.

불행하게도 분석팀이 세심하게 주의를 기울이고 집중력 있게 일을 해내지 못했기 때문에 그는 크게 실망하지 않을 수 없었다. 인내가 한계에 이른 어느 날 그는 스코틀랜드 출신의 자기 가정부라도 그보다는 잘할 것이라고 단언했다. 그 말을 증명하기 위해 남자로 구성된 분석팀을 모두 해고하고 여자 '컴퓨

터들'을 고용한 후 자기 가정부를 책임자로 앉혔다. 가정부 윌리어미나 플레밍Williamina Fleming은 스코틀랜드에서 교사로 일했는데 미국으로 이민 와서 임신한 후에 남편에게 버림받아 가정부로 일하고 있었다. 이제 그는 '피커링의 후궁들' 이라는 별명이 붙은 팀을 이끌게 되었다. 그리고 세계에서 가장 많은 천문 사진을 조사했다.

피커링은 탁 트인 채용 방식으로 널리 존경받았지만 어떤 면에서는 실용적인 이유 때문 때문에 그렇게 한 것이기도 했다. 여자들은 남자들보다 대체적으로 더 정확하고 꼼꼼했을 뿐만 아니라 남자들이 시간당 50센트를 요구한 반면 여자들은 25~30센트의 급여에도 불평이 없었다. 여자들은 컴퓨터로서의

| 그림 43 | 하버드의 '컴퓨터' 들이 에드워드 피커링과 윌리어미나 플레밍이 지켜보는 가운데 사진 건판을 조사하는 일을 하고 있다. 뒷벽에는 별 밝기의 변화를 보여주는 두 개의 그래프가 보인다.

역할만 하고 관측은 거부했다. 망원경이 여성들에게는 적당치 않다고 생각되는 춥고 어두운 관측소에 설치되어 있었을 뿐만 아니라 빅토리아 시대에는 여자와 남자가 늦은 밤에 낭만적인 별들을 바라보면서 함께 일하는 것을 좋게 여기지 않았기 때문이다. 그러나 이제는 여자들이 적어도 밤에 관측한 사진을 조사할 수 있었고 과거에는 배제되었던 분야인 천문학에 공헌할 수 있게 되었다.

윌리어미나 플레밍이 이끄는 여자 컴퓨터 팀이 하는 일은 남자 천문학자들이 연구를 할 수 있도록 천체 사진에서 자료를 수집하는 고된 것이었지만 곧 그들만의 과학적 성과를 올릴 수 있게 되었다. 그들은 수많은 날을 사진 건판을 수집하면서 보낸 덕분에 자신들이 조사한 천체에 익숙해졌다.

예를 들면 애니 점프 캐넌Annie Jump Cannon은 1911년에서 1915년 사이에 각각의 색깔과 밝기, 위치를 계산하여 매달 5천여 개의 별 목록을 작성했다. 그녀는 그 경험을 살려 별을 일곱 종류(O, B, A, F, G, K, M)로 나누는 체계를 만드는 데 크게 공헌했다. 오늘날 천문학과 학생들은 "Oh, Be A Fine Guy, Kiss Me!"라는 암기법으로 그 구분체계를 외운다. 1925년에 캐넌은 그 창조적이고 고통스러운 작업을 인정받아 옥스퍼드 대학에서 명예박사 학위를 받은 첫 번째 여성이 되었다. 1931년에는 12명의 가장 위대한 미국 여성으로 뽑혔고 같은 해에 미국 국립 과학아카데미에서 여성으로는 처음으로 명예로운 드레이퍼 골드메달을 받았다.

캐넌은 어릴 때 성홍열을 앓아서 케페이드형 변광성을 발견한 구드리크와 마찬가지로 거의 들을 수 없었다. 두 사람은 청력의 손실을 시력의 강화로 보상받은 것 같았고 다른 사람이 보지 못한 세세한 것을 찾아낼 수 있었다. 피커링 팀에서 가장 유명했던 헨리에타 리빗Henrietta leavitt 역시 심한 귀머거리였다. 대논쟁을 영원히 종식시킨 사진을 찾아낸 사람은 리빗이었다. 그녀의 발견으로 천문학자들은 성운까지의 거리를 측정할 수 있었고, 그 후 수십 년간 영향을 받았다.

리빗은 1868년에 매사추세츠 주의 랭카스터에서 목사의 딸로 태어났다. 하버드 대학 천문대에서 그녀를 알게 된 솔론 베일리 교수는 종교적 교육으로 그녀의 성격이 어떻게 형성되었는지를 회상했다.

| 그림 44 | 하버드 대학 천문대에서 무급 봉사자로 시작해서 21세기 천문학의 가장 중요한 성공을 이루어낸 헨리에타 리빗.

> 그녀는 가족에게 성실했고, 친구들을 배려할 줄 알았으며, 원칙에 충실했고, 신앙이 독실했다. 그녀는 다른 사람들이 지닌 가치 있고 사랑스러운 면을 볼 줄 아는 행복한 능력을 가지고 있었다. 그리고 천성이 밝아서 아름답고 의미 있는 인생을 보냈다.

1892년에 리빗은 당시 여성을 위한 교육기관으로 유명했던 하버드 대학 래드클리프 칼리지를 졸업했다. 그 후 2년 동안 뇌막염으로 추정되는 큰 병을 앓아 청각을 잃고 집에서 요양을 했다. 건강이 회복되자 하버드 대학 천문대에서 사진 건판을 조사하여 변광성을 찾아내고 목록에 기록하는 자원봉사자가 되었다. 각기 다른 날 밤에 찍은 두 장의 사진을 겹쳐놓고 직접 비교하면 밝기 변화를 쉽게 찾아낼 수 있었기 때문에 사진 기술은 변광성 연구에 중요해졌다. 리빗은 이 새로운 기술을 최대한 이용하여 그 당시 알려져 있던 변광성 전체의 절반에 해당하는 2천400개를 찾아냈다. 프린스턴 대학의 찰스 영 교수는 깊은 인상을 받아 그녀를 변광성의 달인이라고 불렀다.

리빗은 다양한 형태의 변광성 중에서 케페이드형 변광성에 특히 관심을 가지게 되었다. 여러 달 동안 케페이드형 변광성을 측정하고 목록을 만들면서 그녀는 변광성의 변화 주기가 어떻게 결정되는지 알고 싶어 했다. 이 문제를 풀기 위해 모든 케페이드형 변광성에서 얻을 수 있는 두 가지 정보, 즉 주기와 밝기에 집중했다. 그녀는 주기와 밝기 사이에 어떤 관계가 있는지 알아내려고 했다. 밝은 별은 어두운 별보다 더 긴 변화 주기를 가지고 있을지도 모르고 그 반대일지도 모른다. 하지만 불행하게도 별의 실제 밝기에 대한 자료를 구하는 것은 거의 불가능했다. 겉보기에는 밝게 보이는 케페이드형 변광성이 실제로는 가까이에 있는 어두운 별일지도 모르고 겉보기에 어둡게 보이는 케페이드형 변광성이 실제로는 멀리 있는 밝은 별일 수도 있었다.

천문학자들은 오랫동안 별의 실제 밝기가 아닌 겉보기 밝기만을 관측할 수 있다는 것을 알고 있었다. 희망은 없어 보였고 대부분의 천문학자들은 포기하려고 했다. 그러나 리빗은 인내와 헌신, 집중력 덕분에 재치 있고 뛰어난 아이디어를 생각해 낼 수 있었다. 그녀는 16세기 탐험가 마젤란의 이름을 따서 소마젤란성운이라고 불리게 된 별의 집단에 집중해서 이 문제를 해결했다. 소마젤란성운은 남반구의 하늘에서만 볼 수 있기 때문에 리빗은 페루에 있는 하버드 남부 관측소에서 찍은 사진에 의존해야 했다. 리빗은 이 성운에서 25개의 케페이드형 변광성을 찾아냈다. 그녀는 지구에서 소마젤란성운까지의 거리를 몰랐다. 그러나 이 성운이 비교적 멀리 있고 그 속에 있는 케페이드형 변광성끼리는 상대적으로 가까이 있을 것이라고 생각했다. 다시 말해, 25개의 케페이드형 변광성 모두가 지구에서 대략적으로 같은 거리에 있다고 가정한 것이다. 그러자 그녀가 원하던 것을 얻을 수 있었다. 만일 소마젤란성운의 케페이드형 변광성들이 거의 같은 거리에 있는데 한 변광성이 다른 변광성보다 밝다면, 그것은 겉으로 보기에만 밝은 것이 아니라 실제로 밝은 것이다.

지구에서 소마젤란성운까지의 별들이 거의 같은 거리에 있다는 것은 가정에 근거했지만 합리적인 생각이었다. 하늘의 한 지점에 모여 있는 25마리의 새 떼를 관측하면서 새 떼와 관측자 사이의 거리에 비해 새들 사이의 거리는 비교적 가깝다고 가정하는 것과 비슷하다. 따라서 만일 한 새가 다른 새보다 작아 보인다면 그것은 실제로 작을 것이다. 그러나 만일 하늘 전체에 흩어져 있는 25마리의 새를 보고 있을 때 한 새가 다른 새보다 작아 보인다면 그 새가 정말로 작은지 또는 멀리 있어 작게 보이는지 알 수 없을 것이다.

리빗은 이제 케페이드의 밝기와 주기 사이의 관계를 알아보기로 했다. 소마

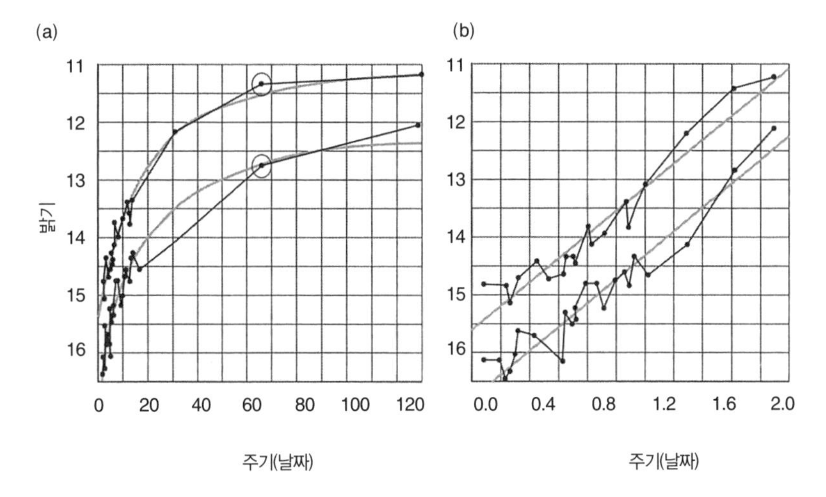

| 그림 45 | 이 두 그래프는 소마젤란성운에서 관측된 변광성에 대한 헨리에타 리빗의 관측 결과를 보여주고 있다. 그래프 (a)는 밝기(수직 축) 대 주기(수평 축)의 그래프로, 각 점은 케페이드 변광성을 나타낸다. 그래프에는 두 개의 선이 있는데 하나는 최대 밝기를 나타내고 다른 선은 최소 밝기를 나타낸다.

원으로 표시된 점은 약 65일 주기로 11.4와 12.8 등급 사이의 밝기 변화를 나타내는 케페이드 변광성을 나타내고 있다. 관측 자료 위에 두 개의 부드러운 곡선을 그릴 수 있다. 오차를 감안하면 이 곡선은 자료와 잘 들어맞는다.

별들의 밝기는 등급으로 나타냈는데, 밝기는 등급이 낮아지면 밝아지기 때문에 수직 축은 16에서 시작하여 위로 갈수록 11까지 작아지고 있다. 그리고 등급은 밝기를 로그값을 이용하여 나타낸다. 그래프 (b)에서는 밝기와 마찬가지로 주기도 로그값을 이용해서 그래프를 그렸다. 그러면 밝기와 주기 사이의 관계가 더 명확해진다. 이제는 모든 관측 자료가 두 개의 직선 위에 놓이게 된다. 그것은 케페이드 변광성의 주기와 밝기 사이에 간단한 수학적 관계가 있음을 나타낸다.

젤란성운에 있는 케페이드형 변광성 사이의 겉보기 밝기 차이는 실제 밝기의 차이를 나타낸다고 가정한 리빗은 소마젤란성운에서 찾아낸 25개 케페이드형 변광성의 겉보기 밝기 대 주기의 그래프를 그렸다. 그 결과는 놀라운 것이었다. 그림 45(a)는 주기가 긴 케페이드형 변광성이 더 밝다는 것을 보여준다. 더 중요한 점은 이 그래프가 부드러운 곡선이라는 것이다. 그림 45(b)는 같은 자료를 주기의 로그값을 취하여 다시 그린 것인데 주기와 밝기의 관계가 더 잘 드러나 있다. 1912년에 리빗은 결론을 발표했다. "최고점과 최저점을 나타내는 점을 연결하면 직선이 된다. 따라서 변광성의 주기와 밝기 사이에는 간단한 비례 관계가 있다는 것을 보여준다."

리빗은 케페이드형 변광성의 밝기와 변화 주기 사이의 수학적인 관계를 발견한 것이다. 케페이드형 변광성의 밝기가 밝을수록 밝기가 최고에 이르는 주기가 더 길었다. 리빗은 이 법칙이 우주에 있는 모든 케페이드형 변광성에 적용될 수 있을 것이라고 믿었다. 그리고 그녀의 그래프는 매우 긴 주기를 가지는 케페이드형 변광성에까지 확장될 수 있었다. 이것은 우주적인 반향을 불러올 대단한 결과였다. 그러나 이 논문은 〈소마젤란성운의 25개 변광성의 주기〉라는 소박한 제목으로 출판되었다.

리빗의 발견으로 하늘에서 어떤 두 케페이드형 변광성을 비교하면 지구에서의 상대적인 거리를 알아낼 수 있게 되었다. 예를 들면 하늘의 다른 두 곳에서 비슷한 주기로 변하는 두 변광성을 찾아내면 이 두 변광성의 실제 밝기가 거의 같다는 것을 알 수 있다. 그림 45의 그래프에서 특정한 주기는 특정한 고유 밝기를 의미한다. 따라서 어떤 별이 다른 별보다 9배 더 어두워 보인다면 그것은 더 멀리 있는 별이어야 했다. 실제로 9배 더 어두운 별은 3배 더 멀리 있어야 한다. 왜냐하면 밝기는 거리의 제곱에 반비례해서 어두워지기 때문이다. 만일 같은 주기를 가지는 변광성 중에서 한 변광성이 다른 변광성보다 144배 더 어두워 보인다면 $12^2 = 144$이기 때문에 12배 더 멀리 있어야 한다.

그러나 리빗의 그래프를 이용하여 두 케페이드형 변광성 사이의 상대적인 거리와 밝기의 관계를 알아낼 수는 있었지만 여전히 변광성까지의 실제 거리는 알 수 없었다. 어떤 변광성이 다른 변광성보다 12배나 더 멀리 있다는 것을 증명할 수는 있었지만, 그것이 전부였다. 만일 단 한 개의 변광성까지의 거리라도 알 수 있다면 리빗의 측정 방법에 적용하여 모든 케페이드형 변광성까지의 거리를 측정할 수 있게 될 것이다.

케페이드형 변광성까지의 거리를 잴 수 있게 된 결정적인 관측은 할로 섀플리와 덴마크의 에나르 헤르츠스프룽Ejnar Hertzsprung을 포함한 천문학자들의 공동 노력으로 이루어졌다. 그들은 연주시차법을 비롯한 여러 기술을 결합하여 한 케페이드형 변광성까지의 실제 거리를 측정할 수 있었다. 그렇게 해서 리빗의 연구는 우주의 실제 거리를 알려주는 것으로 변환되었다. 케페이드형 변광성은 우주의 표준척도가 되었다.

한마디로 말해 천문학자들은 이제 단순한 세 과정을 통해 모든 케페이드형 변광성까지의 거리를 측정할 수 있게 된 것이다. 첫째로 밝기가 얼마나 빨리 변하는지 측정하면 그 별이 실제로 얼마나 밝은지 알 수 있다. 두 번째로 그 별이 얼마나 밝게 보이는지를 관측했다. 마지막으로 겉보기 밝기와 실제 밝기를 이용해 거리를 계산해 낼 수 있었다.

맥동하는 케페이드형 변광성을 깜빡거리는 등대에 비교해 보자. 등대의 불빛이 깜빡거리는 속도가 (케페이드형 변광성처럼) 밝기에 따라 달라진다고 가정하여 3킬로와트의 등대는 1분에 3번 깜빡거리고 5킬로와트의 등대는 1분에 5번 깜빡거린다고 하자. 만일 밤바다를 여행하는 선원이 멀리서 등대 불빛을 본다면 천문학자들이 사용한 것과 똑같은 세 단계를 이용하여 등대까지의 거리를 알아낼 수 있다. 첫째로 그는 일정한 시간 동안 등대 불빛이 깜빡거리는 수를 센다. 그러면 등대의 실제 밝기를 알 수 있다. 두 번째로 그는 등대가 얼마나 밝게 보이는지를 관측한다. 그리고 세 번째로 겉보기 밝기와 실제 밝기를 이용해서 거리를 계산해 낸다.

그 선원은 자기 배에서 등대와 같은 시선 방향에 있는 해변에 있는 마을까지의 거리도 측정할 수 있다. 그 마을까지의 거리가 이미 측정한 등대까지의 거리와 대략 비슷하다고 가정할 수 있기 때문이다. 마을이 해변에서 멀리 떨어진 곳에 위치해 있어서 등대와 멀리 떨어져 있을 수도 있고, 등대가 바다 쪽으로 튀어나온 바위섬에 위치해 있어서 마을과 멀리 떨어져 있을 수도 있다. 하지만 일반적으로 등대는 마을과 가까운 곳에 있을 것이고 따라서 그러한 추정은 꽤 정확한 것이 된다. 이와 비슷하게 어떤 천문학자가 한 케페이드형 변광성까지의 거리를 측정하면 그 별 근처에 있는 다른 별까지의 거리도 대략 알 수 있을 것이다. 이 방법은 절대적으로 확실한 것은 아니지만 대부분의 경우 효과적이다.

스웨덴 과학아카데미의 예스타 미타그-레플레르Gösta Mittag-Leffler 교수는 리빗의 케페이드 표준척도가 가진 위력에 감명받아 1924년 그녀를 노벨상 후보로 올리는 데 필요한 서류를 작성하기 시작했다. 그러나 리빗의 최근 과학 활동에 대해 알아보다가 그녀가 3년 전인 1921년 12월 12일 53세의 나이에 암으로 죽었다는 사실을 알고 충격을 받았다. 리빗은 세계를 돌아다니며 세미나를 하는 명성이 높은 천문학자가 아니라 조용히 부지런하게 사진을 분석했던 겸손한 연구자였기 때문에 그녀의 죽음은 유럽에 알려지지 않았다. 그녀는 업적에 걸맞은 인정을 받을 만큼 오래 살지 못했을 뿐만 아니라 자신의 작업이 성운의 본성에 관한 대논쟁에 끼친 결정적인 영향도 보지 못했다.

거인 천문학자

리빗의 발견을 최대한 이용한 천문학자는 당대의 가장 뛰어난 천문학자였던 에드윈 파월 허블Edwin Powell Hubble이었다. 그는 1889년 미주리 주에서 존과

제니 허블의 아들로 태어났다. 허블의 아버지 존은 농장 일을 하다가 사고로 심하게 다쳐 병원에 입원했을 때 그 지방 의사의 딸이었던 제니를 만났다. 제니는 그를 간호해 주었는데 피투성이에 너무 심하게 다쳐서 다시는 보고 싶지 않았었다고 한다. 그러나 존의 건강이 회복되자 그녀는 사랑에 빠졌고 둘은 1884년 결혼했다.

허블은 일곱 살 때 겪은 어떤 사건을 제외하고는 대체로 행복한 어린 시절을 보냈다. 그와 형 빌은 14개월 된 동생 버지니아를 돌보고 있었다. 두 사람은 일부러 동생의 손가락을 눌러 동생을 울렸다. 며칠 후 동생은 병명을 알 수 없는 병에 걸려 위독해졌다. 당황한 에드윈은 버지니아가 그 장난 때문에 병에 걸린 게 아니었는데도 자책감에 빠졌다. 그의 한 형제는 다음과 같이 회상했다. "에드윈은 심리적인 문제를 안게 되었다. 이해심 많고 지적인 부모님이 아니었다면 가족에게는 또 다른 비극이 되었을지도 모른다." 허블은 특히 어머니와 친밀했다. 어머니는 어린 시절의 불행한 사건에서 그를 감싸안아 주었다.

허블은 여덟 살 생일에 망원경을 만들어 주고 천문학을 가르쳐 준 할아버지 마틴 허블도 잘 따랐다. 할아버지는 허블이 밤늦게까지 미주리 주의 검은 하늘에서 수없이 많은 별을 관측할 수 있도록 해주라고 부모를 설득했다. 허블은 별과 행성에 매료되어 화성에 관한 글을 썼다. 그 글은 허블이 고등학생이었을 때 지방신문에 실렸다. 선생님이었던 해리엇 그로트 부인은 허블이 학생 때부터 천문학에 관한 열정을 키워갔다고 회상했다. "에드윈 허블은 이 시대의 가장 뛰어난 사람이 될 것입니다." 아마도 모든 선생님이 아끼는 학생에 대해 비슷한 말을 할 것이다. 그러나 허블의 경우에는 그로트 선생님의 예상이 그대로 들어맞았다.

허블은 명문대학의 장학금을 받을 목적으로 휘튼 칼리지에 진학했다. 졸업식장에서 장학금 수상자를 발표하면서 학장이 다음과 같이 말해 허블은 충격을 받았다. "에드윈 허블, 자네를 4년 동안 지켜보았네. 그동안 자네가 10분 이상 공부하는 것을 본 적이 없어." 잠시 사이를 두고 학장은 말을 이었다. "자, 시카고 대학에 갈 수 있는 장학금을 받게."

허블은 시카고 대학에서 천문학을 공부하려 했다. 그러나 고집스러운 아버지가 법률가는 안정적인 수입이 보장된다면서 법률학을 전공하도록 강요했다. 아버지는 젊었을 때 안정적인 수입이 없어 고생하다가 보험설계사가 된

| 그림 46 | 자신의 트레이드마크인 목제 파이프를 물고 있는 당대 최고의 관측천문학자 에드윈 파월 허블.

후에야 경제적 안정을 얻을 수 있었다. 그는 허블 집안을 존중받는 중산층으로 만든 그 직업에 긍지를 가지고 있었다. "문명에 대해 내릴 수 있는 가장 훌륭한 정의는, 문명인은 모든 사람을 위해 최선을 다한다는 것이다. 그러나 야만인은 자신에게만 최선을 다한다. 문명은 인간의 이기심에 대항하는 거대한 상호 보험회사이다."

아버지의 실용주의와 자신의 포부 사이에 갈등이 생기자 허블은 공식적으로는 법률학을 공부하여 아버지를 진정시키는 한편 여러 물리학 과목을 수강하여 천문학자가 되는 꿈을 살려나가는 방법으로 해결했다. 시카고 대학 물리학과는 에테르의 가설을 부정하여 1907년에 미국에서 처음으로 노벨 물리학상을 받은 앨버트 마이컬슨이 학과장으로 있었다. 시카고 대학은 미국의 두 번째 노벨 물리학상 수상자인 로버트 밀리컨Robert Milikan의 모교이기도 했다. 밀리컨은 허블이 학부 학생이었을 때 그를 시간제 실험 조교로 채용했다. 짧은 기간이었지만 허블에게는 중요한 관계가 되었다. 왜냐하면 허블이 옥스퍼드 대학에서 공부할 수 있는 로즈 장학금을 받으려고 애쓸 때 밀리컨이 큰 도움을 주었기 때문이다.

로즈 장학금은 빅토리아 시대의 건축가였던 세실 로즈가 기증한 것으로 1903년에 설립되었다. 세실 로즈는 그 다음해 죽었다. 이 장학금은 강한 지성과 인격을 갖춘 젊은 미국인에게 수여되었다. 장학금 운영을 도와주던 조지 파커는 32번의 장학금이 '미국 대통령, 대법원장, 또는 주영 미국대사'가 될 만한 사람들에게 수여되었다고 말했다. 밀리컨은 허블에게 최고의 추천서를 써주었다. "나는 허블이 건강한 육체를 지녔으며 존경할 만한 향학열과 훌륭한 인격을 갖추고 있다는 것을 알게 되었습니다. …… 로즈 장학금의 설립자가 제시한 기준에 허블보다 더 잘 맞는 사람은 본 적이 없습니다." 미국에서 가장 잘 알려진 과학자가 써준 추천서 덕분에 허블은 로즈 장학금을 받을 수 있었고 1910년 9월에 영국으로 떠났다. 허블이 단 하나 실망했던 것은 부모님의 압력으로 옥스퍼드 대학에서도 법률을 전공하게 되었다는 것이다.

옥스퍼드에 있는 2년 동안 허블은 극단적으로 영국을 좋아하게 되어 옷에서부터 억양에 이르기까지 영국 것이라면 뭐든지 따라했다. 같은 로즈 장학생이었던 워런 얼트는 영국 생활 막바지에 허블을 만나고는 매우 놀랐다. "허블은 짧은 바지와 가죽 단추가 달린 노포크 재킷을 입고 커다란 모자를 쓰고 있었다. 그는 지팡이를 짚고 영국 억양으로 말을 했는데 좀처럼 알아들을 수 없었다. …… 2년 동안의 영국 생활이 그를 엉터리 영국인으로 바꿔버렸다." 퀸스 칼리지에서 허블과 같이 지냈던 아이오와 주 출신 제이콥 라센 역시 비슷한 인상을 받았다. "우리는 다 미국 발음을 지키려고 하는데 허블은 강한 영국 발음을 하려고 애썼기 때문에 모두 웃었다. 우리는 그가 틀림없이 사이드카에서 목욕한다고 말할 것이라고 생각했다."[7]

허블은 1913년 1월 19일 아버지가 심한 병으로 세상을 떠나자 갑자기 영국 생활을 접어야 했다. 그는 집으로 돌아와서도 여전히 옥스퍼드 망토를 입었고 엉터리 영국 억양을 썼다. 그는 투자 실패로 경제적 고통을 겪고 있던 어머니와 네 형제를 책임지게 되었다. 한동안 고등학교 선생으로 일하고 나서 18개월 동안 시간제로 법률 관련 일을 하기도 했다. 그렇게 해서 집안을 경제적으로 안정시킬 수 있었다. 가족에 대한 의무를 다한 후 그는 권위적이었던 아버지의 영향에서 해방될 수 있었다. 허블은 천문학자가 되려는 어린 시절의 꿈을 다시 찾을 수 있게 되었다. 그는 한때 다음과 같이 말했다. "천문학은 성직

7. 영국에서는 욕조를 배스텁이라고 하는 대신 바스텁이라고 발음하는데 이것은 미국에서 사이드카를 가리키는 속어.

자와 비슷하다. 아무도 부름이 없이는 될 수 없다. 나는 그런 부름을 받았고 나에게는 2급이냐 3급이냐가 아니라 천문학자냐 아니냐가 중요하다." 그는 죽은 아버지를 의식해서 이런 말을 되풀이했다. "나는 1급의 법률가보다는 2급의 천문학자가 되기를 원한다."

허블은 법률 공부에 낭비한 시간을 보충하기 시작했고 전문적인 천문학자가 되기 위한 먼 길을 떠났다. 시카고 대학에서 맺은 과학과의 인연 덕분에 그는 헤일의 첫 번째 대형 망원경이 있는 여키스 천문대에서 박사과정을 밟을 수 있었다. 그는 때로는 독일식 이름으로 네벨플렉켄이라고도 불리는 성운을 조사하며 박사학위를 받기 위한 연구를 계속했다. 허블은 자기 논문이 충실하기는 하지만 뛰어나지는 않다는 것을 알고 있었다. "그것은 인간 지식에 크게 보탬이 되는 것은 아니었다. 언젠가는 이 성운들의 성격을 좀 더 연구할 수 있게 되었으면 한다."

허블은 목표를 달성하려면 가장 훌륭한 망원경이 있는 천문대의 연구직을 구해야 한다고 판단했다. 그는 한때 "사람들은 오감을 사용해 주위에 있는 우주를 탐색했고 그러한 모험을 과학이라고 불렀다"라고 말했다. 천문학자에게 가장 중요한 감각은 시각이었다. 따라서 가장 좋은 망원경을 사용할 수 있는 사람은 누구라도 가장 멀리, 그리고 가장 명확하게 볼 수 있었다. 가장 멀리 보기 위해서 그가 있어야 할 곳은 윌슨 산이었다. 윌슨 산 천문대는 이미 구경 60인치짜리 망원경을 보유하고 있었고 이보다 더 큰 구경 100인치짜리 망원경이 곧 완성될 예정이었다. 캘리포니아에 있는 윌슨 산 천문대 역시 허블의 가능성을 알고 있었으므로 그를 채용하려 했다. 허블은 1916년 11월에 윌슨 산 천문대에서 그 제의를 받고 매우 기뻐했다. 하지만 이 시기에 미국이 1차 대전에 참전하게 되어 채용이 연기되었다. 허블은 그렇게 좋아하던 영국을 방어하는 데 도움이 되는 것이 자신의 의무라고 생각했다. 너무 늦게 유럽에 도착해서 전투에는 참가할 수 없었지만 독일 점령군으로 4개월 동안 복무했다. 그는 사랑하는 영국을 오랫동안 여행하려고 귀국을 미루었다. 마침내 윌슨 산 천문대에 도착한 것은 1919년 8월이었다.

비교적 경험이 일천한 초보 천문학자였지만 허블은 곧 천문대에서 주목받는 존재가 되었다. 조수 한 사람이 사진을 찍기 위해 60인치 망원경 옆에 서 있는 허블의 모습을 생생하게 묘사해 놓았다.

| 그림 47 | 윌슨 산 천문대의 100인치 망원경 곁에 있는 에드윈 허블(왼쪽). 그림 48에 망원경의 전체 모습이 나타나 있다.

파이프를 입에 문 그의 크고 당당한 모습은 하늘을 배경으로 우뚝 서 있었다. 바람에 몸을 감싸고 있는 군용 트렌치코트가 펄럭였고, 때때로 파이프에서 나온 불꽃이 돔의 어둠 속으로 사라져 갔다. 그날 저녁의 관측은 윌슨 산의 수준에서 볼 때는 매우 형편없는 것이었다. 그러나 암실에서 사진 건판을 현상하고 나오는 그의 기분은 좋았다. 그는 "관측 조건이 안 좋은데도 이 정도 사진이 나온다면 나는 이 윌슨 산의 장비로 항상 쓸 만한 사진을 찍을 수 있어"라고 말했다. 그날 저녁 보여준 열정과 확신은 그가 문제에 접근하는 전형적인 자세였다. 그는 자신이 무엇을 해야 하는지, 그리

| 그림 48 | 윌슨 산 천문대의 돔 속에 있는 100인치짜리 후커 망원경. 1923년에 허블이 역사적인 관측을 해냈을 당시에는 세계에서 가장 강력한 망원경이었다.

고 어떻게 해야 하는지 잘 알고 있었고 자신감이 넘쳤다.

대논쟁에 대해서 허블은 성운이 독립적인 은하라는 생각에 동조했다. 그것은 약간 당황스러운 일이었다. 윌슨 산에는 우리 은하가 우주에 있는 단 하나의 은하이며 성운은 우리 은하의 일부라고 믿고 있는 천문학자들이 압도적으로 많았기 때문이다. 이 신참이 볼 때 워싱턴에서 하나의 은하 이론을 주장했던 할로 섀플리는 견해나 태도가 매우 특이한 사람이었다. 영국 관습에 젖어 있고 옥스퍼드 재킷을 입었으며 하루에도 몇 번씩 영국식으로 "빌어먹을!" 또는 "어이!"라고 외쳐대는 허블로서는 섀플리의 겸손한 태도는 전혀 이해할 수 없는 것이었다. 허블은 주목받는 것을 좋아했다. 그는 성냥을 켜서 공중에 360도로 던진 다음 파이프로 받아서 담배에 불을 붙일 수 있다는 것을 자랑스럽게 생각했다. 허블이 극단적으로 자기를 드러내는 사람이었던 반면에 섀플리는 정반대여서 그러한 자기과시를 싫어했다. 미국의 참전을 반대했던 섀플리가 가장 참을 수 없었던 것은 허블이 천문대에서 고집스럽게 군용 코트를 입고 다니는 것이었다.

그러나 이러한 개인적인 충돌은 섀플리가 하버드 천문대의 대장이 되어 1921년 윌슨 산을 떠나면서 끝났다. 그것은 틀림없는 승진이었다. 아직 해결되지 않은 대논쟁에서의 주도적인 역할을 인정받은 것이었다. 그러나 동부로 옮긴 것은 섀플리 개인에게는 불행한 일이었다. 그는 허블에게서 벗어나 존경받는 천문대 대장이 되었지만 40년 동안 천문학계를 지배한 천문대를 떠난 것이다. 윌슨 산은 세계에서 가장 강력한 망원경을 가지고 있었고 천문학에서 가장 위대한 성취를 눈앞에 두고 있었다.

허블은 승진했고 더 많은 시간 망원경을 관측할 수 있었으며 가장 좋은 성운 사진을 찍기 위해 최선을 다했다. 관측 일정이 잡혀 있을 때면 윌슨 산 정상에 이르는 1,740미터의 바람 불고 가파른 길을 올랐다. 그는 수도원이라고 부르는 곳에서 며칠씩을 보냈다. 그곳은 남성만의 공간으로, 바깥세상과는 완전히 차단되어 하늘을 보는 일에만 전념하는 곳이었다.

천문학자들이 경이와 기대 그리고 명상 속에서 밤을 보내는 것으로 생각하는 사람도 많을 것이다. 그러나 실제로 관측은 고통스러운 작업이었다. 여러 시간 동안 강도 높게 집중해야 했고 밤을 새우면서 졸음의 고통을 견뎌야 했다. 윌슨 산의 추운 날씨도 관측을 어렵게 했다. 손가락이 얼어 망원경의 방향을 세밀하게 조정하기 힘들었기 때문이다. 눈썹이 대안렌즈에 들러붙는 것도 참아내야 했다. 천문대의 업무일지에는 몇 마디 주의사항이 써 있었다. "피곤하고 춥고 졸릴 때는 휴식이나 충분한 주의 없이는 망원경이나 돔을 절대로 움직이지 마시오." 가장 부지런하고 심지가 굳은 관측자만이 성공적인 관측을 할 수 있었다. 정신적, 육체적으로 엄격하게 단련된 천문학자만이 몸이 떨리는 것을 억제하여 중요한 우주 사진을 찍을 때 사진 장비가 흔들리지 않도록 할 수 있었다.

윌슨 산에 와서 4년이 지난 1923년 10월 4일 저녁에 허블은 구경 100인치짜리 망원경으로 안드로메다성운을 관측하고 있었다. 관측 상태는 1이었는데 이는 돔을 폐쇄하기 직전인 가장 나쁜 상태였다. 그러나 그는 40분간 노출하여 안드로메다성운의 사진을 찍었다. 사진을 현상한 후 밝은 낮에 조사했을 때 그는 사진 현상 과정에서 생긴 흠집이거나 신성이라고 생각되는 새로운 점을 발견했다. 다음 날 저녁은 그가 관측할 수 있는 기간의 마지막 날이었는데 날씨는 훨씬 좋아졌다. 그는 그것이 신성이라는 것을 확인할 수 있기를 바라며 이번에는 노출시간을 5분 더 길게 하여 다시 한 번 안드로메다의 사진을 찍었다. 그 점은 여전히 거기에 있었다. 그리고 이번에는 신성일 가능성이 있는 점이 두 개 더 보였다. 그는 신성 후보자들 옆에 'N' 이라고 표시했다. 관측 시간이 끝나자 그는 사무실로 돌아와 패서디나의 산타바바라 가에 있는 사진 건판 도서관으로 갔다.

허블은 자신이 찍은 것과 같은 성운을 찍은 이전 사진을 비교하여 신성이 진짜인지를 알아보려고 했다. 천문대의 모든 사진 건판은 지진에도 견딜 수 있는 저장고에 보관되어 있었고 모든 사진은 철저하게 목록으로 정리되어 있었다. 따라서 적당한 사진을 찾아내 신성의 후보자를 확인하는 것은 간단한 일이었다. 그 두 개의 점이 실제로 새로운 신성이라는 것은 좋은 소식이었다. 더 좋은 소식은 세 번째 점은 신성이 아니라 케페이드형 변광성이라는 것이었다. 이 세 번째 별은 이전 사진에도 나타나 있었다. 그러나 다른 사진에는 밝기의 변화가 나타나 있지 않았다. 허블은 일생에서 가장 위대한 발견을 한 것이다. 그는 서둘러 'N' 을 지우고 그림 49와 같이 변광성을 뜻하는 'VAR!' 을 써넣었다.

이것이 성운에서 발견된 첫 번째 케페이드형 변광성이었다. 이 발견이 중요한 것은 케페이드형 변광성은 거리를 측정하는 데 사용될 수 있었기 때문이다. 따라서 허블은 이제 안드로메다성운까지의 거리를 측정해서 대논쟁의 결론을 내릴 수 있게 되었다. 성운은 우리 은하의 일부인가, 아니면 훨씬 더 멀리 있는 다른 은하인가? 새로운 케페이드형 변광성은 31.4151의 주기로 밝기가 변했다. 따라서 허블은 리빗의 연구를 이용해서 그 별의 절대 밝기를 계산할 수 있었다. 이 케페이드형 변광성의 밝기는 태양보다 7천 배나 더 밝았다. 절대 밝기와 겉보기 밝기를 비교하여 허블은 성운까지의 거리를 추정해 냈다.

그 결과는 놀라운 것이었다. 케페이드형 변광성까지의 거리, 즉 케페이드형

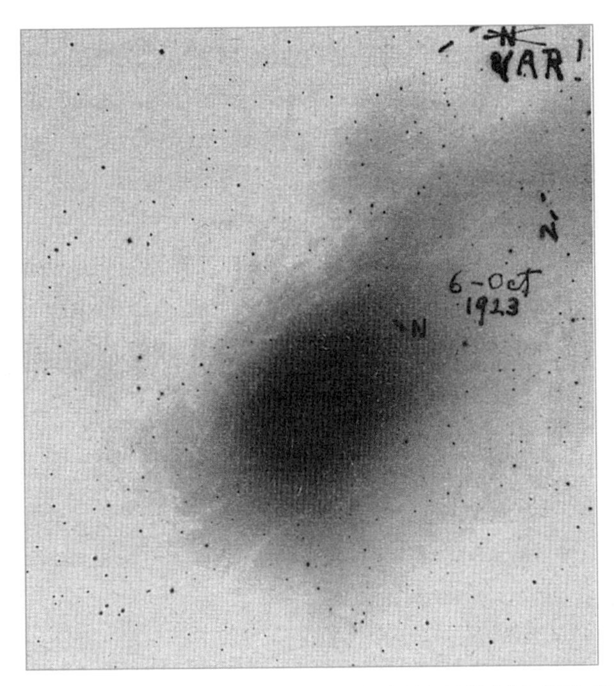

| 그림 49 | 1923년 10월에 허블은 안드로메다성운에서 세 개의 신성 후보를 찾아냈다. 이들은 'N'이라고 표시되어 있다. 이중 하나는 주기적으로 밝기가 변하는 케페이드 변광성인 것으로 판명되었다. 따라서 'N'을 지우고 'VAR'라고 다시 써넣었다. 케페이드 변광성은 거리 측정에 사용될 수 있었다. 따라서 허블은 이제 안드로메다성운까지의 거리를 측정할 수 있었고 대논쟁에 종지부를 찍었다.

변광성을 포함하고 있는 안드로메다성운까지의 거리는 지구에서 약 90만 광년이나 되는 것으로 나타났다.

우리 은하의 지름은 대략 10만 광년이다. 따라서 안드로메다는 우리 은하의 일부가 아니라는 것이 확실해졌다. 안드로메다는 맨눈으로도 보이기 때문에 만일 그렇게 멀리 있다면 그만큼 밝아야 했다. 그러한 밝기는 수억 개의 별을 포함한 커다란 체계라는 것을 의미했다. 안드로메다성운은 그 자체로 하나의 은하였다. 대논쟁은 끝났다.

| 그림 50 | 은하들은 이제 더 이상 성운으로 분류되지 않는다. 따라서 안드로메다성운은 안드로메다은하가 되었다. 이 사진은 2000년에 라팔마 천문대에서 찍은 것이다. 이 사진은 안드로메다가 수백만 개의 별로 이루어진 은하라는 것을 보여주고 있다.

안드로메다성운은 이제 안드로메다은하가 되었다. 안드로메다성운과 마찬가지로 대부분의 다른 성운들도 실제로는 우리 은하와 마찬가지로 멀리 떨어져 있는 독립된 은하였다. 허블은 섀플리가 틀렸고 커티스가 옳았다는 것을 증명했다.

안드로메다까지의 엄청난 거리는 매우 충격적인 것이었기 때문에 허블은 그 결과를 발표하기 전에 더 많은 증거를 찾기로 했다. 윌슨 산에서 그는 하나의 은하 이론을 믿는 사람들에 둘러싸여 있었다. 따라서 비웃음을 사지 않을까 염려했다. 그는 인내심을 가지고 안드로메다 사진을 여러 장 더 찍었고 더 희미한 두 번째 케페이드형 변광성을 찾아냈다. 그것은 처음 결과와 일치했다.

마침내 1924년 2월 그는 침묵을 깨고 하나의 은하 이론의 대변자인 섀플리에게 편지를 써서 자신이 얻은 결과를 알렸다. 섀플리는 리빗의 케페이드 거리 측정법을 조정하는 것을 도와준 적이 있었다. 이제 그것이 대논쟁에서의 그의 위치를 무너뜨렸다. 섀플리는 허블의 편지를 읽고 "이것이 내 우주를 파괴한 편지다"라고 말했다. 섀플리는 주기가 20일보다 더 긴 케페이드형 변광성은 믿을 만한 표지가 되지 못한다면서 허블의 자료를 공격하려고 했다. 주기가 긴 케페이드형 변광성에 대한 연구가 매우 드물기 때문이라는 것이었다. 또한 허블이 측정한 안드로메다 별들의 밝기 변화가 사진 현상 과정이나 노출 시간 때문에 생긴 것일지도 모른다고 주장했다. 허블은 자신의 관측이 완전하지 않다는 것을 알고 있었다. 그러나 안드로메다를 우리 은하 안으로 다시 끌어들일 만큼 중요한 오류는 없었다. 따라서 허블은 안드로메다가 지구에서 대략 90만 광년 떨어져 있다고 확신했다. 그 후 몇 년 동안에 은하 대부분은 안드로메다은하보다 훨씬 멀리 있다는 것이 밝혀졌다. 유일한 예외는 헨리에타 리빗이 연구한 소마젤란성운과 같은 몇 개의 난쟁이 은하였다. 소마젤란성운은 우리 은하의 가장자리에서 중력에 붙들려 우리 은하를 돌고 있는 위성은하라는 것이 알려졌다.

성운이란 말은 구름 모양을 가지는 천체를 나타내기 위해 사용되기 시작했다. 이제 대부분의 성운은 은하라고 새롭게 불리게 되었다. 그러나 일부 성운은 우리 은하 안에 있는 기체와 먼지구름이라는 것도 밝혀졌다. 따라서 성운이라는 말은 그러한 구름만을 가리키게 되었다. 상대적으로 작고 가까이 있는 먼지와 기체로 이루어진 성운이 존재한다고 해도 안드로메다 같은 초기 성운의 대부분이 실제로는 우리 은하 밖에 있는 독립된 은하라는 사실에는 변함이 없었다. 대논쟁의 중심 과제는 우주가 은하들로 가득 차 있는가 하는 것이었다. 그리고 허블은 그렇다는 것을 밝혀낸 것이다.

그렇다면 안드로메다은하에서 관측된 1885년의 신성은 무엇이었는가? 섀플리는 그것의 밝기가 안드로메다가 멀리 있는 독립된 은하가 아니라는 것을 증명한다고 주장했다. 신성은 그렇게 밝을 수 없기 때문이다. 실제로 1885년에 관측된 것은 신성이 아니라 그보다 훨씬 밝은 별인 초신성이었다는 것을 현재 우리는 알고 있다. 초신성은 보통의 신성과는 완전히 다른 크기의 파괴적인 현상이다. 그것은 하나의 별이 폭발할 때 일어나는 것으로 아주 짧은 시간 동안 수십억 개의 별보다 더 밝게 빛난다. 초신성은 자주 일어나는 일이 아니다. 커티스와 섀플리가 논쟁을 벌이던 1920년에는 초신성의 밝기에 대해서 알지 못했다. 그렇다면 섀플리의 또 다른 반론은 무엇이었는가? 만일 우주가 은하로 가득 차 있다면 은하는 모든 방향에서 관측되어야 한다. 그러나 은하들이 우리 은하면의 위와 아래에서는 많이 관측되지만 회피지역이라고 불리는 은하면에서는 거의 발견되지 않는다. 회피지역은 팬케이크 모양의 우리 은하면에 있는 성간 먼지가 그 너머에 있는 은하를 관측하는 것을 방해하기 때문이라는 커티스의 주장이 옳은 것으로 밝혀졌다. 현대 망원경 기술은 먼지를 투과할 수 있기 때문에 다른 방향에서와 마찬가지로 회피지역에서도 많은 은하를 관찰할 수 있다.

허블의 관측 소식이 전해지자 동료들은 천문학 역사상 가장 오래 지속되었던 논쟁을 해결한 그의 성공에 박수를 보냈다. 프린스턴 천문대 대장이었던 헨리 노리스 러셀은 허블에게 편지를 썼다. "그것은 참으로 아름다운 연구입니다. 당신은 모든 찬사를 받을 자격이 있습니다. 언제 자세한 내용을 발표하실 건지요?"

허블의 성과는 1924년 워싱턴에서 열린 미국 과학진흥협회 회의에서 발표되었다. 그곳에서 그는 가장 뛰어난 논문에 주는 1천 달러의 상금을 공동으로 수상했다. 공동수상자는 흰개미의 장腸에 살고 있는 원생동물을 연구한 레뮤얼 클리블랜드였다. 미국 천문학회의 한 위원회가 요약한 편지에 허블의 연구가 어떤 의미를 지니는지 강조되어 있다. "그것은 전에는 조사할 수 없었던 공간의 깊이를 열었고 가까운 미래에 더 큰 진전이 있을 것이라는 약속을 주었다. 그의 측정은 이미 알려진 물질세계의 크기를 100배나 팽창시켰고 성운이 우리 은하와 거의 같은 크기를 가지는 거대한 별들의 집단이라는 것을 보여주어 오랫동안 쟁점이 되어 온 (나선 성운의) 성격을 규정했다."

하나의 사진 건판에 찍힌 한 번의 관측으로 허블은 우주에 대한 우리의 생각을 바꾸었고 우주 안에서 우리 위치를 다시 생각하도록 했다. 우리의 작은 지구는 이제 수많은 은하 중 한 은하 속에 있는 수많은 별을 돌고 있는 수많은 행성 중 하나에 지나지 않게 되어 전보다 더 작아지게 되었다. 실제로 나중에 우리 은하는 수십억 개의 은하 중 하나라는 것과 각각의 은하는 수십억 개의 별을 포함하고 있다는 것이 밝혀져, 우주의 크기는 전에 생각했던 것보다 훨씬 커졌다. 섀플리는 우주의 모든 물질이 지름이 10만 광년 정도 되는 우리 은하 속에 포함되어 있다고 주장했다. 그러나 허블은 우리 은하에서 수백만 광년 떨어진 곳에 다른 은하들이 있다는 것을 증명했다. 오늘날 우리는 은하들이 수십억 광년이나 떨어져 있다는 것을 알고 있다.

천문학자들은 이미 행성과 태양 사이의 먼 거리를 알고 있었고 별들 사이의 더 넓은 공간에도 익숙해져 있었다. 이제는 은하 사이의 거대한 공간에 대해 생각해 보지 않을 수 없게 되었다. 허블은 자신의 관측을 이용하여 항성과 행성들의 모든 물질이 전 공간에 골고루 퍼져 있다면 우주의 밀도는 지구 크기의 1천 배나 되는 부피 속에 1그램의 물질이 들어 있는 정도라는 것을 계산해 냈다. 현대의 추정치와 큰 차이가 없는 이 밀도는 전체적으로 텅 빈 우주 속에서 물질이 매우 밀집된 곳에 우리가 살고 있다는 것을 보여준다. "어떤 행성이나 별 또는 은하도 우주의 전형적인 모습일 수는 없다. 왜냐하면 우주는 대부분 텅 비어 있기 때문이다"라고 천문학자 칼 세이건Carl Sagan은 기록했다. "넓고 추운 진공이 우주의 전형적인 장소이다. 영원히 밤만 계속되는 은하 사이의 공간은 아주 이상하고 황폐한 공간이므로 이와 비교하면 행성이나 별 그리고 은하는 매우 드물고 사랑스러운 곳이다."

허블의 관측이 지닌 의미는 진실로 놀라운 것이었다. 허블 자신도 곧 대중적인 토론의 주제가 되었으며 기사거리가 되었다. 한 신문은 그를 '거인 천문학자'라고 불렀다. 그는 국내외에서 많은 상을 받았다. 동료들은 그를 칭송했다. 옥스퍼드 대학 천문학 교수였던 허버트 터너Herbert Turner는 "에드윈이 자신이 한 일의 중요성을 제대로 알아차리려면 몇 년이 걸릴 것이다. 그가 한 일은 특별한 사람만이, 그것도 운이 아주 좋을 때나 할 수 있는 것이다"라고 말했다.

그러나 허블은 다시 한 번 천문학계를 흔들어 놓을 준비를 하고 있었다. 그것은 우주가 영원하고 정적이라는 가정을 우주학자들이 다시 검토할 수밖에 없게 하는 훨씬 더 혁명적인 관측이었다. 성공적인 관측을 위해 그는 망원경의 성능과 사진의 감도를 최고로 이용하는 새로운 기술을 사용했다. **분광기**라고 알려진 그 장비 덕분에 천문학자들은 거대한 망원경에 도달한 빛에 들어 있는 마지막 정보를 끌어낼 수 있게 되었다. 분광기는 19세기 과학의 야망과 희망에 기원을 둔 장비였다.

움직이는 세상

1842년에 프랑스 철학자 오귀스트 콩트는 과학적 노력으로도 영원히 규명할 수 없을 듯한 지식 분야에 집착하고 있었다. 예를 들어 그는 별들의 몇 가지 특성은 영원히 밝혀낼 수 없다고 생각했다. "우리가 별의 형태, 별까지의 거리, 별의 크기, 별의 움직임을 알아낼 수는 있지만 별의 화학적 성분이나 광물학적 구조에 대해서는 절대 알 수 없을 것이다."

그러나 콩트의 생각은 그가 죽은 지 2년도 안 되어 틀렸다는 것이 밝혀졌다. 가장 가까이 있는 별인 태양에 어떤 원자가 존재하는지 알려지기 시작했기 때문이다. 천문학자들이 별의 화학적 특성을 어떻게 밝혀냈는지 이해하기 위해서는 먼저 빛의 본성에 대한 기초적인 내용을 이해할 필요가 있다. 빛에는 특별히 알아두어야 할 세 가지 중요한 성질이 있다.

첫 번째로 물리학자들은 빛을 전기장과 자기장의 진동이라고 생각한다. 그 때문에 빛과 그에 관련된 형태의 복사선을 **전자기 복사선**electromagnetic radiation이라고 부른다. 두 번째는 더 간단하게 전자기 복사선, 즉 빛을 파동이라고 생각할 수 있다는 것이다. 세 번째로 중요한 점은 빛의 파동에서 두 개의 인접한 마루(또는 연속되는 두 골) 사이의 거리, 즉 파장이 우리가 빛의 파동에 대해서 알아야 할 모든 것을 설명해 준다는 것이다. 그림 51은 파장의 그림이다.

빛은 에너지의 한 형태이며 어떤 특정한 빛에 의해 전달되는 에너지의 양은 파장에 반비례한다. 다시 말해서 파장이 길면 길수록 더 낮은 에너지를 갖는

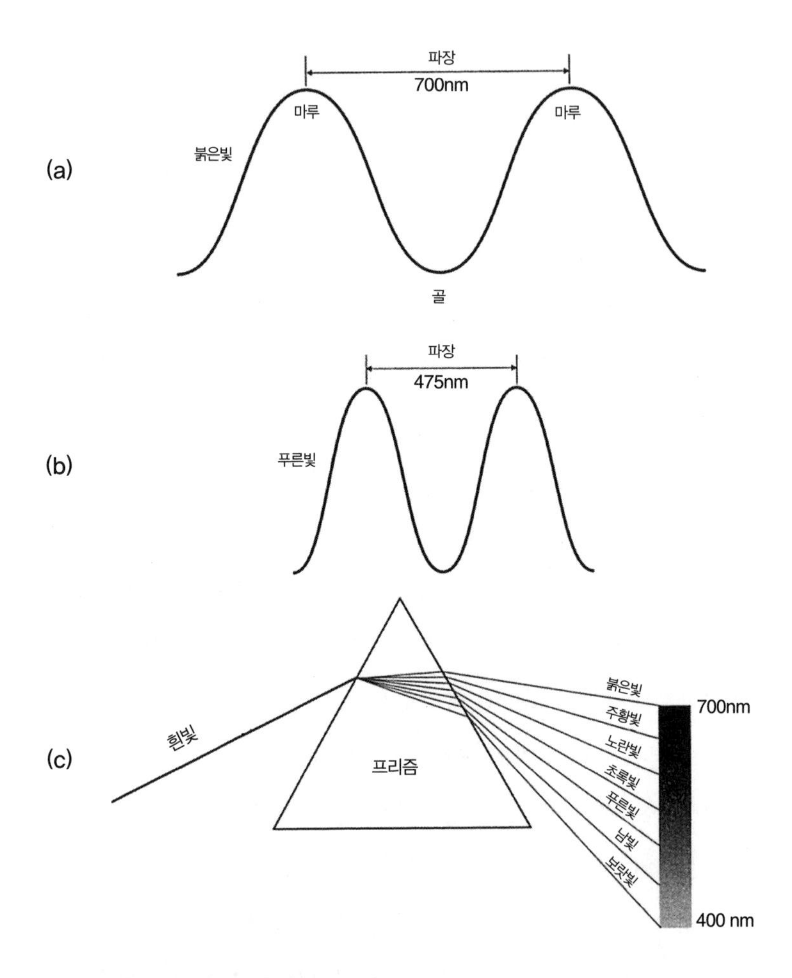

| 그림 51 | 빛은 파동으로 나타낼 수 있다. 빛의 파장은 두 개의 연속된 마루(또는 골) 사이의 거리이다. 파장은 빛에 대해 우리가 알아야 하는 거의 모든 것을 말해 준다. 특히 빛의 파장은 빛의 에너지와 색깔과 밀접한 관계가 있다. 그림 (a)는 적은 에너지를 가진 붉은빛의 긴 파장을 보여주고 있고 그림 (b)는 큰 에너지를 가진 푸른빛의 짧은 파장을 보여주고 있다. 가시광선의 파장은 1천분의 1mm보다 짧아 보라빛의 0.0004mm에서 붉은빛의 0.0007mm 사이의 값을 갖는다. 대개 빛의 파장은 나노미터(nm)라는 단위를 이용하여 재는데 1nm는 10억분의 1m이다. 따라서 붉은빛 파장은 약 700nm이다.

푸른빛 파장보다도 짧은 파장을 가지는 빛(자외선, 엑스선)도 있고, 붉은빛보다도 긴 파장을 가지는 빛(적외선, 마이크로파)도 있다. 그러나 이런 빛들은 눈에 보이지 않는다.

흰빛은 여러 가지 색깔의 빛과 여러 가지 파장의 빛이 섞인 것이다. 그림 (c)에서와 같이 프리즘을 통과시켜 보면 잘 알 수 있다. 그것은 빛이 유리로 들어가거나 유리에서 나갈 때 파장에 따라 다른 각도로 꺾이기 때문이다.

파동이다. 일반인들은 빛의 에너지에 대해서는 별로 관심이 없고 대신 빛을 다른 빛과 구별하는 기본 특성으로서 색깔에 관심이 있다. 푸른빛과 남빛, 보랏빛은 짧은 파장과 높은 에너지를 가지고 있는 빛이며 이에 반해 주황빛과 붉은빛은 파장이 긴 낮은 에너지를 갖고 있는 빛이다. 초록빛과 노란빛은 중간의 파장과 중간 정도의 에너지를 가지고 있다.

보랏빛의 파장은 약 0.0004밀리미터이며 붉은빛의 파장은 약 0.0007밀리미터이다. 그보다 더 길거나 짧은 파장을 가지는 빛도 있지만 우리 눈에는 보이지 않는다. 보통은 우리가 볼 수 있는 파동에만 '빛' 이라는 단어를 사용한다. 그러나 물리학자들은 인간의 눈에 보이든 안 보이든 모든 형태의 전자기 복사선을 나타낼 때 광범위하게 빛이라는 단어를 사용한다. 보랏빛보다 훨씬 더 짧은 파장과 높은 에너지를 가지는 빛에는 자외선과 엑스선이 포함되며 붉은빛보다 더 긴 파장과 낮은 에너지를 가지는 빛에는 적외선과 마이크로파가 포함된다.

천문학자들은 별이 빛을 방출한다는 점을 중요하게 여겼다. 별빛의 파장으로 그 빛을 방출한 별에 대해 무언가를 알 수 있을 것이라고 생각한 것이다. 예를 들어 어떤 물체의 온도가 섭씨 500도까지 올라가면 그 물체의 에너지는 붉은빛을 내게 된다. 따라서 이런 물체는 붉은 색으로 보인다. 온도가 더 올라가면 물체는 에너지가 높아지고, 따라서 파장이 짧은 푸른빛을 더 많이 방출하게 된다. 이런 물체는 붉은빛에서 푸른빛까지 모든 파장의 빛을 방출하기 때문에 흰색으로 빛나게 된다. 일반적으로 사용하는 백열전구 필라멘트의 온도는 대략 섭씨 3천 도이므로 흰빛을 내게 된다. 천문학자들은 별빛의 색깔과 별이 방출하는 서로 다른 파장의 비율을 분석하여 별의 온도를 추정할 수 있다는 것을 알게 되었다. 그림 52는 다양한 표면 온도를 가진 별들이 방출하는

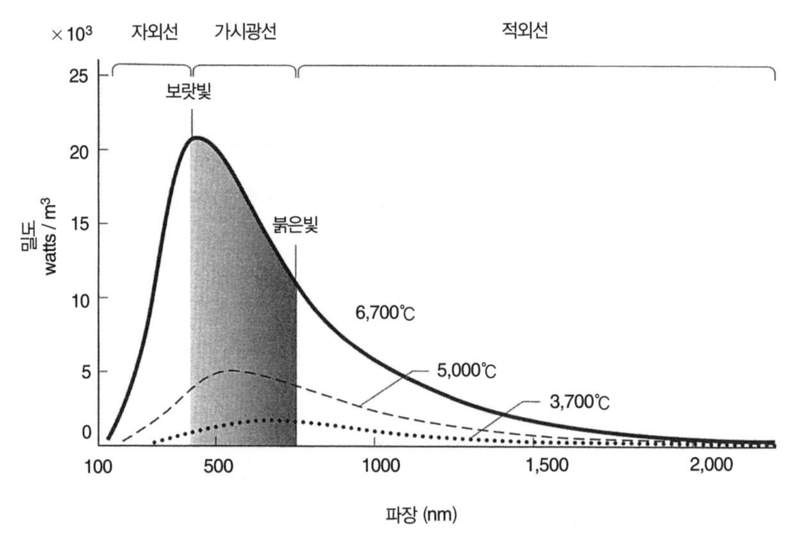

| 그림 52 | 이 그래프는 다른 표면 온도를 가진 별이 내는 빛의 파장의 범위를 보여주고 있다. 굵은 선으로 나타낸 곡선은 표면 온도가 6,700℃인 별이 내는 파장의 분포를 나타낸다. 파장의 분포는 푸른빛과 보라빛 사이에서 최고점을 이루지만 다른 가시광선 영역의 빛도 낸다. 이 별은 가시광선보다 파장이 길거나 짧은 적외선과 자외선도 적은 양이지만 내고 있다. 중간의 곡선은 온도가 낮아 표면 온도가 5,000℃ 정도인 별이 내는 파장의 분포를 나타낸다. 이 별에서 오는 빛은 파장이 긴 가시광선의 중간쯤에서 최고점이 나타난다. 따라서 이 별은 여려 가지 색깔의 빛이 잘 섞여 있어 흰빛으로 보인다. 가장 아래쪽에 있는 곡선은 표면 온도가 더 낮은 (3,700℃) 별이 내는 빛의 파장 분포를 나타낸다. 이 별의 빛은 파장이 더 긴 쪽에 분포해 있어 많은 양의 붉은빛과 눈에 보이지 않는 적외선을 내고 있다. 이런 별은 주황빛으로 보인다.

별이 내는 빛의 파장의 범위를 조사하여 지상의 천문학자들은 별의 온도를 추정할 수 있다. 한마디로 말해 온도가 낮은 별은 긴 파장의 빛을 내고 따라서 붉은빛으로 보이며 온도가 높은 별은 짧은 파장의 빛을 내어 푸른빛으로 보인다.

파장의 분포를 보여준다.

별의 온도를 알아내는 것뿐만 아니라 별의 구성 성분을 알아내기 위해 어떻게 별빛을 분석해야 하는가도 연구되었다. 그러한 기술의 기원은 1752년으로 거슬러 올라간다. 그해 스코틀랜드 물리학자 토머스 멜빌Thomas Melvill은 다양한 물질을 불꽃에 태우면 각각 독특한 색의 빛을 낸다는 것을 알게 되었다.

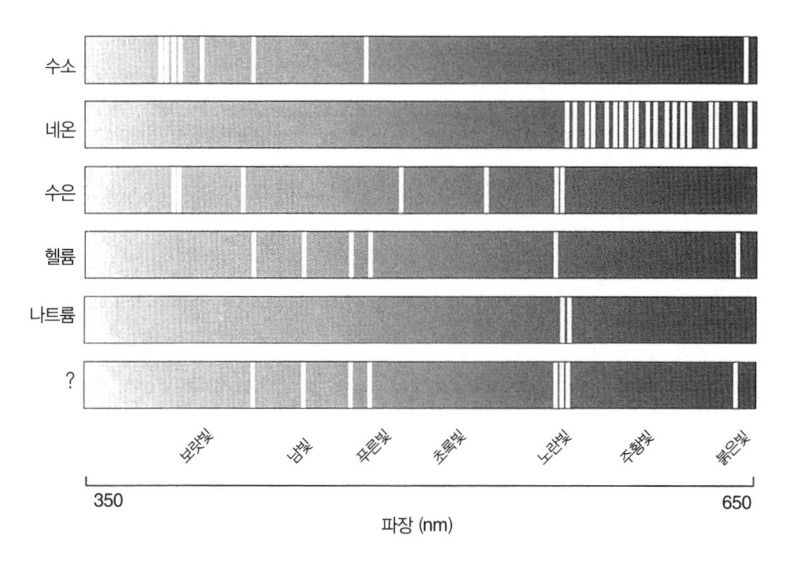

| 그림 53 | 나트륨이 내는 가시광선이 다섯 번째 스펙트럼 도표에 나타나 있다. 여기에는 589nm의 파장을 가지는 두 개의 뚜렷한 스펙트럼선이 있다. 이 스펙트럼선은 나트륨의 지문 역할을 한다. 모든 원자는 다른 파장을 가진 스펙트럼선으로 나타내지는 자신의 지문을 가지고 있다. 원자는 높은 압력과 같은 주위 환경에 따라 약간 달리지는 지문을 보여주기도 한다. 맨 아래 있는 차트는 알려지지 않는 기체의 스펙트럼이다. 다른 것과 비교해 보면 이 기체가 헬륨과 나트륨을 포함하고 있다는 것을 알 수 있다.

예를 들어 식탁의 소금은 밝은 주황빛을 내며 탄다. 소금을 가스레인지 불 위에 조금 뿌려보면 주황빛 불꽃을 내면서 타는 것을 쉽게 관찰할 수 있다.

소금이 탈 때 나오는 독특한 색깔의 빛은 소금을 이루고 있는 원자가 내는 것이다. 소금은 나트륨과 염소로 이루어져 있어 염화나트륨이라고도 부르는데, 주황빛은 염화나트륨 중 나트륨 원자가 내는 빛이다. 나트륨 가로등이 주황빛을 내는 것도 이 때문이다. 나트륨에서 나온 빛을 프리즘에 통과시켜 보면 그림 53처럼 두 개의 가장 강한 빛이 모두 스펙트럼의 주황빛 영역 안에 있다는 것을 알 수 있다.

각각의 원자는 고유한 원자 구조에 따라 특정한 파장의(또는 색깔의) 빛을 낼 수 있다. 나트륨 이외의 원자가 내는 빛의 파장이 그림 53에 나타나 있다. 네온은 붉은빛 부근에 있는 파장의 빛을 방출한다. 이것은 네온등을 통해 우리에게도 익숙한 빛이다. 반면에 수은은 푸른빛 부근의 빛을 내는데 이 때문에 수은등은 파랗게 빛난다. 조명 기술자와 불꽃놀이 제작자들도 여러 가지 원소가 방출하는 파장에 관심을 가지고 있으며 이를 이용해 원하는 효과를 만들어 낸다. 예를 들어 바륨이 들어 있는 불꽃놀이 폭죽은 초록빛을 내며 스트론튬이 들어 있는 것은 붉은빛을 낸다.

각각의 원자가 방출하는 빛의 파장은 원소의 지문과 같은 역할을 한다. 따라서 어떤 물질에서 방출되는 빛의 파장을 연구함으로써 그 물질 안에 포함되어 있는 원자의 종류를 밝혀낼 수 있다. 그림 53의 가장 아래에 있는 스펙트럼은 무엇인지 알 수 없는 뜨거운 기체에서 얻은 것이다. 이 스펙트럼의 파장을 알려진 원소의 스펙트럼과 비교해 보면 그 기체가 헬륨과 나트륨을 포함하고 있다는 것을 알 수 있다.

원자, 빛, 파장, 그리고 색깔을 연구하는 과학을 **분광학**이라고 한다. 물질이 빛을 방출하는 과정은 분광학적으로 **발광**이라고 한다. 분광학적으로 **흡수**라고 하는 반대의 과정 또한 존재하며, 이것은 특정한 파장의 빛이 원자에 흡수되는 것을 나타낸다. 모든 범위의 파장을 가진 빛이 증기 상태의 소금을 통과하면 대부분의 빛은 영향을 받지 않은 채 그대로 통과하지만 그림 54와 같이 몇 개의 중요한 파장은 소금 안의 나트륨 원자에 흡수된다. 낮은 온도 상태에 있는 나트륨에 흡수되는 빛의 파장은 높은 온도에서 나트륨이 방출하는 파장과 정확히 같다. 모든 원자에서는 이처럼 흡수와 발광 파장이 일치한다.

사실 천문학자들의 관심을 끈 것은 발광 스펙트럼보다는 흡수 스펙트럼이

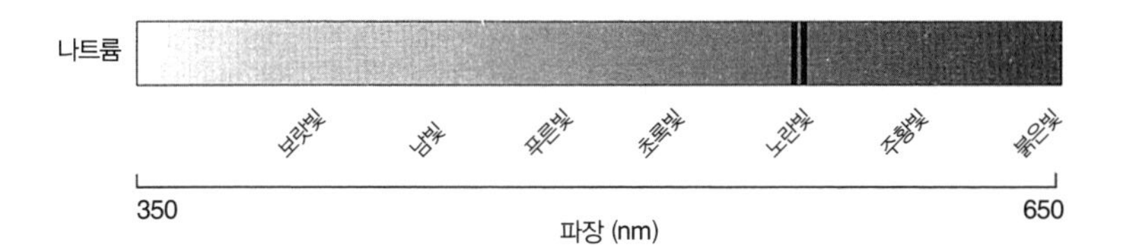

| 그림 54 | 흡수 스펙트럼은 발광 스펙트럼과는 반대의 과정이다. 이 그림에 나타나 있는 나트륨의 흡수 스펙트럼은 그림 53에 나타나 있는 나트륨의 스펙트럼과 동일하다. 단지 회색 바탕 위에 흰색이 아니라 회색 바탕 위에 검은색으로 나타나 있는 것만 다르다. 왜냐하면 나트륨이 흡수한 파장을 제외한 모든 파장의 빛을 보이고 있기 때문이다.

다. 천문학자들은 분광기를 화학 실험실에서 꺼내 천체관측소로 가져왔다. 그들은 흡수 스펙트럼이 태양을 비롯한 별의 구성 성분에 대한 단서를 줄 수 있다는 것을 깨달았다. 그림 55는 태양 빛을 프리즘에 통과시켜서 태양 빛의 스펙트럼을 연구하는 과정을 보여준다. 태양은 모든 범위의 가시광선 파장을 방출할 정도로 온도가 높다. 그러나 19세기 초에 태양의 스펙트럼에 특정한 파장의 선이 빠져 있다는 것을 알게 되었다. 이 파장들은 태양 빛 스펙트럼에 검은 선으로 나타났다. 과학자들은 곧 빠져 있는 파장은 태양 대기 속에 포함되어 있는 원자에 흡수된 것이라는 사실을 알아냈다. 따라서 태양 대기를 구성하고 있는 원자를 밝혀내는 데 이용될 수 있었다.

분광학에 관한 기초적인 연구는 독일의 광학 선구자 요세프 폰 프라운호퍼가 많은 부분 진척시켰지만 1859년 로베르트 분젠Robert Bunsen과 구스타프 키르히호프Gustav Kirchhoff가 중요한 성과를 거뒀다. 두 사람은 함께 분광기를 만들었다. 어떤 물체가 방출하는 빛의 파장을 정확하게 분석할 수 있도록 고안된 기구였다. 그들은 그것을 이용하여 태양 빛을 분석했으며 빠져 있는 두 개

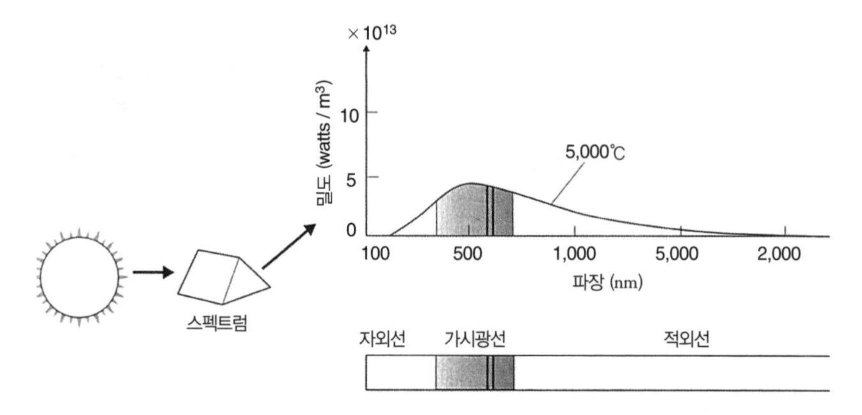

| 그림 55 | 태양은 붉은빛에서 보라빛까지 모든 가시광선과 적외선과 자외선을 낼 수 있는 충분히 높은 온도를 가지고 있다. 프리즘을 조합해 만든 분광기나 다른 장치를 이용하면 태양 빛은 파장을 구별할 수 있도록 분산된다. 위 그래프는 두 개의 특정한 스펙트럼선이 빠진 것을 제외하면 태양과 같은 온도의 물체가 낼 것이라고 예상되는 파장의 분포를 보여주고 있다. 이 스펙트럼선은 나트륨의 흡수선에 해당한다. 아래 파장 차트는 천문학자의 사진 건판에 나타나는 흡수 스펙트럼을 보여주고 있는데, 실제 관측에서는 스펙트럼이 뚜렷하지 않다. 실제로 태양의 스펙트럼을 조사해 보면 수백 개의 흡수선이 나타난다. 이런 것은 태양 대기에 있는 여러 가지 원소에 의해 흡수된 파장들이다. 따라서 이 흡수선들의 파장을 측정하면 태양을 구성하고 있는 원소들을 알 수 있다.

의 파장이 나트륨과 관계가 있다는 것을 확인할 수 있었고, 그 결과 태양의 대기 속에 나트륨이 존재한다는 것을 알 수 있었다.

"지금 키르히호프와 나는 잠을 이루지 못할 정도의 공동작업을 하고 있다"라고 분젠은 기록했다. "키르히호프는 태양 빛 스펙트럼에 검은 선이 나타나는 이유에 대해 전에는 예상할 수 없었던 훌륭하고 완전한 발견을 했다. …… 그 결과 화학반응에서 황산과 염소 등을 측정하는 것과 같은 정확도로 태양과 별의 구성 성분을 알아낼 수 있는 방법이 발견되었다." 인간은 절대로 별의 성분을 알아낼 수 없을 것이라던 콩트의 주장이 틀렸다는 것이 밝혀진 것이다.

키르히호프는 태양 대기에서 중금속과 같은 다른 물질의 증거를 계속 찾았다. 그가 거래하던 은행 지점장은 키르히호프가 하는 일의 의미를 깨닫지 못하고 이렇게 물었다. "지구로 가져올 수 없다면 태양의 금이 무슨 소용입니까?" 수년 후, 키르히호프는 그 연구로 금메달을 받고서 그 퉁명스럽던 은행가를 찾아가 의기양양하게 말했다. "여기 태양에서 가져온 금이 있소."

별빛을 분석하는 분광 기술은 매우 강력해서 1868년 영국의 노먼 로키어Norman Lockyer와 프랑스의 쥘 장상Jules Janssen이 각각 독자적으로 아직 지구에서는 발견되지 않은 원소를 태양에서 발견할 수 있었다. 그들은 태양 빛의 한 흡수선이 그때까지 알려져 있었던 어떤 원자의 스펙트럼과도 맞지 않는다는 것을 알아냈다. 따라서 로키어와 장상은 이것을 완전히 새로운 종류의 원자가 흡수하는 스펙트럼이라고 생각했다. 이 원소는 그리스의 태양신 헬리오스의 이름을 따서 헬륨이라는 이름을 붙였다. 헬륨은 태양 질량의 4분의 1을 차지하고 있지만 지구에서는 매우 희귀한 원소였기 때문에 지구에서 발견되기 25년 전에 태양에서 먼저 발견된 것이다. 헬륨의 발견으로 로키어는 기사 작위를 수여받았다.

윌리엄 허긴스William Huggins도 분광학의 힘을 이해하고 있었던 과학자였다. 젊었을 때는 아버지에게서 포목상을 운영하라는 강요를 받았다. 나중에 그는 포목상을 팔고 과학적 꿈을 실현시키기로 결심했다. 그는 가업을 정리한 돈으로 지금의 런던 교외지역인 어퍼털스 언덕에 천문관측소를 세웠다. 분젠과 키르히호프의 분광학적 발견을 알게 된 허긴스는 매우 기뻐했다. "그 소식은 메마르고 목마른 땅에서 샘을 찾은 것과 같았다."

1860년대에 허긴스는 태양보다 먼 곳에 있는 별에 분광학을 적용해서 그 별도 지구에 존재하는 원자를 포함하고 있다는 것을 확인했다. 예를 들어 오리

온자리 알파별인 베텔게우스의 스펙트럼에 나트륨, 마그네슘, 칼슘, 철, 그리고 비스무트와 같은 원자들에 흡수된 흡수선이 나타난다는 것을 확인했다. 고대 철학자들은 별이 지구의 물질을 구성하는 공기, 흙, 불, 물의 4원소가 아닌 다섯 번째 원소인 **제5원소**로 구성되어 있다고 주장했다. 그러나 허긴스는 베텔게우스가 지구에서 발견되는 것과 똑같은 물질로 이루어져 있다는 것을 보여주는 데 성공했고, 그것은 우주 전체가 지구를 이루고 있는 원소로 이루어졌다는 추정을 가능하게 했다. 따라서 허긴스는 다음과 같이 결론지었다. "별과 다른 천체의 빛에 대한 분광학적 연구의 한 가지 중요한 목적, 즉 지구에 있는 것들과 같은 화학원소가 우주 전체에 존재하는지를 밝혀내는 문제는 아주 만족스럽게 결론지어졌다. 그 결론은 공통적인 화학반응이 전 우주에 걸쳐 존재한다는 것이다."

허긴스는 아내 마거릿과 애완견 케플러와 함께 별에 관한 연구를 계속하며

| 그림 56 | 분광기를 처음으로 사용하여 별의 속도를 측정한 허긴스 부부.

여생을 보냈다. 허긴스보다 스물네 살이나 나이가 어린 아내 마거릿 허긴스도 훌륭한 천문학자였다. 윌리엄은 여든네 살이 되어 천문학자로서의 마지막 작업을 할 때, 망원경에 올라가 필요한 조정을 하는 일은 예순 살의 아내에게 부탁했다. "천문학자는 인도산 고무로 만든 관절과 등뼈가 있어야 한다"라고 마거릿은 불평했다. 허긴스 부부는 우주에 대한 우리의 생각을 바꾸어 놓은 아주 새로운 분광기의 응용분야를 개척했다. 그들은 분광기로 별의 구성 성분을 알 수 있을 뿐만 아니라 별의 속도도 측정할 수 있다는 것을 보여주었다.

갈릴레이를 따라 천문학자들은 별이 정지해 있다고 생각했다. 별은 매일 저녁 하늘을 가로질러 움직여 가지만 천문학자들은 이러한 겉보기 운동은 지구의 운동 때문에 나타나는 현상이라는 것을 잘 알고 있었다. 하지만 별들 사이의 상대 위치는 변하지 않는다고 가정했다. 그러나 영국의 천문학자 에드먼드 핼리Edmund Halley는 1718년에 별이 정지해 있다는 것은 사실이 아니라고 지적했다. 그는 지구의 운동을 감안하더라도 몇 세기 전에 프톨레마이오스가 관측한 것과 비교해 볼 때 시리우스와 아르크투루스 그리고 프로키온의 위치가 변했다는 것을 알 수 있었다. 핼리는 이러한 위치 변화가 정확하지 않은 측정 때문에 생긴 것이 아니라 실제로 별들의 위치가 시간에 따라 변했기 때문이라고 생각했다.

무한히 정확한 측정 장치와 무한히 강력한 망원경만 있다면 천문학자들은 모든 별의 고유운동을 감지할 수 있을 것이다. 그러나 실제로는 별의 위치 변화는 매우 천천히 일어나기 때문에 현대 천문학자들도 겨우 감지해 낼 수 있었다. 일반적으로 고유운동을 찾아내기 위해서는 그림 57과 같이 가까이 있는 별을 몇 년 동안이나 주의 깊게 관측해야 한다. 다시 말해 우리의 가장 가까운 이웃 별의 고유운동을 측정하는 것도 어렵고 힘든 일이었다. 고유운동의 측정

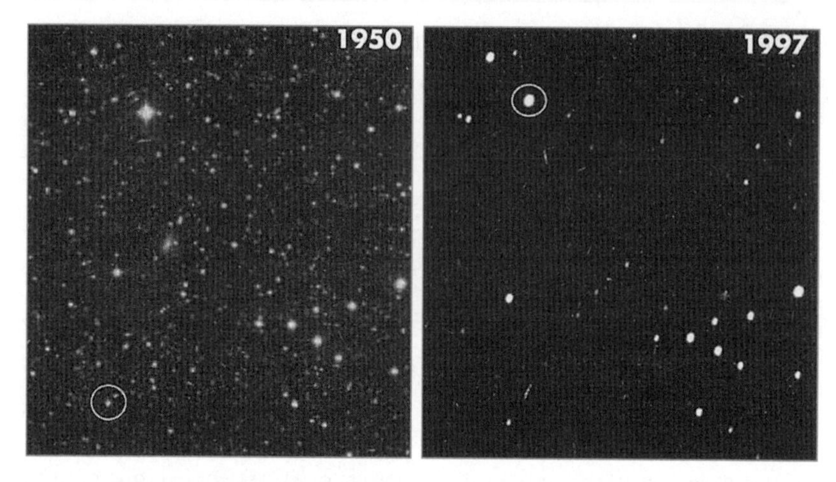

| 그림 57 | 버나드 별(원 속)은 태양계에서 두 번째로 가까이 있는 별로 큰 고유운동을 나타내는 별이다. 이 별은 하늘에서 옆으로 매년 10초씩 움직여 간다. 거의 50년 간격으로 찍은 이 두 사진은 이 별이 다른 별들에 대해 상당히 움직여 갔다는 것을 보여주고 있다. 움직임을 잘 알아보기 위해서는 아래쪽에 〈 모양으로 배열되어 있는 별들과 비교해 보는 것이 좋다.

을 방해하는 또 다른 장애는 시선 방향에 대해 수직인 방향, 즉 하늘에서 옆으로 일어나는 운동만을 관측할 수 있다는 것이었다. 따라서 지구를 향해 다가오거나 멀어지는 운동, 즉 시선 방향의 운동에 대해서는 아무것도 알 수가 없었다. 따라서 고유운동에 대한 관측으로는 별들의 운동에 대해 제한된 정보만을 얻을 수 있었다.

그러나 윌리엄 허긴스는 분광기를 이용하면 고유운동 측정과 관련된 두 가지 어려움을 극복할 수 있다는 것을 깨달았다. 그가 사용한 새로운 분광 기술은 별의 시선방향 운동을 짧은 시간 동안 정확하게 측정할 수 있었을 뿐만 아니라 아주 멀리 있는 별에도 적용할 수 있었다. 그의 아이디어는 오스트리아 물리학자 크리스티안 도플러Christian Doppler가 발견한 물리법칙을 망원경에 접

목시킨 것이었다.

1842년에 도플러는 파동을 만들어 내는 물체의 움직임이 그 물체가 내는 파동의 파장에 영향을 준다고 발표했다. 그것은 물의 파동이나 음파 또는 빛과 같은 파동의 종류에 관계없이 모든 파동에 해당되는 것이었다. **도플러효과**를 알아보기 위해 그림 58과 같이 연잎 위에 앉아서 한쪽 발로 1초에 한 번씩 물장구를 쳐서 초속 1미터 속도로 움직여 가는 파동을 만드는 개구리를 생각해 보자. 만일 연잎이 움직이지 않아 개구리가 정지한 상태에서 파동을 만들어 내는 것을 위에서 내려다본다면 파동이 그림 58(a)와 같은 동심원을 만들면서 퍼져 나가는 것을 보게 된다. 따라서 양쪽 강둑에 있는 관측자는 파동이 1미터 간격을 두고 도착하는 것을 볼 수 있다.

그러나 개구리가 움직인다면 그림 58(b)와 같이 상황은 달라진다. 개구리와 연잎이 강둑으로 초속 0.5미터의 속도로 다가가고 있고 개구리는 계속해서 1초마다 파동을 만들어 내고 있으며 파동은 여전히 1미터의 속도로 움직이고 있다고 가정해 보자. 이번에는 개구리가 움직이는 방향에서는 파동이 모이게 되어 파동 사이의 간격이 좁아지고 반대 방향에는 파동 사이의 간격이 넓어진다. 따라서 오른쪽 강둑에 있는 관측자는 0.5미터 간격으로 파동이 도착하는 것을 관측할 것이고, 반대편 강둑에 있는 관측자는 1.5미터 간격으로 파동이 도착하는 것을 볼 수 있을 것이다. 한 관측자는 짧아진 파장을 관측하고 다른 관측자는 길어진 파장을 관측하게 된다. 이것이 도플러효과이다.

요약해 보면 파동을 내고 있는 물체가 관측자를 향해 움직이면 관측자는 짧아진 파장을 관측하고, 물체가 관측자에게서 멀어지면 길어진 파장을 관측하게 된다. 파동을 만들어 내는 물체가 정지해 있고 관측자가 움직여도 같은 효과가 나타난다.

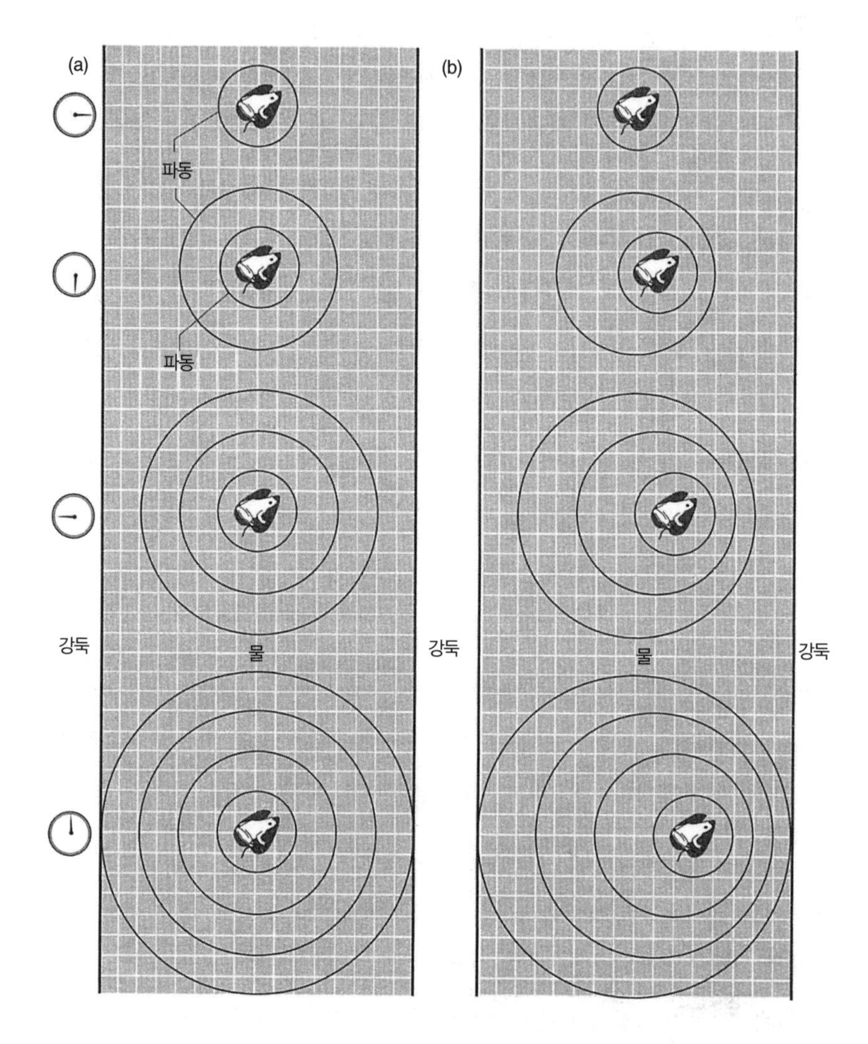

| 그림 58 | 연잎 위에 앉아 있는 개구리가 1m 간격의 파동을 매초 한 번씩 만들어 내고 있다. 그림 (a)에서와 같이 개구리가 정지해 있을 때는 양쪽 둑에 있는 관측자는 파동이 1초마다 도착하는 것을 관측할 것이다. 그러나 그림 (b)에서와 같이 개구리가 오른쪽 둑을 향해 0.5m/s의 속도로 다가가면 관측자는 서로 다른 파동을 관측하게 된다. 개구리가 다가가는 둑에서는 파동이 모여오는 것으로 관측되고 반대편 둑에서는 파동이 넓게 퍼진 것처럼 보이게 된다. 개구리가 다가오거나 멀어짐에 따라 파장이 다르게 측정되는 것이 수면파에서의 도플러효과이다.

도플러효과는 그것이 존재하지 않는다는 것을 증명하려 했던 네덜란드 운석학자 크리스토프 보이스발로트Christoph Buys-Ballot에 의해 1845년에 실험적으로 확인되었다. 그는 트럼펫 연주자들을 두 그룹으로 나누어 같은 음을 연주하도록 했다. 한 그룹은 새로 개통된 위트레흐트와 마르센을 연결하는 철로에 놓인 지붕 없는 열차에서 연주하도록 했고 다른 그룹은 플랫폼에 서서 연주하도록 했다. 두 그룹이 정지해서 연주할 때는 같은 소리가 났다. 그러나 음악적으로 훈련된 귀를 가진 사람은 다가오면서 내는 트럼펫 소리가 원래보다 높은 소리로 들린다는 것을 알 수 있었다. 열차의 속도를 증가시키자 더 높은 소리로 들렸다. 열차가 멀어지자 이번에는 원래보다 낮은 소리로 들렸다. 이러한 변화는 음원의 속도에 따라 파장이 변하기 때문에 생기는 것이다.

우리는 구급차의 사이렌 소리에서도 같은 효과를 들을 수 있다. 구급차가 다가오고 있을 때는 사이렌 소리가 높은 소리(짧은 파장)로 들리고 멀어질 때는 낮은 소리(긴 파장)로 들린다. 구급차가 빠른 속도로 우리 옆을 지나갈 때는 높은 소리에서 낮은 소리로 변화하는 것을 쉽게 느낄 수 있을 정도로 변화가 뚜렷하다. 경주용 자동차인 포뮬러 1은 빠른 속도 때문에 옆으로 지나갈 때 더욱 뚜렷한 변화를 보인다. 우리 옆을 지나갈 때 엔진소리가 뚜렷하게 '이이이이이이오오오오오오' 하고 높은 소리에서 낮은 소리로 바뀐다.

파장의 변화는 도플러가 발전시킨 방정식으로 쉽게 예측할 수 있다. 관찰자가 받아들이는 파장(λ_r)은 음원이 내는 파장(λ)과, 파원 속도(ν_e)와 파동 속도(ν_w)의 비에 따라 달라진다. 만일 파원이 관측자를 향해 다가오고 있으면 부호는 플러스이고, 관측자에게서 멀어지고 있으면 마이너스가 된다.

$$\lambda_r = \lambda \times \left(1 - \frac{\nu_e}{\nu_w}\right)$$

이제 지나가는 구급차가 울리는 사이렌 소리의 파장 변화를 대략적으로 계산해 보기로 하자. 공기 중에서 소리의 속도(ν_w)는 시속 1천 킬로미터이고, 구급차의 속도(ν_e)는 시속 100킬로미터이다. 따라서 구급차가 움직이는 방향에 따라 파장은 10퍼센트 정도 증가하거나 짧아진다.

비슷한 계산을 통해 구급차의 푸른 불빛의 파장 변화도 알 수 있다. 이번에는 파동의 속도가 빛의 속도이다. 따라서 ν_w는 대략 초속 30만 킬로미터이고, 이것은 시속 10억 킬로미터라고 고쳐 쓸 수도 있다. 이 경우에는 파장의 변화가 0.00001퍼센트 정도이다. 이 정도의 파장과 색깔의 변화는 인간의 눈으로는 감지할 수 없다. 가장 빠른 자동차도 빛의 속도에 비하면 아주 느리기 때문에 일상생활 속에서는 빛과 관계된 도플러효과를 관측할 수 없다. 그러나 도플러는 빛의 도플러효과도 실제로 있으며, 광원이 아주 빠르게 움직이고 감지기가 아주 민감하면 관측할 수 있을 것이라고 예측했다.

1868년 윌리엄과 마거릿 허긴스 부부는 시리우스의 도플러 편이를 검출하는 데 성공했다. 시리우스의 흡수선은 모든 스펙트럼선이 0.015퍼센트 정도 길어진 것을 제외하면 태양의 흡수선과 아주 똑같았다. 이것은 시리우스가 지구에서 멀어지고 있기 때문이라고 생각되었다. 관측자에게서 멀어지는 광원光源의 운동은 빛의 파장을 길어지게 한다는 사실을 기억하고 있을 것이다. 파장이 길어지는 것을 **적색편**이라고 부른다. 왜냐하면 붉은빛은 가시광선 중에서 파장이 가장 긴 빛이기 때문이다. 다가오는 광원에 의해 파장이 짧아지는 것은 **청색편**이라고 부른다. 그림 59에는 두 가지 형태의 편이가 나타나 있다.

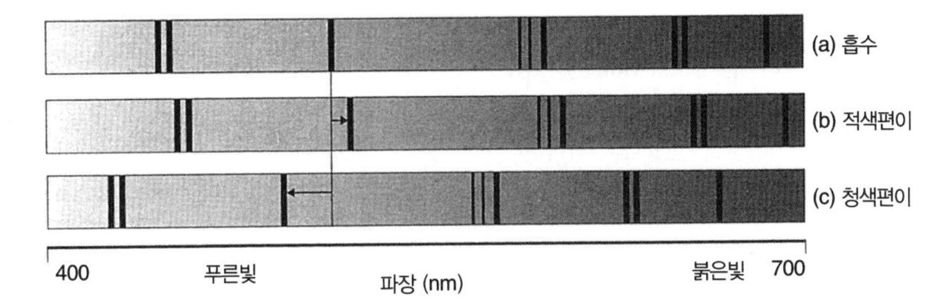

| 그림 59 | 이 세 장의 스펙트럼 도표는 별의 시선 방향 운동에 따라 달라지는 스펙트럼을 보여주고 있다. 스펙트럼 (a)는 지구로부터 멀어지거나 가까워지지 않는 (태양과 같은) 별에서 오는 흡수 스펙트럼을 나타낸다. 스펙트럼 (b)는 지구로부터 멀어지고 있는 별이 나타내는 적색편이를 보여주고 있다. 붉은빛 쪽으로 이동해 있는 것을 제외하면 모든 스펙트럼선이 동일하다. 스펙트럼 (c)는 지구를 향해 다가오고 있는 별이 나타내는 청색편이를 보여주고 있다. 이번에도 모든 스펙트럼선이 푸른빛 쪽으로 이동해 있다는 것을 제외하면 스펙트럼선은 동일하다. 청색편이의 정도가 적색편이의 정도보다 큰 것으로 보아 청색편이를 보이는 별은 적색편이를 보이는 별보다 더 빠른 속도로 지구로 다가오고 있음을 알 수 있다.

도플러의 방정식은 나중에 아인슈타인의 상대성이론에 따라 수정되었지만, 19세기에 사용되던 방정식도 허긴스의 연구에는 충분했다. 그는 이 식을 이용하여 시리우스가 지구에서 멀어지는 속도를 계산해 낼 수 있었다. 그는 시리우스에서 오는 빛의 파장이 0.015퍼센트 길어진다는 것을 측정했다. 따라서 측정된 파장과 원래의 파장 사이에는 $\lambda_r = \lambda \times 1.00015$라는 관계가 성립한다. 그는 파동의 속도는 빛의 속도라는 것을 알고 있었다. 따라서 ν_w는 초속 30만 킬로미터였다. 방정식을 새로 배열하고 알아낸 값들을 대입하여 시리우스의 후퇴 속도가 초속 45킬로미터라는 것을 계산해 냈다.

우리는 $\lambda_r = \lambda \times \left(1 - \dfrac{\nu_e}{\nu_w}\right)$ 와 $\lambda_r = \lambda \times 1.00015$ 를 알고 있다.

따라서, $$1.00015 = \left(1 - \frac{\nu_e}{\nu_w}\right)$$

$$\begin{aligned} \nu_e &= -0.00015 \times \nu_w \\ &= -0.00015 \times 300{,}000\,\mathrm{km/s} \\ &= -45\,\mathrm{km/s} \end{aligned}$$

포목상이었다가 천문학의 꿈을 좇아 직업을 바꾼 윌리엄 허긴스는 별의 속도를 측정할 수 있다는 것을 증명했다. 모든 별은 지구에 있는 원소(예를 들면 나트륨)를 포함하고 있다. 이런 원소는 특정한 파장의 빛을 내고 있으며, 이 빛은 별의 시선 방향 운동에 의해 도플러 편이를 일으킨다. 이 편이를 측정하면 별의 속도를 계산할 수 있다. 이 방법은 커다란 잠재력을 가지고 있었다. 왜냐하면 관측 가능한 모든 별이나 성운에서 오는 빛은 분광기를 이용한 분석을 통해 도플러 편이를 측정할 수 있었고 따라서 속도를 결정할 수 있었기 때문이다. 이제 시선 방향과 수직인 방향으로의 고유운동뿐만 아니라 지구에서 멀어지거나 가까워지는 시선 방향의 운동도 측정할 수 있게 된 것이다.

속도를 측정하기 위해 도플러 편이를 사용하는 것은 대부분의 사람들에게는 생소할지도 모르지만 실제로 효과적인 기술이다. 그것은 신뢰할 만한 방법이기 때문에 경찰은 도플러 편이를 속도위반 감지에 사용하고 있다. 경찰관은 스펙트럼의 가시광선 영역 밖에 있는 전파를 다가오는 자동차를 향해 발사한 후 그것이 자동차에 반사되어 돌아오는 것을 감지한다. 움직이는 물체인 자동차에 반사된 파동은 자동차의 속도에 따라 달라지는 도플러 편이를 나타낸다. 차가 빠를수록 편이는 더 커지며 속도위반 벌금도 더 높아질 것이다.

천문대로 운전해 가고 있던 천문학자가 도플러효과를 이용해 경찰을 속이려 했다가 실패한 이야기가 있다. 붉은 신호등인데도 지나가다가 걸린 그 천문학자는 자신이 신호등을 향해 다가가고 있었기 때문에 청색편이가 일어나 붉은 신호등이 푸른 신호등으로 보였다고 주장했다. 경찰은 그 이야기를 받아들여 신호위반 딱지를 취소했다. 그 대신 속도위반 딱지를 떼고 벌금을 두 배로 물렸다. 붉은 신호등이 푸른 신호등으로 보일 정도의 도플러 편이가 일어나려면 그 천문학자는 시속 2억 킬로미터의 속도로 운전했을 것이기 때문이다.

20세기 초에는 분광기술이 더욱 발전했고, 새롭게 제작되는 거대한 망원경, 그리고 또 하나의 새로운 기술인 고감도 사진 건판과 연결되었다. 이 기술 삼총사는 별의 구성 성분과 속도를 정밀하게 측정할 수 있게 해주었다. 특정한 별의 흡수 스펙트럼 파장을 알아내면 그 별의 성분을 알아낼 수 있었는데 별들은 주로 수소와 헬륨으로 구성되어 있는 것으로 밝혀졌다. 그리고 이 스펙트럼선들이 얼마나 편이되었는지를 측정하여 지구를 향해서 다가오거나 멀어지는 별들을 파악할 수 있었다. 그들의 속도는 느리게는 1초에 수 킬로미터, 빠르게는 50킬로미터나 되었다. 만일 비행기가 가장 빠른 별과 같은 속도로 날아가면 대서양을 몇 분 만에 건널 것이다.

1912년에는 전직 외교관이었다가 천문학자가 된 베스토 슬라이퍼Vesto Slipher가 그때까지는 시도하지 못한 분야로 천체의 속도 측정 영역을 넓혔다. 그는 처음으로 별이 아닌 성운의 도플러 편이를 성공적으로 측정했다. 그는 애리조나 주 플래그스태프에 있는 로웰 천문대의 구경 24인치짜리 굴절 망원경인 클라크 망원경을 사용했다. 그 망원경은 보스턴의 백만장자였던 퍼시벌 로웰의 기부로 제작된 것이었다. 퍼시벌 로웰은 화성에 지적 생명체가 살고 있다는 믿음을 가지고 화성 문명의 증거를 찾기 위해 필사적으로 노력했던 사람이다.

슬라이퍼는 로웰보다는 좀 더 천문학적인 것에 관심을 가졌다. 그는 가능할 때마다 망원경을 성운으로 향했다.

슬라이퍼는 (나중에 은하로 확인이 된) 안드로메다성운에서 오는 희미한 빛을 며칠 밤에 걸쳐 40시간이나 노출하여 사진을 찍었다. 그는 안드로메다성운의 스펙트럼에서 초속 300킬로미터에 해당하는 도플러 청색편이를 측정했는데 그때까지 측정된 가장 빠른 별의 속도보다 6배나 빠른 속도였다. 1912년에 대다수 천문학자들은 안드로메다가 우리 은하 안에 있다고 믿고 있었기 때문에 안드로메다가 그렇게 빠른 속도로 움식인다는 것을 믿을 수 없었다. 슬라이퍼조차 자신의 측정을 의심했으며 실수가 아니라는 것을 확인하기 위해 지금은 솜브레로은하로 알려져 있는 또 다른 성운으로 망원경을 돌렸다. 이번에는 청색편이가 아닌 적색편이가 관측되었는데 도플러 편이의 정도는 훨씬 더 컸다. 그 정도의 적색편이가 나타나려면 지구에서 멀어지는 방향으로 초속 1천 킬로미터로 움직이고 있어야 했다. 이것은 빛의 속도의 1퍼센트에 달하는 것이다. 비행기가 이 속도로 난다면 런던에서 뉴욕까지 6초밖에 안 걸릴 것이다.

그 뒤 몇 년 동안 슬라이퍼는 더 많은 은하의 속도를 측정했는데, 모든 은하가 놀라울 만큼 빠른 속도로 움직이고 있다는 것이 확실해졌다. 그러나 새로운 수수께끼가 등장하기 시작했다. 처음 두 번의 측정에서 한 은하는 다가오고 있고(청색편이) 하나는 멀어지고 있다는 것(적색편이)을 알 수 있었다. 그러나 그 후 계속된 측정으로 더 많은 은하가 다가오기보다는 멀어지고 있다는 것을 알게 되었다. 1917년까지 슬라이퍼는 25개의 은하를 측정했는데 그중 21개의 은하는 멀어지고 있었고 4개의 은하만이 다가오고 있었다. 그 뒤 10년 동안 20개의 은하가 목록에 추가되었는데 이번에는 모든 은하가 멀어지고 있었다. 사실상 모든 은하가 마치 나쁜 냄새라도 나는 것처럼 우리 은하로부터 도망치고 있는 듯이 보였다.

어떤 천문학자들은 은하가 빈 공간에 조용히 떠 있기 때문에 우주는 정적이라고 주장했다. 그러나 관측 결과는 그렇지 않다는 것을 확실히 보여주었다. 또 일부 은하는 다가오고 일부는 멀어져서 전체적으로 균형을 이룰 것이라고 생각하기도 했다. 관측 결과는 그러한 추정 역시 맞지 않다는 것을 보여주고 있었다. 은하들이 다가오기보다는 멀어지려 하는 뚜렷한 경향을 보인다는 사실은 모든 예측을 혼란에 빠트렸다. 슬라이퍼와 다른 사람들은 이런 상황을 해명하려고 노력했다. 여러 가지 기묘하고 일리 있는 설명이 나왔으나 의견이 일치되지 않았다.

멀어지는 은하의 문제는 에드윈 허블이 망원경을 이용해 이 문제를 다루기 전까지는 미스터리로 남아 있었다. 그는 이 논쟁에 뛰어들면서 강력한 구경 100인치짜리 윌슨 산 망원경이 새로운 자료를 제공해 줄 텐데 왜들 구구한 억측을 하는지 모르겠다고 했다. 그의 생각은 간단했다. "실험적 사실을 모두 확인한 후에 비로소 꿈같은 사색의 영역으로 나아가야 한다."

그리 오래 지나지 않아 허블은 슬라이퍼가 발견한 것을 통일성 있는 우주 모델에 끼워 넣을 수 있도록 중요한 관측을 해냈다. 허블은 자신도 모르는 사이에 르메트르와 프리드만의 우주 모델을 뒷받침하는 첫 번째 중요한 증거를 제공하게 된 것이다.

에드윈 허블은 성운까지의 거리를 측정해 그중 많은 성운이 독립된 은하라는 것을 증명한 후 몇 년 동안 천문학계에서 최고의 권위를 인정받고 있었다. 동시에 그의 사생활에도 중요한 변화가 있었다. 백만장자 은행가의 딸인 그레이스 버크와 만나 사랑에 빠졌던 것이다. 그레이스의 말에 따르면 그녀는 윌슨 산에 갔을 때 별을 찍은 사진 건판을 열심히 조사하고 있는 그를 보고 매료되었다고 한다. 후에 그녀는 허블이 "키가 크고, 강하고, 아름답고, 프락시텔레스가 조각한 헤르메스 상의 어깨를 가진 올림푸스 신처럼 보였다. …… 개인적 야망이나 근심 그리고 불안정과는 아무 관계없는 탐험에 집중하는 균형 잡힌 강인함이 느껴졌다. 굉장히 몰입해 있었고 초연했다"라고 회상했다.

처음 허블을 만났을 때 그레이스는 이미 결혼한 상태였다. 그러나 지질학자였던 남편 얼 레이브가 광산에서 광물표본을 채집하다가 사망했기 때문에 1921년 혼자가 되었다. 둘은 다시 만나 교제기간을 거친 후 1924년 2월 26일 결혼했다.

허블과 그레이스는 대논쟁의 해결에 따른 명성으로 유명세를 타게 되었다. 윌슨 산은 로스앤젤레스에서 단지 25킬로미터 떨어져 있었고 그들은 할리우드 사교 모임의 정회원이 되었다. 허블 부부는 더글러스 페어뱅크스 같은 배우들과 저녁식사를 했으며 이고르 스트라빈스키 같은 사람들과 어울려 지냈다. 레슬리 하워드나 콜 포터 같은 유명한 사람들이 윌슨 산을 방문해서 천문대의 신비로운 아름다움에 감명을 받기도 했다.

허블은 세계에서 가장 유명한 천문학자라는 지위를 한껏 즐겼다. 그는 손님과 학생 그리고 여행객들에게 자신의 화려한 과거 이야기를 들려주는 것을 좋아했다. 젊은 시절 아버지에게 억눌려 지낸 허블은 자신을 숭배하는 대중에게 과시하는 것을 즐겼다. 예를 들어 그는 유럽에 있을 때 검으로 결투한 이야기를 가끔 했다. 친구들은 그 이야기를 좋아했다. 그러나 그가 예전에 아버지에게 이 결투 이야기를 했을 때 아버지는 "결투의 상처는 명예의 훈장이 아니다"라고 꾸짖었다.

명성을 얻고 화려하게 생활했지만 허블은 자신이 선구적인 천문학자라는 사실을 잊지 않았다. 그는 자신이 거인들의 어깨 위에 서 있는 거인이며 코페르니쿠스나 갈릴레이, 허셜이 차지했던 왕좌를 물려받기 위해 태어난 후계자라고 생각했다. 이탈리아에 신혼여행을 갔을 때 그레이스를 갈릴레이의 무덤으로 데리고 가 위대한 발견의 토대를 제공해 준 그에게 경의를 표하기도 했다.

허블은 적색편이를 나타내는 은하가 훨씬 많다는 슬라이퍼의 관측 결과를 알게 되었을 때 자신이 그 미스터리를 풀어야 한다는 사명감을 느꼈다. 우리에게서 달아나고 있는 은하에 대해 이해하는 것은 당대의 가장 위대한 천문학자가 마땅히 해야 할 의무라고 생각했다. 로웰 천문대에 있는 슬라이퍼의 망원경보다 17배나 더 많은 빛을 모을 수 있는 구경 100인치짜리 망원경을 보유하고 있는 윌슨 산에서 그는 이 일에 착수했다. 계속되는 어둠 속에서 며칠 밤을 보내며 그의 눈은 밤하늘의 어둠에 매우 민감해졌다. 이 훌륭한 천문대 돔 안의 단조로운 어둠을 깨도록 허용된 유일한 빛은 이따금 그의 파이프가 내는 부드러운 빛뿐이었다.

허블을 도운 사람은 초라한 신분에서 시작하여 세계에서 가장 훌륭한 천문사진가로 성장한 밀턴 휴메이슨Milton Humason이었다. 그는 열네 살에 학교를 중퇴하고 천문대를 방문하는 천문학자들이 묵었던 윌슨 산 호텔의 벨보이로 일했다. 그러다가 당나귀로 천문대의 장비를 산꼭대기로 나르는 일을 도왔다.

그 다음에는 천문대의 수위 자리를 얻었다. 시간이 지나면서 그는 천문학자들이 하는 일과 사진 기술에 대해 많은 것을 배웠다. 학생 한 명을 졸라서 수학을 배우기까지 했다. 윌슨 산에 천문학을 빠르게 습득하는 호기심 많은 수위가 있다는 소문이 돌기도 했다. 천문대에 들어간 지 3년 만에 그는 사진부로 발령받았다. 2년 후 완전한 천문학 조수가 되었다.

허블은 휴메이슨을 좋아했고 두 사람은 재미있는 동반자 관계를 형성했다. 허블은 뛰어난 영국 신사의 개성을 유지했던 반면 휴메이슨은 구름이 많아 관측을 할 수 없는 저녁에는 카드놀이를 하거나 팬더 주스라고 부르던 밀주를 마시면서 보냈다. 그들의 동반자 관계는 "천문학의 역사는 멀어져 가는 지평선의 역사"라는 허블의 믿음 때문에 가능했다. 휴메이슨은 가장 정밀한 천체 사진을 찍을 수 있는 능력을 가지고 있었고, 그 사진은 허블이 누구보다도 더 멀리까지 바라볼 수 있게 해주었다. 휴메이슨은 은하의 사진을 찍을 때 망원경을 조정하는 단추 위에 손가락을 올려놓고 추적장치에서 발생하는 오차를 보정하여 은하가 항상 화면의 중심에 오도록 고정시켰다. 허블은 휴메이슨의 인내심과 세심한 주의력을 높이 샀다.

슬라이퍼가 발견한 적색편이 문제를 해결하기 위해 두 사람은 일을 분담했다. 휴메이슨은 여러 은하의 도플러 편이를 측정했고, 허블은 은하들까지의 거리를 측정하기 시작했다. 망원경에는 새로운 카메라와 분광기를 부착하여 전에는 여러 날 저녁의 노출을 통해 찍어야 하던 사진을 몇 시간 만에 찍을 수 있게 했다. 두 사람은 슬라이퍼가 측정한 은하들의 적색편이를 확인하는 일부터 시작했다. 1929년에 허블과 휴메이슨은 46개 은하의 적색편이와 거리를 측정했다. 불행하게도 이 측정의 반은 오차가 너무 컸다. 조심스러운 허블은 자신이 확신할 수 있었던 은하들의 측정값만으로 한 축은 속도, 다른 축은 거리를

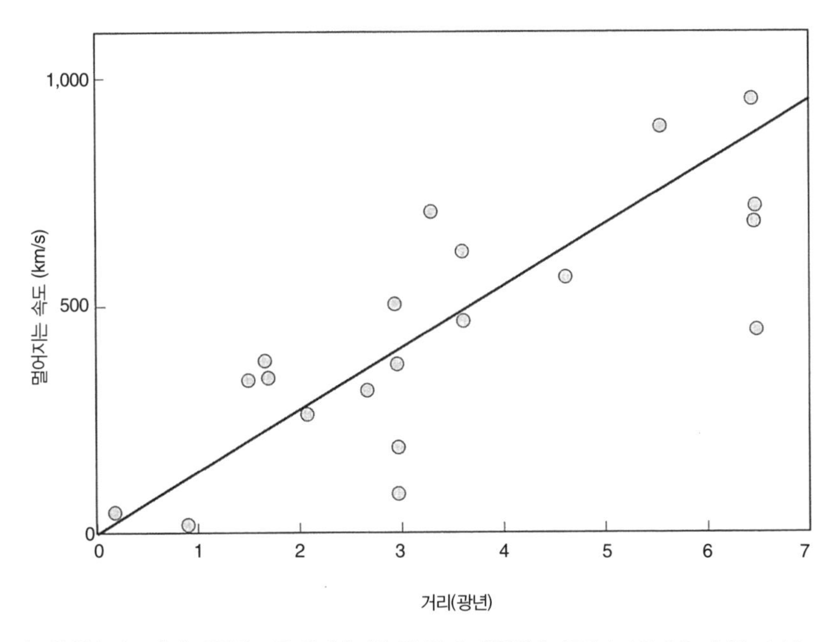

| 그림 60 | 이 그래프는 은하의 도플러효과에 대한 허블의 초기(1929년) 자료이다. 수평 축은 거리를 나타내고 수직 축은 멀어지는 속도를 나타낸다. 그리고 각 점은 한 은하의 관측치를 나타낸다. 모든 점들이 직선 위에 있지는 않지만 일반적인 경향을 나타내고 있다. 이는 은하의 속도가 거리에 비례한다는 사실을 보여주는 것이다.

나타내는 그래프 위에 나타내 보았다.(그림 60)

대부분 은하는 적색편이를 보이고 있었으므로 우리에게서 멀어지고 있다는 것을 의미했고, 그래프의 점은 은하의 속도가 거리에 따라 달라진다는 것을 나타내고 있었다. 허블은 자료 위에 대각선의 직선을 그어 은하가 멀어지는 속도가 지구에서의 거리에 비례한다는 것을 나타내 보았다. 다시 말해 어떤 은하가 다른 은하보다 2배 멀리 떨어져 있다면 이 은하는 대략 2배의 속도로 멀어지고 있는 것 같았다. 또한 3배 멀리 떨어져 있는 은하는 3배 빠르게 멀어지고 있는 듯했다.

만일 허블이 옳다면 그 결과가 주는 충격은 놀라운 것이었다. 은하는 임의의 방향으로 아무렇게나 달리고 있는 것이 아니라 거리와 수학적인 관계를 가진 특정한 속도로 달리고 있었다. 과학자들은 이 결과에서 더 중요한 것을 찾아냈다. 역사의 어느 시점에서는 우주의 모든 은하가 아주 작은 지역에 모여 있었을 것이라는 점이다. 이것은 우리가 빅뱅이라고 부르는 사건을 암시하는 최초의 관측 증거였다. 또한 창조의 순간이 있었을 것임을 나타내는, 최초로 발견된 단서였다.

허블의 자료와 창조의 순간을 연결하는 것은 매우 간단한 일이었다. 우리 은하에서 특정한 속도로 멀어지고 있는 은하를 선택한 후 시간을 거꾸로 돌리면서 무슨 일이 일어나는 보기로 하자. 이 은하는 어제는 오늘보다 우리 은하에 더 가까이 있었을 것이고 지난주에는 이번 주보다 더 가까이 있었을 것이다. 현재 은하까지의 거리를 속도로 나누면 우리는 언제 이 은하가 우리 은하 바로 위까지 오게 되는지를 계산할 수 있다.(은하의 속도가 항상 일정하다고 가정하여.) 다음에는 첫 번째 은하보다 2배 더 멀리 떨어져 있는 은하를 선택하여 같은 계산을 하여 언제 우리 은하까지 오는지 알아보자. 그래프에 의하면 첫 번째 은하보다 2배 더 멀리 있는 은하는 2배 더 빠른 속도로 달리고 있다. 따라서 시계를 거꾸로 돌릴 때 두 번째 은하가 우리 은하까지 돌아오는 데 걸리는 시간은 첫 번째 은하가 우리 은하까지 돌아오는 데 걸리는 시간과 똑같아진다. 만일 모든 은하의 속도가 우리 은하로부터의 거리에 비례한다면 모든 은하는 그림 61에서 보듯 과거의 같은 한 시점에 우리 은하 위에 오게 된다.

따라서 우주의 모든 것은 창조의 순간에 밀도가 높은 한 지역에서부터 나왔

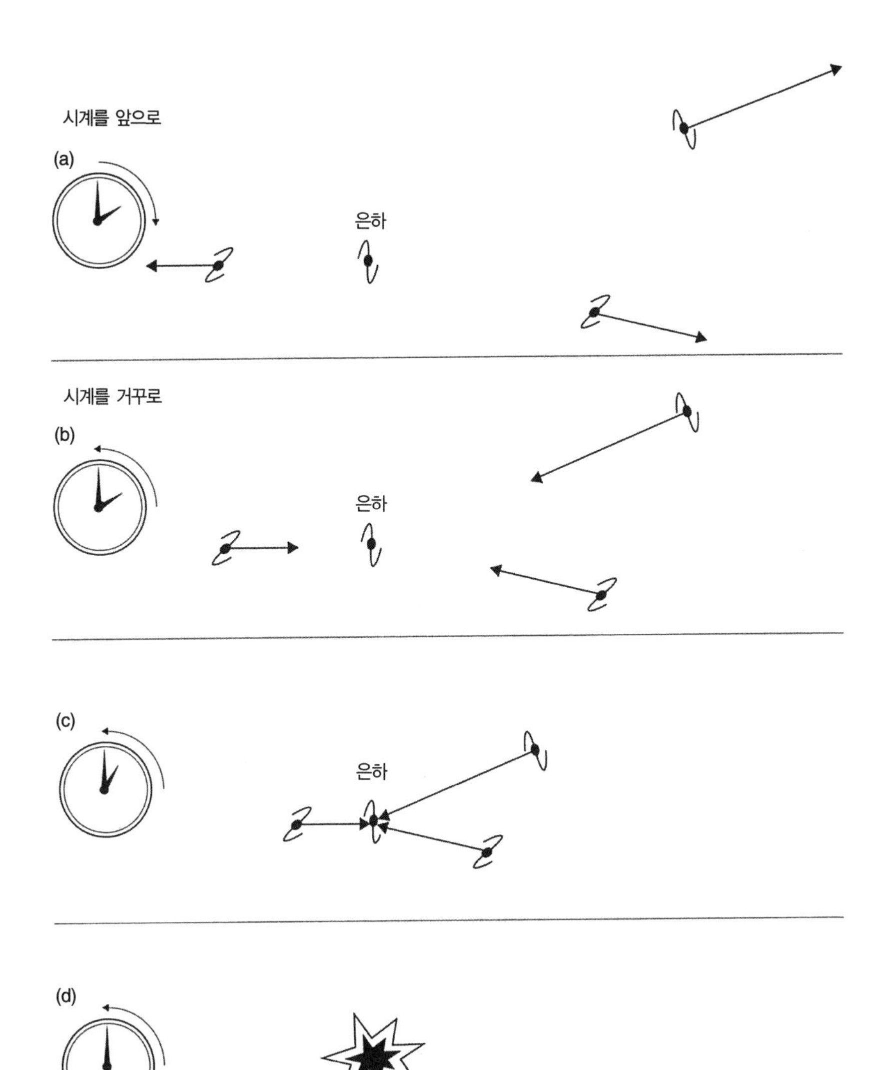

| 그림 61 | 허블의 관측은 창조의 순간을 의미하고 있었다. 그림 (a)는 3개의 은하를 예로 들어 오늘날의 우주를 나타내고 있다. 현재의 시각을 2시라고 가정했다. 화살표의 길이가 나타내듯이 멀리 있는 은하는 더 빠른 속도로 멀어지고 있다. 그러나 그림 (b)에서와 같이 시계를 거꾸로 돌리면 은하들이 다가오게 된다. 1시에는 그림 (c)에서와 같이 은하들이 우리 은하에 더 가까이 와 있을 것이다. 그래서 자정에는 그림 (d)와 같이 모두 우리 위까지 올 것이다. 이것이 빅뱅이 시작된 순간이다.

어야 한다. 그리고 그때부터 시간을 앞으로 돌리면 그 결과는 팽창하고 진화하는 우주가 된다. 이것이 바로 르메트르와 프리드만이 이론적으로 제시한 우주였다. 이것이 바로 빅뱅이다.

허블은 자신이 자료를 수집하기는 했지만 개인적으로 빅뱅을 지지하거나 홍보하지 않았다. 허블은 그 그래프를 〈외계 은하 성운의 시선속도와 거리 사이의 관계〉라는 제목의 6쪽짜리 논문으로 발표했다. 냉정했던 허블은 우주학의 가장 큰 철학적 의문이었던 우주의 기원에는 관심이 없었다. 그는 단지 훌륭한 관측에만 관심이 있었고 정확한 자료를 수집하는 데만 열중했다. 전에도 마찬가지였다. 그는 어떤 성운은 우리 은하에서 멀리 떨어져 있다는 것을 증명했지만 그 성운들이 그 자체로 은하라는 결론을 짓는 것은 다른 사람의 몫으로 남겼다. 허블은 병적일 만큼 관측한 자료의 깊은 뜻을 알아내는 데는 관심을 두지 않았으며, 따라서 그의 속도-거리 그래프를 해석하는 것은 동료들의 일이었다.

그러나 허블의 관측을 진지하게 고찰하기 위해서는 먼저 측정이 정확하다는 것을 믿어야 했다. 그것이 가장 큰 장애물이었다. 동료 천문학자들은 허블의 그래프를 신뢰하지 않았다. 사실 많은 점이 그가 덧그린 선에서 꽤 멀리 떨어져 있었다. 혹시 그 점들은 직선 위에 있는 것이 아니라 곡선 위에 있는 것이 아닐까? 아니면 혹시 직선이나 곡선 같은 것은 전혀 없고 무질서하게 있는 것은 아닐까? 그것이 함축하는 의미는 잠재적으로 중대한 의미가 있기 때문에 증거가 구체적이어야 했다. 허블은 더 많은, 더 나은 측정을 할 필요가 있었다.

2년 동안 허블과 휴메이슨은 최고의 기술을 이용하여 망원경과 함께 고된 밤을 보냈다. 고통스러운 노력의 결과로 두 사람은 1929년 논문에 보고했던

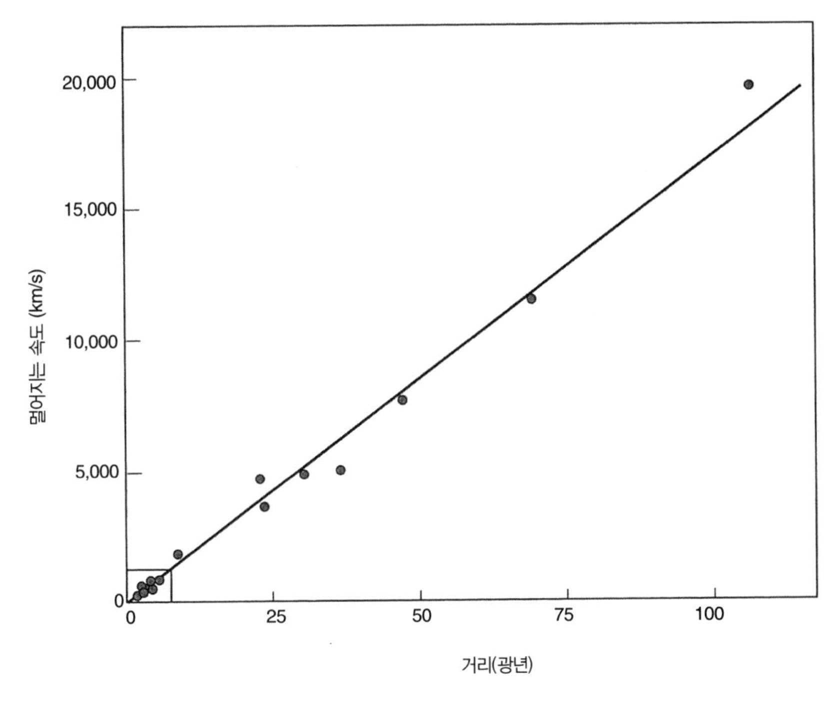

| 그림 62 | 1929년의 그래프(그림 60)에서와 마찬가지로 허블의 1931년 그래프에서도 하나의 점은 한 은하의 관측치를 나타낸다. 1929년 논문에 비해 관측이 훨씬 개선되었다. 특히 허블은 훨씬 더 멀리 있는 은하도 측정할 수 있었다. 1929년 논문에 수록한 관측 자료들은 왼쪽 아래의 사각형 안에 들어 있다. 이번에는 점들이 직선 위에 있다는 것이 훨씬 명확해졌다.

은하보다 20배 먼 거리에 있는 은하들을 측정할 수 있었다. 1931년 허블은 그림 62와 같은 새로운 도면이 들어 있는 또 다른 논문을 발표했다. 이번에는 점들이 대부분 직선 위에 정렬해 있었다. 이제 이 자료가 함축하는 의미를 부정할 수 없었다. 우주는 정말로 팽창하고 있었으며 질서 있는 방법으로 그렇게 되고 있었다. 은하의 속도와 거리 간의 비례관계는 **허블법칙**으로 알려져 있다. 그것은 두 물체 사이의 중력의 정확한 값을 계산할 수 있는 중력 법칙처럼

정확한 법칙은 아니었다. 일반적으로는 사실이지만 몇몇 예외도 감수해야 하는 폭넓은 의미를 담고 있는 법칙이었다.

예를 들어 초기에 슬라이퍼는 몇 개의 청색편이된 은하를 발견했는데 그것은 허블의 법칙과 완전히 모순된다. 이 은하들은 우리 은하 가까이에 있었고 만일 은하의 속도가 거리에 비례한다면 상대적으로 멀어지는 속도가 작을 것이다. 그러나 만일 그들의 예상 속도가 아주 작다면 우리 은하나 그 근처에 있는 다른 은하의 중력 때문에 역으로 돌아올 수 있을 것이다. 간단히 말해서 약간 청색편이된 은하들은 허블의 법칙에 맞지 않는 이례적인 것으로 무시할 수 있는 것이었다. 따라서 일반적으로는 우주의 은하가 거리에 비례하는 속도를 가지고 우리에게서 멀어지고 있는 것이 사실이다. 허블 법칙은 간단한 방정식으로 표현할 수 있다.

$$\nu = H_0 \times d$$

이 식은 어떤 은하가 우리 은하에서 멀어지는 속도(ν)는 일반적으로 지구에서의 거리(d)와 허블상수로 알려진 일정한 숫자(H_0)를 곱한 것과 같다는 것을 의미한다. 허블상수의 값은 거리와 속도의 단위에 따라 다르다. 속도는 보통 익숙한 단위인 km/s로 측정되지만, 기술적인 이유로 천문학자들은 종종 거리를 메가파섹Mpc으로 측정하는 것을 선호한다. 1메가파섹은 3,260,000광년이며 그것은 30,900,000,000,000,000,000km이다. 메가파섹 단위를 이용하여 허블은 상수가 558km/s/Mpc의 값을 가진다는 것을 계산했다.

허블상수의 값은 두 가지 의미를 함축하고 있다. 먼저, 어떤 은하가 지구에서 1메가파섹 거리에 있다면 그 은하는 대략 초속 558킬로미터의 속도로 멀어지고 있을 것이며, 지구에서 10메가파섹 떨어져 있다면 그것은 대략 초속 5,580킬로미터의 속도로 멀어지고 있는 것이다. 허블 법칙이 옳다면 우리는 어떤 은하라도 단지 그것의 거리를 측정해서 속도를 구할 수 있고 반대로 그 속도로부터 거리를 구할 수도 있다.

허블상수의 두 번째 의미는 우리에게 우주의 나이를 알려준다는 것이다. 얼마나 오래 전에 밀도가 높은 한 지역에서 우주의 모든 물질이 생겨났을까? 만일 허블상수가 558km/s/Mpc이라면 1메가파섹 거리에 있는 은하는 초속 558킬로미터의 속도로 움직일 것이다. 그 은하가 초속 558킬로미터의 일정한 속도로 움직인다고 가정하고 그 은하가 1메가파섹의 거리에 도달하는 데 얼마나 걸리는지 알아낼 수 있다. 거리를 킬로미터로 바꾸면 더 쉬워진다. 1Mpc = 30,900,000,000,000,000,000km라는 것을 알고 있기 때문에 그것이 가능하다.

$$\text{시간} = \frac{\text{거리}}{\text{속도}}$$

$$\text{시간} = \frac{30{,}900{,}000{,}000{,}000{,}000{,}000\text{km}}{558\ \text{km/s}}$$

$$\text{시간} = 55{,}400{,}000{,}000{,}000{,}000\text{초}$$

$$\text{시간} = 1{,}800{,}000{,}000\text{년}$$

따라서 허블과 휴메이슨의 관측에 따르면 우주의 모든 물질은 대략 18억 년 전에는 상대적으로 작은 지역에 집중되어 있었고 그때부터 팽창해 나가기 시작했다. 이 상황은 영원히 변함이 없는 우주라는 기존의 견해와 완전히 반대되는 것이었다. 그것은 우주가 빅뱅으로부터 진화되었다는, 르메트르와 프리드만이 제시한 생각을 강화시켰다.

천문학자들은 이미 우주의 진화를 최소한의 수준에서 인정할 수밖에 없었다. 신성과 초신성의 출현과 같은 변화를 직접 목격했기 때문이다. 그러나 천문학자들은 사라져 가는 별은 어딘가에서 새로 탄생하는 별로 보충되어 우주는 안정과 균형을 유지한다고 추측했다. 다시 말해서 때때로 나타나는 신성은 우주의 전체적 특징은 변화시키지 못한다는 것이다. 그러나 허블의 자료는 장대한 우주적 규모에서의 진화가 계속 이루어지고 있다는 것을 의미했다. 허블의 관측과 그의 팽창법칙은 전체 우주가 역동적으로 진화하고 있으며, 시간에 따라 거리는 늘어나고 우주의 전체 밀도는 감소하고 있다는 것을 의미했다.

그러나 대부분의 우주학자들은 팽창하는 우주와 창조의 순간에 대한 의견을 받아들이지 않았다. 예전에 성운이 우리 은하 밖에 있는 독립된 은하라는 의견이나 빛의 속도가 일정하다는 의견, 또는 지구가 태양 주위를 돈다는 의견을 반대하는 사람들이 있었던 것과 마찬가지였다.

하지만 그런 논쟁 때문에 한때 당나귀를 몰았던 휴메이슨이 난처해지지는 않았다. 휴메이슨의 일은 적색편이를 측정했을 때 끝났으며, 그 해석은 그와는 상관없었다. "나는 언제나 내 역할이 근본적이라는 사실이 행복하다. 그것의 의미가 어떻게 결정되든 내가 한 일은 변하지 않을 것이다. 그 선들은 내가 거리와 속도를 측정한 곳에 언제나 존재할 것이며, 그것을 적색편이라고 부르든 나중에 다른 어떤 이름으로 부르든 언제나 그대로 남아 있을 것이다."

허블 또한 어떤 해석에도 신경 쓰지 않았다는 것을 강조해 둘 필요가 있다. 그는 측정 자료를 제공했지만 우주학적 토론에는 참여하지 않았다. 허블과 휴메이슨의 과학적 논문에는 다음과 같이 언급되어 있다. "저자들은 관측 자료에 대한 해석과 우주학적 의의를 제시하지 않고 '외견상의 속도-시운동' 만을

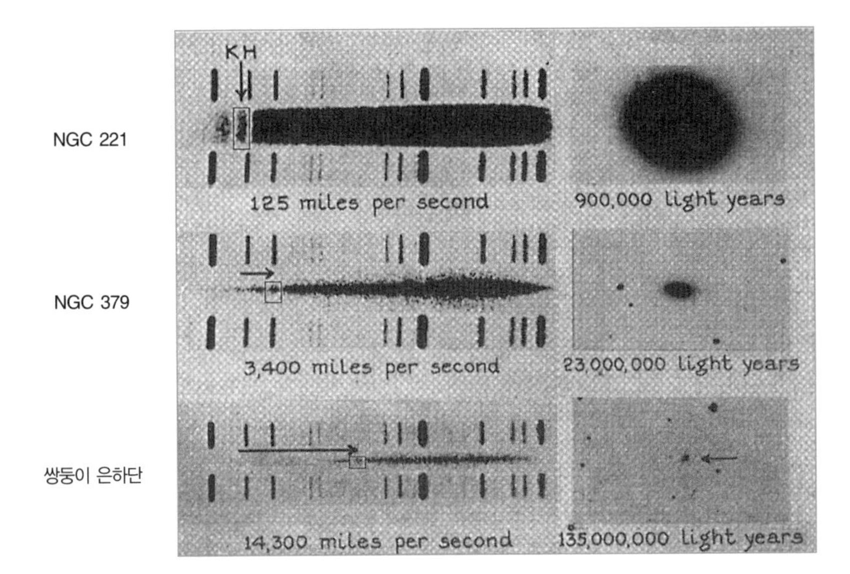

| 그림 63 | 그림 54에 나타난 이상적인 흡수 스펙트럼과는 달리 이 스펙트럼은 허블과 휴메이슨이 측정한 실제 스펙트럼을 보여주고 있다. 해석하는 것이 쉽지는 않지만 각 행은 하나의 은하에서 측정된 흡수 스펙트럼을 나타내고 있으며, 오른쪽에 있는 것은 그 은하의 사진이다.

첫 번째 은하인 NGC 221은 90만 광년 떨어진 것이다. 휴메이슨의 분광학적 측정을 통해 은하의 속도를 알아냈다. 가운데 부분에 검게 나타난 것은 이 은하에서 오는 빛을 나타내고 그중에 사각형으로 표시되어 있는 부분은 칼슘에 의해 흡수된 빛의 파장을 나타낸다. 이 흡수선은 원래 있어야 할 곳으로부터 오른쪽으로 더 가 있어 적색편이를 나타내고 있고(그림 59), 이는 후퇴속도가 200km/s라는 것을 나타낸다. NGC 221의 적색편이 정도는 아래 위에 있는 스펙트럼 자료와 비교하여 측정되었다.

두 번째 측정 자료는 2천300만 광년 떨어져 있는 NGC 379 은하이다. 이 은하는 멀리 떨어져 있어 NGC 221 은하보다 사진에 작게 나타나 있다. 중요한 것은 칼슘의 흡수선(사각형으로 표시)이 더 오른쪽으로 가 있다는 점이다. 이것은 더 큰 적색편이를 나타내서 후퇴속도는 2,250km/s 나 된다. NGC 379 은하는 NGC 221 은하보다 27배 더 멀리 떨어져 있고 27배 더 빠른 속도로 멀어진다. 따라서 속도의 증가가 거리의 증가에 비례한다는 것을 알 수 있다.

세 번째 관측 자료는 1억3천500만 광년 떨어져 있는 쌍둥이 은하단에 속해 있는 은하의 측정치이다. 칼슘 흡수선(사각형으로 표시된)이 더 우측으로 가 있다. 이는 23,000km/s의 속도를 의미한다. 이 은하는 NGC 221보다 거의 100배 더 멀리 떨어져 있고 따라서 100배 정도 더 빠른 속도로 멀어지고 있다.

묘사한다."

따라서 허블은 또 다른 대논쟁에 관여하는 대신 계속 높아지는 명성을 즐겼다. 1937년 그는 아카데미 영화상 시상식에 프랭크 캐프라의 주빈으로 참석했다. 아카데미 회장이었던 캐프라는 세계에서 가장 위대한 천문학자를 소개하는 것으로 오스카상 시상식을 시작했다. 할리우드 스타들은 세 개의 밝은 조명이 비치는 가운데 일어서서 박수를 받는 허블의 들러리 역할을 했다. 그는 경외심을 가지고 별을 바라보면서 살아왔지만 이제 그 자리에 참석한 수많은 별들이 똑같은 경외심을 가지고 그를 바라보고 있었다.

시상식에 참석한 모든 사람들은 허블이 이루어낸 것을 잘 알고 있었다. 그는 거리 측정을 통해 하나의 유한한 은하에서 수많은 은하가 뿌려져 있는 무한한 공간으로 우주를 넓힌 사람이었다. 그는 또한 우주가 팽창하고 있다는 것을 보여주었다. 허블 자신이 인정했든 하지 않았든 우주가 팽창하고 있다는 것은 우주가 유한한 역사를 가지고 있으며 한때는 밀도가 높았던 작은 씨앗에서 진화해 왔다는 사실을 의미했다. 에드윈 허블은 우주의 창조를 증명하는 최초의 확실한 증거를 발견했다. 결국 빅뱅 모델은 이론 이상의 것이었던 셈이다.

3장_대논쟁 요약 노트

① 천문학자들은 더 크고 더 나은 망원경을 제작했다.
그들은 하늘을 관찰했고 별까지의 거리를 측정했다.

② 1700년대 허셜은 태양이 별들의 무리 속에 속해 있다는 것을 밝혀냈다. - 은하수
이것은 우리 은하였다. - 혹시 우주에 유일한 은하?

③ 1781년 메시에가 별(밝은 점으로 보이는)이 아닌 것으로 보이는 성운(희미한 천체)의 목록을 만들었다.
대논쟁은 성운의 성격에 관한 것이었다.
성운은 우리 은하 안에 있는 천체인가?
아니면 우리 은하 밖에 있는 독립된 은하인가?

우리 은하는 유일한 은하인가, 우주에는 수많은 은하들이 흩어져 있는가?

④ 1912년 헨리에타 리빗이 케페이드형 변광성을 연구하여 주기가 별의 밝기를 나타낸다는 것을 알게 되었고, 이를 이용해 별까지의 거리를 측정할 수 있게 됐다.

천문학자들은 이제 우주를 측정할 수 있는 자를 가지게 된 것이다.

⑤ 1923년 에드윈 허블이 성운에서 변광성을 찾아내고 이것이 우리 은하보다 훨씬 먼 곳에 있다는 사실을 알아냈다.
따라서 대부분의 성운은 우리 은하와 마찬가지로 수십억 개의 별들을 포함하고 있는 독립된 은하였다.

우주는 은하들로 가득하다.

⑥ 분광기 - 모든 원소는 특정한 파장의 빛을 내거나 흡수한다
따라서 천문학자들은 별빛을 분석하여
별의 성분을 알아낼 수 있다.

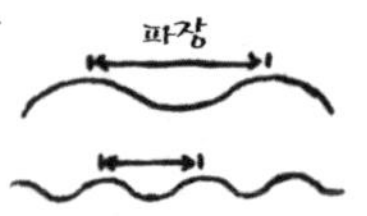

천문학자들은 별빛의 파장이 약간 편이되어 있다는 것을 알아냈다.
이것은 도플러효과로 설명할 수 있다.
- 다가오는 별이 내는 빛은 파장이 짧아진다. (청색편이)
- 멀어지는 별이 내는 빛은 파장이 길어진다. (적색편이)

대부분의 은하들은 우리 은하로부터 달아나고 있다! (적색편이)

⑦ 1929년 허블은 은하까지의 거리와 은하의 속도 사이에
비례관계가 있다는 것을 알아냈다. 이것이 허블법칙이다.

만일 은하가 멀어지고 있다면

1 내일은 더 멀리 가 있을 것이다.
2 어제는 더 가까이 있었을 것이다.
3 작년에는 더욱 가까이 있었을 것이다.
4 과거 어느 시점에는 모든 은하가 우리 바로 위에 있었을 것이다.

허블의 측정은 우주가 밀도가 높았던 작은 점에서 출발해 폭발한 후 팽창하고
있다는 것을 의미하고 있었다. 그리고 우주는 아직도 팽창하고 있다.

이것을 빅뱅의 증거라고 할 수 있을까?

| 4 장 |

우주의 외톨이

은하의 거대 시스템은 연기처럼 퍼져 있다. 때때로 나는 더 큰 규모의 물질이 존재하는 것이 아닌가 생각한다. 거기에서는 물질이 연기 이상의 무엇일지도 모른다.

— 아서 에딩턴ARTHUR EDDINGTON

자연은 우리에게 사자의 꼬리만 보여주고 있다. 그러나 나는 크기가 매우 커서 한꺼번에 그 모습을 보여줄 수 없다고 해도 사자가 자연에 속해 있다는 것은 의심하지 않는다. 우리는 사자 위에 앉아 있는 이가 사자를 보는 것과 같은 방법으로밖에는 사자를 볼 수 없다.

— 앨버트 아인슈타인ALBERT EINSTEIN

우주학자들은 때때로 실수를 한다. 그러나 절대로 의심하지 않는다.

— 레프 란다우LEV LANDAU

BIG BANG
The Origin of the Universe

에테르를 폐기하고 나서 몇 년 후인 1894년에 앨버트 마이컬슨은 시카고 대학에서 이렇게 연설을 했다. "가장 중요한 기초적인 법칙과 물리적인 사실은 모두 발견되었습니다. 그리고 그것은 매우 견고한 기반 위에 있어 새로운 발견으로 보완될 가능성은 아주 적습니다. …… 미래에는 새로운 발견을 하기 위해서는 소수점 아래 여섯째 자리의 수를 잘 조사해야 할 것입니다."

19세기 후반은 물리학 분야에서 많은 문제가 해결된 매우 영광스러운 시기였다. 그러나 이제 남은 일은 측정의 정확성을 높이는 것뿐이라는 생각은 너무 성급한 것이었다. 마이컬슨은 자신의 용감한 주장이 무너지는 것을 보아야 했다. 수십 년 사이에 양자물리학과 원자핵물리학의 발전이 과학의 기반을 흔들어 놓았다. 더구나 우주학자들은 우주를 이해하기 위한 노력을 전체적으로 다시 시작해야 했다.

19세기 후반에 일반적으로 받아들여지던 우주는 영원하고 변하지 않는 우주였다. 그러나 건달이 거리를 주름잡고 주식시장이 붕괴되던 1920년대의 과학자들은 우주가 수십억 년 전에 태어나 팽창하고 있다고 주장하는 우주 모델을 다시 살펴보지 않을 수 없게 되었다.

그러한 과학적 사고의 격변은 두 방향에서 시작되었다. 하나는 물리학의 법칙을 새롭게 적용하여 놀라운 결론에 도달한 이론가들이 이루어 낸 것이었고, 다른 하나는 기존의 가정을 의심케 하는 새로운 사실을 관측하거나 측정한 실험가와 관측자들이 이루어 낸 것이었다. 1920년대 우주론의 대변화는 영원한 우주라는 기존의 모델이 이론과 관측으로부터 동시에 공격을 받는 형태로 일어났다. 2장에서 설명한 것처럼 조르주 르메트르와 알렉산더 프리드만은 이론을 통해 팽창하는 우주에 대한 아이디어를 얻었다. 이와 함께 에드윈 허블은 독자적으로 3장에서 설명한 것처럼 우주의 팽창을 의미하는 은하의 적색 편이를 관측했다.

아무런 인정도 받지 못한 채 죽은 프리드만은 허블의 관측 소식을 들을 수 없었다. 그러나 르메트르는 훨씬 운이 좋았다. 1927년 출판된 빅뱅우주 모델을 제시한 논문에서 그는 은하는 은하까지의 거리에 비례하는 속도로 멀어지고 있을 것이라고 예측했다. 처음에는 아무런 증거가 없었기 때문에 그 예측은 무시되었다. 그러나 2년 후 허블이 은하가 실제로 후퇴하고 있다는 것을 보여주는 관측 자료를 출판했다. 결국 르메트르가 옳았다는 사실이 입증된 것이다.

르메트르는 전에 아서 에딩턴에게 빅뱅 모델에 대해서 편지를 썼지만 아무런 회신을 받지 못했다. 허블의 발견이 신문 머리기사를 장식하자 르메트르는 그 저명한 천체물리학자가 자신의 이론이 새로 발견된 자료와 완전히 일치한다는 것을 인정해 주기를 바라면서 다시 편지를 썼다. 그 당시 에딩턴의 학생이었던 조지 맥비티는 고집스러운 신부에 대한 에딩턴의 반응을 기억하고 있었다. "에딩턴은 부끄러운 얼굴로 르메트르에게서 온 편지를 나에게 보여주었다. 그 편지는 르메트르가 이전에 보냈던 문제의 해를 되짚는 것이었다. 에딩턴은 르메트르의 논문을 1927년에 보았지만 그때까지 완전히 잊고 있었다고 고백했다. 에딩턴은 1930년 6월 《네이처》에 르메트르의 3년 전 탁월한 연구에 관심을 나타내는 편지를 보내 자신의 경솔함을 만회했다."

과거에 그는 르메트르의 연구를 대충 보아 넘겼지만 이제는 그것을 널리 알려 축복해 주게 된 것이다. 《네이처》에 쓴 편지 외에도 그는 르메트르의 논문을 번역하여 《왕립천문학회 월간 소식지》에 싣기도 했다. 그는 이 논문을 '뛰어난 해' 또는 '문제의 완전한 해' 라고 불렀다. 르메트르의 모델이 허블의 관측을 완전히 설명해 준다는 의미였다.

점차 과학계에 소문이 퍼져 나갔다. 그리고 르메트르의 이론적 예측과 허블의 관측이 완전히 일치한다는 사실을 인정하게 되었다. 그때까지도 대부분의 우주학자들은 아인슈타인의 영원하고 정적인 우주 모델에 관심을 집중했다. 소수의 과학자들만이 르메트르의 모델이 훨씬 더 강력하다고 생각하고 있었다.

지금까지의 이야기를 요약해 보자. 르메트르는 (순수한 형식의) 일반상대성 이론은 팽창하는 우주를 함축하고 있다고 주장했다. 현재의 우주가 팽창하고 있다면 과거의 우주는 현재의 우주보다 작았을 것이다. 논리적으로 생각해 볼 때 우주는 아주 작지만 일정한 크기를 가지는 원시원자라고 불리는 압축된 상태에서 시작됐음이 틀림없다. 르메트르는 원시원자는 영원한 과거에서부터 "평형상태가 깨질" 때까지 존재했지만, 평형상태가 깨지면서 붕괴하여 잔해를 방출했다고 생각했다. 그는 이 붕괴 과정의 시작을 우주 역사의 시작이라고 정의했다. 이것이 르메트르의 표현을 빌리면 "어제가 없는 날"인 창조의 순간이었다.

프리드만의 견해는 르메트르와는 약간 다르다. 프리드만의 빅뱅 이론은 우주가 원시원자에서 시작된 것이 아니라 모든 것이 한 점에서 출발했다고 주장했다. 다시 말해 전 우주가 크기가 없는 점으로 빨려 들어가 있었다는 것이다. 원시원자든 한 점이든 창조의 순간에 대한 이론은 매우 추상적이었고 한동안 그렇게 남아 있었다. 하지만 빅뱅 모델은 여러 면에서 상당한 신뢰를 받았고 옹호자들 사이에서 폭넓은 지지를 얻었다.

허블은 빅뱅 모델에서 예측한 대로 은하가 지구에서 멀어진다는 것을 관측했다. 그러나 빅뱅 이론에서는 은하가 실제로 공간을 통해 움직이는 것이 아니라 공간과 함께 움직인다고 믿고 있었다. 에딩턴은 그림 64와 같이 3차원

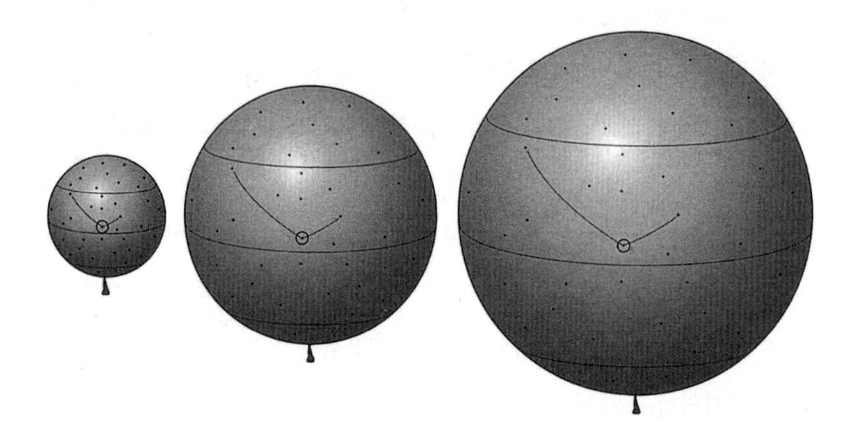

| 그림 64 | 이 그림에서는 우주를 풍선의 표면을 이용해 나타냈다. 각각의 점은 은하를 나타내고 원으로 표시한 점은 우리 은하를 나타낸다. 풍선이 부풀어 감에 따라(즉, 우주가 팽창함에 따라) 다른 점들이 우리 은하로부터 멀어지는 것처럼 보인다. 더 멀리 있는 은하는 같은 시간 동안에 더 멀리 멀어진다. 따라서 멀어지는 속도가 빠르다. 이것이 허블법칙이다. 이 그림에서는 이 효과를 가까이 있는 은하와 멀리 있는 은하를 연결한 선의 길이가 달라지는 것을 보여 강조했다.

공간을 2차원의 폐곡면인 풍선 표면을 예로 들어 이 상황을 설명했다. 만일 풍선의 지름이 처음보다 2배가 되도록 부풀린다면 두 점 사이의 거리는 2배가 될 것이다. 따라서 두 점은 서로 멀어진 결과가 된다. 중요한 것은 점들이 풍선의 표면을 따라 움직인 것이 아니라는 사실이다. 그 대신 팽창한 것은 표면이었고 그 결과 두 점 사이의 거리가 2배가 된 것이다. 마찬가지로 은하가 공간을 통해 움직인 것이 아니라 은하 사이의 공간이 팽창하고 있다는 것이다.

3장에서는 은하의 적색편이를 간단히 은하의 후퇴로만 설명했지만 실제로 적색편이를 일으킨 것은 우주 공간의 팽창이었다. 빛의 파동이 은하를 떠나 지구를 향해 오는 동안에 빛이 통과하는 공간이 늘어났기 때문에 빛의 파장도 길어졌던 것이다. 그래서 빛이 더 붉게 보였다. 우주에서의 도플러효과는 보통의 도플러효과와는 다른 원인으로 생기지만 3장의 도플러효과에 대한 설명은 은하의 적색편이를 설명하는 데 여전히 유용하다.

만일 모든 공간이 팽창하고 있고 은하가 공간에 한 자리를 차지하고 있다면 은하 자체도 팽창할 것이라 생각할 수 있다. 이론적으로는 그런 일이 일어날 수 있다. 그러나 실제로는 은하 내에 존재하는 거대한 중력장 때문에 은하 내에서는 우주의 팽창 효과가 나타나지 않는다. 따라서 팽창은 우주적인 은하 사이의 공간에서는 일어나지만 지역적인 은하 내부의 공간에서는 일어나지 않는다. 우디 앨런의 영화 〈애니 홀〉에 나오는 한 장면을 떠올려 보자. 싱어 부인은 아들 앨비에게 우울증 증세가 있어 정신과 의사를 찾아간다. 앨비는 의사에게 우주가 팽창하고 있다는 이야기를 읽었는데 그렇다면 주변의 모든 것도 팽창하여 결국은 모두 파괴되어 버리지 않겠느냐고 한다. 그러자 싱어 부인이 끼어든다. "우주가 무슨 상관이란 말이냐? 우리는 브루클린에 살고 있어. 그리고 브루클린은 팽창하지 않아." 싱어 부인의 말이 확실히 옳다.

풍선 표면의 비유를 보면 많은 사람들이 우주에 대해 가지고 있는 오해를 풀 수 있을 것이다. 만일 모든 은하가 지구에서 멀어진다면 그것은 지구가 우주의 중심이란 뜻일까? 마치 전 우주가 우리가 살고 있는 곳에서 시작된 것처럼 보인다. 그렇다면 우리는 정말로 우주에서 특별한 장소를 차지하고 있는 것일까? 실제로는 관측자가 우주 어디에 있더라도 자기가 있는 곳이 중심이라는 똑같은 환상을 가지게 될 것이다. 그림 64로 돌아가서 우리 은하가 이 점들 중 하나라고 가정해 보자. 풍선이 부풀어 가면서 모든 점이 우리에게서 멀어지는 것처럼 보인다. 다시 말해 다른 점도 자신이 우주의 중심이라고 여기게 된다는 것이다. 우주에는 중심이 없다. 아니면 모든 은하가 각자 우주의 중심이라고 우길 수 있다.

앨버트 아인슈타인은 1920년대 중반에는 우주론에 대한 흥미를 잃었다. 그러나 허블의 관측 결과가 빅뱅 이론을 뒷받침하자 이 문제에 다시 관심을 갖기 시작했다. 1931년에 안식년으로 캘리포니아 공과대학에 있는 동안 그는 두 번째 부인 엘자와 함께 허블의 초청으로 윌슨 산 천문대를 방문했다. 그들은 구경 100인치짜리 망원경을 살펴보았고 천문학자들은 이 거대한 기계가 우주 탐사에 얼마나 중요한지 설명했다. 기대와는 달리 엘자는 별로 감탄하는 표정이 아니었다. "아, 그래요? 우리 남편은 낡은 편지 봉투로도 그런 일을 하던걸요."

그러나 아인슈타인의 작업은 이론적인 것이었다. 그리고 이론은 틀릴 수도 있었다. 그 때문에 실험과 거대한 망원경에 많은 투자를 해야 하는 것이다. 실험과 관측만이 옳은 이론과 그렇지 못한 이론을 구별해 낼 수 있게 하기 때문이다. 아인슈타인의 편지 봉투 메모는 정적인 우주를 주장했지만 그것은 허블의 관측 결과와 상반되는 것이었다. 그것은 관측이 이론을 판단하는 능력을 가지고 있다는 것을 보여주는 것이었다.

윌슨 산에 있는 동안 아인슈타인은 허블의 조수 밀턴 휴메이슨과 시간을 보냈다. 그는 아인슈타인에게 많은 사진을 보여주었고 자신들이 찾아낸 은하를 가리켜 보여주기도 했다. 또 아인슈타인에게 체계적으로 적색편이를 나타내는 은하의 스펙트럼을 보여주었다. 아인슈타인은 이미 허블과 휴메이슨의 논문을 읽었다. 이제 그 자료를 직접 볼 수 있게 된 것이다. 결론은 피할 수 없게 되었다. 관측 결과 은하는 후퇴하고 있었고 우주는 팽창하고 있었던 것이다.

1931년 2월 3일 아인슈타인은 윌슨 산 천문대 도서관에 모인 기자들에게 선언했다. 그는 공개적으로 자신의 정적인 우주를 부정하고 팽창하는 우주 모델을 받아들였다. 한마디로 허블의 관측 결과를 받아들이고 르메트르와 프리드만이 옳았다는 것을 인정한 것이다. 세계에서 가장 유명한 천재가 마음을 바꿔서 빅뱅우주론을 지지하자 적어도 신문에서는 팽창하는 우주론이 공식적인 것이 되어 버렸다. 허블의 고향 신문인 《스프링필드 데일리 뉴스》는 "별을 연구하기 위해 오자크 산을 떠난 젊은이가 아인슈타인의 마음을 돌려놓았다"라고 머리기사로 다루었다.

아인슈타인은 정적인 우주 모델을 폐기했을 뿐만 아니라 일반상대성이론의 방정식을 다시 검토했다. 아인슈타인의 초기 방정식은 중력을 정확하게 기술하고 있었다는 점을 독자들은 기억하고 있을 것이다. 그러나 중력이 전 우주를 결국 붕괴시킬 것 같았다. 우주는 영원하고 정적이라고 생각했기 때문에 아인슈타인은 우주상수를 덧붙였다. 그것은 먼 거리에서 작용하는 반발력을 나타내는 것으로 붕괴를 방지하기 위한 장치였다. 그러나 이제 우주는 더 이상 정적인 것이 아니라는 것이 밝혀졌다. 아인슈타인은 우주상수를 버리고 초기 일반상대성이론의 방정식으로 돌아왔다.

아인슈타인은 우주상수 때문에 항상 마음이 편치 않았다. 우주상수는 단지 정적이고 영원한 우주라는 일반적인 견해를 따르기 위해 방정식에 삽입한 것이었다. 결국 일반적인 견해와의 타협이 그를 방황하게 한 것이다. 지적으로 절정을 이루고 있었던 젊은 시절 그는 권위를 무시하고 직감을 따랐었다. 그런데 단 한 번 압력에 굴복한 것이 틀린 것으로 증명되고 말았다. 나중에 그는 우주상수가 일생 최대의 실수였다고 말했다. 그는 르메트르에게 편지를 썼다. "우주상수를 넣은 후로 항상 마음이 편하지 않았습니다. …… 그런 보기 흉한 것이 자연에 있어야 한다는 사실을 믿을 수가 없었습니다."

아인슈타인은 임시변통으로 집어넣었던 요소를 제거했지만, 영원하고 정적인 우주를 믿는 학자들은 여전히 우주상수가 일반상대성이론의 근본적이고

| 그림 65 | 1933년에 패서디나에서 열린 허블의 관측과 빅뱅우주 모델의 세미나에 참석한 앨버트 아인슈타인과 조르주 르메트르.

타당한 요소라고 확신했다. 심지어 빅뱅 이론을 받아들인 우주학자 중에도 우주상수를 버리지 않으려는 사람이 있었다. 우주상수를 유지하는 대신 그 값을 변경하여 이론적인 빅뱅 모델을 수정하여 우주의 팽창을 조절하려 했다. 우주상수는 반중력적 효과를 나타내기 때문에 우주를 더 빠르게 팽창하도록 할 수도 있었다.

우주상수의 크기와 정당성에 대한 논란은 빅뱅 이론 지지자들 사이에서 마찰을 불러일으켰다. 그러나 아인슈타인이 윌슨 산 천문대를 방문하고 거의 2년 후인 1933년에 패서디나에 있는 윌슨 산 천문대의 베이스캠프에서 열린 세미나에서 아인슈타인과 르메트르는 한 목소리를 냈다. 르메트르는 에드윈 허블을 비롯한 뛰어난 천문학자와 우주학자들 앞에서 빅뱅 모델에 대해 발표했다. 학회적인 성격의 모임이었지만 르메트르는 중간 중간에 약간의 시적인 상상력도 집어넣었다. 특히 자신이 좋아하는 불꽃놀이에 비유해 이야기했다. "모든 것의 최초에 상상할 수 없을 만큼 아름다운 불꽃놀이가 있었습니다. 그런 후에 폭발이 있었고, 폭발 후에는 하늘이 연기로 가득하게 되었습니다. 우리는 우주가 창조된 생일의 장관을 보기에는 너무 늦게 도착했습니다."

아인슈타인은 아마도 시적인 비유보다는 더 세밀한 수학적 분석을 기대했겠지만 그는 르메트르의 개척자적인 노력을 높이 평가했다. "내가 들어본 것 중에서 가장 아름답고 만족스러운 창조에 대한 설명이었다." 아인슈타인은 6년 전에 르메트르의 물리학이 '혐오스럽다' 고 했던 바로 그 사람이었다.

아인슈타인의 인정을 받자 과학계에서는 물론 과학계 밖에서도 르메트르는 유명인사가 되었다. 결국 그는 아인슈타인이 틀렸다는 것을 증명한 사람이었고, 은하가 멀어져 가고 있다는 것을 관측할 수 있는 망원경이 만들어지기 전에 우주의 팽창을 예측한 대단한 선견지명을 가진 사람이었다. 르메트르는 전

세계에서 강연 요청을 받았고, 여러 개의 국제적인 상을 받았다. 그의 인기와 매력의 일부는 그가 신부이면서 물리학자라는 데 있었다. 1933년의 패서디나 회의를 취재했던 《뉴욕타임스》의 던컨 에이크먼은 “그의 의견이 흥미롭고 중요한 것은 그가 천주교 신부여서도 아니고 뛰어난 수리물리학자여서도 아니다. 그가 둘 다이기 때문이다”라고 썼다.

갈릴레이와 마찬가지로 르메트르는 신은 인간에게 질문할 수 있는 마음을 주었다고 믿었다. 따라서 신은 과학적 우주론을 긍정적으로 볼 것이라고 생각했다. 동시에 르메트르는 자신의 신앙이 우주론의 동기가 되지 않았다고 선언하여 물리학과 신앙을 분리했다. 그는 “수많은 프로나 아마추어 과학자들은 실제로 성경 속에 과학적 가르침이 들어 있다고 생각하고 있다. 그것은 마치 이항정리 속에 경건한 신앙적 신조가 들어 있다고 주장하는 것과 마찬가지이다”라고 말했다.

그렇지만 일부 과학자들은 르메트르의 신학자로서의 신분이 우주론에 부정적인 영향을 끼쳤다고 믿고 있다. 반종교적인 집단에 속한 사람들은 그의 원시원자 창조 이론이 창조자를 가짜 과학으로 정당화하려는 것으로서, 현대판 창세기에 지나지 않는다고 폄하하기도 했다. 르메트르의 위치를 흔들기 위해 비판자들은 우주 나이의 추론과 같은 빅뱅 가설의 결점을 부각시켰다. 허블이 관측한 거리와 속도를 이용하여 계산하면 우주의 나이는 20억 년보다 작았다. 당시의 지질학적 연구는 어떤 지구 암석의 나이를 34억 년으로 추정했다. 14억 년이나 되는 차이는 당황스러운 것이었다. 빅뱅 모델은 지구가 우주보다 나이가 많다고 주장하는 것처럼 보였다.

빅뱅 이론의 비판자들은 르메트르 모델의 기본적인 문제는 우주의 나이가 유한하지 않다는 사실에 있다고 주장했다. 그들은 우주는 영원하고 변화가 없으므로 빅뱅 이론은 말도 안 된다고 생각했다. 그것이 여전히 과학계 주류의 생각이었다.

그러나 학계의 주류를 이루는 학자들도 그냥 앉아서 빅뱅 이론을 공격하고 있을 수는 없었다. 그들 역시 영원하고 정적인 우주 모델을 이용하여 최근의 관측 결과를 설명해야 했다. 허블의 관측은 은하가 멀어지면서 적색편이를 나타낸다는 것을 분명히 보여주었다. 따라서 빅뱅 이론의 반대자들은 우주의 팽창이 곧 과거에 창조의 순간이 있었다는 것을 의미하지는 않는다는 사실을 보여주어야 했다.

옥스퍼드의 천체물리학자인 아서 밀른Arthur Milne이 처음으로 영원한 우주와 부합하는 다른 방법으로 허블 법칙을 설명하려 했다. **동적 상대론**이라고 하는 그 이론에서 그는 은하는 광범위한 속도로 움직이고 있다고 했다. 어떤 은하는 공간을 천천히 움직여 가고 어떤 은하는 매우 빠르게 움직이고 있다는 것이다. 허블이 멀리 있는 은하가 빠른 속도로 움직인다고 관측한 것은 자연스러운 일이라고 밀른은 주장했다. 왜냐하면 멀리 있는 은하는 빠른 속도 때문에 더 멀리 가 있기 때문이다. 밀른은 은하가 거리에 비례하는 속도로 멀어지는 것은 원시원자의 폭발 때문이 아니라 임의의 방향으로 자유롭게 움직이는 물체들이 보여주는 자연스러운 현상이라고 했다. 이런 주장은 전혀 논리적이지 못했다. 하지만 다른 천문학자들이 영원한 우주의 틀 속에서 허블의 적색편이를 창의적으로 해석할 수 있는 용기를 얻을 수는 있었다.

빅뱅 모델의 가장 격렬한 반대자는 불가리아 출신의 프리츠 츠비키Fritz Zwicky였다. 그는 우주학자들 사이에서 기행과 황소고집으로 잘 알려져 있었다. 그는 1925년에 노벨상 수상자인 로버트 밀리컨의 초청을 받아 캘리포니아 공과대학과 윌슨 산 천문대를 방문했다. 그러나 그는 밀리컨이 평생 한 번도 훌륭한 아이디어를 생각해 낸 적이 없다고 말하여 밀리컨의 호의를 악의로 갚았다. 그는 모든 동료를 비난했고, '둥근 잡종'이라는 모욕적인 표현을 여러 사람에게 썼다. 구球가 어떤 방향에서 보아도 같은 모양으로 보이는 것처럼 둥근 잡종은 어떤 면을 보아도 잡종이라는 뜻이었다.

허블의 자료를 검토한 츠비키는 은하가 실제로 움직이고 있다는 것에 의심을 품었다. 은하가 보여주는 적색편이에 대한 그의 설명은 행성이나 별에서 나오는 것은 무엇이나 에너지를 잃는다는 생각에 기초하고 있었다. 예를 들면 돌멩이를 공중으로 던지면 지구 표면을 떠날 때 가지고 있던 에너지와 속도가 지구의 중력 때문에 줄어들어 결국은 정지했다가 다시 지구로 떨어진다. 이와 마찬가지로 은하를 출발한 빛도 은하의 중력 때문에 에너지를 빼앗긴다는 것이다. 빛의 속도는 일정해야 하기 때문에 빛은 속도를 줄일 수 없다. 그 대신 에너지의 손실이 파장의 증가로 나타나기 때문에 더 붉은빛으로 보이게 된다는 것이다. 다시 말해 우주의 팽창과 관계없이 허블이 관측한 적색편이를 설명하는 또 다른 이론이 제시된 것이다.

은하의 중력이 빛의 에너지를 빼앗아 적색편이가 생긴다는 츠비키의 주장을 **피곤한 빛 이론**tired light theory이라고 부른다. 이 이론의 가장 큰 문제는 지금까지 알려진 물리법칙의 뒷받침을 받지 못한다는 것이었다. 계산에 의하면 중력은 빛에 약간의 영향을 주어 적색편이를 일으킨다. 그러나 그 정도는 아주 작아 허블의 관측을 설명하기에는 충분하지 못했다. 츠비키는 관측이 과장되었을 것이라고 반박했다. 그는 심지어 허블과 휴메이슨 팀이 세계 최고의 망원경을 마음대로 사용할 수 있는 특권을 남용했을 것이라고 주장하여 두 사람의 성실성마저 의심했다. 츠비키는 "관측 자료를 고칠 수 있는 자리에 있는 젊은 조수 중 누군가가 잘 보이기 위해 자료의 결점을 숨겼을 것"이라고 했다.

| 그림 66 | 허블이 측정한 은하의 적색편이를 설명하기 위해 '피곤한 빛 이론'을 만들어 낸 프리츠 츠비키.

이런 공격적인 행동 때문에 많은 과학자들이 츠비키에게서 멀어졌지만 여전히 피곤한 빛 여단에 남아 있는 과학자들도 있었다. 츠비키는 초신성과 중성자별에 대한 연구에서 중요한 업적을 남기기도 했다. 처음에는 조롱거리였던 보이지 않는 신비한 물질인 암흑물질의 존재를 예측하기도 했다. 암흑물질은 현재 실제로 존재하는 것으로 판명되었다. 피곤한 빛 이론도 똑같이 웃음거리이지만 사실로 밝혀질지도 모르는 일이었다.

그러나 빅뱅 이론의 지지자들은 피곤한 빛 이론을 전적으로 반대했다. 그 이론은 기껏해야 관측된 적색편이의 일부분을 설명할 수 있을 뿐이라고 반박했다. 빅뱅 진영을 대표하여 아서 에딩턴이 츠비키의 이론을 반박했다. "빛은 이상한 것이다. 20년 전에 우리가 상상했던 것보다도 훨씬 더 이상하다. 그러나 그들이 주장하는 것만큼 이상하지는 않다." 다시 말해 아인슈타인의 상대성이론은 빛에 대한 우리의 이해를 바꾸어 놓기는 했지만 피곤한 빛 이론이 허블의 적색편이를 설명할 가능성은 없다는 것이었다.

에딩턴은 츠비키의 피곤한 빛 이론을 공격하고 르메트르의 논문을 옹호하기는 했지만 우주의 기원에 대해서는 비교적 열린 마음을 가지고 있었다. 에딩턴은 르메트르의 아이디어가 중요하고 널리 알릴 가치가 있다고 생각하여 주요 학술지에 글을 써서 소개하고 르메트르의 논문을 번역하기도 했다. 그러나 그는 전 우주가 원시원자의 붕괴로 갑자기 시작되었다는 생각을 완전히 받아들이지는 않고 있었다. "철학적으로 현재 존재하는 자연질서의 시작에 대한 생각은 마음에 들지 않는다. …… 과학자로서 나는 우주가 폭발로 시작되었다는 것을 믿지 않는다. …… 그것은 나를 오싹하게 만든다." 에딩턴은 르메트르의 창조 모델이 "너무 갑작스럽다"라고 생각했다.

결국 에딩턴은 르메트르의 모델을 변형하여 독자적인 모델을 발전시켰다. 그는 르메트르의 원시원자와 같이 아주 작고 밀도가 높은 우주에서 출발하는 것에는 찬성했다. 그러나 갑작스러운 팽창 대신 점진적으로 팽창하여 우리가 오늘날 관측하는 속도로 가속해 갔다고 생각했다. 르메트르의 팽창은 폭탄이 폭발하는 것과 같이 갑자기 그리고 격렬하게 일어났다. 그러나 에딩턴의 팽창은 눈사태가 일어나듯이 점진적으로 진행되었다. 눈으로 덮인 산은 여러 달 동안 안정적인 상태일 것이다. 그러나 실바람에 작은 얼음 조각이 갈라지고 이 조각은 다른 얼음 조각 위에 떨어져 굴러 내리면서 작은 눈덩이가 된다. 이 작은 눈덩이가 더 많은 눈을 모아 큰 덩어리가 되고 결국은 커다란 눈사태로 발전하는 것이다.

에딩턴은 왜 빅뱅 이론보다 점진적인 진행을 선호하는지 설명했다. "우주가 불안정한 평형상태에서 아주 천천히 진화하기 시작했다는 설명은 적어도 철학적으로 만족스러운 것이다."

에딩턴은 자신의 창조 모델이 논란의 여지가 있기는 하지만 아무것도 없는 것으로부터 무엇이 시작되었다는 것을 설명할 수 있다고 주장했다. 그는 우주는 항상 존재했다고 전제하고 있다. 따라서 우리가 아주 먼 과거로 돌아가면 완전하게 균일하고 밀도가 높은 우주를 만날 수 있는데, 그 우주는 영원히 존재하는 우주였다. 또한 에딩턴은 그런 우주는 아무것도 없는 것과 같다고 주장했다. "내 생각에는 철학적으로 아무런 차이를 발견할 수 없을 정도로 같은 것과 아무것도 없는 것은 구별할 수 없다." 우주에서의 아주 작은 변화 — 눈사태를 일으키는 작은 눈송이 같은 — 가 우주의 대칭을 깨트리고 연속적인 일련의 사건을 만들어 냈을 것이고 그것이 오늘날 우리가 보는, 전체적으로 팽창하는 우주를 만들었다는 것이다.

1933년에 에딩턴은 대중 입문서인 《팽창하는 우주 *The Expanding Universe*》를 출판했다. 126쪽밖에 안 되는 이 책에서 그는 우주론에 대한 자신의 견해를 설명했다. 그는 일반상대성이론을 다루었고, 허블의 관측에 대해 이야기했으며, 르메트르의 원시원자와 자신의 의견을 유별난 방법으로 설명했다. 예를 들면 모든 은하가 멀어지고 있기 때문에 은하가 너무 멀어지기 전에 더 성능 좋은 망원경을 빨리 제작해야 한다고 했다. 다른 일화는 제쳐 놓더라도 에딩턴은 허블의 관측 결과를 뒤집어 해석했다. "모든 변화는 상대적이다. 우주는 우리 주위의 보통 물질에 대하여 팽창하고 있다. 따라서 우주와 비교해 볼 때 우리 주위의 물질은 수축하고 있는 것이다. '팽창하는 우주'는 '수축하는 원자'라고도 부를 수 있을 것이다. …… 팽창하는 우주 역시 우리의 자기중심적 사고에 의한 왜곡이 아닐까? 우주가 기준이 되어야 하고 우리 주위의 변화는 우주를 기준으로 측정해야 한다."

에딩턴은 빅뱅 모델이 처한 상태를 조심스럽게 진단했다. 그는 창조의 순간이 존재해야 한다는 이론적 근거와 설득력 있는 관측 결과가 존재하지만 빅뱅 모델이 널리 인정받으려면 아직 갈 길이 멀다고 지적했다. 그는 허블의 적색편이를 "최종 결론이 의지하기에는 너무 가는 실"이라고 했다. 그것을 증명하는 것은 빅뱅 이론의 지지자들이 해야 할 몫이었다. 그는 주장을 정당화할 수 있는 더 많은 증거를 찾으라고 격려했다.

과학계의 주류가 여전히 영원하고 전체적으로 정적인 우주라는 전통적 생각에 매달려 있는 동안 빅뱅 이론의 지지자들은 이제 보수주의자들과 겨루어 볼 수 있을 정도의 위치에 섰다고 생각하고 앞으로 있을 전투에 대비하고 있었다. 우주론은 이제 더 이상 신화나 신앙 그리고 신조가 아니었다. 20세기의 망원경에는 한 이론을 증명하거나 파괴시킬 수 있는 관측 능력이 생겼기 때문에 우주론은 유행이나 개인적인 취향의 문제도 아니었다.

에딩턴 자신은 빅뱅 이론이 결국 이길 것이라고 믿는 낙관주의자였다. 그는 자신의 책 끝부분에 1930년대의 빅뱅 이론의 상태를 나타내는 간단하지만 대항하기 힘든 힘이 있는 설명을 넣었다.

> 얼마나 많은 이야기를 우리가 믿을 수 있을까? 과학은 전시장과 작업장을 가지고 있다. 내가 보기에 오늘날의 대중은 검증을 거친 결과물을 진열해 놓은 전시장만으로는 만족하지 못하는 것 같다. 그들은 작업장에서 무슨 일이 일어나는지 알고 싶어 한다. 누구나 작업장에 들어오는 것은 환영한

다. 하지만 전시장의 기준으로 작업장에서 본 것을 판단하지 말기 바란다. 우리는 과학이라는 건물의 지하층에 있는 작업장을 둘러볼 수 있다. 빛이 희미해서 때로는 넘어질 수도 있고 청소할 시간이 없어서 작업장이 혼란스럽고 지저분할 수도 있다. 인부들과 기계는 먼지를 뒤집어쓰고 있을 것이다. 그러나 무엇인가가 — 그것도 매우 큰 무엇이 — 여기서 만들어지고 있다. 작업을 끝내고 전시장에 내놓기 위해 말끔히 다듬어지면 무엇이 나타날지 아직은 알 수 없다.

우주에서 원자로

빅뱅 모델이 인정받기 위해서는 별 관계가 없어 보이는 문제가 먼저 해결되어야 했다. 왜 어떤 물질은 다른 물질보다 더 많이 존재하는가? 우선 지구는 내부가 철로 구성되어 있으며, 지각에는 산소, 규소, 알루미늄 그리고 철이 압도적으로 많다. 바다는 대부분 수소와 산소(H_2O, 물)로 이루어져 있고, 대기는 주로 질소와 산소로 이루어져 있다. 그러나 만일 우리가 좀 더 멀리 나가본다면 이러한 물질의 분포는 우주에서는 전형적이지 않다는 것을 알게 될 것이다. 분광기를 이용하여 별빛을 분석해 본 천문학자들은 우주에서는 수소가 가장 풍부한 원소라는 것을 알게 되었다. 이런 내용을 유치원에서 어린이들이 즐겨 부르는 동요의 가사 속에 넣어 보면 다음과 같다.

반짝반짝 작은 별

네가 뭔지 난 알아

분광기에 나타난 모습
너는 수소덩어리라네
반짝반짝 작은 별
네가 뭔지 난 알아

다음으로 우주에 풍부하게 존재하는 원소는 헬륨이다. 우주는 대부분 수소와 헬륨으로 이루어져 있다. 이 두 가지는 가장 작고 가벼운 원소이다. 따라서 천문학자들은 우주가 큰 원자가 아니라 작은 원자로 이루어졌다는 사실에 직면했다. 아래에 이러한 사실을 원자들의 양에 따라 나열해 놓았다. 이 값들은 최근의 측정 결과여서 1930년대의 예상치와는 많이 다르다.

원소	상대적 존재량
수소	10,000
헬륨	1,000
산소	6
탄소	1
다른 모든 원소	1 이하

다시 말해, 수소와 헬륨이 우주에 존재하는 모든 원소의 약 99.9퍼센트를 차지한다는 것이다. 가장 가벼운 두 원소는 매우 흔한 반면 그보다 조금 무거운 원소나 중간 무게의 원소는 흔치 않다. 그리고 금이나 백금과 같이 가장 무거운 원소는 매우 희귀하다.

가벼운 원소와 무거운 원소의 양이 왜 그렇게 커다란 차이를 보이는지 의문이 제기되었다. 영원하고 정적인 우주 모델의 지지자들은 이 문제에 대해 명확한 답변을 할 수 없었다. 그들은 우주에는 항상 오늘날 우리가 보고 있는 것과 같은 비율의 원소가 있었으며 앞으로도 그럴 것이라고 주장했다. 원소의 양은 우주의 고유한 값이라는 것이다. 만족스러운 답변은 아니었지만 영원한 우주 모델과의 일관성은 있었다.

원소량의 신비는 빅뱅 이론으로서는 더욱 어려운 문제였다. 만일 우주가 창조의 순간에서부터 진화해 왔다면 왜 금이나 백금이 풍부한 우주로 진화하지 않고 수소와 헬륨이 풍부한 우주로 진화하게 되었을까? 무거운 원소보다 가벼운 원소가 더 많이 창조된 과정은 어떤 것이었을까? 빅뱅 이론 지지자들은 그 해답을 찾고 그것이 빅뱅 이론과 부합한다는 것을 보여주어야 했다. 논리적인 우주 이론이라면 오늘날의 우주가 어떻게 만들어졌는지 명확하게 설명할 수 있어야 한다. 그렇지 못하다면 실패한 이론일 수밖에 없다.

이 문제를 다루기 위해서는 그때까지의 우주에 대한 연구와는 전혀 다른 접근 방법이 필요했다. 과거에는 우주학자들이 아주 큰 것에 관심을 집중했다. 예를 들면 거대한 천체 사이에 작용하는 중력을 설명하는 일반상대성이론을 이용하여 우주를 연구한 것이다. 그리고 거대한 망원경을 이용하여 아주 멀리 떨어져 있는 거대한 은하를 관측했다. 그러나 우주에 존재하는 원소의 양을 다루기 위해서는 이제 아주 작은 것들을 다루는 새로운 이론과 새로운 장비가 필요했다.

빅뱅 이론에서 이 문제가 어떻게 다루어졌는지 살펴보기 전에 과거로 돌아가서 현대 원자론의 역사에 대해 알아보는 것이 필요하다. 이 장의 나머지 부분은 원자물리학의 기초를 만든 과학자들의 이야기이다. 그들의 연구 덕분에 빅뱅 이론은 왜 우주가 수소와 헬륨으로 가득한지 설명할 수 있게 되었다.

원자를 이해하려는 노력은 물리학자와 화학자들이 1896년에 **방사능** radioactivity이라는 현상을 발견하면서부터 시작되었다. 우라늄과 같은 무거운 원소들은 방사능을 가지고 있다는 것이 확실해졌다. 그것은 이런 원소들이 스스로 복사선radiation 형태의 에너지를 낼 수 있다는 것을 뜻한다. 한동안 아무도 복사선이 무엇이며 그것이 어떻게 나오는지 몰랐다.

마리와 피에르 퀴리는 방사능을 연구한 선구자였다. 그들은 우라늄보다 100만 배는 더 강한 방사능을 가진 라듐을 비롯한 새로운 방사성 원소들을 발견했다. 라듐이 내는 방사선은 주위의 물질에 흡수되었고 에너지는 열로 변했다. 실제로 1킬로그램의 라듐은 30분 동안에 1리터의 물을 끓이기에 충분할 정도의 에너지를 냈다. 더욱 특이한 것은 방사능은 거의 세기가 약해지지 않고 계속 나온다는 것이었다. 따라서 1킬로그램의 라듐으로 수천 년 동안 1리터의 물을 30분마다 한 번씩 끓일 수 있었다. 라듐은 에너지를 폭발적으로 방출하는 대신 지속적으로 조금씩 방출했지만 그 에너지의 총량은 같은 양의 다이너마이트보다 수백만 배나 컸다.

여러 해 동안 방사능과 관련된 위험성은 알려지지 않았다. 따라서 라듐과 같은 방사성 원소를 아무런 보호 장치도 없는 광학 장치를 이용하여 실험했다. 미국라듐공사의 새빈 폰 소초키는 심지어 라듐이 가정용 에너지원으로 사용될 수 있을 것이라고 예측하기도 했다. "라듐을 이용하여 집에 불을 밝히는 날이 틀림없이 올 것이다. 벽이나 천장에 붙인 라듐 벽지에서 나오는 빛은 달빛처럼 은은하게 방을 밝혀줄 것이다."

퀴리 부부는 방사능 후유증에 시달렸지만 연구를 계속했다. 그들이 쓰던 노트는 수년 동안 라듐에 노출되어 방사능에 오염되었기 때문에 현재는 납 상자 안에 보관되어 있다. 마리의 손은 라듐 가루로 덮여 있곤 했기 때문에 노트에

1 H																	2 He
3 Li	4 Be											5 B	6 C	7 N	8 O	9 F	10 Ne
11 Na	12 H											13 Al	14 Si	15 P	16 S	17 Cl	18 Ar
19 K	20 Ca	21 Se	22 Ti	23 V	24 Cr	25 Mn	26 Fe	27 Co	28 Ni	29 Cu	30 Zn	31 Ga	32 Ge	33 As	34 Se	35 Br	36 Kr
37 Rb	38 Sr	39 Y	40 Zr	41 Nb	42 Mo	43 Tc	44 Ru	45 Rh	46 Pd	47 Ag	48 Cd	49 In	50 Sn	51 Sb	52 Te	53 I	54 Xe
55 Cs	56 Ba	57 La	72 Hf	73 Ta	74 W	75 Re	76 Os	77 Ir	78 Pt	79 Au	80 Hg	81 Tl	82 Pb	83 Bi	84 Po	85 At	86 Rn
87 Fr	88 Ra	89 Ac	104 Rf	105 Db	106 Sg	107 Bh	108 Hs	109 Mt	110 Unn								

58 Ce	59 Pr	60 Nd	61 Pm	62 Sm	63 Eu	64 Gd	65 Tb	66 Dy	67 Ho	68 Er	69 Tm	70 Yb	71 Lu
90 Th	91 Pa	92 U	93 Np	94 Pu	95 Am	96 Cm	97 Bk	98 Cf	99 Es	100 Fm	101 Md	102 No	103 Lr

| 그림 67 | 주기율표는 물질을 이루는 모든 원소들이 포함되어 있다. 원소들은 가벼운 것에서부터 무거운 것까지 한 줄로 배열할 수도 있다. (1 수소, 2 헬륨, 3 리튬, 4 베릴륨 등등.) 이 표의 배열은 보기 좋게 하기 위한 것이 아니다. 주기율표에서 같은 족에 속하는 원소들은 공통적인 화학적 성질을 가지고 있다. 예를 들면 가장 오른쪽에 있는 열에는 불활성 기체(헬륨, 네온 등)가 포함되어 있다. 이 원소들은 좀처럼 다른 원소와 결합하여 분자를 형성하지 않는다. 이 표는 원소들이 다른 원소와 반응하는 것을 이해할 수 있도록 해주지만, 방사능의 원인이 무엇인지에 대해서는 아무런 실마리도 제공하지 못한다.

는 보이지 않는 방사능 물질로 된 손가락 자국이 남아 있었다. 따라서 노트 사이에 필름을 끼워 넣어 그녀의 지문을 채취할 수도 있다. 마리 퀴리는 결국 백혈병으로 죽었다.

비좁은 파리의 실험실에서 퀴리 부부는 위대한 희생을 하여 여러 면에서 우리가 원자 안에서 무슨 일이 일어나는지 전혀 모르고 있다는 것을 깨닫게 해주었다. 과학자들에게는 지식이 퇴보하는 것처럼 느껴졌다. 불과 수십 년 전만 해도 주기율표 덕분에 물질의 근원을 모두 이해했다고 여기고 있었다. 1869년에 러시아 화학자 드미트리 멘델레예프Dmitri Mendeleev는 수소에서 우라늄에 이르기까지 알려진 모든 원소를 배열한 표를 만들었다. 주기율표에 있는 원소들을 서로 다른 비율로 결합하면 분자를 만들 수 있었고 그것으로 태양 아래에 있는 물질은 물론 태양 속 또는 그 너머에 있는 물질을 모두 설명할 수 있었다. 예를 들면 수소 원자 2개와 산소 원자 1개를 결합시키면 물분자 H_2O를 만들 수 있었다. 이것은 여전히 사실이다. 그러나 퀴리 부부는 어떤 원자는 내부에 큰 에너지원을 가지고 있다는 사실을 밝혀냈는데, 주기율표로는 이 현상을 설명할 수 없었다. 원자 속에서 실제로 어떤 일이 일어나고 있는지 알 수 있는 실마리가 없었다. 19세기의 과학자들은 원자를 간단한 구球라고 생각했다. 그러나 방사능을 설명하기 위해서는 더 복잡한 원자의 구조를 생각하지 않을 수 없게 되었다.

뉴질랜드 출신의 어니스트 러더퍼드Ernest Rutherford는 이 문제를 연구한 학자였다. 그는 동료와 학생들에게 사랑받았지만 화를 잘 내고 거만해 보이는 무뚝뚝한 권위주의자이기도 했다. 러더퍼드는 오직 물리학만이 중요한 과학이라고 생각했다. 물리학은 우주를 깊고 의미 있게 이해하도록 해주지만 다른 과학은 단지 측정하고 목록을 만드는 것에 불과하다고 믿었다. 한때 그는 "모든 과학은 물리학이거나 아니면 우표수집이다"라고 말하기도 했다. 하지만 1908년에 노벨위원회가 그에게 수여한 것은 노벨 물리학상이 아니라 화학상이었다.

1900년대 초 러더퍼드가 연구를 시작할 때는 원자의 모습이 19세기에 생각했던 것과 같이 구조가 없는 단순한 구가 아닌 어느 정도 복잡한 구조를 가지고 있었다. 원자는 양전하를 가지고 있는 물질과 음전하를 가지고 있는 물질 두 가지 성분으로 이루어져 있다고 생각되었다. 반대 부호의 전하 사이에는 인력이 작용한다. 이것이 두 가지 물질이 원자 안에 함께 존재할 수 있는 이유였다. 1904년에 케임브리지의 뛰어난 물리학자 톰슨은 호박떡 모형이라고 부르는 원자 모형을 제시했다. 이 모형에서는 그림 69처럼 양전하를 가지고 있는 반죽 같은 물질 안에 음전하를 가지고 있는 여러 개의 입자가 박혀 있었다.

어떤 형태의 방사성 붕괴에서는 **알파입자**라고 하는 양전하를 띤 입자가 나온다. 이것은 원자가 양전하를 띤 반죽의 일부를 내놓는 것이라고 설명되었다. 이 가설과 호박떡 모형을 전체적으로 시험하기 위해 러더퍼드는 한 원자에서 나오는 알파입자를 다른 원자를 향해 발사하면 어떤 일어나는지 알아보기로 했다. 다시 말해 그는 알파입자를 원자의 탐침으로 사용하기로 한 것이었다.

| 그림 68 | 30대 중반에 찍은 어니스트 러더퍼드. 그는 다른 물리학자들과 마찬가지로 화학을 경시했다. 예를 들면 노벨상 수상자인 볼프강 파울리는 부인이 화학을 공부하기 위해 자신을 떠나자 이렇게 화를 냈다. "투우사가 되겠다면 내가 이해하겠다. 하지만 평범한 화학자라니……." 두 번째 사진은 캐번디시 연구소에서 동료 존 래트클리프와 찍은, 나이가 더 들었을 때의 러더퍼드 모습이다. "조용히 말하시오"라고 쓰인 팻말이 러더퍼드 머리 위에 보인다. 러더퍼드는 '주님의 군사들아, 앞으로'라는 노래를 큰 소리로 부르는 것을 좋아해 연구실의 민감한 장치를 흔들어 놓곤 했다.

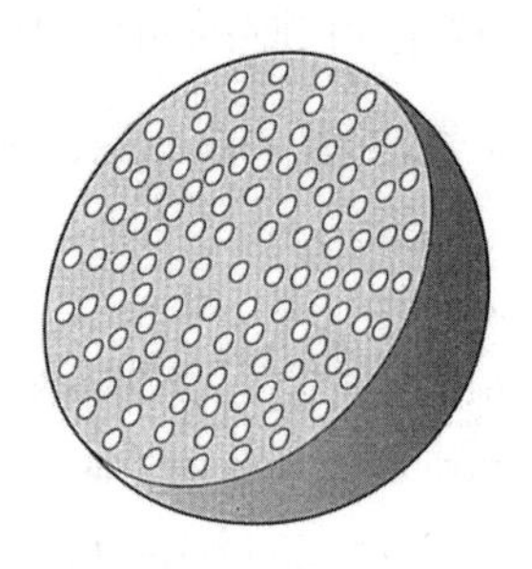

| 그림 69 | 음전하를 가진 입자들이 양전하를 가진 반죽 속에 골고루 퍼져 있는 톰슨 원자 모형의 단면. 가벼운 수소 원자는 적은 양의 양전하를 가지고 있는 반죽에 하나의 음전하를 가진 입자가 박혀 있고, 무거운 금 원자는 많은 양의 양전하를 가진 반죽 속에 여러 개의 음전하를 가진 입자가 박혀 있다.

1909년에 러더퍼드는 두 명의 젊은 물리학자 한스 가이거Hans Geiger와 어니스트 마스든Ernest Marsden에게 실험을 하도록 했다. 가이거는 후에 방사능 검출 장치인 가이거 계수관을 만들어 유명해진 사람이다. 그러나 당시에 두 사람은 아주 원시적인 장치를 이용한 실험에 매달려야 했다. 알파입자를 검출하는 유일한 방법은 알파입자가 도달할 것이라고 예상되는 지점에 황화아연으로 만든 스크린을 놓아두는 것이었다. 알파입자는 황화아연에 부딪히면 작은 불꽃을 냈다. 이 불꽃을 관측하기 위해서 가이거와 마스든은 30분간이나 완전한 어둠에 적응해야 했다. 그런 후에 황화아연 스크린을 현미경으로 들여다봐야 했다.

실험에서 중요한 것은 모든 방향으로 알파입자를 내놓는 라듐 시료였다. 가이거와 마스든은 라듐을 납으로 둘러싸고 좁은 틈만 내놓았다. 이렇게 해서 라듐에서 나오는 알파입자의 방향을 조절할 수 있었다. 그들은 그림 70과 같이 얇은 금박을 알파압자가 나오는 방향에 놓고 알파입자가 금 원자와 충돌할 때 어떤 일이 일어나는지 조사했다.

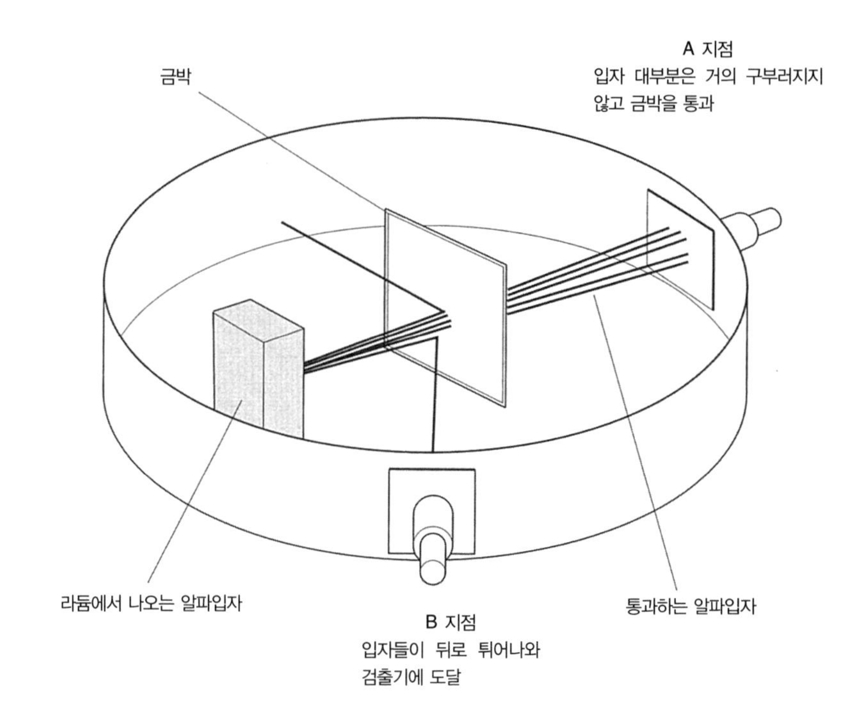

| 그림 70 | 어니스트 러더퍼드는 자신의 동료 한스 가이거와 어니스트 마스든에게 알파 입자를 이용하여 원자의 구조를 연구토록 했다. 그들은 라듐에서 나오는 알파입자를 이용하여 실험했다. 라듐을 납으로 둘러싸고 좁은 틈만 내놓아 알파입자가 금박을 향해 튀어나가도록 했고 금박 둘레로 검출기가 움직일 수 있도록 장치하여 알파입자의 굴절을 측정할 수 있게 했다.

입자들의 대부분은 거의 굽어지지 않고 금박을 통과하여 A 지점에 있는 검출기에 도달했다. 이것은 음전하가 양전하를 띤 반죽 속에 골고루 퍼져 있는 톰슨의 원자 모델이 옳다고 가정했을 때 기대한 결과였다.

그러나 놀랍게도 입자들이 뒤로 튀어나와 B 지점으로 옮긴 검출기에 도달하는 경우도 있었다. 새로운 원자 모형을 고안하지 않을 수 없게 되었다.

알파입자는 양전하를 띠고 있었고 원자는 양전하와 음전하가 혼합되어 있었다. 같은 종류의 전하는 반발하고 다른 종류의 전하는 잡아당긴다. 따라서 가이거와 마스든은 알파입자와 금 원자의 상호작용을 통해 원자 내의 전하 분포를 알아내려고 했다. 예를 들면 만일 금 원자가 정말로 양전하 반죽 속에 음전하를 띤 입자가 박혀 있는 것이라면 알파입자가 골고루 분포되어 있는 전하와 충돌하게 되면 약간만 휘어져 진행해야 한다. 가이거와 마스든이 라듐 시료 반대쪽인 금박 뒤에 황화아연 스크린을 놓았을 때 알파입자의 경로에는 아주 작은 휘어짐만 관측되었다.

러더퍼드는 스크린을 라듐 시료 쪽으로 옮겨 보라고 했다. 금박에 튕겨 나오는 알파입자가 있는지 알아보자는 것이었다. 톰슨이 옳다면 아무것도 검출되지 않아야 했다. 왜냐하면 전하가 섞여 있는 톰슨의 호박떡 원자는 알파입자에 그렇게 큰 영향을 미칠 수 없기 때문이었다. 그러나 가이거와 마스든은 놀라지 않을 수 없었다. 금 원자에 튕겨 나온 알파입자가 검출된 것이다. 8천 개의 알파입자 중에 1개의 비율로 알파입자가 뒤쪽으로 튀어 나왔다. 톰슨의 예측으로는 뒤쪽으로 튀어나오는 입자는 0개여야 했지만 그보다 하나가 많은 것이었다. 실험 결과는 호박떡 모형과 상반되는 것이었다.

숙련되지 않은 사람에게는 단지 기대했던 것과 다른 결과가 나온 실험으로 보였을 것이다. 그러나 원자가 어떻다는 것을 머릿속에 그리고 있던 러더퍼드에게는 충격적인 것이었다. “평생 가장 믿을 수 없는 사건이었다. 직경이 15인치나 되는 포탄을 얇은 종이조각을 향해 발사했는데 그것이 뒤로 튕겨 나와 당신을 때린 것과 같이 믿을 수 없는 일이었다.”

그 결과는 호박떡 모형으로는 설명할 수 없는 것이었다. 따라서 러더퍼드는 톰슨의 원자 모형을 버리고 알파입자를 튕겨낼 수 있는 새로운 원자 모형을 만들게 되었다. 그는 이 문제와 씨름한 끝에 마침내 그럴듯한 원자 구조를 생각해 냈다. 러더퍼드는 오늘날 받아들여지는 것과 매우 비슷한 원자 모형을 제시했다.

러더퍼드의 모형에서는 모든 양전하가 **원자핵**이라고 부르는 원자의 중심부에 모여 있는 **양성자**라는 입자에 집중되어 있다. 음전하를 가지고 있는 전자는 원자핵을 돌고 있으며 그림 71과 같이 원자핵 내에 있는 양성자와 **전자**의 음전하 사이의 전기적 인력으로 원자에 구속되어 있다. 이 모형은 행성이 태양을 돌듯이 전자들이 원자핵을 돌고 있기 때문에 행성 모형이라고도 불렸다. 전자와 양성자는 부호는 반대이지만 같은 양의 전하를 가지고 있다. 그리고 모든 원자는 같은 수의 전자와 양성자를 가지고 있다. 따라서 러더퍼드 원자의 전체 전하는 0이었으며 전기적으로 중성이다.

양성자와 전자의 수는 원자의 종류를 결정하기 때문에 매우 중요하다. 그리고 이것이 주기율표(그림 67)에서 원자 다음에 나타나는 숫자이다. 수소 원자는 1개의 양성자와 1개의 전자를 가지고 있기 때문에 수소의 원자번호는 1이다. 헬륨은 2개의 양성자와 2개의 전자를 가지고 있기 때문에 원자번호가 2이다.

러더퍼드는 원자핵에 전하를 가지지 않은 입자도 포함되어 있지 않나 의심했다. 나중에 그가 옳았다는 것이 증명되었다. 중성자는 양성자와 거의 같은 질량을 가지고 있지만 전하는 없다. 그림 71에 설명되어 있는 것과 같이 원자핵 속에 들어 있는 중성자의 수는 원자에 따라 달라진다. 그러나 원자 속에 들어 있는 양성자의 수가 같으면 그것은 같은 종류의 원자이다. 예를 들면 대부분의 수소 원자는 중성자를 가지고 있지 않다. 그러나 일부는 하나 또는 2개의 중성자를 가지고 있다. 그런 원소를 중수소 또는 삼중수소라고 부른다. 보통 수소, 중수소, 삼중수소는 모두 하나의 양성자와 전자를 가지고 있기 때문에 수소이다. 이들은 모두 수소의 동위원소라고 한다.

원자가 포함하고 있는 양성자와 중성자 그리고 전자의 수에 따라 크기가 다

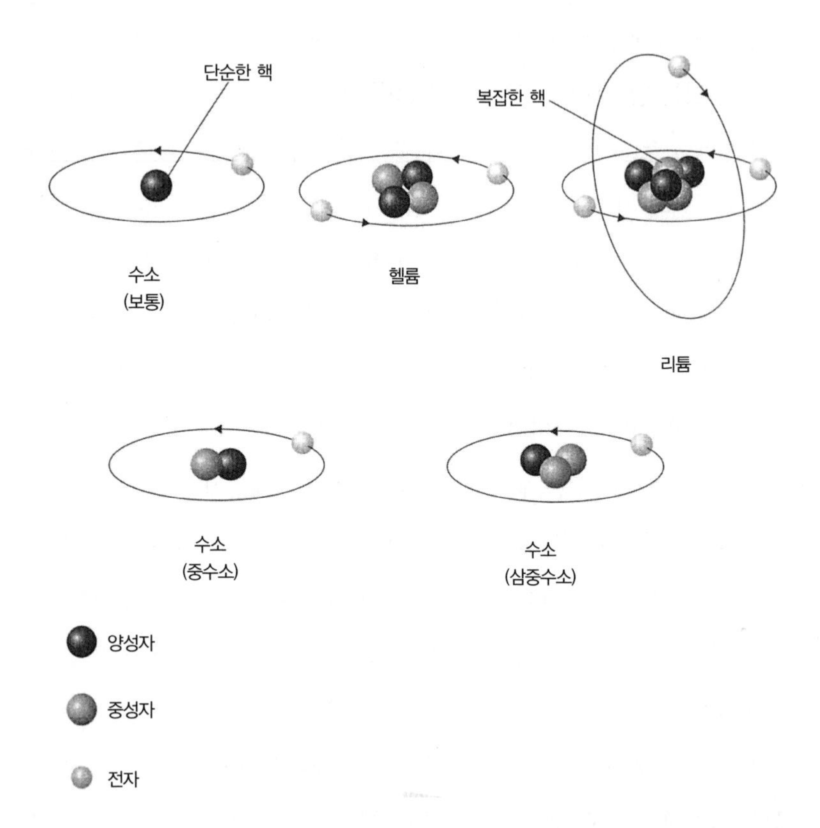

| 그림 71 | 러더퍼드의 원자 모형에서는 양전하를 가진 양성자들이 원자 한가운데 있는 원자핵에 모여 있고 음전하를 띤 전자들이 그 주위를 돌고 있다. 원자핵의 지름은 원자 지름의 1만분의 1밖에 안 되므로 이 그림은 축적에 따라 그린 것이 아니다. 원자 속에 들어 있는 양성자의 수는 전자의 수와 같다. 원자번호는 같은 원소에서는 항상 같고, 주기율표는 그 숫자에 따라 배열해 놓은 것이다. 수소 원자는 하나의 전자와 하나의 양성자를 가지고 있고, 헬륨 원자는 2개의 양성자와 2개의 전자를 가지고 있으며, 리튬은 3개의 양성자와 3개의 전자를 가지고 있다.

원자핵 속에 들어 있는 중성자의 수가 달라지더라도 양성자의 수가 같으면 같은 원소에 속하는 원자로 간주된다. 예를 들어 대부분의 수소는 중성자를 가지고 있지 않지만 일부는 하나 또는 두 개의 중성자를 가지고 있다. 이들은 중수소 또는 삼중수소라고 부른다. 보통의 수소, 중수소, 삼중수소는 모두 수소의 동위원소이다.

르기는 하지만 원자의 지름은 겨우 10억분의 1미터 정도이다. 그러나 러더퍼드의 산란실험은 원자핵의 지름은 원자 지름의 10만분의 1이라는 것을 보여준다. 부피로 비교해 보면 원자핵의 크기는 전체 원자 크기의 $(1/100,000)^3$ 또는 0.0000000000001퍼센트에 지나지 않는다.

우리 주위에서 만질 수 있는 딱딱한 물질을 만들고 있는 원자가 거의 텅 빈 공간으로 이루어져 있다는 것은 놀라운 일이다. 만일 하나의 수소 원자를 런던 왕립 앨버트 홀과 같은 큰 연주회장을 가득 채울 정도로 확대한다면 원자핵의 크기는 텅 빈 홀 한가운데 있는 빈대 정도이다. 그러나 홀을 날아다니는 전자는 이보다도 훨씬 작다. 양성자와 중성자는 전자보다 약 2천 배 더 무겁다. 그리고 양성자와 중성자는 아주 작은 원자핵 속에 들어 있다. 따라서 적어도 99.95퍼센트 이상의 원자 질량이 전체의 0.0000000000001퍼센트 밖에 안 되는 부피 안에 몰려 있는 것이다.

이 수정된 원자 모형은 러더퍼드의 실험 결과를 완벽하게 설명할 수 있었다. 원자는 거의 빈 공간이므로 대부분의 알파입자는 아주 조금만 진로를 바꾸어 금박을 통과한다. 그러나 소수의 알파입자는 원자핵에 집중되어 있는 양전하와 정면충돌하여 큰 각도로 다시 튕겨 나간다. 그림 72에 이런 두 종류의 상호작용이 나타나 있다. 처음에는 러더퍼드의 실험 결과가 설명 불가능한 것으로 보였지만 수정된 원자 모형으로 모든 것이 명확해졌다. 러더퍼드는 "모든 물리학은 불가능하거나 시시하다. 그것을 이해하기 전까지는 불가능해 보이지만 이해하고 나면 시시해 보인다"라고 말한 적이 있다.

단 한 가지 문제가 남았다. 원자핵 속에 양성자와 함께 들어 있어야 할 러더퍼드의 중성자가 존재한다는 증거가 아직 없었다. 중성자는 전하를 띠고 있지 않으므로 양전하를 띤 양성자나 음전하를 띤 전자와는 달리 원자의 이 잃어버

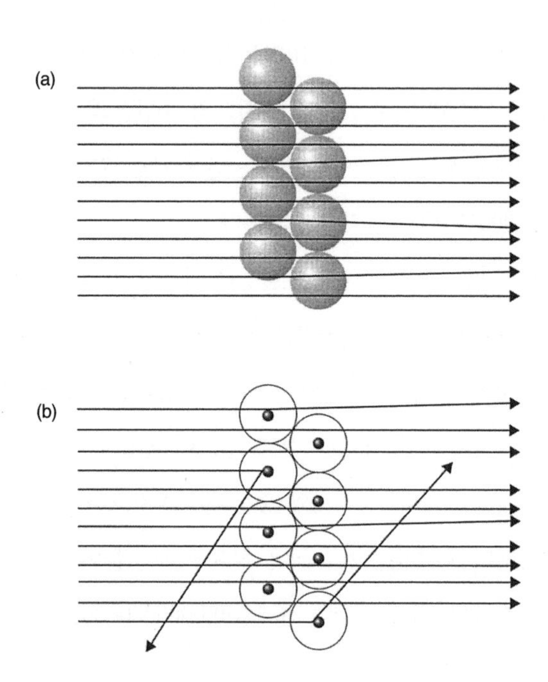

| 그림 72 | 가이거와 마스든의 실험 결과는 금박에 충돌한 알파입자 중 적은 수의 입자가 튕겨나오는 것을 보여준다. 그림 (a)는 톰슨의 호박떡 모형으로 만들어진 금박을 나타낸다. 양전하를 가지고 있는 반죽 속에 음전하를 가진 입자가 골고루 분포되어 있는 이 원자에서는 알파입자가 거의 휘어지지 않는다.
그림 (b)는 러더퍼드의 원자로 이루어진 금박이 알파입자의 굴절을 설명하는 것을 나타내고 있다. 이 모형에서는 양전하가 중심부에 있는 원자핵에 모여 있다. 대부분의 알파입자는 휘어지지 않지만 중심에 있는 양전하가 모여 있는 원자핵과 충돌하면 큰 각도로 휘어지게 된다.

린 조각을 찾아내는 일은 쉽지 않았다. 나중에 러더퍼드의 조수였던 제임스 채드윅James Chadwick이 중성자가 존재한다는 것을 증명했다. 채드윅은 새로운 과학인 원자핵물리학에 몰두해 있었기 때문에 1차대전 중 독일군 포로가 되었을 때도 연구를 계속했다. 그는 어떤 종류의 치약이 방사성 토륨 — 토륨은 이를 빛나게 하는 것으로 알려져 있었다 — 을 포함하고 있다는 것을 알고 있었다. 그는 경비병에게서 치약을 조금 훔쳐내어 실험을 했다. 채드윅은 치약을 이용한 실험에서는 큰 진전을 이루지는 못했다. 그러나 전쟁이 끝난 후 실험실로 돌아와 10년을 노력한 끝에 1932년에 원자의 잃어버린 조각을 찾아냈다. 그림 68의 왼쪽에 보이는 열려 있는 문이 제임스 채드윅이 중성자를 발견한 실험실로 통하는 문이다.

원자의 구조와 구성 성분을 정확하게 이해하게 된 물리학자들은 마침내 마리와 피에르 퀴리 부부가 연구해 오던 방사능이 생기는 원인을 설명할 수 있게 되었다. 모든 원자핵은 양성자와 중성자로 구성되어 있다. 원자핵은 구성 성분을 서로 교환할 수 있고 따라서 한 원자에서 다른 원자로 바뀔 수 있다. 이것이 방사능이 생기는 이유였다.

예를 들면 라듐 같은 원자는 매우 크다. 퀴리가 연구한 라듐은 88개의 양성자와 138개의 중성자를 가지고 있다. 그렇게 큰 원자핵은 불안정하기 때문에 작은 원자핵으로 바뀌기 쉽다. 라듐의 경우에는 그림 73처럼 원자핵이 2개의 양성자와 2개의 중성자를 알파입자 — 헬륨의 원자핵이기도 하다 — 의 형태로 방출하고 86개의 양성자와 136개의 중성자를 가진 라돈의 원자핵으로 변환된다. 커다란 원자핵이 작은 원자핵으로 분리되는 현상을 **핵분열**이라고 한다.

보통 원자핵 반응은 큰 원자핵과 관련되어 있지만 수소와 같이 작은 원소에서도 일어날 수 있다. 수소 원자핵과 중성자들이 합쳐져 헬륨 원자핵을 만들 수도 있는데 이런 것을 **핵융합**이라고 한다. 수소는 비교적 안정된 원소이다. 따라서 이런 반응은 자연적으로 일어나지 않는다. 그러나 온도와 압력의 조건을 맞추어 주면 수소는 헬륨으로 융합할 수 있다. 수소 원자가 융합하여 헬륨 원자핵이 되는 것은 헬륨 원자핵이 수소 원자핵보다 더 안정되어 있기 때문이

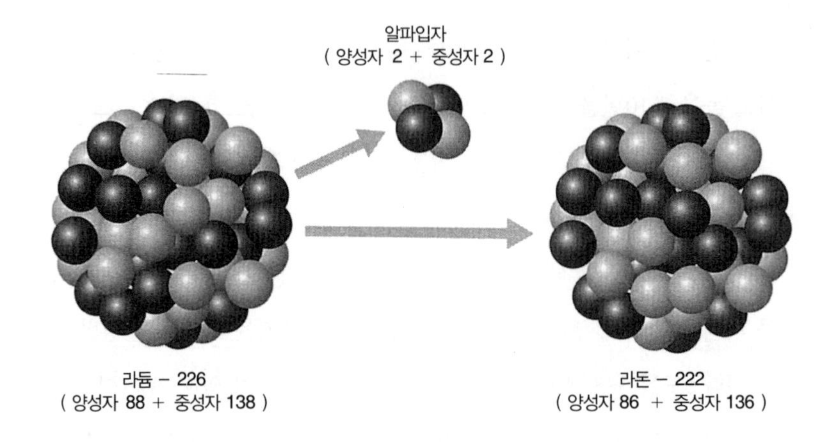

| 그림 73 | 라듐에는 여러 개의 동위원소가 있지만 88개의 양성자와 138개의 중성자가 포함된 라듐-226이 가장 흔하다. 라듐 원자핵은 매우 불안정하기 때문에 2개의 양성자와 2개의 중성자로 이루어진 알파입자를 방출하고 더 작은 원자인 라돈으로 변환된다. 라돈 역시 불안정한 원자핵이다.

다. 원자핵들은 가장 안정된 상태를 찾아가려는 경향이 있다.

일반적으로 가장 안정된 원자는 철과 같이 주기율표의 중간쯤에서 발견되는 원자들로, 이들은 원자핵 속에 중간 정도 되는 수의 양성자와 중성자를 가지고 있다. 따라서 매우 커다란 원자핵은 핵분열을 하게 되고 작은 원자핵은 핵융합을 하게 된다. 그러나 중간 크기의 원자핵은 대체로 원자핵 반응을 거의 일으키지 않는다.

이것으로 원자핵 반응이 어떻게 일어나는지, 왜 라듐이 방사능을 가지고 있는지 — 그리고 철이 왜 방사능을 가지고 있지 않은지 — 는 설명할 수 있었지만 왜 핵분열 때 많은 에너지가 나오는지는 설명할 수 없었다. 원자핵 반응 때 에너지가 많이 방출되는 것은 잘 알려진 사실인데, 그 에너지는 어디에서 나온단 말인가?

그 해답은 2장에서 다루지 않은 아인슈타인의 특수상대성이론이 제시한 한 특별한 현상에 들어 있었다. 아인슈타인이 빛의 속도를 분석하여 시공간의 새로운 의미를 알아냈을 때 물리학에서 가장 유명한 $E = mc^2$이라는 식도 유도해 냈다. 이 식의 의미는 에너지(E)와 질량(m)이 동등하다는 것과 c^2을 곱함으로써 에너지와 질량이 상호 변환 가능하다는 것이다. 여기서 c는 빛의 속도이다. 빛의 속도는 3×10^8 m/s 이므로 c^2은 9×10^{16} $(m/s)^2$이다. 이것은 아주 작은 질량이 어마어마한 에너지로 변환될 수 있다는 것을 나타낸다.

실제로 방사성 붕괴 때 나오는 에너지는 적은 양의 질량이 에너지로 변환된 것이다. 라듐 원자핵이 라돈 원자핵과 알파입자로 변할 때 만들어진 입자들의 질량의 합은 라듐 원자핵의 질량보다 작다. 질량의 결손은 불과 0.0023퍼센트 정도이다. 따라서 1킬로그램의 라듐은 0.999977킬로그램의 라돈과 알파입자로 변환된다. 이러한 질량 결손은 아주 작은 것이지만 변환 상수(c^2)가 아주 큰 수이기 때문에 없어진 0.000023킬로그램의 질량은 2×10^{12} 줄의 에너지로 바뀐다. 400톤의 TNT가 내는 에너지와 같은 양이다. 핵융합의 경우에도 일반적으로 이때 나오는 에너지가 훨씬 더 많다는 것을 제외하면 아주 똑같은 방법으로 에너지가 나온다. 수소 핵융합 폭탄이 플루토늄 핵분열 폭탄보다 훨씬 더 파괴적인 것은 그 때문이다.

이 장에서는 잠시 동안 천문학이나 우주론과 관계없는 이야기를 했다. 그러나 원자물리학과 원자핵물리학의 발전은 매우 중요한 일이다. 그 이론들이 빅뱅 모델을 시험하는 데 중요한 역할을 했기 때문이다. 원자핵이 들어 있는 러더퍼드의 원자 모형과 원자핵 반응(핵융합과 핵분열)에 대한 이해는 하늘을 연구하는 새로운 방법을 제시했다. 우리의 주제로 돌아가기 전에 원자핵물리학에 나타난 중요한 사항을 정리해 보자.

1. 원자는 전자와 양성자 그리고 중성자로 구성되어 있다.
2. 양성자와 중성자는 원자의 중심부, 즉 원자핵에 들어 있다.
3. 전자는 원자핵 주위를 돌고 있다.
4. 커다란 원자핵은 불안정해서 분열할 수 있다.(핵분열)
5. 작은 원자핵은 더 안정하지만 융합할 수 있다.(핵융합)
6. 핵분열/핵융합 후의 원자핵은 처음 원자핵보다 질량이 작다.
7. $E = mc^2$ 에 의해 질량 결손은 에너지로 방출된다.
8. 중간 크기의 원자핵은 가장 안정해서 거의 핵반응을 하지 않는다.
9. 가볍거나 무거운 원자핵이더라도 핵융합이나 핵분열을 하기 위해서는 큰 에너지와 압력이 필요한 경우가 있다.

원자핵물리학의 이런 법칙을 천문학과 처음으로 연결시킨 과학자는 매력적인 용모와 유머감각으로 널리 알려진 용감한 물리학자 프리츠 후테르만스Frits Houtermans였다. 그의 우스갯소리를 모은 40쪽짜리 책이 출판되기도 했다. 후테르만스는 외조부모 한 사람이 유대인이었다. 그래서 그는 때때로 반유대적인 말을 들으면 "당신 조상이 아직 나무 위에서 살고 있을 때 내 조상은 이미 수표를 위조하고 있었소"라고 반격했다.

후테르만스는 1903년 폴란드 조포트에서 태어났는데, 예전 독일의 발트 해 항구로 단치히라고 불렸던 그다니스크에서 가까웠다. 그는 어렸을 때 빈으로 이사해 소년 시절을 보냈다. 1920년대에 괴팅겐에서 물리학을 공부하기 위해 독일로 돌아갔고 그곳에서 연구원 자리를 얻었다. 영국 과학자 로버트 애트킨슨Robert Atkinson과 함께 일하면서 그는 원자핵물리학으로 태양과 다른 별들이 어떻게 에너지를 내는지 밝힐 수 있을 것이라는 생각을 하게 되었다.

태양의 대부분이 수소와 약간의 헬륨으로 이루어져 있다는 것은 잘 알려져 있었다. 따라서 태양이 내는 에너지가 수소가 헬륨으로 변환되는 핵융합으로 나온다는 생각은 자연스러운 것이었다. 아무도 지구상에서 핵융합을 관측한 적이 없었다. 따라서 핵융합의 자세한 과정에 대해서는 확실한 것이 알려져 있지 않았다. 그러나 수소가 헬륨으로 핵융합된다면 0.7퍼센트의 질량 결손이 생길 것이라는 사실은 알려져 있었다. 1킬로그램의 수소가 핵융합되면 0.993킬로그램의 헬륨이 만들어지고 0.007킬로그램의 질량이 사라지게 되는 것이다. 작은 질량인 듯 보이지만 아인슈타인의 식, $E = mc^2$ 에 대입하면 엄청난 에너지가 된다.

$$\text{에너지} = mc^2 = \text{질량} \times (\text{빛의 속도})^2$$
$$= 0.007 \times (3 \times 10^8)^2 = 6.3 \times 10^4 \text{J}$$

따라서 이론적으로는 1킬로그램의 수소가 0.993킬로그램의 헬륨으로 융합되면 6.3×10^4 줄의 에너지를 내놓게 된다. 이것은 10만 톤의 석탄을 태울 때 나오는 에너지와 같은 양이다.

후테르만스의 가장 큰 고민은 태양 내부의 상태가 핵융합을 일으킬 수 있을 정도로 높은 온도와 압력인가 하는 것이었다. 핵융합은 자연적으로 일어나지 않으며 아주 높은 온도와 압력이 필요하다는 것은 앞에서 이미 언급했다. 따라서 핵융합을 일으키려면 초기에 에너지를 투입해야 한다. 두 수소 원자핵이 융합되기 위해서는 초기의 반발력을 이겨낼 수 있는 에너지가 필요하다. 수소 원자핵은 양전하를 띠고 있는 양성자이다. 따라서 수소 원자핵은 다른 수소 원자핵을 전기적 반발력으로 밀어낸다. 그러나 수소 원자핵이 충분히 가까이 다가가면 **강한 핵력**이라고 하는 인력이 작용한다. 강한 핵력은 전기적 반발력을 이기고 원자핵들을 단단히 결합시켜 헬륨 원자핵을 만든다.

후테르만스는 강한 핵력이 작용하기 시작하는 거리가 1천조분의 1밀리미터인 10^{-15}미터라는 것을 계산해 냈다. 만일 두 수소 원자핵이 그 거리만큼 다가갈 수 있다면 핵융합이 일어날 것이다. 후테르만스와 애트킨슨은 태양 내부의 온도와 압력은 두 수소 원자핵을 그 거리보다 더 가까이 다가가게 할 만큼 높을 것이라고 확신했고, 따라서 태양에서는 수소 핵융합으로 에너지가 나오면 이 에너지는 다시 핵융합이 일어날 수 있는 조건을 유지하게 해줄 것이라고 생각했다. 그들은 1929년에 별 내부의 핵융합에 대한 연구를 《물리학 저널 *Zeitschrift für Physik*》에 발표했다.

후테르만스는 자신과 애트킨슨이 별이 빛나는 이유를 밝혀줄 올바른 길을 가고 있다고 확신했고 자신들의 연구를 매우 자랑스러워했다. 그래서 여자 친구에게 자랑하지 않을 수 없었다. 그는 나중에 별 내부의 핵융합에 대한 연구 논문을 완성한 날 밤을 이렇게 회상했다.

> 그날 밤, 논문을 완성하고 여자 친구와 산책을 나섰다. 어두워지자 별이 하나둘씩 아름답게 빛나기 시작했다. "별이 참 아름답지?" 여자 친구가 소리쳤다. 나는 가슴을 펴고 자랑스럽게 말했다. "난 어제부터 별이 왜 빛나는지 알게 됐어."

그의 여자 친구 카를로테 리펜슈탈은 확실히 감동을 받았다. 나중에 그녀는 그와 결혼했다. 그러나 별 내부의 핵융합에 대한 후테르만스의 이론은 부분적인 것이었다. 태양이 2개의 수소 원자핵을 하나의 헬륨 원자핵으로 융합할 수 있다고 해도 그것은 매우 가벼운 헬륨의 불안정한 동위원소일 뿐이었다. 안정된 헬륨 원자핵이 되려면 이 원자핵에 2개의 중성자를 더 보태야 된다. 후테르만스는 중성자가 존재한다고 믿었고 실제로 태양에는 중성자가 있었다. 그러나 그가 1929년에 애트킨슨과 논문을 발표할 때는 아직 중성자가 발견되기 전이었다. 따라서 후테르만스는 중성자의 여러 가지 성질을 잘 모르고 있었고 계산을 완성시킬 수 없었다.

1932년 채드윅이 중성자를 발견하자 후테르만스는 자신의 이론의 자세한 부분을 채워 넣을 기회를 얻게 되었다. 그러나 정치가 끼어들었다. 그는 공산당 당원이었으므로 나치에 희생될 것이 염려되어 1933년 독일을 탈출하여 영국으로 갔다. 그러나 영국의 문화나 음식이 맞지 않았다. 그는 어디에서나 풍기는 삶은 양고기 냄새를 못 견뎌했으며, 영국을 '소금 친 감자의 왕국'이라고 불렀다. 1934년 말에 그는 소련으로 향했다. 후테르만스의 전기를 쓴 이오시프 크리플로비치에 의하면 그는 '이상주의와 영국의 음식' 때문에 이민을 결심했다.

우크라이나 물리기술연구소에서 후테르만스의 연구는 잘 진행되었다. 스탈린이 과학계에도 숙청의 손을 뻗치기 전까지는. 나치를 피해 온 후테르만스는 나치의 스파이라는 말도 안 되는 의심을 받고 1937년에 소련 비밀경찰 NKVD에 체포되었다. 그 후 3년 동안 수백 명의 다른 죄수들과 함께 수감되어 죄를 인정하라는 위협을 받았다. 11일 동안이나 잠을 자지 못한 채 서서 심문을 당하기도 했다. 나치와 소련의 협정으로 후테르만스는 1940년에 석방되었다. 그러나 즉시 게슈타포에 체포당했고 다시 고문을 받았다. 그는 NKVD

와 게슈타포를 모두 경험한 유일한 사람이었다. "NKVD는 훨씬 빈틈없는 조직이었다. 게슈타포 조사관은 나에 대한 기록을 펼쳐 놓은 채 심문을 했다. 나는 그것을 거꾸로 읽을 수 있었다. NKVD는 절대 그런 실수를 하지 않았다."

후테르만스가 수감되어 있던 1930년대 후반에 물리학자들은 별 내부 핵융합 반응에 대한 그의 생각을 받아들여 태양 내부에서 일어나고 있는 반응을 정확히 계산해 냈다. 후테르만스의 연구를 완성하는 데 가장 큰 공헌을 한 사람은 한스 베테Hans Bethe였다. 그는 1933년 어머니가 유대인이라는 이유로 튀빙겐 대학에서 해고된 사람이었다. 그는 처음에는 영국에서 그리고 나중에는 미국에서 피난처를 구했으며, 원자폭탄 프로젝트가 진행되던 로스앨러모스의 이론 분야 책임자가 되었다.

베테는 태양 내부의 압력과 온도에서 수소가 헬륨으로 변환될 수 있는 과정 두 가지를 찾아냈다. 하나는 전형적인 (양성자가 1개인) 수소가 드물게 존재하는 수소의 무거운 동위원소인 (양성자 1개와 중성자 1개를 가진) 중수소와 반응하는 것이다. 이 반응은 2개의 양성자와 1개의 중성자를 가지고 있는 비교적 안정된 헬륨의 동위원소를 형성하는 것이다. 다음에 이 2개의 가벼운 헬륨의 동위원소가 결합하여 안정된 보통의 헬륨 원자핵을 만들고 2개의 수소 원자핵을 부산물로 내놓는다. 이 과정이 그림 74에 나타나 있다.

베테가 제시한 또 다른 과정은 수소 원자핵을 잡아들이는 데 탄소 원자핵이 사용되는 것이다. 만일 태양이 소량의 탄소를 가지고 있다면 탄소 원자핵은 수소 원자핵을 한 번에 하나씩 삼켜 무거운 원자핵으로 변할 것이다. 변환된 탄소 원자핵은 불안정해져서 헬륨 원자핵을 내보내고 다시 안정된 탄소 원자핵으로 돌아간다. 그리고 이 과정은 처음부터 다시 시작된다. 다시 말해 탄소 원자핵은 수소 원자핵을 재료로 하여 헬륨 원자핵을 생산해 내는 공장 역할을

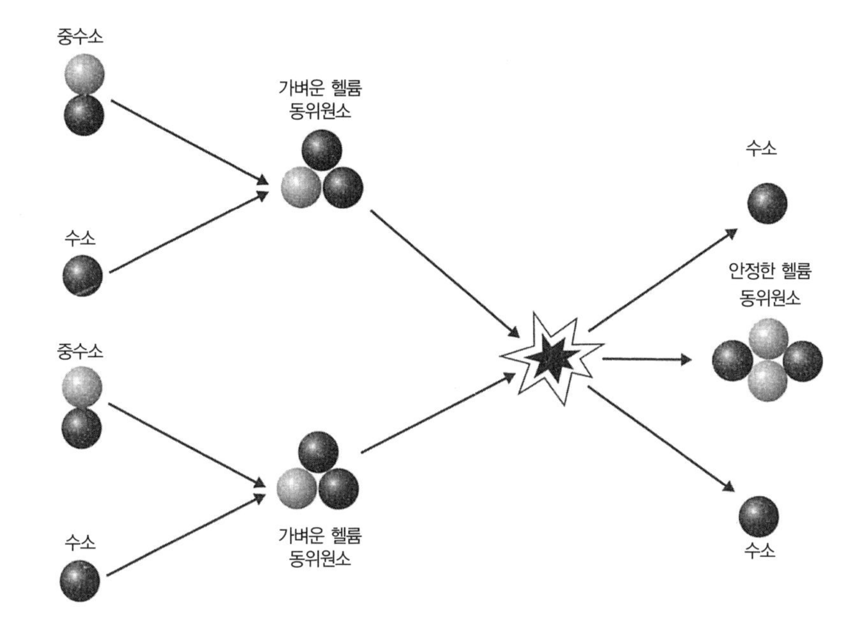

| 그림 74 | 이 그림은 태양 안에서 수소가 헬륨으로 바뀌는 한 과정을 보여주고 있다. 검은색으로 나타낸 구球는 양성자이고 회색 구는 중성자이다. 반응의 첫 단계에서는 보통의 수소와 중수소가 합성되어 헬륨 원자핵을 만든다. 헬륨은 보통 2개의 양성자와 2개의 중성자를 가지고 있지만 이때 만들어진 헬륨은 2개의 양성자와 1개의 중성자를 가지고 있다. 두 번째 단계에서는 2개의 가벼운 헬륨이 융합하면서 2개의 수소 원자핵(양성자)을 내보내 안정된 헬륨 원자핵을 만든다. 이 수소 원자핵은 또 다른 헬륨 원자 형성에 참여하게 된다. 이론적으로는 2개의 중수소(1개의 양성자와 1개의 중성자)가 직접 결합되어 헬륨 원자핵(2개의 양성자와 2개의 중성자)을 만들 수도 있지만 중수소가 흔하지 않기 때문에 우회적인 경로가 더 생산적이다.

하는 것이다.

이 두 원자핵 반응 과정은 처음에는 그리 신뢰받지 못했다. 그러나 다른 물리학자들이 방정식을 확인하고 그런 반응이 가능하다는 것을 인정했다. 동시에 천문학자들은 태양의 내부가 핵반응을 일으키기에 충분한 상태라는 것을 확인했다. 1940년대에는 베테가 제시한 핵반응이 실제로 태양에서 일어나고 있고 그것이 태양 에너지의 근원이라는 것이 확실해졌다. 천체물리학자들은 태양이 매초 5억8천400만 톤의 수소를 5억8천만 톤의 헬륨으로 변환하고 있으며 잃어버린 질량을 에너지로 방출하고 있다고 추산해 냈다. 이렇게 엄청난 질량을 소비하는데도 태양은 대략 2×10^{27}톤의 수소를 가지고 있어서 앞으로도 수십억 년 이상 에너지를 계속 생산할 수 있다.

이것이 원자와 우주가 연결되는 고리가 되었다. 원자핵물리학자들은 별이 어떻게 빛나고 있는지 밝혀내어 자신들이 천문학에 기여할 수 있다는 것을 보여주었다. 빅뱅우주론자들은 원자핵물리학자들이 우주가 어떻게 현재의 상태로 진화해 왔는가 하는 더 큰 문제에 도전해 주기를 바라게 되었다. 이제 별들이 수소와 같이 단순한 원자를 헬륨과 같이 무거운 원자로 변환시킬 수 있다는 것이 확실해졌다. 따라서 원자핵물리학자들이 빅뱅이 어떻게 현재 우리가 관측하고 있는 다양한 원자들을 만들어 냈는지를 밝힐 수 있을지도 모르는 것이었다.

이제 우주론의 새로운 개척자가 나타날 무대는 준비되었다. 그 개척자는 원자핵물리학의 법칙을 빅뱅의 불확실한 영역에 적용할 수 있는 능력을 가진 과학자여야 했다. 또한 원자핵물리학과 우주론에 양다리를 걸치고 우주에 대한 빅뱅 모델의 생사를 결정할 시험을 해야 했다.

최초의 5분

조지 가모브George Gamow는 뭉치기 좋아하는 우크라이나 출신의 독불장군 같은 과학자로 음주와 카드 게임을 즐기던 사람이었다. 1904년 오데사에서 태어난 그는 어릴 때부터 과학에 흥미를 가지고 있었다. 아버지가 준 현미경을 매우 좋아했고 그것으로 성화聖化 과정을 분석하기도 했다. 러시아정교회의 성찬식에 참석했다가 빵과 포도주를 입에 물고 집으로 달려와 현미경에 뱉어 놓고는 매일 먹는 빵과 포도주와 어떻게 다른지 비교했는데, 빵의 구조가 그리스도의 몸으로 변한다는 증거는 발견할 수 없었다. 그는 나중에 "내 생각에 이것이 나를 과학자로 만든 실험이었다"라고 회고했다.

가모브는 오데사 노보로시아 대학에서 야심 찬 젊은 물리학자로 이름을 날렸고 1923년에는 초기 빅뱅 이론을 이끌던 알렉산더 프리드만과 함께 연구하기 위해 레닌그라드로 갔다. 가모브의 관심사는 프리드만과는 달랐다. 그는 곧 원자핵물리학 분야에서 세계적인 발견을 해냈다. 소련 정부 기관지 《프라우다》가 27살이던 그에게 시를 헌정할 정도였다. 어떤 신문은 "소련의 동지가 소련의 토양에서 소련 특유의 플라톤과 날카로운 기지를 지닌 뉴턴을 생산해 낼 수 있다는 것을 서방세계에 보여주었다"라고 쓰기도 했다.

그러나 가모브는 소련에서 과학자로 지내는 것을 싫어하게 되었다. 소련도 마르크스와 레닌의 변증법적 유물론을 과학 이론이 정당한지 아닌지를 판단하는 잣대로 사용했다. 따라서 한동안 소련의 과학자들은 에테르의 존재를 인정해야 했고 검증된 상대론을 부정해야 했다. 정치에 따라 과학적 진리를 결정하는 것은 가모브와 같은 자유로운 사상가가 볼 때는 어리석은 일이었다. 그는 과학에 대한 소련의 태도와 공산주의자들의 사상을 경멸하게 되었다.

마침내 1932년 가모브는 흑해를 건너 터키로 탈출하기로 했다. 그러나 그 탈출 시도는 어설픈 것이었다. 그와 부인 류보프 보크민체바는 작은 카약의 노를 저어 250킬로미터나 되는 흑해를 건너 자유를 찾으려고 했던 것이다. 자서전에 그 이야기가 기록되어 있다.

중요한 것은 5일이나 6일쯤으로 예상한 여행 동안 먹을 음식이었다. …… 우리는 (달걀 약간을) 잘 익혀서 여행을 위해 비축했다. 단단한 초콜릿과 술 두 병도 구할 수 있었는데, 바닷물에 젖었을 때 매우 유용했다. …… 우리는 한 사람씩 번갈아 노를 저어야 하는지 아니면 둘이 한꺼번에 젓는 것이 현명한지 생각해야 했다. 둘이 함께 노를 저어도 배의 속도가 두 배로 빨라지지는 않기 때문이다. …… 수평선 너머로 사라지는 햇빛을 반사하며 반짝이는 파도 사이를 헤엄쳐 가는 돌고래의 모습은 절대로 잊을 수 없다.

| 그림 75 | 조지 가모브와 부인 류보프 보크민체바. 아래 사진은 가모브 부부가 카약을 저어 소련을 탈출하기 위한 준비를 하는 모습이다.

그러나 36시간 후에 행운은 바뀌었다. 날씨가 나빠져서 뱃머리를 돌려 소련의 품을 향해 노를 저을 수밖에 없었던 것이다.

또 다른 탈출 시도도 실패로 끝났다. 이번에는 북극해를 건너 무르만스크에서 노르웨이로 탈출하려고 했다. 그러다가 1933년 그는 새로운 작전을 세웠다. 브뤼셀에서 열리는 솔베이 학회에 초청된 가모브는 고위 정치국 위원이었던 브야체슬라프 몰로토프를 만나 자신의 부인도 물리학자로서 동행할 수 있도록 특별히 허가해 줄 것을 요청했다. 그는 오랫동안 관료들과 씨름한 끝에 필요한 서류를 손에 넣을 수 있었다. 가모브 부부는 소련에 돌아오지 않을 결심으로 이 회의에 참석했다. 두 사람은 유럽에서 미국으로 건너가 조지 워싱턴 대학에 자리를 잡았다. 그곳에서 20년 동안 빅뱅 가설을 연구하고 시험했다.

가모브는 특히 원자핵 합성 — 원자핵의 형성 — 과 관련하여 빅뱅에 흥미를 가지고 있었다. 그는 원자핵물리학과 빅뱅 이론이 현재 관측되는 원자의 조성을 설명할 수 있는지 알고 싶었다. 앞서 살펴본 것과 같이 우주에는 1만 개의 수소 원자에 대해 대략 1천 개 정도의 헬륨 원자와 6개의 산소 원자, 그리고 1개의 탄소 원자가 존재한다. 그리고 다른 원소들은 모두 합쳐도 탄소 원자의 수보다 적다. 가모브는 우리 우주에 수소와 헬륨이 많은 것은 빅뱅 초기 단계에 그 원인이 있을 것이라고 생각했다. 또한 상대적으로 적은 양이지만 생명체에게는 필수적인 다른 무거운 원소들도 빅뱅과 관련이 있는지 알고 싶었다.

가모브의 연구에 대해 알아보기 전에 원자핵 합성에 대한 르메트르의 견해를 상기해 보기로 하자. 그는 모든 원자의 어머니인 질량이 아주 큰 하나의 원시원자에서 우주가 시작되었다고 했다. "원자 세계는 조각조각 갈라졌고, 각각의 조각은 더 작은 조각으로 갈라졌다. 문제를 간단하게 하기 위해 분열이 항상 같은 크기로 일어났다고 가정하면 너무 작아 더 이상 갈라지기 힘든 현재의 원자가 될 때까지 260번의 연속적인 분열이 필요했을 것이다." 커다란 원자핵은 불안정하다는 원리에 의하면 초거대 원자는 매우 불안정하므로 작은 원자로 갈라져야 했을 것이다. 그 작은 조각들은 가장 안정된 원자들이 자리 잡고 있는 주기율표 중간 어디쯤에 있는 것이어야 한다. 그런 우주는 철과

| 그림 76 | 조지 가모브가 존 코크로프트(왼쪽)와 계산에 대해 토론하고 있다. 존 코크로프트는 나중에 원자핵물리학에 공헌한 공로로 노벨상을 받았다. 이 사진에는 연구에 열중하고 있는 물리학자들의 진지함과 즐거움이 잘 나타나 있다.

같은 원자가 풍부한 우주여야 한다. 르메트르의 모델에서는 현재 우주에서 발견되는 것과 같이 수소 원자와 헬륨 원자를 만들어 낼 수 있는 방법이 없다. 가모브가 볼 때 르메트르의 모델은 틀린 것이었다.

위에서 아래로 향하는 르메트르의 접근을 버린 가모브는 아래에서 위로 향하는 전략을 수립했다. 만일 우주가 간단한 수소 원자들이 밀집된 수프에서 시작되어 밖으로 팽창하기 시작했다면 어떤 일이 일어났을까? 이것이 르메트르의 생각보다는 더 그럴듯해 보였다. 왜냐하면 100퍼센트의 수소에서 시작되면 오늘날 우주에 있는 전체 원자의 90퍼센트가 수소라는 사실을 더 쉽게 설명할 수 있을 것 같았기 때문이다.

그러나 그는 빅뱅의 원자핵물리학을 생각하기 전에 별들이 핵융합을 통해 수소를 더 무거운 원소로 변환시킬 수 있다는 것을 알아낸 후테르만스와 베테의 연구 결과를 조사했다. 그는 별 내부 핵융합이 가지고 있는 두 가지 중요한 한계에 부딪혔다. 첫째는 별들의 헬륨 생산 속도가 너무 느리다는 것이었다. 우리 태양은 매초 5.8×10^{8}톤의 헬륨을 생산하고 있다. 아주 많은 양처럼 보일 것이다. 그러나 태양은 현재 5×10^{26}톤의 헬륨을 가지고 있다. 별의 헬륨 생산 속도로 보면 이 정도의 헬륨을 생산하는 데는 270억 년이나 걸린다. 그러나 빅뱅 모델에 의하면 우주의 나이는 18억 년밖에 안 된다. 가모브는 대부분의 헬륨은 태양이 형성될 때부터 이미 포함되어 있었을 것이라고 생각했다. 따라서 대부분의 헬륨은 아마도 빅뱅 때 만들어졌을 것이다.

별 내부의 핵융합이 가지고 있는 또 다른 한계는 헬륨보다 더 무거운 원소를 만들어 낼 수 없다는 것이었다. 물리학자들은 철이나 금과 같은 원소가 만들어지는 별 내부의 핵융합 과정을 찾아내는 데 실패했다. 별들은 가장 가벼운 원소 이외의 원소를 생산해 낼 수 있는 능력이 없어 보였다.

가모브는 별들이 할 수 없는 일을 빅뱅이 하게 함으로써 별들이 가지고 있는 이 두 가지 한계를 빅뱅 모델을 증명하는 기회로 활용하려고 했다. 별들은 헬륨과 무거운 원소를 충분히 생산해 낼 수 없을지 모르지만 빅뱅은 할 수 있을 것이라고 생각했다. 특히 별에서는 불가능한 새로운 형태의 핵반응을 일으킬 정도로 극단적인 초기 우주의 환경을 통해 모든 원소의 창조를 설명할 수 있게 되기를 바랐다. 만일 가모브가 빅뱅과 무거운 원자핵의 합성을 연결할 수 있다면 그것은 빅뱅 모델을 증명하는 강력한 증거가 될 것이다. 그러나 실패한다면 이 야심적인 창조이론은 어려움에 부딪히게 될 것이다.

가모브가 원소의 창조를 빅뱅 이론으로 설명하려는 연구를 시작한 것은 1940년대 초였다. 그는 곧 자신이 미국에서 빅뱅 원자핵 합성을 연구하는 단 한 사람의 물리학자라는 것을 알게 되었다. 왜 자신이 전 분야를 혼자서 연구하는 특권을 얻게 되었는지도 알 수 있었다. 원자핵 형성 과정을 연구하기 위해서는 원자핵물리학에 대한 깊은 이해가 필요했는데, 이런 지식을 가지고 있는 과학자는 대부분 원자폭탄 설계와 제작을 위해 로스앨러모스에서 진행되고 있던 맨해튼 계획에 비밀리에 차출되었다. 가모브는 한때 붉은 군대의 장교로 임명된 전력이 있었기 때문에 일급비밀 취급 인가를 받지 못해 제외되었다. 비밀 취급 인가를 담당하는 사람들은 소련이 가모브를 장교로 임명했던 것은 병사들에게 과학을 가르치도록 하기 위해서였다는 사실을 제대로 알지 못했다. 그뿐만 아니라 그가 망명한 후에 소련이 궐석재판에서 사형을 선고했다는 명백한 사실도 알지 못했다.

가모브가 빅뱅 원자핵 합성을 연구하기 위해 세운 전략은 매우 단순했다. 그는 현재 관측되고 있는 오늘날의 우주에서 출발했다. 천문학자들은 별과 은하의 분포를 조사해 왔다. 따라서 우주 전체의 밀도를 예측할 수 있었다. 그것

앞줄 졸리오 I. Joliot　조페 A. Joffe　랑게뱅 P. Langevin　러더퍼드 E. Rutherford　M. 드 브로이 M. De Broglie　마이트너 L. Meitner

슈뢰딩거 E. Schödinger　보어 N. Bohr　퀴리 M. Curie　리처드슨 O. Richardson　드 동데르 T. De Donder　L. 드 브로이 L. De Broglie　채드윅 J. Chadwick

| 그림 77 | 1933년에 브뤼셀에서 열렸던 솔베이 학회 때 찍은 이 단체사진에는 이 회의에 참석한 것을 기회로 소련을 탈출한 조지 가모브(뒷줄 가운데)가 포함되어 있다. 원자의 구조에 대한 토론이 중점적으로 다루어진 이 회의에는 많은 유명인사들이 참석하였다. 어니스트 러더퍼드와 제임스 채드윅, 마리 퀴리, 그리고 어머니처럼 노벨상을 받은 이렌 졸리오 퀴리가 앞줄에 앉아 있다.

피에르 퀴리는 오래 전인 1906년에 마차에 치어 죽었다. 그 후 마리는 옆에 앉아 있는 폴 랑게뱅과 가까이 지냈다. 랑게뱅은 유부남이었기 때문에 그것은 스캔들이 되었다. 퀴리가 두 번째 노벨상을 받게 되었을 때 노벨위원회로부터 시상식에 참석하지 말아 달라는 요청을 받았다. 그녀는 노벨상은 그 사람의 과학에 대한 업적에 주는 것이지 사생활에 주는 것이 아니라며 그 말을 거부했다.

은 지구 부피의 1천 배의 부피에 1그램의 질량이 들어 있는 정도의 밀도였다. 다음으로 가모브는 우주 팽창에 대한 허블의 관측 결과를 받아들였다. 그러고는 시계를 거꾸로 돌려 우주를 작아지게 했다. 가모브의 수축하는 우주는 창조의 순간에 가까워지자 밀도가 엄청나게 커졌다. 그는 과거의 밀도를 계산하기 위해 비교적 간단한 수학을 사용했다. 압축되는 물질은 열을 발생시킨다. 자전거펌프로 몇 번 펌프질하면 뜨거워지는 것과 같은 이유이다. 가모브는 비교적 간단한 물리학과 수학을 이용하여 젊고 압축된 우주는 오늘날의 우주보다 훨씬 뜨거웠다는 것을 보여주었다. 간단히 말해 가모브는 (뜨겁고 밀도가 높았던) 창조의 순간부터 (차갑고 밀도가 낮은) 현재 사이의 어떤 시점의 온도와 밀도도 계산할 수 있다는 것을 알게 되었다.

모든 핵반응의 결과는 거의 온도와 밀도에 의해 결정되기 때문에 초기 우주의 조건을 찾아내는 것은 매우 중요한 일이었다. 밀도는 주어진 부피 속에 들어 있는 원자 수를 결정했다. 따라서 밀도가 높으면 두 원자핵이 충돌하여 융합될 가능성이 커질 것이다. 그리고 온도가 높아짐에 따라 원자는 더 빨리 운동할 수 있는 에너지를 얻게 된다. 이것 역시 원자핵이 융합될 가능성이 커진다는 것을 뜻했다. 별 내부의 온도와 밀도만 알면 어떤 종류의 핵반응이 일어날지 예측할 수 있다. 가모브는 초기 우주에 대한 정보를 이용하여 빅뱅 직후에 어떤 종류의 원자핵 반응이 일어났는지 밝히려고 했다.

가모브는 빅뱅 원자핵 합성 연구의 첫 번째 단계로, 초기 우주의 아주 높은 온도는 모든 물질을 가장 기본적인 형태로 분리해 놓았을 것이라고 가정했다. 따라서 초기 우주는 당시에 알려졌던 가장 기본적인 입자인 전자, 양성자, 중성자로 이루어져 있었을 것이라고 가정했다. 그는 이 입자들이 섞여 있는 상태를 웹스터 사전에서 우연히 발견한 단어인 **아일럼**ylem이라고 불렀다. 현대에

와서는 사용하지 않게 된 이 영어 단어는 '모든 물질이 만들어지는 원시물질' 이라는 뜻을 가지고 있었다. 따라서 이 단어는 가모브가 가정한 중성자와 양성자 그리고 전자로 이루어진 수프를 나타내는 데 가장 알맞았다. 하나의 양성자는 수소 원자핵이며 여기에 전자가 더해지면 수소 원자가 된다. 그러나 초기 우주는 온도가 매우 높고 에너지로 가득 차 있어 전자가 빠르게 운동하고 있었기 때문에 원자핵에 잡혀 있을 수 없었다. 초기 우주에는 입자들 외에 빛의 소용돌이도 있었다.

가모브는 이 뜨겁고 밀도 높은 수프에서 출발하여 시계를 앞으로 돌리며 매 순간마다 어떻게 기본적인 입자들이 결합하여 오늘날 존재하는 원자핵을 형성해 왔는지 알아내려고 했다. 궁극적으로는 이렇게 형성된 원자들이 어떻게 별과 은하를 형성하여 우리가 관측하는 우주로 진화해 왔는지를 밝히려고 했다. 한마디로 가모브는 빅뱅 모델이 어떻게 우리가 관측하고 있는 현재에 이르게 되었는지 해명해 내려고 한 것이다.

우주 초기에 일어난 원자핵 반응을 계산하기 시작하자 불행하게도 가모브는 엄청난 작업량에 손을 들어야 했다. 그는 특정한 조건에서의 원자핵 반응은 계산할 수 있었다. 그러나 빅뱅 시나리오와 관계된 문제의 어려움은 우주가 계속해서 진화한다는 데 있었다. 어떤 순간에 우주는 특정한 온도와 밀도 그리고 입자의 혼합 상태이지만 1초 후에 우주는 팽창하여 온도와 밀도는 낮아지고, 그동안 일어난 원자핵 반응의 종류에 따라 입자의 혼합 상태도 변해 있을 것이다. 가모브는 원자핵 반응을 계산하려고 애썼지만 별 진전을 이루지 못했다. 그는 위대한 물리학자였지만 뛰어난 수학자는 아니었다. 따라서 그것을 계산하는 일은 그의 능력 밖이었다. 그 당시는 아직 컴퓨터가 사용되기 전이었기 때문에 컴퓨터의 도움을 받을 수도 없었다.

1945년에 가모브는 과학 분야에서 성공하기 위해 노력하고 있었던 랠프 앨퍼Ralph Alpher라는 젊은 학생을 만나 도움을 받게 되었다. 앨퍼는 1937년 열여섯 살 천재로 매사추세츠 공과대학MIT에서 장학금을 받으며 대학 생활을 시작했다. 불행하게도 그는 대학 동문 한 사람과 이야기를 나누다가 실수로 가족이 유대인이라는 것을 말해 버렸다. 그러자 즉시 장학금이 취소되었다. 큰 야망을 가지고 있던 10대 소년에게 그것은 대단한 충격이었다. "형은 내게 항상 큰 희망을 가지지 말라고 말했다. 형이 옳았다. 그것은 고통스러운 경험이었다. 그 당시에는 유대인이 어디에나 갈 수 있다고 생각하는 것은 비현실적이었다."

앨퍼가 다시 대학에 다닐 수 있는 유일한 방법은 낮에는 일용직으로 일을 하면서 밤에 조지 워싱턴 대학을 다니는 것이었다. 그는 그곳에서 학사학위를 받았다. 가모브가 앨퍼를 만나 희망을 전하게 된 것은 바로 그 무렵이었다. 아마 앨퍼의 부모가 가모브와 마찬가지로 오데사에서 태어났기 때문이었을 것이다. 가모브는 앨퍼에게 수학적 재능과 세밀한 것을 놓치지 않는 안목이 있다는 것을 알아차렸다. 앨퍼는 수학적 능력이 부족하고 성급한 자신과는 대조적이었다. 그는 즉시 앨퍼를 박사과정 학생으로 받아들였다.

가모브는 앨퍼에게 초기 우주에 있었던 원자핵 합성 문제를 연구토록 했다. 그는 앨퍼에게 초기 조건을 제시해 주고 그때까지 연구한 것을 기초로 핵심적인 문제를 설명해 주었다. 예를 들면 가모브는 빅뱅 시의 원자핵 합성은 비교적 짧은 시간과 온도 조건으로 한정되었을 것이라고 지적해 주었다. 우주 초기 단계에는 온도가 높고 에너지가 너무 커서 양성자와 중성자가 너무 빨리 운동하고 있었기 때문에 서로 결합할 수 없었을 것이다. 얼마 후에 우주는 원자핵이 합성될 수 있을 정도의 온도로 충분히 식었을 것이다. 그러나 시간이 조금 더 지난 후에는 우주의 온도가 너무 내려가 양성자와 중성자가 핵융합을 할 수 있을 정도로 빠른 속도를 가질 수 없게 되었을 것이다. 한마디로 원자핵 합성은 우주의 온도가 수조 도 이하이고 수백만 도 이상일 때만 일어날 수 있다는 것이다.

원자핵 합성의 또 다른 제약은 중성자가 불안정해서 헬륨과 같은 원자핵 내에 잡혀 있지 않으면 양성자로 붕괴된다는 사실이었다. 따라서 초기 우주의 자유 중성자가 사라지기 전에 원자핵을 형성해야 한다. 자유 중성자의 반감기는 10분이다. 따라서 10분 후면 반 수의 중성자가 사라진다. 중성자가 양성자와 결합하여 안정된 원자핵을 이루지 않는다면 창조의 순간으로부터 한 시간이 지난 후에는 중성자의 수가 처음의 2퍼센트 밖에 안 된다. 한편, 중성자를 생산해 내는 온도에 따라 달라지는 원자핵 반응도 있었는데 이것은 문제를 더욱 복잡하게 만들었다. 중성자는 원자핵 합성에서 중요한 성분이기 때문에 중성자의 반감기와 생성 속도는 빅뱅 후에 원자핵 합성이 일어난 시간을 결정하는 데 가장 중요한 요소였다.

원자핵 합성을 위한 복잡한 시간 간격에 집중한 가모브와 앨퍼는 양성자와 중성자의 상호작용의 가능성을 추정하기 시작했다. 그들의 계산에는 또 다른 복잡한 요소인 양성자와 중성자의 **충돌 단면적**이 첨가되었다. 입자의 충돌 단면적은 그 입자가 다른 입자에게 얼마나 큰 목표물인가를 나타내는 것이다. 만일 두 사람이 방에서 마주 보고 서서 서로를 향해 조약돌을 던진다면 조약돌이 중간에서 충돌한 가능성은 아주 적다. 그러나 축구공을 던진다면 충돌할 가능성은 훨씬 커진다. 아니면 적어도 두 공은 스쳐 지나갈 것이다. 축구공은 조약돌보다 충돌 단면적이 크다. 원자핵 합성에서 가장 핵심적인 문제는 중성자와 양성자가 서로에게 얼마나 큰 충돌 단면적을 가지는가 하는 것이었다.

핵자들의 충돌 단면적은 반barn이라는 단위로 측정한다. 1반은 $10^{-28}m^2$이다. 이 단위는 '헛간의 문을 맞힐 수 없었다.Couldn't hit a barn door'라는 표현에서 유래됐다. 어떤 언어학자는 원자폭탄의 설계와 제조를 맡았던 맨해튼 계획에 참여한 물리학자들이 이 말을 암호로 사용했다고 주장하기도 한다. 스파이들이 반이라고 말하는 것을 엿들었다 해도 무슨 뜻인지 모르게 하기 위해서였다는 것이다. 원자폭탄을 폭발시키려면 우라늄을 얼마나 넣어야 하는지 계산해야 하는 폭탄 제작자들에게 충돌 단면적을 이해하는 것은 핵심적인 사항이었다. 우라늄의 충돌 단면적이 크면 클수록 원자핵 반응의 가능성은 더 커지고 따라서 폭발하는 데 필요한 우라늄의 양은 더 작아질 것이다. 다행히도 원자폭탄과 관계된 비밀조치는 전쟁이 끝난 직후 해제되었다. 즉, 앨퍼가 빅뱅 원자핵 합성에 대한 연구를 시작할 때 충돌 단면적의 측정 결과가 공개됐다는 것을 뜻한다. 원자력 발전소 건설 가능성을 조사하던 아르곤 국립연구소의 과학자들은 다른 자료를 공개했다. 앨퍼는 충돌 단면적에 대한 최근 자료가 공개되는 것을 반겼다.

가모브와 앨퍼는 계산을 하고, 가정을 다시 검토하고, 충돌 단면적에 대한 자료를 수정하고, 결과를 정밀하게 다듬는 데 3년을 보냈다. 그들은 펜실베이니아 주에 있는 술집 '작은 빈'에서 깊은 대화를 나눴다. 그곳에서 한두 잔 마시는 술이 초기 우주에 대한 생각을 가다듬는 데 큰 도움을 주기도 했다. 그것은 대단한 모험이었다. 그들은 이전의 공허한 빅뱅 이론에 탄탄한 물리학을 적용했다. 그들은 초기 우주의 조건과 사건에 대한 수학적 모델을 만들려고 했다. 초기 조건을 추정하고 거기에 원자핵물리학을 적용하여 시간이 지남에 따라 우주가 어떻게 진화하는지, 원자핵 합성이 어떻게 진행되었는지 알아내려고 했다.

앨퍼는 빅뱅 후 몇 분 만에 헬륨이 형성되었음을 보여주는 정확한 모델을 만들 수 있다고 확신하게 되었다. 그 확신은 자신이 계산해 낸 것이 실제 사건과 잘 맞아 떨어진다는 것을 발견하고 더욱 굳어졌다. 앨퍼는 빅뱅 원자핵 합성이 끝날 즈음에는 대략 10개의 수소 원자핵에 1개 꼴로 헬륨 원자핵이 만들어졌을 것이라고 예측했다. 천문학자들이 현재 우주에서 측정한 것과 정확히 일치하는 값이었다. 다시 말해 빅뱅으로 오늘날 관측되는 수소와 헬륨의 비율을 설명할 수 있게 된 것이다. 앨퍼는 아직 다른 원자핵의 합성에 대해서는 제대로 된 모델을 만들지 못했다. 그러나 수소와 헬륨의 생성을 추정한 것만으로도 대단한 성과였다. 이 두 원소가 우주의 모든 원자의 99.99퍼센트를 차지하고 있기 때문이다.

여러 해 전에 천체물리학자들은 별들이 수소를 헬륨으로 바꾸면서 연료를 공급받고 있다는 것을 밝혀냈다. 그러나 별 내부의 핵반응 속도는 너무 느려 별 내부에서 합성된 헬륨의 양은 현재 존재하는 양의 아주 적은 부분만 차지할 뿐이다. 그러나 앨퍼는 빅뱅이 있었다는 것을 가정하여 헬륨의 양을 설명해 낼 수 있었다. 그 결과는 허블이 은하의 적색편이를 측정한 이래 빅뱅 이론의 가장 큰 승리였다. 가모브와 앨퍼는 성과를 발표하기 위해 계산 결과를 〈화학원소의 기원*The Origin of Chemical Elements*〉이라는 제목의 논문으로 정리하여 《물리 리뷰*Physical Review*》에 보냈다. 그것은 1948년 4월 1일에 출간될 예정이었다. 아마 그 날짜가 만우절이었기 때문에 가모브는 여러 달 동안 생각했던 것을 실행에 옮겼는지도 모른다. 별 내부의 핵반응으로 유명한 한스 베테는 가모브의 친한 친구였다. 그는 이 특정한 연구 논문에 아무런 기여를 하지 않았지만 가모브는 저자 이름에 베테의 이름을 넣고 싶어 했다. 사람들이 앨퍼, 베테 그리고 가모브의 이름으로 쓴 논문을 보면서 그리스어의 알파, 베타, 감마를 떠올리며 재미있어하기를 바랐기 때문이다.

앨퍼가 이의를 제기한 것은 당연했다. 그는 베테의 이름이 들어가 자신의 공헌이 낮게 평가될 것을 염려했다. 앨퍼는 젊은 박사과정의 학생이었고 가모브는 유명한 물리학자였으므로 가모브가 공동저자라는 것 때문에 이미 앨퍼의 이름은 가려져 있었다. 그런데 또 한 사람의 과학자 이름이 들어가면 더욱 가려지게 될 것이 뻔했다. 앨퍼는 맡겨진 것 이상의 일을 해냈다. 그렇지만 해낸 만큼 인정받지 못하게 될 판이었다. 베테는 가모브와 앨퍼 사이에서 신경전이 벌어지는 것도 몰랐고, 이 논문이 우주론의 역사에서 가장 중요한 과학적 논문의 하나가 될 것이라고는 상상도 하지 못했다. 그는 단지 가모브의 작은 연구 하나에 동참하게 되는 것을 기쁘게 생각했다.

베테의 이름이 들어 있는 논문이 제출된 직후 가모브는 위대한 성취를 자축하는 파티를 열어 앨퍼와 화해하려고 했다. 가모브는 쿠앵트로 한 병을 사무실로 가져왔다. 이 술은 아일럼이라고 발음되는 상표를 달고 있었다. 아일럼은 가모브가 초기 우주를 채웠던 원시 입자로 이루어진 수프에 붙인 단어였다. 오렌지색 술을 여러 개의 술잔에 따르는 것은 빅뱅의 장난기 어린 재창조였다.

가모브는 이제 조금 여유가 생겼지만 앨퍼는 아직 할 일이 많이 남아 있었다. 이 연구는 앨퍼의 박사학위 프로젝트였다. 따라서 그것을 학위논문으로 새로 쓰고 박사학위를 받을 자격이 있다는 것을 보여주기 위해 발표도 해야 했다. 불행하게도 그는 논문을 쓰기 시작한 직후에 심한 이하선염에 걸렸다. 병상에서 고통과 싸우면서 앨퍼는 부인 루이스에게 논문을 받아쓰게 하여 마무리했다. 두 사람은 조지 워싱턴 대학의 야간학부에 다닐 때 만났다. 루이스는 물리학이 아니라 심리학을 공부했다. 따라서 그녀는 앨퍼의 연구를 잘 알지 못했다. 그렇지만 성실하고 정확하게 난해한 방정식을 타이핑하여 논문의 주요 부분을 완성했다.

앨퍼의 일은 아직 끝난 것이 아니었다. 아직 박사학위를 향한 마지막 관문인 논문 발표가 남아 있었다. 그는 전문가들로 이루어진 심사단 앞에 혼자 앉아 빅뱅 직후의 순간에 수소와 헬륨이 정확한 비율로 합성되었다는 것을 확실히 증명해야 했다. 그는 같은 시기에 다른 원자들이 창조될 가능성도 있었다는 언급도 하기로 했다. 공동 연구자인 가모브와 함께 연구한 결과를 발표하는 것이었지만 앨퍼는 지도교수의 도움을 받지 않고 자신의 힘으로 모든 것을 해결해야 했다. 성공하면 박사학위를 받을 수 있지만 실패하면 3년을 낭비한 것이 된다. 발표는 1948년 봄에 있을 예정이었다.

이러한 논문 발표는 때로는 공개적으로 진행되었다. 대개는 사람들의 관심을 끌 만한 것이 아니었으므로 친구나 가족 그리고 그 주제에 특별히 관심 있는 학자들이 청중이 되었다. 그러나 이 경우에는 스물일곱 살의 초보자가 대단한 성과를 올렸다는 소문이 워싱턴에 퍼져 있었다. 따라서 앨퍼는 신문기자를 포함한 300명이나 되는 청중 앞에서 발표해야 했다. 청중은 앨퍼를 당황하게 하는 질문과 그의 불가사의한 답변을 들었다. 발표가 끝나고 심사관들은 앨퍼가 박사학위를 받을 자격이 있다고 인정했다.

그동안 기자들은 앨퍼의 특별한 언급을 기록했다. 수소와 헬륨을 만든 원시 원자핵 합성은 300초 만에 이루어졌다는 부분이었다. 그것은 다음 날 전 미국 신문의 머리기사를 장식했다. 1948년 4월 14일에 《워싱턴포스트》는 "세상이 5분 만에 만들어졌다"라고 보도했다. 그리고 이틀 후 같은 신문에 만평(그림 78)이 실리기도 했다. 4월 26일에는 《뉴스위크》에도 실렸다. 그러나 거기서는 다른 여러 원자들의 창조를 포함시키기 위해 시간이 조금 늘어났다. "이론에

| 그림 78 | 유명한 만화가 허버트 블록('허블록')이 앨퍼의 연구에 관심을 보여주었다. 1948년 4월 16일자 《워싱턴포스트》에 실린 이 만화에서는 원자폭탄이 우주가 5분 동안에 창조되었다는 소식을 듣고 기뻐하고 있다. 이 폭탄이 자신은 세상을 5분 동안에 멸망시킬 수 있다는 무서운 생각을 하고 있는 것처럼 보인다. "5분이란 말이지, 응?"

의하면 모든 원소들은 원시 액체로부터 한 시간 내에 만들어졌다고 한다. 그런 후에 원소들이 섞여 별이나 행성 그리고 생명체를 이루는 물질이 되었다." 그러나 실제로 앨퍼는 수소와 헬륨보다 큰 원소에 대해서는 아주 잠깐 언급했을 뿐이다.

그 후 수주일 동안 앨퍼는 축하를 받았다. 학계에서는 그의 연구에 관심을 보였고 호기심을 가진 사람들은 팬레터를 보내기도 했으며 종교적 원리주의자들은 그의 영혼을 위해 기도하기도 했다. 그러나 그런 관심은 곧 사라졌다. 그리고 염려했던 대로 그의 이름은 유명한 공동저자인 가모브와 베테라는 이름에 가려졌다. 물리학자들은 그 논문을 읽으면서 가모브와 베테가 문제를 해결한 것으로 생각했다. 그리고 앨퍼는 무시되었다. 장난스럽게 베테의 이름이 들어가는 바람에 빅뱅 모델을 진전시키는 데 기여한 앨퍼의 핵심적인 역할이 정당하게 평가받을 가능성이 사라졌다.

창조를 위한 신의 곡선

알파베타감마 논문은 빅뱅 우주와 영원하고 정적인 우주의 논쟁에서 새로운 이정표가 되었다. 이 논문은 가상적인 빅뱅 후에 일어났을지도 모르는 핵반응과 관계된 계산이 가능하다는 것을 보여주었고 이 창조 이론을 시험했다. 빅뱅 지지자들은 이제 우주의 팽창과 수소와 헬륨의 양이라는 두 가지 관측적인 증거를 가지게 되었다. 그리고 그것은 빅뱅 모델과 완전히 일치했다.

빅뱅 반대자들은 반격을 시작했다. 우선 가모브와 앨퍼의 계산과 관측된 헬륨의 양이 일치하는 것은 우연이라고 일축했다. 그리고 가모브와 앨퍼가 수소와 헬륨보다 무거운 원소의 창조를 설명하지 못한 것을 강하게 반박했다.

가모브와 앨퍼는 이 문제를 나중에 다룰 생각으로 출판된 논문에서는 한쪽으로 밀어 놓았다. 그러나 그들은 곧 연구가 막다른 골목에 다다랐다는 사실을 알게 되었다. 빅뱅의 열기 속에서 헬륨보다 더 무거운 원소를 합성하려는 노력은 거의 불가능해 보였다.

가장 큰 어려움은 소위 말하는 5개 핵자의 틈이었다. 핵자란 원자핵을 이루는 양성자와 중성자를 함께 가리키는 말이다.

보통 수소 : 양성자 1 + 중성자 0 = 핵자 1
중수소 : 양성자 1 + 중성자 1 = 핵자 2
삼중수소 : 양성자 1 + 중성자 2 = 핵자 3
헬륨 : 양성자 2 + 중성자 2 = 핵자 4

다음으로 무거운 원자핵은 5개의 핵자를 가지고 있어야 한다. 그러나 그런 원자핵은 불안정하기 때문에 존재하지 않는다. 그것은 핵력이 작용하는 복잡한 방법 때문이었다. 그러나 5개의 핵자를 가진 원자핵 너머에는 모든 종류의 안정된 원자핵들이 존재했다. 탄소(보통 12개의 핵자), 산소(보통 16개의 핵자), 인(39개의 핵자)과 같은 원자핵이 그렇다.

어떻게 핵자의 수가 원자핵의 안정성 — 그리고 불안정성 및 존재 여부 — 을 결정짓는지 알아보기 위해, 바퀴의 수가 탈것의 안정성에 어떤 영향을 주는지 생각해 보자. 바퀴가 하나인 자전거도 있고 2개인 자전거도 있으며 3개인 세발자전거도 있다. 자동차는 바퀴가 4개다. 그러나 바퀴가 5개 있는 탈것은 존재하지 않는다. 다섯 번째 바퀴는 아무 소용이 없을 뿐만 아니라 탈것의

| 그림 79 | 헝가리 출신의 물리학자 유진 위그너는 헬륨에서 5개 핵자의 틈을 넘어 탄소로 가는 다른 경로를 찾아내려 했지만 실패했다. 조지 가모브는 위그너가 실패한 경로를 나타내는 만화를 그렸다. 가모브는 이 만화에 "위그너가 5개 핵자의 틈을 뛰어 넘으려는 또 다른 방법을 제시했다. 그것은 원자핵 사슬로 만들어진 다리였다."라는 설명을 붙였다.

안정성을 해치기 때문이다. 하지만 거기에 바퀴가 하나 더 있으면 균형이 잡힌다. 실제로 커다란 트럭 중에는 6개 이상의 바퀴가 있는 것도 있다. 이유는 다르겠지만 1개의 핵자, 2개의 핵자, 3개의 핵자, 4개의 핵자 그리고 6개의 핵자를 가진 원자핵은 안정되어 있다. 그러나 5개의 핵자를 가진 원자핵은 불안정하고 따라서 존재하지 않는다.

그렇다면 5개의 핵자를 가진 원자핵이 존재하지 않는 것이 왜 가모브와 앨퍼에게 재앙이었을까? 5개 핵자의 틈은 탄소나 그보다 더 무거운 원소로 향하는 원자핵 합성 과정을 가로막고 있는 건널 수 없는 장애물이었다. 가벼운 원자를 무거운 원소로 변환하기 위해서는 하나 또는 그 이상의 중간 과정이 필요하다. 만일 중간 과정 하나가 불가능하다면 변환 자체가 불가능해진다. 무거운 원자핵을 만드는 가장 확실한 방법은 헬륨 원자핵(4개의 핵자)에 양성자나 중성자를 더하여 5개 핵자를 가진 원자핵을 만드는 것이다. 그러나 이것은 허용되지 않는 원자핵이었다. 따라서 이런 방법으로 무거운 원자핵을 만드는 길은 봉쇄되어 있었다.

다른 해결책은 헬륨 원자핵이 양성자와 중성자를 동시에 흡수하는 것이었다. 그렇게 하면 5개 핵자를 뛰어넘어 6개 핵자(3개의 양성자와 3개의 중성자를 가진)를 가지고 있는 안정된 리튬 원자핵을 만들 수 있을 것이다. 그러나 양성자와 중성자가 동시에 헬륨 원자핵과 충돌할 가능성은 아주 적었다. 원자핵 반응을 일으키는 것은 매우 어려운 일이다. 따라서 동시에 2개의 충돌이 일어나길 기대할 수는 없는 일이다.

5개 핵자의 벽을 뛰어넘는 또 다른 방법은 4개의 핵자를 가진 헬륨 원자핵 2개가 충돌해서 8개의 핵자를 가지는 원자핵을 만드는 것이었다. 그러나 이 원자핵도 5개 핵자를 가진 원자핵이 불안정한 것과 마찬가지로 불안정했다. 자연은 가벼운 원자핵이 무거운 원자핵으로 변환되는 가장 확실한 두 길을 막고 있었던 것이다.

가모브와 앨퍼는 참을성이 있었다. 그들은 최신 중성자 반감기와 충돌 단면적 자료를 이용하여 계산을 다듬었다. 그들은 첫 번째 논문을 쓸 때는 머천트 앤 프리든 사의 탁상용 전자계산기를 사용했다. 그러나 이제는 최신 기계를 들여놓았다. 우선 리브 사의 아날로그 컴퓨터를 구했고 얼마 후에는 자성체 드럼을 이용한 저장장치를 갖춘 컴퓨터로 바꾸었다. 그 다음에는 프로그램이 가능한 펀치카드를 사용하는 IBM 컴퓨터에 투자했다. 그리고 마지막으로 초기의 디지털 컴퓨터인 SEAC를 샀다.

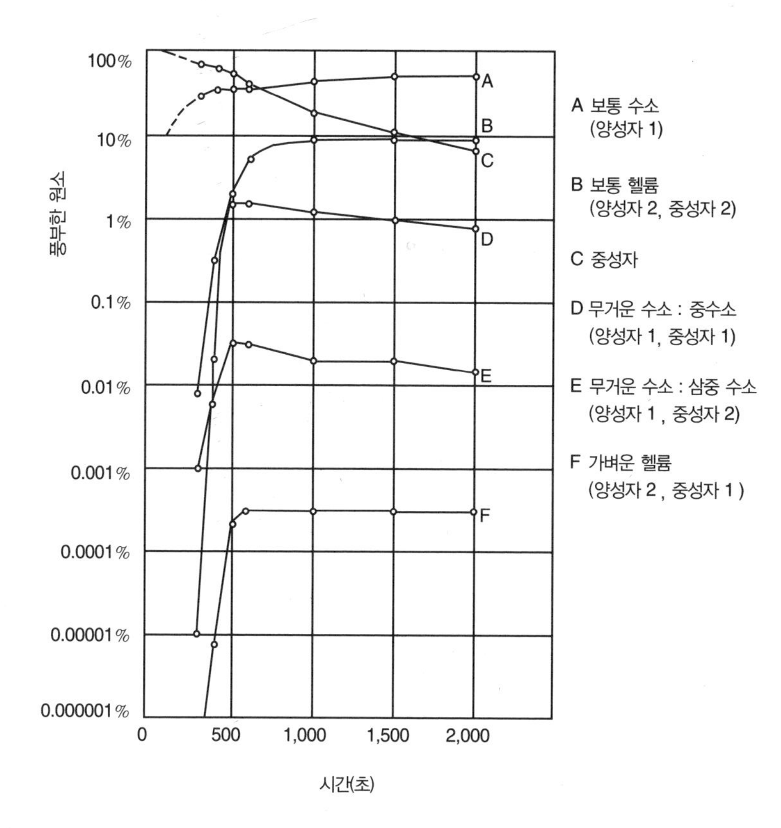

| 그림 80 | 원자핵물리학자 엔리코 페르미와 안토니 투르케비치 역시 초기 우주의 원소량을 계산했다. 그들의 결과는 가모브와 앨퍼의 결과와 같았다. 그 결과는 우주 초기 200초 동안에 있었던 화학적 진화를 보여주는 이 그래프에 나타나 있다.

중성자의 수는 양성자로 붕괴되면서 계속적으로 줄어든다. 이것이 양성자(수소 원자핵)의 수가 늘어나는 이유이다. 중성자가 줄어드는 또 다른 이유는 그들이 헬륨 원자핵 속에 포함되기 때문이다. 따라서 헬륨의 양은 계속적으로 증가해서 우주에서 두 번째로 풍부한 원소가 된다. 그래프에 나타난 다른 원자핵들은 수소가 헬륨으로 바뀌는 동안에 만들어지는 수소와 헬륨의 동위원소들이다.

천문학자들은 현재 우주의 중수소와 삼중수소(수소의 무거운 동위원소)의 양을 측정했다. 그리고 그 결과는 가모브, 앨퍼, 페르미 그리고 투르케비치가 예측한 것과 일치했다. 이것은 가벼운 원소들의 양이 빅뱅 직후의 뜨겁고 밀도가 높았던 시기에 일어난 원자핵 반응의 결과라고 설명하는 빅뱅 모델의 또 다른 증거였다. 가모브는 이 그래프 위의 선을 '신의 창조 곡선' 이라고 불렀다.

수소와 헬륨의 양에 대한 그들의 예측이 정확했다는 것은 좋은 소식이었다. 그림 80과 같이 학계의 경쟁자들이 독자적으로 수행한 계산에서도 초기 우주에서의 수소와 헬륨의 상대적인 양이 현재 우주에서 관측되는 양과 대체로 일치한다는 것이 확인되었다. 나쁜 소식은 계산을 더 정확히 해도 헬륨보다 더 무거운 원소의 창조 문제를 해결할 만한 아무런 단서도 얻을 수 없다는 것이었다.

무거운 원자핵의 합성이 문제가 되는 동안 앨퍼는 로버트 허먼Robert Herman이라는 동료와 함께 빅뱅 이론의 다른 면을 연구하기 시작했다. 앨퍼와 허먼은 공통점이 많았다. 둘 다 뉴욕에 정착한 러시아 출신 유대인 이민 후손이었고 야심 찬 젊은 학자였다. 우주론에 대해 앨퍼와 가모브가 나누는 대화를 듣게 된 허먼은 그들의 연구에 참여하고 싶어 했다. 우주의 최초 순간에 대한 계산을 한다는 것은 무척이나 매력적인 일이었다.

앨퍼와 허먼은 빅뱅 모델에 의한 우주 초기로 돌아가 새로운 공동연구를 시작했다. 최초의 우주는 완전한 혼돈상태였다. 물질에 어떤 중요한 진화가 일어나기에는 에너지가 너무 많았다. 그 다음 몇 분 동안은 매우 중요한 골디락스의 시기[8] — 너무 뜨겁지도 너무 차갑지도 않아 헬륨과 다른 가벼운 원소가 합성되기에 적당한 온도 — 였다. 알파베타감마 논문에서 조사한 것이 바로 이 시기였다. 그 후 우주는 더 이상의 핵융합이 일어나기에는 온도가 너무 낮아졌다. 또한 불안정한 5개 핵자의 벽이 더 무거운 원소의 형성을 방해하고 있었다.

우주의 온도는 핵융합이 일어나기에는 낮았지만 아직 대략 100만 도가 넘

8. 미국 동화 《골디락스와 곰 세 마리》의 주인공 여자 어린이 이름. 골디락스는 곰 세 마리가 살고 있는 숲속 오두막에 몰래 들어가 알맞은 온도의 죽을 먹고 알맞은 침대에서 잠을 잔다. 모든 것이 알맞은 상황을 가리키는 말이다.

었다. 이 온도에서는 모든 물질이 **플라스마**Plasma라는 상태에 있게 된다. 가장 온도가 낮은 물질의 상태는 얼음처럼 원자와 분자가 단단하게 결합되어 있는 고체이다. 조금 더 온도가 높은 상태는 액체이다. 물과 같은 액체 상태에서는 원자나 분자가 느슨하게 결합되어 있어 자유롭게 흐를 수 있다. 세 번째로 온도가 더 높은 상태는 수증기와 같이 원자나 분자 사이에 아무런 결합이 없어 자유롭게 움직일 수 있는 기체이다. 물질의 네 번째 상태는 플라스마이다. 플라스마는 온도가 너무 높아 원자핵이 전자를 잡아둘 수 없다. 따라서 그림 81에서 볼 수 있듯이 물질은 결합되지 않은 원자핵과 전자의 혼합물이 된다. 사람들은 대부분 매일 저녁 기체를 플라스마로 바꾸는 형광등의 스위치를 켜서 플라스마를 만들고 있으면서도 플라스마 상태에 대해서는 잘 모르고 있다.

따라서 창조의 순간으로부터 한 시간이 지난 후에는 우주는 간단한 원자핵과 전자들로 이루어진 플라스마 수프 상태였다. 음전하를 띤 전자들은 양전하를 띤 원자핵과 전기력으로 결합하려 하지만 원자핵 주위의 궤도에 정착하기에는 속도가 너무 빨랐다. 대신 전자와 원자핵은 서로를 계속 튕겨냈고 따라서 플라스마 상태가 유지되었다.

우주에는 또 하나의 구성성분이 있었다. 바로 우주를 가득 메운 빛의 바다였다. 그러나 놀랍게도 우주의 탄생을 보는 것은 그리 밝은 경험이 되지 못할 것이다. 초기 우주에서는 아무것도 볼 수 없을 것이기 때문이다. 빛은 전자와 같이 전하를 띤 입자와 쉽게 상호작용을 한다. 빛은 플라스마를 이루는 입자들 때문에 계속 산란되어 우주는 불투명했을 것이다. 반복적인 산란으로 플라스마는 안개와 같았을 것이다. 안개 속에서는 바로 앞에 있는 자동차도 볼 수 없다. 빛이 안개를 이루는 작은 물방울에 수없이 산란되어 우리 눈에 도달하기 전에 여러 번 방향을 바꾸기 때문이다.

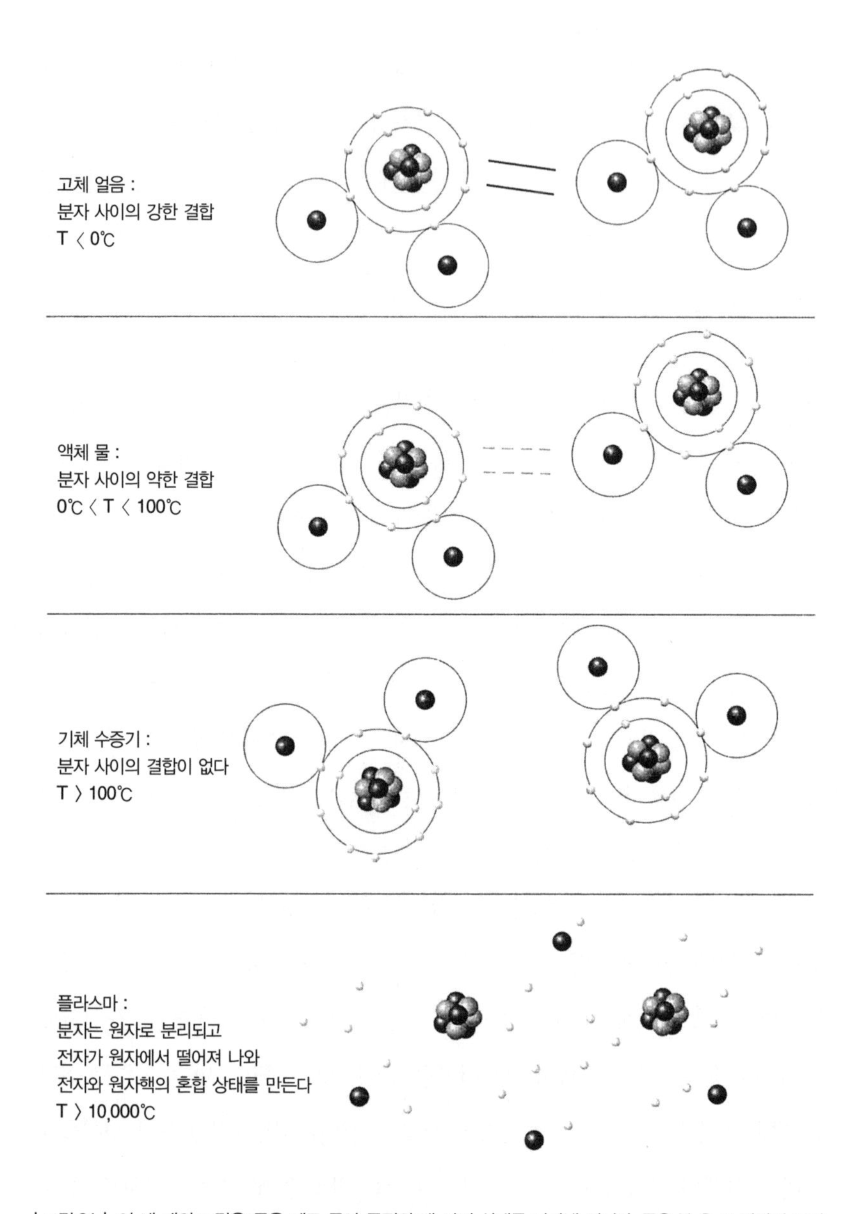

| 그림 81 | 이 네 개의 그림은 물을 예로 들어 물질의 네 가지 상태를 나타낸 것이다. 물은 H_2O 로 각각의 분자는 2개의 수소 원자가 1개의 산소 원자와 결합되어 있다. 이 분자들은 결합하여 고체를 만들 수도 있다. 그러나 열 에너지는 결합을 약하게 만들어 액체를 만들 수도 있고 결합을 파괴하여 기체를 만들 수도 있다. 더 높은 열에서는 전자를 원자핵으로부터 떼어내어 플라스마를 만들 수도 있다.

앨퍼와 허먼은 우주의 초기 역사를 계속 진전시켰다. 그리고 시간이 지남에 따라 우주가 팽창하면 플라스마와 빛의 바다에 어떤 일이 일어나는지 알아내려고 했다. 그들은 우주가 팽창함에 따라 우주의 에너지는 더 큰 부피에 퍼지게 될 것이라고 생각했다. 따라서 우주와 그 속에 있는 플라스마는 지속적으로 식어갈 것이다. 두 명의 젊은 물리학자는 우주의 온도가 플라스마가 존재하기에는 너무 낮아지는 시점이 있을 것이라고 추정했다. 이 시점에서 전자들은 원자핵과 결합하여 안정된 중성 원자인 수소와 헬륨을 형성할 것이다. 플라스마에서 수소와 헬륨 원자로의 전환은 대략 섭씨 3천 도에서 일어났을 것이다. 두 사람은 우주가 식어 이 온도에 이르는 데는 약 30만 년이 걸렸을 것이라고 예측했다. 이 사건은 일반적으로 재결합이라고 알려져 있다. (이 말에는 전자와 원자핵이 전에 결합되어 있었다는 의미가 있기 때문에 처음으로 결합하는 전자와 양성자에는 어울리지 않는 표현이다.)

재결합이 끝나자 음전하를 띤 전자가 양전하를 띤 원자핵과 결합해 버린 우주에는 기체 상태의 중성 입자가 가득하게 되었다. 이것은 우주에 가득 찬 빛의 행동을 극적으로 바꾸어 놓았다. 빛은 그림 82와 같이 전하를 띤 플라스마 속의 입자들과는 쉽게 상호작용하지만 기체 속의 중성 입자들과는 상호 작용하지 않는다. 따라서 빅뱅 모델에 의하면 재결합의 순간은 우주 역사에서 처음으로 빛이 아무런 방해를 받지 않고 공간 여행을 시작한 순간이었다. 우주 안개가 갑자기 사라졌기 때문이다.

앨퍼와 허먼이 재결합 이후의 우주가 가지는 의미를 이해하게 되자 그들의 마음속에 있던 안개도 걷혔다. 만일 빅뱅 모델이 옳다면, 그리고 앨퍼와 허먼의 물리학이 옳다면 재결합 순간에 존재했던 빛은 오늘날에도 우주를 떠돌고 있어야 했다. 빛은 우주 공간에 흩어져 있는 중성 입자들과는 좀처럼 상호 작

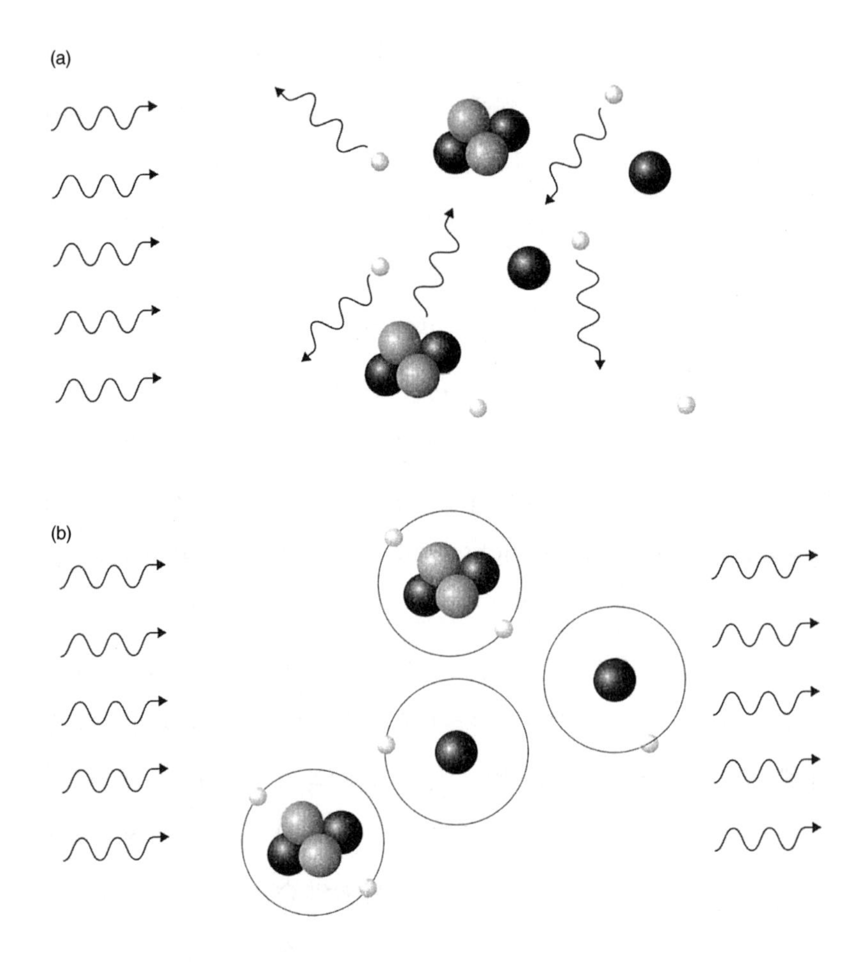

| 그림 82 | 빅뱅 모델에 의하면 초기 우주의 역사에서 재결합의 순간은 매우 중요한 이정표가 되었다. 그림 (a)는 모든 것이 플라스마 상태에 있던 빅뱅 후 30만 년 동안의 상황을 나타낸다. 이때는 대부분의 입자들이 전하를 가지고 있어 빛을 산란시킬 수 있었기 때문에 빛은 충돌하는 입자에 의해 계속적으로 산란되었다. 그림 (b)는 우주의 온도가 충분히 내려가 수소와 헬륨의 원자핵이 전자를 붙잡아 안정된 원자를 형성하는 재결합이 일어난 후의 상황을 나타낸다. 원자들은 전기적으로 중성이기 때문에 빛을 산란시키지 않는다. 따라서 우주는 투명하게 되었고 빛은 우주를 자유롭게 여행할 수 있게 되었다.

용을 하지 않기 때문이다. 다시 말해 플라스마 시기 끝에 해방된 빛이 우주 초기의 화석으로 아직도 존재해야 한다는 것이다. 이 빛은 빅뱅의 유산이 될 것이다.

알파베타감마 논문이 출판된 후 몇 달 만에 완성된 앨퍼와 허먼의 연구는 빅뱅 후 5분 동안에 수소가 헬륨으로 변환된 것을 계산한 것보다 훨씬 더 중요한 내용이었다. 처음 논문도 대단한 것이었다. 그러나 그것은 결과에 짜맞추었다는 비난을 감수해야 했다. 가모브와 앨퍼가 초기 계산을 할 때 두 사람은 알아내고자 하는 해답을 이미 알고 있었다. 그것은 관측된 헬륨의 양이었다. 따라서 계산 결과가 관측 결과와 일치한다 해도 비판자들은 가모브와 앨퍼가 올바른 해답이 나오도록 계산을 조정했을 것이라고 비난했다. 다시 말해 빅뱅 모델 반대자들은 프톨레마이오스가 화성의 퇴행운동을 설명하기 위해 주전원을 가지고 사람들을 속였듯이 가모브와 앨퍼도 원하는 해답을 얻어내기 위해 이론을 속였다고 비난한 것이다.

이와는 반대로 창조 후 30만 년에 풀려난 빛은 임시방편적인 사후 예측이 될 수 없었고 따라서 속였다는 비난도 할 수 없었다. 이 빛의 메아리는 오직 빅뱅 이론에 근거한 분명한 예측이었다. 따라서 앨퍼와 허먼은 죽느냐 사느냐의 시험을 제시한 것이었다. 이 빛을 검출하면 우주가 실제로 빅뱅에서 시작되었다는 강력한 증거가 될 것이다. 반대로 그런 빛이 존재하지 않는다면 빅뱅은 일어나지 않았고 따라서 빅뱅 모델도 붕괴하게 될 것이다.

앨퍼와 허먼은 재결합의 순간에 방출된 빛의 바다는 파장이 대략 1천 분의 1밀리미터일 것이라고 예측했다. 이 파장은 플라스마 안개가 걷힐 때의 우주 온도인 섭씨 3천 도에서의 파장이었다. 그러나 모든 빛의 파장은 재결합 이후 우주가 팽창하면서 늘어났을 것이다. 이것은 후퇴하는 것으로 관측되는 은하의 스펙트럼이 적색편이를 보이는 것과 비슷한 현상이다. 은하의 적색편이는 허블 같은 과학자들이 이미 관측했다. 앨퍼와 허먼은 늘어난 빅뱅 빛의 파장은 현재 대략 1밀리미터일 것으로 예측했다. 이 파장은 인간의 눈에는 보이지 않는 마이크로파 영역에 속한다.

앨퍼와 허먼은 구체적으로 우주는 파장이 1밀리미터 정도인 약한 마이크로파로 가득해야 한다고 예측했다. 그것은 재결합 순간에 우주 어디에나 있었기 때문에 모든 방향에서 오고 있어야 한다. 누구든지 소위 **우주배경복사**CMB, cosmic microwave background radiation를 검출한다면 빅뱅이 실제로 있었다는 것을 증명할 수 있을 것이다. 그것을 발견한다면 커다란 명성을 얻게 될 것이다.

불행하게도 앨퍼와 허먼은 완전히 무시되었다. 누구도 그들이 제기한 우주배경복사를 검출하려고 진지하게 노력하지 않았다.

학계가 우주배경복사의 예측을 무시한 데는 여러 가지 이유가 있었다. 가장 큰 이유는 이 연구의 복합적 성격 때문이었다. 가모브 팀은 핵물리학의 이론을 우주론에 적용하여 우주배경복사를 예측했다. 따라서 그것을 검증할 가장 적당한 사람은 천문학과 핵물리학 그리고 마이크로파 검출 분야의 전문가여야 했다. 그러나 그렇게 넓은 영역의 지식을 가지고 있는 사람은 거의 없었다.

필요한 영역의 지식을 가지고 있는 과학자가 있다 해도 기술적으로 우주배경복사를 검출하는 것이 가능하다고 생각하지 않았을 것이다. 마이크로파 기술이 아직 초보 단계였기 때문이다. 그리고 우주배경복사 검출이 기술적으로 도전해 볼 만하다고 생각하는 사람이 있다 해도 아마 이 프로젝트의 전제를 의심했을 것이다. 많은 천문학자들은 빅뱅우주 모델을 받아들이지 않고 영원한 우주 모델에 매달려 있었다. 따라서 일어나지도 않았을 빅뱅 이론에 의해 제기된 우주배경복사를 찾아내기 위해 고생할 이유가 없었다. 나중에 앨퍼는 허먼과 가모브와 함께 그 후 5년 동안 자신들의 연구 결과를 진지하게 받아들이도록 설득하기 위해 얼마나 노력했는지 회상했다. "우리의 연구 결과를 이야기하는 데 엄청난 에너지를 소모했다. 아무도 관심을 보이지 않았다. 그것을 검출할 수 있을 것이라고 생각하는 사람은 아무도 없었다."

앨퍼와 허먼 그리고 가모브는 이 문제를 해결하기 위해 노력하는 동안 자신들의 이미지 때문에 고생해야 했다. 그들은 익살꾼과 그에 휘둘리는 두 젊은 건달 취급을 받았다. 가모브는 우스꽝스러운 시를 쓰거나 물리학을 엉뚱하게

| 그림 83 | 로버트 허먼(왼쪽)과 랠프 앨퍼(오른쪽)는 그들 자신과 가모브, 그리고 알파베타감마 논문 제출을 축하할 때 사용했던 아일럼 병이 들어간 사진을 만들었다. 앨퍼가 1949년 로스앨러모스에서 강연했을 때 가모브가 갑자기 스크린에 나타나 청중을 놀라게 하기 위해 이 슬라이드를 중간에 끼워 넣었다. 가모브는 원시 아일럼 수프와 함께 병에서 튀어나온 지니처럼 보인다.

응용한 것으로 악명 높았다. 한번은 신은 지구에서 9.5광년 떨어진 곳에 살고 있다고 주장하기도 했다. 1904년 러일전쟁이 발발했을 때 러시아의 교회에서 일본을 파괴해 달라고 기도를 올린 것에 근거한 추정이었다. 그 기도는 1923년 일본 관동대지진으로 응답받았다는 것이다. 기도와 신의 분노도 빛의 속도의 제약을 받으므로 이 시간 간격은 신이 사는 곳까지의 거리를 나타낸다고 한 것이다. 또 빛의 속도가 시속 수 킬로미터 밖에 안 되어 자전거를 타고 달려도 길이의 수축이나 시간 지연과 같은 상대성이론의 이상한 효과가 나타나는 이야기를 쓴 《이상한 나라의 톰킨스 씨*Mr. Tompkins Wonderland*》라는 책으로도 유명했다. 그의 경쟁자들은 이러한 대중적인 접근을 인기에 영합하는 것이라고 격하했다. 앨퍼는 자신들의 어려운 처지를 다음과 같이 정리했다. "대중적인 수준에서 물리학과 우주론에 대해 쓰고, 유머를 많이 섞어 발표를 한다는 이유로 그는 많은 동료들에게서 제대로 대접받지 못했다. 그의 동료인 우리 두 사람도 마찬가지였다. 우리가 우주론과 같이 불확실한 영역을 연구했기 때문에 더욱 그랬다."

세 사람은 자신들의 연구 결과에 대한 무관심 속에서 1953년에 그때까지의 연구를 종합하고 최근 계산을 포함한 마지막 논문을 출판한 후 마지못해 연구 프로젝트를 끝냈다. 가모브는 DNA 화학과 연관된 새로운 연구 분야로 떠났다. 앨퍼는 대학을 떠나 제너럴 일렉트릭 사의 연구원이 되었고 허먼은 제너럴 모터스 연구소에 취직했다.

가모브, 앨퍼 그리고 허먼이 헤어진 것은 빅뱅우주론의 상태를 상징적으로 보여주는 일이었다. 빅뱅 모델은 몇 년 동안은 고무적이었지만 곧 어려운 문제에 봉착했다. 첫 번째로 은하의 적색편이를 근거로 계산한 빅뱅우주의 나이가 별들의 나이보다 적다는 것이었다. 이것은 명백한 모순이었다. 두 번째로는 빅뱅으로부터 원자들이 만들어지는 과정이 헬륨에서 멈추어 버렸다는 것이다. 이 결과는 우주가 산소, 탄소, 질소와 같은 무거운 원소를 포함하면 안 된다는 것을 의미했으므로 당황스러운 것이었다. 상황이 좋아 보이지는 않았지만 빅뱅 모델이 완전히 잊혀진 것은 아니었다. 앨퍼와 허먼이 예측한 우주 배경복사가 발견되기만 한다면 빅뱅 모델은 구조되어 신뢰를 회복할 수 있었다. 아무도 그것을 찾으려고 노력하지 않은 것은 불행한 일이었다.

그동안 영원한 우주를 지지했던 사람들에게는 상황이 낙관적으로 보였다. 그들은 수정된 모델을 이용하여 반격을 가할 태세를 갖추고 있었다. 영국에 기반을 둔 우주학자들이 영원한 우주뿐만 아니라 허블의 적색편이 관측을 설명할 수 있는 이론을 만들었다. 영원한 우주의 이 새로운 모델은 빅뱅 모델의 가장 강력한 경쟁자가 되었다.

변해도 변하지 않는다

프레드 호일Fred Hoyle은 1915년 6월 24일 영국 빙리에서 태어났다. 그는 요크셔 사람이었고, 우주학자였으며, 반항아였고, 창조적인 천재였다. 그는 가장 공격적인 빅뱅 모델의 비판자가 되었고 빅뱅 모델을 극단적으로 혐오하기까지 했지만, 우주에 대한 우리의 이해를 넓히는 데 크게 기여하기도 했다.

호일은 어렸을 때부터 관찰과 추론에서 남다른 능력을 보였다. 겨우 네 살이었을 때 시간을 읽는 방법을 혼자 터득하기도 했다. 호일은 한 식구가 시간을 물으면 다른 식구가 대답하기 전에 할아버지의 시계를 본다는 것을 알아차렸다. 따라서 호일은 어떻게 시간을 알 수 있는지 알아보기 위해 몇 시인지 계속 물어봤다. 그는 부모님이 '7시 20분' 이라면서 자신을 재우던 어느 날 밤 잠들기 전에 문제의 신비를 풀었다.

> 갑자기 어떤 생각이 떠올랐다. '7시 20분' 이라는 것은 내가 알지 못하는 신비한 숫자가 아니라 7과 20이라는 독립적인 두 수가 아닐까? …… 시계에는 두 개의 바늘이 있다. 한 숫자는 하나의 바늘에 관계되고 다른 숫자는 다른 바늘과 관계있을지도 모른다. "몇 시예요?" 하고 몇 번 더 물어본 다음 날 실제로 그 생각이 맞았다는 것을 확인했다. 시계 위의 숫자가 크고 뚜렷했기 때문에 시계에는 두 개의 숫자 조합이 있다는 것을 쉽게 알 수 있었다. 한 바늘은 한 숫자 조합과 함께 가고 있었고, 다른 바늘은 다른 숫자 조합과 함께 가고 있었다. 이제 '시' 또는 '분' 이라는 말의 뜻을 정리하는 일만 남았다. 결국 이 문제는 풀렸다. 나는 바람은 왜 부는가와 같은 다른 수수께끼로 관심을 돌렸다.

호일은 세상에 대해 스스로 탐구하는 것을 좋아했다. 따라서 학교에서는 게으른 학생이었고 때로는 몇 주씩 결석하기도 했다. 자서전에서 그는 선생님이 로마 숫자를 가르치던 날을 회상했다. 그는 아라비아 숫자가 훨씬 널리 쓰였고 그럴듯해 보이는데 왜 로마숫자를 배워야 하는지 이해할 수 없었다. "로마숫자는 내가 이해할 수 없는 것이었다. 나는 그런 것을 배우도록 강요하는 지식층에 분노했고 그날이 그 학교에서의 마지막이 되었다." 호일은 다른 학교에서는 선생님이 가르쳐 준 것보다 꽃잎 수가 많다는 것을 증명하기 위해 꽃을 교실로 들고 가기도 했다. 선생님은 무례하다는 이유로 그를 때렸다. 호일이 학교를 나와 다시는 돌아가지 않은 것은 놀라운 일이 아니었다.

젊은 호일은 교실보다는 동네에 있는 지저분한 극장에서 보내는 시간이 많았다. 그는 무성영화의 자막을 공부하여 자기가 배우지 못한 것을 보충했다. "나는 극장을 드나들며 읽는 법을 배웠다. …… 훌륭한 교육 환경이었다. …… 그리고 입장료는 학교에 내는 수업료보다 훨씬 쌌다."

몇 살 더 나이를 먹자 그는 천문학에 흥미를 느끼기 시작했다. 교육을 받지 못한 포목상이었던 아버지는 가끔 프레드를 데리고 망원경을 가지고 있는 이웃마을 친구를 방문했다. 그곳에서 별을 보면서 시간을 보내다가 아침 일찍 집으로 돌아오곤 했다. 어린 시절에 가졌던 천문학에 대한 호기심은 열두 살이 되어 아서 에딩턴의 《별과 원자*Stars and Atoms*》를 읽고 더욱 강해졌다.

결국 호일은 체계적인 교육을 받게 되었다. 그는 빙리 문법학교에 들어가 전통적인 교육과정을 밟기 시작했다. 1933년에는 케임브리지의 이매뉴얼 대학 장학금을 받았다. 호일은 수학을 공부했고 응용수학 분야에서 최고의 성적을 낸 학생에게 주는 메이휴 상을 받았다. 졸업 후에는 케임브리지에서 박사과정에 들어가 루돌프 파이얼스, 폴 디랙, 막스 보른 그리고 그의 영웅이었던 아서 에딩턴 같은 위대한 학자들과 같이 연구했다. 1939년에 박사학위를 받은 후 호일은 세인트존스 대학의 특별 연구원으로 선발되었고 별의 진화에 초점을 맞추어 연구하게 되었다.

호일의 학문적 발전은 그 후 갑자기 중단되었다. "전쟁은 모든 것을 바꿀 수 있다. 전쟁은 내가 누리던 풍요로움을 파괴했고 가장 창조적인 시기를 삼켜버렸다. 나는 마치 내 발을 찾아내는 연구를 하고 있는 것 같았다." 처음에 그는 치체스터 근처에 있는 해군본부 레이더 기지에 배치되었다. 그리고 1942년에 서레이의 위틀리에 있는 해군본부 암호시설 팀장으로 승진하여 레이더에 대한 연구를 계속했다. 그는 그곳에서 토머스 골드Thomas Gold와 허먼 본디

| 그림 84 | 호일이 어머니와 찍은 이 사진은 호일의 아버지가 1차대전 동안 전장의 참호 속에서도 가지고 있던 것이다. 호일은 나중에 장난감 곰을 가지고 있는 장난꾸러기 사진을 보고 "이때는 세상이 후에 내가 발견하게 된 것보다 훨씬 나을 것이라는 잘못된 믿음을 가지고 있었다."라고 말했다. 호일이 열 살 정도였을 때 찍은 사진은 그가 말썽꾸러기였음을 잘 보여주고 있고, 마지막 사진은 케임브리지의 젊은 학생이었을 때의 사진이다.

Hermann Bondi를 만나 천문학에 대한 관심을 나누었다. 나중에 호일, 본디 그리고 골드의 공동연구는 미국의 경쟁자 가모브, 앨퍼 그리고 허먼의 공동연구만큼 유명해졌다.

본디와 골드는 둘 다 빈에서 자랐는데, 케임브리지에서도 함께 공부했고 해군연구소 근처에서 같이 살았다. 호일은 집이 80킬로미터나 떨어져 있어 오가는 것을 귀찮아했기 때문에 일주일에 며칠씩 거기서 함께 지냈다. 낮에는 더 나은 레이더 체계를 구축하기 위한 연구를 하고 밤에는 전쟁이 일어나기 전에 관심을 가지고 있었던 주제에 대해 작은 세미나를 하곤 했다.

그들은 특히 허블의 팽창하는 우주에 대한 관측과 그 의미에 관심이 많았다. 세 사람은 우주론의 문제를 다룰 때마다 각자 다른 역할을 맡았다. 수학적 재능이 있는 본디는 토론의 논리적 기초를 제공했고 거기서 나오는 방정식을 다뤘다. 좀 더 과학적인 경향을 가지고 있던 골드는 본디의 방정식에 나타나는 물리적 의미를 설명했다. 이들보다 고참이었던 호일은 토론을 주도했다. 골드는 다음과 같이 그때를 회상했다.

> 프레드 호일은 지속적으로 우리들에게 허블의 팽창이 무엇을 의미하는지 물었다. 그것은 호일이 항상 우리에게 주는 과제였다. 프레드는 본디를 바닥에 양반다리 자세로 앉도록 하고 자신은 뒤에 있는 안락의자에 앉았다. 그러고는 마치 말에게 채찍을 휘두르듯 5분마다 더 빨리 계산하라고 그를 걷어찼다. 프레드는 거기 앉아 "자, 이리 와. 이걸 해. 저걸 해." 하고 말했다. 본디는 자신이 뭘 계산하는지도 제대로 모른 채 무서운 속도로 계산을 해댔다. 때때로 그는 프레드에게 "이 시점에서 10^{46}을 곱해야 돼, 아니면 나눠야 돼?" 하고 묻곤 했다.

전쟁이 끝난 후에 호일, 본디 그리고 골드는 천문학, 수학, 공학 분야에서 각각 연구를 계속했다. 그러나 그들은 모두 케임브리지에 살았고 우주론에 대한 토론을 계속했다. 호일과 골드는 정기적으로 본디의 집에 모여 우주에 대한 경쟁적인 두 이론인 빅뱅 모델과 영원한 우주 모델의 장단점을 이야기했다. 그들은 빅뱅 이론에 매우 비판적이었다. 한편으로는 우주의 나이가 우주에 있는 별들의 나이보다 젊다는 것 때문이었고, 다른 한편으로는 아무도 빅뱅 이전에 어떤 일이 있었는지 말할 수 없다는 것 때문이었다. 동시에 세 사람은 모두 허블의 관측이 우주의 팽창을 의미한다는 데는 동의했다.

1946년에 이 케임브리지 삼총사는 큰일을 해냈다. 그들은 우주에 대한 새로운 모델을 만들었다. 그들의 모델은 가능해 보이지 않았던 것을 절충한 독특한 것이었다. 이 모델은 우주가 팽창하고 있기는 하지만 실제로는 영원하고 근본적으로는 변화하지 않는다는 것이었다. 그때까지는 팽창하는 우주는 빅뱅 모델의 창조의 순간과 동의어로 쓰이고 있었다. 그러나 새로운 모델에서는 허블의 적색편이나 은하의 후퇴가 우주는 영원히 존재한다는 생각과도 양립할 수 있다고 제시되었다.

이 새로운 모델은 1945년 9월에 개봉된 〈죽음의 밤 *Dead of Night*〉이라는 영화를 보고 착상한 것 같았다. 이 영화는 일링 스튜디오가 제작한 것으로 고상한 영국의 전통 코미디와는 많이 달랐다. 국민들의 사기에 영향을 줄지도 모르는 모든 종류의 공연물을 금지했던 전시 검열이 폐지된 후 영국에서 만들어진 최초의 공포영화였다.

머빈 존스, 마이클 레드그레이브 그리고 구기 위더스가 출연한 그 영화는 월터 크레이그라는 건축가의 이야기였다. 월터 크레이그는 어느 날 아침 잠자리에서 일어나 새로운 계획을 의논하기 위해 시골에 있는 농가로 향한다. 시

| 그림 85 | 프레드 호일은 물리학과 천문학의 여러 분야에 공헌했지만 정상우주 모델로 가장 유명해졌다.

골에 도착한 그는 여러 방문객에게 반복되는 꿈을 통해 그들 모두를 이미 잘 알고 있다고 이야기한다. 손님들은 의심과 호기심을 보이며 한 사람씩 자신의 이상한 경험을 이야기하기 시작한다. 그것은 다섯 가지 공포 이야기였다. 형제를 죽인 살인범 이야기에서부터 심령술사 이야기까지 다양했다. 크레이그는 이야기를 들을 때마다 크게 동요한다. 영화는 악몽 같은 테러에서 절정을 이루는데, 그때 갑자기 그는 잠에서 깨어 모든 것이 악몽이었다는 것을 깨닫게 된다. 그는 침대에서 빠져 나와 옷을 입고 새로운 계획을 의논하기 위해 시골에 있는 농가로 향한다. 시골에 도착한 그는 여러 방문객들에게 반복되는 꿈을 통해 그들 모두를 이미 잘 알고 있다고 이야기한다. ……

영화는 이상한 구조를 가지고 있었다. 시간이 감에 따라 이야기가 진행되어 새로운 등장인물이 나타나고 사건이 발전해 갔다. 그러나 영화는 시작됐던 바로 그 지점에서 끝났다. 많은 일이 일어났지만 마지막에는 아무것도 변하지 않았다. 이러한 순환구조 때문에 이 영화는 영원히 계속될 수 있을 것 같았다.

세 사람은 1946년에 길드퍼드 극장에서 이 영화를 보았다. 곧 골드에게 놀라운 생각이 떠올랐다. 호일은 후에 그 영화에 대한 골드의 반응을 다음과 같이 회상했다.

> 토머스 골드는 대단히 감동받았다. 그날 밤 늦게 그는 "저런 우주를 만들면 어떨까?" 하고 말했다. 변하지 않는다는 것이 꼭 정적일 필요는 없다고 생각한 것이다. 이 공포영화는 우리 세 사람에게서 잘못된 생각을 없애주었다. 끊임없이 흐르는 강물처럼 역동적이면서도 변하지 않는 것도 있을 수 있기 때문이다.

그 영화는 골드에게 전혀 새로운 우주 모델에 대한 영감을 주었다. 새 우주 모델에서 우주는 팽창한다. 그러나 다른 모든 면에서는 빅뱅 모델과 반대되었다. 빅뱅 모델 지지자들은 팽창하는 우주가 과거에 더 작았고 온도와 밀도가 높았다고 가정했다는 것을 기억해 보자. 그것은 논리적으로 수십억 년 전에 창조의 순간이 있었다는 것을 가정하고 있다. 이와는 반대로 골드는 팽창하기는 하지만 전체적으로는 변하지 않고 영원히 존재하는 우주를 생각해 낸 것이다. 〈죽음의 밤〉처럼 골드는 시간에 따라 우주가 성장하더라도 전체적으로 변하지 않는다고 생각했다.

골드의 역설적인 생각을 좀 더 자세하게 설명하기 전에, 변화는 계속되지만 불변성이 유지되는 것이 우리 주위에 이미 있다는 것을 지적해 둘 필요가 있다. 호일은 계속해서 흐르지만 전체적으로는 변하지 않는 강물을 예로 들었다. 산 정상에 있는 렌즈 모양의 높쌘구름 역시 강한 바람에도 그대로 있다. 수분을 많이 포함한 공기가 위로 올라가 구름 가까이 가면 온도가 내려가게 되고 수증기가 응결되어 구름에 새로운 물방울이 더해진다. 동시에 바람이 구름의 다른 쪽에 있는 물방울을 날려 산 아래로 내려 보낸다. 산 아래로 내려간 물방울은 온도가 올라가 다시 증발하여 수증기가 된다. 구름에 물방울이 보태지고 동시에 사라진다. 그러나 전체 구름의 모양은 변하지 않는다. 심지어는 우리 몸도 항상성과 조화를 이루는 변화를 보여준다. 세포가 새로운 세포로 대체되고 죽는 것이 그런 현상이다. 실제로 우리 몸의 모든 세포는 몇 년 동안에 바뀌지만 우리는 같은 사람으로 남아 있다.

그렇다면 골드는 이런 원리 — 계속적인 움직임이 아무런 변화도 만들어 내지 않는 — 를 전체 우주에 어떻게 적용했을까? 우주는 지속적으로 팽창하고 있으므로 지속적으로 성장하는 것은 명백했다. 만일 우주가 팽창하기만 한다면 빅뱅 모델의 주장처럼 우주는 시간이 감에 따라 밀도가 작아질 것이다. 그러나 골드는 우주 성장에 두 번째 국면을 도입했다. 그것은 팽창에 따라 엷어지는 것에 대응하여 변하지 않도록 유지하는 것이었다. 우주가 팽창함에 따라 넓어지는 은하 사이의 공간에 새로운 물질을 창조하여 팽창으로 인한 밀도의 감소를 보상한다는 것이었다. 따라서 우주의 전체적인 밀도는 일정하게 유지될 수 있다고 했다. 그러한 우주는 틀림없이 성장하고 팽창한다. 그러나 전체적으로는 변하지 않고 영원히 존재할 수 있다. 팽창으로 쇠약해진 우주가 연료를 새로 공급받는 것이다.

진화하지만 변화하지 않는 우주 모델을 **정상우주 모델**이라고 한다. 골드가 처음으로 그런 생각을 얘기하자 호일과 본디는 미친 생각이라고 했다. 어느 이른 저녁 본디의 집에서 호일은 골드의 이론이 저녁식사 전에 틀렸다는 사실이 밝혀질 것이라고 장담했다. 배가 점점 고파졌지만 골드의 우주론이 자체적으로 모순이 없을 뿐만 아니라 넓은 범위의 천문학적 관측과 부합한다는 것이 명확해졌다. 간단히 말해 우주는 무한히 컸고, 따라서 크기가 2배가 되더라도 역시 무한히 컸다. 그림 86에서와 같이 은하 사이에서 물질이 만들어지기만 한다면 우주 전체는 변하지 않고 그대로 남아 있을 수 있었다.

모든 우주론적 사고는 우주원리에 지배받는다. 우주원리는 우리의 우주, 즉 우리 은하와 주변 환경은 우주의 다른 곳과 근본적으로 같다는 것이다. 다시 말해 우리는 우주의 특별한 장소에 살고 있는 것이 아니다. 아인슈타인은 처음으로 일반상대성원리를 전체 우주에 적용할 때 이 원리를 이용했다. 그러나 골드는 한 발짝 더 나가 **완전한 우주원리**를 가정한 것이다. 우리 주위의 우주 조각이 다른 부분의 우주 조각과 같을 뿐만 아니라 우주에서의 우리의 시대 역시 다른 시대와 같다는 것이다. 다시 말해 우리는 우주의 특별한 장소에 살

(a) 빅뱅우주

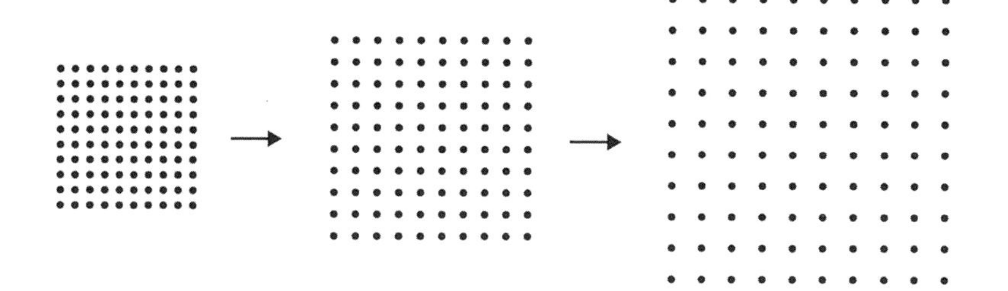

(b) 정상우주

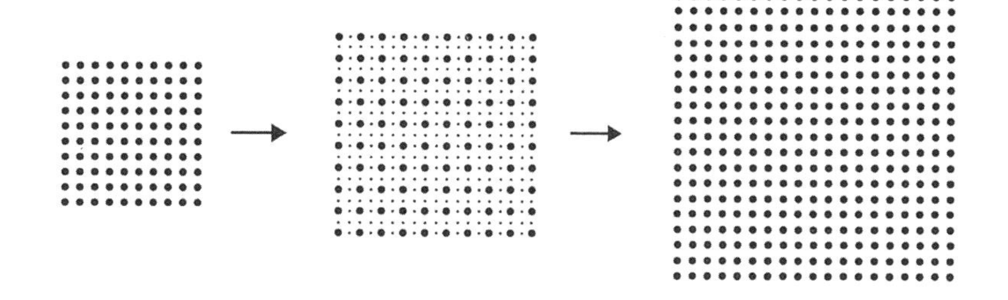

| 그림 86 | 그림 (a)는 빅뱅 모델에서의 팽창을 나타내고 있다. 우주의 작은 조각은 면적이 2배로 늘어나고 다시 또 2배로 늘어난다. 이에 따라 은하들을 나타내는 점들 사이의 거리는 점점 멀어져 우주의 밀도는 점점 작아진다.

그림 (b)는 정상우주 모델에서의 팽창을 보여준다. 여기서도 작은 우주 조각은 면적이 2배에서 다시 2배로 늘어난다. 그러나 이번에는 중간 단계에서 보여주듯 새로운 은하가 오래된 은하들 사이에 나타난다. 이 은하들은 점점 자라나 다른 은하와 같게 되어 세 번째 단계에서는 우주가 첫 번째 단계와 똑같게 된다. 비판자들은 우주의 밀도가 같다고 해도 우주가 4배로 커졌다는 것은 변한 것이 아니냐고 항의할지도 모른다. 그러나 우주가 무한하다면 무한대의 4배는 아직도 무한대이다. 따라서 무한한 우주는 팽창으로 인해 생기는 공간을 새로운 은하가 메워 넣는 한 아무런 변화가 없으면서도 팽창할 수 있다.

고 있지 않을 뿐만 아니라 특별한 시대에 살고 있는 것도 아니다. 우주는 모든 곳이 전체적으로 같을 뿐만 아니라 모든 시대에도 같다. 골드는 정상우주 모델은 완전한 우주원리의 자연스러운 결과라고 믿었다.

케임브리지 삼총사는 골드의 생각을 더욱 발전시켜 1949년에 두 편의 논문을 썼다. 골드와 본디가 쓴 첫 논문은 정상우주 모델을 넓은 철학적 용어로 설명했다. 호일은 이것을 좀 더 자세한 수학을 이용해 나타내려고 했기 때문에 독립적으로 논문을 발표했다. 그러한 형식적인 차이는 중요한 것이 아니었다. 호일과 골드 그리고 본디는 정상우주 모델을 세상에 알리기 위해 함께 노력했다.

정상우주론에는 두 가지 의문이 남는다. 그렇게 창조된 물질은 어디에 있으며 이 물질은 어디에서 왔는가 하는 것이다. 호일은 아무도 별과 은하가 어디에서 발견되리라고 예측할 수 없다고 대답했다. 우주의 팽창을 보상하기 위해서는 '엠파이어스테이트 빌딩만 한 부피 속에 1세기에 1개의 원자'가 창조되면 충분했다. 그것은 지구에서 관측 가능한 양이 아니다. 이 원자들의 창조를

| 그림 87 | 정상우주 모델을 만든 토머스 골드, 허먼 본디 그리고 프레드 호일

설명하기 위하여 호일은 C-장C-Field이라고 알려진 창조장creation field을 제시했다. 이러한 가상적인 성질이 우주 전체에 퍼져 있어 자발적으로 원자를 창조하고 우주를 같은 상태로 유지한다는 것이다. 호일은 C-장이 물리적으로 어떤 의미인지 알지 못한다는 것을 인정해야 했다. 하지만 그는 이러한 연속적인 창조가 한 번의 전능한 빅뱅의 창조보다 훨씬 그럴듯하다고 생각했다.

이제 우주학자들에게는 선택의 기회가 생겼다. 순간의 창조와 유한한 역사, 그리고 현재와 전혀 다른 과거와 미래를 가진 빅뱅우주를 선택할 수도 있다. 아니면 계속적인 창조와 영원한 역사, 그리고 현재와 전체적으로 같은 과거와 미래가 있는 정상우주를 선택할 수도 있다.

호일은 정상우주 모델이 실제 우주를 나타낸다는 것을 증명하려고 했다. 그는 결정적인 시험으로 자신이 옳다는 사실이 증명될 것이라고 했다. 정상우주 모델에 의하면 새로운 물질이 모든 곳에서 만들어져야 하며 시간이 지난 후에는 새로운 은하를 형성해야 한다. 이 아기 은하는 우리 이웃에도 있을 수 있고 우주의 반대편에도 있을 수 있으며 그 사이에도 있을 수 있다. 만일 정상우주 모델이 옳다면 천문학자들은 우주 여기저기에서 이 아기 은하를 볼 수 있어야 한다.

그러나 빅뱅 모델은 매우 다른 예측을 했다. 빅뱅 모델은 전체 우주가 동시에 창조되었다고 주장했다. 그리고 모든 것은 매우 비슷한 방법으로 진화해 왔다. 따라서 모든 은하가 아기 은하였던 시기가 있었고 모두 사춘기였던 시기가 있었으며 현재는 모두 성숙해 있을 것이라고 했다. 따라서 오늘날 아기 은하를 볼 수 있는 방법은 우주의 아주 먼 곳을 관측할 수 있는 강력한 망원경을 사용하는 것뿐이라고 주장했다. 아주 먼 곳에 있는 은하가 낸 빛이 우리에게 도달하는 데는 오랜 시간이 걸릴 것이기 때문에 먼 과거의 아기였던 은하를 볼 수 있다는 것이다.

정상우주 모델은 아기 은하가 우주 전체에 흩어져 있다고 예측한 반면 빅뱅우주 모델은 아기 은하를 아주 먼 곳에서만 볼 수 있다고 했다. 불행하게도 정상우주 모델과 빅뱅우주 모델이 대결을 벌이고 있던 1940년대에는 세계에서 가장 좋은 망원경이라도 아기 은하와 성숙한 은하를 구별할 수 있을 만큼 성능이 좋지 않았다. 아기 은하의 분포는 알려지지 않았고 따라서 빅뱅 이론과 정상우주 이론 사이의 논쟁은 해결되지 못한 채 남게 되었다.

빅뱅우주와 정상우주 중 하나의 손을 들어줄 정확한 관측이나 결정적인 자료 없이 두 경쟁적인 과학자 그룹은 가시 돋친 말로 논쟁을 벌였다. 예를 들면 가모브는 정상우주론 지지자들이 주로 영국에서 활동한다는 것을 이용해 그들을 놀렸다. "정상우주론이 영국에서 인기 있는 것은 놀라운 일이 아니다. 정상우주론을 주창한 사람이 영국인(영국에서 태어났거나 이민 온) 본디, 골드 그리고 호일이기 때문일 뿐만 아니라 유럽에서 현 상태를 유지하는 것이 영국의 정책이기 때문이기도 하다."

호일과 골드 그리고 어떤 면에서는 본디도 타고난 반항아였다. 따라서 정상우주 모델이 전형적인 영국의 보수주의에서 태어났다는 가모브의 조롱은 공정한 것이 아니었다. 실제로 호일은 지나칠 정도로 정통적인 권위에 의문을 제기하는 사람이었다. 때때로 그가 옳다는 것이 밝혀지기도 했다. 그러나 많은 경우에 그는 과학자로서의 신중함을 보여주지 못했다. 시조새의 화석이 모조품이라고 주장한 것은 유명하다. 그리고 자연선택에 의한 다윈의 진화론이 상당히 의심스럽다는 말을 하기도 했다. 그는 《네이처》에 "생명이 없는 물질에서 생명이 형성될 가능성은 1 다음에 0을 4만 개 쓴 것분의 1이다. …… 이 숫자는 다윈과 그의 진화론을 묻어 버리기에 충분히 큰 숫자이다"라는 글을 썼다.

나중에 호일은 복잡한 진화의 불가능을 설명하기 위해 비슷한 극적인 비유를 사용했다. "회오리바람이 쓰레기장을 휩쓸고 지나가는 동안 마당에 흩어져 있던 쓰레기들이 마음대로 움직이고 모여서 최신의 보잉 747 점보제트기를 만들었다고 상상해 보자."

이러한 언급은 호일의 입지를 약화시켰다. 그리고 정상우주 모델의 평판을 훼손시켰다. 세 정상우주론자들은 관측천문학과 아무런 관계가 없다는 점 때문에 비판을 받기도 했다. 캐나다의 천문학자 랠프 윌리엄슨Ralph Williamson은 호일에 대해 "그는 현대 천문학을 이끈 대형망원경을 다루어 본 경험이 없는 사람이다"라고 말했다. 다시 말해 윌리엄슨은 적극적으로 우주를 관측한 사람만이 우주에 대한 이론을 만들어야 한다고 주장한 것이다.

본디는 호일을 대신해 윌리엄슨의 비판을 반박했다. "그것은 배관공과 우유 짜는 사람만이 유체역학의 방정식을 만들어 낼 권리가 있다고 말하는 것이나 마찬가지다."

윌리엄슨은 다시 호일이 너무 사변적이며 확실한 천문학적 관측에 기초를 두고 있지 않다고 공격했다. 본디가 호일을 변호하기 위해 또 나섰다.

"그렇다면 천문학적 사실이란 도대체 무엇인가? 기껏해야 사진 건판 위의 얼룩에 지나지 않은가!" 두 진영의 토론은 저급한 언쟁과 중상모략 수준으로 떨어졌다.

시시한 말장난과 인신공격에 싫증이 난 호일은 한동안 우주에 대한 견해를 동료 과학자보다 대중에게 설명하는 것을 더 선호했다. 그는 많은 글을 썼으며 생생하고 명료하며 대중적인 책을 여러 권 발표했다. 그는 한때 "우주는 멀리 떨어져 있지 않다. 만일 차를 타고 곧바로 위를 향해 달린다면 한 시간이면

도달할 수 있다"라고 쓰기도 했다. 실제로 그는 언어의 마술사였다. 그는 나중에 BBC TV의 《안드로메다를 위한 A *A for Andromeda*》, 어린이들을 위한 《큰곰자리의 로켓 *Rockets in Ursa Major*》이라는 드라마 각본과 《검은색 구름 *The Black Cloud*》을 비롯한 여러 권의 공상과학소설을 쓰기도 했다.

대중을 대상으로 한 첫 번째 작품이었던 《우주의 성격 *The Nature of the Universe*》에서 그는 정상우주 모델을 자세하게 설명했다. "이것이 이상하게 보일지 모른다. 나도 그렇게 생각한다. 그러나 과학에서는 옳은 것이라면 얼마나 이상하게 보이는지는 문제가 되지 않는다. 다시 말해 어떤 생각이 정확한 형식으로 표현되었고 그 결과가 관측과 일치한다는 것이 밝혀졌다면 얼마나 이상하게 보이는지는 상관없다."

정상우주론과 빅뱅우주론 사이의 토론에서 호일의 가장 중요한 상대였던 가모브도 자신의 이론을 일반인을 위한 책에 실었다는 것은 재미있는 일이다. 두 사람은 모두 과학의 대중화에 크게 기여했다. 두 사람은 과학을 대중화한 공로로 유네스코가 수여하는 권위 있는 칼링가 상을 받았다. 가모브는 1956년에, 호일은 1967년에 수상했다.

대중적인 지지를 얻기 위한 전투는 《이상한 나라의 톰킨슨 씨》를 바탕으로 한 이상한 오페라 장면에 잘 나타나 있다. 가모브는 호일을 오페라에 등장시켜 노래를 부르게 하여 정상우주론을 패러디했다. 호일이 "밝게 빛나는 은하 사이에 있는 아무것도 없는 공간"에서 물질을 만들면서 등장하는 것이다.

우주의 지배권에 대한 대중의 지지를 놓고 싸우는 전투 가운데 가장 중요한 사건이 1950년 영국방송공사BBC에서 일어났다. BBC는 협조를 구할 수 있을 만한 인물들의 파일을 만들어 관리하고 있었다. 호일의 파일에는 "이 사람을 쓰지 말 것"이라고 표시되어 있었다. 아마도 주류에 계속 대항하는 그를 문제

아라고 생각했기 때문이었을 것이다. 그러나 연출자와 케임브리지의 동료 피터 래슬릿이 이 경고를 무시하고 호일을 초청하여 라디오 방송에서 다섯 번 강의를 하도록 했다. 그의 강의는 토요일 밤 8시에 방송되었고 방송원고는 《청취자*Listener*》에 실렸다. 강의는 전체적으로 대단한 성공을 거두었고 호일은 명성을 얻었다.

그 라디오 방송은 역사적인 마지막 강의 때문에 아직도 기억되고 있다. '빅뱅'이라는 단어는 이 책의 앞부분에서도 사용되기는 했지만 실제로 쓰이기 시작한 시기는 다르다. 왜냐하면 이 말은 호일의 라디오 방송에서 유래했기 때문이다. 호일이 이 유명한 이름을 붙여주기 전까지는 이 이론은 일반적으로 **역동적으로 진화하는 모델**이라고 알려져 있었다.

빅뱅이라는 말은 호일이 우주론에 두 가지 경쟁적인 이론이 있다는 것을 설명하는 가운데 나왔다. 그 자신의 정상우주 모델과 창조의 순간이 있는 우주 모델이 그것이었다.

> 그중 하나는 우주가 유한한 시간 전에 하나의 커다란 폭발과 함께 시작되었다고 가정하고 있습니다. 이 가설에 의하면 오늘날의 팽창은 이 격렬한 폭발의 유물이라고 합니다. 나는 이 '빅뱅' 아이디어가 탐탁지 않습니다. …… 과학적인 근거를 놓고 볼 때 이 빅뱅 가설은 두 이론 중에 훨씬 가능성이 적은 쪽입니다. …… 철학적인 근거로 볼 때도 마찬가지입니다. 나는 빅뱅 가설을 선호해야 할 아무런 이유도 발견할 수 없습니다.

호일은 경멸스러운 어조로 '빅뱅'이라는 단어를 사용했다. 그는 이 단어를 경쟁적인 이론을 비웃으려고 선택한 듯했다. 그렇지만 빅뱅 이론의 지지자들이든 비판자들이든 모두 점차 이 단어를 사용하기 시작했다. 빅뱅 이론의 가장 강력한 비판자가 우연히 이름을 붙여주게 된 것이다.

4장_우주의 외톨이 요약 노트

① 르메트르는 팽창하는 우주에 대한 허블의 관측을 빅뱅 모델이 옳다는 (창조와 진화) 증거라고 생각했다.

② 아인슈타인은 생각을 바꿔 빅뱅 모델을 지지했다.

⇨ 그러나 대부분의 과학자들은 전통적인 영원하고 정적인 우주 모델을 믿었다.

⇨ 그들은 우주의 나이가 별의 나이보다 작다는 것을 들어 빅뱅 모델을 비판했다.

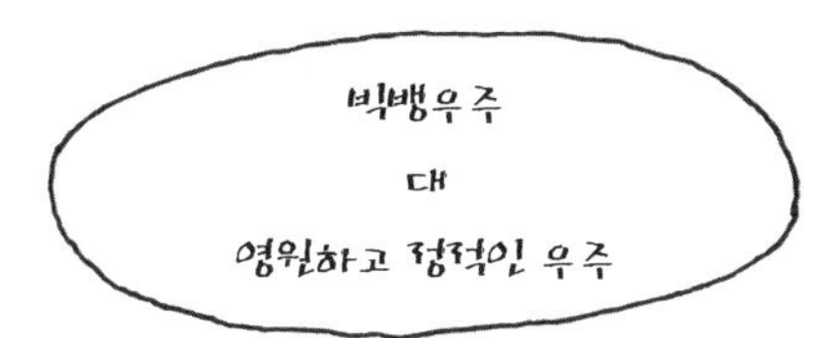

빅뱅의 지지자들은 자신들이 옳다는 증거를 찾아내야 했다
아니면 영원하고 정적인 우주가 주류가 될 것이다.

원자물리학이 중요한 시험장이 되었다 : 빅뱅 모델은 가벼운 원소(수소와 헬륨)가 무거운 원소(철, 금)보다 더 많은 것을 설명할 수 있는가?

③ 러더퍼드가 원자구조를 알아냈다.
중심의 원자핵은 양성자와 중성자를 가지고 있고 그 주위를 전자가 돌고 있다

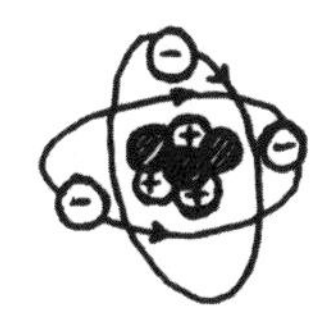

핵융합 : 작은 두 원자핵이 큰 원자핵을 만들면서 에너지를 방출한다.
이것이 태양이 빛나는 방법이다!

④ 1940년대 가모브, 앨퍼 그리고 허먼이 초기 우주는 밀도가 높은 양성자, 중성자, 전자의 수프라고 가정했다. 그들은 빅뱅의 열기 속에서 더 큰 원자들을 만들 수 있기를 바랐다.

성공 : 빅뱅은 현재 우주가 가지고 있는 90%의 수소와 10%의 헬륨 비율을 설명할 수 있었다.

실패 : 빅뱅은 무거운 원소의 형성을 설명하지 못했다.

⑤ 가모브, 앨퍼 그리고 허먼은 빅뱅 후 30만 년에 있었던 빛인 우주배경복사가 아직에 떠돌고 있으며 검출 가능할 것이라고 예측했다.

따라서 우주배경복사를 측정하면 빅뱅을 증명할 수 있을 것이다.
아무도 우주배경복사를 찾으려고 하지 않았다.

⑥ 1940년대 호일, 골드 그리고 본디는 정상우주 모델을 제시했다.
우주는 팽창하고 있지만 팽창하는 은하 사이의 공간에서
물질이 만들어져 새로운 은하를 형성하고 있다고 주장했다.

그들은 우주는 진화하지만 전체적인 모습은 변하지 않고 영원히 계속된다고 했다.
그들의 주장은 허블의 적색편이를 설명할 수 있었고 전통적인 영원하고 정적인 우주 모델을 수용하고 있었다.

이제 우주론에 관한 토론은 이 두 모델에 집중되었다.

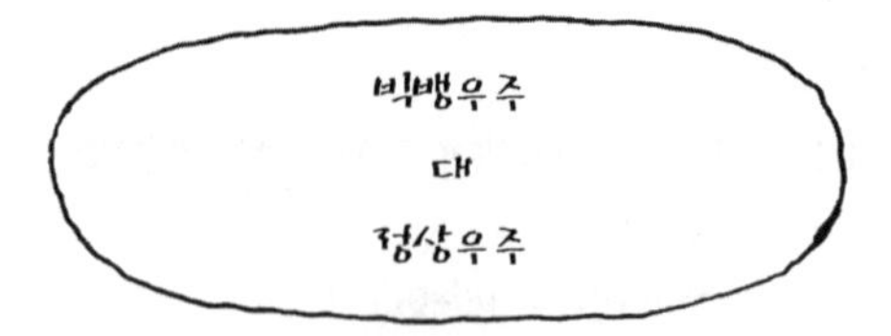

우주학자들은 두 그룹으로 나뉘었다.

| 5 장 |

패러다임의 전환

전신電信은 매우 긴 고양이와 같다. 뉴욕에서 꼬리를 잡아당기면 로스앤젤레스에서 머리가 움직인다. 이해되는가? 전파는 아주 똑같은 방법으로 작동된다. 이곳에서 신호를 보내면 저쪽에서 그것을 받는다. 단 하나의 차이는 고양이가 없다는 것뿐이다.

— 앨버트 아인슈타인**ALBERT EINSTEIN**

과학에서 새로운 발견을 알리는 가장 자극적인 말은 'Eureka(찾았다)'가 아니라 '재미있다' 이다.

— 아이작 아시모프**ISAAC ASIMOV**

일반적으로 우리는 다음과 같은 과정을 통해 새로운 법칙을 찾는다. 우선 추측한다. 웃지 말기 바란다. 이것이 가장 중요한 과정이다. 다음에 계산을 통해 결과를 얻는다. 결과를 실험과 비교한다. 만일 결과가 실험과 일치하지 않으면 추측은 틀린 것이다. 이 간단한 말이 과학의 핵심이다. 당신의 추측이 얼마나 아름답든 당신이 얼마나 똑똑하든 그리고 당신의 이름이 얼마나 위대하든 전혀 상관없다. 실험과 일치하지 않으면 틀린 것이다. 그것이 과학의 전부이다.

— 리처드 파인먼**RICHARD FEYNMAN**

BIG BANG

The Origin of the Universe

두 개의 뛰어난 이론이 우주를 지배하기 위해 다투고 있었다. 한편에는 일반상대성이론으로부터 프리드만과 르메트르가 발전시킨 빅뱅 모델이 있었다. 그에 따르면 우주에는 창조의 순간이 있었고 그 후에 팽창하는 과정이 있었다. 허블은 우주가 팽창하고 있다는 것과 은하가 멀어지고 있다는 것을 측정을 통해 확인했다. 또한 가모브와 앨퍼는 빅뱅 이론으로 우주에 존재하는 수소와 헬륨의 양을 설명할 수 있었다. 다른 편에는 호일, 골드 그리고 본디가 제시한 정상우주 모델이 있었다. 그 모델은 우주는 영원하다는 전통적인 견해를 받아들이고 우주의 팽창과 지속적인 창조를 덧붙인 것이었다. 그렇게 해서 정상우주 모델도 허블이 발견한 은하의 후퇴에 의한 적색편이를 비롯한 모든 천문학적 관측 사실을 설명할 수 있게 되었다.

두 이론 사이의 과학적 토론은 대개 대학의 커피숍이나 과학자들이 모인 학회에서 이루어졌다. 그러나 우주가 창조되었는가 아니면 영원한가 하는 문제 — 우주론의 궁극적인 문제 — 에 이르면 토론은 대중의 전투장으로 옮겨졌다. 대중은 우주론에 대한 입문서와, 호일, 가모브 그리고 여러 우주학자들의 방송으로 고무되어 있었다.

가톨릭교회가 우주론의 토론에 견해를 밝히고 싶어 한 것도 그리 놀랄 일은 아니다. 진화론이 교회의 가르침에 어긋나지 않는다고 선언한 교황 비오 12세는 1951년 11월 22일 '현대 자연과학에 의한 신의 존재 증명'이라는 제목의 연설을 하기 위해 교황청 과학아카데미에 나타났다. 교황은 빅뱅 모델을 창세기의 과학적 설명이자 신의 존재를 증명하는 것으로 생각하여 강력하게 지지했다.

모든 것은 물질적 우주가 적당한 시기에 시작되었다는 것을 나타내고 있습니다. 엄청난 에너지의 축적에서 출발한 우주의 시작은 처음에는 빠르게 그리고 다음에는 느린 속도로 현재의 상태로 진화해 왔습니다. …… 실제로 오늘날의 과학은 수백만 세기를 뒤로 돌아가 창조의 순간에 행해진 최초의 말씀을 증명하는 데 성공했습니다. 아무것도 없었던 빛과 복사선의 바다에서 물질이 만들어지고 화학원소들은 분리되어 수백만 개의 은하를 형성했습니다. …… 따라서 창조자는 존재합니다. 신은 존재합니다! 아직 확실하거나 완전한 것은 아니지만 이것이 우리가 과학으로부터 듣고 싶어 했던 대답이었습니다. 현대 인류가 과학으로부터 듣고 싶어 했던 바로 그것입니다.

허블과 그의 관측을 구체적으로 언급한 교황의 연설은 신문 머리기사를 장식했다. 허블의 친구였던 엘머 데이비스는 이 연설을 읽고 편지를 보내 허블을 놀렸다. "나는 당신이 새롭고 더 높은 명성을 얻는 것을 봐왔습니다. 그러나 오늘 아침 신문을 읽기 전까지는 교황이 신의 존재를 증명하기 위해 당신에게 의지하리라고는 생각지 못했습니다. 이것은 당신이 언젠가 성인의 반열에 들 자격이 있다는 것을 뜻하는 게 아니겠습니까?"

무신론자였던 가모브는 놀랍게도 자신의 연구 분야에 대한 교황의 관심을 환영했다. 그는 교황의 연설 후에 비오 12세에게 편지와 함께 우주론에 대한 대중적인 기사와 자신이 쓴 책인 《우주의 창조 *The Creation of the Universe*》를 보냈다. 그는 심지어 1952년 《물리학 리뷰》에 실린 연구 논문에 장난삼아 교황의 연설을 인용하기도 했다. 그는 이것이 과학과 종교가 섞이는 것을 피하고 싶어 하는 동료들을 화나게 할 것이라는 사실을 잘 알고 있었다.

과학자들 대부분은 빅뱅 모델의 진실성을 밝히는 일은 교황과는 아무 관계없는 일이며 교황의 지지는 진지한 과학적 토론에서 인용되면 안 된다고 생각했다. 실제로 교황의 지지 발표 후 오래지 않아 빅뱅 지지자들을 당황스럽게 하는 반격이 시작되었다. 경쟁 이론인 정상우주론 지지자들이 교황의 연설을 빅뱅 모델을 모욕하는 데 이용하기 시작한 것이다. 예를 들면 영국 물리학자 윌리엄슨 보너Williamson Bonner는 빅뱅 이론은 기독교를 선전하려는 음모라고 주장했다. "물론 숨겨져 있는 동기는 신을 창조자로 불러오는 것이다. 이것은 17세기의 과학이 이성적인 사람들의 마음에서 신앙을 몰아내기 시작한 이래 기독교 신학이 기다려 온 기회였다."

프레드 호일 역시 빅뱅 이론은 기독교적 기반 위에 만들어진 이론이라고 신랄한 비판을 퍼부었다. 정상우주론자인 토머스 골드도 동조했다. 교황 비오 12세가 빅뱅 이론을 지지했다는 소식을 들었을 때 골드의 반응은 짧았지만 정곡을 찌르는 것이었다. "교황은 정지해 있는 지구도 지지했었다."

과학자들은 1633년에 교황 우르바누스 8세가 갈릴레이에게 지동설을 철회하도록 강요한 이래 과학에 영향을 주려는 바티칸의 시도를 우려해 왔다. 영국의 노벨상 수상자 조지 톰슨이 지적한 것처럼 그런 우려는 때때로 편집증적인 수준이었다. "성경이 오래전에 창조에 대해 언급하여 그것을 고리타분한 것으로 만들어 버리지 않았다면 이마 모든 물리학자들은 창조를 믿었을 것이다."

우주론에서의 종교의 역할에 대해서는 빅뱅 모델의 공동 창시자이며 교황청 과학아카데미 회원이었던 몬시뇰 르메트르의 견해가 가장 중요할 것이다. 과학적인 노력은 종교 영역과 분리되어야 한다는 것이 그의 확실한 신념이었다. 빅뱅 이론에 관해서는 특히 "내가 보기에 그러한 이론은 형이상학이나 종교의 문제가 아니다"라고 말했다. 르메트르는 항상 과학은 물질세계를 잘 이해하게 해주고 신학은 정신세계를 잘 이해할 수 있도록 해준다는 믿음을 가지고 자신의 우주론과 신학이 병립할 수 있도록 균형을 잡아 왔다. "진리를 찾아내기 위해서는 다양한 영역에 대한 연구와 함께 영혼에 대한 연구도 필요하다." 그가 과학과 종교를 연결시키려는 교황의 시도를 좋아하지 않은 것은 당연한 일이었다. 교황의 연설을 듣고 대학으로 돌아온 르메트르를 본 한 학생은 "그가 교실로 뛰어 들어와 …… 평소의 유머는 전혀 찾을 수 없었다"라고 회상했다.

르메트르는 교황이 우주론에 대해 언급하는 것을 막아야겠다고 생각했다. 빅뱅 지지자들이 겪는 당황스러운 상황을 해소하고 교회가 겪을지도 모르는 어려움을 예방하기 위해서였다. 만일 교황이 — 빅뱅 이론에 매료되어 — 과학적인 방법을 지지하고 그것을 교회를 위해 이용하려고 한다면, 과학을 통해 성경의 가르침에 반하는 새로운 사실이 발견됐을 때는 더 큰 어려움을 겪게 될 것이다. 르메트르는 바티칸 천문대 대장이며 교황의 과학 고문이었던 다니엘 오코넬과 접촉하여 교황이 우주론에 대해 언급하지 말도록 설득하자고 제안했다. 그 후 빅뱅은 더 이상 교황의 연설 주제가 되지 않았다.

서방세계의 우주학자들이 종교적 영향에서 벗어나기 시작할 즈음에 동유럽 과학자들은 과학적 토론에 영향을 행사하려 하는 또 다른 비과학적 시도에 시달려야 했다. 소련에서는 그 영향이 종교적인 것이 아니라 정치적인 것이었다. 또한 빅뱅에 우호적인 것이 아니라 반대하는 것이었다. 소련 이론가들은 마르크스-레닌의 사상을 반영하지 못하고 있다는 이유로 빅뱅 이론에 적대적이었다. 특히 창조의 순간이 들어 있는 어떤 모델도 받아들일 수 없었다. 창조라는 말을 창조자와 동의어로 보았기 때문이다. 빅뱅 이론의 기초를 마련한 사람은 상트페테르부르크의 알렉산더 프리드만이었지만 그들은 빅뱅 이론을 서방세계의 이론으로 간주했다.

1930년대와 1940년대 반(反)스탈린주의자를 숙청했던 안드레이 즈다노프는 빅뱅에 대한 소련의 시각을 다음과 같이 정리했다. “과학의 배신자들은 세상이 아무것도 없는 곳에서 시작되었다는 동화를 되살려 내려 하고 있다.” 그는 ‘르메트르의 첩자’라고 불린 사람들을 찾아내어 처형했다. 천체물리학자 니콜라이 코지레프도 그 대상자였다. 그는 1937년에 노동수용소에 갇혔다가 빅뱅 모델을 계속 신봉한다는 죄목으로 사형선고를 받았다. 다행히도 그 사형선고는 10년형으로 감형되었다. 동료들의 탄원으로 코지레프는 마침내 석방되어 다시 풀코포 천문대에서 일할 수 있었다.

빅뱅 이론의 지지자였던 브세볼로드 프레데릭스와 마트베이 브론스타인은 가장 혹독한 처벌을 받았다. 프레데릭스는 여러 수용소에 감금되어 6년간 중노동에 시달리다 죽었다. 브론스타인은 간첩이라는 죄목으로 체포되어 총살당했다. 소련은 이런 과학자들을 본보기로 처벌하여 진지한 우주학 연구에 재갈을 물렸고 그것은 공산주의가 지배하는 동안 계속 영향을 미쳤다. 소련의 천문학자 V.E. 로프는 빅뱅 모델이 “현대 천문학 이론을 좀먹는 암과 같은 존재로 유물론적 과학의 가장 주요한 이념적 적”이라며 당의 노선을 지켰다. 그리고 로프의 동료였던 보리스 보론초프 벨리아미노프는 서방으로 탈출한 가모브를 “미국화된 배신자”라고 불렀다. 그는 가모브가 “단지 인기를 위해서 그의 이론을 만들어 냈다”라고 주장했다.

빅뱅 이론이 부르주아의 과학이라고 매도되었지만 정상우주론도 공산주의 사상체계 안에서는 그다지 환영받지 못했다. 좀 더 점진적이고 지속적인 것이기는 했지만 정상우주론도 창조를 포함하고 있었기 때문이다. 1958년 프레드 호일은 모스크바에서 열린 국제천문학회에 참석한 뒤 소련 과학계를 지배하는 정치적 기류에 대해 기록했다. “처음으로 소련을 방문했을 때 나는 놀라지 않을 수 없었다. 소련 과학자들은 만일 내가 다른 형식의 용어를 사용했더라면 소련에서 더 잘 받아들여졌을 것이라고 진지하게 말했다. 기원이라는 단어나 물질의 형성이라는 말은 허용되지만 창조라는 단어는 소련에서 사용할 수 없다는 것이었다."

정치가나 종교인 모두가 우주론을 자신들의 믿음을 선전하기 위해 사용하는 것이 호일에게는 어리석게 보였다. 1956년에 그는 이렇게 썼다. "가톨릭이나 공산주의자들은 신조 때문에 논쟁을 벌이고 있다. 이런 논쟁은 사실과 일치하는지에 따라 판단되는 게 아니라 자신들이 '옳은' 가설을 가지고 있기 때문에 '옳다'고 결론지어진다. 실제로 어떤 사실이 자신들의 신조와 일치하지 않으면 그 사실은 매우 위협받게 된다."

교황의 관점이나 크렘린의 태도는 차치하더라도 우주학자들은 빅뱅 이론과 정상우주론 중에서 어떤 것을 선호하고 있었을까? 1950년대에는 과학계가 나뉘어 있었다. 1959년에 《과학 뉴스레터》가 33명의 저명한 천문학자에게 우주론에 대한 입장을 밝혀 달라는 설문조사를 했다. 11명의 전문가는 빅뱅 모델을 선택했고 8명은 정상우주 모델을 선택했으며, 나머지 14명은 결정하지 못했거나 두 이론 모두 틀리다고 대답한 것으로 나타났다. 두 모델은 실제 우주를 나타내는 데 어느 정도 성공적이었지만 과학자들 다수의 지지를 받지는 못하고 있었다.

의견이 일치하지 않은 이유는 두 모델을 뒷받침하거나 반대하는 증거들이 결정적이지 못했고 모순적이었기 때문이다. 천문학자들의 관측에도 기술과 지식의 한계가 있다. 따라서 이런 관측으로 얻어진 '사실'은 매우 조심스럽게 다루어야 한다. 예를 들면 은하의 후퇴 속도에 대한 각각의 측정은 사실이라고 부를 수 있는 것이다. 그러나 때로는 이런 사실마저 비판의 대상이 되었다.

여러 단계의 이론이나 관측과 관계된 문제들 때문이었다. 첫째, 후퇴 속도의 측정은 은하의 희미한 빛을 검출하는 것에 달려 있다. 그리고 은하에서 오는 빛이 우주 공간과 지구의 대기를 통과하는 동안 어떤 영향을 받는지 아니면 영향을 받지 않는지 가정해야 한다. 두 번째로는 빛의 파장이 측정되어야 하고 그 빛을 낸 은하의 원소를 밝혀내야 한다. 세 번째로는 스펙트럼의 편이를 알아내고 이 편이를 우주의 도플러효과와 연관하여 후퇴 속도를 결정해야 한다. 마지막으로 천문학자들은 망원경, 분광기, 사진 건판 그리고 현상 과정 등 모든 장비와 측정 과정에서 생긴 오차를 감안해야 한다. 이들 사이에는 매우 복잡한 연관관계가 있다. 따라서 천문학자들은 모든 단계마다 완벽을 기하기 위해 최선을 다해야 한다. 실제로 은하의 후퇴 속도 측정은 우주학에서 가장 확실한 사실이다. 다른 문제에 대해서는 논리 전개가 더욱 복잡했고 따라서 더 많은 비판이 나왔다.

빅뱅이나 정상우주론에 대한 결정적인 증거가 없는 가운데 많은 과학자들은 본능적인 직감, 그리고 그 이론을 제시한 학자들의 인격을 보고 그중 하나를 선택했다. 20세기의 훌륭한 우주학자이고 스티븐 호킹Steven Hawking, 로저 펜로즈Roger Penrose, 마틴 리스Martin Rees를 지도하여 영감을 준 데니스 시아마Dennis Sciama가 그런 경우이다. 시아마는 "나와 같은 젊은 사람들에게는 놀라운 영향력"이라고 표현한 호일과 골드 그리고 본디의 영향을 받았다.

시아마는 그들의 이론에서 여러 가지 철학적인 면을 이끌어 냈다. "정상우주 이론은 우주의 모든 성질은 스스로 전파된다는 조건을 통해 물리학의 법칙들이 우주의 구성물을 결정할 수 있다는 흥미로운 가능성을 제시했다. …… 자체 전파의 조건은 새로운 강력한 원리이다. 이 원리의 도움으로 우리는 왜 물질이 현재와 같은 상태인가 하는 질문에 거기 있었으므로 있었다고 단순하게 대답하는 대신 다른 대답을 할 수 있는 가능성을 가지게 되었다."

그는 나중에 빅뱅 모델보다 정상우주 모델이 마음에 드는 또 다른 이유를 찾았다. "이것은 어디엔가 생명이 계속될 수 있는 유일한 모델이다. …… 은하가 나이를 먹고 죽어가더라도 우주에는 생명체가 발전될 수 있는 항상 새롭고 젊은 은하가 존재한다. 따라서 횃불은 계속 이어질 것이다. 나는 이것이 가장 중요한 점이라고 생각한다."

시아마가 정상우주론을 선택한 주관적인 이유는 우주론의 불확실성과 혼동을 상징적으로 나타낸다. 20세기 초에 우주학은 영원하고 변화가 없는 정적인 우주로 잘 정리되어 있는 조용한 분야였다. 그러나 1920년대의 관측과 새로운 이론은 그러한 상태가 분명히 만족스럽지 못하다는 것을 보여주었다. 불행하게도 그 후 나타난 두 우주론은 전적으로 확실한 것이 아니었다. 정상우주론은 이전부터 있었던 영원하고 정적인 우주를 수정한 것이었다. 그러나 그것을 증명하거나 부정할 관측 사실이 없었다. 빅뱅우주론은 우주에 대한 좀 더 과격하고 파괴적인 생각으로, 어떤 증거는 이 이론에 긍정적이었고 어떤 증거는 부정적이었다. 간단하게 말해 우주론은 뒤뚱거리고 있었다. 좀 더 기술적으로 말하면 우주론은 **패러다임 전환**의 한가운데 있었다.

과학의 역사에 대한 전통적인 시각에서 보면 과학적 이해는 작은 변화를 통해 점진적으로 발전해 간다. 잘 정립된 이론은 오랜 시간에 걸쳐 정교하게 다듬어지고 새로운 이론은 오래된 이론으로부터 나온다는 것이다. 즉, 과학 이론이 다윈적 진화와 자연선택에 의해 발전해 간다는 생각이다. 이론에 변이가 일어나고 관측 결과와 가장 잘 맞는 이론만 살아남는다는 의미에서 자연선택의 과정을 거친다.

그러나 과학철학자 토머스 쿤Thomas Khun은 이것은 단지 전체의 부분만을 나타내는 것이라고 생각했다. 1962년에 쓴 《과학혁명의 구조 *The Structure of Scientific Revolutions*》에서 그는 "일련의 평화로운 과학의 발전 기간은 격렬한 지식의 혁명으로 끝난다"라고 설명했다. 평화로운 발전 기간은 이미 설명한 것처럼 이론이 점차적으로 진화하는 기간이다. 그러나 가끔씩 패러다임의 전환이라고 부르는 중요한 사고의 변화가 나타난다.

예를 들면 천문학자들은 수세기 동안 지구중심 우주 모델을 패러다임으로 삼고 주전원과 이심원을 더해 가면서 태양과 행성 그리고 별들의 관측값과 일치하도록 발전시켰다. 점차 행성의 궤도를 예측하는 데 많은 문제가 나타났다. 그러나 인간의 일반적인 보수적 경향과 현존하는 패러다임에 대한 존중을 이유로 많은 과학자들은 그것을 무시했다. 마침내 문제가 쌓여 더 이상 참을 수 없는 수준에 도달하자 코페르니쿠스, 케플러, 갈릴레이 같은 반항아가 나타나 새로운 태양중심 패러다임을 제시했다. 몇 세대 동안에 전체 천문학자들은 낡은 패러다임을 버리고 새로운 것으로 바꿨다. 따라서 새로운 과학의 안정된 시대가 시작되었다. 새로운 기반과 새로운 패러다임 위에 새로운 연구 프로그램이 수립되었다. 지구중심 모델은 태양중심 모델로 진화한 것이 아니라 대체된 것이다.

호박떡 원자 모형에서 러더퍼드의 원자핵 원자 모형으로 바뀐 것은 패러다임 전환의 또 다른 예이다. 에테르로 가득한 우주에서 에테르가 없는 우주로 바뀐 것 역시 그렇다. 모든 경우에 하나의 패러다임에서 다른 패러다임으로의 전환은 새로운 패러다임이 구체적으로 형성되고 낡은 패러다임이 전적으로 틀렸다는 것이 밝혀진 후에 일어난다. 변화의 속도는 새로운 패러다임을 증명하는 증거의 확실성, 변화를 거부하는 낡은 패러다임의 저항 정도와 같은 여러 가지 요소에 따라 달라진다. 오래된 패러다임에 많은 시간과 노력을 투자

한 나이 많은 과학자들은 일반적으로 마지막에 변화를 받아들이는 반면 젊은 과학자들은 좀 더 모험적이고 개방적이다. 따라서 패러다임의 전환은 나이 많은 세대의 과학자들이 은퇴하고 젊은 세대가 주류가 된 후에 일어난다. 낡은 패러다임이 지배하던 오랜 시간에 비해 패러다임이 변하는 기간은 상대적으로 짧다.

우주론에서의 상황은 약간 비정상적이었다. 정적이고 영원한 우주라는 낡은 패러다임은 이미 부정되었다 — 은하는 분명히 정적이지 않았으므로. 그러나 새로운 패러다임인 빅뱅 이론과 정상우주론이 다투고 있었다. 우주학자들은 논란의 여지가 없는 증거가 나타나 두 이론 중 하나가 옳다는 것을 증명하여 이 불확실하고 대립적인 시기가 끝나기를 바라고 있었다.

우리가 빅뱅의 여파 속에 살고 있는지 아니면 정상우주의 중간에 살고 있는지 밝히기 위해서 천문학자들은 두 우주 모델을 비교할 수 있는 몇 가지 결정적인 기준에 초점을 맞춰야 했다. 그 기준을 표 4에 정리해 놓았다. 이 표에는 1950년에 알 수 있었던 자료를 바탕으로 각각의 기준에서 어떤 모델이 더 성공적인지를 간단히 평가해 놓았다.

이 표에 두 모델을 비교하는 모든 기준이 들어 있지는 않지만 여러 가지 원소의 양을 설명할 수 있는지와 같은 중요한 기준은 모두 들어 있다. 이 표의 두 번째 기준에 의하면 빅뱅 모델은 우주의 수소와 헬륨의 양을 정확하게 설명할 수 있지만 무거운 원소에 대해서는 설명할 수 없다. 빅뱅 모델은 이 기준을 부분적으로만 만족시키기 때문에 물음표를 받았다. 정상우주 모델 역시 이 기준에서 물음표를 받았다. 왜냐하면 후퇴하는 은하 사이에서 만들어진 물질이 어떻게 현재 관측되는 원자의 양을 가지게 되었는지 명확하지 않기 때문이었다.

두 모델은 여러 가지 원소의 형성과 존재량뿐만 아니라 표의 세 번째 기준인 어떻게 원자들이 모여 별과 은하를 형성하게 되었는지도 설명할 수 있어야 한다. 앞장에서는 자세히 다루지 않았지만 그것은 빅뱅 모델에 가장 큰 문제를 불러일으켰다. 빅뱅우주는 창조의 순간 이후에 빠르게 팽창하고 있다. 그것은 형성되는 과정에 있는 아기 우주를 찢어 놓을 것이다. 그리고 빅뱅우주는 유한한 역사를 가지고 있기 때문에 은하는 10억 년 정도라는 상대적으로 짧은 시간 안에 진화할 수밖에 없었을 것이다. 다시 말해 아무도 빅뱅 모델을 이용하여 은하의 형성을 설명할 수 없었다. 정상우주 이론은 이 문제에서 훨씬 더 유리했다. 영원한 우주에서는 은하가 진화할 수 있는 시간이 더 많기 때문이었다.

두 모델이 구체적으로 성공했거나 실패한 항목은 체크 표시나 엑스 표, 물음표로 나타냈는데 모든 조건을 완전히 충족시키는 모델은 없다. 따라서 빅뱅 모델은 우주의 어떤 성질을 설명할 수 있고 정상우주 모델은 다른 성질을 설명할 수 있다는 것을 받아들여 두 이론의 차이를 인정할 수도 있을 것이다. 그러나 우주론은 경쟁하는 두 이론이 영광을 함께 나눌 수 있는 스포츠가 아니다. 빅뱅 모델과 정상우주 모델은 기초적인 수준에서 서로 모순적이었고 따라서 호환 가능한 것이 아니었다. 한 모델은 우주가 영원하다고 주장했고 다른 모델은 우주가 창조되었다고 주장했다. 두 모델이 모두 옳을 수는 없다. 하나가 옳다고 가정하면 그 모델은 경쟁 모델을 깨뜨려 버려야 한다.

표 4

이 표는 빅뱅 모델과 정상우주 모델을 판단할 수 있는 여러 가지 기준을 보여주고 있다. 이 표는 1950년에 가능했던 자료에 기초해 어떤 모델이 유리했었는지를 보여준다. ✓표시와 ✗ 표시는 두 모델이 각 기준을 얻

기준	빅뱅 모델	성공
1. 적색편이와 팽창하는 우주	밀도가 높은 상태에서 시작하여 팽창되는 우주에서 기대되는 현상	✓
2. 원소의 양	가모브와 그의 동료들이 빅뱅 모델을 이용하여 수소와 헬륨의 양을 예측했지만 무거운 원소를 설명하는 데는 실패했다.	?
3. 은하의 형성	빅뱅으로 인한 팽창은 아기 은하를 찢어 놓아 자랄 수 없게 할 것이다. 은하의 진화는 설명될 수 없었다.	✗
4. 은하의 분포	초기 우주에만 아기 우주가 있었고 따라서 현재는 초기 우주를 볼 수 있는 먼 곳에서만 발견되어야 한다.	?
5. 우주배경복사 (CMB)	빅뱅의 메아리는 충분히 민감한 검출장치만 있으면 검출될 것이다.	?
6. 우주의 나이	우주의 나이가 우주에 있는 별들의 나이보다 적어 보인다.	✗
7. 창조	매우 복잡하다 — 주전원, 이심원, 대심, 이심.	?

마나 잘 만족시켰는가를 나타내고 물음표는 자료의 부족이나 동의와 반대가 교차되었다는 것을 뜻한다. 기준 4와 5의 물음표는 관측 자료의 부족 때문이다.

기준	정상우주 모델	성공
1. 적색편이와 팽창하는 우주	팽창하고 그 사이에 물질이 만들어지는 우주에서 기대되는 현상이다.	✓
2. 원소의 양	물질은 은하 사이의 공간에서 만들어진다. 따라서 이 물질은 우리가 관측하고 있는 원소로 바뀌어야 한다.	?
3. 은하의 형성	이 모델에는 시간이 충분하고 초기의 격렬한 팽창이 없었다. 따라서 은하가 새로 형성되어 죽어가는 은하를 대체할 수 있다.	✓
4. 은하의 분포	젊은 은하들이 균일하게 분포해야 한다. 왜냐하면 은하는 어디에서나 그리고 언제나 은하 사이 공간에서 태어날 수 있기 때문이다.	?
5. 우주배경복사(CMB)	빅뱅이 없었으므로 빅뱅의 메아리도 없다. 그것이 우리가 그것을 검출할 수 없는 이유이다.	?
6. 우주의 나이	우주는 영원하고 따라서 별들의 나이는 문제가 되지 않는다.	✓
7. 창조	우주에서 물질이 계속적으로 창조되는 원인을 설명할 수 없다.	?

시간 척도의 문제

빅뱅 지지자들에게 가장 어려운 문제는 표 4의 여섯 번째 기준인 우주의 나이였다. 엑스 표는 빅뱅 모델의 불합리함을 강조하고 있다. 빅뱅 모델 우주가 그 속에 있는 별보다 젊다는 것을 암시하고 있다. 이것은 어머니가 딸보다 젊다고 하는 것만큼 어리석은 일이다. 별은 은하보다 정말 더 나이가 많을 수 없는 것일까? 3장에서 허블이 은하까지의 거리와 속도를 어떻게 측정했는지 설명했다. 빅뱅 우주학자들은 거리를 속도로 나누어 약 18억 년 전에 우주의 모든 물질이 한 점에서 창조되었다고 추론했다. 그러나 방사성 원소를 이용한 암석의 연대 측정에 의하면 지구의 나이는 적어도 30억 년이나 되었다. 별들의 나이는 그보다 많다고 보는 것이 논리적이다.

빅뱅 모델을 지지한 아인슈타인마저 누군가가 극적인 해결책을 발견하지 못하면 이 문제가 빅뱅 모델을 망칠지도 모른다고 인정했다. "우주의 나이는 …… 방사성 원소로 측정한 지각의 나이보다 많아야 한다. 방사성 원소를 이용한 측정이 모든 면에서 믿을 수 있기 때문에 그러한 결과에 반하는 것이 발견되지 않는다면 (빅뱅 모델은) 부정될 것이다. 이 경우에 나는 해결책이 무엇인지 알 수 없다."

이런 나이의 차이를 **시간 척도의 문제**라고 한다. 그러나 이 말의 의미가 빅뱅 모델의 커다란 어려움을 제대로 반영하고 있다고는 할 수 없다. 이 나이의 역설을 해결할 수 있는 한 방법은 은하까지의 거리나 은하의 속도에 대한 이전의 측정에 오류가 있었음을 찾아내는 것이다. 예를 들면 은하까지의 거리가 허블이 측정한 것보다 크다면 은하가 현재의 거리까지 도달하는 데 더 오랜 시간이 걸렸을 것이고 그것은 우주의 나이가 더 많다는 것을 의미한다. 아니면 은하의 후퇴 속도가 허블이 예측한 것보다 느린 경우에도 은하들이 현재의 위치까지 도달하는 데는 더 많은 시간이 걸렸을 것이고 따라서 은하의 나이는 많아진다. 그러나 허블은 정확하고 성실하기로 유명한, 세계에서 가장 존경받는 관측천문학자였다. 따라서 아무도 그의 관측을 크게 의심하지 않았다. 게다가 그의 측정은 다른 사람들에게서도 확인된 것이었다.

미국이 2차대전에 참전하자 관측천문학과 주요 천문대의 활동이 정지되었다. 빅뱅과 정상우주론 사이의 문제를 해결하려는 모든 계획은 연기되었고 천문학자들은 각자 조국에 봉사하게 되었다. 심지어는 50대였던 허블마저도 윌슨 산을 떠나 메릴랜드 주에 있던 애버딘 유도탄 시험장의 책임자가 되었는데, 워싱턴 밖에서 민간인으로서는 가장 높은 지위였다.

유일하게 윌슨 산에 남은 선임자는 독일 이민자로 1931년부터 천문대에서 일한 발터 바데Walter Baade였다. 그는 미국에서 10년 이상 일했지만 여전히 의심을 받고 있었기 때문에 군사 연구에 참여할 수 없었다. 바데로서는 매우 만족스러운 상황이었다. 100인치짜리 후커 망원경을 마음대로 사용할 수 있었기 때문이다. 게다가 전쟁 중 등화관제로 로스앤젤레스 근교의 불빛은 차단되어 1917년 망원경이 설치된 이래 가장 좋은 관측 환경이 제공되었다. 단 하나의 문제는 적국 시민이라는 신분 때문에 해가 질 때부터 떠오를 때까지 집 안에만 있어야 한다는 것이었다. 천문학자에게는 매우 불리한 조건이었다. 바데는 당국자에게 이미 미국 시민권을 신청했다는 것을 알렸고, 결국은 안보에 위험한 인물이 아니라는 것을 확신시킬 수 있었다. 여전히 군사 연구에 참여하는 것은 허락되지 않았지만 통행금지는 해제되었다. 바데는 이제 가장 이상적인 조건에서 세계 최고의 망원경을 마음대로 사용할 수 있게 되었다. 그는 가장 감도가 좋은 사진 건판을 만들었다. 따라서 가장 선명한 천체 사진을 찍을 수 있었다.

바데는 전쟁 동안 **거문고자리 RR형 변광성**이라는 특별한 형태의 별을 연구했다. 이 별은 케페이드형 변광성과 비슷했다. 하버드 천문대에서 헨리에타 리빗과 함께 일했던 윌리어미나 플레밍은 거문고자리 RR형 변광성도 케페이드형 변광성과 마찬가지로 거리를 재는 데 이용할 수 있다는 것을 보여주었다. 그때까지 이 방법은 우리 은하의 별까지의 거리를 측정하는 데만 사용되었다. 거문고자리 RR형 변광성은 케페이드형 변광성보다 어두웠기 때문이다. 그러나 이상적인 조건으로 관측할 수 있었던 바데는 우리 이웃 은하인 안드로메다은하에서 거문고자리 RR형 변광성을 찾아내려 했다. 거문고자리 RR형 변광성을 이용하여 안드로메다은하까지의 거리를 측정하여 케페이드형 변광성을 이용한 측정값과 비교하려고 한 것이다.

바데는 곧 안드로메다은하의 거문고자리 RR형 변광성은 100인치 후커 망원경으로 관측할 수 없다는 것을 알게 되었다. 따라서 이 100인치 장비로 우리 은하에 있는 이 별들의 기초 자료를 수집하며 전쟁이 끝나는 대로 완성될 예정인 200인치 망원경을 이용한 관측을 준비했다. 그는 새로운 거대한 망원경이 안드로메다의 거문고자리 RR형 변광성을 선명하게 관측할 수 있도록 해줄 것이라고 낙관하고 있었다.

조지 헤일의 가장 큰 천문학 프로젝트인 200인치 망원경은 윌슨 산에서 남동쪽으로 200킬로미터 떨어진 팔로마 산에 설치되었다. 헤일은 망원경의 제작이 시작된 2년 후인 1938년에 타계했다. 따라서 그는 전에 없는 우주의 장관을 볼 수 없었다. 이 장비가 마침내 완성되자 그의 이름을 따서 헤일 망원경이라고 부르게 되었다.

1948년 6월 3일 망원경 준공식에 로스앤젤레스의 사교계 인사들이 참석했다. 그들은 거대한 장비를 갖추고 있는 1천 톤이나 되는 회전하는 돔을 보고 놀랐다. 그 오목거울은 5천만분의 1밀리미터의 정밀도로 연마되어 있었다. 《바운티 호의 반란》의 주연배우 찰스 래프턴은 헤일 망원경이 감동적이냐는 질문을 받고 "감동적이냐구요? 난 깜짝 놀랐을 뿐입니다. 이걸로 뭘 한답니까? 화성과 전쟁이라도 하는 건가요?"라고 대답했다.

헤일 망원경이 완전히 기능을 발휘하게 되었을 때 윌슨 산과 팔로마 산에는 연구원들이 모두 돌아와 있었다. 그렇지만 바데가 우선적으로 안드로메다은하에서 거문고자리 RR형 변광성을 찾는 작업을 할 수 있었다. 전쟁 동안 100인치 망원경을 이용하여 열심히 관측한 덕분이었다. 그는 즉시 200인치 망원경을 안드로메다은하로 향했다. 그러고는 거문고자리 RR형 변광성일지도 모르는 희미하지만 밝기가 빠르게 변하는 별을 찾기 위해 훑어나갔다.

한 달 동안 끈질기게 탐색했지만 바데는 거문고자리 RR형 변광성의 아무런 징조도 발견하지 못했다. 그는 참을성이 있었다. 그러나 헤일 망원경의 성능이라면 관측했어야 할 그 별을 찾을 수 없었다. 그는 좌절했다. 안드로메다은하의 거문고자리 RR형 변광성을 볼 수 있는 조건은 단지 세 가지였다. 별의 밝기, 200인치 망원경의 성능, 은하까지의 거리. 그의 계산에 의하면 별은 분명히 보여야 했다. 그는 거문고자리 RR형 변광성을 관측하지 못한 이유를 알 수가 없어 별의 관측에 관계된 세 가지 요소를 다시 검토했다. 그는 전쟁 동안 거문고자리 RR형 변광성을 관측해 왔기 때문에 그 밝기에 대해서는 확신을 가지고 있었다. 망원경의 성능 역시 잘 파악하고 있다고 생각했다. 따라서 안드로메다은하까지의 거리가 모두 생각했던 것보다 멀 가능성이 있었다.

바데는 안드로메다은하까지의 거리가 잘못되었다는 것이 단 하나의 논리적이고 가능성 있는 해답이라고 생각했다. 동료들은 처음에 회의적이었다. 그러나 바데가 정확하게 왜 그리고 어떻게 안드로메다까지의 거리 측정이 잘못되었는지 지적하자 그가 옳다고 인정했다.

3장에서 설명한 것처럼 초기의 안드로메다은하까지의 거리는 은하간 거리를 재는 데 기초적인 척도가 된 케페이드형 변광성을 이용하여 측정되었다. 헨리에타 리빗은 케페이드형 변광성은 밝기 변화의 주기가 고유한 밝기를 나타내는 유용한 성질을 가지고 있다는 것을 밝혀냈다. 따라서 관측되는 밝기와 고유한 밝기를 비교하면 지구에서 그 별까지의 거리를 알 수 있었다. 허블은 처음으로 우리 은하 밖에서 케페이드형 변광성을 발견한 사람이었다. 그것을 이용하여 다른 은하, 즉 안드로메다은하까지의 거리를 측정한 것이다.

그러나 1940년대가 되자 대부분의 별은 두 가지 유형으로 구분할 수 있다는 것이 명확해졌다. 나이가 많은 별은 유형 II에 속하는 것이었다. 이 별이 소멸한 후에 그 부스러기는 새롭고 젊은 유형 I 별의 성분이 되었다. 유형 I에 속하는 별은 대개 유형 II에 속하는 별보다 온도가 높고, 더 밝았으며, 더 푸른빛을 냈다. 바데는 케페이드형 변광성도 두 가지 유형으로 나뉠 것이라고 가정했다. 그리고 이것이 안드로메다은하까지의 거리에서 나타난 모순의 원인이라고 했다.

안드로메다가 더 멀리 있다는 바데의 주장은 두 가지 간단한 사실에 기초하고 있었다. 첫 번째는, 유형 I에 속하는 케페이드형 변광성의 밝기는 같은 주기를 가진 유형 II에 속하는 케페이드형 변광성보다 더 밝다는 것이다. 두 번째는, 덜 밝은 우리 은하의 유형 II 케페이드형 변광성을 이용하여 케페이드 거리 척도를 만들었다는 것이다.

두 가지 유형의 케페이드형 변광성이 있다는 것을 몰랐던 허블은 우리 은하의 어두운 유형 II의 케페이드형 변광성과 안드로메다은하의 밝은 유형 I의 케페이드형 변광성을 비교했던 것이다. 그 결과 안드로메다은하까지의 거리를 실제보다 훨씬 가깝게 추정했던 것이다.

문제를 바로 잡기 위해 바데는 열심히 두 유형의 케페이드에 대해 자의 눈금을 다시 조정했다. 이런 방법으로 바데는 안드로메다의 케페이드형 변광성까지의 거리를 적절하게 추정하였고 따라서 안드로메다은하까지의 거리는 수정되었다. 그는 유형 I의 케페이드형 변광성은 같은 주기의 유형 II의 케페이드형 변광성보다 평균 4배나 더 밝다는 것을 알아냈다. 만일 별이 관측자에게서 2배 더 멀어진다면 밝기는 4분의 1이 될 것이다. 따라서 안드로메다은하까지의 거리는 2배로 늘어나 약 200만 광년이 되었다. 안드로메다은하에서 관측된 유형 I의 케페이드형 변광성의 밝기가 전통적으로 거리를 측정하는 데 이용된 유형 II의 케페이드형 변광성보다 평균 4배 밝다는 것이 밝혀졌기 때문이다. 수정된 거리에 의하면 안드로메다은하는 200만 광년이나 떨어져 있었으므로 거문고자리 RR형 변광성은 너무 희미해 관측할 수 없었던 것이다.

만일 바데의 연구가 단지 안드로메다까지의 거리를 재조정하는 것이었다면 그것은 천문학의 역사에서 작은 사건에 불과했을 것이다. 그러나 안드로메다까지의 거리는 다른 은하까지의 거리를 측정하는 데 사용되고 있었다. 따라서 그 거리가 2배가 된다는 것은 다른 모든 은하까지의 거리도 2배로 늘어난다는 것을 뜻했다.

그러나 은하의 후퇴 속도는 그대로 남아 있었다. 그 속도는 적색편이를 이용하여 계산했는데, 그것은 바데의 연구에 영향을 받지 않았기 때문이다. 이것은 빅뱅 모델에 긍정적인 충격을 주었다. 거리는 2배로 늘어났는데 속도는 그대로 남아 있다면 은하가 창조의 순간으로부터 현재의 위치까지 도달하는데 걸리는 시간이 2배로 늘어나는 것이기 때문이다. 다시 말해 빅뱅 모델에서의 우주의 나이가 36억년으로 늘어나는 것이다. 이 나이는 더 이상 지구의 나이와 마찰을 일으키지 않았다.

빅뱅의 비판자들은 별과 은하는 지구보다 나이가 많아야 한다고 주장했다. 따라서 별이나 은하의 나이는 적어도 36억 년 이상이 되어야 했다. 그것은 우주가 아직도 자신보다 나이가 많은 천체를 가지고 있을 수 있다는 것을 뜻했다. 따라서 비판자들은 소위 말하는 시간의 차이는 아직도 문제로 남아 있다고 주장했다. 그러나 빅뱅의 지지자들은 이런 비판에 더 이상 당황해하지 않았다. 왜냐하면 바데의 연구는 은하까지의 거리와 우주의 나이를 측정하는 데는 아직 알아야 할 것이 많다는 것을 보여주었기 때문이다. 바데는 하나의 오류를 발견하여 우주의 나이를 2배로 늘렸다. 따라서 다른 오류가 발견되어 우주의 나이가 다시 2배로 늘어날 가능성이 있었다.

바데의 성공은 빅뱅 모델의 중요한 결점을 치유하기 위한 먼 길을 달려온 것이었다. 그러나 더 중요한 것은 이것이 일반적인 맹종이라는 천문학의 약점을 강조했다는 사실이다. 허블의 명성 때문에 천문학자들은 안드로메다와 다른 은하까지의 거리에 대한 그의 계산을 너무 오랫동안 전혀 의심 없이 받아들였던 것이다. 그러나 뛰어난 권위를 가진 사람이 얻은 결과라고 해도 그런 기본적인 내용에 대해 의문을 제기하고 도전하는 데 실패한 것은 취약한 과학의 전형적인 특징이었다.

몇 년이 흐른 후 안드로메다의 거리 오류에 영향을 받은 캐나다 천문학자 도널드 퍼니Donald Fernie는 과학에서의 맹종이 바람직하지 못하다는 점을 신랄한 어조로 강조했다. "천문학자들의 군중심리에 대한 명확한 연구가 있었던 것은 아니다. 그러나 천문학자들은 머리를 아래로 향한 채 굳건히 무리 지어 평원을 가로질러 한 방향으로 질주하는 영양 떼와 별반 다를 것 없이 행동할 때가 있다. 그들은 지도자의 신호에 따라 방향을 바꾸어 이번에는 다른 쪽으로 무리를 이룬 채 군세게 달려간다."

바데는 1952년 로마에서 열렸던 국제천문학회에서 공식적으로 은하의 나이가 종전보다 2배로 늘어났다고 발표했다. 그 자리에 있던 빅뱅 모델 지지자들은 이 새로운 발표가 창조의 순간에 대한 믿음을 뒷받침한다는 것을 알아차렸다. 적어도 장애물 하나를 치운 것이다. 공교롭게도 이 특별한 발표의 공식적인 기록자는 빅뱅의 가장 격렬한 비판자인 호일이었다. 그는 의무적으로 그 결과를 기록했다. 그러나 영원한 우주에 대한 굳은 믿음 때문에 그는 빅뱅이나 창조와 같은 단어가 나오지 않도록 세심하게 주의를 기울였다. "허블의 은하 시간은 이제 18억 년에서 36억 년으로 늘어났다"라고 기록했다.

호일보다 바데의 발표에 더 실망한 사람은 에드윈 허블이었다. 그의 실망은 빅뱅 이론이 옳은가 그른가 하는 것과는 아무 관계가 없었다. 그는 우주론의 문제에 별로 신경을 쓰지 않았다. 허블은 자신의 측정 결과의 해석이나 그것을 바탕으로 한 이론이 아니라 측정의 정확성에만 관심이 있었다. 결과적으로 바데가 그의 거리 측정에 중요한 오류가 있음을 발견했기 때문에 절망했다. 허블은 바데의 새로운 측정의 중요성을 알게 되었을 때 참담함을 느꼈다. 그는 국내외에서 여러 상을 받았지만 궁극적인 목표였던 노벨상을 받지 못한 것을 항상 아쉬워하고 있었다. 이제 바데가 그 연구에서 중요한 결점을 밝혀냈다. 따라서 노벨상이 멀리 달아나는 것 같았다.

노벨 물리학위원회는 허블이 당대의 가장 위대한 천문학자라는 것을 잘 알고 있었고 바데의 연구가 허블의 명성에 악영향을 줬다고 생각지 않았다. 허블은 1923년에 은하가 우리 은하 밖에 있다는 것을 증명하여 대논쟁을 종식시켰고, 1929년에 은하의 적색편이와 관련된 법칙으로 빅뱅 이론과 정상우주론의 논쟁을 촉발시켰다. 노벨 재단이 그에게 노벨상을 수여하지 않은 유일한 이유는 천문학을 물리학의 일부로 생각하지 않았기 때문이다. 허블은 기술적인 문제로 상을 받지 못한 것이다.

허블은 자신을 우주론의 영웅으로 생각하고 그 업적을 제대로 평가해 주는 언론과 대중에게서 받는 찬사로 만족해야 했다. 한 신문기자는 "콜럼버스는 4천500킬로미터를 항해하여 하나의 대륙과 섬들을 발견한 반면 허블은 무한한 우주를 항해하여 수많은 새로운 세상과 섬들을 발견했다. 별자리들은 수천 킬로미터 떨어져 있는 것이 아니라 수조 킬로미터나 떨어져 있다"라고 썼다.

허블은 1953년 9월 28일에 뇌경색으로 타계했다. 애석하게도 그는 노벨 물리학위원회가 비밀리에 규칙을 바꾸어 노벨상을 수여하기로 결정한 사실을 전혀 모른 채 숨을 거두었다. 노벨 위원회가 그 결정을 발표할 준비하고 있을 때였다.

노벨상은 사후에 수여될 수 없었다. 그리고 위원회의 토의 내용은 비밀에 부치도록 규정되어 있었다. 허블의 수상이 결정되었었다는 사실은 엔리코 페르미와 수브라마니안 찬드라세카르라는 두 명의 위원이 아니었다면 영원히 비밀로 남았을 것이다. 그들은 허블의 부인 그레이스에게 그 사실을 알려주기로 했다. 그들은 우주의 이해에 대한 허블의 뛰어난 공헌이 결코 무시되지 않았다는 것을 알려주고 싶었던 것이다.

희미할수록 더 멀고 더 나이가 많다

안드로메다은하까지의 거리에 도전하여 그것을 바로 잡은 발터 바데는 동료들에게 과거의 측정은 다시 검토되어야 하고 정확하지 않다면 버려야 한다는 것을 상기시켰다. 이것은 과학의 건전성을 보여주는 핵심적인 부분이다. 한 번 확인하고, 두 번 확인하고, 세 번 확인하고, 서로 상대의 결과를 확인한 후에야 그 측정 결과를 '사실'이라고 부를 수 있는 것이다. 때때로 반항적인 측정도 아무런 해가 되지 않는다.

검토와 비판은 바데의 거리 측정에도 적용되었다. 바데의 측정을 수정하여 우주의 나이를 다시 한번 연장한 사람은 바로 바데의 학생이었던 앨런 샌디지Allan Sandage였다.

다른 동료들과 마찬가지로 샌디지도 처음 망원경 대안렌즈에 눈을 댄 순간 천문학에 매료된 사람이었다. 그는 어린 시절 "한 불빛이 머리에 들어와 박힌" 순간을 절대로 잊지 못했다. 그는 박사과정을 마치고 윌슨 산 천문대로 갔다. 함께 일하게 된 바데는 그에게 그때까지 관측된 것 중 가장 멀리 있는 은하의 사진을 찍도록 했다. 바데는 그의 거리 측정이 정확한지 시험해 보려고 했다.

케페이드형 변광성 측정법은 먼 곳에 있는 은하까지의 거리를 측정하는 데는 사용하지 못했다. 그렇게 먼 거리에서는 케페이드형 변광성을 찾아내는 것이 불가능했기 때문이다. 대신 전혀 다른 측정 방법을 써야 했다. 안드로메다은하에서 가장 밝은 별은 모든 다른 은하에서 가장 밝은 별과 같은 밝기일 것이라는 가정을 이용하는 방법이었다. 따라서 먼 은하에서 가장 밝은 별의 겉보기 밝기가 안드로메다은하에서 가장 밝은 별의 겉보기 밝기의 100분의 1이라면 이 은하는 안드로메다은하보다 10배 더 먼 곳에 있다고 할 수 있었다. 별의 밝기는 거리의 제곱에 반비례해서 어두워지기 때문이다.

별의 밝기는 별에 따라 엄청난 차이를 보이지만 거리 측정을 위한 이런 접근은 합리적인 것이었다. 예를 들어 인간의 키는 개인에 따라 차이가 크다. 그러나 임의로 50명의 성인을 선택하면 그중 가장 큰 사람의 키는 190센티미터 정도일 것이라고 추정할 수 있다. 따라서 멀리 아주 많은 사람이 모여 있는 두 집단이 있고 한 집단에서 가장 큰 사람의 키가 다른 집단에서 가장 큰 사람 키의 3분의 1로 보인다면, 첫 번째 집단이 두 번째 집단보다 3배 더 멀리 있다고 추정할 수 있다. 그 이유는 두 집단에서 가장 큰 사람의 키가 비슷하고 겉보기 키는 거리에 반비례한다고 볼 수 있기 때문이다. 한 집단에는 농구선수들이 모여 있을 수도 있고 다른 집단은 키 작은 사람들의 권리를 인정하라는 캠페인을 벌이는 단체일지도 모르기 때문에 완전한 방법은 아니다. 그러나 대부분의 경우에 이런 거리 측정은 몇 퍼센트의 오차 안에서 정확할 것이다.

사람들의 평균 키를 이용하면 더 정확히 측정할 수 있다. 그러나 천문학자들은 아주 먼 곳에 있는 천체를 관측하기 때문에 각각의 은하에서 관측이 가장 용이한 가장 밝은 별을 이용한 것이다. 1940년대 이래 이런 방법으로 거리가 측정되었고 신뢰할 만한 방법으로 받아들여졌다. 하지만 천문학자들은 은하까지의 거리는 언제나 수정될 수 있다는 것 또한 받아들일 준비가 되어 있었다. 그래서 바데가 샌디지에게 먼 은하까지의 거리를 측정하라고 했던 것이다. 샌디지는 가장 밝은 별을 이용하는 방법이 기초적인 법칙에 어긋난다는 것을 알아냈다.

사진 기술의 발달로 샌디지는 멀리 있는 은하에서 가장 밝은 별처럼 보이는 것이 실제로는 다른 어떤 것이라는 사실을 알게 되었다. 우주에서 수소는 대부분 모여서 별을 형성한다. 그러나 우주에는 아직도 HII라고 불리는, 거대한 구름을 형성할 수 있을 정도로 많은 양의 수소가 남아 있다. HII 지역은 근처에 있는 별에서 에너지를 흡수하여 온도가 섭씨 1만 도까지 올라간다. 온도와 크기 때문에 HII 지역은 다른 별보다 밝게 보인다.

샌디지 이전에는 천문학자들이 안드로메다은하에서 가장 밝은 별과 멀리 있는 다른 은하에서 가장 밝은 HII 지역을 비교했다. HII 지역을 별이라고 생각한 천문학자들은 새로운 은하에서 가장 밝은 그 '별'이 상당히 밝게 보였으므로 이 은하가 가까이 있다고 생각했던 것이다. 샌디지가 HII 지역과 별을 구별할 수 있는 사진을 찍게 되자 은하의 가장 밝은 별은 HII 지역보다 훨씬 더 어둡게 보인다는 것이 드러났다. 따라서 은하는 전에 추정했던 것보다 훨씬 먼 곳에 있다는 사실을 알게 되었다.

빅뱅 모델에 의하면 멀리 떨어져 있는 은하까지의 거리는 은하의 나이를 밝히는 데 중요한 요소이다. 1952년에 바데는 은하까지의 거리를 2배로 늘렸고 따라서 은하의 나이도 36억 년으로 늘어났다. 그리고 2년 후에는 샌디지가 은하를 더 먼 곳으로 밀어냈다. 은하의 나이는 55억 년으로 늘어났다.

이렇게 은하의 나이가 증가했지만 측정값은 아직 너무 작았다. 샌디지는 1950년대에도 거리 측정을 계속했다. 은하까지의 거리와 우주의 나이는 계속 늘어났다. 샌디지는 은하까지의 거리와 우주의 나이를 측정하는 데 최고의 전문가가 되었다. 대부분 그의 측정을 통해 우주의 나이는 100억 년에서 200억 년 사이라는 것이 밝혀졌다. 이러한 넓은 범위는 우주의 다른 천체와 마찰을 일으키지 않았다. 이제 더 이상 정상우주론 학자들이 우주가 그 안에 있는 별들보다 나이가 젊다고 놀릴 수 없게 되었다.

호일 F. Hozle　반 데 훌스트 H.C. van de Hulst　샌디지 A.R. Sandage　휠러 J.A. Wheeler　잔스트라 H. Zanstra　르둑스 L. Ledoux

클라인 O.S. Klein　모건 W.W. Morgan　쿠카르킨 B.V. Kukarkin　피어츠 M. Fierz　바데 W. Baade　본디 H. Bondi　골드 T. Gold　로젠펠트 L. Rosenfeld　로벨 A.C.B. Lowell　게헨뉴 J. Géhéniau

암브라스트로메인 V.A. Ambarsumian　샤츠만 E.Schazman

매크리아 W.H. McCrea　오트 J.H. Oort　르메트르 G. Lemaître　고터 C.J. Gorter　파울리 W. Pouli　브래그 W.L. Bragg　오펜하이머 J.R. Oppenheimer　묄러 C. Möller　섀플리 H. Shapley　헤크만 O. Heckman

| 그림 88 | 1958년에 열렸던 솔베이 학회 때 찍은 이 단체사진에는 은하까지의 거리 측정을 수정하여 빅뱅 모델의 입장에서 우주의 나이를 늘렸던 앨런 샌디지와 발터 바데가 보이고 있다. 호일, 골드, 본디 그리고 르메트르를 포한한 빅뱅 모델과 정상우주 모델 사이의 토론에서 중요한 역할을 한 많은 인물이 사진에 보인다.

학문적으로는 극심한 경쟁을 했지만 두 그룹 사이에는 개인적 친분관계가 있는 사람들이 많았다. 예를 들면 호일은 르메트르를 매우 좋아해 그가 "모가 나지 않고 의지가 강하며 유머와 웃음이 가득한 사람"이라고 말했다. 호일은 로마에서 열린 회의가 끝난 후 르메트르와 함께했던 이탈리아 횡단 자동차 여행을 회상했다. "조르주와 함께한 여행에는 단 하나의 문제가 있었는데 그것도 점심식사 후에는 해결되었다. 나는 오후에도 계속 운전을 하기 위해 항상 가벼운 점심을 원했다. 그러나 조르주는 포도주 한 병을 곁들인 제대로 된 점심을 원했다. 따라서 그는 식사 후에 잘 수 있었다. 우리는 조르주를 뒷좌석에서 자게 했지만 불행하게도 그는 두통 때문에 잠을 깨곤 했다."

우주 연금술

이제 시간 척도의 문제는 해결되었지만 빅뱅 모델에는 아직 다른 문제가 남아 있었다. 원자핵 합성과 관련된 가장 어려운 수수께끼는 무거운 원소의 창조였다. 가모브는 한때 "원소들은 오리와 감자 한 접시를 요리하는 것보다 짧은 시간 동안에 요리되었다"라고 큰소리쳤다. 한마디로 그는 모든 종류의 원자핵이 빅뱅 직후에 만들어졌다고 믿고 있었다. 가모브, 앨퍼 그리고 허먼이 최선을 다했지만 수소와 헬륨 같은 가벼운 원소 외에는 합성 과정을 설명할 수 없었다. 빅뱅 직후에는 온도가 엄청나게 높았는데도 무거운 원소의 합성은 해명되지 않았다. 만일 무거운 원소가 빅뱅 직후에 만들어지지 않았다면 언제 어디에서 만들어졌을까?

아서 에딩턴은 이미 원자핵 합성에 관한 하나의 이론을 제시했다. "나는 별들이 가벼운 원소를 무거운 원소로 바꾸는 용광로라고 생각한다." 그러나 별들의 온도는 표면에서는 수천 도 정도였고 내부에서도 수백만 도밖에 안 되었다. 이 온도는 수소를 서서히 헬륨으로 바꾸기에는 충분했지만 헬륨을 더 무거운 원소로 합성하기에는 적당치 않았다. 헬륨을 더 무거운 원소로 바꾸는 데는 수십억 도가 필요하다.

예를 들어 네온이 합성되려면 30억 도가 되어야 하고, 이보다 무거운 실리콘이 형성되려면 130억 도가 되어야 한다. 그런데 또 다른 문제가 생긴다. 네온을 합성시킨 환경에서는 실리콘을 만들어 낼 수 없다. 그러나 실리콘을 만들어 낼 수 있을 정도로 온도가 높으면 모든 네온 원자들이 더 무거운 원소로 바뀔 것이다. 따라서 모든 종류의 원소는 자신에게 맞는 용광로가 필요할 듯했다. 우주에는 아주 다양한 조건을 가진 용광로가 있어야 한다. 그런 용광로가 있다 해도 아무도 그런 곳에서 일하려 하지 않을 것이다.

이 문제를 해결하는 데 가장 큰 공헌을 한 사람은 프레드 호일이었다. 그는 원자핵 융합을 빅뱅과 정상우주론이 대립하는 문제로 본 것이 아니라 두 이론 모두의 문제로 보았다. 빅뱅 이론은 어떻게 우주 초기에 만들어진 가벼운 원소들이 우리가 보는 현재의 원소들로 변환되었는지를 설명해야 했다. 마찬가지로 정상우주론도 멀어져 가는 은하 사이의 공간에서 만들어지는 물질이 어떻게 무거운 원소로 바뀌는지 설명하지 못하고 있었다. 호일은 젊었을 때부터 원자핵 합성에 대해 관심을 가지고 있었다. 그러나 1940년대까지는 그 문제에 깊숙이 발을 들여놓지 않았다. 별들이 생애의 여러 단계를 거칠 때마다 어떤 일이 일어나는지에 관심을 갖게 되면서 이 문제를 본격적으로 다루기 시작했다.

중간 단계의 별들은 수소를 헬륨으로 바꾸는 핵융합으로 열을 생산하고 이 열을 복사선 형태로 밖으로 내보내면서 안정된 균형상태를 유지한다. 동시에 별들의 모든 질량은 중력에 의해 안쪽으로 잡아당겨진다. 그러나 이것은 별의 핵에서 나오는 엄청난 에너지의 반대방향의 압력으로 상쇄된다. 3장에서 다루었듯이 이러한 별의 평형상태는 풍선에 작용하는 힘들이 평형을 이루는 것과 비슷하다. 늘어난 고무 표면이 풍선을 안쪽으로 잡아당기고 풍선 안쪽에서는 밖으로 밀어내는 압력이 작용한다. 풍선의 예는 케페이드 별이 변광성이 되는 것을 이해하는 데도 도움이 되었다.

호일은 중력에 의한 붕괴 위험과 바깥쪽으로 향하는 압력 사이의 균형을 다룬 이론적 연구를 잘 알고 있었다. 그러나 그는 이러한 균형이 깨지면 어떤 일이 일어나는지에 관심이 있었다. 특히 수소 연료가 떨어지기 시작하는 별 일생의 마지막 단계에서 무슨 일이 일어나는지 알고 싶었다. 연료가 떨어지면 별이 식어갈 것이다. 온도가 내려가면 바깥쪽으로 향하는 압력이 줄어들 것이고 중력에 의한 압력이 더 커지게 될 것이다. 따라서 별은 수축하게 된다. 그러나 호일은 이러한 수축으로 이야기가 끝나는 게 아니라는 사실을 알게 되었다.

별이 안쪽으로 붕괴되기 시작하면 핵의 온도가 올라가고 바깥으로 밀어내는 압력이 증가해 수축을 정지시킬 것이다. 압축에 의해 온도가 올라가는 데는 여러 가지 원인이 있다. 그중 하나는 압축이 새로운 원자핵 반응을 유도하여 더 많은 열을 발생시키는 것이다.

이 새로운 열로 별은 어느 정도 평형상태를 이루겠지만 이것은 단지 일시적인 휴식일 뿐이다. 별의 죽음이 단지 연기되었을 뿐이다. 별은 더 많은 연료를 사용하게 되고 결국은 연료의 공급이 중단된다. 연료 부족은 에너지 생산의 부족을 뜻하고 따라서 핵은 다시 냉각되기 시작하여 또 다른 붕괴 상태에 이르게 된다. 이것은 다시 핵을 가열시키고 연료가 부족하게 될 때까지 다시 붕괴를 정지시킨다. 이러한 여러 단계의 수축과 정지는 많은 별이 서서히 죽어간다는 것을 뜻한다.

호일은 여러 형태의 별 — 작은 별, 중간 별, 큰 별, 유형 I의 별, 유형 II의 별 — 을 분석했다. 여러 해 동안 있는 힘을 다해 연구한 끝에 그는 여러 형태의 별이 일생의 마지막 단계에서 겪는 온도와 압력의 변화를 성공적으로 계산할 수 있었다. 가장 중요한 것은 각 단계에서 일어나는 원자핵 반응을 설명한 것이었다. 그리고 표 5에 나타난 것과 같이 여러 가지 온도와 압력에 따라 모든 종류의 원자핵이 합성된다는 것을 설명할 수 있었다.

모든 형태의 별은 일생의 마지막 단계에 내부의 상태가 극적으로 변하기 때문에 모든 종류의 원소를 생산하는 용광로가 될 수 있다는 것이 명확해졌다.

호일의 계산으로 우리가 오늘날 관측하는 원소들의 정확한 양도 설명될 수 있었다. 왜 산소와 철이 풍부하고 금과 백금이 희귀한지 밝혀진 것이다.

예외적인 경우로 질량이 매우 큰 별은 초기 붕괴 상태를 정지시키는 것이 불가능하기 때문에 빠르게 죽어간다. 이것이 가장 격렬한 죽음을 겪는 초신성이다. 초신성은 강력하게 폭발하는 별이다. 초신성이 되면 하나의 별은 100억 개의 별이 내는 에너지보다 더 많은 에너지를 방출한다. (3장에서 설명한 것처럼 이 때문에 초신성은 대논쟁에 관련된 천문학자들을 당황스럽게 했다.) 초신성은 가장 극한적인 환경을 만들어 내고 거기에서 일반적으로 일어나기 힘든 핵반응이 일어날 수 있다는 것이 호일의 연구로 밝혀졌다. 따라서 초신성이 폭발할 때 가장 무겁고 새로운 원자핵이 만들어진다.

호일이 얻은 가장 중요한 연구 결과는 별들의 죽음이 원자핵 합성의 끝이 아니라는 것이다. 별은 폭발할 때 원소들을 우주 공간으로 날려 보낸다. 그런 원소 중 일부는 별 일생의 마지막 단계에 일어난 핵반응으로 생산된 것이다. 그 별의 잔해는 다른 죽어간 별이 내놓은 원자와 섞여 우주에 떠 있다가 결국에는 다시 뭉쳐 전혀 다른 별을 형성하게 된다. 이 2세대 별들은 이미 어느 정도의 무거운 원소를 포함하고 있기 때문에 원자핵 합성의 측면에서 보면 앞선 출발을 하는 것이다. 그것은 그 별이 죽을 때가 되면 더 무거운 원소를 만들 수 있다는 것을 뜻한다. 우리 태양은 3세대에 속하는 별이라고 생각됐다.

《마법의 용광로 *The Magic Furnace*》의 저자 마커스 초운Marcus Chown은 별 연금술의 중요성을 다음과 같이 묘사했다. "우리가 살기 위해서는 수십 억, 수백 억, 심지어는 수천 억 개의 별이 죽어야 한다. 우리 피 속에 있는 철, 뼈 속의 칼슘, 숨을 쉴 때마다 우리 폐를 채우는 산소는 모두 지구가 태어나기 훨씬 전에 죽어간 별의 용광로 속에서 만들어졌다." 낭만주의자들은 자신들이 별의

표 5

프레드 호일은 별의 각 단계에서 원자핵 합성이 어떻게 일어나는지를 계산했다. 이 표는 태양 질량의 25배 정도 되는 질량을 가진 별에서 일어나는 원자핵 합성 반응을 보여준다. 이렇게 질량이 큰 별은 전형적인 별들보다 일생이 매우 짧다. 이 별은 초기 수백만 년 동안 수소를 헬륨으로 바꾸면서 보낸다. 일생의 마지막 단계에서는 온도와 밀도가 올라가 산소, 마그네슘, 실리콘, 철과 같은 다른 원소들을 합성할 수 있다. 더 무거운 원소들은 최후의 가장 격렬한 단계에 만들어진다.

단계	온도(℃)	밀도(g/cm3)	지속시간
수소 → 헬륨	4×10^{7}	5	10^{7} 년
헬륨 → 탄소	2×10^{8}	7×10^{2}	10^{6} 년
탄소 → 네온 + 마그네슘	6×10^{8}	2×10^{5}	600 년
네온 → 산소 + 마그네슘	1.2×10^{9}	5×10^{5}	1 년
산소 → 황 + 실리콘	1.5×10^{9}	1×10^{7}	6 달
실리콘 → 철	2.7×10^{9}	3×10^{7}	1 일
핵의 붕괴	5.4×10^{9}	3×10^{11}	0.25 초
핵의 반발	23×10^{9}	4×10^{14}	0.001 초
폭발	약 10^{9}	변화함	10 초

먼지에서 만들어졌다고 생각하는 것을 좋아했다. 냉소적인 사람들은 자신들이 핵폐기물이라고 생각할지도 모른다.

호일은 우주론의 가장 어려운 문제에 도전했고 거의 완전한 해답을 찾아냈다. 단지 중요한 문제가 하나 남아 있었다. 표 5는 어떤 특정한 별에서의 연속적인 핵융합 반응을 보여주고 있다. 수소는 헬륨으로 변환되고 헬륨은 탄소로, 그리고 탄소는 모든 무거운 원소로 변환된다. 이 표에는 헬륨이 탄소로 변하는 과정이 구체적으로 나타나 있지만 호일은 그 과정이 어떻게 일어나는지 설명할 수 없었다. 그가 알고 있는 한 헬륨을 탄소로 변환시키는 과정이 존재하지 않았다. 이것은 중요한 문제였다. 탄소의 형성 과정이 밝혀지지 않으면 다른 모든 핵반응이 어떻게 일어나는지도 밝혀질 수 없다. 왜냐하면 모든 핵반응은 어떤 단계에서 탄소를 필요로 하기 때문이다. 그리고 이것은 모든 별에 나타나는 문제였다. 헬륨을 탄소로 변환시킬 방법이 없었다.

호일은 가모브, 앨퍼 그리고 허먼이 빅뱅 초기에 헬륨이 더 무거운 원소로 변환되는 것을 설명하려 시도했을 때 부딪힌 것과 똑같은 벽에 부딪힌 것이다. 가모브 팀이 헬륨에 의한 핵반응은 불안정한 원자핵만 생산할 수 있다는 결론에 도달했다는 사실을 기억할 것이다. 헬륨 원자핵에 수소 원자핵을 더하면 5개의 핵자를 가진 불안정한 리튬 원자핵이 만들어지고, 2개의 헬륨 원자핵을 합치면 8개의 핵자를 가진 불안정한 베릴륨 원자핵이 만들어진다. 자연이 헬륨으로부터 더 무거운 원소, 특히 탄소를 만들어 내는 두 길을 막고 있는 것 같았다. 이 두 장애가 극복되지 않으면 더 무거운 원소를 만들어 내는 문제 때문에 별 내부에서의 원자핵 합성에 대한 호일의 연구 전체가 크게 훼손된다. 다양한 원소들의 존재에 대한 그의 해명은 물거품이 될 판이었다.

가모브 팀의 빅뱅 원자핵 합성으로는 이 문제를 해결할 수 없었다. 그리고 호일 역시 별 내부의 원자핵 합성으로는 이 문제를 해결할 수 없었다. 헬륨을 탄소로 바꾸는 것은 불가능해 보였다. 그러나 호일은 탄소를 만들어 낼 수 있는 경로를 찾아내는 일을 포기하지 않았다. 그가 예측한 죽어가는 별 내부에서 일어나는 모든 복잡한 핵반응은 탄소를 필요로 했다. 따라서 그는 탄소가 어떻게 형성되는지 알아내는 일에 전념했다.

가장 일반적인 형태의 탄소는 원자핵에 6개의 양성자와 6개의 중성자를 가지고 있어 도합 12개의 입자를 포함하고 있는 탄소-12이다. 가장 일반적인 형태의 헬륨은 원자핵에 2개의 양성자와 2개의 중성자를 가지고 있어 도합 4개의 입자를 포함하고 있는 헬륨-4이다. 호일의 문제는 하나의 질문으로 압축되었다. 3개의 헬륨을 하나의 탄소로 변환시키는 방법이 존재하는가?

3개의 헬륨 원자핵이 동시에 충돌하여 하나의 탄소 원자핵을 만든다면 가능할지도 모른다. 그럴듯한 생각이지만 실제로는 불가능한 방법이다. 3개의 헬륨 원자핵이 적확하게 같은 시간에 같은 장소에 있고 핵융합을 할 수 있는 적당한 속도를 가질 확률은 0에 가깝다. 다른 방법은 2개의 헬륨 원자핵이 융합하여 4개의 양성자와 4개의 중성자가 들어 있는 베릴륨-8을 합성하고 나중에 다른 헬륨 원자핵이 여기에 더해져서 탄소를 만들어 내는 방법이다. 이 방법과 3개의 헬륨 원자핵의 충돌에 의한 방법이 그림 89에 나타나 있다.

그러나 베릴륨-8은 매우 불안정하다. 그 때문에 가모브는 이 경로를 통해 헬륨보다 더 무거운 원소를 합성하는 것이 불가능하다고 결론지었다. 실제로 베릴륨-8의 원자핵은 매우 불안정해서 (설혹 이 원자핵이 만들어진다고 해도) 이 원자핵은 수천조분의 1초 동안밖에 존재하지 못하고 붕괴되어 버린다. 헬륨 원자핵이 이 짧은 시간 동안에 베릴륨-8의 원자핵과 합성하여 탄소-12를 만들 수 있을 것이라고 생각해 볼 수도 있다. 그러나 그것이 가능하다고 해도 또 다른 장애물이 있다.

헬륨 원자핵과 베릴륨 원자핵을 합한 질량은 탄소 원자핵의 질량보다 약간 크다. 따라서 헬륨과 베릴륨이 합쳐져서 탄소를 형성하려면 남는 질량을 없애 버려야 하는 문제가 생긴다. 일반적으로 핵반응은 남은 질량을 에너지로 바꾸

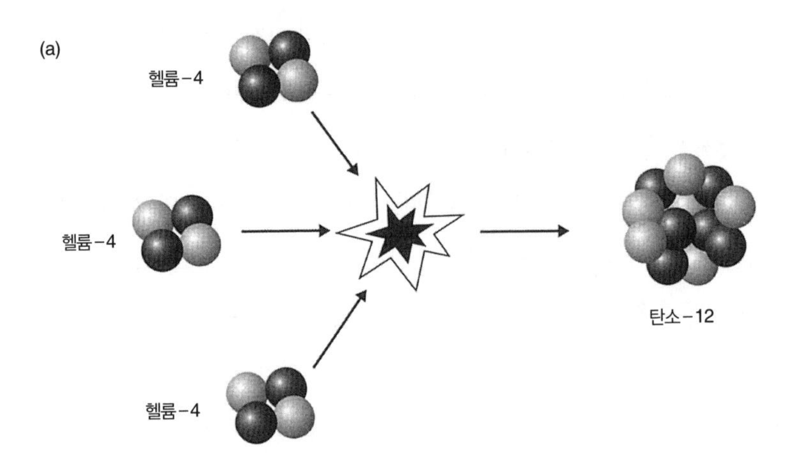

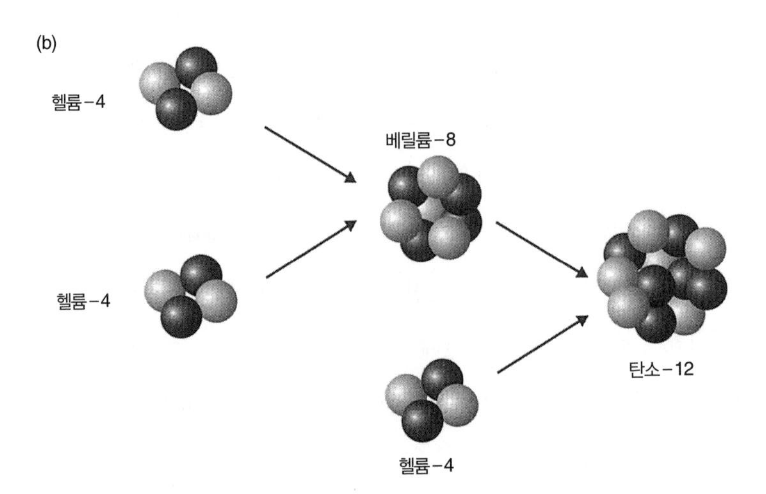

| 그림 89 | 그림 (a)는 헬륨에서 탄소로 가는 가능한 경로 중 하나인 3개의 헬륨 원자핵이 동시에 충돌하는 것을 보여준다. 이런 일은 거의 일어날 가능성이 없다. 그림 (b)에 보여주고 있는 두 번째 경로는 2개의 헬륨 원자핵이 충돌하여 베릴륨을 형성하고, 이 베릴륨 원자핵이 다른 헬륨 원자핵과 합성하여 탄소를 만드는 경로이다.

어($E=mc^2$) 방출한다. 그러나 질량의 차이가 크면 클수록 반응이 일어나는 데 필요한 시간이 길어진다. 그리고 베릴륨-8은 그럴 시간이 없다. 베릴륨-8은 아주 짧은 시간만 존재하기 때문에 탄소의 형성은 거의 순간적으로 일어나야 한다.

따라서 베릴륨-8을 통해 탄소로 가는 길에는 두 가지 장애가 있었다. 첫째는 베릴륨-8이 매우 불안정하여 아주 짧은 순간밖에 존재하지 않는다는 것이었다. 두 번째는 헬륨과 베릴륨을 탄소로 변환시킬 때는 약간의 질량 차이 때문에 어느 정도의 시간이 필요하다는 것이었다. 두 문제는 서로를 더욱 악화시키는 것이었기 때문에 상황은 불가능해 보였다. 호일은 이 시점에서 포기하고 좀 더 단순한 문제로 관심을 돌릴 수도 있었다. 그러나 그는 과학의 역사에서 가장 직관적인 도약을 시도했다.

호일은 모든 원자핵이 표준 구조를 가지고 있지만 양성자와 중성자의 또 다른 배열 방법이 가능하다는 것을 알고 있었다. 탄소 원자핵을 구성하는 12개의 입자를 12개의 공이라고 생각해 보자. 이 공을 쌓는 두 가지 방법이 그림 90에 설명되어 있다. 첫 번째는 6개의 공을 정방형으로 배열하여 2개의 층으로 쌓았다. 두 번째는 6개의 공을 삼각형으로 배열하여 2개의 층으로 쌓았다. (이것은 문제를 매우 단순화한 것이다. 원자핵 수준에서 물질은 기하학적으로 그다지 단정한 모습이 아니기 때문이다.) 첫 번째 배열이 탄소의 일반적인 형태를 나타내는 것이라고 가정하자. 그리고 두 번째 배열은 탄소의 **들뜬상태**를 나타내는 배열이라고 하자. 보통의 탄소에 에너지를 가해 주면 들뜬상태의 탄소로 변환시킬 수 있다. 에너지와 질량은 동등($E=mc^2$)하기 때문에 들뜬상태의 탄소는 보통의 탄소보다 조금 더 많은 질량을 가지게 된다. 호일은 베릴륨-8과 헬륨-4를 합한 질량과 똑같은 질량을 가지는 들뜬상태의 탄소가 존재

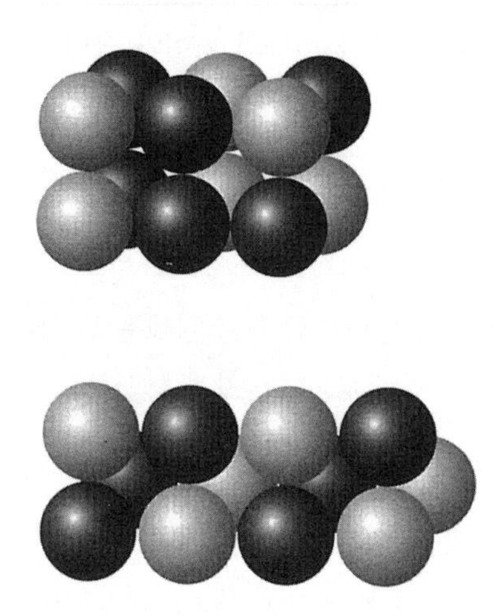

| 그림 90 | 이 그림은 탄소의 두 가지 다른 형태를 보여준다. 실제 원자핵에서는 양성자(검은색)과 중성자(회색)가 이렇게 잘 배열되어 있지 않고 일반적으로 구 형태의 집단을 이룬다. 중요한 점은 탄소 원자핵이 다른 질량을 가진 다른 배열을 가지고 있을 수도 있다는 것이다.

한다고 결론지었다. 그런 탄소 원자핵이 존재한다면 헬륨-4와 베릴륨-8은 빠른 속도로 탄소-12를 형성할 수 있을 것이다. 베릴륨-8의 생애가 짧아도 상당한 양의 탄소-12를 합성하는 것이 가능할 것이다.

문제는 해결되었다!

그러나 과학자들은 문제의 해답을 단지 상상만 하고 있을 수는 없다. 적당한 질량을 가지는 탄소-12의 들뜬상태가 탄소와 모든 무거운 원소가 형성되는 열쇠가 될 수 있다는 것을 알았다고 해서 그런 상태가 실제로 존재함을 뜻하는 것은 아니었다. 들뜬상태의 원자핵이 특정한 질량을 가질 수는 있겠지만 그 값이 과학자들이 바라는 것이어야 한다는 보장은 없었다. 다행히도 호일은 단지 소망을 비는 사상가가 아니었다. 원하는 값을 가진 들뜬상태의 탄소가 존재한다는 그의 믿음은 이상하지만 유용한 논리 체계에 근거를 두고 있었다.

호일의 전제는 그 자신이 우주에 존재하고 있다는 것이었다. 그는 자신이 탄소를 기본으로 하고 있는 생명체라는 사실을 지적했다. 따라서 탄소는 우주에 존재한다. 그러므로 탄소가 형성되는 방법이 존재해야 한다. 그러나 탄소를 합성하는 유일한 방법은 특정한 들뜬상태의 탄소가 존재하는 것뿐이다. 결론적으로 그러한 질량을 가지는 들뜬상태의 탄소가 존재해야 한다는 것이다. 호일은 나중에 **인간원리**anthropic principle라고 알려지게 된 것을 엄격하게 적용한 것이다. 이 원리는 여러 가지 방법으로 정의되고 설명되었지만 다음과 같이 말할 수 있다.

> 우리는 여기서 우주를 바라보고 있다. 따라서 우주의 법칙은 우리의 존재를 설명할 수 있는 것이어야 한다.

호일은 자신의 일부가 탄소-12의 원자핵으로 구성되어 있고 따라서 정확한 상태로 들뜬탄소가 존재해야 하며, 그렇지 않으면 탄소-12도 프레드 호일도 존재할 수 없다고 했다.

호일은 들뜬상태의 탄소는 보통 상태보다 7.65메가전자볼트MeV의 에너지를 더 가질 것이라고 예상했다. 메가전자볼트는 원자핵과 같은 작은 입자와 관계된 에너지를 나타내는 아주 작은 에너지 단위이다. 호일은 이제 그러한 들뜬상태가 실제로 존재하는지 알아내려고 했다.

들뜬상태의 탄소 가설을 제기한 직후인 1953년에 호일은 캘리포니아 공과대학에서 안식년을 보내게 되었다. 그곳에서 자신의 이론을 시험해 볼 수 있었다. 캘리포니아 공과대학 캠퍼스에는 원자핵물리학 실험 분야에서 세계적인 명성을 얻고 있는 윌리엄 파울러William Fowler가 있는 켈로그 방사선 연구소가 있었다. 하루는 호일이 파울러의 사무실을 방문했다. 그러고는 파울러에게 보통 상태보다 7.65메가볼트 높은 에너지를 가지는 들뜬상태의 탄소에 대한 이야기를 했다. 원자핵과 관계된 수학과 물리학은 매우 복잡했기 때문에 들뜬상태에 대해 그렇게 정확한 예측을 한 사람은 전에는 없었다. 그러나 호일의 예측은 순수한 논리에 근거한 것이었고 수학이나 물리학에 근거를 둔 것은 아니었다. 그는 파울러가 탄소-12의 들뜬상태를 찾아내서 옳다는 것을 증명해 주기를 바랐다.

이것이 파울러와 호일의 첫 만남이었다. 따라서 파울러는 이 요크셔 사람의 머릿속에 어떤 생각이 들어 있는지 알지 못했다. 그는 처음에 탄소-12는 이미 상세하게 측정했지만 7.65메가볼트로 들뜬상태에 관한 자료는 없다고 했다. 그는 훗날 그때 호일을 부정적으로 대했다고 회상했다. "나는 이 정상우주론자, 이 이론가가 탄소-12의 원자핵에 대해 묻는 것이 의아했다. …… 이 작은 사나이는 엉뚱하게도 우리에게 다른 모든 연구를 중단해 달라고 했다. …… 그러고는 이 상태를 찾아야 한다고 했다. 우리는 거절했다. '비켜주세요. 당신은 우리를 성가시게 하고 있어요.'"

호일은 주장을 굽히지 않았다. 그는 파울러라면 7.65메가볼트 상태의 탄소를 찾아내는 것쯤은 며칠 안에 해낼 수 있을 것이라고 말했다. 호일이 틀렸다면 파울러는 야근이라도 며칠해서 밀린 일을 처리하면 될 것이다. 그러나 호일이 옳다면 파울러는 원자핵물리학 분야에서 가장 중요한 것 하나를 발견한 공을 세우게 된다. 파울러는 투자에 비해 효과가 큰 이 분석을 시도해 보기로 했다. 그는 연구팀에게 즉시 이전 실험에서 그러한 들뜬상태를 간과하고 넘어가지 않았는지 찾아보라고 지시했다.

탄소-12를 분석하기 시작하고 열흘이 지난 후에 파울러 팀은 새로운 들뜬 상태를 발견했다. 그 에너지는 호일의 예측대로 정확하게 7.65메가볼트였다. 유일하게 인간원리를 이용하여 결과를 예측하고 옳다는 것이 증명된 경우였다. 이것은 뛰어난 천재의 실례였다.

결국 호일은 헬륨이 베릴륨으로 변환되고 그것이 다시 탄소로 변환되는 과정을 밝혀낸 것이다. 그는 탄소가 그림 89(b)의 그 반응을 통해 대략 2억 도에서 합성된다는 것을 확인했다. 그것은 서서히 일어나는 반응이었다. 그러나 수십억 개의 별이 수십억 년 동안 생산한 탄소의 양은 상당했다.

탄소의 합성을 밝혀낸 것은 우주의 모든 무거운 원소를 만들어 내는 핵반응의 시작을 확인한 것이었다. 호일은 원자핵 합성 문제를 해결했다. 정상우주 모델의 성공이었다. 왜냐하면 호일은 멀어져 가는 은하 사이에서 만들어지는 것으로 예상된 물질이 뭉쳐 별들과 은하를 만들고, 이 물질은 또한 별 내부의 용광로 속에서 오늘날 우리가 보는 무거운 원소들로 변환된다고 주장할 수 있었기 때문이다. 호일의 연구는 빅뱅 모델에도 커다란 힘이 되었다. 호일의 연구가 없었더라면 우주의 창조 직후에 만들어졌을 것이라고 생각되는 수소와 헬륨으로부터 무거운 원소가 만들어지는 과정을 설명할 수 없을 것이기 때문이다.

첫눈에는 원자핵 합성의 문제 해결에 관한 한 두 경쟁적인 우주론은 명예롭게 비긴 것처럼 보였다. 결국 빅뱅 모델이나 정상우주 모델 모두 동일한 별 내부의 과정을 통해 무거운 원소의 합성을 설명해 낼 수 있었기 때문이다. 그러나 실제로는 이 문제의 해결로 빅뱅 모델이 더 강력해지게 되었다. 가벼운 원소의 문제에 대해서는 빅뱅 이론만이 원소의 양을 만족스럽게 설명할 수 있었기 때문이다.

헬륨은 우주에 두 번째로 풍부한 원소이다. 별은 수소를 헬륨으로 바꿀 수 있다. 그러나 별 내부에서의 헬륨의 합성 속도는 매우 느리기 때문에 오늘날 우주에 존재하는 많은 양의 헬륨이 별 내부에서 만들어졌다고는 할 수 없다. 그러나 가모브, 앨퍼 그리고 허먼은 만일 빅뱅 직후에 수소가 합성하여 만들어졌다면 오늘날 존재하는 헬륨의 양을 설명할 수 있다는 것을 보여주었다. 최근의 계산으로는 우주의 헬륨의 양은 10퍼센트 정도라고 예측된다. 이것은 관측에 근거한 추정치와 매우 비슷한 값이다. 따라서 이론과 관측이 일치하는 것이다.

이와 대조적으로 정상우주 모델은 헬륨의 양을 설명할 수 없었다. 따라서 빅뱅과 정상우주는 무거운 원소의 합성 문제에서는 비겼지만 빅뱅 이론만이 헬륨의 합성을 설명할 수 있었다.

빅뱅 이론은 헬륨보다는 무겁지만 탄소보다는 가벼운 리튬, 보론(붕소)과 같은 원자핵 합성에 대한 계산으로 더욱 유리해졌다. 리튬과 보론의 원자핵은 별 내부에서 합성될 수 없다는 것이 계산을 통해 드러났다. 그러나 그런 원자핵은 수소가 헬륨으로 바뀌던 빅뱅 직후의 열기 속에서 만들어질 수 있다. 실제로 빅뱅의 열기 속에서 만들어진 리튬과 보론의 양에 대한 이론적 예측값은 현재 우주에서 관측된 양과 정확하게 일치했다.

원자핵 합성이 완전하게 밝혀진 덕에 궁극적으로 빅뱅 모델이 승리했지만 역설적이게도 빅뱅 모델의 비판자였던 호일의 엄청난 도움이 없었더라면 불가능했을 것이다. 가모브는 호일을 존경했고, 가벼운 마음으로 쓴 창세기(그림 91)에서 호일의 업적을 인정했다. 가모브의 창세기는 빅뱅의 열기 속에서 가벼운 원소가 만들어지는 것에서부터 초신성에서 무거운 원소가 형성되는 것까지 원자핵 합성을 훌륭하게 요약한 것이었다.

태초에 하느님이 복사선과 아일럼(ylem, 원시물질)을 창조하셨다. 그러자 아일럼은 모양이나 숫자를 가지고 있지 않았으며, 핵자들은 흑암 속에서 맹렬히 돌아다녔다.

하느님이 말씀하셨다. 2의 질량이 있으라. 그러자 2의 질량이 있었다.
그 중수소가 하느님 보시기에 좋았다.

또한 하느님이 말씀하셨다. 3의 질량이 있으라. 그러자 3의 질량이 있었다.
그 삼중수소가 하느님 보시기에 좋았다.

하느님은 우라늄에 이르기까지 숫자를 부르셨다. 그러나 하느님이 하신 일을 뒤돌아보시고 좋아하지 않으셨다. 숫자 세기에 정신이 없으셨던 하느님이 5번을 부르는 것을 잊으셨던 탓이다. 따라서 더 무거운 원소는 만들어지지 않았다.

처음에 하느님은 매우 실망하셔서 우주를 다시 뭉치고 처음부터 다시 시작하려 하셨다. 그러나 그것은 너무 단순했다. 전능하신 하느님은 이 실수를 가장 불가능한 방법으로 수정하기로 결정하셨다.

그리고 하느님이 말씀하셨다. 호일이 있으라. 호일이 있었다. 하느님은 호일을 보시고 그에게 좋아하는 방법으로 무거운 원소를 만들라고 말씀하셨다.

호일은 별에서 무거운 원소를 만들어 초신성 폭발을 통해 그것을 주변에 흩어 놓기로 했다. 그러자 아일럼에서 하느님이 5번을 잊어버리고 만들었던 것과 같은 양의 원소들이 만들어졌다.

하느님의 도움으로 호일은 무거운 원소를 만들었다. 그러나 그 방법이 너무 복잡해 그 후에는 호일도, 하느님도 그리고 어느 누구도 어떻게 만들었는지 알 수 없게 되었다.

아멘

| 그림 91 | 조지 가모브의 창세기

별 내부에서 일어나는 원자핵 합성에 포함된 수십 단계를 설명하려는 전체 프로그램과 수없는 수정 작업은 그 후 10년 넘게 계속되었다. 호일이 주도적 역할을 했다. 그는 파울러 연구팀의 도움을 받았다. 그리고 부부 연구팀인 마거릿과 제프리 버비지Margaret and Geoffrey Barbidge와도 공동으로 연구했다. 네 사람은 공동으로 〈별의 원소 합성*Synthesis of the Elements of Stars*〉이라는 제목의 104쪽이나 되는 긴 논문을 발표했다. 여기에는 별의 각 단계의 역할과 각각의 핵반응 결과가 설명되어 있다. 이 논문에는 대담한 주장이 들어 있었다. "우리는 일반적인 방법으로 수소에서 우라늄에 이르는 모든 동위원소의 양을 별과 초신성의 합성을 이용하여 설명할 수 있다."

이 논문은 유명해졌고 저자들의 이름 첫 글자를 딴 이름(B^2FH 논문)으로 널리 알려지게 되었다. 그리고 20세기 과학의 위대한 업적으로 인정되었다. 그 저자 한 사람이 노벨상을 받은 것은 놀라운 것이 아니다. 놀라운 것은 1983년 노벨 물리학상이 프레드 호일이 아니라 윌리엄 파울러에게 돌아갔다는 사실이다.

호일이 무시된 것은 노벨상 역사에서 가장 불공정한 처사였다. 솔직한 천성 때문에 적이 많았다는 것이 노벨위원회가 그를 냉대한 가장 큰 이유이다. 예를 들면 1974년 노벨 물리학상이 펄서의 발견자에게 수여되었을 때 그는 크게 불평했다. 그는 펄서를 발견한 것이 중요한 업적이라는 것에는 동의했다. 그러나 실제로 펄서를 관측한 젊은 천문학자 조슬린 벨이 공동으로 수상하지 못한 것에 화를 냈다. 입을 다물고 논쟁에 끼어들지 않는 것이 현명한 처신이었다. 그러나 호일은 처세보다는 정직과 성실을 중요시했다.

또한 호일은 케임브리지에서 조용히 연구만 하는 대신 불합리한 대학 운영에 대항하여 싸웠다. 여러 해 동안 싸우다가 절망한 호일은 1972년에 사표를 제출했다.

> 나는 이길 가능성이 전혀 없는 전장에서 전투를 계속해야 되는 이유를 알 수 없게 되었다. 케임브리지의 구조는 체계적인 방침이 수립되는 것을 막는 데 효과적으로 짜여져 있다. 중요한 결정은 잘못된 정보와 정치적 동기로 무장한 위원회에서 뒤집힌다. 이런 구조에서 효과적으로 움직이려면 로베스피에르의 스파이처럼 항상 동료를 감시해야 한다. 그러면 진정한 연구를 할 시간은 거의 없어진다.

물리학이나 생활방식에 대한 올곧음 때문에 호일은 어떤 사람들에게는 인기가 없었지만 대부분의 과학자에게 사랑받았다. 그중에는 미국의 천문학자 조지 에이벌도 있었다.

> 그는 뛰어난 강연자였고 훌륭한 교사였다. 성격이 따뜻했고 항상 학생들과 이야기하기 위해 시간을 냈다. 거의 모든 것에 대한 그의 열정은 전염성이 아주 강했다. 그는 아이디어가 많은 사람이었다. 어떤 대화든 어떤 경우든 잘 어울리는 사람이었다. …… 그 많은 아이디어 중에서 어떤 것은 틀렸고, 어떤 것은 틀렸지만 뛰어난 것이었다. 그리고 어떤 것은 뛰어나고 옳은 것이었다. 그런 것이 과학을 발전시켰다.

대학을 사직한 후에 호일은 인생의 후반 30년을 방랑하는 천체물리학자로 보냈다. 여러 대학을 방문하고, 국립 호수공원에서 시간을 보내기도 했다. 마지막에는 본머스 해변에 정착했다. 왕실 천문학자 마틴 리스가 지적했듯이 위대한 사람의 슬픈 종말이었다. “그가 모든 대학 사회에서 결과적으로 고립된 것은 그 자신의 과학 연구에도 손해였지만 다른 모든 사람에게도 큰 손실이었다.”

기업 우주학

우주학의 역사에 공헌한 사람들은 다양한 방법으로 연구를 위한 경제적 지원을 받았다. 코페르니쿠스는 에름란트의 주교 주치의로 일을 하면서 업무 중간중간에 짬을 내어 태양계를 공부했다. 케플러는 바커 폰 바켄펠스의 후원을 받았다. 유럽 대학의 등장은 뉴턴, 갈릴레이 같은 사람들에게 상아탑을 제공했고, 로스 경 같은 사람은 스스로 상아탑을 만들고 천문대를 세울 수 있을 만큼 부유했다. 수세기 동안 허셜의 연구를 지원했던 조지 3세 같이 왕실의 후원도 많은 영향을 끼쳤다. 이와는 대조적으로 20세기 초 더 큰 망원경을 원했던 미국 천문학자들은 앤드루 카네기, 존 후커 그리고 찰스 타이슨 여키스와 같은 백만장자를 찾아갔다.

그러나 천문학의 역사에서 1920년 전까지는 대기업에서는 하늘에 대한 탐험에 아무런 투자를 하지 않았다. 그건 놀라운 일이 아니다. 우주의 구조를 밝히는 일은 주주의 이익과 아무 관계가 없었기 때문이다. 그러다가 한 미국 회사가 우주론의 발전에 중요한 역할을 하게 되었고, 빅뱅우주론과 정상우주론의 논쟁에도 중요한 공헌을 했다.

미국전신전화사AT&T는 미국의 통신망을 구축하고 알렉산더 그레이엄 벨의 전화 특허를 상품화하여 명성을 얻었다. AT&T는 1925년에 서부전기를 합병

한 후에 뉴저지에 벨연구소를 설립했다. 이 연구소는 곧 세계적인 연구소가 되었다. 벨연구소는 통신에 관한 연구뿐만 아니라 순수과학 연구에도 많은 투자를 했다. 최고 수준의 순수과학 연구는 창조성의 토대가 되고 또한 대학과 연결되어 결과적으로 상업적 이익을 창출할 수 있다는 것이 벨연구소의 철학이었다. 상업적 이익은 논외로 하더라도 벨연구소 소속 과학자 11명이 물리학에서 6개의 노벨상을 공동 수상했다. 세계에서 가장 훌륭한 대학의 기록과 맞먹는 것이었다. 예를 들면 1937년에는 클린턴 데이비슨이 물질의 파동적 성질에 대한 연구로 노벨상을 받았고, 1947년에는 바딘과 브래튼 그리고 쇼클리가 트랜지스터를 발명한 공로로 노벨상을 받았다. 1998년에는 스토머와 러플린 그리고 츠이가 양자 홀 효과를 발견하고 해명한 공로로 노벨상을 공동 수상했다.

벨연구소가 우주학 연구에 관여하게 된 때는 1928년으로 거슬러 올라간다. 그해에 AT&T는 전파를 이용하여 대서양 횡단 전화 서비스를 시작했다. 요금은 3분에 75달러였다. 오늘날의 1천 달러와 맞먹는 금액이었다. AT&T는 더 좋은 서비스를 제공하여 이 경제성 있는 시장을 장악하려고 했다. 그래서 벨연구소에 원거리 전파통신을 방해하는 잡음을 내는 자연적인 전파원에 대한 기초적인 연구를 진행해 줄 것을 요청했다. 이 성가신 전파원을 찾아내는 일은 스물두 살의 초급 연구원이었던 칼 잰스키Karl Jansky에게 돌아갔다. 잰스키는 아버지가 전기공학을 강의하던 위스콘신 대학에서 물리학을 공부하고 막 졸업한 참이었다.

전파는 가시광선과 마찬가지로 전자기파 스펙트럼의 일부이다. 그러나 전파는 눈에 보이지 않으며 가시광선보다 긴 파장을 가지고 있다. 가시광선의 파장이 1천분의 1밀리미터보다 작은 데 비해 전파의 파장은 수 밀리미터(마이크로파)에서 수 미터(FM 전파) 그리고 심지어는 수백 미터(AM 전파)나 된다. AT&T의 전파를 이용한 통신체계와 관련된 전파의 파장은 몇 미터 정도였다. 따라서 잰스키는 홀름델에 있는 벨연구소에 그림 92에 있는 거대하고 민감한 안테나를 제작했다. 이 안테나는 14.6미터의 파장을 가진 전파를 검출할 수 있었고 모든 방향에서 오는 전파를 잡아내기 위해 한 시간에 3번 회전하는 회전판 위에 설치되어 있었다. 잰스키가 등을 돌리면 마을 어린이들이 세계에서 가장 느린 이 회전목마에 올라타고 놀았다. 그래서 '잰스키의 회전목마' 라는 별명이 붙었다.

1930년 가을에 안테나를 세운 잰스키는 여러 달 동안 여러 방향에서 오는 전파의 세기를 여러 시간대에 측정했다. 그는 안테나를 대형 스피커에 연결했

| 그림 92 | 칼 잰스키가 자연 전파원을 찾아내기 위해 설계된 안테나를 조정하고 있다. 포드 자동차 T 모델의 바퀴가 회전판의 부품으로 사용되었다.

다. 따라서 자연 전파원에 의한 쉿 소리와 딱딱거리는 소리 등을 계속 들을 수 있었다. 방해 전파는 세 가지 범주로 분류할 수 있었다. 첫 번째로 인근의 천둥과 번개가 일으키는 비정기적인 잡음. 두 번째는 먼 곳의 천둥과 번개가 일으키는 약하게 딱딱거리는 소리. 세 번째로는 더 미약한 방해 전파가 있었다. 잰스키는 그것을 "원인이 알려지지 않은 소리로 지속적인 쉿 소리가 난다"라고 기술했다.

대부분의 연구자들은 그 알려지지 않은 전파원을 무시했다. 그것은 다른 두 전파원에 비해 중요하지 않았고 대서양 횡단 통신에 심각한 지장을 주지 않았기 때문이다. 그러나 잰스키는 그 신비한 잡음의 근원을 찾아내기로 마음먹었다. 그는 몇 달을 더 그 귀찮은 잡음을 분석하며 보냈다. 그는 점차 이 쉿 소리가 하늘의 특정한 부분에서 오며 24시간마다 최고점에 이른다는 것을 알게 되었다. 자료를 좀 더 자세하게 살펴보니 최고점과 최고점 사이의 간격은 23시간 56분이었다. 거의 하루였지만 정확하게 하루는 아니었다.

잰스키는 이 흥미 있는 시간 간격을 동료 멜빈 스켈릿Melvin Skellet에게 이야기했다. 천문학에서 박사학위를 받은 그는 사라진 4분의 중요성을 지적해 주었다. 해마다 지구는 365.25회 자전한다. 하루는 24시간이다. 따라서 1년은 365.25×24=8,766시간이다. 그러나 지구는 자신의 축을 중심으로 1년에 365.25회 자전하면서 동시에 태양을 중심으로 공전하기 때문에 한 번 더 자전하는 셈이다. 따라서 지구는 실제로 8,766시간 동안에 366.25회 자전하는 셈이 되고 한 번 자전에는 23시간 56분이 소요된다. 이것을 **항성일**이라고 한다. 항성일은 지역적인 의미를 가지는 24시간과는 달리 전체 우주에 대해 지구가 한 바퀴 도는 데 걸리는 시간이라는 점에서 중요했다.

스켈릿은 항성일의 길이와 천문학적 중요성을 잘 알고 있었다. 그러나 잰스

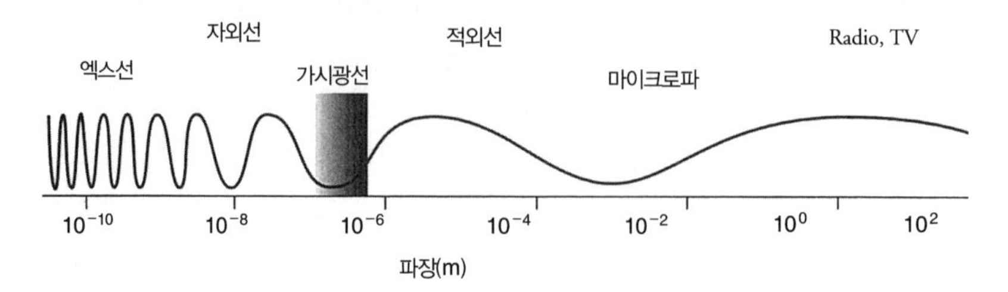

| 그림 93 | 가시광선의 스펙트럼은 전자기파 스펙트럼의 일부이다. 가시광선을 포함한 모든 전자기파는 전기적, 자기적 진동으로 구성되어 있다. 가시광선의 범위는 전자기파 스펙트럼의 아주 좁은 영역에 한정되어 있다. 따라서 우주를 충분히 연구하기 위해서 천문학자들은 파장이 수십억분의 1미터에서 수 미터에 이르는 모든 범위의 스펙트럼을 검출해야 한다.

키에게는 놀라운 사실이었다. 그는 즉시 그 방해 전파의 의미를 연구하기 시작했다. 그 쉿 소리가 매 항성일마다 잡힌다면 그 전파원은 지구나 태양계 밖에 있을 것이라는 사실을 깨달았다. 항성일은 우주 전파원을 의미했다. 잰스키는 그 전파원의 방향을 찾아내려고 노력했다. 그리고 그 전파가 우리 은하 중심 방향에서 오고 있다는 것을 발견했다. 따라서 우리 은하가 전파를 내고 있다고밖에 설명할 수 없었다.

칼 잰스키는 스물여섯 살의 나이로 외계에서 오는 전파를 찾아내고 검출해 낸 첫 번째 사람이 되었다. 역사적인 발견이었다. 우리는 현재 우리 은하의 중심에 강한 자기장이 있고 이 자기장과 빠르게 운동하는 전자가 상호작용하여 전파를 지속적으로 방출한다는 것을 알고 있다. 그는 그 결과를 〈명백한 외계 기원에 의한 전기적 장애*Electrical Disturbances Apparently of Extraterrestrial Origin*〉라는 제목의 논문으로 발표했다. 그리고 1933년 5월 5일 《뉴욕타임스》 1면에 기사가 실렸다. 거기에는 다음과 같은 내용도 포함되어 있었다. "이 은하 전파가 별들 사이의 신호라거나 어떤 형태의 지적인 생명체가 은하 사이의 통신을 시도한 결과라는 증거는 없다." 그러나 이런 언급만으로는 잰스키가 외계인에게서 중요한 신호를 받았고 그것을 무시해서는 안 된다고 주장하는 편지들이 책상에 쌓이는 것을 막을 수 없었다.

잰스키의 성과가 갖는 중요성은 우리 은하가 전파를 내고 있다는 단순한 사실의 발견을 훨씬 넘어서는 것이었다. 그의 성공은 **전파천문학**이라는 분야의 기초가 되었고, 인간의 눈으로 볼 수 있는 전자기파의 좁은 범위를 넘어서는 것을 봄으로써 훨씬 더 많은 것을 알아낼 수 있다는 사실을 알려주었다. 3장에서 언급했듯이 물체는 넓은 범위의 전자기파를 낸다. 그림 93에 요약되어 있는 이 전자기파의 파장은 우리 눈으로 볼 수 있는 무지개 빛의 파장보다 훨씬 긴 것도 있고 짧은 것도 있다.

우리 눈으로는 양 극단을 볼 수는 없지만 그것은 실제로 존재한다. 소리도 비슷하다. 동물은 넓은 범위의 파장을 가진 소리를 낸다. 그러나 우리 인간은 아주 한정된 파장의 소리만 들을 수 있다. 우리는 코끼리가 내는 (긴 파장을 가진) 초저주파를 들을 수 없고, 박쥐가 내는 (짧은 파장을 가진) 초음파를 들을 수 없다. 우리가 초저주파와 초음파가 존재함을 알 수 있는 것은 특별한 장비를 통해 그것을 검출할 수 있기 때문이다.

잰스키는 시대를 앞선 사람이었다. 왜냐하면 당시의 천문학자들은 전파 기술에 익숙지 않았고 그의 연구를 뒤따르는 데 주저했기 때문이다. 게다가 대공황 시기였으므로 벨연구소는 전파천문학으로 예산을 돌릴 수 없었다. 잰스키는 연구를 중단해야 했다. 그러나 결국 잰스키의 연구로 천문학자들은 가시광선의 한계를 넘어 시야를 넓힐 수 있었다. 오늘날에는 전파 망원경뿐만 아니라 적외선 망원경, 엑스선 망원경, 그리고 모든 파장 영역의 전자기파를 이용할 수 있는 여러 가지 장비가 사용된다. 여러 가지 다른 파장을 이용하여 우주의 여러 가지 면을 연구할 수 있게 된 것이다. 예를 들면 엑스선 망원경은 가장 짧은 파장을 가진 전자기파를 검출해 내는데, 우주의 가장 격렬한 사건을 효과적으로 관측할 수 있다. 그리고 적외선 망원경은 우리 은하를 들여다보는 데 효과적이었다. 적외선은 가시광선을 차단하는 은하의 먼지와 기체를 통과할 수 있기 때문이다.

천체에서 오는 빛의 모든 가능한 파장을 이용하는 것은 현대 천문학의 중심 과제가 되었다. 눈으로 볼 수 있든 없든 빛은 우주를 연구하는 유일한 수단이다. 따라서 천문학자들은 모든 유용한 파장에서 모든 가능한 단서를 찾아내야 한다.

조금 다른 이야기이기는 하지만 잰스키가 은하 전파를 발견한 것은 의도했던 것이 아니라 순전한 우연이었다는 점이 흥미롭다. 따라서 잘 알려져 있지는 않지만 과학적 발견에 공통적으로 들어 있는 우연한 발견을 가장 잘 보여주는 예라고 할 수 있다. '우연한 발견serendipity' 이란 말은 정치가이며 작가였던 로버트 월폴 경이 1754년에 처음으로 썼다. 그는 알고 지내던 사람이 운 좋게 발견한 것에 대해 쓴 편지에서 이 단어를 사용했다.

> 그 발견은 내가 정말로 우연한 발견이라고 부를 만한 것이었습니다. 우연한 발견이라는 말이 딱 맞는 표현이라 덧붙일 게 없습니다. 이 말의 정의보다 사용방법을 보면 그 뜻 더 잘 이해할 수 있을 것입니다. 전에 《세렌딥[9]의 세 공주》라는 동화를 읽은 적이 있습니다. 그 세 공주는 여행을 했는데, 항상 찾으려는 의도가 없었던 것을 우연하게 그러나 현명하게 발견했습니다.

과학과 기술의 역사에는 수많은 우연한 발견이 있다. 예를 들면 1948년에 조르주 드 메스트랄은 스위스의 시골로 산책을 나갔다가 바지에 붙어 있는 가시투성이 열매를 발견하고 가시의 갈고리가 천을 달라붙게 한다는 것을 알게 되었다. 그는 접착천velcro을 발명했다. 우연히 접착제를 발견한 경우는 또 있다. 강력한 접착제를 만들려고 애쓰던 아트 프라이는 접착력이 너무 약해서 금방 떨어지는 약한 접착제를 만들고 말았다. 교회 성가대였던 프라이는 실패한 접착제로 몇 장의 종이를 코팅하여 찬송가의 책갈피로 사용했는데 그것이 포스트잇의 발명으로 연결되었다. 의약 분야에서는 처음에는 심장병 치료제로 개발되었던 비아그라를 예로 들 수 있다. 연구자들은 약물 시험에 참여했던 환자들이 심장병에 별 효과가 없었는데도 남은 약을 돌려주지 않으려 하는 것을 보고 이 약의 긍정적인 부작용을 알게 되었다.

우연한 발견을 이룬 과학자들이 운이 좋은 사람들이었다고 생각하기 쉽다. 그러나 그런 평가는 공정치 않다. 우연한 발견에 성공한 과학자와 발명가들은 단 한 번의 우연한 발견을 맥락에 맞게 파악할 수 있는 충분한 지식을 쌓은 사람들이다. 역시 우연한 발견의 혜택을 입었던 루이 파스퇴르는 "기회는 준비된 사람에게 온다"라고 말했다. 월폴도 편지에서 우연한 발견이 '우연과 현명함' 의 결과라는 것을 강조했다.

더구나 우연한 발견을 해내려면 기회가 나타났을 때 잡을 준비가 되어 있어야 한다. 씨앗이 붙은 바지를 쓸어내리거나 실패한 접착제를 싱크대에 버리거나 효과가 없는 약을 폐기하는 대신 그것을 이용할 줄 알아야 한다. 알렉산더

9. Serendip, 실론의 옛 이름.

플레밍은 창문으로 들어와 공기 중에 떠다니던 페니실리움 곰팡이가 세균 배양접시에 내려앉아 세균을 죽인 일 때문에 페니실린을 발견할 수 있었다. 이전의 미생물학자들도 페니실리움 곰팡이에 오염된 배양접시를 보았을 가능성이 크다. 그러나 수백만 명의 목숨을 살린 항생제를 발견하는 기회로 삼는 대신 실망하여 폐기했을 것이다. 윈스턴 처칠은 한때 "사람은 때때로 진실과 부딪힌다. 그러나 대부분은 그것을 무시하고 아무 일도 없었던 것처럼 행동한다"라고 말했다.

다시 전파천문학으로 돌아가자. 이제 우리는 우연한 발견이 단지 새로운 관측 기술을 제공하는 것뿐만 아니라 훨씬 중요한 일을 하는 것을 보게 될 것이다. 그 발견은 그 후 몇 년 동안 전파전문학의 여러 가지 발견에서 중심 역할을 했다.

교사였던 스탠리 헤이Stanley Hey는 2차대전 동안 군사작전 연구 그룹에서 영국의 레이더 연구 프로그램에 참여하게 되었다. 레이더의 기본인 전파 송신과 수신을 조사하는 동시에 연합군 레이더가 당면하고 있는 특별한 문제에 대해 알아보라는 지시를 받았다. 레이더 시스템 운영자들은 가끔 스크린이 크리스마스트리처럼 밝아지는 것을 발견했다. 그 때문에 수많은 신호 중에서 적군의 폭격기를 구별해 내는 데 방해를 받았다. 이 현상을 설명하는 하나의 가설은 독일의 기술자들이 영국 레이더 기지에 전파 돌풍을 보내는 방법으로 레이더를 교란시키는 새로운 기술을 개발했을 가능성이었다. 헤이는 어떻게 독일이 그렇게 강력한 교란 신호를 만들어 낼 수 있는지 조사하기 시작했다. 자신들이 적에게 강력한 교란 신호를 보내는 데도 도움이 될 것이다. 1942년 봄 그는 레이더 문제는 독일과 아무 관계가 없다는 것을 알아냈다.

헤이는 교란신호가 아침에는 동쪽에서, 점심때는 남쪽에서, 오후에는 서쪽

| 그림 94 | 스탠리 헤이가 전쟁 동안 발견한 것은 1963년 4월에 《데일리 헤럴드》의 '과학의 개척지대'라는 면에 만화로 소개되어 새로운 조명을 받게 되었다.

에서 오다가 해가 지면 중단된다는 것을 알았다. 그것은 분명히 나치의 비밀 무기가 아니라 태양이 내는 전파 때문이었다. 그 당시 태양은 11년의 흑점 주기의 절정기에 있었다. 그리고 전파의 발생은 흑점의 활동과 밀접한 관계가 있었다. 레이더를 연구하다가 헤이는 태양이 — 아마도 모든 별들이 — 전파를 낸다는 사실을 발견한 것이다.

헤이에게는 우연한 발견을 하는 행운이 있는 것 같았다. 1944년에도 행운의 발견을 했기 때문이다. 접근하고 있는 V-2 로켓을 찾아내기 위해 고도를 높여 초점을 맞춘 특별한 레이더를 이용하여 헤이는 운석이 공기층을 통과할 때도 전파를 낸다는 것을 발견했다.

1945년 전쟁 동안의 광적인 레이더 수색이 끝났을 때 많은 전파 장비가 남아돌았고 그것을 사용할 줄 아는 과학자들 역시 남아돌았다. 전파천문학이 진지한 학문 분야로 자리 잡기 시작한 것은 그 때문이었다. 스탠리 헤이는 전쟁 동안 함께 레이더를 연구했던 버나드 로벨Bernard Lovell과 함께 처음으로 전문적인 전파천문학자가 되었다. 그들은 폐기된 이동 가능한 레이더를 구해 관측을 시작했다. 로벨은 맨체스터에 전파천문대를 설치했는데, 그것은 시작에 불과했다. 지나가는 기차의 전파 방해 때문에 시내에서 30킬로미터 남쪽에 있는 식물원 조드럴 뱅크로 옮겨가야 했다. 그곳에서 세계적인 전파천문대를 설치하는 일을 시작했다. 한편 케임브리지의 마틴 라일Martin Ryle도 조드럴 뱅크와 보조를 맞추려고 노력했다. 전파천문학을 빅뱅과 정상우주론의 논쟁 한가운데로 던져버린 사람은 바로 그였다.

1939년에 물리학과를 졸업한 라일 역시 전쟁 동안에는 레이더 기지에서 일했다. 그는 원격통신 연구소에서 비행기 레이더에 관해 연구하도록 차출되었다. 후에는 공군본부 연구소로 옮겨 그곳에서 V-2 로켓의 유도장치를 무력하게 하는 방법을 찾아냈다. 전쟁 동안 그가 이룬 가장 큰 업적은 일급비밀로 분류되는 달빛Moonshine 프로젝트에 참가한 것이었다. 이 프로젝트는 독일 레이더에 가짜 신호가 잡히도록 해서 해군이나 공군의 공격이 있는 것처럼 속이는 것이었다. 디데이가 가까워지자 그는 실제 상륙이 있었던 곳에서 멀리 떨어진 프랑스 해안의 두 지점에 대대적인 공격이 진행되고 있는 듯한 가짜 신호를 보내 독일군을 혼란시켰다.

전쟁이 끝난 후 라일은 군에서 사용하던 장비 중에 쓸 만한 것을 가려내어 전파천문학 측정의 정확성을 높일 수 있도록 설치했다. 광학 망원경에 비해 전파 망원경은 해상도가 매우 낮아 어떤 방향에서 신호가 오고 있는지 알아내기가 쉽지 않았다. 가시광선보다 전파의 파장이 길기 때문이다. 라일은 1946년에 **간섭계**라는 방법을 이용하여 그 문제를 해결했다. 여러 개의 전파 망원경에서 얻은 신호를 합성하여 전체적인 정확성을 높이는 방법이었다.

1948년에 라일은 가시광선은 거의 내지 않으면서 강한 전파를 내는 천체를 찾아내기 위해 하늘 전체를 자세히 조사했다. 그런 천체는 광학 망원경으로는 관측이 불가능하겠지만 전파 망원경에는 선명히 나타날 것이다. 라일의 접근 방법은 경찰이 캄캄한 밤에 탈주범을 수색하는 방법과 비슷하다. 밤은 어둡고 탈주범은 빛을 내지 않기 때문에 경찰은 쌍안경을 사용해서는 아무것도 볼 수 없다. 그러나 따뜻한 몸이 내는 적외선을 감지할 수 있는 열 감지 카메라를 이용한다면 선명하게 볼 수 있다. 만일 탈주범이 공범과 휴대전화를 사용한다면 전화는 전파를 발생시킬 것이고 경찰은 전파탐지기를 이용하여 탈주범의 위치를 알아낼 수 있다. 다시 말해 다른 물체는 다른 파장의 빛을 낸다. 만일 그 물체를 보고 싶다면 파장에 알맞은 검출 장치를 사용하면 된다.

라일은 첫 번째 케임브리지 탐사1C, the First Cambridge Survey라고 알려진 탐색을 통하여 50개의 뚜렷한 전파원의 지도를 만들었다. 이 천체들은 강한 전파를 발생시켰지만 눈에 보이지는 않았다. 이 천체들의 해석에 의문이 제기되었다. 그는 우리 은하 내에 새로운 형태의 별이 있다고 믿었다. 그러나 정상우주론 지지자인 토머스 골드 같은 사람들은 그것이 독립적인 은하라고 주장했다. 골드는 케임브리지 전파천문학 그룹의 리더가 되고 싶어 했지만 라일이 그 일을 맡게 되었다. 따라서 이 과학적 논쟁은 개인적 증오로 점철되었다.

라일은 골드가 이론학자였지 관측천문학자가 아니라는 이유로 그의 의견을 진지하게 받아들이지 않았다. 라일은 1951년 런던 유니버시티 칼리지에서 열린 학회에서 이름을 구체적으로 언급하지는 않았지만 공개적으로 골드의 의견을 부정했다. "나는 이론학자들이 실험 결과를 잘못 해석했다고 생각한다." 다시 말해 이론학자들은 자신들이 무슨 말을 하는지 모르고 있다는 것이었다. 호일도 그곳에 있었다. 그는 라일의 억양에서 마치 이론학자들은 모두 '수준 낮고 혐오스러운 사람들' 이라는 듯한 느낌을 받았다.

이 전파를 내는 천체가 별이냐 은하냐 하는 문제는 이듬해 해결되었다. 케임브리지 그룹은 시그너스 A라고 명명된 전파원의 정확한 위치를 알아냈다. 따라서 팔로마 산 천문대의 발터 바데는 200인치짜리 망원경을 이용하여 이 위치를 찾아보았다. 바데에게는 보는 것이 믿는 것이었다. "사진의 필름을 살펴보고는 무엇인가 새로운 것이 있다는 것을 알게 되었다. 필름 전체에 200개가 넘는 은하들이 흩어져 있었다. 가장 밝은 은하가 중심에 있었다. …… 저녁을 먹으러 가려고 운전을 하고 있었는데 마음속에 하도 많은 것이 떠올라 차를 세워 놓고 생각을 해야 했다."

바데는 라일의 전파원이 지금까지 관측하지 못한 은하라고 결론지었다. 따라서 별이 아니라 은하가 전파의 근원이었던 것이다. 바데는 라일이 틀리고 골드가 옳다는 것을 증명했다. 라일의 전파원 중 하나가 은하와 관계있다는 것이 밝혀진 후 천문학자들은 1C에 나타났던 다른 대부분의 전파원도 은하와 연관지었다. 이제 가시광선보다는 전파를 강하게 내는 이런 은하를 **전파은하**라고 부르게 되었다.

골드는 학회에서 바데가 시그너스 A가 은하라는 소식을 들고 다가왔던 순간을 여전히 기억하고 있었다.

> 회의실에 딸려 있는 커다란 대기실에는 평소와 마찬가지로 사람들이 들락날락하고 있었다. 발터 바데는 그곳에 있었다. 그는 "토미! 이리 와서 이것 좀 봐요!" 하고 소리쳤다. …… 라일이 방으로 들어왔다. 바데가 다시 소리쳤다. "마틴! 이리 와서 우리가 발견한 걸 보시오!" 라일은 다가와서 매우 경직된 얼굴로 사진을 보았다. 그러고는 한마디도 하지 않고 가까이 있는 안락의자에 주저앉아 고개를 숙이고 얼굴을 파묻은 채 울었다.

라일은 1C의 전파원이 별이라는 데 직업적 명성을 걸었다. 반면에 호일과 골드를 비롯한 비판자들은 전파은하라고 강력하게 주장했다. 타협할 수 없는 싸움이었다. 라일은 호일과 골드가 옳다는 것을 받아들일 수밖에 없게 되자 절망했다.

모욕을 느낀 라일은 정상우주론에 반하고 빅뱅우주론에 부합하는 새로운 증거를 찾아내 호일과 골드에게 복수하기로 결심했다. 라일은 젊은 은하의 분포를 측정하는 데 초점을 맞추었다. 젊은 은하의 분포가 가지는 중요성에 대해서는 정상우주론과 빅뱅우주론의 논쟁에서 결정적인 쟁점 네 번째 기준에서 이미 다루었다.(표 4) 두 모델은 젊은 은하의 분포에 대해 근본적으로 전혀 다르게 예측하고 있다.

(1) 빅뱅 모델에서는 젊은 은하는 초기 우주에만 존재했다고 주장한다. 은하도 우주가 나이 듦에 따라 성숙해졌기 때문이다. 그러나 우리는 아직 젊은 은하들을 볼 수 있다. 먼 우주에서 빛이 우리에게 도달하는 데는 수십억 년의 시간이 걸리기 때문에 우주의 먼 곳에서만 그런 은하를 볼 수 있을 뿐이다. 우리는 초기 우주의 은하를 보고 있는 것이다.

(2) 정상우주 모델에서는 젊은 은하가 골고루 분포되어 있다고 주장한다. 정상우주에서는 멀어지는 은하 사이에서 만들어지는 물질에 의해 모든 곳에서 항상 은하가 형성되고 있다. 따라서 먼 곳에서와 마찬가지로 우리 이웃에서도 젊은 은하를 관측할 수 있어야 한다.

천문학자들은 전파은하가 일반적으로 보통 은하보다 젊은 은하라고 믿었다. 따라서 만일 빅뱅 모델이 옳다면 전파은하는 우리 은하에서 매우 먼 곳에 있어야 한다. 반대로 정상우주 모델이 옳다면 그들은 가까운 곳이나 먼 곳에서 발견되어야 한다. 따라서 전파은하의 분포를 측정하는 것은 어떤 모델이 옳은지를 시험하는 결정적인 증거가 될 것이다.

라일은 마음속으로 결과가 빅뱅 모델에 유리하고 정상우주 모델에 불리하게 나오기를 기대하면서 이 결정적인 시험을 해보기로 했다. 1C에 이어 그는 일련의 훨씬 정교한 탐색을 실시했다. 이 탐사는 2C, 3C 그리고 4C 등의 기호를 이용하여 나타냈다. 이와 함께 그는 케임브리지에 물라드 천문대를 설치했다. 케임브리지는 전파천문학의 세계적인 중심지가 되었다. 전파는 구름에 차단당하지 않았기 때문에 전파천문학은 광학 천문학에 비해 기후에 별 영향을 받지 않았다. 따라서 케임브리지에 설치된 전파 망원경은 영국의 혹독한 겨울 날씨 속에서도 세계 다른 곳에 설치된 망원경들과 경쟁할 수 있었다.

1961년에 라일은 5천 개의 전파은하 목록을 작성했고 그 분포를 분석했다. 모든 전파은하까지의 정확한 거리를 측정할 수는 없었다. 그러나 정교한 통계적 분석을 통해 전파은하의 분포가 빅뱅 모델과 일치하는지 정상우주 모델과 일치하는지 추론할 수 있었다. 그 결과는 분명했다. 전파은하는 빅뱅 모델이 예측한 대로 먼 곳에 더 많이 분포했다. 라일은 그 결과를 남반구의 하늘에서 비슷한 조사를 한 시드니에 있는 다른 전파천문학 그룹의 결과와 비교했다. 그들은 전파은하의 분포가 빅뱅 모델과 일치한다는 것에 동의했다.

10년 전 바데는 대부분의 전파원이 은하라는 것을 증명했다. 그것은 라일이 틀리고 골드와 호일이 옳다는 것을 뜻하는 것이었다. 마침내 라일이 설욕을 할 때가 왔다. 그는 런던에서 기자회견을 열고 호일을 초청했다. 발표의 충격을 최대로 하기 위해 라일은 호일에게 무엇을 발표할 것인지 미리 알리지 않았다. 기자회견은 공식적으로 호일을 모욕하는 자리가 되었다. 호일은 라일의 의도를 잘못 해석했고 다른 결과를 기대하고 있었다. 그는 나중에 이렇게 회상했다. "만일 (결과가) 반대였다면 그렇게 심하게 함정에 빠뜨릴 리는 없다고 생각했다. 나를 초청한 것은 분명히 라일이 정상우주론과 일치하는 결과를 발표할 것임을 뜻했다. …… 나는 그곳에 앉아 있었다. 하지만 발표를 듣고 있을 수 없었다. 믿을 수 없었지만 내가 함정에 빠졌다는 것이 점점 더 분명해졌다."

라일의 관측 결과는 분명히 우주가 유한한 역사를 가지고 있고 창조의 순간을 가지고 있다고 주장하는 빅뱅 모델을 뒷받침하고 있었다. 몇 시간도 안 되어 석간신문을 파는 사람들이 외쳐댔다. "성경은 옳았습니다!" 호일은 쥐구멍에라도 들어가고 싶은 심정이었다. 그는 심각한 결함이 발견되기를 바라면서 라일의 자료를 분석했다. 그러나 대중이나 언론은 그와 가족을 그냥 내버려 두지 않았다. "그 다음 주에 우리 아이들은 학교에서 놀림을 받았다. 우리 집 전화는 계속 울려댔다. 나는 울리도록 그냥 내버려 두었다. 그러나 아이들에게 무슨 일이 일어난 것일지도 모른다고 염려한 아내는 일일이 전화를 받았다."

가모브는 라일의 소식을 듣고는 기뻐하며 그 획기적인 결과를 그림 95에 있는 악명 높은 시로 나타냈다. 그 시는 라일과 호일 사이의 팽팽한 긴장을 생생하게 그려내고 있다.

정상우주 지지자들은 우주는 어디에서나 똑같기 때문에 젊은 은하가 가까운 곳이나 먼 곳이나 똑같이 분포해 있을 것이라고 강력하게 주장함으로써 목을 내놓고 있었다. 호일은 라일의 측정 결과가 그 예측을 뒷받침했다면 주저하지 않고 받아들였을 것이다. 그 결과가 정상우주 모델과 상반되는 것이었다 해도 받아들였어야 했다. 그러나 호일은 관측의 오류를 찾아내려 했다. 자료가 어떻게 수집되었고 어떻게 해석되었는지 확인했다.

호일은 라일의 측정이 2C와 3C, 그리고 3C와 4C 사이에 커다란 차이가 있다는 것을 지적했다. 그는 다섯 번째 조사를 한다면 정상우주 모델과 일치하는 다른 결과가 나올지도 모른다고 주장했다. 골드는 관측 결과가 계속 변한 것을 '라일 효과'라고 비꼬면서 호일 편을 들었다. 골드는 전파천문학은 아직 믿을 수 없는 새로운 분야라는 것을 부각시킨 후 "나는 그런 관측이 판결을 내릴 수 있다고 생각지 않는다"라고 말했다.

"힘들고 고생스럽던 당신의 시간은"
라일이 호일에게 말했다.
"헛수고였다오. 나를 믿으시오.
정상우주는
한물 간 것이오,
내 눈이 나를 속이지 않는 한.

내 망원경은
당신의 희망을 꺾었소.
당신의 교리는 거부되었소.
짧게 말하리다.
우리 우주는
매일 커지고 있고 점점 엷어지고 있소."

호일이 말했다.
"당신은 르메트르를 들먹이고 있구려.
그리고 가모브를, 그들을 잊어버리시오!
그 제멋대로 구는 깡패들을
그리고 그들의 빅뱅을.
왜 그들을 도와주려는 것이오?

나의 친구여,
끝이란 없는 것이오.
따라서 시작도 없었소.
본디와 골드
그리고 나는 그 말을 지킬 것이오,
당신 머리가 파뿌리가 될 때까지."

"그렇지 않소!" 라일이 소리쳤다.
치밀어 오르는 분노를
참으려고 애쓰며.
"멀리 있는 은하들은
누구나 보고 있듯이
더 단단히 뭉쳐 있구나!"

"당신은 나를 열 받게 하고 있소."
호일이 폭발했다.
자신의 말을 다시 정리했다.
"새로운 물질이 생겨나고
매일 저녁과 아침에
세상은 변하지 않는다."

"이제 내려오시오, 호일!
나는 아직 당신을
찌르지 않았소.
그리고 오래지 않아"
라일이 계속했다,
"나는 당신을 깨우쳐 줄 것이오."

| 그림 95 | 가모브가 쓴 이 시는 그의 책 《이상한 나라의 톰킨스 씨》에 들어 있다. 이 시는 전파은하에 대한 마틴 라일의 성과를 알려주는 동시에 프레드 호일의 반응도 묘사했다.

라일은 과거 관측에 오류가 있었다는 것을 인정했다. 그러나 4C 조사는 믿을 수 있는 것이며 호주 천문학자들도 독자적으로 확인했다고 강하게 반박했다. 한번은 본디가 4C에 대해 계속 공격하자 결국 라일이 달려들었다. 마틴 하윗Martin Harwit은 "(라일이) 크게 화를 냈다. 내가 천체물리학자로서 30년 동안 본 것 중에서 가장 불쾌한 과학자들 사이의 마찰이었다"라고 말했다.

호일, 골드 그리고 본디는 전파은하의 분포에 대한 라일의 결론을 받아들이지 않았지만 빅뱅 모델이 앞서간다고 생각하는 우주학자들의 수는 늘어갔다. 정상우주 모델은 점점 더 불안정해 보였다. 설상가상으로 라일의 전파은하 탐색은 정상우주론 지지자들에게 또 한 방 날릴 준비를 하고 있었다.

1963년 네덜란드 출신 미국 천문학자 마르텐 슈미트Maarten Schmidt는 일반적으로 3C 273이라고 하는 라일의 3C 조사 목록 273번째 전파원을 조사하고 있었다. 그 당시에는 대부분의 전파원이 먼 곳에 있는 은하일 것이라 생각하고 있었다. 그러나 3C 273에서 오는 전파 신호는 너무 강해서 우리 은하 안에 있는 이상한 형태의 새로운 별이라고 생각되었다. 게다가 3C 273은 광학 망원경에도 흐릿한 얼룩이 아니라 밝은 점으로 보였다. 그것은 3C 273이 은하가 아니라 별이라는 생각에 더욱 힘을 실어주었다. 슈미트는 3C 273의 성분을 추정하기 위해서 그 빛의 파장을 분석했다. 그는 결과를 보고 처음에는 무척 곤혹스러워했다. 3C 273에서 오는 빛의 파장이 알려져 있는 어떤 원자와도 연관이 없어 보였기 때문이다. 그러나 곧 혼란의 원인을 알아냈다. 그가 측정한 것은 수소가 내는 잘 알려진 스펙트럼이었다. 다만 전에는 볼 수 없었을 정도로 심하게 적색편이되어 있었던 것이다. 3C 273이 근처에 있는 별이라고 생각했기 때문에 그것은 놀라운 사실이었다. 근처에 있는 별은 대개 초속 50킬로미터 이하의 속도로 운동하는데 슈미트가 관측한 적색편이를 설명하기에는 너무 느린 속도이다. 3C 273에서 오는 빛의 적색편이 측정 결과는 이 천체의 후퇴 속도가 초속 4만8천 킬로미터나 되어 빛의 속도의 약 16퍼센트에 해당된다는 것이었다. 이 결과를 허블법칙에 대입해 보면 3C 273은 현재까지 관측된 것 중에서 가장 멀리 있는 천체라는 것을 알 수 있었고 그 거리는 우리 은하에서 100억 광년이 넘었다. 3C 273은 우리 이웃에 있는 밝은 별이 아니라 굉장히 밝고 엄청나게 멀리 있는 은하였다. 이 은하의 밝기는 그때까지 알려진 가장 밝은 은하의 밝기보다 100배는 더 밝았다. 이 은하는 가시광선보다는 전파영역에서 더욱 밝았다. 3C 273에 준성전파원, 즉 퀘이사quasar라는 이름이 붙은 것은 멀리 있으면서도 매우 밝은 이 전파은하가 처음에는 우리 이웃의 별처럼 보였기 때문이다. 오래지 않아 여러 개의 다른 전파원들도 특별히 밝고 멀리 떨어져 있는 퀘이사라는 것이 밝혀졌다. 가모브는 퀘이사의 발견을 또 다른 시로 축하했다. 이번에는 천문학자들이 멀리 있는 퀘이사가 무엇인지 모른다는 것을 강조했다.

반짝반짝 별 같은 것quasi-star
멀리 있는 큰 수수께끼
다른 것과 얼마나 다른지
10억 태양보다 더 밝아
반짝반짝 별 같은 것quasi-star
무엇인지 난 몰라

또 다른 퀘이사의 신비는 — 빅뱅과 정상우주 사이의 논쟁에 중요한 의미가 있는 — 그 분포와 관계된 것이었다. 모든 퀘이사는 우주의 아주 먼 곳에 위치해 있었다. 빅뱅우주론 지지자들에게 이것이 의미하는 바는 명확했다. 그들은 만일 퀘이사가 멀리에서만 관측된다면 빛이 퀘이사로부터 우리에게 오는 데 수십억 년이 걸렸을 것이고 그렇다면 우리는 수십억 년 전의 그들을 보고 있는 것이라고 주장했다. 그것은 퀘이사가 우주 초기에만 존재했다는 것을 의미하는 것이었다. 아마도 온도가 더 높고 밀도가 높았던 초기 우주의 조건이 밝은 퀘이사의 형성에 도움이 되었을 것이다. 빅뱅 모델에 의하면 초기 우주에는 우리 이웃에도 퀘이사가 있었을 가능성이 있다. 그러나 시간이 지남에 따라 그들은 보통 은하로 진화했고 그것이 오늘날 우리 이웃에서 퀘이사를 발견할 수 없는 이유이다.

퀘이사의 분포는 호일, 골드 그리고 본디에게는 골칫거리였다. 왜냐하면 정상우주 모델에서는 우주는 어느 곳이나 언제나 똑같기 때문이다. 먼 옛날 먼 곳에 퀘이사가 존재한다면 퀘이사는 현재 여기에도 존재해야 한다. 하지만 그런 것 같아 보이지 않았다. 정상우주론자들은 퀘이사는 매우 희귀한 천체이고 우리 이웃에 퀘이사가 없는 것은 단지 우연일 뿐이라고 주장하여 체면을 유지하려고 했다. 또한 아무도 퀘이사의 진정한 정체나 그 에너지원을 모르고 있었으므로 호일, 골드 그리고 본디는 그렇게 조금밖에 밝혀지지 않은 현상 때문에 정상우주 모델이 무너질 수는 없다고 고집했다.

그것은 빈약한 변명이었다. 정상우주 모델은 신뢰성을 잃어가고 있었고 많은 우주학자들이 빅뱅 모델 쪽으로 옮겨가고 있었다. 그렇게 옮겨간 데니스 시아마는 퀘이사의 관측을 "정상우주 모델에 반하는 가장 결정적인 증거"라고 했다. 그에게는 생각을 바꾸게 된 것이 잊혀지지 않는 경험이었던 듯하다. "나로서는 정상우주 이론을 잃는다는 것이 매우 슬픈 일이었다. 정상우주론은 우주의 설계자가 알아차리지 못한 말로 표현할 수 없는 아름다움을 지니고 있었다. 사실 우주는 실패작이었다. 그러나 우리는 그것을 최고로 만들기 위해 최선을 다할 것이다."

전파천문학은 우주로 향한 새로운 창문을 열었고 새로운 천체를 발견했으며 빅뱅과 정상우주론의 논쟁에 결정적인 증거를 제시했다. 유감스럽게도 전파천문학의 아버지 칼 잰스키는 살아 있는 동안에 전파 망원경을 발명하고 처음으로 전파를 이용하여 하늘을 관측한 공로를 제대로 인정받지 못했다. 그는 1950년에 마흔네 살의 나이로 죽었다. 전파천문학이 새로운 분야로 자리를 잡은 것은 그가 죽고 나서 10여 년이 지난 후의 일이었다.

그러나 칼 잰스키는 영원히 이름을 남기게 되었다. 1973년 국제천문학회는 그의 공적을 기념하기 위하여 전파의 세기를 나타내는 단위로 그의 이름을 사용하기로 했다. 잰스키jansky라는 단위는 전파원의 세기를 나타내는 데 사용되고 있다. 밝은 퀘이사는 100잰스키 정도이며 약한 전파원은 수 밀리잰스키 정도의 세기이다.

잰스키의 전파천문학 연구를 지원한 벨연구소는 전파천문학 연구 프로그램을 만들어 그를 기념했다. 벨연구소는 특히 전파천문학의 역사에서 가장 중요한 역할을 한 두 사람을 배출했다. 한 사람은 말이 거침없고 야심이 많은 유대인 이민자였고 또 한 사람은 텍사스 유전지대에서 온 조용하고 신중한 사람이었다. 두 사람은 함께 우주론의 기초가 되는 발견을 했다.

펜지어스와 윌슨의 발견

아노 펜지어스Arno Penzias는 나치 비밀경찰 게슈타포가 창설되던 날인 1933년

4월 26일에 뮌헨의 유대 가정에서 태어났다. 그는 네 살 때 어머니와 전차를 타고 가는 도중 처음으로 반유대주의와 마주쳤다.

> 큰 아들로 귀여움을 받으면서 자라면 항상 뭔가 자랑하고 싶어 하게 마련이다. 나는 내가 유대인이라는 것을 다른 사람들이 알아차릴 수 있는 말을 했다. 그러자 전차 안의 공기가 바뀌었고 어머니는 우리를 데리고 차에서 내린 다음 다른 차를 기다려야 했다. 그 일로 사람들 앞에서 내가 유대인이라는 사실을 말하면 안 된다는 것을 알게 되었다. 그런 말을 하면 가족을 위험에 빠뜨릴 수도 있었다. 그것은 충격이었다.

펜지어스는 독일에서 태어났지만 그의 아버지는 폴란드 시민이었다. 그래서 그의 가족은 심한 압박을 받았다. 독일 당국은 독일을 떠나지 않으려는 폴란드인들은 체포하겠다고 위협했다. 그러나 폴란드는 1938년 11월 1일에 유대인의 폴란드 여권을 말소해 버렸다. 따라서 펜지어스 가족은 어떤 국경도 넘을 수가 없었다. 그들은 나치의 처형을 피할 길이 없어 보였다. 그러나 미국에서 독일 유대인을 친척으로 위장해서 구출하자는 운동이 시작되었다. 독일을 떠날 수 있는 허가를 받을 수 있도록 하려는 순수한 인도적 수법이었다. 한 달 정도 지난 후에 한 미국 가정에서 펜지어스 가족의 출국 비자를 보증해 준다는 연락을 받았다. 1939년 그들은 영국으로 도망쳤고 증기선을 타고 뉴욕에 도착하여 브롱크스에서 새로운 생활을 시작했다.

펜지어스의 아버지는 뮌헨에 있을 때 피혁상이었다. 그러나 이제는 난로를 채우고 쓰레기통을 비우는 아파트 경비원이 되었다. 펜지어스는 아버지가 생활을 꾸려가기 위해 얼마나 힘들게 일하는지 보았고 "대학에 간 사람들은 더 좋은 옷을 입고 제때 식사할 수 있다는 것"을 알았다. 그러한 안락과 안정을 간절히 원했던 그는 열심히 일했고 학교에서도 좋은 성적을 받았으며 대학에 진학하려고 했다.

펜지어스는 물리학을 공부하고 싶었지만 물리학자로서 생계를 유지하는 것이 가능한지 몰라 아버지에게 조언을 구했다. "물리학자들은 자신들이 엔지니어가 할 수 있는 모든 것을 할 수 있고 적어도 엔지니어로서 생계를 유지할 수는 있다고 생각한다고 아버지는 말씀하셨다. 그 시절에는 물리학 전공자들은 대단한 사람들이었다. 흔치 않은 뛰어난 사람들이었다. 제일 우수한 학생들이 심미적인 이유로 물리학에 흥미를 느끼는 듯했다."

수업료가 면제되는 뉴욕 시립대학에서 첫 번째 학위를 받은 아노 펜지어스는 컬럼비아 대학 물리학과에서 전파천문학으로 박사과정을 밟기 시작했다. 이 학과는 1956년에 이미 세 명의 노벨상 수상자를 배출했다. 펜지어스의 지도교수는 찰스 타운스Charles Townes였는데, 마이크로파에서의 레이저라 할 수 있는 메이저(maser)를 발전시킨 공로로 컬럼비아의 네 번째 노벨상 수상자가 된 사람이었다. 펜지어스는 논문 연구를 위해 타운스 교수의 메이저를 주요 부품으로 하는 아주 민감한 전파수신기를 제작했다.

그 전파수신기는 잘 작동했지만 은하 사이에 널리 퍼져 있을 것이라고 믿어지는 수소 기체가 내는 전파를 검출하려는 펜지어스의 목적을 달성하지는 못했다. 그는 자신의 박사학위 논문을 '엉터리'라고 불렀다. 하지만 그보다는 결론이 나지 않은 논문이라고 하는 것이 더 정확한 표현일 것이다. 어찌되었든 그는 1961년에 박사학위를 받고 벨연구소의 연구원이 되었다. 벨연구소는 신출내기 전파천문학자를 고용하는 세계에서 유일한 기업 연구소였다.

순수과학 연구를 계속하면서 펜지어스는 상업적 연구도 돕게 되어 있었다.

벨연구소는 첫 번째 능동적인 통신위성인 텔스타를 개발하여 발사한 후에 안테나로 텔스타를 찾아내려고 했지만 쉽지 않아 어려움을 겪고 있었다. 신참 펜지어스가 30명으로 구성된 강력한 안테나 위원회의 선봉에 섰다. 그는 안테나의 위치를 알아내는 방법으로 이미 알려진 전파은하의 위치를 찾는 방법을 응용하자고 제안했고 그것을 이용해 텔스타를 찾아냈다. 이것은 학문적 연구와 상업적 연구의 완전한 합성이었다. 펜지어스의 성공은 응용과학자, 공학자와 함께 순수과학자도 고용하는 벨연구소의 고용정책의 승리였다.

2년 동안 벨연구소의 전파천문학자는 펜지어스 한 사람뿐이었다. 그러나 1963년에 로버트 윌슨Robert Wilson이 들어왔다. 이 텍사스 젊은이는 어린 시절 화학 엔지니어였던 아버지와 함께 근처에 있는 유전지대를 다니면서 과학에 대한 흥미를 키웠다. 그는 휴스턴에 있는 라이스 대학에서 물리학을 전공했다. 대학을 졸업하고 1957년에 캘리포니아 공과대학 박사과정에 들어갔다. 윌슨은 1953년에 거기서 윌리엄 파울러와의 공동연구 이후 정기적으로 캘리포니아 공과대학을 방문하던 프레드 호일의 강의를 들었다. 펜지어스와 마찬가지로 윌슨의 논문도 전파천문학에 관한 것이었다. 박사학위를 받고 그는 벨연구소로 왔다.

윌슨은 크로퍼드힐 근처에 있는 나팔 모양의 전파 안테나(그림 96) 때문에 벨연구소에 매력을 느꼈다. 그 안테나는 1960년에 발사된 에코 풍선 위성의 신호를 잡아내도록 설계되었다. 에코는 지름 66센티미터의 구체 속에 넣어서 지구 궤도로 발사되었다. 일단 지구 궤도에 올라간 후에는 지름이 30미터나 되는 커다란 은색의 구로 부풀려져 지상에 있는 발신기와 수신기 사이의 신호를 수동적으로 반사했다. 그러나 이 분야의 통신사업에 정부가 뛰어들었기 때문에 AT&T는 경제적인 이유로 에코 프로젝트를 취소했고 나팔 모양의 안테

| 그림 96 | 크로퍼드힐에 있는 벨연구소의 나팔 모양 안테나 앞에서 포즈를 취하고 있는 로버트 윌슨(왼쪽)과 아노 펜지어스. 이 전파 망원경이 영광스러운 전파 수신기가 되었다. 수신부의 넓이는 6m²이었고 관측 장비는 삼각형의 꼭짓점에 위치한 건물 안에 있다.

나는 전파천문학을 위해 자유롭게 사용할 수 있게 되었다. 나팔 모양의 안테나는 두 가지 면에서 전파천문학에 알맞은 장비였다. 이 안테나는 지역적 전파 방해로부터 잘 차단되어 있었고 크기가 커서 천체에서 오는 전파 신호를 매우 정확하게 찾아낼 수 있었다.

펜지어스와 윌슨은 업무 시간 중 일부를 하늘의 다양한 전파원을 찾아내는 데 사용할 수 있도록 벨연구소의 허가를 받았다. 그러나 제대로 조사를 시작하기 전에 우선 전파 망원경을 충분히 파악하고 모든 특성을 알아야 했다. 특히 이 안테나가 최소 수준의 **잡음**noise을 잡아들이는지 확인해야 했다. 잡음이라는 말은 진짜 신호를 불명확하게 만드는 모든 임의의 전파방해를 나타내는 기술적인 용어이다.

그것은 라디오로 특정한 방송을 듣기 위해 다이얼을 돌릴 때 들을 수 있는 것과 똑같은 잡음이다. 방송국 신호는 쉿 소리 나는 잡음으로 오염되어 있을 수도 있다. 신호와 잡음 사이에는 항상 전투가 일어나고 있다. 신호가 잡음보다 훨씬 강해야 이상적이다. 일반적으로 지역에 있는 방송국에 다이얼을 맞추고 방송을 들을 때는 방송이 똑똑히 들리고 잡음은 그리 방해되지 않는다. 그러나 외국 라디오 방송을 들으려 하면 신호는 약해지고 잡음이 강해져서 방송을 분명하게 듣기 힘들어진다. 가장 심한 경우에는 전파 신호가 완전히 잡음 속에 파묻혀 버려 아무것도 정확하게 들을 수 없게 된다.

전파천문학에서는 먼 곳에 있는 은하로부터 오는 전파 신호가 매우 약하기 때문에 잡음 문제가 더욱 심각해진다. 잡음 수준을 점검하기 위해 펜지어스와 윌슨은 은하가 없어 아무런 전파 신호도 오지 않을 것이라고 생각되는 지점으로 전파 망원경을 향했다. 따라서 어떤 신호가 잡혀도 잡음 때문이어야 했다. 그들은 잡음이 무시할 정도의 수준일 것이라고 생각하고 있었기 때문에 예상외로 성가신 정도의 잡음을 감지하고는 놀라지 않을 수 없었다. 잡음 수준은 생각보다 높았지만 그들이 하려는 측정에 큰 영향을 줄 정도는 아니었다. 실제로 대부분의 전파천문학자는 이 문제를 무시하고 관측을 계속하고 있었다. 그러나 펜지어스와 윌슨은 가능한 한 정확한 조사를 하기로 마음먹었다. 그래서 그 근원을 찾아내어 잡음을 줄이거나 아주 없애 버리기로 했다.

잡음의 근원은 크게 두 가지로 나눌 수 있다. 첫 번째는 멀리 있는 도시나 근처에 있는 전기기구와 같이 망원경의 특성이나 성능과는 관계없는 잡음이었다. 펜지어스와 윌슨은 주변에 강한 전파원이 있는지 조사했고 심지어는 뉴욕 방향으로 망원경을 돌려보기도 했지만 잡음이 증가하거나 감소하지 않았다. 그들은 시간에 따라 잡음이 변화하는지 측정했다. 이번에도 똑같았다. 이 잡음은 망원경의 방향이나 관측 시간과는 관계없이 항상 똑같았다.

그래서 두 사람은 두 번째 형태의 잡음인 망원경 자체가 만들어 내는 잡음을 조사했다. 전파 망원경은 자체적으로 전파를 낼 가능성이 있는 많은 부품으로 구성되어 있다. 우리가 사용하는 라디오도 그렇다. 방송국이 강한 신호를 보내도 라디오의 증폭장치, 스피커 또는 배선이 내는 잡음 때문에 질이 떨어진다. 펜지어스와 윌슨은 접촉 불량, 배선의 습기, 불량소자, 그리고 수신기의 정렬 불량 같은 문제가 있는지 전파 망원경의 모든 부품을 조사했다. 확실히 하기 위해 아무 문제가 없어 보이는 연결 부분도 알루미늄 테이프로 감쌌다.

한때는 나팔 모양의 안테나 안쪽에 둥지를 튼 한 쌍의 비둘기에도 신경을 썼다. 펜지어스와 윌슨은 비둘기가 안테나의 표면에 배설해 놓은 '흰색의 절연물질' 이 잡음의 원인일지 모른다고 생각했다. 그래서 새를 잡아 새장에 넣어 50킬로미터나 떨어진 뉴저지 주의 휩패니에 있는 벨연구소로 가져가 놓아

주었다. 그러고는 안테나가 반짝반짝 빛날 때까지 닦아냈다. 그러나 비둘기는 귀소본능을 따라 돌아와서 안테나에 절연물질을 다시 배설하기 시작했다. 펜지어스는 다시 비둘기를 붙잡아 제거하기로 했다. "비둘기를 교살해 주겠다는 사람도 있었지만 나는 가장 인간적인 방법은 새장을 열고 그들에게 총을 쏘는 것이라고 생각했다."

1년 동안 망원경을 닦아내고, 배선을 새로 하고, 점검해서 잡음 수준은 낮아졌다. 펜지어스와 윌슨은 남아 있는 잡음의 원인을 공기의 영향과 안테나의 벽으로 돌리고 받아들일 수밖에 없다고 결론지었다. 그러나 아직 그들이 감지하는 모든 잡음이 해명되지는 않았다. 그들은 엄청난 시간과 노력 그리고 돈을 전파 망원경의 잡음의 원인을 찾아내고 제거하는 데 투자했다. 그러나 끊임없이 계속 잡히는 한 잡음의 원인은 도저히 알 수 없었다. 이 잡음은 모든 방향에서 언제나 잡히고 있었다.

가모브, 앨퍼 그리고 허먼이 빅뱅의 순간 후 30만 년 정도 지났을 때 우주에 변화가 있었다는 것을 계산을 통해 밝혔던 것을 기억해 보자. 이때의 우주 온도는 대략 섭씨 3천 도로 식어 있었다. 이것은 자유롭게 날아다니던 전자들이 원자핵에 붙잡혀 안정된 원자를 이룰 수 있는 온도였다. 우주를 가득 채우고 있던 빛의 바다는 전자나 원자핵이 서로를 잡고 있어서 이제 더 이상 전하를 띤 전자나 원자핵과 상호작용하지 않게 되었다. 우주의 역사에서 재결합이라 부르는 이 순간 이후 원시의 빛들은 전하를 띠지 않은 우주 공간을 마음대로 여행할 수 있게 되었다.

가모브, 앨퍼 그리고 허먼은 시간이 흐르고 우주가 팽창함에 따라 원시 빛의 파장이 공간 자체의 팽창과 함께 늘어났을 것이라고 예측했다. 우주의 나이가 30만 살이었을 때 우주의 안개 속에서 나타난 원시 빛의 파장은 1천분의

1밀리미터 정도였다. 그러나 빅뱅 모델에 의하면 그 후 우주는 약 1천 배나 팽창했다. 따라서 이 빛들의 파장은 1밀리미터 정도가 되었을 것이고 따라서 전자기파 스펙트럼에서 전파 영역에 해당하게 되었을 것이다.

빅뱅의 메아리는 전파로 바뀌어 펜지어스와 윌슨의 전파 망원경에 잡음으로 감지되었던 것이다. 이 전파는 전파 스펙트럼에서 마이크로파로 구분될 수 있다. 그 때문에 빅뱅의 메아리는 우주배경복사라고 알려지게 되었다. 우주배경복사의 존재는 빅뱅 이론과 정상우주 이론의 토론에서 결정적인 것이었다. 바로 표 4의 다섯 번째 기준이다.

우주배경복사의 존재는 1940년대에 예측되었지만 60년대까지 과학계는 대부분 잊고 있었다. 펜지어스와 윌슨이 전파 잡음을 빅뱅 모델과 연결시키는데 실패한 것은 그 때문이었다. 그러나 그들이 자신들을 당황스럽게 했던 이 신비한 전파 잡음을 무시하지 않은 것은 대단한 일이었다. 그들은 동료들과 계속 의견을 나누었다.

1963년 말에 펜지어스는 몬트리올에서 열린 천문학회에 참석했고 그곳에서 우연히 MIT의 버나드 버크Bernard Burke에게 잡음 문제를 이야기했다. 몇 달이 지난 후에 버크가 흥분하여 전화를 걸었다. 그는 프린스턴 대학 우주학자인 로버트 디키Robert Dicke와 제임스 피블스James Peebles의 연구 논문 초안을 받았다. 그 논문에는 프린스턴 팀이 빅뱅 모델을 연구해 왔는데 최근에 수 밀리미터의 파장을 가진 전파로 나타나는 우주배경복사가 어디에나 있어야 한다는 사실을 알게 되었다고 나와 있었다. 디키와 피블스는 자신들이 가모브, 앨퍼 그리고 허먼이 15년 전에 지나간 길을 가고 있다는 것을 알지 못했다. 독자적으로 그리고 뒤늦게 그들은 우주배경복사를 다시 예측하게 된 것이다. 디키와 피블스는 펜지어스와 윌슨이 벨연구소에서 우주배경복사를 감지했다는 사실

역시 모르고 있었다.

요약하면 가모브, 앨퍼 그리고 허먼은 1948년에 우주배경복사를 예측했다. 그러나 10여 년 동안 그 예측은 잊혀졌다. 1964년에 펜지어스와 윌슨이 우주배경복사를 발견했지만 그것이 무엇인지 알아차리지 못했다. 거의 같은 시기에 디키와 피블스는 1948년에 그런 예측이 나왔다는 것을 모른 채 우주배경복사를 예측했다. 그리고 버크는 펜지어스에게 디키와 피블스의 예측을 이야기해 주었다.

이렇게 해서 갑자기 모든 것이 제자리를 잡게 되었다. 결국 펜지어스는 전파 망원경을 오염시킨 잡음의 원인을 이해하게 되었고 그것이 얼마나 중요한 것인지 알게 되었다. 항상 존재하는 잡음의 신비는 결국 해결되었다. 비둘기나 전선의 불량접촉 또는 뉴욕과는 아무 관계가 없었다. 그러나 우주의 창조와 밀접한 관계가 있었다.

펜지어스는 디키에게 전화를 걸어 프린스턴 논문에서 가정한 우주배경복사를 찾아냈다고 말해주었다. 디키는 특히 펜지어스가 전화를 건 시각 때문에 깜짝 놀랐다. 디키와 피블스는 마침 가설을 검증하기 위해 프린스턴에 우주배경복사 검출 장치를 제작하는 문제를 협의하려고 점심 회의를 하고 있었기 때문이다. 펜지어스와 윌슨이 그 가설을 이미 증명했기 때문에 검출 장치는 이제 필요 없게 되었다. 디키는 전화를 내려놓고 동료들에게 소리쳤다. "이것 봐, 우리가 한발 늦었어!" 시간을 낭비하지 않으려고 디키와 프린스턴 팀은 다음 날 펜지어스와 윌슨을 찾아갔다. 그들은 전파 망원경에 대해 조사하고 자료를 검토하여 펜지어스와 윌슨의 발견을 확인해 주었다. 우주배경복사를 찾아내려는 경주는 끝이 났다. 벨연구소 팀은 프린스턴의 경쟁자들을 자기도 모르는 새 이긴 것이다. 1965년 여름에 펜지어스와 윌슨은 그 결과를 《천문학회지*Astrophysical Journal*》에 발표했다. 600단어로 된 그 논문은 관측한 것을 그대로 실었을 뿐 아무런 설명도 덧붙이지 않았다. 대신 펜지어스와 윌슨의 관측을 우주배경복사와 연결시키는 일은 같은 잡지에 자매 논문을 발표한 디키와 프린스턴 팀에 넘겼다. 그들은 벨연구소의 두 사람이 어떻게 빅뱅의 메아리를 발견했는지 설명했다. 그것은 아름다운 결혼이었다. 디키 팀은 이론이 있었지만 관측 자료가 없었던 반면 펜지어스와 윌슨은 이론은 없이 관측 자료만 가지고 있었다. 프린스턴과 벨연구소의 연구 결과의 결합은 성가셨던 문제를 위대한 성공으로 바꾸어 놓았다.

빅뱅 모델은 우주배경복사의 존재와 오늘날의 파장을 명확하게 예상했다. 반대로 정상우주 모델은 우주배경복사에 대해서 아무런 언급도 하지 못했고 우주가 마이크로파로 가득 차 있다는 것을 상상하지 못했다. 결과적으로 우주배경복사의 발견은, 수백억 년 전에 있었던 빅뱅으로 우주가 시작되었다는 사실을 증명하는 결정적인 증거였다.

우주배경복사의 발견은 정상우주 모델이 틀렸다는 것을 증명했다. 그러나 빅뱅 이론이 옳다는 것과 우주배경복사의 존재를 알아낸 윌슨의 기쁨은 줄어들었다. 왜냐하면 그는 항상 정상우주 모델을 더 좋아했기 때문이다. "나는 캘리포니아 공과대학에서 호일에게 우주론을 배웠고 정상우주를 좋아했다. 철학적으로 나는 아직도 그쪽을 좋아한다."

그의 슬픔은 곧 쇄도하는 찬사 덕분에 감소되었다. 미국항공우주국NASA의 천문학자 로버트 재스트로Robert Jastrow는 펜지어스와 윌슨이 "500년 현대 천문학사에서 가장 위대한 발견을 했다"라고 말했다. 그리고 하버드 대학 물리학자 에드워드 퍼셀Edward Purcell은 우주배경복사에 대해 더 큰 찬사를 보냈다. "그것은 모든 사람들이 지금까지 본 것 중에서 가장 중요한 것이다."

그리고 이 모든 것은 순전히 운의 결과였다. 펜지어스와 윌슨은 우연한 발견의 축복을 받았던 것이다. 그들은 원래 일반적인 천문학적 전파를 조사하려고 했다. 그러나 잡음에 대한 조사로 탈선한 것이 가장 위대한 발견으로 바뀌었다. 30년 전에 칼 잰스키가 벨연구소에서 발견한 행운은 전파천문학을 정립시켰다. 우연한 발견이 다시 한번 같은 과학 분야에서, 그리고 같은 연구소에서 이루어졌다. 이번에는 훨씬 더 중요한 것이었다.

우주배경복사는 우주로 아주 민감한 전파 안테나를 향하는 사람에게 발견되기를 기다리고 있었다. 그리고 그 발견자는 펜지어스와 윌슨이었다. 그러나 그 발견의 우연성은 전혀 부끄러워할 일이 아니었다. 그러한 성공에는 운뿐만 아니라 상당한 경험과 지식, 창의력과 끈기가 필요하기 때문이다. 프랑스의 에밀 라 루가 1955년에, 그리고 우크라이나의 티그란 슈마오노프가 1957년에 각각 전파로 우주를 조사하는 과정에서 우주배경복사를 발견했다는 강력한 증거가 있다. 그러나 그 두 사람은 이 잡음을 장비의 결함 때문이라고 생각하고 그대로 참아 넘겼다. 그들에게는 우주배경복사를 발견할 수 있었던 펜지어스와 윌슨의 결단력, 끈기 그리고 진지함이 부족했다.

논문이 발표되기도 전에 펜지어스와 윌슨의 성과에 대한 소식이 우주학계에 재빠르게 퍼졌다. 그 이야기는 《뉴욕타임스》에 실린 "신호는 빅뱅우주를 의미했다"라는 제목의 머리기사를 통해 1965년 5월 21일에 일반인들에게도 알려졌다. 독자들은 그 발견이 우주론적으로 중요할 뿐만 아니라 수수한 매력을 가지고 있었기 때문에 더욱 열광했다. 펜지어스는 그것을 다음과 같이 표현했다.

오늘밤 밖으로 나가 모자를 벗고 머리 위에 떨어지는 빅뱅의 열기를 느껴

> 보라. 아주 성능이 좋은 FM 라디오를 가지고 있고 방송국에서 멀리 떨어져 있다면 쉬 쉬 쉬 하는 소리를 들을 수 있을 것이다. 아마 이미 이런 소리를 들어본 사람도 많을 것이다. 그 소리는 마음을 달래준다. 때로는 파도소리 비슷하다. 우리가 듣는 소리는 수백억 년 전부터 오고 있는 잡음의 0.5퍼센트 정도이다.

《뉴욕타임스》의 기사는 빅뱅 모델에서 주장하고 있는 창조 순간에 대한 비공식적인 지지였다. 빅뱅 모델에 공헌한 아인슈타인, 프리드만 그리고 허블은 이미 세상을 떠나 그 증명을 볼 수 없었다. 역사에서 가장 위대한 우주론적 토론의 결말을 지켜본 빅뱅 이론의 창시자는 그 기초를 놓은 조르주 르메트르였다. 우주배경복사가 검출되었다는 소식이 전해졌을 때 그는 루뱅 대학 병원에서 심장마비로부터 회복되고 있었는데, 1년 뒤 일흔한 살의 나이로 숨을 거뒀다. 그는 신앙심 깊은 신부와 정열적인 우주학자로 평생을 살았다.

가모브, 앨퍼, 그리고 허먼이 우주배경복사의 발견 소식을 들었을 때의 기쁨은 약간의 씁쓸함과 혼합되었다. 그들은 디키와 피블스보다 훨씬 전에 빅뱅의 메아리를 예측했다. 그러나 그들의 앞선 노력은 제대로 인정받지 못했다. 그들의 이름은 《천문학회지》에 발표된 우주배경복사에 관한 몇 편의 초기 논문에 언급되지 않았고 《사이언티픽 아메리칸*Scientific American*》에 실린 디키의 글에도 빠져 있었다. 실제로 펜지어스와 윌슨의 발견을 다룬 거의 모든 학술적 논문이나 대중적 기사에 가모브, 앨퍼 그리고 허먼의 이름은 언급되지 않았다. 디키와 피블스가 우주배경복사를 예상한 이론가였고 뛰어난 우주학자라는 것은 의심할 여지가 없었지만 그들은 1948년에 이미 닦인 길을 따라갔을 뿐이다. 문제는 가모브, 앨퍼 그리고 허먼의 연구를 잘 알지 못하는 새로운 세대의 물리학자들이 우주학을 주도하고 있었다는 것이다.

가모브는 기회가 닿는 대로 빅뱅의 메아리를 예측한 우선권을 주장하려고 애썼다. 예를 들면 텍사스에서 열린 천체물리학회에서 우주배경복사를 주제로 토론하게 되었을 때 가모브는 최근에 발견된 복사선이 그와 앨퍼 그리고 허먼이 예상했던 현상이 맞는지 질문받았다. 가모브는 연단에 서서 대답했다. "나는 동전 하나를 여기 어디에서 잃어버렸습니다. 그리고 이제 잃어버린 곳에서 그 동전을 찾았지요. 나는 모든 동전이 다 똑같이 생겼다는 것을 알고 있습니다. 그러나 이것이 내 동전이라고 생각합니다."

펜지어스는 1948년에 우주배경복사 예측이 있었음을 알게 된 후 가모브에게 더 많은 정보를 요청하는 편지를 보냈다. 가모브는 초기 연구의 자세한 정보를 보내면서 다음과 같은 말을 덧붙였다. "이제 당신은 세상이 전능한 디키에 의해 시작되지 않았다는 것을 알게 되었습니다."

랠프 앨퍼는 더 분개했다. 그는 우주배경복사를 예측한 연구를 대부분 이끌었지만 가모브보다도 인정을 덜 받고 있었기 때문이다. 그가 우주배경복사를 예측했을 때는 아직 젊었었고 따라서 가모브의 그림자에 가려져 있었다. 더 큰 공헌을 한 원자핵 합성 논문의 앨퍼, 베테, 가모브(알파-베타-감마)로 장난스럽게 나열된 저자 이름 때문에 그는 더 아래쪽으로 밀려났다. 기자가 나중에 앨퍼에게 펜지어스와 윌슨이 그의 공헌을 인정하지 않은 것에 대해서 물었을 때 앨퍼는 이렇게 대답했다. "상처를 받았냐구요? 예! 그들이 내가 어떤 느낌인지 어떻게 알겠습니까? 그들이 그 저주스러운 전파 망원경을 보러오라고 초청하지도 않았을 땐 매우 분개했습니다. 화를 내는 것은 어리석은 짓이지만 화가 나고 말았습니다."

앨퍼와 허먼은 《빅뱅의 창세기 *Genesis of the Big Bang*》라는 연구 보고서에서는 좀 더 절제된 반응을 보였다.

> 과학을 공부하는 데는 두 가지 이유가 있다. 하나는 어떤 것을 처음으로 측정하고 이해하는 기쁨을 위해서이고 또 하나는 그렇게 함으로써 적어도 인정을 받을 수 있기 때문이다. 어떤 사람들은 과학의 발전이 가장 중요한 것이고 누가 무엇을 했는지는 그리 중요하지 않다고 말한다. 그러나 우리는 그렇게 말한 사람도 틀림없이 연구 결과를 인정받는 것을 기뻐할 것이고 권위 있는 과학계의 동의를 받는 기쁨을 받아들일 것이라고 말하지 않을 수 없다.

반면에 펜지어스와 윌슨은 1978년에 노벨 물리학상을 받아 최고의 인정을 받았다. 그 기간 동안 천문학자들은 우주배경복사 관측을 잘 다듬었고 빅뱅 모델의 예상과 정확하게 일치한다는 것을 확인했다. 따라서 우주배경복사와 빅뱅 모델은 모두 사실이었던 것이다.

펜지어스는 시상식에서 자신을 나치 독일에서 구해 뉴욕으로 데려온 헌신적인 부모님에게 감사의 말을 전했다.

> 적절한 표현일지는 모르지만, 나는 양복점이 모여 있는 거리에서 만든 유대인 턱시도를 입고 싶었습니다. 어머니는 그곳에서 일했고 유대 이민자들 대부분은 그곳에서 일하며 다음 세대를 대학에 보냈습니다. 나는 프린스턴이나 뉴욕의 화려한 가게에서 턱시도를 사고 싶진 않았습니다. 그런 곳은 자기 옷차림에 주눅이 들지요. 나는 기존의 다른 어떤 것이 아니라 나를 위한 턱시도를 원했습니다.

펜지어스는 노벨상 수상 기념 강의에서 구체적으로 가모브, 앨퍼 그리고 허먼의 공헌에 찬사를 보내고 인정하여 기록을 바로잡았다. 그는 몇 주 전에 나눈 앨퍼와의 긴 대화를 바탕으로 빅뱅 모델의 증명과 발전 과정의 역사적인 개관을 설명했다. 마침내 앨퍼는 물리학계와 평화를 유지할 수 있는 길을 찾은 듯했다.

그러나 한 달 후에 앨퍼는 심각한 심장마비로 쓰러졌다. 아마도 인정을 받으려는 싸움의 스트레스로 지쳐버렸던 것 같다. 노벨상을 공동으로 수상하지 못한 실망이 너무 컸던 모양이다. 점차 회복되긴 했지만 건강 악화로 계속 고통을 받았다.

필요한 주름살의 분포

펜지어스와 윌슨에게 노벨상이 수여된 것은 빅뱅 모델이 과학계 주류의 일부가 되었다는 사실을 뜻했다. 우주 창조를 주장하는 빅뱅 모델은 스미소니언 국립항공우주박물관에서도 인정받았다. 빅뱅 모델의 발전 과정과 관계된 관측과 이론을 전시하는 것이 쉬운 일은 아니었지만 전시기획자들은 상상력을 발휘하여 결정을 내렸다. 스미소니언 박물관은 가모브와 앨퍼가 원자핵 합성의 성공을 축하하기 위해 사용한 쿠앵트로 병(그림 83)을 전시하기로 했다. 우주배경복사 탐지에 사용된 벨연구소의 6미터짜리 전파 망원경을 전시하면 이상적이었겠지만 현실적으로 불가능했다. 그 대신 잡음을 줄이려고 비둘기를 잡을 때 썼던 덫(그림 97)을 전시했다.

우주배경복사의 검출은 새로운 확신을 주었다. 우주배경복사는 존재할 뿐

| 그림 97 | 펜지어스와 윌슨이 감지한 잡음을 줄여보기 위해 벨연구소 전파 망원경에 둥지를 튼 비둘기를 잡으려고 사용했던 역사적인 비둘기 덫. 이 덫은 현재 스미소니언 국립항공우주박물관에 전시되어 있다.

만 아니라 예측했던 대로의 파장을 가지고 있었다. 빅뱅 모델이 전체적으로 옳다는 것을 의미할 뿐만 아니라 빅뱅 이론을 통해서 우주의 온도와 밀도가 어떻게 진화되어 왔는지 정확하게 알 수 있게 된 것이다.

대부분의 연구자에게 우주배경복사는 창조의 순간과 진화하는 우주를 증명하고 정적이고 영원한 우주에 반대하는 결정적인 증거였다. 해가 갈수록 많은 과학자들이 정상우주론에서 빅뱅우주론으로 생각을 바꾸었다. 빅뱅과 정상우주론의 논쟁이 뜨겁게 진행되던 1959년과 펜지어스와 윌슨이 노벨상을 받던 1980년에 미국 천문학자들을 대상으로 설문조사를 했다. 1959년에는 33퍼센트의 천문학자들이 빅뱅 이론을 지지했고 24퍼센트가 정상우주론을 지지했으며 43퍼센트는 확신이 없었다. 1980년 조사에서는 69퍼센트의 천문학자들이 빅뱅 이론을 지지했고 2퍼센트만이 정상우주론을 유지했으며 29퍼센트가 확신하지 못하고 있었다.

마음을 바꾼 사람들 중에는 정상우주론의 개척자인 본디도 있었다. 그는 한때 "만일 빅뱅이 있었다면 그 흔적을 보여주시오"라고 말했다. 그는 이제 우주배경복사가 완전한 빅뱅의 화석이라고 받아들이게 되었고 자신이 창시한 우주 모델을 버렸다. 그러나 토머스 골드는 신념을 굽히지 않았다. "나는 정상우주론에서 틀린 점을 발견할 수 없다. 나는 여론에 따라 달라지지 않는다. 과학은 갤럽의 여론조사로 증명되는 것이 아니다."

마찬가지로 호일도 빅뱅 모델과 그것을 믿는 사람들을 계속 비난했다. "과학적인 사람들이 빅뱅우주론에 열광하는 것은 창세기의 첫 장에 근거한 가장 강력한 종교적 원리주의자들이 뒤에 있기 때문임이 분명하다."

호일이 여론의 파도를 돌려세우고 논쟁에서 이기기 위해서는 빅뱅 지지자들을 헐뜯는 것 이상의 일을 해야 했다. 자얀트 나를리카르, 찬드라 비크라마싱헤, 그리고 제프리 버비지 같은 동료들과 함께 그는 초기의 정상우주 모델을 천문학적 관측 결과와 더 잘 부합하는 모델로 수정하는 작업을 시작했다. 새로운 준정상우주 모델에는 긴 팽창 상태의 중간에 규칙적인 수축 상태가 들어가게 되었다. 그리고 계속적으로 물질이 창조된다고 주장하는 대신에 물질이 갑자기 창조되는 것으로 바꾸었다. 그러나 준정상우주 모델은 널리 인정받을 수 없었다.

호일은 여전히 정상우주 모델을 옹호했다. "나는 이 모델이 충분히 살아남을 수 있는 장점을 가지고 있다고 생각한다. 이 이론의 그런 점에 주목해야 한

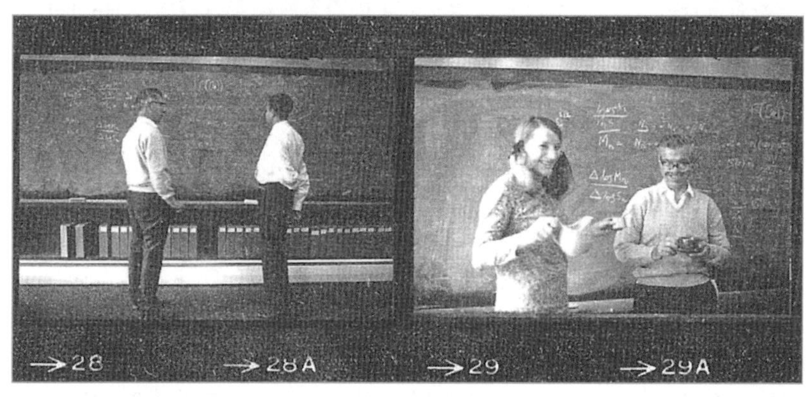

| 그림 98 | 프레드 호일과 준정상우주 모델을 발전시키는 데 도움을 준 동료 자얀트 나를리카르. 칠판에서 이루어지고 있는 이론 연구는 커피 한 잔으로 새 힘을 얻는다.

다. 한편으로 이론과 관측 사이에는 평행선이 존재하고 돌연변이와 자연선택이 일어난다. 이론은 돌연변이를 만들어 내고 관측은 자연선택시킨다. 이론은 옳다고 증명될 수 없다. 할 수 있는 최선은 살아남는 것이다." 그러나 정상우주 모델이나 준정상우주 모델은 간신히 살아남은 상태다. 편견이 없는 관측자라면 그들이 멸종위기에 처해 있다는 것을 알 수 있었다. 그러나 빅뱅 모델은 살아남았을 뿐만 아니라 꽃을 피우고 있었다.

우주는 빅뱅 모델로 좀 더 그럴듯하게 설명될 수 있었다. 예를 들면 1823년에 과학자들이 우주가 무한하고 영원하다고 가정했을 때 독일의 천문학자 빌헬름 올베르스Wilhelm Olbers는 왜 밤하늘이 별빛으로 밝게 빛나지 않는지 의아하게 생각했다. 그는 무한한 우주에는 무한히 많은 별이 있고 만일 우주가 무한히 나이가 많다면 무한한 양의 별빛이 무한한 시간 동안 우리들에게 도달했을 것이라고 생각했다. 따라서 우리의 밤하늘은 이 모든 별로부터 오는 무한한 빛으로 밝게 빛나야 할 것이다.

우주에서 이런 무한한 빛이 오지 않는다는 명백한 사실을 **올베르스의 역설**이라고 한다. 왜 밤하늘이 무한하게 밝지 않은지에 대해 여러 가지 설명이 있지만 빅뱅의 설명이 가장 믿을 만하다. 만일 우주가 수백억 년 전에 창조되었다면 별빛이 단지 제한된 공간으로부터 우리에게 도달할 수 있는 시간밖에 없었을 것이다. 빛은 초속 30만 킬로미터로 달리기 때문이다. 한마디로 말해 우주의 유한한 나이와 빛의 유한한 속도 때문에 밤하늘의 별빛이 유한하게 되었고 그것을 우리가 관측하고 있는 것이다.

정상우주론에 비해 빅뱅 이론이 우월하다는 것을 보여주는 가장 분명한 방법은 이 장의 맨 앞에서 제시한 결정적인 기준으로 다시 돌아가 보는 것이다.(표 4) 이것은 1950년대의 논란의 상태를 나타낸다. 어떤 사실은 빅뱅 모델을 지지하고 또 다른 사실은 정상우주 모델을 지지하고 있었다. 그러나 1950년 이후 모든 새로운 관측은 빅뱅 모델을 지지하고 정상우주 모델을 반대하는 것 같았다. 이것은 펜지어스와 윌슨이 노벨상을 받은 1978년의 상태를 보여주는 표 6에 잘 나타나 있다.

일곱 가지 결정적인 기준으로 살펴보면 빅뱅 모델은 네 가지 기준에서 우세했고 나머지 세 가지 기준 중 하나는 정상우주 모델이 우세했으며 하나는 두 모델 모두에게 유리했고 마지막 하나는 두 모델 모두에게 불리한 것이었다.

두 모델 모두에게 어려운 문제로 남아 있던 창조의 문제를 제쳐두고 우주학자들은 빅뱅 모델에 문제가 되는 다른 주제에 관심을 집중했다. 빅뱅으로 창조된 우주가 어떻게 은하를 형성할 수 있도록 진화했는지가 명확하지 않았던 것이다. 호일이 그 점을 지적한 적이 있다. "만일 격렬한 폭발이 우주를 팽창시켰다는 설명을 받아들인다면 은하와 같은 물질덩어리가 절대로 만들어질 수 없다." 다시 말해 호일은 빅뱅이 모든 물질을 날려버려 우주를 아주 엷고 물질이 적은 우주로 만들어 버렸을 것이기 때문에 빅뱅 이론은 말도 안 된다고 주장했다. 그것은 은하에 물질이 집중되어 있는 우주와 반하는 것이다.

빅뱅 지지자들은 빅뱅이 최초의 우주 팽창으로 흩어지는 고른 물질의 수프에서 시작되었다는 것에 동의해야 했다. 따라서 빅뱅 모델의 문제는 분명했다. 어떻게 우주가 거대한 은하와 거대한 공간이 섞여 있는 현재 우주의 모습으로 만들어졌을까? 빅뱅우주학자들은 초기 우주가 매우 균일했지만 완전히 균일하지는 않았을 것이라는 희망을 위안으로 삼았다. 그들은 어떻게든 초기의 우주가 아주 작은 방법으로 균일성을 깨뜨렸을 것이라고 생각했다. 만일 그 생각이 옳다면 이 조그만 밀도의 변화가 우주에 필요한 진화를 촉발하기에 충분했을 것이라고 믿었다.

표 6

이 표는 정상우주 모델과 빅뱅 모델을 판단할 수 있는 여러 가지 기준을 보여준다. 두 모델이 표 4보다 발전된 1978년까지 알려진 자료를 바탕으로 어떻게 판단되고 있는지 알 수 있다. ✓표시와 ✗표시는 두 모델

기준	빅뱅 모델	성공여부
1. 적색편이와 팽창하는 우주	밀도가 높은 상태에서 시작하여 팽창되는 우주에서 기대되는 현상이다	✓
2. 원소의 양	관측된 수소와 헬륨의 양은 빅뱅 모델이 예측한 것과 일치했다. 무거운 원소는 별에서 만들어진다.	✓
3. 은하의 형성	빅뱅으로 인한 팽창은 아기 은하를 찢어놓아 자랄 수 없게 했을 것이다. 따라서 은하의 진화는 설명될 수 없다.	✗
4. 은하의 분포	라일이 보여준 것과 같이 은하의 분포는 거리에 따라 달라진다. 젊은 은하(퀘이사)는 아주 먼 곳에서 관측되었다. 그들은 우주 초기에만 존재했던 것 같다.	✓
5. 우주배경복사(CMB)	가모브, 앨퍼, 허먼이 예측한 빅뱅의 메아리를 펜지어스와 윌슨이 발견했다.	✓
6. 우주의 나이	현재의 측정 결과로 우주의 나이가 천체들의 나이보다 많음이 알려졌다. 따라서 아무런 문제가 없다.	✓
7. 창조	우주 창조의 원인이 무엇인지 설명할 수 없다.	?

이 각 기준에 얼마나 잘 부합되는지를 나타내고 물음표는 자료가 불충분하거나 의견이 일치되지 않음을 뜻한다.

기준	정상우주 모델	성공여부
1. 적색편이와 팽창하는 우주	팽창하고 그 사이에 물질이 만들어지는 우주에서 기대되는 현상이다.	✓
2. 원소의 양	관측된 가벼운 원소의 양을 설명할 수 없다.	✗
3. 은하의 형성	이 모델에는 시간이 충분하고 초기의 격렬한 팽창이 없었다. 따라서 은하가 새로 형성되어 죽어가는 은하를 대체할 수 있다.	✓
4. 은하의 분포	젊은 은하들이 균일하게 분포해야 한다. 왜냐하면 은하는 어디서나 언제나 은하 사이 공간에서 태어날 수 있기 때문이다. 이는 관측된 사실과 다르다.	✗
5. 우주배경복사 (CMB)	우주 배경복사를 설명할 수 없다.	✗
6. 우주의 나이	우주는 영원하고 200억 년 이상 된 것은 없다	✓
7. 창조	우주에서 물질이 계속적으로 창조되는 원인을 설명할 수 없다.	?

조금 밀도가 높은 지역은 중력으로 물질을 끌어당겨 그 지역의 밀도는 더 커졌을 것이다. 그렇게 되면 더 많은 물질을 끌어당겨 첫 번째 은하를 형성시켰을 것이다. 다시 말해 밀도의 조그만 변화를 가정하면 어떻게 중력으로 우주에 복잡하고 풍부한 구조와 하부구조가 생겼는지 상상하는 것은 그리 어려운 일이 아니다. 만일 빅뱅으로 그렇게 은하가 형성되었다면 초기에 밀도의 변화가 은하의 씨를 뿌렸을 것이다. 오늘날의 우주는 물의 밀도와 비슷한 대략 1g/cm^{3}의 평균밀도를 가진 천체로 가득하다. 예를 들면 태양은 물보다 약간 밀도가 높아 1.4g/cm^{3}이고 토성은 밀도가 조금 낮아 0.7g/cm^{3}이다. 하지만 우주에는 거의 아무것도 없는 거대한 빈 공간이 존재한다.

결과적으로 은하와 빈 공간을 포함하여 계산한 우주의 전체적인 평균 밀도는 대략 0.000000000000000000000000000001g/cm^3 정도이다. 이것은 우리가 살고 있는 지역이 우주의 평균 밀도보다 100만의 5제곱 배(100만^5)나 높은 특별한 지역이라는 것을 의미한다.

따라서 빅뱅은 초기 우주가 상상할 수 있는 가장 균일하고 균형 있는 물질의 수프로 구성되어 있었으며, 거의 균일한 바다에 있었던 작은 변화가 연속적인 일련의 사건을 일으켜 수백억 년 동안에 높은 밀도를 가진 은하 사이에 거의 밀도가 0인 공간이 자리 잡고 있는 우주를 만들게 되었다고 설명한다.

그러한 엄청난 변화가 실제로 있었는지를 증명하기 위해서 빅뱅우주학자들은 은하의 형성이 시작된 밀도 변화에 대한 증거를 찾아내야 했다. 이 변화에 대한 뚜렷한 증거가 없다면 빅뱅 모델은 호일과 같은 몇 남지 않은 정상우주학자들에게서 비판을 받게 될 것이다.

초기 우주의 밀도 변화에 대한 힌트를 찾아볼 수 있는 곳은 우주배경복사라고 불리는 우주의 가장 오래된 화석밖에 없었다. 이 복사선은 우주의 특정한 시점에 방출되었다. 따라서 이것은 창조의 순간이 지나고 원자가 처음 형성되던 약 30만 년이 지난 시점에 우주의 상태를 나타내는 화석 역할을 한다. 전파천문학자들은 우주배경복사를 검출해서 효과적으로 과거를 볼 수 있었고 진화의 초기 단계의 우주를 볼 수 있었다. 빅뱅 모델은 우주의 나이가 적어도 100억 년 되었다고 계산했다. 따라서 나이가 30만 년이었을 때의 우주를 볼 수 있다는 것은 현재 나이의 0.003퍼센트 밖에 안 된 우주를 볼 수 있다는 것을 뜻했다. 우주가 현재 일흔 살 된 사람이라고 가정을 해보면 우주배경복사는 우주가 태어난 지 겨우 몇 시간된 어린 아기였을 때 만들어졌다.

우주배경복사를 관측한 것이 과거를 보는 것과 같다고 단언할 수 없을지도 모른다. 하지만 천문학자들이 멀리 있는 별을 관측할 때도 마찬가지다. 만일 별이 100광년 떨어져 있다면 이 별에서 오는 빛이 우리에게 도달하는 데는 100년이 걸린다. 따라서 우리는 100년 전의 별을 볼 수 있을 뿐이다. 마찬가지로 만일 우주배경복사가 수십억 년 전에 방출되었고 우리에게 오는 데 수십억 년이 걸렸다면, 천문학자들이 그것을 검출했을 때 수십억 년 전의 나이가 30만 년이었던 우주를 효과적으로 관측하는 것이라고 할 수 있다.

만일 우주 역사의 그 순간에 질량의 불균일이 존재했다면 오늘날 우리가 보는 우주배경복사 속에 그 정보가 들어 있어야 한다. 평균 밀도보다 조금 더 큰 밀도를 가지는 우주조각(덩어리)은 거기에서 나오는 우주배경복사에 익히 알려진 영향을 주기 때문이다. 그런 곳에서 나오는 복사선은 평균보다 높은 밀도에 따른 더 큰 중력에서 탈출하기 위해 더 많은 노력을 해야 했을 것이다. 따라서 그 덩어리에서 탈출했을 때는 약간의 에너지를 더 잃게 되었을 것이고 파장이 조금 길어졌을 것이다.

따라서 천문학자들은 우주의 여러 방향에서 오는 우주배경복사를 조사하면 파장의 작은 변화를 감지할 수 있을 것이라고 생각했다. 약간 더 긴 파장을 가지고 특정한 방향에서 오는 복사선은 약간 밀도가 큰 고대 우주의 한 부분에서 나왔다는 것을 나타낸다. 반면에 다른 방향에서 온 복사선이 약간 짧은 파장을 가지고 있다면 그 복사선이 약간 작은 밀도를 가진 고대 우주의 한 부분에서 나왔다는 것을 뜻한다. 만일 우주배경복사에서 이러한 파장의 차이를 찾아낼 수 있다면 은하의 씨앗이 되었던 초기 우주의 밀도 불균일의 존재를 증명할 수 있게 된다. 그렇게 되면 빅뱅 모델은 더 큰 힘을 얻게 될 것이다.

펜지어스와 윌슨은 우주배경복사가 존재한다는 것을 증명했고 파장이 예상했던 것과 대략 일치한다는 것을 보여주었다. 이제 천문학자들은 우주의 한 부분에서 오는 복사선이 다른 부분에서 오는 복사선과 약간 다른 파장을 가진다는 것을 밝히기 위해 훨씬 더 정밀한 측정을 하기 시작했다. 불행히도 우주배경복사는 모든 방향에서 똑같이 오는 것처럼 보였다. 초기 우주는 모든 곳이 매우 비슷했기 때문에 대략적으로 균일하다고 가정했지만 모든 방향에서 오는 복사선은 비슷한 것이 아니라 똑같았다. 파장의 아주 작은 증가나 감소의 징조는 어디에도 없었다.

현재 측정한 우주배경복사의 파장에 아무런 변화가 없는 것은 초기 우주의 밀도에 변화가 없었다는 것을 뜻하고 그것은 오늘날 우리가 보는 은하를 설명할 수 없다는 것을 뜻했기 때문에 정상우주론자들은 이 부정적인 결과를 빅뱅 모델을 공격하는 데 이용했다. 그러나 대부분의 우주학자는 그리 놀라지 않았다. 그들은 그러한 변화는 실제로 존재하지만 정밀하지 못한 관측 기술로는 측정할 수 없을 정도로 작다고 생각했다. 그럴듯한 주장처럼 보였다. 예를 들면 이 글이 인쇄된 종이는 완전히 평평해 보인다. 그러나 아주 민감한 장비로 보면 그림 99처럼 표면의 변화가 확실히 드러난다. 아마 우주배경복사에서도

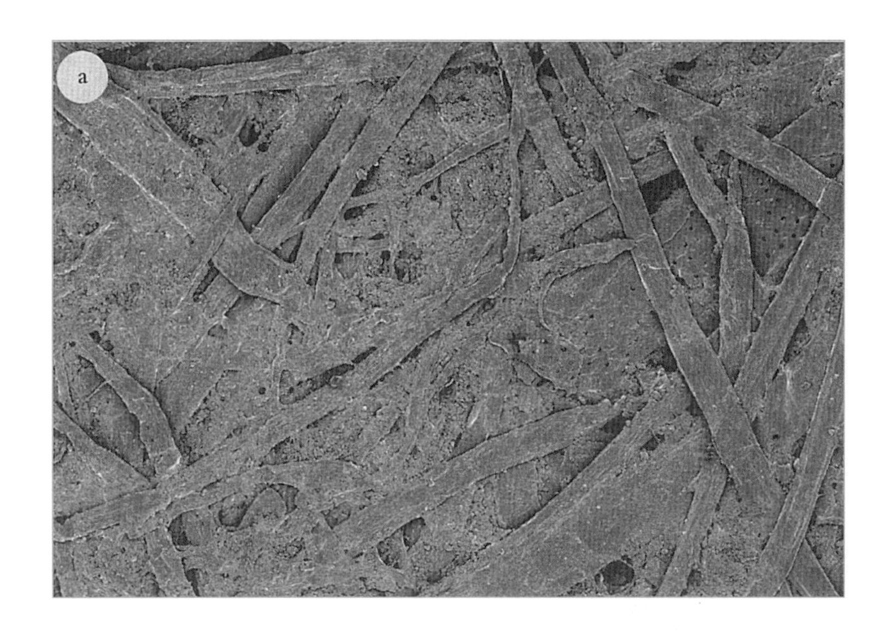

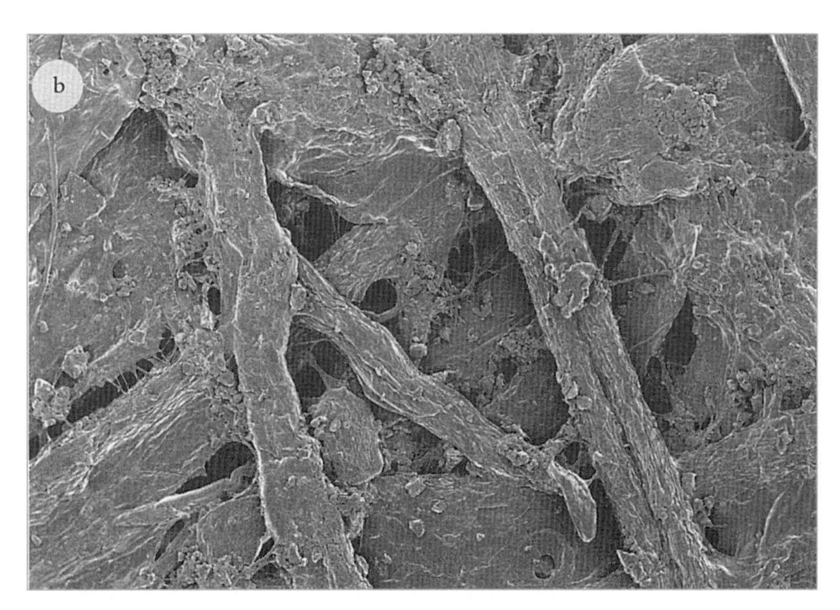

| 그림 99 | 겉으로는 반질반질해 보이는 종이도 그림 (a)와 같이 250배 정도 확대하면 구조와 변화가 나타난다. 그림 (b)에서와 같이 1천 배로 확대하면 더 자세한 변화를 볼 수 있다.

그런 점이 증명될지도 모르고 그러한 변화는 더 자세한 관측으로 나타나게 될지도 모른다. 1970년대에는 최신의 장비가 우주배경복사의 100분의 1 차이까지 감지할 수 있었다. 아직 100분의 1 이하의 변화 가능성이 남아 있었다. 그러나 그렇게 작은 변화를 측정하는 것은 지상에서는 불가능해 보였다. 문제는 우주배경복사가 전자기파 스펙트럼의 마이크로파 영역에 해당된다는 것이었다. 공기 중의 수분은 약하기는 하지만 지속적으로 마이크로파를 내고 있고 그것은 존재할지도 모르는 우주배경복사의 작은 차이보다 훨씬 클 수 있었다.

혁신적인 해결 방법 하나는 우주배경복사 검출 장치를 헬륨을 채운 거대한 기구에 실어 대기권 가장자리라고 할 수 있는 지상 수십 킬로미터 높이로 올리는 것이다. 기구에 실린 감지기는 수분이 거의 없어 대기의 마이크로파도 거의 없는 높은 곳까지 올라갈 수 있는 이점이 있었다.

그러나 기구 실험은 위험하기도 했다. 고공의 매서운 추위는 접착 부분을 약화시켜 감지기를 해체시킬 수도 있었다. 그리고 장비에 문제가 생기면 천문학자들은 아무것도 할 수 없었다. 제대로 작동하더라도 기구가 내려오기 전 몇 시간 동안만 검출 장치를 작동시킬 수 있었다. 더 어려운 문제는 검출기가 실린 곤돌라가 땅에 충돌하면 모든 것이 끝나버리고 몇 년 동안 해온 준비가 허사가 된다는 것이었다.

버클리에 있는 캘리포니아 대학에서 우주배경복사를 찾는 일에 열심이었던 조지 스무트George Smoot는 여러 번 기구 실험에 참여했다. 그러나 1970년대 중반에 그는 환상에서 벗어났다. 기구 실험은 항상 재난으로 끝났고 딱 한 번 안전하게 착륙했을 때마저 우주배경복사의 변화를 보여주지 못했다. 스무트는 새로운 작전을 세웠다. 마이크로파 검출기를 비행기에 장착시켜 더 오랫동안 더 정확하게 측정하려는 것이다. 그는 부실한 기구 밑에서 고통스럽게 진행했던 실험보다는 나을 것이라고 생각했다.

스무트는 효과적인 우주배경복사 측정에 중요한 조건인 체공시간이 길고 높은 고도로 올라갈 수 있는 비행기를 찾아내려고 했다. 마침내 가장 알맞은 비행기가 냉전기간 동안 정찰 활동으로 전설적인 명성을 얻었던 록히드 마틴 U-2 정찰기라는 것을 알게 되었다. 그는 미 공군과 공식적으로 접촉했다. 놀랍게도 긍정적인 답변을 얻었다. 공군은 우주학의 가장 큰 신비를 해결하는 연구 프로젝트에 기꺼이 참여했다. 고위 군 인사는 매우 협조적이어서 스무트에게 일급비밀인 U-2에 장착할 수 있는 관측 장치에 대해서까지 알려주었다. 그것을 통해 실험에 필요한 깨끗한 하늘 모습을 볼 수 있었다. 그 관측 장치는 대륙간 탄도탄을 시험할 때만 사용할 수 있는 것이었다. U-2의 임무 중에는 대륙간 탄도탄이 대기권으로 재진입하는 것을 감시하는 것도 있었다.

기구를 이용한 실험에서는 그리 성능이 좋지 않은 검출기를 사용했다. 땅으로 떨어져 부서져 버릴지도 모르는 장비에 많은 돈을 투자할 사람이 없었기 때문이다. 좀 더 안전한 항공기를 이용할 수 있게 된 스무트는 최신 기술을 적용한 우주배경복사 검출기를 제작했다. 그것은 이전보다 훨씬 정밀하게 다른 두 방향에서 오는 우주배경복사를 검출할 수 있었다.

U-2기를 이용한 실험은 1976년에 시작되었고 몇 달 안에 스무트와 동료들은 우주배경복사의 변화를 관측할 수 있었다. 한쪽 하늘에서 오는 우주배경복사는 반대쪽 하늘에서 오는 우주배경복사보다 1천분의 1 정도 긴 파장을 가지고 있었다. 중요한 결과였지만 스무트가 찾고 있던 것은 아니었다.

초기 우주에 은하의 씨를 뿌렸을 변화는 매우 불규칙한 모양이어야 한다. 따라서 전체 하늘에 무작위로 퍼져 있어야 한다. 그러나 스무트는 매우 단순한 두 부분의 변화를 검출했을 뿐이다. 우주학자들이 찾고자 했던 것과 관측

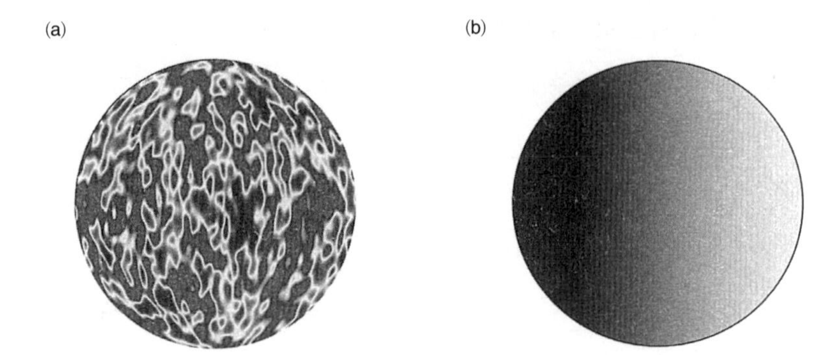

| 그림 100 | 이 두 구는 우주배경복사의 두 가지 다른 지도를 보여주고 있다. 지구는 구의 중심에 있고 주변의 무늬들은 여러 방향에서 오는 우주배경복사의 평균 파장을 나타낸다. 어두운 부분은 다른 곳보다 파장이 약간 긴 부분이고 밝은 부분은 약간 짧은 파장을 나타낸다.

지도 (a)는 우주학자들이 그렇게 찾고자 하는 변화의 모습이다. 파장이 긴 지역은 초기 우주에서 밀도가 약간 높았던 부분을 나타내고 따라서 이는 은하의 씨앗이 될 수 있었을 것이다. 우주학자들은 우주배경복사의 정확한 모양이 어떤 것인지는 확실히 알지 못했다. 그러나 그들은 오늘날의 은하의 배열을 설명하기 위해서는 그것이 매우 복잡한 모양이어야 한다고 생각했다. 지도 (b)는 한쪽 반구에서는 짧은 파장, 그리고 반대편 반구에는 긴 파장이 나타나는 단순한 구조를 갖고 있다. 이런 변화는 스무트의 U-2 실험으로 찾아낸 것이다. 이는 빅뱅 모델에서 은하의 형성을 설명할 수 있는 복잡한 구조와는 아무 관련이 없다.

된 것의 차이는 그림 100에서 볼 수 있다.

스무트의 측정 결과는 비교적 명확하게 설명될 수 있었다. 넓은 구형 변화는 지구의 운동에 의한 도플러효과의 결과였다. 지구가 공간을 지나가는 동안 검출기가 앞쪽을 향하고 있으면 다가오는 복사선을 검출하게 되어 파장이 짧아지고, 뒤쪽을 바라보고 있으면 복사선의 파정이 약간 길게 측정되는 것이다. 그 파장의 차이를 측정하여 스무트는 우주 공간에서의 지구의 속도를 계산해 낼 수 있었다. 이 속도는 태양 중심을 도는 지구의 공전운동과 은하 중심을 도는 태양의 운동 그리고 은하의 운동에 의한 속도를 모두 합한 속도였다. 그 결과는 1977년 11월 14일자 《뉴욕타임스》 1면에 “우주에서의 은하의 속도는 시속 100만 마일(160만 킬로미터)이 넘는다"라는 제목으로 실렸다.

흥미 있는 결과이기는 했지만 우주에 씨앗을 뿌린 우주배경복사의 변화는 어디에 있는가 하는 중요한 문제에는 아무 도움이 되지 않았다. 도플러효과에 의한 영향을 제거해도 빅뱅의 변화에 대한 징후는 발견되지 않았다. 빅뱅 모델이 옳다면 그런 변화는 있어야 한다. 그러나 아무도 그것을 확인할 수 없었다. 스무트의 장비는 매우 정밀했다. 따라서 증거가 되는 조각을 찾아내지 못한 것은 그러한 변화가 1천분의 1 이하라는 것을 뜻했다. 그렇게 작은 변화는 항공기를 이용한 측정으로도 검출하기가 어려웠다. 왜냐하면 엷기는 해도 여전히 정밀한 측정을 방해하는 공기층이 있었기 때문이다.

천문학자들은 점차 이 작은 변화 — 만일 그것이 존재한다면 — 를 찾아낼 유일한 희망은 우주배경복사 검출기를 인공위성에 실어 대기권 밖에 올려놓는 것뿐이라는 사실을 깨달았다. 인공위성을 이용한 실험은 지구 대기의 전파로부터 차단될 수 있을 뿐만 아니라 매우 안정적이고 전 하늘을 조사할 수 있으며 매일매일 작동시킬 수 있는 방법이었다.

스무트는 정찰기를 이용하여 실험을 하는 동안에도 인공위성이 우주배경복사의 변화를 측정하는 유일한 방법일 것이라고 생각하고 있었다. 그래서 그는 이미 더 야심 찬 계획에 관여하고 있었다. 1974년에 NASA는 비교적 적은 비용으로 천문학계를 지원할 수 있는 프로젝트의 일환으로, 익스플로러 위성에서 수행할 실험에 대한 아이디어를 제출해 달라고 과학자들에게 요청했다. 조지 스무트가 속한 버클리 팀은 인공위성을 이용한 우주배경복사 검출기에 대한 제안서를 제출했다.

그러한 제안서를 제출한 것은 그들뿐만이 아니었다. 캘리포니아 패서디나에 있는 제트추진연구소와 NASA의 야심만 만한 스물여덟 살의 천체물리학자 존 마서John Mather도 비슷한 제안서를 제출했다.

NASA는 우주학적 중요성이 있는 실험을 지원하기 위해 세 개의 제안서를 하나로 합쳐 우주배경복사 탐사위성Cosmic Background Explorer Satellite이라고 이름 붙인 연구를 지원하기로 했다. 이 프로젝트는 머리글자만 따서 코비COBE라고 부르게 되었다. 공동연구는 1976년에 설계부터 시작되었다. 그 당시 스무트는 U-2 항공기를 이용한 측정에 깊이 관여하고 있었다. 그러나 코비 프로젝트는 아직 준비단계였기 때문에 스무트가 양쪽에 동시에 관여하는 것은 문제가 되지 않았다. 그 후 6년 동안 과학자와 엔지니어들은 우주배경복사의 변화를 측정하려는 우주학계의 목표를 달성할 수 있으면서도 우주 공간으로 발사할 수 있을 만큼 작고 단단한 검출기를 제작하는 데 힘을 기울였다.

최종 설계에는 우주배경복사의 다른 면을 측정하는 3개의 검출기가 포함되었다. 전체 프로젝트 본부가 있었던 고다드 우주비행센터의 마이크 하우저Mike Hauser는 미세 적외선 배경복사 실험 장치DIRBE팀을 이끌었고, 존 마서는 두 번째 검출기인 원적외선 분광기FIRAS를 책임지고 있었으며 조지 스무트는 우주배경복사의 변화를 측정하도록 설계된 세 번째 검출기인 차별 마이크로파 전파 측정기DMR를 책임졌다. 이름이 의미하듯 차별 마이크로파 전파 측정기는 동시에 두 방향에서 오는 우주배경복사를 측정하여 두 마이크로파 복사선의 세기의 차이를 알아내도록 설계되어 있었다.

제안서가 제출된 후 8년이 지난 1982년 코비 프로젝트에는 마침내 파란불이 켜졌다. 드디어 제작이 시작되었고 코비는 1988년에 발사되는 우주왕복선에 실릴 예정이었다. 그러나 위성을 제작하기 시작하고 4년이 지난 시점에서 모든 프로젝트가 무산될 위기에 직면했다. 1986년 1월 28일 우주왕복선 챌린저 호가 발사 직후 폭발하여 승무원 일곱 명이 모두 죽는 사고가 일어났던 것이다.

스무트는 그때의 일을 다음과 같이 회상했다. "나는 큰 충격을 받았다. 우리 모두 그랬다. 우리는 우주비행사들을 애도했다. 처음에는 비극적인 사고 자체에 신경이 쓰였다. 그러나 차츰 이 사건이 코비에 미칠 영향을 생각하게 되었다. …… 하나의 우주왕복선을 잃었고 3대의 왕복선은 지상에 있었다. NASA의 계획은 엉망이 될 터였다. 아무것도 날지 않았다. 아무도 코비가 얼마나 지연될지 이야기해 주지 않았다. 몇 년이 될지도 몰랐다."

천문학자와 엔지니어들이 코비 위성을 설계하고 제작하는 데 10년이 넘는 시간을 들였지만 코비의 미래는 가망이 없어 보였다. 모든 우주왕복선의 비행이 취소되었고 우주왕복선에서 해야 될 일은 급속히 쌓여 갔다. 따라서 우선순위에서 코비는 뒤로 밀리게 될 것이 틀림없었다. 실제로 1986년 말 NASA는 공식적으로 코비가 우주왕복선 발사 계획에서 제외되었다고 발표했다.

코비 팀은 대체 발사체를 찾기 시작했다. 단 하나의 방법은 사용 후 폐기되는 구형 로켓을 이용하는 것이었다. 사용이 가능한 것 중에 제일 나은 발사체는 유럽의 아리안 로켓이었다. 그러나 코비의 비용을 지원하고 있던 NASA는 외국 경쟁자의 손에 발사되도록 내버려 두지 않았다. 코비 팀의 어느 팀원은 다음과 같이 회상했다. "우리는 프랑스 사람들과 두세 번 이야기를 나누었다. 그러나 NASA 본부는 그 사실을 알고 협상을 중지하도록 지시했다. 그렇지 않으면 불이익을 당할 것이라고 위협했다." 소련과 이야기하는 것은 생각도 못할 일이었다.

로켓 산업은 전체적으로 내리막길을 걷고 있었다. 따라서 다른 대안이 별로 없었다. 코비 팀은 맥도널 더글라스 사와 접촉했다. 그러나 그 회사는 델타 로켓의 생산 라인을 이미 중단한 상태였다. 몇 개의 로켓이 남아 있긴 했지만 이미 새로운 전략방어계획('별들의 전쟁')의 목표물로 사용되도록 예정되어 있었다. 그러나 델타 로켓 엔지니어들은 코비의 어려운 처지를 듣고는 자신들의 아름다운 로켓이 연습용 목표물로 사용되기보다는 더 건설적인 목적에 사용

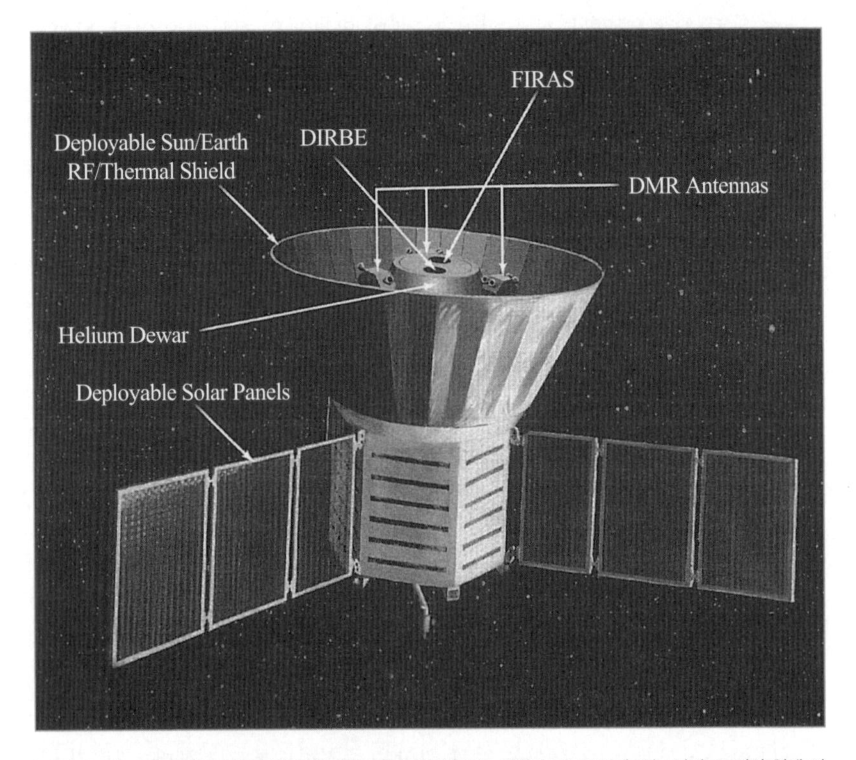

| 그림 101 | 코비 위성은 1989년에 발사되었다. 3개의 검출기는 태양과 지구로부터 오는 마이크로파와 열에 의한 손상을 방지하기 위해 차폐장치 속에 들어 있었다. 중심부에 있는 차폐장치에는 액체 헬륨이 들어 있었다. 이는 인공위성의 온도를 내려 위성 자체가 내는 마이크로파를 줄이기 위한 것이었다.
지금까지 설명에서 일정한 방향에서 오는 우주배경복사는 단일한 파장이라는 인상을 주었다. 그러나 실제로는 일정한 방향에서 오는 우주배경복사는 넓은 범위의 파장을 가지고 있다. 그러나 이 파장 분포의 특징은 세기가 최고이거나 지배적인 파장의 비교를 통해 잘 나타낼 수 있다. 우주배경복사를 한 파장으로 다루는 것은 이 때문이다.
빅뱅 모델의 운명은 DMR 검출기의 관측에 달려 있었다. 이 검출기는 다른 두 방향에서 오는 우주배경복사를 측정하여 최고점 파장의 차이를 찾아낸다. 그러한 차이는 우주 초기의 밀도의 차이를 나타낼 수 있다. 그리고 밀도가 높았던 지역이 오늘날의 은하가 되었다.
FIRAS 검출기와 DIRBE 검출기는 우주배경복사의 다른 면을 조사하게 된다.

될 수 있다는 것에 기뻐했다. 그들은 즉시 일을 시작했다. 하지만 아직도 해결해야 할 난관이 남아 있었다.

완성된 코비 위성은 거의 5톤이나 되었다. 그러나 델타 로켓은 그 무게의 반밖에 쏘아 올릴 수 없었다. 따라서 코비는 상당히 무게를 줄여야 했다. 코비 팀은 위성을 전체적으로 새로 설계해야 했다. 수년 동안의 작업을 상당 부분 희생하여 크기를 대폭 줄였다. 동시에 어떻게 하든 우주배경복사를 측정하여 빅뱅 모델을 시험하는 위성의 능력이 손상되지 않도록 해야 했다. 더 힘들었던 것은 재설계와 제작을 모두 3년 안에 완료해야 한다는 것이었다. 왜냐하면 1989년에 발사 기회가 있었기 때문이다. 이 기회를 놓치면 더 오래 기다려야 할지도 몰랐다.

수백 명의 과학자와 엔지니어들은 우주 탐사의 역사에서 가장 중요한 마감 시한에 맞추기 위해 하루 24시간, 주말에도 일했다. 결국 제안서가 최초로 NASA에 제출된 후 15년이 지난 1989년 11월 18일 오전에 코비 위성은 발사 준비를 마쳤다. 다른 사람들은 그동안에도 지상의 검출기와 높은 고도에 올려놓은 기구와 비행기에 실린 검출기를 이용하여 우주배경복사의 변화를 찾는 일을 계속했다. 그러나 우주배경복사는 아무런 변화도 보여주지 않았다. 따라서 코비 위성이 그 이름에 걸맞은 일을 하기에 늦은 것은 아니었다.

코비 팀은 1948년에 처음으로 우주배경복사의 존재를 예측했던 랠프 앨퍼와 로버트 허먼을 기념하기 위해 두 사람을 위성 발사장소인 캘리포니아 주 반덴버그 공군기지로 초청했다. 두 이론가는 발사 직전에 이동식 발사탑에 올라가 로켓의 윗부분을 어루만질 수 있었다. 스무트 역시 발사를 기다리는 수백 명의 사람들 중에 끼어 있었다. 그의 모든 희망은 코비와 델타 로켓에 달려 있었다. "아침 일찍 로켓을 자세히 살펴보았을 때 여기저기 녹이 슬고 수리한 자국이 남아 있는 것이 너무 낡아 보여 놀라지 않을 수 없었다. 우리 일생일대의 작업이 저런 것 위에 얹혀 있다니. 우리는 한마디도 하지 못하고 조용히 기도만 할 뿐이었다."

카운트다운이 0에 이르자 델타 로켓은 발사대를 떠났다. 30초가 지나자 로켓은 음속의 벽을 통과했다. 그리고 11분이 지나자 코비는 성공적으로 궤도에 올라갔다. 마지막 추진 단계에서 위성은 900킬로미터의 고도까지 올라갔고 극궤도를 따라 지구를 하루에 14번씩 돌게 되었다.

지구로 보낸 첫 번째 자료로 코비가 완전하게 작동하고 있다는 것과 검출장치가 로켓 발사의 물리적 압력을 잘 견뎌냈다는 것을 확인할 수 있었다. 그러나 스무트와 동료들은 임무의 주요 목적에 대해서는 아무것도 발표할 수 없었다.

우주배경복사의 변화가 존재하는지 존재하지 않는지를 알아내기 위해서는 차별 마이크로파 검출기가 수집한 자료를 오랫동안 주의 깊게 분석해야 할 뿐만 아니라 자료 수집 자체가 매우 느리게 진행되었기 때문이다. 검출기는 60도 떨어져 있는 하늘의 두 지점에서 오는 우주배경복사를 측정하면서 동시에 그 값을 비교했다. 그러나 전 하늘의 복사선을 조사하기 위해서는 위성이 지구를 100회나 돌아야 했다. 차별 마이크로파 검출기는 1990년 4월에 처음으로 전 하늘에 대한 기초적인 조사를 마쳤다.

첫 번째 분석에서는 3천분의 1 정도의 수준에서 아무런 우주배경복사의 변화가 드러나지 않았다. 두 번째 조사에서는 1만분의 1 수준에서도 아무런 변화가 보이지 않았다. 과학 저술가 마커스 초운은 이 측정을 "깨지지 않는 지루함"이라고 표현했다.

코비는 오늘날 은하의 씨가 되는 밀도의 변화를 찾아내기 위해 궤도 위에 올려졌다. 아마도 그것을 찾아내는 것이 매우 어렵다는 사실만을 증명하고 있는 것인지도 몰랐다. 아니면 전혀 존재하지 않는지도 모를 일이었다. 그렇게 되면 은하의 형성을 설명할 수 없기 때문에 빅뱅 이론으로서는 재앙이었다. 은하가 없이는 별도, 행성도, 생명체도 없었을 것이다. 매우 실망스러운 상황이었다. 존 마서는 그때를 다음과 같이 회상했다. "우리는 아직 밀도 변화가 존재할 가능성을 완전히 부정하지는 않았다. 나로서는 우주가 배경복사에 아무런 흔적을 남기지 않고 어떻게 현재의 구조를 가지게 되었는지 불가사의해 보였다."

낙관적인 사람들은 더 많은 자료를 수집하고 세밀하게 분석하면 우주배경복사의 변화가 나타날 것이라고 생각했다. 그러나 비관적인 사람들은 더 자세하게 조사하면 우주배경복사가 완전히 균일하고 따라서 빅뱅 이론에 결함이 있다는 것이 증명될 뿐이라고 생각했다. 변화에 대한 아무런 언급 없이 한 달 한 달 시간이 흘러가자 우주학계와 과학 관련 언론계에 소문이 돌기 시작했다. 이론학자들은 우주배경복사의 변화를 필요로 하지 않는 빅뱅 이론의 수정 모델을 만들기 시작했다. 《하늘과 망원경》에 실린 "빅뱅은 죽었는가, 살았는가?"라는 기사 제목은 그 당시의 분위기를 잘 나타낸다. 얼마 남지 않은 정상 우주의 지지자들은 다시 빅뱅 모델을 비판하기 시작했다.

그러나 코비 팀 밖에 있었던 사람들은 오랫동안 기다렸던 변화가 서서히 그 모습을 드러내기 시작하고 있다는 것을 몰랐다. 변화의 징후는 매우 모호한 것이어서 철저히 비밀에 부쳐져 있었다.

코비의 차별 마이크로파 검출기는 1990년에서 1991년 사이에 지속적으로 더 많은 자료를 수집해서 1991년 12월에 처음으로 전 하늘의 지도를 작성했다. 이 지도를 작성하기 위해서 7천만 번의 측정을 수행했다. 마침내 10만분의

1 수준에서 변화가 나타나기 시작했다. 다시 말해 우주배경복사의 최고점 파장은 코비가 어느 방향을 보고 있느냐에 따라 0.001퍼센트 차이를 보이고 있었던 것이다. 아주 적긴 하지만 우주배경복사의 변화가 존재하고 있었다. 그것은 초기 우주에 밀도의 파동이 있었다는 것을 증명하기에 충분했고 그 후에 우주에서 일어났던 연속적인 사건의 씨앗이 되기에 충분했다.

어떤 코비 과학자는 빨리 결과를 발표하기를 바랐다. 그러나 좀 더 신중해야 한다는 의견이 받아들여졌다. 코비 팀은 드러난 변화가 측정이나 분석의 오류 때문이 아닌지 확인하기 위해 자체적인 검토 작업을 시작했다. 신중하고 엄격한 검토를 위해 스무트는 분석의 오류를 찾아내는 사람에게는 세계 어디든 갈 수 있는 비행기 표를 제공하기로 했다. 그는 자신이 과학의 역사에서 가장 민감한 측정에 관여하고 있고 그러한 측정에는 결과를 오염시키는 오류가 있을 가능성이 크다는 것을 잘 알고 있었다. 그는 한때 우주배경복사의 변화를 찾아내려는 것은 "라디오 소리가 들리고, 파도가 부서지고, 사람들이 소리지르며, 개가 짖고, 벌레가 울어대는 해변에서 속삭이는 소리를 들으려는 것"과 같다고 설명하기도 했다. 그러한 상황에서는 잘못 듣기도 쉽고 심지어는 전혀 듣지 않은 것을 들었다고 착각할 수도 있다.

거의 3개월이나 더 분석하고 토론한 끝에 코비 팀은 변화가 사실이라는 것에 모두 동의했다. 이제 발표할 차례였다. 《천문학회지》에 논문을 보냈고, 그 결과는 1992년 4월 23일에 워싱턴에서 열리는 미국물리학회에서 발표하기로 했다.

차별 마이크로파 검출 장치 팀의 대변인이었던 스무트가 이 중대한 결과를 사람들 앞에서 발표하는 영예를 얻게 되었다. 펜지어스와 윌슨이 우주배경복사를 처음으로 검출한 이후 30년이 지나서야 기다리던 변화를 찾아낸 것이다.

그 결과는 그때까지도 비밀에 부쳐져 있었다. 학회를 조직한 사람들마저도 스무트가 그렇게 중요한 발표를 하리라고는 예상치 못했다. 따라서 그에게도 다른 발표자와 마찬가지로 12분의 시간이 주어졌다. 하지만 과학의 역사에서 가장 중요한 발견을 발표하기에는 충분했다. 청중은 우주의 광경이 제자리를 잡아가는 것을 놀랍게 바라보았다. 빅뱅은 이제 은하의 형성을 설명할 수 있게 된 것이다.

12시에 기자회견이 있었다. 보도자료와 함께 붉은색, 분홍색, 푸른색 그리고 자주색이 섞여 있는 코비의 우주 지도가 배포되었다. 그 지도를 흑백으로만 나타낸 것이 그림 102에 있는 지도이다. 마름모꼴 모양의 이 지도는 전체 하늘을 펼쳐서 평면에 다시 그린 것이다. 구형의 지구를 지도에 그리면 뒤틀려 보이는 것과 마찬가지이다.

기자와 독자들은 이 지도를 보고 각각의 조각이 10만분의 1 정도의 우주배경복사 변화를 나타낼 것이라고 생각했다. 그러나 코비의 측정 결과에는 차별 마이크로파 검출기의 불규칙한 영향이 포함되어 있었다. 따라서 그림 102(b)의 지도에는 상당한 정도의 불규칙한 영향이 포함되어 있다. 이런 오염은 심각해서 보는 것만으로는 어느 얼룩이 실제 우주배경복사의 변화를 나타내고 어느 것이 검출기에 의한 것인지 알 수 없다. 그러나 코비의 과학자들은 정밀한 통계적 방법을 이용하여 자신들이 밝힌 수준에서 실제 우주배경복사의 변화가 있다는 것을 증명했다. 따라서 이 지도는 약간 잘못 읽혀질 수 있긴 하지만 결과는 사실이었다. 지도 대신 자료의 통계적 분석을 언론에 제공하는 것이 더 정확했을지도 모르지만 어떤 기자도 그런 분석을 이해할 수 없었을 것이다. 어쨌든 신문 편집자들은 다음 날 신문기사와 나란히 실릴 흥미로운 사진을 더 반겼을 것이다.

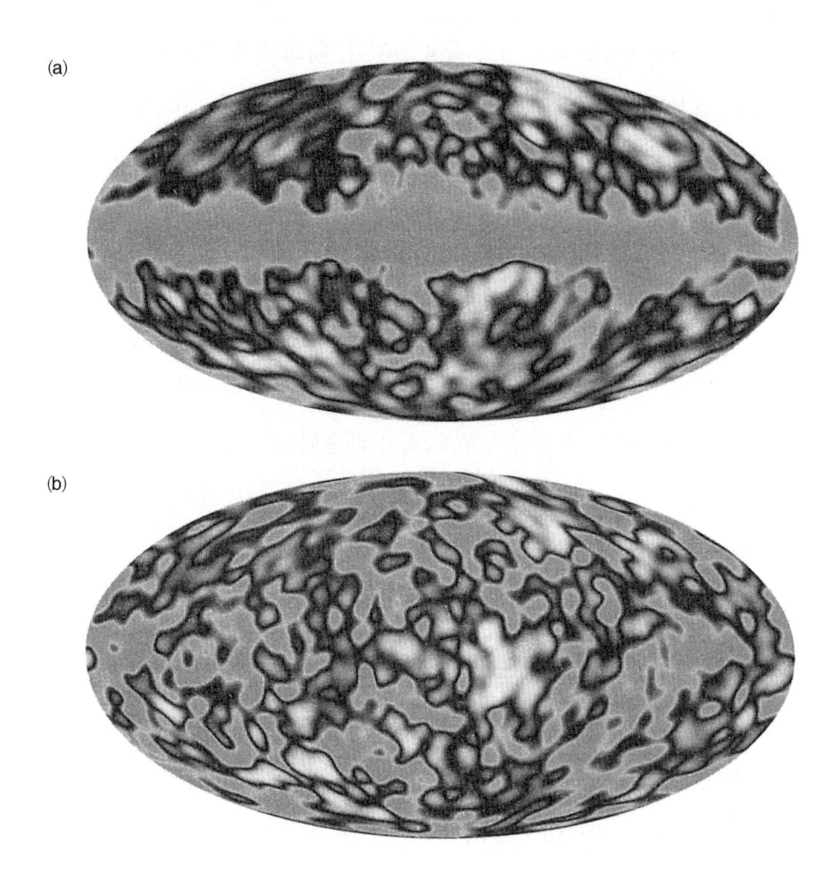

| 그림 102 | 코비는 우주를 바라보며 모든 방향에서 오는 우주배경복사를 조사했다. 그 변화를 코비가 중심에서 사방을 바라보는 것으로 가정하여 구의 표면에 지도로 나타냈다. 코비는 여러 개의 구형 지도를 만들었다. 그중 두 개를 펼쳐서 2차원 지도로 나타내 보았다. 이 지도의 원본은 컬러로 되어 있다. 그러나 여기에서는 흑백으로 나타냈다. 무늬는 코비의 DMR 검출기가 측정한 우주배경복사의 세기의 변화를 나타낸다.

지도 (a)에는 우리 은하의 별들이 내는 복사선이 중앙 부분을 밝게 하고 있다. 이 지도에는 햄버거라는 별명이 붙었다.

지도 (b)는 우리 은하의 영향이 제거된 지도이다. 이것은 우주 전체의 우주배경복사의 변화를 좀 더 잘 나타낸다. 대부분의 지도에는 아직도 잡음이 들어가 있다. 그러나 통계적인 분석에 의해 실제 우주배경복사의 변화가 10만분의 1 정도라는 것을 알 수 있었다.

통계적인 분석은 복잡할지도 모르지만 스무트가 전 세계에 전한 메시지는 간단한 것이었다. 그 메시지는 코비 위성이 창조의 순간으로부터 대략 30만 년이 흐른 후 10만분의 1 정도로 작은 밀도의 변화가 있었다는 증거를 발견했는데, 그 변화는 시간이 흐름에 따라 우리가 보는 은하가 되었다는 것이다.

발표 전날 저녁에 기자회견에서 할 말을 다듬은 스무트는 기자들에게 이렇게 말했다. "우리는 지금까지 보지 못했던 가장 오래된 초기 우주의 구조를 관측했습니다. 은하나 은하단 등과 같이 오늘날 우리가 보는 구조의 원시 씨앗이 실제로 존재했습니다." 그리고 좀 더 인상적인 말을 덧붙였다. "만일 여러분이 신앙을 가지고 있다면 이것은 신의 얼굴을 본 것과 같은 것입니다."

언론은 1면 전부를 코비의 성과에 할애했다. 《뉴스위크》는 "신의 필체"라는 제목으로 이 기사를 다루었다. 스무트는 자신이 한 말이 일으킨 열기에 약간은 당황했지만 조금도 후회하지 않는다고 말했다. "내가 한 말이 사람들에게 우주학에 대한 관심을 불러일으켰다면 좋은 일이고 긍정적인 것이다. 어쨌든 이미 한 말이고 주워담을 수는 없다."

신에 대한 언급, 놀라운 사진, 그리고 코비의 성공이 담고 있는 과학적 중요성은 그것이 의심할 여지없이 가장 대단한 천문학적 이야기라는 사실을 보증하는 것이었다. "이것이 역사적 발견이 아니라면 세기적 발견임에는 틀림없다"라고 말한 스티븐 호킹의 언급은 타는 불에 기름을 뿌린 격이 되었다.

결국 빅뱅 모델을 증명하는 노력은 끝이 났다. 여러 세대에 걸친 물리학자와 천문학자, 그리고 우주학자들 — 아인슈타인, 프리드만, 르메트르, 허블, 가모브, 앨퍼, 바데, 펜지어스, 윌슨, 코비 팀 그 밖의 많은 사람들 — 은 궁극적인 창조의 문제를 해결하는 데 성공했다. 우주는 역동적이고 팽창하고 진화하고 있으며, 우리가 보고 있는 모든 것은 뜨겁고 밀도가 높았던 100억 년 전에 있었던 빅뱅으로부터 시작되었다는 것이 확실해졌다. 우주학에는 혁명이 있었고 빅뱅 모델은 결국 받아들여졌다. 패러다임의 전환이 완성된 것이다.

5장 _ 패러다임의 전환 요약 노트

① 1950년 — 우주학계는 정상우주 모델과 빅뱅우주 모델로 나뉘어 있었다.

의문의 해답을 알아내어 마찰을 해소하기 전에는
어느 모델도 우주를 설명하는 진정한 모델이라고 주장할 수 없었다.

예를 들어 빅뱅이 있었다면,

- 왜 우주가 별들보다 나이가 적은가?
- 무거운 원소는 어떻게 만들어졌는가?
- 우주배경복사는 어디에 있는가?
- 은하는 어떻게 형성되었는가?

② 첫 번째로 바데와 샌디지가 은하까지의 거리를 다시 계산해서
우주의 나이를 늘려 별이나 은하의 나이와 문제가 생기지 않도록 했다.

③ 호일은 무거운 원소가 어떻게 별 내부에서
형성되는지를 설명했다.
원자핵 합성의 문제는 해결되었다.

- 무거운 원소는 죽어가는 별에서 생성된다.
- 가벼운 원소는 빅뱅 직후에 만들어졌다.

④ 1960년대 천문학자들은 전파천문학을 이용하여 젊은 은하들은
먼 우주에만 분포한다는 것을 알아냈다.

은하의 이러한 불균일한 분포는 은하의 균일한 분포를
주장한 정상우주 모델에 반하는 것이었다.

그러나 관측 결과가 전적으로 빅뱅을 지지하는 것도 아니었다.

⑤ 1960년대 중반에 펜지어스와 윌슨이 우연히 1948년에 가모브, 앨퍼 그리고 허먼이 예측한 우주배경복사를 발견하여 빅뱅의 강력한 증거가 되었다.

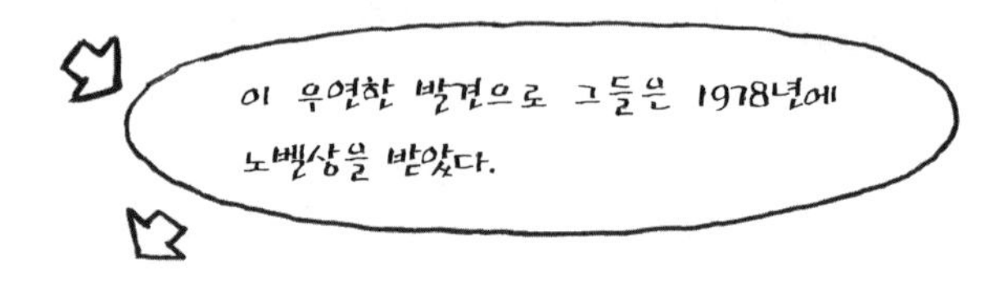

거의 모든 우주학자들이 빅뱅 모델로 옮겨갔다.

⑥ 1992년 코비 위성이 우주배경복사의 변화를 찾아냈다.
그것은 초기 우주에 밀도 변화가 있었다는 뜻이고
이러한 밀도 변화는 은하를 형성하는 씨앗이 되었다.

영원한 우주에서 빅뱅우주로의 패러다임의 전환은 완성되었다.

빅뱅 모델은 옳다는 것이 증명되었다!

끝?

에필로그

만일 사과 파이를 만들고 싶다면 우선 우주부터 창조해야 할 것이다.
— 칼 세이건CARL SAGAN

내가 항상 놀라는 것은 인간이 창조의 이론을 만들어 낼 수 있는 대담성을 가지고 있다는 것과 지금 우리가 그것을 시험할 수 있다는 사실이다.
— 조지 스무트GEORGE SMOOT

우리는 빅뱅 모델이 우주에 대한 이 시대의 가장 설득력 있고 포괄적인 물리적 이론이라고 주장한다. 왜냐하면 이 이론은 예측 가능성을 지녔고(즉, 동시에 다양하고 많은 천문학적 관측을 포함할 수 있고), 특히 모든 생명력 있는 이론이 그랬듯이 관측을 통한 반증에도 살아남았기 때문이다. …… 빅뱅 이론은 수십 년 동안 살아남았을 뿐만 아니라 시간이 지남에 따라 더 강해졌다.
— 랠프 앨퍼RALPH ALPHER, 로버트 허먼ROBERT HERMAN

100억 또는 200억 년 전에 우주가 시작되는 사건인 빅뱅이 일어났다. 왜 그런 일이 일어났는지는 우리가 알고 있는 가장 큰 신비이다. 그런 일이 일어났다는 것은 비교적 명확하다.
— 칼 세이건CARL SAGAN

BIG BANG
The Origin of the Universe

빅뱅 모델은 말할 것도 없이 20세기의 가장 중요하고 위대한 성취였다. 그러나 빅뱅 모델 역시 주창하고, 발전하고, 탐사하고, 시험하고 증명을 거친 후에 받아들여지는 일반적인 과정을 거쳤다. 이런 면에서 조금 덜 주목받는 다른 과학 분야의 아이디어나 별 차이가 없다. 빅뱅 모델의 발전은 과학적 방법이 작동하는 전형적인 예이다.

다른 많은 과학 분야와 마찬가지로 우주학도 전에는 신화나 종교의 영역에 있던 것을 설명하려고 시도하면서 시작되었다. 초기의 우주 모델은 유용하기는 했지만 완전한 것은 아니었기 때문에 곧 부정확하고 일관적이지 못한 면이 나타났다. 새로운 세대의 우주학자들은 새로운 모델을 제시하고 우주에 대한 새로운 견해를 알렸다. 하지만 과학적 주류는 당대의 현존하는 모델을 옹호했다. 과학의 주류와 그에 대항하는 쪽은 각각 주장을 폈고, 이론을 만들어 냈으며, 실험과 관찰을 했다. 수십 년의 노력을 들여 성공하기도 했지만 어떤 경우에는 운 좋은 발견을 통해 하루아침에 과학 전체의 모습을 바꾸어 놓기도 했다. 양쪽은 자신들의 모델이 옳다는 것을 증명할 수 있는 결정적인 증거를 찾아내기 위해 가장 최신의 기술 — 렌즈에서 위성에 이르기까지 모든 종류의 —을 사용했다. 결국 새로운 모델을 지지하는 사람들이 압도적으로 많아지게 되면 우주학은 옛 모델을 버리고 새로운 모델을 받아들이는 혁명을 진행하게 된다. 새로운 모델이 대부분의 비판자를 설득시켜 생각을 바꾸게 하면 패러다임의 전환이 완성되는 것이다.

중요한 것은 대부분의 과학적 전투에서는 패러다임의 전환이 일어나지 않는다는 점이다. 대개는 새롭게 제시된 과학 모델의 결점이 곧 밝혀지고 기존 모델이 실재를 설명하는 가장 훌륭한 것으로 남게 된다. 그렇지 않다면 과학은 계속 뒤바뀌고 우주를 이해하고 탐사하는 믿을 만한 체계가 되지 못할 것이다. 그러나 패러다임의 전환이 일어난다면 그것은 과학의 역사에서 가장 특별한 순간 중 하나가 된다.

옛 패러다임이 새로운 패러다임으로 바뀌려면 오랜 시간이 걸리고 수많은 과학자들의 헌신적인 노력이 필요하다. 여기서 흥미로운 질문이 생긴다. 누가 새로운 패러다임을 도입한 공로를 차지할 것인가? 이 문제는 로알드 호프만과 칼 제라시의 연극 《산소》에 잘 표현되어 있다. 이 연극은 노벨위원회가 창립되기 이전의 공로에 주어지는 가상적인 상인 '거꾸로 노벨상'을 둘러싼 이야기를 바탕으로 하고 있다. 위원회가 열리고 위원들은 산소의 발명에 상을 주어야 한다는 것에 동의한다. 하지만 불행하게도 발명의 공이 누구에게 있는지에 대해서는 의견이 일치하지 않는다. 산소를 처음으로 합성하고 분리한 스웨덴 약사 카를 빌헬름 셸레인가? 산소의 발견을 처음으로 발표하고 연구의 상세한 부분을 공개한 영국의 유니테리언 교회 목사 조지프 프리스틀리인가? 아니면 산소가 단지 공기(플로지스톤[10]이 제거된 공기)가 아니라 전혀 다른 원소라는 것을 밝혀내어 최초로 산소를 제대로 이해한 프랑스 화학자 앙투안 라부아지에인가? 이 연극에서는 우선권의 문제를 오랫동안 토론한다. 그 시대로 돌아가 각자 자신의 주장을 펴지만 그것이 매우 복잡한 문제라는 것을 보여줄 뿐이다.

만일 누가 산소를 발견한 공로자인지 결정하는 것이 어려운 문제라면 누가 빅뱅 모델을 창시했는가에 답하는 것은 거의 불가능할 것이다. 완전한 빅뱅 모델을 발전시키고, 시험하고, 수정하고, 증명하는 과정에는 여러 번의 이론적, 실험적 그리고 관측의 단계가 있었고 각 단계마다 영웅이 있었다. 일반상

10. 18세기 초에 연소를 설명하기 위하여 상정하였던 물질. 물질이 타는 것은 그 물질에서 이것이 빠져나가는 현상이라고 보았다.

대성이론이 없었더라면 어떤 진지한 우주 모델도 발전되지 않았을 것이기 때문에 아인슈타인은 어느 정도의 공로를 인정받을 수 있다. 그러나 그는 처음에는 진화하는 우주라는 생각을 배척했다. 따라서 빅뱅 이론을 발전시키는 일은 프리드만과 르메트르에게 넘겨졌다. 그들의 연구는 우주가 팽창하고 있다는 것을 발견한 허블의 관측이 없었다면 제대로 받아들여지지 않았을 것이다. 그러나 허블은 자신의 연구 결과로부터 어떤 종류의 우주론적 결론도 내리려고 하지 않았으므로 빅뱅의 왕좌를 주장하기는 어렵다. 빅뱅 이론은 가모브, 앨퍼 그리고 허먼의 이론적 연구와 라일과 펜지어스, 윌슨 그리고 코비 팀의 관측이 없었더라면 정체되었을 것이다. 심지어는 정상우주론의 신봉자였던 프레드 호일도 원자핵 합성 문제에 이론적으로 공헌하여 의도와는 달리 빅뱅 이론에 힘을 보탰다. 분명히 빅뱅 모델의 공적은 어느 개인에게 돌릴 수 없다.

이 책에서는 빅뱅 이론의 발전에 공헌한 사람들 중 몇몇 사람에 대해서만 언급했다. 왜냐하면 빅뱅 이론과 정상우주론 사이의 긴 논쟁을 불과 수백 쪽짜리 책에서 모두 다루는 것은 불가능하기 때문이다. 빅뱅의 발전에 공헌한 사람들을 모두 제대로 다루기 위해서는 이 책의 각 장을 각각 독립된 책으로 확장해야 할 것이다.

공간의 제약뿐만 아니라 빅뱅 모델의 역사를 다루면서 수식을 최소한으로 사용해야 하는 제약도 있었다. 수학은 과학의 언어이고 과학의 개념을 전체적으로 정확하게 설명하기 위해서는 대개 자세한 수식이 필요하다. 그러나 말과 핵심적인 내용을 보여주는 몇 장의 그림으로도 과학적 개념의 일반적인 설명이 가능할 수 있다. 수학자 카를 프리드리히 가우스는 '기호가 아닌 개념'을 강조하기도 했다.

빅뱅 이론이 말과 그림으로 설명될 수 있다는 것이 1992년 4월 24일에 증명되었다. 코비 팀이 기자회견을 마친 다음 날 《인디펜던트》 1면에 실린 간단한 다이어그램(그림 103) 하나에 빅뱅 모델의 모든 핵심적 요소가 요약되어 있었던 것이다. 1992년까지 이론과 관측의 진보가 있었기 때문에 이 그림에 나타난 몇몇 시간과 온도는 앞 장에서 인용한 값과 다르다. 그 값은 근사값이다. 그러나 넓은 의미에서 오늘날의 우주학자들의 일치된 의견을 나타낸다.

《인디펜던트》의 다이어그램은 오늘날 우리가 이해하고 있는 빅뱅우주를 명약관화하게 요약해 보여준다. 첫째로 '모든 질량과 에너지는 한 점에 집중되어 있었고' 그 다음에는 빅뱅이 있었다. 빅뱅이라는 말은 어떤 폭발을 의미한다. 빅뱅이 공간에서 일어난 폭발이 아니라 공간의 폭발이라는 것만을 제외하면 그리 벗어나지 않은 비유이다. 마찬가지로 빅뱅은 시간 안에서 일어난 폭발도 아니다. 이것은 시간의 폭발이다. 공간과 시간은 빅뱅의 순간에 창조되었다.

1초 안에 엄청나게 뜨겁던 우주는 극적으로 팽창하여 식어서 온도는 수조 도에서 수십억 도로 내려갔다. 우주에는 주로 양성자와 중성자 그리고 전자가 있었다. 이들은 모두 빛의 바다 속에서 헤엄치고 있었다. 수소 원자의 원자핵이기도 한 양성자는 다음 몇 분 동안에 다른 양성자와 상호작용하여 헬륨과 같은 가벼운 원자의 원자핵을 형성했다. 우주에 존재하는 수소와 헬륨의 비율은 이 첫 몇 분 동안에 결정되었고 그것은 오늘날 우리가 보는 것과 같다.

우주는 팽창을 계속했고 그에 따라 계속 식어갔다. 이제 우주는 간단한 원자핵과 큰 에너지를 가지고 있는 전자, 그리고 엄청난 양의 빛으로 이루어져 있어서 모든 것이 모든 다른 것을 산란시키고 있었다. 대략 30만 년이 지난 후에는 우주의 온도는 전자의 속도가 느려져 원자핵에 잡혀 원자를 형성할 수 있을 정도로 내려갔다. 이제 더 이상 빛의 산란이 없게 되었다. 따라서 빛은 거의 아무런 방해를 받지 않고 우주를 항해할 수 있게 되었다. 이 빛이 가모브, 앨퍼 그리고 허먼이 예측했고 펜지어스와 윌슨이 검출해 낸 빅뱅의 메아리인 우주배경복사이다.

코비 위성의 우주배경복사에 대한 세밀한 측정 덕분에 우리는 30만 년 된 우주에 평균보다 약간 더 밀도가 높은 지역이 있었다는 것을 알게 되었다. 이 지역은 점차 더 많은 질량을 끌어모아 점점 밀도가 높아졌고 따라서 우주가 대략 10억 년쯤 되었을 때 첫 번째 별과 은하들이 형성되었다. 별의 내부에서 시작된 핵반응은 중간 크기의 원소를 만들었고, 무거운 원소는 별들이 죽어가는 극단적인 환경에서 만들어졌다. 탄소, 산소, 질소, 인과 같은 원소는 별들 내부에서 만들어진 것이고 이 원소들 덕택에 생명체가 생겨 진화할 수 있게 되었다.

그리고 150억 — 수십억 년을 빼거나 더해도 된다 — 년이 된 오늘날 우리가 있다. 그림의 가장 윗부분에는 인간이 놓여 있는데 이는 우주의 역사에서 우리 인간이 하고 있는 역할을 과장한 면이 있다. 수십억 년 동안 지구상에 생명이 존재하기는 했지만 인간은 수십만 년 정도밖에 존재하지 않았다. 그것을 감안하면 만일 두 팔을 벌렸을 때 우주의 역사가 한쪽 손끝에서 반대쪽 손끝까지라고 가정하면 손톱 끝으로도 단 한번에 인간이 존재한 시간을 지워버릴 수 있을 것이다.

창조와 진화의 역사는 구체적인 증거로 뒷받침되고 있다는 사실을 기억해 두는 것이 좋다. 가모브, 앨퍼 그리고 허먼과 같은 물리학자들은 상세한 계산으로 초기 우주의 조건을 예상했고, 초기 우주가 현재 우주의 수소와 헬륨의 양과 우주배경복사에 어떻게 표시를 남겼는지 예측했다. 이러한 예측은 신비

| 그림 103 | 1992년 4월 24일자 《인디펜던트》 1면은 코비의 발견으로 채워졌다. 이 신문에는 우주배경복사의 변화가 빅뱅우주 모델의 궁극적인 증거라고 되어 있으며 이 그림을 이용하여 빅뱅 모델을 설명했다.

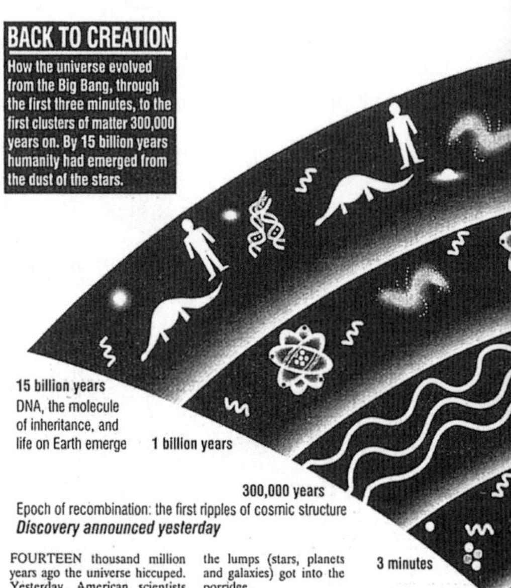

FOURTEEN thousand million years ago the universe hiccuped. Yesterday, American scientists announced that they have heard the echo.

A Nasa spacecraft has detected ripples at the edge of the Cosmos which are the fossilised imprint of the birth of the stars and galaxies around us today.

According to Michael Rowan-Robinson, a leading British cosmologist, "What we are seeing here is the moment when the structures we are part of – the stars and galaxies of the universe – first began to form."

The ripples were spotted by the Cosmic Background Explorer (Cobe) satellite and presented to excited astronomers at a meeting of the American Physical Society in Washington yesterday.

"Oh wow . . . you can have no idea how exciting this is," Carlos Frenk, an astronomer at Durham University, said yesterday. "All the world's cosmologists are on the telephone to each other at the moment trying to work out what these numbers mean."

Cobe has provided the answer to a question that has baffled scientists for the past three decades in their attempts to understand the structure of the Cosmos. In the 1960s two American researchers found definitive evidence that a Big Bang had started the whole thing off about 15 billion years ago. But the Big Bang would have spread matter like thin gruel evenly throughout the universe. The problem was to work out how the lumps (stars, planets and galaxies) got into the porridge.

"What we have found is evidence for the birth of the universe," said Dr George Smoot, an astrophysicist at the University of California, Berkeley, and the leader of the Cobe team.

Dr Smoot and colleagues at Berkeley joined researchers from several American research organisations to form the Cobe team. These included the Goddard Space Flight Center, Nasa's Jet Propulsion Laboratory, the Massachusetts Institute of Technology and Princeton University. Joel Primack, a physicist at the University of California at Santa Cruz, said that if the research is confirmed, "it's one of the major discoveries of the century. In fact, it's one of the major discoveries of science."

Michael Turner, a University of Chicago physicist, called the discovery "unbelievably important . . . The significance of this cannot be overstated. They have found the Holy Grail of cosmology . . . if it is indeed correct, this certainly would have to be considered for a Nobel Prize."

Since the ripples were created almost 15 billion years ago, their radiation has been travelling toward Earth at the speed of light. By detecting the radiation, Cobe is "a wonderful time machine" able to view the youn
verse, Dr Smoot said

A remnant glow
the Big Bang is still a
today, in the form c
crowave radiation th
bathed the universe f
billions of years sinc
explosion. Galaxies
have formed by gr
gravitational forces b
ter together. To
"lumpy" universe, ra
the Big Bang should
signs of being lumpy.

Cobe, which has b
500 miles above the
the end of 1989, has
on board that are se
extremely old radiati
ples Cobe has found
hard evidence of the
lumpiness in the rad

Cobe detected al
ceptible variations

niverse began

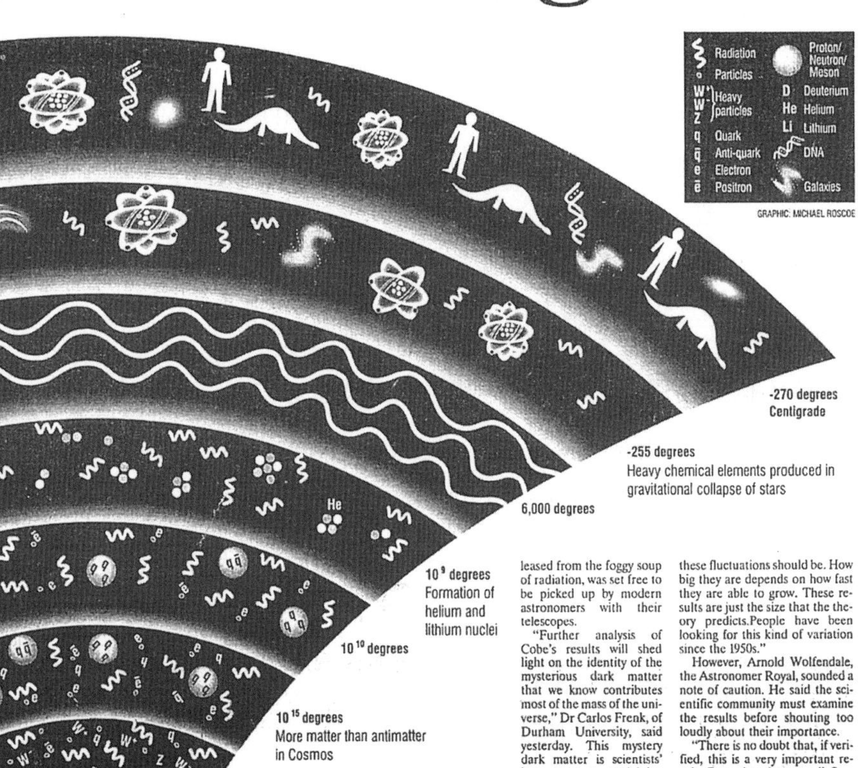

radiation, which
below zero. Those
nly about thirty-
degree – repre-
rences in the den-
t the edge of the
s of wispy clouds
slightly less dense

matter, the scientists said yesterday. The smallest ripples the satellite picked up stretch across 500 million light years of space.

Cobe has taken a snapshot of the universe just 300,000 years after Big Bang itself – at a point in time when the foggy fireball of radiation and matter produced by the explosion cooled down. "The results also show that the idea of a Big Bang model is once again brilliantly successful," Professor Rowan-Robinson, of London University, said.

He described the ripples as similar to the chaotic pattern of waves you might see from an aeroplane window flying over an ocean. "I can be pretty confident now that if we had an even bigger telescope in space we could see the fluctuations that are the early signs of individual galaxies themselves. It's just a matter of technology now," he added.

The point in time of Cobe's snapshot is known as "the epoch of recombination". At this point, the early galaxies began to form and light from these galaxies, released from the foggy soup of radiation, was set free to be picked up by modern astronomers with their telescopes.

"Further analysis of Cobe's results will shed light on the identity of the mysterious dark matter that we know contributes most of the mass of the universe," Dr Carlos Frenk, of Durham University, said yesterday. This mystery dark matter is scientists' best guess at explaining why the universe is lumpy.

Astronomers have worked out that, for today's galaxies to have formed, there ought to be far more matter around than they have observed. One of the leading theories to get round this is the Dark Matter theory, which says that about 99 per cent of the matter of the universe is invisible to us. This theory predicts fluctuations in the background radiation of exactly the size Cobe has observed. "Because these had not been seen, the theoreticians were beginning to get worried that they had got it wrong," Professor Rowan-Robinson said.

"If Cobe had found no ripples the theoreticians would have been in disarray; their best shot at understanding how galaxies were formed would have been disproved," he added. "The cold dark matter theory is a very beautiful one which makes very exact predictions about what the size of these fluctuations should be. How big they are depends on how fast they are able to grow. These results are just the size that the theory predicts.People have been looking for this kind of variation since the 1950s."

However, Arnold Wolfendale, the Astronomer Royal, sounded a note of caution. He said the scientific community must examine the results before shouting too loudly about their importance.

"There is no doubt that, if verified, this is a very important result. Detecting these small fluctuations is very difficult. Another group reported having picked up similar fluctuations last year, then later found they were due to cosmic rays. At the frequencies our colleagues in the US are working at, cosmic rays should not be a problem, but there is dust between the stars which can also produce radiation and make you think it is cosmological."

Martin Rees, Professor of Astrophysics at Cambridge University, said: "We needed equipment sensitive enough to pick up these fluctuations. We can expect in the next year or so there will be other observations from the ground corroborating this."

He said the results opened up a whole new area of astronomy. "Now we have seen them we can start analysing them. We can learn a lot about the history of the universe – what happened when. We might find, for example, that there was a second foggy era after the original fog lifted."

할 정도로 정확했다는 것이 밝혀졌다. 노벨상 수상자인 물리학자 스티븐 와인버그Steven Weinberg가 지적했듯이 빅뱅 모델은 추측 이상의 것이었다. "우리의 실수는 우리의 이론을 지나치게 진지하게 생각하는 것이 아니라 충분히 진지하게 생각하지 않는 것이다. 책상 위에서 우리가 다루고 있는 숫자와 방정식이 실제 세상과 어떤 관계가 있다는 것을 깨닫기는 쉽지 않다. 게다가 어떤 현상은 관계되는 이론이나 실험적 노력과 잘 들어맞지 않는다고 일반적으로 생각되고 있기도 하다. 초기 우주를 깊이 다루어 보기로 결정하고 이미 알고 있는 물리법칙으로 최초 3분 동안을 어떻게 해명할 수 있는지 연구했다는 점에서 가모브, 앨퍼 그리고 허먼은 그 공로를 인정받아야 할 것이다."

신문에서 1면에 우주 모델에 대한 대략적인 설명을 싣기로 한 것은 아서 에딩턴이 지적했듯이 빅뱅 모델이 이제 이론적인 연구실에서 과학전시장으로 옮겨가고 있다는 것을 나타내는 것이다. 그러나 빅뱅 모델이 잘 다듬어졌다거나 완성되었다는 뜻은 아니다. 거기에는 언제나 새로운 문제가 있었고 메워야 할 세부사항이 남아 있었다. 이 에필로그의 나머지 부분은 여전히 해결해야 될 문제와 세부사항을 간단히 살펴보는 데 할애했다. 몇 개의 문단으로는 이 문제들의 중요성과 깊이 그리고 섬세함을 제대로 다루지 못할지도 모른다. 중요한 것은 빅뱅 모델의 전반적인 개념은 옳다는 것이 증명되었지만 우주학자들이 할 일이 없어지기까지는 오랜 시간이 필요하다는 사실이다.

예를 들면 우리는 오늘날의 은하가 빅뱅 후 30만 년에 우주에 나타났던 밀도의 변화에서 시작되었다는 것을 알고 있다. 그러나 이러한 밀도 변화의 원인은 무엇이었을까? 또 아인슈타인의 일반상대성이론에 의하면 공간은 평평할 수도 있고, 안쪽이나 바깥쪽으로 구부러져 있을 수도 있다. 공이 마찰이 없는 평면에서 움직이는 것처럼 빛은 평평한 우주에서 직선을 따라 영원히 앞으로 진행할 수 있다. 그러나 구부러진 우주에서는 빛은 적도 상공을 날고 있는 비행기와 마찬가지로 원형 경로를 따라 출발했던 곳으로 돌아올 것이다. 천문학적 관측으로는 우리 우주는 평평해 보인다. 따라서 구부러진 우주가 될 수도 있었는데 왜 평평한 우주가 되었는가 하는 점이 의문이다.

1979년 말 앨런 구스Alan Guth가 개발한 인플레이션 이론을 이용하면 밀도가 변화한 원인과 우주가 평평해 보이는 이유를 설명할 수 있는 가능성을 찾을 수 있다. 처음으로 우주 인플레이션을 생각했을 때 구스는 매우 놀라 노트에 "놀라운 깨달음"이라고 써넣었다. 인플레이션은 빅뱅 모델에 포함될 만한 가치가 있는 것이었기 때문에 지나친 말이 아니었다. 여러 가지 형태의 인플레이션이 제기되었지만 이 이론의 핵심은 우주가 아주 초기 단계에 짧은 시간 동안 굉장한 속도로 팽창하는 상태에 있었다는 것이다. 그러한 상태는 10^{-35}초에 끝났을 것이라고 추정하고 있다. 이 인플레이션 단계에 우주는 10^{-37}초마다 크기가 2배로 되었다는 것이다. 따라서 우주의 크기가 2배로 증가는 일이 100번이나 있었다. 그리 큰 수처럼 보이지 않을지도 모른다. 그러나 어떤 유명한 동화를 보면 2배로 증가하는 것이 얼마나 위력적인지 잘 드러나 있다.

한 고관이 왕에게 체스판의 첫 번째 칸에는 곡식 한 알을 놓고 다음 칸에는 곡식 2알, 다음 칸에는 4알, 8알, 16알 …… 이런 식으로 채워서 봉급을 달라고 청했다. 왕은 그래봤자 마지막 칸에 들어갈 곡식도 얼마 안 될 것이라고 생각하고 승낙했다가 망하고 말았다. 왜냐하면 체스판의 마지막 칸에는 9,223,372,036,854,775,808알의 곡식이 들어가야 했기 때문이다. 모든 칸의 곡식을 합하면 이 숫자의 2배쯤 된다. 오늘날의 전 세계의 연간 쌀 생산량을 다 합해도 모자랄 정도이다. 따라서 인플레이션은 오늘날 우리가 보는 서서한 팽창이 있기 전에 우주를 짧은 순간에 엄청난 크기로 팽창시켰다.

0.00000000000000000000000000000000001초 동안에 일어난 인플레이션이 우주의 발전에 중요한 영향을 끼치게 되었다. 새로 태어난 우주는 거의 의미가 없을 정도의 밀도만 변화했다. 그러나 인플레이션은 이 작은 변화를 엄청나게 키워 천문학자들이 알고 있는 30만 년의 의미 있는 변화를 만들어 냈다. 이러한 변화, 특히 밀도가 높았던 부분이 은하의 씨앗이 된 것이다.

인플레이션의 또 다른 결과는, 전에는 평평하지 않던 우주가 인플레이션 후에는 평평하게 되었을 것이라는 점이다. 당구공의 표면은 분명히 평평하지 않다. 그러나 만일 당구공의 크기를 27번 연속해서 2배로 키우면 지구 크기만하게 될 것이다. 지구의 표면은 여전히 곡면이지만 당구공보다는 덜 구부러져 있다. 그리고 인간의 수준에서는 평평해 보이기도 한다. 마찬가지로 인플레이션이 진행됨에 따라 우주는 천문학자들이 오늘날 보는 것과 같이 평평한 모습으로 보이게 된 것이다.

인플레이션은 변화의 기원과 평평함에 관련된 또 다른 미스터리에도 빛을 비춘다. 천문학자들이 200억 광년 이상 떨어져 있는 우주의 두 조각을 비교해 보면 이들의 모습이 매우 비슷한 것을 알 수 있다. 우주학자들은 그렇게 멀리 떨어져 있는 지역은 훨씬 더 다양한 모습을 하고 있을 것으로 기대했다. 그러나 인플레이션은 왜 그렇지 않은지를 설명할 수 있게 해준다. 우주의 두 지역은 인플레이션 전에는 매우 가까이 있었다. 따라서 그들은 매우 비슷했다. 그 후 인플레이션에 따른 엄청난 팽창이 일어나 상대적으로 먼 거리에 떨어지게 되었다. 그러나 매우 빠르게 분리되었기 때문에 여전히 초기의 유사성을 유지하고 있다는 것이다.

구스의 인플레이션 이론은 아직도 다듬어지고 있다. 그러나 많은 우주학자들은 곧 빅뱅 이론과 결합될 것이라고 생각하고 있다. 짐 피블스는 한때 "만일 인플레이션이 틀렸다면 신은 훌륭한 묘기를 놓친 것이다. 인플레이션은 아름다운 생각이다. 그러나 자연이 이용하지 않기로 한 아름다운 아이디어는 아주 많다. 따라서 틀린다 해도 불평할 일은 아니다"라고 말했다.

빅뱅우주학자들이 밤늦도록 잠을 이루지 못하도록 하는 문제는 **암흑물질**이다. 관측에 의하면 은하의 가장자리에 있는 별은 매우 빠른 속도로 은하를 돌고 있다. 그러나 은하의 중심부에 있는 모든 별의 중력은 그 별들이 달아나지 못하도록 붙들어 두기에는 너무 약하다. 따라서 우주학자들은 은하에는 빛이 나지는 않지만 별들을 궤도에 묶어둘 만한 중력을 작용시키는 많은 양의 암흑물질이 있다고 믿고 있다. 암흑물질 아이디어는 1930년대 윌슨 산 천문대의 프리츠 츠비키가 처음 제시했지만 그 정체는 아직도 밝혀지지 않았다. 더구나 계산에 의하면 우주가 보통 물질보다 더 많은 양의 암흑물질을 가지고 있다는 것이다.

암흑물질 후보 중 하나는 '거대하고 밀도가 높은 영역인 헤일로 천체massive compact halo objects'를 뜻하는 말의 머리글자를 따서 **마초**MACHOs라고 불리는 천체이다. 여기에는 블랙홀이나 소행성, 거대한 목성과 같은 행성이 포함된다. 이러한 천체는 빛을 내지 않기 때문에 은하에서 볼 수 없다. 그러나 이들은 은하 내의 중력에 공헌하고 있다. 또 다른 암흑물질 후보자는 '약하게 상호작용하는 무거운 입자weakly interacting massive particles'의 머리글자를 따서 **윔프**WIMPs 라고 부르는 것이다. 여기에는 마초를 형성하지 못하지만 전체 우주에 널리 퍼져 있는 다양한 형태의 입자가 포함된다. 중력 외에는 그들의 존재를 확인할 방법이 없다.

아직 우주에 있는 암흑물질의 정체나 양에 대한 막연한 단서만 가지고 있을 뿐이다. 매우 실망스러운 일이다. 빅뱅의 틈을 메우기 위해서는 먼저 암흑물질을 이해해야 하기 때문이다. 예를 들면 암흑물질의 중력 영향은 우주 초기에 더 많은 보통 물질을 끌어모으는 데 중요한 역할을 했을 것이고 따라서 은하의 형성을 도왔을 것이다.

그리고 시간축의 다른 쪽 끝에서는 암흑물질이 우주의 궁극적 운명에 결정적 역할을 할 것이다. 우주는 빅뱅 이래 계속 팽창하고 있지만 우주의 모든 물질의 중력은 물질을 안쪽으로 끌어당기고 있고 따라서 팽창속도는 점차로 느려지고 있다. 여기서 1920년대에 프리드만이 제시한 세 가지 미래가 가능하다. 첫째는 우주가 영원히 팽창한다는 것이다. 그러나 팽창 비율은 줄어들 것이다. 두 번째로 우주는 팽창이 간신히 멈출 때까지 점차 그 속도가 줄어들 것이다. 세 번째로는 우주는 느려져서 팽창이 멈추게 되고 그 다음에는 우리가 대수축이라고 부르는 것을 향해 줄어들 것이다. 따라서 우주의 미래는 우주 내부의 중력에 따라 결정된다. 그리고 중력은 우주가 가지고 있는 물질의 양에 의해 결정되는데, 우주에 있는 물질의 양은 암흑물질의 양으로 결정된다.

네 번째로 가능한 미래도 현재 심각하게 논의되고 있다. 1990년대 후반에 천문학자들은 망원경의 초점을 Ia형 초신성이라고 하는 새로운 형태의 초신성에 맞추었다. 이 초신성은 매우 밝아서 아주 먼 곳에 있는 은하에 나타나도 관측이 가능하다. Ia형 초신성은 절대 밝기를 알 수 있는 밝기의 변화를 보이기 때문에 거리를 측정하는 자로 사용할 수 있고 따라서 이러한 초신성을 포함하고 있는 은하까지의 거리를 결정할 수 있다. 그리고 분광기를 이용하여 그 후퇴 속도를 측정할 수 있다. Ia형 초신성을 자세히 관찰하면 할수록 그 측정 결과는 우주의 팽창 속도가 실제로 증가하고 있다는 것을 나타냈다. 따라서 우주의 팽창이 느려지는 게 아니라 가속되는 것처럼 보인다. 우주는 멀리 날아가고 있는 듯하다. 우주를 달아나게 하는 힘을 **암흑에너지**라고 하는데 아직은 신비에 싸여 있다.

짧은 순간의 격렬한 인플레이션 시기, 알 수 없는 암흑물질, 이상한 암흑에너지와 함께 21세기의 새로운 빅뱅우주는 정말로 기이한 곳이 되어 버렸다. 뛰어난 과학자 홀데인J.B.S. Haldane은 1937년에 다음과 같은 말로 뛰어난 통찰력을 보여주었다. "내가 막연히 느끼는 것은 우주가 우리가 예상하는 것보다 이상할 뿐만 아니라 예상할 수 있는 것보다 이상하다는 점이다."

빅뱅의 나머지 문제를 완전히 해결하기 위해 할 일은 세 가지라고 할 수 있다. 더 발전된 이론을 만들기 위해 계속 노력하고, 더 많은 실험을 하고, 무엇보다도 우주를 더 자세하고 깨끗하게 관찰하기 위해 노력해야 한다. 코비 위성이 1993년 12월 23일에 과학적 임무를 마친 후 더 개선된 검출기를 갖춘 위성 WMAP가 그 임무를 대신했다. 그 결과는 그림 104에 나타나 있다. 현재 이미 더 나은 위성이 설계되고 있으며 지상에도 더 성능이 좋은 전파 망원경과 광학 망원경이 설치되어 암흑물질의 성격을 규명하게 될 것이다.

더 나은 관측을 통해 빅뱅 모델은 계속 시험되고 발전해 나갈 것이다. 그러한 관측으로 우주의 나이에 대한 예측이 수정될지도 모르고 우주에서 암흑물질의 영향이 줄어들지도 모르며 우리 지식의 틈이 메워질지도 모른다. 그러나 우주학자들은 그것이 전혀 새로운 모델로의 패러다임 전환이 아니라 빅뱅 모델의 전체적인 틀 안에서의 작은 수정에 지나지 않을 것이라는 데 일반적으로 동의한다. 랠프 앨퍼와 로버트 허먼은 2001년 출간된 《빅뱅의 창세기》에서 이렇게 주장한다. "우주 모델에 관한 많은 문제의 해답이 아직 발견되지 않았지만 빅뱅 모델은 온당한 모습을 하고 있다. 우리는 미래의 이론적 연구와 관측은 빅뱅 모델을 정교하게 조정하는 정도일 것이라고 확신한다. 50년 이상이

| 그림 104 | 윌킨슨 마이크로파 비등방성 검출장치(WMAP) 위성은 코비 위성보다 35배 높은 분해능을 가지고 우주배경복사를 측정하도록 설계되었다. 이 위성의 측정 결과가 2003년에 공개된 이 지도에 나타나 있다. 납작한 모양의 지도는 그림 102에 있는 지도와 마찬가지이다. 이 지도를 말아 올리면 구를 만들 수 있다. 구의 두 반대편 모양도 보인다. WMAP 위성이 구의 중심에서 우주를 내다보는 것을 상상할 수 있을 것이다.

WMAP의 자료로 이전보다 훨씬 정확하게 우주에 대한 여러 가지 변수를 측정할 수 있게 되었다. WMAP 연구팀은 우주의 나이가 2억 년의 오차 범위에서 137억 년이라고 추정했다. 또한 우주는 23%의 암흑물질과 73%의 암흑에너지 그리고 4%의 보통 물질로 되어 있다고 계산했다. 더구나 우주배경복사 변화의 크기는 인플레이션 단계가 있었다고 가정하고 천문학자들이 추정했던 것과 같은 크기였다.

지난 후에 이 모델이 근본적으로 적절치 않다고 밝혀질 것이라고는 생각지 않는다. 50년 후에 돌아와서 우주 모델이 어떻게 되어 있는지 볼 수 있다면 좋겠다.”

대부분의 우주학자가 앨퍼와 허먼의 생각에 동의하겠지만 아직도 영원한 우주론을 선호하는 소수의 고집스러운 비판자들도 있다는 사실을 알아둘 필요가 있다. 정상우주 모델이 더 이상 버틸 수 없게 되자 준정상우주 모델이 등장했다. 이 소수 의견을 아직도 고수하고 있는 우주학자들은 빅뱅의 권위를 비판하는 자신들의 역할을 매우 자랑스럽게 여기고 있다. 실제로 프레드 호일은 2001년에 세상을 떠날 때까지 준정상우주 모델이 옳고 빅뱅 모델이 틀렸다는 강한 신념을 가지고 있었다. 자서전에서 그는 “내가 보기에 빅뱅 모델 지지자들이 올바른 이론의 근처에 도달했다고 말하는 것은 교만이다. 만일 나 자신이 그런 덫에 걸렸다면 오만에서 비롯된 잠깐 동안의 휴식이 될지는 모르지만 인과응보를 피하기는 힘들 것이다”라고 말했다. 그러한 건전한 도전은 과학의 고유한 부분으로서 절대로 단념시켜서는 안 될 것이다. 빅뱅 모델 자체도 주류에 대한 반발의 결과였다.

호일이 ‘빅뱅’이라는 대중적인 이름을 붙여주었다는 사실로 그가 그 모델을 혐오한 것은 어느 정도 중화될 수 있을 것이다. 그 이름은 가장 강력한 비판자가 지어준 것이지만 창조의 이론을 나타내는 짧고 강하며 기억하기 쉬운 이름이라는 사실은 자명하다. 빅뱅이라는 말의 도발적인 분위기를 좋아하는 우주학자들도 있지만 그렇게 위대한 개념에는 어울리지 않는다고 불평하는 사람들도 있다. 1992년 6월 21일에 나온 빌 워터슨의 만화 《캘빈과 홉스》의 주인공들마저 이런 말을 했다. “우주의 시작에 관해 읽어봤어. 그걸 ‘빅뱅’이라고 부르더군. ‘빅뱅’보다 더 나은 말을 생각해 내지 못하는 과학자들이 우주의 모든 물질이 바늘 끝보다도 작은 점에서 폭발하여 생겨났다고 상상할 수 있다는 게 좀 이상하지 않아? 그게 과학의 문제야. 상상할 수 없는 놀라운 것을 묘사하려고 애쓰는 경험론자들이 많다니까." 캘빈은 계속해서 빅뱅 대신 '이상한 우주 카블루이The Horrendous Space Kablooie' 라고 부르자고 제안했다. 어떤 우주학자들은 얼마 동안 실제로 이 이름을 사용했으며 줄여서 HSK라고 부르기도 했다.

이듬해 《하늘과 망원경》에 빅뱅을 대신할 이름을 공모했다. 그러나 칼 세이건, 휴 다운스 그리고 티모시 페리스와 같은 명망 있는 심사위원들은 응모된 이름들에서 별로 큰 인상을 받지 못했다. 그중에는 '허블 버블Hubble Bubble', '버사 디 유니버스Bertha D. Universe' 그리고 '사간(SAGAN, Scientists Awestruck by God's Awesome Nature)' 도 있었다. 그들은 41개국에서 온 13,099개의 이름이 호일이 붙인 '빅뱅' 보다 나을 것이 없다고 결론지었다.

이것은 빅뱅이 이제 우리 문화의 일부가 되었다는 사실을 입증하는 것이다. 우리 세대는 전부 우주의 역사와 진화 그리고 창조를 설명하는 모델로서의 빅뱅과 함께 자랐다. 그리고 이 이론을 빅뱅이 아닌 다른 이름으로 부르는 것은 상상할 수 없다.

심지어는 교회도 빅뱅 모델을 좋아하게 되었다. 교황 비오 12세가 빅뱅 모델을 지지한 이래 가톨릭교회는 대체적으로 창조에 대한 과학적 견해에 관대했다. 성경이 우주에 대해 문자적으로 설명하고 있다는 생각은 이제 버렸다. 매우 실용적인 변화였다. 과거에는 태양이 뜨고 지는 것에서부터 화산이 폭발하는 것에 이르기까지 우주의 모든 신비스러운 현상 뒤에 신이 있었다. 그러나 과학이 이런 현상을 하나씩 합리적으로 설명해 나갔다. 화학자 찰스 쿨슨Charles Coulson은 지식의 틈을 과학이 메워감에 따라 우리가 이해하지 못하는 모든 현상에 책임을 지는 신이 그 힘을 잃어 간다는 것을 나타내기 위해 "틈 사이의 신"이라는 말을 만들어 냈다. 이제 가톨릭교회는 자연은 과학에 맡기고 정신적인 세계에만 집중하고 있다. 그것은 미래의 과학적 발견이 신의 위상을 깎아내리는 일이 없는 안전한 영역에 자리 잡았다는 것을 의미한다. 과학과 종교는 나란히 독립적으로 살아갈 수 있게 되었다.

1998년에는 마치 이러한 독립성을 강조하기 위한 것처럼 교황 요한 바오로 2세가 "기독교는 자체 안에 정당성의 근원을 가지고 있으며, 과학이 기초적인 해석을 제공해 줄 것이라고 기대하지 않는다"라고 선언했다. 그리고 1992년에는 바티칸이 갈릴레이를 처벌한 것은 옳지 않은 일이었다고 시인했다. 태양 중심의 우주 모델을 주장하면 "신은 지구를 기초 위에 공고히 세우시고 영원히 움직이지 못하도록 하셨다"라는 성경 말씀에 위반된다는 이유로 이단자로 간주되었다. 그러나 13년 동안의 심리 끝에 폴 푸파르 추기경은 갈릴레이의 재판을 담당했던 그 시대의 신학자들이 "성경에 나오는 우주의 자연적 구조에 대한 설명에 깃든 깊은 비문자적 의미를 파악하지 못했다"라고 보고했다. 그리고 1999년 교황이 니콜라스 코페르니쿠스의 폴란드 고향을 방문하여 그의 과학적 업적을 칭송함으로써 수세기에 걸친 종교와 우주론 사이의 마찰을 상징적으로 종식시켰다.

교회의 새로운 관대함에 고무된 일부 우주학자들은 빅뱅 모델의 철학적 면을 탐구하기로 했다. 빅뱅 모델은 어떻게 우주가 뜨겁고 밀도가 높았던 원시 수프에서 오늘날과 같이 은하, 별, 행성 그리고 생명체가 존재하는 우주로 진화해 왔는지 설명하고 있다. 이것은 필연적인 것이었을까? 아니면 우주는 다른 모습일 수도 있었을까? 영국 왕실 천문학자 마틴 리스는 저서 《6개의 수*Just Six Numbers*》에서 이 문제를 다루고 있다. 이 책에서 그는 우주의 구조가 중력의 크기와 같은 6개의 변수에 따라 어떻게 달라지는지를 설명한다. 과학자들은 이 변수의 값을 측정할 수 있다. 리스는 만일 우주가 창조되었을 때 이 6개의 숫자가 다른 값을 가졌더라면 어떻게 달라졌을지 탐구했다. 예를 들어 만일 중력과 관계된 숫자가 더 큰 값을 가졌다면 중력이 더 강해졌을 것이고, 그렇게 되면 별들이 더 빨리 형성되었을 것이다.

리스는 원자핵에서 양성자와 중성자를 결합시켜 주는 힘인 강한 핵력의 세기를 나타내는 숫자를 ε(엡실론)이라는 기호로 표시했다. ε의 값이 크면 클수록 강한 핵력은 더 강해진다. ε은 0.007이라는 값을 가지는 것으로 측정되었는데 이는 놀라울 정도로 다행스러운 일이었다. 만일 다른 값이었다면 모든 것이 재앙이었을 것이기 때문이다. 만일 ε의 값이 0.006이었다면 강한 핵력의 세기는 약간 약했을 것이고 그랬다면 수소가 융합되어 중수소를 만들지 못했을 것이다. 이것은 헬륨과 다른 무거운 원소를 만들어 가는 첫 단계이다. 따라서 ε의 값이 0.006이었다면 전 우주는 수소로만 가득 차게 되었을 것이고 어떤 종류의 생명체도 존재할 수 없었을 것이다. 그러나 만일 ε의 값이 0.008이었다면 강한 핵력은 약간 강했을 것이고 수소는 매우 빠르게 중수소와 헬륨으로 변환되었을 것이다. 따라서 우주 초기에 모든 수소가 사라져 버려 별들의 연료로 사용될 수소가 남아 있지 않게 되었을 것이다. 이 경우에도 생명체는 존재할 수 없게 된다.

리스는 다른 5개의 숫자도 조사해서 그중 하나의 값을 바꾸는 것이 우주의 진화에 어떤 영향을 주는지 설명했다. 이 5가지 숫자 중에서 어떤 숫자의 변화는 ε 값의 변화보다도 민감했다. 만일 이들의 값이 우리가 측정한 값과 조금만 달라도 우주는 불모의 장소가 되었거나 태어나자마자 파괴되어 버렸을 것이다.

결과적으로 이 6가지 숫자는 생명체를 위해서 정교하게 조정되어 있었다. 우주의 진화를 결정하는 6개의 다이얼이 우리들이 존재하는 데 필요한 조건을 만들어 내도록 조심스럽게 맞추어져 있었던 것이다. 뛰어난 물리학자 프리먼 다이슨Freeman Dyson은 "우주와 우주의 자세한 구조를 조사하면 할수록 우주는 이미 우리가 올 것을 알고 있었다는 더 많은 증거를 발견할 수 있다"라고 썼다.

이것은 5장에서 언급한 인간원리이다. 프레드 호일은 이 원리를 이용하여 별 내부에서 탄소가 형성된다는 것을 설명했다. 인간원리는 어떤 우주론도 우주가 우리를 포함하도록 진화해 왔다는 사실을 감안해야 한다는 것이다. 그것은 이 원리가 우주학 연구에 중요한 요소라는 것을 뜻한다.

캐나다 철학자 존 레슬리는 인간원리를 설명하기 위해 총살형을 집행하는 사람들의 이야기를 생각해 냈다. 반역죄로 총살당할 죄수가 20명의 병사들 앞에 서 있다고 가정하자. 발사 명령이 내려지고 20개의 총이 불을 뿜었다. 그러나 죄수는 총을 한 방도 맞지 않았다. 법으로는 이런 경우 죄수를 풀어주게 되어 있었다. 죄수는 풀려나면서 어떻게 자기가 아직 살아 있을 수 있었는지 생각했다. 모든 총알이 우연히 빗나간 것일까? 이런 일은 1만 번에 한 번 정도로 일어나는 일이고 죄수는 운이 좋은 사람이었을까? 아니면 살아남은 다른 이유가 있는 것은 아닐까? 20명의 병사가 죄수가 무죄라고 믿고 있었기 때문에 일부러 맞추지 않은 것일까? 전날 저녁에 총의 조준선을 정렬하면서 모두가 실수로 오른쪽으로 10도 정도 잘못 정렬한 것은 아닐까? 죄수는 총살이 실패한 것은 운이었다고 가정하고 여생을 살아갈 수도 있다. 그러나 자신이 살아 있다는 것에 대한 더 깊은 의미를 생각해 보지 않을 수 없을 것이다.

생명체가 번성할 수 있는 우주가 되도록 6개의 숫자가 특별한 값을 가질 확률은 무시할 수 있을 정도로 작다. 우리가 이것을 무시하고 단지 억세게 운이 좋았을 뿐이라고 생각해야 할까? 아니면 이 엄청난 행운의 특별한 의미를 찾아봐야 할까?

극단적인 인간원리에 의하면 생명체가 진화할 수 있도록 정교하게 조정된 우주는 조정자의 존재를 나타낸다. 다시 말해 인간원리는 신이 존재한다는 증거라고 설명할 수도 있다는 것이다. 그러나 우리 우주가 **다중 우주**의 일부라는 주장도 있다. 우주의 사전적 정의는 만물을 포함하는 것이다. 그러나 우주학자들은 우주를 우리가 감지할 수 있고 우리에게 영향을 줄 수 있는 모든 것을 포함하는 것으로 정의한다. 이 정의에 의하면 다른 값을 가진 6개의 숫자에 의해 형성된 수많은 독립적이고 고립된 우주가 있을 수 있다. 따라서 다중 우주는 여러 개의 다양한 우주로 구성되어 있다. 아마 무한히 많은 우주로 구성되어 있을 것이다. 이런 우주의 대부분은 황폐한 우주이거나 일생이 짧은 우주일지도 모르고 또는 두 가지 다일지도 모른다. 소수의 우주만이 생명체를 가질 수 있고 진화시킬 수 있는 조건을 갖추고 있는지도 모른다. 우리는 어쩌다 생명체를 가질 수 있는 우주에 살게 된 것이다.

"우주는 기성복 판매점과 비슷할지도 모른다. 상점이 크다면 우리는 꼭 맞는 옷을 찾아낼 수 있을 것이다. 마찬가지로 우리 우주가 다중 우주 중에서 골라낸 것이라면 그것이 우리에게 맞도록 설계되고 조정되어 있다는 것은 놀라운 일이 아니다"라고 리스가 말했다.

이 의문 — 우리 우주가 생명체를 위해 설계되었는가 아니면 대부분 운이 좋지 않은 우주 중에서 운이 좋은 우주일 뿐인가? — 은 과학적 사고의 가장자리에 있는 문제이지만 우주학자들은 이 문제를 놓고 뜨거운 토론을 벌이고 있다. 형이상학적인 관점에서 이 문제를 능가하는 것은 빅뱅 이전에는 무엇이 있었는가 하는 문제뿐이다.

현재까지 빅뱅 모델의 능력은 우리가 관측하고 있는 오늘날의 우주가 수십 억 년 전의 뜨겁고 밀도가 높았던 상태에서 어떻게 태어나 진화했는지 밝혀내는 데 한정되어 있다. 정확하게 얼마나 더 먼 과거까지 빅뱅 모델을 연장할 수 있는가 하는 문제는 초기의 인플레이션 시기를 포함하느냐 또는 입자물리학의 최근 이론들을 포함시키느냐에 달려 있다. 최근 입자물리학의 이론들은 우주의 나이가 10^{-43}초, 온도가 10^{32}도였을 때까지 해명할 수 있다고 주장한다.

그러나 여전히 창조의 순간과, 무엇이 이런 일을 일으켰는가 하는 문제가 남아 있다. 그것은 가모브가 비판자들에게 연구의 전망에 대해 질문받았을 때 서둘러 피해 갔던 문제다. 그는 《우주의 창조 *Creation of the Universe*》의 개정판에 다음과 같은 내용을 덧붙였다.

> '창조' 라는 단어가 사용된 것에 제기된 반대의견에 대해 저자는 이 단어를 '아무것도 없는 것에서 무엇을 만들어 낸다' 는 의미보다는 '파리 패션의 최근의 창조' 라는 말처럼 '형태가 없는 것에서 형태가 있는 것을 만든다' 는 의미로 이해하고 있다는 점을 언급해 둔다.

빅뱅이 있기 전에 어떤 일이 있었는지 설명할 수 없다는 것이 실망스러울지도 모르지만 우주학을 망칠 정도의 결함은 아니다. 최악의 경우에도 빅뱅 모델은 완전하지는 않지만 옳은 이론으로 남을 것이고 다른 많은 과학 이론과 동등한 위치를 지닐 것이다. 생물학자들이 생명체가 어떻게 시작되었는지 밝혀내려면 갈 길이 멀다. 그렇다고 DNA와 유전자 그리고 자연선택과 적자생

존에 의한 진화론의 진실성이 의심받지는 않을 것이다. 우주학자들은 생물학자들보다 더 어려운 상황에 처해 있다는 것을 받아들여야 할 것이다. 화학자들은 우리가 알고 있는 화학의 법칙들이 첫 번째 세포와 DNA 조각이 형성되기 전에도 성립되었다고 믿을 만한 많은 이유를 알고 있다. 그러나 우주학자들은 우리가 알고 있는 물리학의 법칙이 창조의 순간에도 유효했는지 확신할 수는 없다. 시계를 거꾸로 돌려 우주가 시간 0에 다가가면 물리 법칙에는 문제가 발생한다. 창조의 순간에 우주는 물리학적 상태가 아닌 **특이점**으로 들어간다.

우주학자들은 특이점이 가지는 물리학의 문제가 해결된다고 해도 '빅뱅 이전에는 무엇이 있었는가?' 하는 문제에 대답하는 것은 불가능하다고 주장한다. 빅뱅은 물질과 복사선을 만들어 냈을 뿐만 아니라 시간과 공간도 만들어 냈기 때문이라는 것이다. 만일 시간이 빅뱅 동안에 창조되었다면 '빅뱅 이전에' 라는 말은 아무런 의미가 없다. 예를 들어 북쪽이라는 말을 생각해 보자. '런던의 북쪽에는 무엇이 있는가?' 또는 '에딘버러의 북쪽은 어디인가?' 하는 질문은 의미 있는 질문이 될 수 있다. 그러나 '북극의 북쪽은 어디인가?'라고 묻는다면 의미 없는 질문이 된다.

비판자들은 이것이 우주학자들이 제시할 수 있는 최선의 해답이라면 '빅뱅 이전에는 무엇이 있었는가?' 하는 질문은 과학이 도달할 수 있는 영역 너머에 영원히 존재하는 신화나 종교의 영역으로 넘겨야 하는 것이 아니냐고 생각할지도 모른다. 미국의 천문학자 로버트 재스트로는 《신과 천문학자 *God and the Astronomers*》라는 책에서 빅뱅 이론가들의 야심에 대해 비관적인 견해를 보였다. "그는 무지의 산을 기어올랐다. 이제 가장 높은 봉우리를 정복하기 직전이었다. 있는 힘을 다해 마지막 바위 위로 올라섰을 때 그는 그곳에 수세기 동안

자리 잡고 있던 신학자들의 인사를 받아야 했다."

창조의 문제를 다루는 또 다른 방법은 약간 질량이 많은 우주를 가정하는 것이다. 우주는 팽창하겠지만 여분의 질량이 더 큰 중력을 작용시켜 결국은 팽창은 멈추고 다시 수축하기 시작할 것이다. 우주는 앞에서 설명한 바 있는 대수축을 향해 진행될 것이다. 물질과 에너지가 집중되면서 우주는 압력과 에너지가 중력에 대항하는 임계점에 이르게 되고 다시 밖으로 밀어내기 시작할 것이다. 이것은 또 다른 빅뱅과 팽창상태를 만들어 낼 것이다. 중력이 다시 우주의 팽창을 멈추고 수축이 시작되어 우주는 다시 대수축에 이르게 되고 그리고 또 다른 빅뱅이 일어난다. 우주에는 이런 일이 계속 반복될 것이다.

이렇게 진동하는, 환경 친화적인, 재사용 가능한, 그리고 불사조 같은 우주는 영원히 계속될 것이다. 그러나 이것을 정상우주라고 할 수는 없다. 이것은 정상우주론의 한 형태라기보다는 다중 빅뱅 모델이라고 해야 할 것이다. 그에 관하여 프리드만, 가모브 그리고 디키 같은 우주학자들이 심각하게 논의했다.

에딩턴 같은 사람은 재사용 가능한 우주에 대한 생각을 싫어했다. "나는 우주가 진화의 위대한 계획을 완성시킨다는 쪽이 더 좋다. 무엇인가 성취한 후에 다시 변화가 없는 혼돈 상태로 돌아가서 계속 반복되는 것은 진화의 목표를 무의미하게 하는 것이다." 다시 말해 계속 팽창하는 우주는 춥고 황폐한 곳이 될 것이다. 왜냐하면 별들은 수소 연료가 바닥나면 더 이상 빛을 내지 않을 것이기 때문이다. 에딩턴은 이 '위대한 동결'(또는 '열적인 죽음')의 시나리오를 영원히 반복되는 지루한 우주보다 더 좋아했다.

에딩턴의 주관적인 비판에 덧붙여 진동하는 우주는 실제적인 문제에 부딪히게 되었다. 예를 들면 어떤 우주학자도 아직 우주를 다시 팽창하도록 하는 힘을 설명해 내지 못하고 있다. 어쨌든 최근의 관측은 우주의 팽창이 가속되고 있다는 것을 나타내고 있다. 현재의 팽창이 수축으로 바뀔 가능성은 적어 보인다.

약점이 있긴 하지만 되감기는 우주 시나리오는 우주의 붕괴가 다음 번 빅뱅을 촉발시킬 여지를 준다. 그 시나리오는 적어도 빅뱅 이전에 무엇이 있었는지를 알아내고 싶어 하는 우리의 욕망 한가운데 놓여 있는 인과관계의 문제를 해결할 수 있게 해준다. 그러나 그러한 인과관계는 우주학에서는 피해야 하는 상식의 편견이다. 빅뱅의 팽창은 작은 규모로 시작되었고 상식은 이러한 극단적인 영역에는 적용되지 않는다. 대신에 이곳에서는 양자물리학의 이상한 법칙이 적용될 뿐이다.

양자물리학은 모든 물리학 중에서 가장 이상한 이론이고 가장 성공적인 이론이다. 양자물리학 창시자인 닐스 보어Niels Bohr가 한 말은 유명하다. "양자물리학에 충격을 받지 않는 사람은 그것을 이해하지 못하는 사람이다."

우리의 일상생활에서는 인과관계가 중요한 원리이지만 아주 작은 양자역학의 영역을 지배하는 것은 소위 말하는 **불확정성의 원리**이다. 이 원리는 실험적으로 보여줄 수 있는 순간적으로 일어나는 사건을 지배한다. 이 원리는 물질이 아무것도 없는 것으로부터 일시적으로 나타나게 하기도 한다. 일상생활에서는 세상은 결정론적이고 여러 가지 보존법칙이 성립된다. 그러나 작은 세계에서는 결정론과 보존법칙 모두 성립되지 않는다.

따라서 **양자우주학**은 아무것도 없는 곳에서 아무 이유도 없이 우주가 시작될 수 있는 다양한 가정을 제공한다. 예를 들면 아기 우주는 아무것도 없는 것에서 순간적으로 나타날 수 있다. 아마도 다른 많은 우주와 함께 태어나 다중 우주의 일원이 될 수도 있다. 인플레이션 이론을 처음으로 제시한 앨런 구스는 "세상에는 공짜 점심이 없다고 한다. 하지만 우주 자체가 공짜 점심일지도 모른다"라고 말했다.

불행하게도 과학계는 되감기는 우주에서부터 순간적인 양자 창조에 이르는 이 모든 해답이 매우 추상적일 뿐만 아니라 우주가 어디에서 왔는지에 제대로 대답하지 못하고 있다는 사실을 인정해야 한다. 그러나 현대 우주학자들이 실망할 필요는 없다. 빅뱅 모델이 일관적이고 모순 없이 우리 우주를 설명해 주고 있다는 사실을 즐겁게 생각해야 한다. 빅뱅 모델이 인간이 이루어 낸 것 중에서 가장 위대한 업적이라는 점을 자랑스러워해야 한다. 빅뱅 모델은 과거의 우주를 밝혀내어 현재의 우주를 설명해 냈기 때문이다. 빅뱅 모델은 인간의 호기심과 지적 능력의 결과라고 할 수 있다. 그리고 누군가가 "빅뱅 이전에는 무엇이 있었는가?" 하고 가장 어려운 질문을 해온다면 성 아우구스티누스의 예를 따르는 것이 좋을 것이다.

철학자이며 신학자인 성 아우구스티누스는 서기 400년에 쓴 자서전 《고백록》에서 "빅뱅 이전에 무엇이 있었는가?"와 같은 의미를 가진 신학적 질문에 자신이 들은 답을 인용해 놓았다.

> 우주를 창조하기 전에 신은 무엇을 하고 있었을까?
>
> 신은 하늘과 땅을 창조하기 전에 이런 질문을 하는 사람들이 갈 지옥을 만들고 있었다.

과학이란 무엇인가?

'과학' 또는 '과학자'라는 말은 놀랍게도 현대에 와서 만들어졌다. '과학자'라는 말은 빅토리아 시대의 윌리엄 휴웰William Whewell이 1834년 3월에 발간된 《계간 리뷰*Quarterly Review*》에서 처음 사용했다. 미국인들은 즉시 이 말을 받아들였고 19세기 말에는 영국에서도 널리 쓰이게 되었다. 라틴어에서 '지식'을 뜻하는 scientia라는 단어에서 나왔다. 이 말은 차츰 자연철학자라는 말을 대신하게 되었다.

이 책은 빅뱅 모델의 역사를 저술한 것이지만 동시에 과학이 무엇인지 그리고 과학체계가 어떻게 작동하는지에 대한 개관을 보여주려 노력했다. 빅뱅 모델은 과학적 아이디어가 어떻게 만들어지고, 시험되고, 받아들여지는가를 보여주는 좋은 예이다. 그렇지만 과학은 이 책의 설명만으로는 전부를 알 수 없는 폭넓은 활동이다. 따라서 이러한 간격을 메우기 위한 시도로 과학에 대한 언급을 인용해 보았다.

> 과학은 체계화된 지식이다.
> 허버트 스펜서Herbert Spencer(1820~1903), 영국 철학자

과학은 미신과 광신의 독에 가장 효과적인 해독제이다.
애덤 스미스Adam Smith(1723~90), 스코틀랜드 경제학자

과학은 우리가 알고 있는 것이고, 철학은 우리가 모르고 있는 것이다.
버트란드 러셀Bertrand Russell(1872~1970), 영국 철학자

[과학은] 사라지지 않고 수정되는 일련의 판단이다.
피에르 에밀 뒤클로Pierre Emile Duclaux(1840~1904), 프랑스 미생물학자

[과학은] 원인을 알고 싶어 하는 욕망이다.
윌리엄 해즐릿William Hazlitt(1778~1830), 영국 수필가

[과학은] 하나의 사실과 다른 사실 사이의 관계에 대한 지식이다.
토머스 홉스Thomas Hobbes(1588~1679), 영국 철학자

[과학은] 세상 신비 속에서 진리를 찾아내려는 상상적인 모험이다.
시릴 허먼 힌셸우드Cyril Herman Hinshelwood(1897~1967), 영국 화학자

[과학은] 위대한 게임이다. 그것은 고무적이고 휴식을 준다. 과학의 놀이터는 우주 그 자체이다.
이시도어 아이작 라비Isidor Isaac Rabi(1898~1988), 미국 물리학자

인간은 힘이 아니라 이해를 통해 자연을 정복한다. 마술이 실패하는 반면 과학이 성공하는 것은 그 때문이다. 과학은 자연을 향해 외칠 주문을 찾으려 하지 않기 때문이다.
제이콥 브로노스키Jacob Bronowski(1908~74), 영국 과학자 겸 저술가

과학의 핵심은 이것이다. 중요한 질문을 하라. 그러면 적절한 해답으로 향하는 길에 들어선 것이다.
제이콥 브로노스키Jacob Bronowski(1908~74), 영국 과학자 겸 저술가

과학자가 매일 아침식사 전에 자신이 좋아하는 가설을 버리는 것은 좋은 아침 운동이 될 것이다. 이것은 젊음을 유지하게 해줄 것이다.
콘라트 로렌츠Konrad Lorentz(1903~89), 오스트리아 동물학자

과학의 진리는 더 나은 가설로 향하는 길을 가장 잘 열어주는 가설이라 정의할 수 있다.

콘라트 로렌츠Konrad Lorentz(1903~89), 오스트리아 동물학자

과학은 한마디로 우리가 살고 있는 세상에 대한 지적이고 종합적인 이해를 향한 계속적인 추구이다.

코넬리어스 밴 닐Cornelius Van Neil(1897~1985), 미국 미생물학자

과학자는 옳은 답을 주는 사람이 아니고 올바른 질문을 하는 사람이다.

클로드 레비 스트로스Claude Levi-Strauss(1908~), 프랑스 문화인류학자

과학은 어떤 상태인지를 알 수 있을 뿐 어떠해야 하는지는 알 수 없다. 과학 영역 밖에 있는 가치에 대한 판단도 필요하다.

앨버트 아인슈타인Albert Einstein(1879~1955), 독일 출신 물리학자

과학은 물질세계의 객관적 진리를 찾는 공정한 연구이다.

리처드 도킨스Richard Dawkins(1941~) 영국 생물학자

과학은 훈련되고 체계화된 상식에 지나지 않는다. 상식과 과학의 차이는 단지 신참과 고참의 차이 정도이거나 병사가 칼을 사용하는 것과 야만인이 막대기를 휘두르는 것의 차이 정도이다.

토머스 헨리 헉슬리Thomas Henry Huxley(1825~95), 영국 생물학자

과학은 설명하려고 노력하지 않는다. 그들은 설명하려고 시도하는 것조차 어렵다. 그들은 주로 모델을 만든다. 모델이란 관측된 사실을 설명하기 위한 수학적 체계에 약간의 언어적 설명을 더한 것이다. 그러한 수학적 체계가 정당성을 얻으려면 그 모델이 작동해야 한다.

존 폰 노이만John Von Neumann(1903~57), 헝가리 출신 수학자

오늘날의 과학은 내일의 기술이다.

에드워드 텔러Edward Teller(1908~2003), 미국 물리학자

과학에서의 모든 위대한 진전은 대담한 상상력에서 나왔다.

존 듀이John Dewey(1859~1952), 미국 철학자

사실을 받아들이는 네 단계
1) 말도 안 되는 이야기이다.
2) 흥미 있는 일이다. 하지만 틀렸다.
3) 사실이다. 하지만 중요한 사실은 아니다.
4) 나는 항상 그렇게 말했었다.

J.B.S. 홀데인J.B.S. Haldane(1892~1964), 영국 유전학자

조류학이 새에게 필요한 것처럼 과학 철학은 이제 과학자들에게 유용한 것이 되었다.

리처드 파인먼Richard Feynman(1918~88), 미국 물리학자

어떤 과학 분야의 초보자에서 대가가 되는 것은 자신이 인생 모든 분야에서 초보자라는 것을 깨달을 때이다.

로빈 콜링우드Robin Collingwood(1889~1943), 영국 철학자

■용어해설

가시광선 사람의 눈으로 볼 수 있는 전자기파. 파장이 0.0004mm(보라색)에서 0.0007mm(붉은색) 사이에 있는 전자기파.

거문고자리 RR형 변광성 7~17일 정도의 주기를 가진 변광성으로 케페이드형 변광성보다 덜 밝은 변광성. 1940년대에 안드로메다은하에서 거문고자리 RR형 변광성을 발견할 수 없었던 것이 이 은하가 전에 생각했던 것보다 훨씬 멀리 있다는 결정적인 단서가 되었다.

고유운동 별들이 태양에 대하여 실제로 운동하기 때문에 하늘에서 관측되는 별들의 위치 변화. 별들이 멀리 있기 때문에 지구에서 측정하기가 어려워 1718년 이전에는 발견되지 않았다. 따라서 별들은 고정되어 있는 것으로 생각되었다.

광년 빛이 1년 동안 가는 거리. 약 9,460,000,000,000km.

광파 전자기파 참조.

균일성 모든 지점이 같은 성질을 가지는 것

다중 우주 하나의 우주의 대안으로 제시된 우주 모델. 여러 개의 우주가 동시에 존재하며, 각각의 우주는 다른 물리법칙을 가지고 있고 다른 우주와는 격리되어 있다.

닮은꼴 삼각형 크기는 다르지만 모양이 같은 두 삼각형. 두 삼각형의 모든 각은 같고 대응하는 변의 비가 같다.

도플러효과 파원의 운동에 따라 음파나 빛의 파장이 달라지는 현상. 관측자가 움직여도 같은 효과가 나타난다. 파원의 앞쪽에서는 파동이 압축되고 뒤에서는 늘어난다. 예를 들어 구급차가 지나갈 때 사이렌 소리가 높은 음에서 낮은 음으로 바뀌는 것이다. 멀어져 가는 은하에서 적색편이를 일으킨다.

동위원소 원자핵 속에 들어 있는 양성자의 수는 같지만 중성자의 수가 다른 원자들. 예를 들면 수소는 중성자의 수가 0개, 1개, 2개인 세 가지 동위원소를 가지고 있다. 이들은 모두 하나의 양성자를 포함하고 있다.

등방성 모든 방향이 같게 보이는 성질.

발광 원자가 들뜬상태가 된 후(예를 들면 열에 의해) 특정한 파장의 빛을 내는 과정. 분광기로 빛을 낸 원자를 알아낼 수 있다.

방사능 어떤 원자가 방사성 붕괴를 일으키는 능력이나 경향.

방사성 붕괴 원자핵이 자발적으로 변환하면서 에너지를 내는 현상. 대개는 더 작고 안정된 원자핵으로 변환한다.

별 주로 수소로 이루어진 구체로, 자체 중력으로 뭉쳐 있으며 핵융합을 일으킬 수 있는 온도와 압력을 만들 수 있을 정도의 질량을 가지고 있다. 별들은 은하라고 하는 구조를 만든다.

분 작은 각도를 재는 단위로 1도의 60분의 1을 나타낸다.

분광기 빛을 파장별로 분석하는 장치. 이 장치는 빛을 내는 원자를 알아내거나 적색편이의 정도를 측정하는 데 사용된다.

분광학 빛을 파장별로 나누어서 빛을 내는 광원의 성격에 대해 연구하는 학문 분야.

빅뱅 모델 현재 받아들여지고 있는 우주 모델로 시간과 공간이 뜨겁고 밀도가 높은 지역에서 100~200억 년 전에 시작되었다고 하는 우주 모델.

빛의 속도(c) 299,792,458m/s를 나타내는 상수. 특수상대성이론에 의하면 관측자나 광원의 운동에 관계없이 빛의 속도는 항상 일정하다.

마이컬슨-몰리 실험 19세기 말 지구가 움직이는 방향으로 진행하는 빛과 수직 방향으로 진행하는 빛의 속도를 측정하여 에테르의 존재를 확인하려고 했던 실험. 이 실험으로 에테르의 존재가 부정되었다.

마이크로파 파장이 수 mm 또는 수 cm 정도인 전자기파. 전파에 속한다.

모델 실제 세계를 수학적으로 설명하기 위한 변수와 법칙의 집합.

사고실험 논리적 사고를 통한 가상적인 실험. 실제 실험이 불가능한 상황에서 유용한 실험이다.

상대성이론 특수상대성이론과 일반상대성이론을 참조.

성운 밤하늘에 분명치 않은 조각으로 보이는 우리 은하 안에 있는 기체와 먼지 구름. 20세기에 대논쟁이 해결됨에 따라 1900년 이전에 성운으로 분류되던 많은 천체들이 사실은 독립된 은하라는 것이 밝혀졌다.

솔베이 학회 물리학의 특정한 문제를 토론하기 위해 몇 년에 한 번씩 열렸던 일련의 권위 있는 회의.

수소 가장 간단하고 가장 많이 분포하는 원소로, 하나의 양성자로 된 원자핵과 그 주위를 도는 1개의 전자를 가지고 있다. 중수소 참조.

시공간 3차원 공간에 시간 차원이 합해져 만들어진 4차원 공간. 시공간의 개념은 아인슈타인의 특수 및 일반상대성이론의 종합이다. 시공간의 곡률이 중력을 만들어 낸다.

시선속도 별이나 은하가 지구 쪽을 향하거나 멀어지는 속도. 속도의 이 성분은 별이나 은하가 내는 빛 또는 다른 전자기파의 도플러효과를 이용하여 측정할 수 있다.

시차 관측자가 위치를 바꾸면 물체의 위치가 바뀌어 보이는 현상. 별의 연주시차는 천문학에서 가까운 별까지의 거리를 측정하는데 이용된다.

신성 불과 며칠 만에 5만 배까지 밝아지는 별. 이 별은 몇 달 동안에 다시 예전의 밝기로 돌아간다. 신성은 주변에 있는 동반성에서 연료를 공급받는다.

알파입자 특정한 방사성 붕괴 과정에서 방출되는 입자로 2개의 양성자와 2개의 중성자로 구성되어 있고 헬륨 원자핵과 같은 입자이다.

암흑물질 우주를 이루는 물질의 상당 부분을 차지하고 있는 가상적인 형태의 물질. 중력적 영향을 통해 암흑물질의 존재를 알 수 있지만 이 물질은 전자기파를 내지 않는다.

암흑에너지 우주의 팽창이 가속되고 있다는 최근의 관측사실을 설명하기 위해 도입한 가상적인 형태의 에너지. 계산에 의하면 암흑에너지는 우주의 총 에너지－물질 중에서 가장 큰 부분을 차지한다. 그 성격에 관해서는 의견이 일치되지 않고 있다.

양성자 원자의 원자핵에서 발견되는 양전하를 가진 입자.

연주시차 지구가 태양 주위를 도는 동안에 생기는 관측자의 위치 변화 때문에 가까이 있는 별들의 위치가 움직여 보이는 현상.

에테르 우주에 가득 차 있고 빛을 전파시킨다고 생각되었던 물질. 마이컬슨－몰리의 실험으로 에테르가 존재하지 않는다는 것이 증명되었다.

오컴의 면도날 한 현상에 대한 적절한 설명이 여러 개 존재하는 경우 단순한 것이 맞을 확률이 크다는 법칙.

완전한 우주원리 우주는 균일할 뿐만 아니라 등방성을 가지고 있다는 우주원리를 확장하여 시간에 대해서도 변화가 없다고 주장한 원리. 이 원리는 정상우주 모델의 기초가 되었다.

우주배경복사(CMB) 우주 초기의 재결합 시기부터 존재했던 전자기파로, 우주의 모든 방향에서 오고 있고 우주 전체에 거의 균일하게 분포되어 있는 마이크로파. 이 복사선은 가모브, 앨퍼 그리고 허먼이 1948년에 예측했던 빅뱅의 메아리로 1965년 펜지어스와 윌슨이 발견했다. 빅뱅에서 시작된 이 전자기파는 우주가 팽창함에 따라 적외선 영역에서 마이크로파 영역으로 파장이 길어졌다. 코비 위성은 우주 배경복사의 변화를 측정했다.

우주상수 일반상대성이론이 팽창하거나 수축하는 우주를 나타내는 것이 확실해지자 아인슈타인이 일반상대성이론에 첨가한 상수. 반중력 효과를 나타내는 상수를 첨가함으로써 방정식은 정적인 우주를 나타내게 되었다.

우주원리 우주의 어느 곳도 다른 곳보다 특별하지 않다는 원리. 우주의 전체적인 모습은 어느 방향으로 보나(등방성) 그리고 관측자가 어디에 위치해(균일성) 있거나 다 같다.

우주학 우주의 기원과 진화를 다루는 학문 분야.

원소 주기율표에 나타난 것과 같은 우주를 이루는 기본 물질. 원소의 가장 작은 단위는 원자이고 양성자 수에 따라 원자의 종류가 결정된다.

원시원자 조르주 르메트르가 제시한 빅뱅 모델에 의하면 우주의 모든 원자는 하나의 원시우주 속에 들어 있었다. 원시원자의 폭발로 우주가 시작되었다.

원자 양전하를 띤 원자핵과 이를 돌고 있는 음전하를 띤 전자로 구성된 입자. 원자핵 속에 들어 있는 양전하를 띤 양성자의 수가 원자의 종류를 결정한다. 예를 들면 하나의 양성자를 가진 모든 원자는 수소이고, 79개의 양성자를 가진 원자는 금이다.

원자핵 원자의 중심에 있는 단단한 구조로 양성자와 중성자를 포함하고 있다. 원자 질량의 99.95% 이상을 차지한다.

원자핵물리학 원자핵의 구조와 상호 작용을 연구하는 학문 분야.

원자핵 합성 별이나 초신성에서 핵융합을 통해 원소가 만들어지는 과정. 가벼운 원자핵의 합성은 빅뱅 직후 짧은 순간에 이루어졌다.

은하 별이나 기체, 먼지들이 중력으로 모여 있는 집합체. 대개는 이웃 은하와 떨어져 있으며 타원이나 나선 모양을 하고 있다. 은하는 수백만 개의 별이 모여 있는 작은 것에서부터 수천억 개의 별을 포함하고 있는 큰 것에 이르기까지 다양하다.

은하수 우리 태양계가 속해 있는 은하의 이름. 은하수는 2천억 개의 별을 포함하고 있는 나선은하로 태양은 나선팔 중의 하나에 있다.

이심원 프톨레마이오스 모델에서 천체의 운동을 설명하기 위해 사용한 큰 원. 작은 원인 주전원과 결합시키면 관측된 행성의 운동을 거의 설명해 낼 수 있다.

인간원리 인간이 존재한다는 것이 확실하기 때문에 물리학 법칙은 생명체가 존재하도록 하는 것이어야 한다는 원리. 이 원리의 극단적인 형태는 우주가 생명체를 가질 수 있도록 설계되었다고 주장하는 것이다.

중력 질량을 가진 물체 사이에 작용하는 끌어당기는 힘. 중력은 뉴턴이 처음으로 발견했지만 아인슈타인이 시공간을 이용한 일반상대성이론으로 더 정확하게 설명했다.

인플레이션 우주의 나이가 10^{-35}초였을 때 있었던 급격한 팽창 단계. 인플레이션은 아직 가설이지만 이것으로 우주의 여러 가지 성질을 설명할 수 있다.

일반상대성이론 우주론의 기초가 되는 아인슈타인의 중력 이론. 일반상대성이론에서는 중력을 4차원 시공간의 구부러짐으로 설명하고 있다.

자외선 가시광선보다 약간 짧은 파장을 가지고 있는 전자기파.

재결합 우주가 전자와 원자핵이 결합할 수 있을 정도로 충분히 식어 플라스마가 전하를 띠지 않은 원자로 변환되는 것. 이것은 우주의 나이가 30만 살이고 온도가 3천 도였을 때 일어났다. 그 순간부터 전자기파는 아무런 방해를 받지 않고 우주를 여행할 수 있었다. 오늘날 우리는 이 빛을 우주배경복사로 측정하고 있다.

적색편이 발광체의 후퇴 운동으로 인한 도플러효과로 파장이 길어지는 것. 우주학에서 이 말은 우주가 팽창함에 따라 먼 우주에서 오는 빛의 파장이 길어지는 것을 나타낸다. 은하는 공간 속에서 멀어지고 있는 것이 아니라 공간 자체가 팽창해서 적색 편이가 나타난다.

적외선 가시광선보다 약간 긴 파장을 가진 전자기파.

전자 음전하를 띤 입자. 전자는 독립적으로도 존재할 수 있고, 양전하를 띤 원자핵 주위의 궤도에도 존재할 수 있다.

전자기파 전기장과 자기장의 진동으로 전자기파 복사선의 형태로 공간을 진행해 간다.

전자기파 복사선 가시광선, 전파 그리고 엑스선을 포함하는 형태의 에너지. 전자기파 복사는 빛의 속도로 움직인다. 복사선의 파장이 성질을 결정한다.

전자기파 스펙트럼 전 파장 영역에 걸친 전자기파 복사선으로 감마선, 엑스선, 자외선, 가시광선, 적외선과 같은 짧은 파장(높은 에너지)에서부터 전파와 같이 긴 파장(낮은 에너지)에까지 걸쳐 있다.

전파 파장이 수 mm보다 긴 전자기파로, 마이크로파를 포함한다. 천체가 내는 전파를 연구하는 분야가 전파천문학이다.

전파 망원경 천체에서 오는 전파를 감지할 수 있도록 설계된 장비. 전파 망원경은 매우 민감한 전파 수신장치로 안테나 모양이거나 접시 모양을 하고 있다.

전파은하 강한 전파를 내는 은하. 이런 은하가 내는 전파는 우리 은하와 같은 보통 은하가 내는 전파보다 100만 배 정도 강하다. 1억 개의 은하 중 하나가 이런 은하이다.

전파천문학 광학 현미경 대신 전파 망원경을 이용하여 천체가 내는 전파를 연구하는 학문분야.

정상우주 모델 우주가 팽창하면서 만들어지는 은하 사이의 공간에 물질이 만들어진다는 우주 모델. 따라서 우주는 비슷한 밀도를 유지할 수 있고 영원히 존재한다.

주전원 프톨레마이오스 모델에서 지구 주위를 돌고 있다고 생각한 행성들의 퇴행 운동을 설명하기 위해 큰 원인 이심원에 더해진 작은 원.

준정상우주 모델 정상우주 모델을 수정한 모델로, 초기 모델의 일부를 수정했다.

중성자 원자핵에서 발견된 입자. 중성자는 양성자와 거의 같은 질량을 거지고 있지만 전하는 가지고 있지 않다.

중수소 하나의 양성자와 하나의 중성자를 가지고 있는 수소의 동위원소

지수 표기 매우 큰 숫자를 작은 숫자로 나타내는 일반적인 방법. 예를 들면 1,200은 1.2 $\times(10\times10\times10)$과 같기 때문에 1.2×10^{3}으로 나타낼 수 있고, 0.005는 $5\div(10\times10\times10)$과 같기 때문에 5×10^{-3}으로 나타낼 수 있다.

창조장(C-장) 정상우주 모델의 일부로 도입된 가상적인 개념. 창조장은 우주의 팽창으로 넓어진 은하 사이의 공간에 물질을 창조하여 전체적인 밀도를 같게 유지한다.

초 작은 각도를 재는 단위로 1분의 60분의 1을 나타낸다. 따라서 1도의 3,600분의 1이다.

초신성 수소 연료가 떨어진 별이 폭발하는 현상. 생명체에 필요한 무거운 원소들은 초신성 폭발에 이르는 동안이나 폭발 시에 형성되었다.

충돌 단면적 두 입자의 충돌의 확률을 계산하기 위해 입자물리학에서 사용되는 양.

케페이드형 변광성 밝기가 1~10일의 주기를 가지고 규칙적으로 변하는 별. 밝기 변화의 주기는 별의 밝기와 관계가 있다. 별의 실제 밝기와 겉보기 밝기를 비교하면 별까지의 거리를 결정할 수 있다. 따라서 이 별들은 우주의 거리를 측정하는 데 매우 중요한 역할을 한다.

코비(COBE) 우주배경복사를 정확하게 측정하기 위해 1989년에 발사된 인공위성. 코비의 검출 장치가 처음으로 배경복사의 변화를 측정하여 초기 우주에 은하 형성의 씨앗이 된 지역이 있었다는 것을 알게 해주었다.

코페르니쿠스 모델 16세기에 니콜라스 코페르니쿠스가 제안한 태양중심 우주 모델.

퀘이사 별처럼 보이는 매우 밝은 천체. 그러나 우주 초기에 존재했던 매우 밝은 젊은 은

하라고 알려졌다. 퀘이사는 현재 우주 초기에 출발한 빛이 지금 우리에게 도착하는 먼 곳에서만 발견된다.

퇴행운동 화성과 목성 그리고 토성이 일시적으로 뒤로 가는 것처럼 보이는 운동. 이것은 더 빠른 속도로 태양을 돌고 있는 지구에서 관측하기 때문에 나타나는 현상이다.

특수상대성이론 빛의 속도는 관측자나 광원의 운동에 관계없이 일정하다는 가정을 바탕으로 한 아인슈타인의 이론. 이 이론의 가장 중요한 결과는 에너지와 질량의 동등성으로 $E=mc^2$의 식으로 나타난다. 이 이론에 의하면 공간이나 시간은 관측자에 따라 달라진다. 물체가 가속되거나 중력을 받고 있는 경우에는 성립되지 않기 때문에 '특수'라는 수식어가 붙었다. 이런 경우에는 일반상대성이론이 적용된다.

파섹 천문학에서 사용하는 거리의 단위로 3.26광년에 해당된다. 연주시차가 1초인 거리를 나타낸다. 100만 파섹을 메가파섹(Mpc)이라고도 한다.

파장 파동의 두 이웃한 최고점(마루) 사이의 거리. 전자기파의 파장은 전자기파가 어느 영역에 속하는지를 결정하고 전체적인 성질을 결정한다.

프톨레마이오스 모델 정지해 있는 지구 주위를 모든 천체들이 돌고 있다고 주장한 잘못된 지구중심 우주 모델. 천체의 궤도는 완전한 원인 이심원과 주전원을 이용하여 만들었다.

플라스마 원자핵과 전자가 분리되어 있는 온도가 높은 상태.

핵분열 무거운 원소의 원자핵이 작은 원자핵으로 분열되는 과정. 일반적으로 에너지를 방출한다. 방사성 붕괴는 자연적으로 일어나는 핵분열이다.

핵융합 두 개의 작은 원자핵이 결합하여 커다란 하나의 원자핵을 형성하는 과정. 일반적으로 에너지를 방출한다. 예를 들면 수소 원자핵은 여러 단계를 거쳐 헬륨 원자핵을 합성한다.

핵자 원자핵을 구성하는 양성자와 중성자를 통칭하는 말.

허블법칙 경험적으로 결정한 법칙으로 은하의 후퇴속도가 거리에 비례한다는 법칙. $v = Ho \times d$. 이 식의 비례상수(Ho)가 허블상수이다.

허블상수(Ho) 우주의 팽창률을 나타내는 측정 가능한 양. 이 값은 50~100km/Mpc인 것으로 알려져 있다. 이것은 1메가파섹 떨어져 있는 은하는 50~100km/s의 속도로 멀어지고 있다는 것을 의미한다. 허블상수는 허블법칙의 정의에서 나왔다.

헬륨 우주에 두 번째로 많이 존재하는 원소로, 두 번째로 가벼운 원소. 헬륨 원자핵은 (대개) 2개의 양성자와 2개의 중성자를 가지고 있다. 별 내부의 압력과 온도는 헬륨 원자핵이 더 큰 원자핵으로 바뀌도록 한다.

흡수 원자가 특정한 파장의 빛을 흡수하는 과정으로, 분광기를 이용하여 측정된 스펙트럼에 빠져 있는 파장으로 나타난다.

참고문헌

이 책은 비교적 적은 지면에 많은 중요한 주제를 설명하려 했다. 따라서 특정한 주제를 더 자세하게 공부하고 싶은 독자들에게는 아래 책들이 큰 도움이 될 것이다. 이 책들은 대중적인 도서에서부터 기술적인 교과서에 이르기까지 다양하며, 내용과 관계가 깊은 장 제목 아래 정리했다. 이중 많은 책은 빅뱅을 설명하는 데 이용되었다. 그러나 이 책의 범위에서 벗어난 것들도 있다. 특히 에필로그에서 다룬 문제와 관련된 책들이 그렇다.

1장

Allan Chapman, *Gods in the Sky* (Channel 4 Books, 2002)

옥스퍼드의 과학 역사가가 고대 천문학의 발전과 종교와 신화와 천문학 사이의 관계에 관한 책.

Andrew Gregory, *Eureka!* (Icon, 2001)

고대 그리스의 과학, 수학, 기술, 그리고 의학의 발전 과정에 관한 책.

Lucio Russo, *The Forgotten Revolution* (Springer-Verlag, 2004)

고대 그리스 과학의 발생, 그리스 과학이 계속 발전하지 못한 이유, 코페르니쿠스,

케플러, 갈릴레이 그리고 뉴턴에게 미친 영향을 다룬 책.

Michael Hoskin (editor), *The Cambridge Illustrated History of Astronomy* (CUP, 1996)

뛰어난 천문역사 입문서.

John North, *The Fontana History of Astronomy and Cosmology* (Fontana, 1994)

고대로부터 과학으로서 천문학이 발전하는 과정을 중심으로 다룬 역사서.

Arthur Koestler, *The Sleepwalkers* (Arkana, 1989)

고대 그리스에서부터 17세기까지 우주론의 발전 과정을 다룬 책.

Kitty Ferguson, *The Nobleman and His Housedog* (Review, 2002)

티코 브라헤와 요하네스 케플러의 협력관계에 관한 내용.

Martin Gorst, *Aeons* (Fourth Estate, 2001)

어셔 주교에서부터 허블법칙에 이르기까지 우주의 나이를 밝혀내는 시도를 다룬 과학 역사서.

Dava Sobel, *Galileo's Daughter* (Fourth Estate, 2000)

13살에 수녀가 된 딸이 보낸 편지 등을 통해 갈릴레이의 생애를 다룬 책.

Carl Sagan, *Cosmos* (Abacus, 1995)

천문학의 여러 분야를 다룬 텔레비전 시리즈를 바탕으로 한 책.

2장

James Gleick, *Issac Newton* (Fourth Estate, 2003)

아이작 뉴턴의 일생을 다룬 책.

Hans Reichenbach, *From Copernicus to Einstein* (Dover, 1980)

상대성이론에 공헌한 아이디어에 관한 짧은 역사.

David Bodanis, $E = mc^2$ (Walker, 2001)

아인슈타인의 유명한 공식이 의미하는 바를 설명할 수 있는 사람이 있냐고 물었던 캐머런 디아즈의 질문에서 아이디어를 얻어 쓴 책.

Clifford Will, *Was Einstein Right?* (Basic Books, 1999)

수성의 궤도 변형과 에딩턴의 일식 관측 같은 아인슈타인의 이론을 적용한 실험을 다룬 책.

Jeremy Bernstein, *Albert Einstein and the Frontiers of Science* (OUP, 1998)

아인슈타인의 업적을 자세히 설명한 유명한 전기.

John Stachel, *Einstein's Miraculous Year* (Princeton University Press, 2001)

1905년에 발표된 아인슈타인의 논문을 다룬 책.

Michio Kaku, *Einstein's Cosmos* (Weidenfeld & Nicolson, 2004)

특수상대성이론과 일반상대성이론 그리고 물리법칙 통일을 시도한 아인슈타인의 업적을 새롭게 조명한 책.

Russel Stannard, *The Time and Space of Uncle Albert* (Faber & Faber, 1990)

11세 이상의 어린이를 대상으로 앨버트 아저씨와 조카 게당켄이 상대론의 세상을 탐험하는 이야기를 쓴 책.

Edwin A. Abbott, *Flatland* (Penguin Classics, 1999)

'다차원 인간의 로맨스'라는 부제가 붙어 있으며, 다차원 우주에 대한 통찰력을 심어주는 책.

Melvyn Bragg, *On Giants' Shoulders* (Sceptre, 1999)

우주론의 발전에 중요한 역할을 한 과학자들을 포함한 12명의 뛰어난 과학자들의 생애를 다룬 책.

Arthur Eddington, *The Expanding Universe* (CUP, 1988)

빅뱅의 개념이 형성되기 시작하던 1933년에 쓰인, 팽창하는 우주 가설을 바탕으로 한 에세이.

E. Tropp, V. Frenkel and A. Chernin, *Alexander A. Friedmann : The Man Who Made The Universe Expand* (CUP, 1993)

연구 업적을 중심으로 한 프리드만의 짧지만 뛰어난 전기로 우주론에 대한 그의 생각을 약간의 기술적 용어를 써서 다룬 책.

3장

Richard Panek, *Seeing and Believing* (Fourth Eatate, 2000)

망원경이 우주에 대한 우리의 생각을 어떻게 바꾸어 놓았는지를 다룬 책.

Kitty Ferguson, *Measuring the Universe* (Walker, 2000)

고대 그리스에서부터 현대에 이르기까지 우주를 측정하려는 인간의 노력을 다룬 책.

Alan Hirshfeld, *Parallax* (Owl Books, 2002)

별까지의 거리를 측정하려는 노력을 자세히 다룬 책.

Tom Standage, *The Neptune File* (Walker, 2000)

천왕성의 발견은 우주론의 중요한 문제와는 밀접한 관계가 있는 것은 아니지만 천문학의 역사에서 중요한 의미를 가지는 시기를 자세히 다룬 책.

Michael Hoskins, *William Herschel and the Construction of the Heavens* (Oldbourne, 1963)

원본 논문을 포함하여 우리 은하 구조에 대한 허셜의 연구를 다룬 책.

Solon I. Bailey, *History and Works of the Harvard Observatory 1839–1927* (McGraw Hill, 1931)

하버드 대학 천문대가 설립된 후 1920년대까지 수행했던 연구 프로젝트를 쉽게 풀어썼으며 헨리에타 리빗, 애니 점프 캐넌의 연구와 그들이 사용했던 기술과 기기에 대해서도 설명한 책.

Harry G. Lang, *Silence of the Spheres* (Greenwood Press, 1994)

부제는 '과학의 역사에서 귀머거리의 경험' 이며, 존 구드릭과 헨리에타 리빗의 이야기를 다룬 책.

Edwin Powell Hubble, *The Realm of the Nebulae* (Yale University Press, 1982)

1935년에 허블의 예일 대학 강연을 바탕으로 한 다소 기술적인 내용으로 허블의 발견 직후의 우주의 모습에 관한 책.

Gale E. Christianson, *Edwin Hubble: Mariner of the Nebulae* (Institute of Physics Publishing, 1997)

에드윈 허블의 전기

Michael J. Crowe, *Modern Theories of the Universe from Herschel to Hubble* (Dover, 1994)

천문학자나 우주학자들의 논문 원본에서 인용한 내용이 들어 있는 과학과 역사를 종합한 책.

W. Patrick McCray, *Giant Telescope* (Harvard UP, 2004)

허블 시대 이후의 망원경의 발전을 다룬 책.

4장

Helge Kragh, *Cosmology and Controversy* (Princeton University Press, 1999)

빅뱅우주론과 정상우주론의 논쟁을 폭넓게 다룬 것으로 논쟁의 역사적 발전 과정을 자세히 소개하고 관련 인물들의 성격이나 관련된 과학 내용도 소개한 것으로 빅뱅 모델의 발전을 다룬 가장 중요한 책.

F. Close, M. Marten and C. Sutton, *The Particle Odyssey: A Journey to the Heart of the Matter* (OUP, 2004)

원자물리, 원자핵물리, 그리고 입자물리의 내용과 함께 우주론과 어떤 관련이 있는지 설명한 책.

Brian Cathcart, *The Fly in the Cathedral* (Viking, 2004)

어니스트 러더퍼드와 캐번디시 연구소에 관한 것으로 물리학이 원자에 대한 우리의 이해를 어떻게 넓혔는지 잘 설명된 책.

George Gamow, *My World Line* (Viking Press, 1970)

가모브의 비공식적인 자서전으로 20세기의 가장 카리스마 있는 과학자의 일생을 잘 보여주는 책.

George Gamow, *The New World of Mr Tomkins* (CUP, 2001)

양자물리학과 상대성이론을 가볍게 소개하는 책.

Joseph D'Agnese, 'The Last Big Bang Man Left Standing', *Discover* (July 1999, pp. 60–67)

빅뱅우주 모델의 발전 과정에서의 랠프 앨퍼의 역할이 제대로 소개되는 중요한 계기가 된 기사.

R. Alpher, and R. Herman, *Genesis of the Big Bang* (OUP, 2001)

빅뱅 모델의 기원과 현재까지의 발전 과정을 가볍게 다룬 책.

Iosif B. Khriplovich, 'The Eventful Life of Fritz Houtermans', *Physics Today* (July 1992, pp. 29–37)

프리츠 후테르만스의 일생을 그림과 함께 다룬 기사.

Fred Hoyle, *The Nature of the Universe* (Basil Blackwell, 1950)

1950년대의 우주론을 다룬 것으로 빅뱅이라는 이름이 처음 등장한 BBC 방송 내용을 바탕으로 한 책.

Fred Hoyle, *Home is Where the Wind Blows* (University Science Books, 1994)

수학자, 레이더 연구자, 물리학자, 우주학자로서의 호일을 자세하게 다룬 자서전.

Thomas Gold, *Getting the Back off the Watch* (OUP, 2005)

토머스 골드가 2004년 타계하기 바로 전에 집필을 마친 책.

5장

J.S. Hey, *The Evolution of Radio Astronomy* (Science History Publications, 1973)

잰스키부터 현재까지의 전파천문학의 발전 과정을 요약한 것으로 최초로 전파천문학에 참여했던 사람이 쓴 책.

Stanley Hey, *The Secret Man* (Care Press, 1992)

짧은 비망록.

Nigel Henbest, 'Radio Days', *New Scientist* (28 October 2000, pp.46–47)

초기 전파천문학과 헤이의 공헌을 다룬 흥미로운 책.

Marcus Chown, *The Magic Furnace* (Vintage, 2000)

원자핵 합성의 신비를 물리학자와 우주학자들이 어떻게 설명하는지를 다룬 책.

Jeremy Bernstein, *Three Degrees Above Zero* (CUP, 1984)

벨연구소의 과학 연구의 역사를 다루었으며 펜지어스와 윌슨의 인터뷰도 실려 있는 책.

G. Smoot and K. Davidson, *Wrinkles in Time* (Little Brown, 1993)

코비 위성의 연구 책임자였던 저자가 그에 관한 이야기를 다룬 책.

John C. Mather, *The Very First Light* (Penguin, 1998)

코비 위성의 원적외선 분광 장치 팀의 책임자였던 저자가 코비 위성의 이야기를 다룬 책.

M.D. Lemonick, *Echo of the Big Bang* (Princeton University Press, 2003)

WMAP 위성과 우주배경복사 이야기를 다룬 책.

F. Hoyle, G.R. Burbidge and J.V. Narlikar, *A Different Approach to Cosmology* (CUP, 2000)

빅뱅 모델을 완전히 인정하지 않는 저자들이 여러 가지 관측 사실을 자신들의 견해에 따라 설명하려고 시도한 책.

에필로그

Karl Popper, *The Logic of Scientific Discovery* (Routledge, 2002)

1959년에 처음 출판되었으며 포퍼가 과학 철학에 대한 혁명적인 생각을 소개한 책.

Thomas S. Kuhn, *The Structure of Scientific Revolutions* (University of Chicago Press, 1996)

1962년에 처음 출판되었으며 과학적 진보 과정에 대한 쿤의 새로운 생각을 담은 책.

Steve Fuller, *Kuhn vs Popper* (Icon, 2003)

과학 철학에 대한 쿤과 포퍼의 논쟁을 재조명한 책으로 두 사람의 저서보다 읽기 쉬운 책.

Lewis Wolport, *The Unnatural Nature of Science* (Faber & Faber, 1993)

과학이란 무엇인가를 다룬 책. 과학이 할 수 있는 것과 할 수 없는 것, 어떻게 작동하는지를 설명한 책.

Alan H. Guth, *The Inflationary Universe* (Vintage, 1998)

인플레이션 이론의 창시자인 저자가 인플레이션 이론이 우주에 어떤 영향을 주는지 설명하는 내용.

F. Tipler and J. Barrow, *The Anthropic Cosmological Principle* (OUP, 1996)

우주의 존재와 우주 안에 존재하는 생명체의 관계를 다룬 책.

Mario Livio, *The Accelerating Universe* (Wiley, 2000)

1990년대의 가장 중요한 발견 중 하나인 우주가 가속적으로 팽창하고 있다는 사실에 대하여 설명한 책.

Lee Smolin, *Three Roads to Quantum Gravity* (Perseus, 2002)

양자물리학과 일반상대성이론의 관계를 설명한 것으로 이 두 이론이 어떻게 통합될 수 있으며 그것이 우주론에서 어떤 의미를 가지는지 설명한 서적.

Brian Greene, *The Elegant Universe* (Random House, 2000)

일반상대성이론과 끈이론에 관한 책.

Martin Rees, *Just six Numbers* (Basic Books, 2001)

우주의 특성을 결정하는 여섯 개의 상수가 우주 안에서 생명체의 진화와 어떤 관계가 있는지 다룬 책.

John Gribbin, *In Search of the Big Bang* (Penguin Books, 1998)

빅뱅, 우주의 진화, 은하와 별 그리고 행성들의 형성과 생명체의 탄생을 다룬 것으로 1986년에 출판된 것을 보완한 책.

Steven Weinberg, *The First Three Minutes* (Basic Books, 1994)

약간 시대에 뒤떨어진 감은 있지만 빅뱅과 초기 우주를 다루었으며 아직 대중적으로 많은 인기를 누리고 있는 책.

Paul Davies, *The Last Three Minutes* (Basic Books, 1997)

우주의 궁극적인 운명을 다룬 책.

Janna Levin, *How the Universe Got Its Spots* (Phoenix, 2003)

저자가 어머니에게 쓴 일련의 편지로 우주에 대한 고유한 생각과 우주학자가 무엇을 하는 사람인지 설명한 책.

'Four Keys to Cosmology', *Scientific American* (February 2004, pp. 30–63)

최근의 우주배경복사에 대한 관측과 그것이 우주론에서 의미하는 바를 자세히 설명한 네 편의 글로 웨인 후와 마틴 화이트가 쓴 〈우주 교향곡〉, 마이클 스트라우스가 쓴 〈창조의 설계도 읽기〉, 애덤 리스와 마이클 터너가 쓴 〈감속에서 가속으로〉, 그리고 게오르기 드발리가 쓴 〈암흑 밖으로〉가 수록되어 있다.

Stephen Hawking, *The Universe in a Nutshell* (Bantam, 2002)

많은 그림이 포함되어 있고, 2002년에 과학책에 주는 아벤티스 상을 받았으며, 저자의 다른 책인 《시간의 역사》보다 훨씬 읽기 쉬운 책.

Guy Consolmango, *Brother Astronomer* (Schaum, 2001)

바티칸 천문대의 천문학자가 종교와 과학이 어떻게 공존할 수 있는지에 대해 쓴 책.

R. Brawer and A. Lightman, *Origins* (Harvard UP, 1990)

호일, 샌디지, 시아마, 리스, 디키, 피블스, 호킹, 펜로즈, 와인버그, 그리고 구스 등 27명의 지도적 천문학자들과의 인터뷰를 다룬 책.

Andrew Liddle, *Introduction to Modern Cosmology* (Wiley, 2003)

우주론의 모든 분야를 다룬 교과서로, 과학에 대한 약간의 배경지식만 있어도 읽을 수 있는 책.

Carl Gaither and Alma E. Cavazos-Gaither, *Astronomically Speaking* (Institute of Physics, 2003)

다양한 천문학 주제에 대한 인용문을 모은 것으로 '수학적으로 말하기', '과학적으로 말하기', 그리고 '화학적으로 말하기' 시리즈의 하나.

감사의 글

지난 몇 년 동안 이 책을 쓰면서 여러 사람들에게 많은 도움을 받았다. 우선 우주론의 발전을 위해 자신들이 한 일을 이야기해준 랠프 앨퍼, 앨런 샌디지, 아노 펜지어스 그리고 토머스 골드의 인내심과 따뜻한 마음에 깊은 감사를 드린다. 아후스 대학의 헬게 크라프Helge Kragh와 조드럴 뱅크의 이언 모리슨Ian Morrison은 윌슨 산 천문대의 낸시 윌슨Nancy Wilson과 돈 니콜슨Don Nicholson과 마찬가지로 많은 도움을 주었다. 벨연구소를 방문했을 때 여러 가지 시설을 둘러보게 해준 분들, 특히 새스워토 대스Saswato Das에게 감사드린다.

프리츠 후테르만스의 연구를 소개해준 런던 유니버시티 칼리지의 아서 밀러Arthur Miller와, 스탠리 헤이의 중요한 공헌을 알려준 나이젤 헨베스트Nigel Henbest에게도 감사드린다. 나는 BBC 라디오 프로그램인 〈과학의 우연성〉과 〈물질 세계〉에서 일하면서 아노 펜지어스를 인터뷰할 기회를 가질 수 있었고 프레드 호일의 세 번째 프로그램 녹음을 들을 수 있었다. 우주학에 대한 흥미를 새롭게 점화시켜 준 이 프로그램의 연출자 애먼다 하그리브스Amanda Hargreaves, 모니스 듀러니Monise Durrani 그리고 앤드루 럭베이커Andrew Luckbaker에게 감사를 표한다.

원고가 정리되는 과정에서 중요한 조언을 해준 사람들이 많이 있다. 정신없이 바쁜 가운데서도 시간을 내준 마틴 리스와 데이비스 보더니스Davis Bodanis에게 감사한다. 에마 킹Emma King, 앨릭스 실리Alex Seeley, 애머렌드라 스워럽Amarendra Swarup 그리고 미나 바사니Mina Varsani는 프로젝트의 여러 단계에서 도움을 주었다. 그들의 도움에 진심으로 감사한다. 특히 나의 조수 데비 피어슨Debbie Pearson은 많은 조사를 도와주었다. 케임브리지의 물라드 전파천문대를 방문할 수 있도록 주선해 주었고 이 책에 사용된 많은 사진을 찾아냈다.

사진 출처 부분에 여러 기록보관소와 도서관을 언급했다. 그러나 아래 언급된 분들과 연구소는 공식적인 임무를 넘어 큰 도움을 주었다. 피터 힝글리Peter D. Hingley(왕립천문학회), 히서 린제이Heather Lindsay(에밀리오 세그레 자료보관소), 댄 루이스Dan Lewis(헌팅턴 도서관), 존 그룰라John Grula(워싱턴 카네기 천문대), 조너선 해리슨Jonathan Harrison(세인트존스 대학 도서관), 이오시프 크리플로비치Iosif Khriplovich(노보시브리스크 대학), 셰릴 댄드리지Cheryl Dandridge(릭 천문대 문서보관소), 루이스 와이먼Lewis Wyman(국회도서관), 릴리언 모엔스Liliane Moens(르메트르 문서보관소, 루뱅 가톨릭대학), 그리고 마크 헌Mark Hurn, 새러 브리들Sarah Bridle과 조헨 웰러Jochen Weller(케임브리지 대학 천문학 연구소).

그림 99에 나오는 종이의 확대 사진을 만들어 준 웨일스 대학 생물학 사진 실험실의 아이올로 압 그윈Iolo ap Gwynn과 갑작스런 연락에도 스케줄을 변경하여 헨리에타 리빗과 그의 동료들의 연구 자료를 보관하고 있는 사진보관소를 필자에게 보여준 하버드 대학 천문대의 앨리슨 도언Alison Doane에게도 감사드린다. 이 책에 여러 장의 프레드 호일 사진을 실을 수 있었는데 바브라 호일Barbara Hoyle과 케임브리지 세인트존스 칼리지의 호일 자료보관소에서 그 사진

을 사용할 수 있도록 허락해 준 소장과 직원들에게 특별한 감사를 드린다.

여러 친구와 동료들이 우주학(그 자체로 이미 흥미로운)에 대한 독서, 조사, 저술에 흥미와 즐거움을 더해 주어 나를 응원해 주었다. 휴 메이슨Hugh Mason, 래비 캐퍼Ravi Kapur, 섀런 허키스Sharon Herkes 그리고 밸러리 버크 와드Valerie Burke-Ward는 학생들이 학교에서 시간을 보내도록 격려하는 프로그램인 UAS에서 함께 일했다. 여기서 나는 과학교육과 관계된 여러 가지 문제에 지속적으로 관심을 가지게 되었다. 클레어 엘리스Claire Ellis와 클레어 그리어Claire Greer는 나를 대신해 학교에서 암호해독 워크숍을 운영하여 젊은 학생들에게 수학의 중요성을 일깨워 주었다. 수수께끼 프로젝트에 수만 명의 학생들이 몰렸던 것은 그들의 노력과 열정 덕분이었다. CD-ROM에 들어 있던 《코드북*The Code Book*》의 아이디어를 실현시킨 닉 미Nick Mee에게도 감사한다. 그는 자신의 망원경으로 정기적으로 밤하늘을 볼 수 있도록 해주었는데 그것은 언제나 대단한 경험이었다.

지난 몇 년 동안 나는 국립 과학산업박물관, 과학 미디어센터 그리고 국립 과학기술 및 예술기금NESTA에 관여했는데 모두 새로운 분야로 내 시야를 넓혀주었다. 내 아이디어와 방해를 잘 참아준 이 세 기관의 모든 관계자들에게 감사드린다. 수전 스티븐슨Suzanne Stevenson은 동료들과 함께 지속적으로 조언해 주었고 지지와 격려를 해주었기 때문에 특별히 감사해야겠다. 그녀가 없었더라면 새로운 아이디어와 프로젝트를 발전시킬 수 없었을 것이다.

라즈Raj와 프란체스카 퍼사우드Francesca Persaud는 내가 항상 정신을 집중할 수 있도록 도와주었으며 로저 하이필드Roger Highfield, 홀리Holly, 로리Rory, 어샤Asha 그리고 새킨Sachin은 내가 한 주일을 상쾌하게 보낼 수 있었던 그리니치 박물관의 새로운 면을 알게 해주었다. 리처드 와이즈먼Richard Wiseman은 항상 내가 쓸데없는 곳에 집착하지 않도록 점검해 주었고 거품 마술을 소개해 주었는데 특히 그 점을 고맙게 생각한다. 시아마 페레라Shyama Perera는 나를 책상에서 끌어내어 밖으로 데리고 나갔는데 그것은 꼭 필요한 일이었다. 나는 조카인 애너Anna와 레이첼Rachael에게도 고마움을 표하고 싶다. 조카들은 내 코디네이터 역할을 했고 단추 달린 웃도리에 대한 집착을 없애주었다. 지난해 레이첼이 남부 인도를 여행하고 티루만갈람에 있는 테디 스쿨에서 학생을 가르칠 수 있었던 것이 기뻤다. 나는 학생들과 선생님 그리고 직원들이 레이첼의 열정과 침착함을 고맙게 생각했다는 것과 레이첼이 지역사회를 변화시키려고 노력하는 이 학교의 헌신적인 직원들에게서 많은 것을 배웠다는 사실을 알고 있다. 지난 몇 년 동안 친절한 충고를 해준 피오나 버트Fiona Burtt에게도 깊은 감사를 드린다.

빅뱅을 집필하는 동안 여러 사람들이 내 악필을 책으로 탈바꿈시킬 수 있도록 많은 도움을 주었다. 레이먼드 터비Raymond Turvey는 그림을 그려주었고, 터렌스 케이븐Terence Caven은 전체적인 책의 디자인과 배열을 책임졌다. 《코드북》에도 관여했던 존 우드러프John Woodruff는 초고를 정리된 원고로 만드는 데 중심 역할을 했다. 그는 지난 20년 동안 많은 과학 서적을 편집하고 수정하는 역할을 묵묵히 해왔다. 그는 알려지지 않은 과학 출판계의 영웅이다.

내가 책을 쓰기 시작한 후로 크리스토퍼 포터Christopher Potter는 늘 안내자 역할을 했는데 그가 《빅뱅》에도 관여할 수 있었던 것을 기쁘게 생각한다. 새로운 편집자 미치 에인절Mitzi Angel은 뛰어난 사람이었고, 친절한 조언을 해주었다. 내가 쓴 책을 지원해 준 한국, 이탈리아, 일본, 프랑스, 브라질, 스웨덴, 이스라엘, 독일, 그리고 그리스 등 외국의 편집자들에게도 감사드리고 싶다. 그들은 과학적 설명과 산문적 문장이 모두 들어 있는 책의 번역에 도전한 세계 최고의 번역자들과 함께 일했다. 이렇게 전문적인 책을 번역할 수 있는 번역자들은 그리 많지 않다. 영어권 밖에 사는 독자들에게 내 책을 읽을 수 있도록 해준 사람들에게 감사한다.

마지막으로 이 책을 쓰는 동안 나같이 가장 당황스러운 저자를 여러 가지로 도와준 콘빌과 월시 대행사의 모든 직원들에게 감사를 표하고 싶다. 특히 거의 10년 전 책을 쓰기 시작한 이래 저작권을 대행해 온 패트릭 월시Patrick Walsh는 나를 대신해서 많은 일을 처리해 주었다. 그는 솔직한 제언을 해주었고 어려움에 처했을 때 항상 같이 있어 주었다. 일식을 관측하기 위해 저자와 잠비아까지 동행하는 대리인이 많을 것이라고는 생각하지 않는다. 패트릭은 모든 저자가 바라는 최고의 친구이다.

2004년 6월

런던에서 사이먼 싱

■옮기고 나서

뉴질랜드 출신 물리학자 러더퍼드가 "물리학은 이해하기 전까지는 불가능해 보이지만 이해하고 나면 시시해 보인다"라고 말했다는 것을 본문 중에서 읽을 수 있다. 이와 비슷한 말을 과학 책에 대해서도 할 수 있다. "모든 과학책은 어렵거나 시시하다. 어렵지 않고 시시하지도 않으면서 재미있는 과학책은 없다." 그러나 그렇지 않은 과학책이 있을 수 있다는 것을 보여주는 것이 있다. 바로 본서 《빅뱅》이다.

《빅뱅》은 세 가지 면에서 놀라운 책이다. 우선 쉽다. 이 책은 과학에 대한 기초지식이 없는 사람도 읽을 수 있고 이해할 수 있다. 우리 주위의 간단한 자연현상에 대한 이야기도 아니고 우주의 창조와 관련된 이야기를 누구나 이해할 수 있도록 쓴다는 것은 쉬운 일이 아니다. 그러나 《빅뱅》은 그것을 해냈다. 그것도 놀라운 방법으로. 우주의 기원을 이야기하기 위해서는 많은 물리학 법칙을 다루지 않을 수 없다. 그러나 이 책에서는 우리 주변 이야기를 하는 것처럼 풀어내 물리를 공부한 느낌을 전혀 받지 않고도 물리 법칙을 이해할 수 있도록 하고 있다.

《빅뱅》의 두 번째 특징은 지금까지 잘 알려지지 않았던 많은 사람들의 이야기를 다루고 있다는 것이다. 시간이 흐르고 나면 발명이나 발견에 관한 이야기에는 그 결과만 남게 되고 관련된 사람들의 이야기는 전설이 되어 버리는 경우가 많다. 간혹 과학자들의 일화가 소개되는 경우도 있지만 대개는 정확하지 않을 뿐만 아니라 발명이나 발견을 미화하거나 극적인 것으로 만들기 위해 각색된 경우가 대부분이다. 우주의 기원에 대한 이야기는 대부분 20세기에 있었던 일로 비교적 최근이지만 그와 관계된 이야기들도 정확하지 않기는 마찬가지였다. 그러나 이 책은 가능한 한 많은 사람들과 직접 인터뷰를 통해 정확한 자료를 수집하고 생생한 증언을 들은 후에 썼다.

저자가 감사의 글에서 밝히고 있듯이 저자는 빅뱅 모델과 정상우주 모델 사이의 토론에서 주역을 담당했던 사람들이나 그들과 가장 가까웠던 많은 사람들과 직접 인터뷰했고 역사의 현장을 방문했다. 저자는 랠프 앨퍼, 앨런 샌디지, 아노 펜지어스와 같이 빅뱅 모델이 받아들여지는 데 핵심적인 역할을 했던 사람들을 직접 만났을 뿐만 아니라 이제는 더 이상 받아들여지지 않는 정상우주 모델을 지지했다는 이유로 낮게 평가되었던 토머스 골드 같은 사람도 직접 만나 생생한 이야기를 들었다. 저자는 또한 윌슨 산 천문대, 벨연구소, 조드럴 뱅크 등과 같이 역사적 발견이 이루어졌던 현장을 직접 방문했다. 따라서 이제 《빅뱅》과 관계된 이야기에는 신화나 전설이 사라지고 생생한 사실이 그 자리를 차지하게 되었다.

세 번째 특징은 다 읽고 나면 빅뱅에 대해 다 알았다는 느낌을 받을 수 있다는 것이다. 그러려면 빅뱅이론 자체에 대한 충분한 설명은 물론 이 이론이 등장하고 받아들여지는 과정에 대한 자세한 소개가 있어야 할 것이다. 하지만 적절한 생략 역시 꼭 필요한 일이다. 저자가 에필로그에서 밝혔듯이 이 책 한 권에 빅뱅의 모든 이야기를 담을 수는 없다. 또 그것이 필요하지도 않을 것이다. 빅뱅과 관련된 많은 이야기 중에서 어떤 것을 생략하고 어떤 이것을 추려내어 생생하게 전해 주느냐 하는 것은 저자의 선택과 능력에 달려 있다. 저자는 이 일을 완벽하게 해냈다. 이 책을 읽고 난 후에 빅뱅에 대해 다 알게 된 것 같은 느낌을 받을 수 있고 좋은 책을 읽었다고 생각할 수 있는 것은 그 때문일 것이다.

여러 가지 형식의 과학책에 관심을 가지고 있던 역자에게는 《빅뱅》을 번역할 수 있었던 것은 좋은 경험이었다. 이 책을 번역하기 위해 유난스러웠던 지난 여름의 더위 속에서도 모든 휴가를 취소해야 했지만 그만한 가치가 있는 작업이었다. 아직도 외다리 타법으로 자판을 두들기고 있는 역자로서는 원서로 500쪽이 넘는 이 책의 내용을 타이핑하는 것이 번역 그 자체만큼이나 어려운 문제였다. 제대로 된 타이핑 방법보다 훨씬 더 많은 에너지가 소모되는 외다리 타법 때문에 어깨 통증을 견뎌내야 했지만 이제는 대학생이 된 딸 유진이의 도움으로 훨씬 수월하게 해낼 수 있었다. 항상 역자의 도움과 보살핌을 받아야 할 것 같았던 유진이가 이제는 역자를 도와줄 수 있을 만큼 큰 것이 대견스럽다.

곽영직

■사진 출처

Illustrations by Raymond Turvey. All remaining images in the book were obtained courtesy of the following sources.

Figures 10, 12	Royal Astronomical Society
Figures 15, 16	Royal Astronomical Society
Figure 18	(Copernicus) AIP Emilio Segrè Visual Archives, T.J.J. See Collection
Figure 18	(Tycho) Royal Astronomical Society
Figure 18	(Kepler) Institute of Astronomy, University of Cambridge
Figure 18	(Galileo) AIP Emilio Segrè Visual Archives, R. Galleria Uffizi
Figure 21	Getty Images (Hulton Archives)
Figure 28	Institute of Astronomy, University of Cambridge
Figure 29	AIP Emilio Segrè Visual Archives, Soviet Physics Uspekhi
Figure 31	Archives Lemaître', Université Catholique de Louvain.
Figure 32	Royal Astronomical Society
Figure 33	Institute of Astronomy, Cambridge University
Figure 35	Owen Gingerich, Harvard University
Figures 36, 37	The Birr Castle Archives and Father Browne Collection
Figure 37	Julia Muir, Glasgow University
Figure 38	Edwin Hubble Papers, Huntington Library
Figure 39	(Curtis) The Mary Lea Shane Archives/Lick Observatory
Figure 39	(Shapley) Harvard College Observatory
Figure 42	Julia Margaret Cameron Trust
Figure 42	Royal Astronomical Society
Figures 43, 44	Harvard College Observatory
Figures 46–48	Edwin Hubble Papers, Huntington Library

Figure 49	Observatories of the Carnegie Institution of Washington
Figure 50	Julia Muir, Glasgow University
Figure 56	Royal Astronomical Society
Figure 57	(1950) Palomar Digital Sky Survey
Figure 57	(1997) Jack Schmidling, Marengo, Illinois
Figure 63	Astronomical Society of the Pacific
Figure 65	Brown Brothers
Figure 66	California Institute of Technology Archives
Figure 68	Cavendish Laboratory, University of Cambridge
Figure 75	Library of Congress
Figure 76	Cavendish Laboratory, University of Cambridge & AIP Emilio Segrè Visual Archives
Figure 77	AIP Emilio Segrè Visual Archives, Institut International Physique Solvay
Figure 78	Herb Block Foundation
Figure 79	George Gamow, *The Creation of the Universe*
Figure 83	Ralph Alpher
Figures 84, 85	St John's College Library, Cambridge
Figure 87	St John's College Library, Cambridge
Figure 88	AIP Emilio Segrè Visual Archives, Institut International Physique Solvay
Figure 92	Lucent Technologies Inc/Bell Labs
Figure 94	Mirror Group News
Figure 96	Lucent Technologies Inc/Bell Labs
Figure 97	Smithsonian National Air and Space Museum
Figure 98	St John's College Library, Cambridge
Figure 99	University of Wales Bio-Imaging Laboratory
Figure 101	NASA (COBE group)
Figure 102	NASA (DMR group)
Figure 103	The *Independent* newspaper, 24 April 1992
Figure 104	NASA (WMAP group)

찾아보기

ㅁ

ㅂ

ㅈ

ㅎ